O SILÊNCIO DA MOTOSSERRA

CLAUDIO ANGELO
com a colaboração de Tasso Azevedo

O silêncio da motosserra
Quando o Brasil decidiu salvar a Amazônia

Copyright © 2024 by Claudio Angelo e Tasso Azevedo

Grafia atualizada segundo o Acordo Ortográfico da Língua Portuguesa de 1990, que entrou em vigor no Brasil em 2009.

Capa e caderno de fotos
Alceu Chiesorin Nunes

Foto de capa
Araquém Alcântara

Mapas
Sonia Vaz

Preparação
Marina Waquil

Índice remissivo
Luciano Marchiori

Revisão
Ana Maria Barbosa
Clara Diament

Dados Internacionais de Catalogação na Publicação (CIP)
(Câmara Brasileira do Livro, SP, Brasil)

Angelo, Claudio
　O silêncio da motosserra : Quando o Brasil decidiu salvar a Amazônia / Claudio Angelo e Tasso Azevedo. — 1ª ed. — São Paulo : Companhia das Letras, 2024.

　ISBN 978-85-359-3739-8

　1. Amazônia – Aspectos ambientais 2. Ecologia florestal – Amazônia 3. Florestas – Conservação – Amazônia I. Azevedo, Tasso. II. Título.

24-205533　　　　　　　　　　　　　　CDD-333.7517

Índice para catálogo sistemático:
1. Amazônia : Conservação e proteção　　333.7517

Cibele Maria Dias – Bibliotecária – CRB-8/9427

Todos os direitos desta edição reservados à
EDITORA SCHWARCZ S.A.
Rua Bandeira Paulista, 702, cj. 32
04532-002 — São Paulo — SP
Telefone: (11) 3707-3500
www.companhiadasletras.com.br
www.blogdacompanhia.com.br
facebook.com/companhiadasletras
instagram.com/companhiadasletras
x.com/cialetras

Para Ana, João, Vítor e Clara

O último serviço que a Mata Atlântica pode prestar, de modo trágico e desesperado, é demonstrar todas as terríveis consequências da destruição de sua imensa vizinha do oeste.
Warren Dean

O Brasil porta o ecocídio no nome.
Ricardo Arnt

Sumário

Introdução 15

1. Mulheres do espaço 23
2. Integrar para desintegrar 40
3. A destruição será televisionada 61
4. Acorda, Ribamar 75
5. Tiros em Xapuri 95
6. Helicópteros de plástico 118
7. Show de aberrações 137
8. Revoluções no Riocentro 159
9. Perdendo o controle 174
10. A ciência contra-ataca 192
11. Ritual macabro 207
12. Calando a motosserra 224
13. Fogos em Anapu 238
14. Cadê o desmatamento? 246
15. Desordem no Progresso 257
16. Lágrimas do palhaço 273
17. A lista de Marina 295

18. Operação Boi Pirata	314
19. Fim de uma era	343
20. Detendo a boiada	362
Zero é o maior número	383
Agradecimentos	395
Fontes	398
Notas	404
Créditos das imagens	442
Índice remissivo	443

O SILÊNCIO DA MOTOSSERRA

AMAZÔNIA LEGAL COM DESMATAMENTO ACUMULADO ATÉ 1985

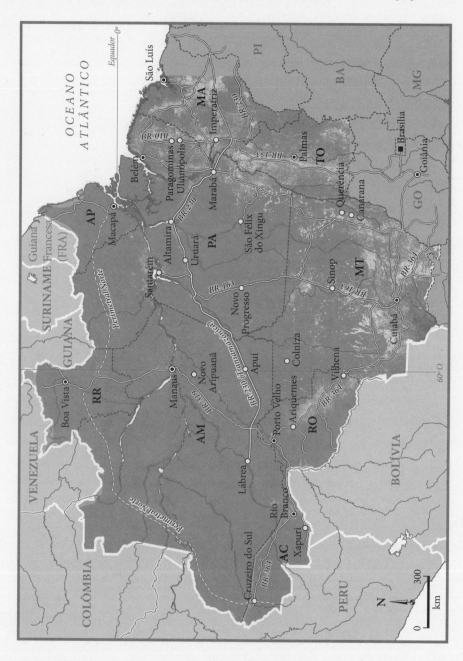

AMAZÔNIA LEGAL COM DESMATAMENTO ACUMULADO EM 2022

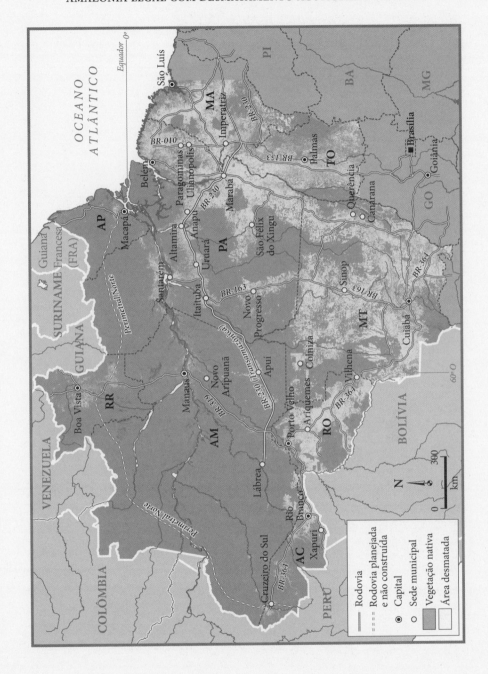

Introdução

De todas as perversidades que o Brasil fez com a Amazônia, poucas foram tão bem-intencionadas e marcaram tanto a paisagem da região como o decreto nº 1.282/94. Editado pelo presidente Itamar Franco, o texto proibia o corte da castanheira (*Bertholletia excelsa*). Listada como vulnerável pela União Internacional para a Conservação da Natureza, a planta que nos fornece a castanha-do-pará vinha sendo arrasada pelo desmatamento sem controle naquele período, o que aumentava o risco de extinção de uma espécie que o país tentava proteger desde os anos 1940.[1]

O gesto nobre, porém, teve utilidade limitada. Quando a Floresta Amazônica é desmatada a ferro e fogo, como é o costume nacional, poupar os indivíduos de uma espécie frequentemente os condena a uma agonia solitária numa pastagem ou num campo de soja. Uma das vistas mais típicas da Amazônia hoje, que deprime o observador atento a viajar por suas estradas, são os vários quilômetros de capim pontilhados por castanheiras; a única e macabra lembrança de que aquela imensidão deserta já abrigou a maior biodiversidade terrestre do mundo — e que nós a trocamos por bois, à razão de um por hectare[2] ou menos.

Este livro conta a história de como essa paisagem se conformou ao longo da segunda metade do século XX e de como o Brasil do século XXI deixou de se conformar com ela.

Por um lado, ele relata uma barbárie: até 2022, haviam sido desmatados na Floresta Amazônica 768 mil km², ou um quinto do bioma.[3] Em área, é o segundo grande ecossistema natural mais rapidamente devastado da história da humanidade; perde apenas para seu vizinho, o Cerrado, que já viu metade de seus 2 milhões de km² virar fumaça. O que nós levamos quase cinco séculos para destruir na Mata Atlântica, o bioma mais arrasado do Brasil,[4] destruímos na Amazônia em meros cinquenta anos.

Por outro lado, e sobretudo, a narrativa que você lerá nas próximas páginas é a de um feito histórico. Entre 2005 e 2012, o Brasil logrou uma redução contínua e sustentada das taxas de desmatamento na Amazônia, algo considerado impossível no começo do século. A queda na velocidade das motosserras foi de 83% no final desse período em relação a 2004, o que levou o país a cortar suas emissões de gases de efeito estufa em 1,2 bilhão de toneladas de gás carbônico. Foi uma das maiores contribuições dadas por uma única nação no combate ao aquecimento da Terra até aquele momento.

Isso ocorreu no período em que o PIB brasileiro passou por sua mais forte alta desde a redemocratização, e justamente em meio ao que os economistas chamam de "boom das commodities" dos anos 2000. Demonstrou-se à sociedade brasileira e à comunidade internacional que o crescimento econômico e a redução das desigualdades no país podem prescindir da devastação perdulária da maior floresta tropical do mundo.

O "milagre" amazônico foi produto de uma conjunção astral muito específica: um governo eleito num período de estabilidade monetária inédita, que se propôs a atacar grandes problemas brasileiros e que elencou a área ambiental como prioridade (ou ao menos uma peça importante de propaganda); um surto de otimismo no cenário internacional; uma sociedade civil com enorme capacidade de pressão e diálogo com o governo; uma ciência nacional com a compreensão do funcionamento e da importância da floresta e com as ferramentas para observá-la; e uma ministra do Meio Ambiente nativa da Amazônia que soube aproveitar o apoio presidencial para estabelecer um conjunto de políticas públicas capazes de estancar a devastação.

Mais do que tudo, atacar o desmatamento e tentar salvar a Amazônia da sina da Mata Atlântica foi uma decisão do Brasil. Estabeleceu-se um consenso contra o desmatamento em parte da sociedade brasileira, com forte apoio dos meios de comunicação. Ele está longe de ser perfeito e não é unânime, como pudemos desgraçadamente notar nos anos de governo de Jair Bolsonaro. Mas tornou-se sólido o suficiente a ponto de o país vislumbrar nos anos 2020, pela primeira vez desde a invasão europeia, um ponto-final ao desmate: o silêncio da motosserra, que dá título a este livro, expressão que carrega ao mesmo tempo uma constatação, uma previsão e uma esperança.

Há três fronteiras importantes a cruzar para chegarmos ao desmatamento zero. A primeira é a agropecuária, cuja expansão horizontal responde pela paisagem do deserto de castanheiras. Quase 65% das terras desmatadas hoje na Floresta Amazônica são ocupadas por pastagens de baixíssima produtividade, devido essencialmente à prática que o economista norte-americano Robert Schneider batizou de "garimpo de nutrientes".[5] A pecuária ocupa, desmata e queima terras com floresta, usa os minerais do solo para nutrir o capim por alguns anos e depois — na ausência de punição ao desmatamento e de incentivos ao aproveitamento das áreas desmatadas — migra para novas terras com floresta, onde repetirá o ciclo. A agricultura de grande escala frequentemente funciona como incentivo perverso ao valorizar terras planas já "amansadas" pelo boi e dar aos pecuaristas ainda mais capital para abrir novas áreas.

A segunda é o que a geógrafa carioca Bertha Becker (1930-2013) chamou de "fronteira de recursos", conceito que será desenvolvido no capítulo 2. É a visão que a sociedade do Centro-Sul, mas também a elite amazônica, tem da floresta como provedora de bens para o restante do Brasil: terras, minérios, potenciais hidrelétricos. É uma atitude que considera a região uma poupança infinita de onde o país pode sacar o que quiser quando bem entender, e que não enxerga as necessidades da população local e as possibilidades de desenvolvimento econômico da própria Amazônia. Esse colonialismo doméstico pautou todos os ciclos de ocupação e exploração da floresta, do século XIX à ditadura militar. Também moveu o avanço irresponsável de obras de infraestrutura na Nova República, cuja epítome foi o Programa de Aceleração do Crescimento (PAC) dos governos petistas e seu legado mais sombrio, a Usina Hidrelétrica de Belo Monte.

A terceira fronteira é a simbólica. Pensar numa Amazônia sem desmatamento pressupõe redefinir o papel da floresta no imaginário dos brasileiros. E talvez seja essa a fronteira mais difícil de transpor.

Quem olha de fora pode pensar que o brasileiro é a criatura mais ambientalista do planeta. Estamos sistematicamente entre as sociedades mais preocupadas com a crise climática nas pesquisas globais de opinião; levantamentos nacionais indicam um grau elevado de rejeição à destruição das nossas matas e uma concordância esmagadora com a necessidade de parar as queimadas e proteger as terras indígenas.[6] Nossa bandeira, nosso hino e nossos enredos de escola de samba homenageiam constantemente nossos bosques, aqueles que têm (ou tinham) mais vida. Como isso tudo combina com o país que mais desmata no planeta?

"A natureza deu aos brasileiros sua representação mais duradoura, mas eles não a elaboram, replicam-na a contragosto. Celebra-se, na retórica, um naturalismo depreciado na prática, percebido como inferior à forma civilizada e que insinua um desdém oculto, racista, à sociedade que habita a natureza", escreveu o jornalista Ricardo Arnt em 1992 no livro *Um artifício orgânico*, feito em parceria com o antropólogo norte-americano Stephan Schwartzman (a quem a leitora será devidamente apresentada no capítulo 5). Bebendo dos escritos do historiador José Augusto Pádua, Arnt define o ambientalismo do brasileiro como "macumba para turista", derivada de concepções de fora — no caso, do naturalismo europeu do período das Luzes, que derivou, no século XX, no pensamento ecológico.[7] Confrontada com a realidade da colônia, com o calor, os insetos e o imperativo do desenvolvimento, essa concepção deu lugar a uma aversão profunda ao "mato". Batizamos com o pejorativo um estado inteiro e tratamos de corrigir no chão, a golpes de trator, corrente e motosserra, a grossura do mato que o nomeia.

O desmatamento zero pressupõe virar uma chave cognitiva na mente do brasileiro na relação de amor público e ódio privado com a selva, incluindo — e talvez sobretudo — as classes dominantes dos estados amazônicos, que batem no peito para gritar "A Amazônia é nossa!", mas que enxergam na floresta mais estorvo do que bênção.

Em parte por causa dessa relação dúbia do brasileiro com a selva, um subtítulo mais adequado ao livro talvez fosse "como o Brasil foi convencido a salvar a Amazônia". Hoje é fácil interpretar o controle do desmatamento dos anos 2000 como produto do voluntarismo do governo Lula e da sagacidade de Marina Silva. Mas o longo processo de apuração desta história, que incluiu quase duzentas entrevistas com mais de 130 pessoas, incluindo ex-ministros, ex-presidentes da República, ativistas, pesquisadores e amazônidas de várias extrações, me levou a outra conclusão, menos edificante: salvar a Amazônia não foi, originalmente, desejo nosso. Foi, antes, uma invenção estrangeira, americana em particular.

Sei que essa é uma afirmação perigosa, que à primeira vista alimenta o espantalho soberanista contra o qual se ergue o movimento ambiental e eu próprio me bato há boas duas décadas. Muita calma nessa hora. Nos meus três anos de pesquisa, que incluíram uma temporada nos arquivos do Itamaraty examinando documentos sigilosos, não vi nada que chegasse perto de corroborar as paranoias sobre interesses estrangeiros vociferadas na caserna, no discurso da bancada ruralista e, em tempos recentes, no Palácio do Planalto.

A ideia gringa de salvar a floresta tropical nada tem a ver com os delírios de invasão ou conquista que até hoje infectam o currículo das academias militares;[8] menos ainda com um suposto plano malévolo de condenar o Brasil ao subdesenvolvimento ao proibi-lo de usar seus recursos naturais. Os motivos para o movimento de preservação, que fermentou nos anos 1970 e explodiu na década seguinte na forma de pressão sobre o moribundo regime militar e o primeiro governo da redemocratização, foram variados. Um deles foi o contato que acadêmicos americanos tiveram com os maiores interessados em proteger a floresta e que até 2023 nunca tiveram lugar à mesa na formulação de políticas públicas no país: os povos indígenas.

As primeiras denúncias de violações socioambientais pela ditadura foram levadas aos Estados Unidos por ecólogos e cientistas sociais num tempo em que não podiam circular livremente no Brasil. Um convescote de antropólogos em Washington no começo dos anos 1980, os "jantares amazônicos", teve papel importante no despertar do movimento ambientalista norte-americano para a realidade dos indígenas da Amazônia e resultou na primeira grande vitória da floresta contra o trator, como veremos no capítulo 3.

O governo estadunidense também se interessou pela Amazônia, e por razões geopolíticas. Mas não, querido general, não é nada do que você está pensando. Os Estados Unidos foram levados a focar a ajuda ao desenvolvimento dentro daquilo que seria chamado de "desenvolvimento sustentável" em razão da percepção de que estavam perdendo espaço e influência no então Terceiro Mundo com a ascensão de outros grandes doadores internacionais, como o Japão. O surgimento da crise climática como preocupação, no final da década de 1980, e o entendimento do papel das florestas tropicais no ciclo do carbono forneceram mais um ingrediente ao caldo de cultura que gerou o slogan "Save the Amazon". Contaremos essa história no capítulo 4. A estratégia americana funcionou: grande parte da ciência hoje feita por brasileiros na Amazônia, inclusive o monitoramento de queimadas, que foi central para despertar a percepção pública para a crise ambiental no bioma, tem sua origem em programas de cooperação com os Estados Unidos.

A situação do Brasil como quintal geopolítico dos Estados Unidos, produtor de commodities para exportação e nação afundada numa dívida externa que não podia se dar ao luxo de ignorar o que outros países diziam dela, levou os presidentes pós-ditadura, a começar por José Sarney (1985-90), a reagirem à comoção internacional causada pelo desmatamento. Frequentemente as reações foram de indignação, ofensa ou negação do problema, lançando mão do argumento do direito à degradação ambiental para o desenvolvimento, tese esgrimida pela primeira vez pelo Itamaraty na Conferência de Estocolmo, em 1972. Mas foi graças a esse incômodo que o país pôde começar, em 1988, a tomar uma série de atitudes em relação à floresta que culminariam no Plano de Ação para Prevenção e Controle do Desmatamento na Amazônia Legal, o PPCDAM, iniciado em 2004 e principal responsável pela redução da taxa de desmatamento.

Os capítulos 19 e 20 narram o fim do círculo virtuoso de queda no desmate, na esteira de reduções de áreas protegidas, da mudança do Código Florestal, em 2012, seguida do início da construção de Belo Monte, da recessão que antecedeu o impeachment, da chegada da bancada ruralista ao poder com Michel Temer e da ascensão do primeiro governo assumidamente antiambiental do Brasil, em 2018. Pressões internacionais foram cruciais para evitar uma catástrofe ainda maior na Amazônia durante o pesadelo Bolsonaro e, infelizmente, continuam sendo o último recurso dos ambientalistas para mover atores políticos e econômicos na direção do controle do desmatamento e da proteção aos direitos dos povos da floresta. Já passou da hora de não precisarmos mais delas.

Longe de surgir do vácuo ou de ser produto de um punhado de mentes brilhantes que criaram um arcabouço de políticas públicas que não havia sido imaginado "nunca antes na história deste país", o PPCDAM se apoiou em ombros de gigantes — embora gigantes frequentemente desastrados, fracassados e nem sempre com as melhores intenções. Os capítulos 4 a 10 tratam dos antecedentes do plano, desde o pioneiro programa Nossa Natureza, de Sarney, até as medidas de Fernando Henrique Cardoso de endurecimento do Código Florestal e criação de áreas protegidas.

Um ponto importante que às vezes se perde nas narrativas sobre a Amazônia é o papel da ciência no fomento à decisão do Brasil de tentar salvar a floresta. Foram cientistas que nos deram, do espaço, o primeiro vislumbre do desmatamento, como veremos no primeiro capítulo; foram cientistas, em conjunto com jornalistas, que fizeram chegar ao Palácio do Planalto o escândalo das queimadas nos anos 1980, a "década da destruição". E foi a revolução científica amazônica dos anos 1990, que entenderemos no capítulo 10, que formou as bases técnicas para as políticas bem-sucedidas dos anos Lula.

Os capítulos 11 a 18 contam a história do PPCDAM propriamente dito. Para isso, tive um auxílio para lá de luxuoso: o do engenheiro florestal Tasso Azevedo, meu coautor. Menino-prodígio da equipe de Marina Silva, Tasso entrou no governo aos 31 anos, já tendo no currículo a fundação do Imaflora, uma das ONGs mais respeitadas do país. No primeiro mandato de Lula, criou e dirigiu o Serviço Florestal Brasileiro e, no segundo, foi o arquiteto do Fundo Amazônia.

O relato das políticas de combate ao desmatamento deste livro se dá em grande medida através dos olhos de Tasso, a partir do que ele viveu como auxiliar de Marina Silva e de seu sucessor, Carlos Minc. Isso é uma vantagem, mas deixa na berlinda a tal objetividade jornalística. É um risco que corro deliberadamente, ao qual acrescento outros dois: fui assessor de Marina Silva na campanha presidencial de 2018 e tenho uma relação próxima com várias pessoas cujo trabalho é escrutinado nesta obra. Para mitigar o viés, as únicas saídas possíveis são assumi-lo (leitor, esteja avisado) e buscar outras vozes e informação documental que aportem crítica e aplauso onde couberem uma ou outro. Espero não perder muitas amizades.

Por fim, um último alerta: esta é *uma* história do combate ao desmatamento na Amazônia, não *a* história. Há certamente vários episódios e relatos importantes que ficaram de fora, seja por limitação da apuração, seja pelo bem da fluência da narrativa. Esse tipo de trabalho está condenado a ser um pequeno recorte da realidade, sempre incompleto e em alguma medida frustrante. Mas mapas em escala 1:1 não costumam servir para muita coisa.

Brasília, fevereiro de 2024

1. Mulheres do espaço

A Veraneio marrom estacionou na fazenda, levantando uma nuvem de pó. Seus cinco tripulantes, suados e quase tão sujos quanto ela, pediram ao capataz um prato de comida e uma noite de pouso. Era fim da tarde em Barra do Garças, um extenso município do leste de Mato Grosso que avançava desde a divisa com Goiás, à beira do rio Araguaia, até o Xingu, no nordeste do estado. O grupo estava exausto depois de passar o dia percorrendo as estradas de terra da zona rural, visitando fazendas. Missão de trabalho do governo, diziam. O gerente aquiesceu, como era a etiqueta no interior; afinal, não havia nem sombra de hotel ou posto de gasolina por ali naquele ano de 1976. Deixou que dormissem no curral, com os empregados. Todos menos a jovem bonita que dividia o carro com os quatro homens. Aquela iria com ele para a sede da fazenda.

Lá dentro a moça recebeu tratamento VIP. Tomou banho e comeu bem como não comia havia tempo. Após o jantar, viu-se sozinha com o capataz e sua mulher, um casal mineiro encarregado de administrar a fazenda Três Marias, um colosso de 20 mil hectares. E enfim o homem deixou de rodeios e disse o que vinha querendo dizer desde que pusera os olhos nela: "Minha filha, você é tão novinha! Tem tanta coisa pela frente! Isso que você está fazendo é um pecado contra o Espírito Santo. Sai dessa vida!".

Evlyn Novo dá uma risada ao relembrar o episódio, 44 anos mais tarde. "Eu era a única mulher numa equipe de homens, então achavam que eu fosse uma quenga!" Mas a geógrafa paulista não estava em Mato Grosso para pecar contra a moral e os bons costumes, e sim para deflagrar uma revolução: aos 22 anos, conduzia o primeiro estudo no mundo a usar imagens de satélite para medir desmatamentos.

O trabalho começara em 1974 e resultaria na tese de mestrado conjunta de Novo e de seu colega Armando Pacheco dos Santos, publicada em 1977.[1] Os dois haviam acabado de ingressar na pós-graduação no Instituto Nacional de Pesquisas Espaciais (Inpe) e receberam de seu orientador, o agrônomo Antonio Tebaldi Tardin, a proposta irrecusável de experimentar a nova ferramenta tecnológica e ao mesmo tempo se aventurar em campo na Amazônia — onde a dupla jamais havia pisado.

Tardin e seus alunos fizeram duas missões no nordeste de Mato Grosso, em 1975 e 1976, com direito a voar num avião que havia sido usado na Guerra do Vietnã (e que vazava óleo), passar fome, comer jacaré na estrada, atravessar o temido rio das Mortes durante uma enchente, ouvir desaforos machistas e ver a brava Veraneio pegar fogo no fim da segunda viagem.

Todas essas aventuras, porém, ficam pequenas se comparadas ao que os dois alunos e seu professor descobririam nas imagens espaciais e confirmariam no terreno sobre a ocupação da região amazônica durante a ditadura militar. A dissertação, que comprovou a eficácia dos satélites como instrumento para monitorar o uso da terra no Brasil, teria repercussões duradouras. Mudaria para sempre o Inpe, a relação do governo com seus cientistas, a maneira como o mundo enxerga a floresta e a própria geopolítica do país.

Mas nada disso estava na cabeça da primeira pessoa que teve a ideia de usar imagens de satélite para detectar desmatamentos. Clara Pandolfo (1912-2009), uma química paraense que nos anos 1970 chefiava uma divisão da Superintendência do Desenvolvimento da Amazônia (Sudam), tinha objetivos bem mais modestos: ela só queria saber se os fazendeiros que recebiam incentivos fiscais do governo para botar a floresta abaixo e criar pastagens estavam cumprindo o que prometiam.

Nascida em Belém, Pandolfo era obcecada pelo desenvolvimento econômico da região e com o uso de tecnologias para aproveitar as potencialidades amazônicas. Seu neto, o jornalista Murilo Fiuza de Melo, atribui essa fixação a uma infância pobre, vivida à luz de lamparina na capital do Pará, cuja economia colapsara na década de 1910 devido à crise dos preços da borracha causada pela concorrência asiática. A cientista ingressou em 1954 na Superintendência do Plano de Valorização Econômica da Amazônia (Spvea, que, em 1966, se transformaria na Sudam), sob a chefia do ultranacionalista Arthur Cezar Ferreira Reis, e fez estudos pioneiros sobre recursos minerais e silvicultura.

Em 1978, Pandolfo, então diretora de Recursos Naturais da Sudam, teve a ideia de incentivar a economia madeireira na Amazônia criando o que chamou de "florestas de rendimento": blocos de mata nativa que seriam manejados de forma racional (a palavra "sustentável" só entraria no léxico treze anos depois), derrubando-se algumas árvores de interesse econômico e dando tempo para que a floresta se regenerasse. A ideia era tão avançada que foi sumariamente rejeitada na ocasião; só seria retomada três décadas mais tarde.

Naquele mesmo ano, a diretora mandou dois técnicos de sua equipe a São José dos Campos para sondar com o Inpe a possibilidade de usar imagens de satélite na fiscalização de mais de trezentos projetos agropecuários bancados pela autarquia, começando na planície entre o Xingu e o Araguaia, onde o Cerrado e a Floresta Amazônica se misturam. "Ela era uma visionária. Não sei como tinha ouvido falar em satélite", relembra Antonio Tardin, que foi destacado pelo diretor do Inpe, Fernando de Mendonça, para receber a missão de Belém. A fonte de Pandolfo decerto era quente: a primeira imagem de satélite do território brasileiro, feita em caráter experimental pela Nasa ainda em 1972, era de uma região de 34,3 mil km^2 justamente no nordeste de Mato Grosso.[2] Ali já era possível ver, na vizinhança do Parque Indígena do Xingu, desmatamentos decorrentes dos projetos agropecuários implantados com estímulo do governo.

O Xingu-Araguaia fora uma das quinze regiões escolhidas pelo presidente Ernesto Geisel em 1974[3] para a implantação de um ambicioso programa de desenvolvimento regional, o Programa de Polos Agropecuários e Agrominerais da Amazônia (Polamazônia). O objetivo era estabelecer, via incentivos fiscais, um conjunto de zonas de exploração mineral, de agroindústria e de produtos florestais. Os tecnocratas de Brasília fatiaram a chamada Amazônia Legal, que incluía Mato Grosso e partes de Goiás e do Maranhão, de acordo com o que eles achavam que fossem as potencialidades de cada polo a partir de um levantamento pioneiro com uso de aeronaves: alumínio no rio Trombetas, no Pará, minério de ferro em Carajás, também no Pará, e manganês na serra do Navio, no Amapá. Nesse banquete de desenvolvimento econômico, o Xingu-Araguaia forneceria a carne.

LESTE DE MATO GROSSO, REGIÃO ANALISADA EM ESTUDO PIONEIRO DO INPE

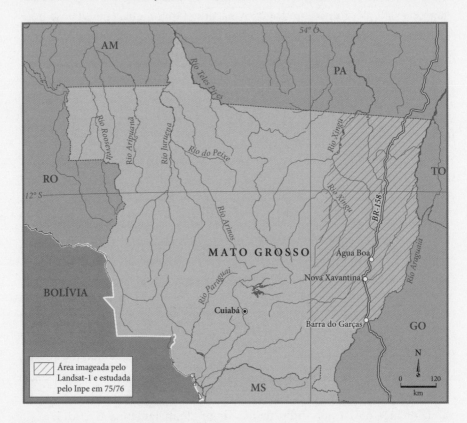

Ali seriam estabelecidos grandes empreendimentos agropecuários, em fazendas que iam de 20 mil a 200 mil hectares (para comparação, a cidade de São Paulo tem 150 mil hectares). Para eles, seriam atraídos empresários do Sul e do Sudeste que quisessem terra barata para ajudar a pátria amada a incorporar as áreas selvagens da Amazônia ao progresso — e ainda fazer um monte de dinheiro. A dotação orçamentária do Polamazônia era generosa: 2,5 bilhões de cruzeiros, o equivalente, em 2024, a 2,4 bilhões de reais.[4]

"Se você lesse os projetos, acharia que a Amazônia iria virar uma Bélgica", lembra Evlyn Novo. Funcionava assim: o empresário comprava milhares de hectares de terras da União por uma ninharia. O preço era dado pela tabela do Instituto Nacional de Colonização e Reforma Agrária (Incra), que até hoje cobra pelo hectare na Amazônia menos da metade do valor de mercado.[5] Em troca da liberação de incentivos fiscais pela Sudam, a empresa se comprometia a produzir determinado número de cabeças de gado e a implementar infraestrutura que o governo não tinha pernas para criar, como casas, escolas e saneamento. Ao menos no papel, conta Novo, "era o paraíso".

Entre as empresas que acudiram ao chamado da ditadura para ingressar nesse paraíso amazônico estava o grupo Silvio Santos. O apresentador de TV paulista arrematou uma área de 40 mil hectares, onde estabeleceu a fazenda Tamakavy. Outra área, de 24 mil hectares, foi adquirida pelo grupo Bordon, produtor de carnes enlatadas que ganharia manchetes nos anos 1980 (guarde esse nome). A Volkswagen também entrou na ciranda, sendo presenteada com uma área no Pará para criar "o bife do futuro" — o único lugar do mundo onde a montadora alemã produzia algo que não fosse carros. Em 1976, o satélite norte-americano Skylab detectou na fazenda Vale do Rio Cristalino, da Volks, o que parecia ser a maior queimada já feita por seres humanos, de 1 milhão de hectares, criando uma onda de indignação (mostrou-se depois que o incêndio tinha "apenas" 10 mil hectares, e a comoção passou).[6]

Para mostrar que o pânico soberanista com estrangeiros na Amazônia era relativo, o regime militar concedeu a maior área do polo Xingu-Araguaia a uma outra multinacional, a Liquifarm.[7] A firma, cujas controladoras tinham sede nas Bahamas, assumiu em 1974 um controverso projeto de pecuária na chamada fazenda Suiá-Missu, cujas dimensões dão um nó na cabeça de qualquer um: 218 mil hectares, quase uma vez e meia a extensão da capital paulista. Essa era, na verdade, uma fração da fazenda Suiá-Missu original, de 647 mil hectares, comprada oito anos antes pelo grupo Ometto, de São Paulo, numa transação bizarra até mesmo para os padrões da ditadura. (O fato de a área estar exatamente em cima de uma terra indígena xavante não pareceu incomodar nem os Ometto, nem os generais, nem a Liquifarm. Mas essa é outra história.)

O gatilho para a liberação do dinheiro dos incentivos pelo governo era o desmatamento. Cada projeto precisava se comprometer a desmatar 50% da área da propriedade, segundo um calendário preestabelecido, para criar pastagens. O limite era dado pelo Código Florestal, uma lei de 1934 atualizada em 1965, no governo do marechal Humberto Castello Branco, que versava sobre a exploração das "áreas incultas" de floresta. O gado era a marca da civilização, o sinal de que o progresso enfim estava chegando à selva, o ícone da integração nacional. Em 1969, o então ministro do Interior, general José Costa Cavalcanti, sintetizara esse pensamento ao declarar que os projetos da Sudam "são vitais ao processo de ocupação dos espaços vazios e demonstram o acerto da nova geração, empregando o processo histórico de interiorização do Brasil através da pata do boi".[8]

Portanto, o recado aos empresários era: sem pasto, sem grana.

Só que a Sudam evidentemente não tinha como fiscalizar uma área daquele tamanho e de difícil acesso — vários dos projetos só podiam ser alcançados de avião. Como saber se os fazendeiros estavam mesmo desmatando tudo o que diziam, e não embolsando o dinheiro dos incentivos e deixando a floresta no lugar? Como saber se as pastagens plantadas estavam em lugares aptos para a criação de gado? Como confiar nos relatos de auditores que poderiam ser corrompidos pelos fazendeiros? "O auditor chegava na fazenda, se reunia com o dono na beira da piscina e ficava o dito pelo não dito", conta Novo. Segundo ela, na região havia até a lenda de que, quando corria a notícia de que os agentes da Sudam estavam indo fiscalizar a liberação dos recursos, um fazendeiro emprestava gado para o outro de forma a inflar a produtividade da fazenda e driblar a fiscalização. A saída imaginada por Clara Pandolfo foi tentar usar um fiscal imparcial, incorruptível e onisciente que, por uma mistura de sorte e visão de futuro, estava pronto para olhar a Amazônia: o Landsat-1, o primeiro satélite de observação da Terra.

O Landsat era um herdeiro direto das missões norte-americanas à Lua, que fizeram pela primeira vez fotos do planeta visto do espaço e causaram frisson global. As imagens do nascer da Terra observado da Lua tomadas pela *Apollo 8* em dezembro de 1968 — as "tais fotografias" de que Caetano Veloso fala na canção "Terra" — correram o mundo e mostraram aos terráqueos a finitude e a pequenez de sua casa.

Os cientistas da Nasa, a agência espacial norte-americana, perceberam ali que o voo orbital tinha também o potencial de monitoramento de recursos naturais, como mineração, água e florestas, e conseguiram aprovação do Congresso para a criação de uma nova espaçonave dedicada a fotografar o planeta.

Em julho de 1972, foi lançado da Califórnia num foguete Delta-900 o Erts-1, sigla em inglês de Satélite de Tecnologia de Recursos Terrestres. Era o primeiro de uma família de espaçonaves que depois seria transferida ao Serviço Geológico dos Estados Unidos (USGS, na sigla em inglês) e rebatizada com um nome mais sexy, Landsat. O Landsat-1 era um trambolho mais pesado que um fusca, com três metros de altura e 1,5 metro de diâmetro, energizado por painéis solares que lhe davam uma envergadura de 4 metros.

Voando sobre a Terra a mais de novecentos quilômetros de altitude, numa órbita quase polar (ou seja, orientada de polo a polo, não em torno do equador), o Landsat-1 dava catorze voltas ao mundo por dia. Ele era munido de quatro sensores: três câmeras de TV, que gravavam filmes em películas de setenta milímetros, e um sensor multiespectral, o MSS, que captava imagens em quatro faixas do espectro luminoso: vermelho, verde e dois tipos de infravermelho próximo.[9] Da mesma forma que um aparelho de ressonância magnética registra imagens do corpo humano em "fatias", o Landsat imageava a Terra em faixas de 185 quilômetros de largura a cada volta que dava.

Concebido para ser um instrumento auxiliar, o MSS logo mostrou mais potencial que as pouco práticas câmeras de TV. Seus quatro canais permitiam observar em detalhe (cada ponto da imagem era um quadrado de oitenta metros) manchas urbanas, cursos d'água, atividades minerais e florestas. O canal vermelho era ideal para distinguir vegetação. Como a clorofila das plantas absorve radiação nessa faixa do espectro, as florestas apareciam como áreas bem escuras nas imagens borradas e em preto e branco do satélite, e podiam ser facilmente diferenciadas das áreas desmatadas.

O que o Landsat-1 não tinha era um HD decente. Seu gravador de bordo, analógico, comportava apenas meia hora de imagens. Era equivalente a pouco mais de um terço do tempo de órbita do satélite. Depois disso, era preciso descarregar as imagens numa antena receptora em terra para limpar a memória e permitir novas gravações. Até 1973 só havia antenas nos Estados Unidos e no Canadá, o que limitava as possibilidades de utilização da nova tecnologia. Naquele ano, porém, o Brasil entrou na parceria do Landsat e tornou-se o terceiro país a instalar uma antena de recepção do satélite — a primeira no hemisfério Sul.

O Inpe, que até então trabalhava com física espacial e outros assuntos de ciência básica, foi reorientado pelos generais a entrar em aplicações da tecnologia espacial, sobretudo meteorologia e monitoramento. Por meio de um convênio com a Nasa, foi instalada em Cuiabá, por 3,5 milhões de dólares, a estação receptora do Erts-1, que permitiria "baixar" imagens de quase toda a América do Sul.

A capital de Mato Grosso foi escolhida estrategicamente por ser o centro geográfico da América do Sul. A partir de lá é possível rastrear dados num raio de 2,7 mil quilômetros, cobrindo uma superfície aproximada de 23 milhões de km^2 — quase o triplo da área do Brasil — da zona continental e de parte do oceano Atlântico.

As imagens de satélite passavam elas mesmas por uma pequena saga até caírem na mão dos pesquisadores. A antena começava a captar os dados quando o Landsat estava cinco graus acima da linha do horizonte. As informações eram gravadas em fitas magnéticas de alta densidade, que então eram embarcadas de avião para São Paulo e entregues aos técnicos do laboratório de processamento de imagens do Inpe em Cachoeira Paulista. Lá eram passadas a outras fitas, compatíveis com computadores, gerando cada uma delas uma cena correspondente a um retângulo de 170 × 185 quilômetros. As cenas também recebiam um tratamento analógico: eram convertidas em imagens em preto e branco e reveladas como se fossem fotografias. Eram produzidas imagens do canal vermelho do satélite, para distinguir a vegetação, e do infravermelho, para observar os rios e o relevo. Segundo Dalton Valeriano, um biólogo que chefiou o monitoramento da Amazônia nos anos 2000, cada fotografia custava o equivalente a cerca de mil reais. Qualquer erro mínimo na revelação — e eles aconteciam o tempo todo — levava ao descarte imediato da imagem e a dinheiro jogado no lixo.

Tardin, Santos e Novo embarcaram para Mato Grosso em 1975 levando um mapa dos projetos cedido pela Sudam e essas preciosas fotos, feitas na escala de 1:250000, com quase um metro de comprimento, e em 1:500000, com metade do tamanho, para manuseio no carro. As imagens traziam as coordenadas, mas, como não havia GPS, a precisão das localizações era pífia. Em campo, era preciso usar a criatividade para achar a correspondência entre a fotografia feita do espaço e o mundo real.

"A gente criava uma espécie de escala para a imagem, pegando o ponto de saída, marcando no hodômetro do carro e percorrendo uma certa distância até um entroncamento visível [na imagem de satélite], e via quanto tinha dado. Com base nessa escala a gente ia falando assim: 'A próxima entradinha deve estar a x quilômetros se essa escala estiver valendo', e aí estava valendo mais ou menos. Então, a gente conseguia chegar — às vezes tinha uma diferença de mais ou menos dois quilômetros, mas a gente conseguia chegar. E aí, pegando a vicinal, a gente ia andando com estradas muito ruins, com atoleiro e tudo, e chegava numa fazendinha, num lugar que tinha um desflorestamento", diz Evlyn Novo.

Nas conclusões publicadas em sua dissertação, depois expandidas em 1978 num artigo científico que avaliava todos os 85 projetos do polo Xingu-Araguaia,[10] Santos e Novo comprovavam que o Landsat-1 era um bom instrumento para fiscalizar os projetos agropecuários. Era possível avaliar desde a rede de rios da região até a qualidade das pastagens, a infraestrutura implementada ou não, e, evidentemente, observar os desmatamentos. O resultado da análise foi uma espécie de síntese premonitória do que seria a pecuária na Amazônia nas quatro décadas seguintes: abandono, baixa produtividade e alta devastação.

Apenas entre 1973 e 1975, as 24 fazendas avaliadas na tese haviam derrubado uma área equivalente a um terço do município de São Paulo. Para desespero da Sudam, a maior parte delas não tinha cumprido o cronograma de desmatamento necessário ao recebimento dos incentivos. Algumas, porém, haviam desmatado muito além da conta: em um dos casos, 81% da área da propriedade. Como o Código Florestal estabelecia o limite, mas não regulava como o desmatamento deveria ser feito, os fazendeiros derrubavam grandes áreas contínuas. "E sem deixar uma árvore na margem do rio, nada. Era assim: terra arrasada", relata Novo.

Mas o satélite também mostrava algo que deveria ter arrepiado os pelos de todos os planejadores governamentais da época: "Não está havendo um aproveitamento total das áreas desmatadas", sentenciaram os estudantes em sua dissertação.[11] "Os projetos em melhores condições possuem, em média, apenas 70% de sua área desmatada ocupada por pastagens de boa qualidade. Muitos dos projetos, entretanto, chegam a apresentar em média menos que 35% de sua área desmatada ocupada por boas pastagens." De um desmatamento total estimado em 2041 km^2 nas fazendas estudadas, 816 km^2, cerca de 40%, eram pastos subaproveitados. Definitivamente, Mato Grosso não era nenhuma Bélgica.

Novo atribui o mau desempenho da "pata do boi" no Xingu-Araguaia a dois fatores. Primeiro, havia o "total desconhecimento da região" por parte dos cabeças de planilha da ditadura e dos empresários por eles atraídos. Ninguém sabia direito como eram os solos da Amazônia e ninguém tinha dimensão do pulso das inundações de seus rios.

Antes de o Landsat começar a observar a floresta, o único mapeamento em grande escala dos recursos naturais da região havia sido feito pelo Projeto Radam, um esforço pioneiro dos militares de esquadrinhar toda a Amazônia com imagens de radar a bordo de aviões. Iniciado em 1971, o Radam se concentrava em minérios, mas também acabou ajudando a definir os mapas de vegetação da Amazônia que são usados até hoje, distinguindo entre os tipos de floresta. Foi uma primeira aproximação, que bastou para os criadores do Polamazônia definirem as "potencialidades" de cada polo — sempre levando em conta o que havia debaixo da floresta, nunca olhando para o potencial da própria mata —, mas ainda era insuficiente para a criação de uma política de ocupação como a que se planejava.

Uma das características da floresta que ninguém entendia bem quando a política de incentivos foi criada era sua extrema resiliência. Quando a mata era derrubada com o chamado "correntão" (uma corrente grossa amarrada a dois tratores que avançavam em paralelo) e depois queimada, a clareira resultante virava o ambiente perfeito para espécies de ervas e arbustos que não conseguiam triunfar sob o dossel fechado. Essas espécies voltavam com toda força, matando o capim. Algumas delas, tóxicas, matavam também o gado. As embaúbas, árvores magricelas comuns em regiões degradadas e beiras de estrada, também voltavam, criando uma sombra que aos poucos permitia o retorno de outras espécies de árvore. Em pouco tempo, no lugar da pastagem, crescia o princípio de uma floresta secundária, mais pobre, cheia de cipós e difícil de penetrar, conhecida como juquira ou capoeira (do tupi *caa-pûera*, ou "mato extinto"). "Os proprietários menos capitalizados, que tinham entrado na brincadeira sem conhecer o tamanho do problema, não conseguiam botar pasto facilmente. O dinheiro não era liberado, e os projetos acabaram abandonados", diz a pesquisadora do Inpe.

A firmeza de propósitos de alguns empreendedores que entraram nas benesses do Polamazônia também deixou a desejar. "Tinha muitos empresários safados, que só queriam o dinheiro, queriam só a liberação do incentivo fiscal, e não o investimento naquilo em que eles estavam se propondo a investir", conta Evlyn Novo. A Amazônia tampouco interessava aos proprietários do Sudeste como lugar para estar: muitos tinham a região apenas como uma longínqua fonte de investimentos, uma espécie de Suíça onde você deposita seu dinheiro, mas para onde você raramente viaja. O próprio Silvio Santos, cuja Tamakavy era um dos raros bons exemplos de produtividade e desmatamento dentro do calendário, confessou a Tardin que jamais pusera os pés na propriedade — que abrigava até um hotel. Novo faz uma analogia com a política de desonerações do governo Dilma Rousseff, criada para aumentar a geração de empregos e os investimentos, mas cujo efeito foi botar mais dinheiro no bolso dos empresários, aprofundando a crise que resultaria na recessão de 2015.[12] "Houve muito desvio de recursos dos incentivos fiscais."

As descobertas mais importantes do trabalho, porém, foram as que Santos e Novo deixaram de fora da dissertação e que traziam notícias que o regime militar não queria ouvir. Elas tinham relação com os impactos ambientais e sociais imprevistos da implantação das fazendas.

A resiliência da juquira, por exemplo, causou um problema social. Os fazendeiros eram obrigados a contratar mão de obra temporária, do Nordeste e de Goiás principalmente, para cortar as matas secundárias que "sujavam" as pastagens. Como resultado, grandes acampamentos se formavam sazonalmente na beira das estradas, aumentando a transmissão de doenças como a malária e a pressão por serviços públicos. Dentro de alguns projetos sem acesso por estradas, famílias contratadas para desmatar e cuidar das fazendas eram abandonadas à própria sorte pelos proprietários. "Num dos lugares em que a gente chegou por avião, porque não tinha como chegar por terra, quando a gente chegou, eles vieram correndo, porque acharam que nós éramos os proprietários, porque eles tinham sido abandonados lá havia seis meses", conta Evlyn Novo.

A promessa da Sudam de geração de empregos de qualidade que fixassem o homem no campo e criassem um contingente feliz de colonizadores na tal "Bélgica" amazônica tampouco se concretizou. No artigo de 1978, que tem como coautores Tardin e o técnico da Sudam Francisco Luna Toledo, os dois jovens pesquisadores mostram que, diferentemente do planejado no Polamazônia, 77% dos projetos não contavam com escola primária, nem mandavam as crianças para escolas vizinhas. O contingente de mão de obra fixa nas fazendas financiadas pelos incentivos do governo era menos de metade do total projetado. Excluindo três fazendas que contrataram mais gente do que o previsto, a média de contratações era equivalente a apenas 44% do total planejado. Novo e seus colegas observam isso com uma frase críptica, que mais uma vez capturava uma realidade desgraçadamente cruel sobre o modelo de ocupação da Amazônia pela "pata do boi": "Observou-se que as agropecuárias tendem a oferecer maior número de empregos sob regime de empreitada".[13] Temporários eram arregimentados para desmatar, plantar capim, abrir estradas e construir a pouca infraestrutura que havia.

Esses contratos, prosseguem, eram feitos sem uma contabilização do número de trabalhadores, através de um intermediário, uma figura conhecida na Amazônia como "gato" — um arrebanhador de mão de obra informal que até hoje tem um papel central no desmatamento. Os temporários eram contratados sob um regime no qual era preciso trabalhar para pagar a alimentação e a hospedagem no local de trabalho. O resultado era uma escravidão por dívidas, já que o pagamento nunca era suficiente para livrar o trabalhador. E, para quem ousasse tentar desistir da empreita, estava lá o gato cumprindo também o papel de feitor, impedindo que os peões fugissem das fazendas.[14] Em 1977, num depoimento à Comissão Parlamentar de Inquérito destinada a apurar os problemas fundiários da Amazônia, o bispo de São Félix do Araguaia, d. Pedro Casaldáliga (1928-2020), chamou a relação de trabalho entre as fazendas e os peões de "escravidão branca". E prosseguiu: "A grande parte dos projetos agropecuários na Amazônia está construída sobre o sangue da massa de trabalhadores desconhecidos".[15]

Desnecessário dizer, as famílias dos cortadores de juquira e outros temporários, que incluíam crianças, não recebiam assistência médica nem educação. "A propriedade não se responsabiliza pela instrução porque a permanência da criança na fazenda é pelo tempo da empreitada apenas", escreveram os pesquisadores do Inpe e da Sudam.

Se dentro das fazendas era ruim, no seu entorno a coisa ficava ainda pior. Alguns projetos mais capitalizados ficavam em áreas distantes da BR-158, a estrada que corta toda a região leste de Mato Grosso até o sul do Pará. Para acessar essas áreas, os fazendeiros criavam estradas vicinais — lembre-se de que construir infraestrutura era uma obrigação estabelecida nos convênios com a Sudam. Só que essas estradas acabavam franqueando também o acesso a florestas virgens, ricas em madeira, e a terras devolutas. Na esteira das grandes fazendas, portanto, apareceram "empreendedores" que não haviam sido convidados a ingressar no paraíso dos incentivos fiscais: madeireiros ilegais e grileiros.

A grilagem, nome dado à apropriação fraudulenta — e frequentemente violenta — de terras, é um problema tão antigo quanto o Brasil. Há controvérsias sobre a origem da expressão. O historiador americano Warren Dean, em seu arrebatador livro *A ferro e fogo*, sobre a destruição da Mata Atlântica, atribui a palavra ao comportamento de saltar por cima de requerimentos de posse alheios, como grilos.[16] No Pará, diz-se que a expressão vem do hábito dos grileiros de falsificar títulos de posse, guardando-os numa gaveta com grilos para que o papel ficasse manchado e amarelado, como se fosse antigo.[17]

A ocupação das terras públicas devolutas em volta dos projetos da Sudam em Mato Grosso explodiu — e, com ela, o desmatamento. Serrarias, que não estavam previstas no projeto da Sudam nem na bem-intencionada cabeça de Clara Pandolfo, começaram a pipocar na região para processar a madeira extraída das ocupações ilegais. A violência também aumentou, previsivelmente, por conta do conflito fundiário. As imagens de satélite revelaram que até mesmo dentro dos projetos aprovados pela Sudam havia sobreposições de área em relação a outras fazendas. Em 1975, por exemplo, homens da fazenda de Silvio Santos, armados, fecharam o acesso a uma propriedade vizinha, a Brasil Novo, num conflito por limites que rendeu notícia em jornal. A Justiça deu reintegração de posse à Brasil Novo.[18]

"Em 1975, quando a gente terminou a primeira avaliação, o desflorestamento com incentivos fiscais não era maior que o desflorestamento sem incentivos fiscais", conta Novo. "Essa foi uma conclusão sobre a qual eu queria escrever na época: o fato de terem sido dados incentivos fiscais tinha criado a infraestrutura para que uma ocupação desordenada e realmente predatória se fizesse à revelia do governo, porque daí foi cada um por si e Deus por todos."

No artigo de 1978, os pesquisadores constataram que o desmatamento fora dos 85 projetos era 63% maior do que o desmatamento dentro deles, e que 50% das áreas desmatadas não estavam sendo "aproveitadas racionalmente". Somando tudo, era um desempenho ainda pior que o das 24 fazendas analisadas na tese. Para bons entendedores, os dados bastavam para indicar que o plano perfeito de desenvolvimento daquela região sonhado pelos criadores do Polamazônia fizera água e estava induzindo a destruição da floresta, sem gerar, em troca, a riqueza correspondente ao potencial.

A imprensa se interessou pelas conclusões e procurou Armando dos Santos. "Perguntaram se ele achava que a responsabilidade pelo desmatamento era da Sudam. Ele respondeu que não era especificamente da Sudam, porque ela era apenas um órgão que executava uma política mais ampla de governo", recorda Novo. A entrevista causou mal-estar no Inpe, por ser vista como uma crítica ao regime. Dali em diante, tudo que fosse produzido pela área técnica, mesmo que fosse um relatório interno, precisaria ser desembargado com a chefia. "Essa pressão, acredite ou não, só terminou nos anos 1990." Santos não viveu para ver isso: morreu em 1986, aos 33 anos.

O interesse dos meios de comunicação nos resultados daquela incipiente ciência amazônica foi reaquecido ainda em 1978 por um simpósio de sensoriamento remoto organizado pelo Inpe em São José dos Campos. Ansiosos por desenvolver mais aplicações das imagens de satélite e justificar o investimento na antena em Cuiabá, os cientistas do Instituto fizeram uma avaliação do desmatamento em toda a área de florestas e cerrados do nordeste mato-grossense, expandindo a região que havia sido avaliada em campo nos anos anteriores. O trabalho confirmou, em escala, que havia uma ocupação desordenada da Amazônia. O *Jornal Nacional* foi cobrir o simpósio, o que despertou a atenção de um outro ator que até então não se envolvera na história: o Instituto Brasileiro de Desenvolvimento Florestal (IBDF), do Ministério da Agricultura.

O IBDF era uma dessas contradições das quais a ditadura era repleta. Sua função era a de estimular a silvicultura no Brasil e, ao mesmo tempo, proteger florestas em parques nacionais e fazer cumprir o Código Florestal. O órgão fora criado em 1967, como consequência da lei de florestas do governo Castello Branco e de uma lei de 1966 que dava incentivos fiscais para quem fizesse o "florestamento ou reflorestamento" de terras.[19] Você entendeu certo: o mesmo regime militar que dava incentivos fiscais para quem botasse a floresta abaixo também era capaz de subsidiar quem plantasse árvores.

Ao saber dos resultados do projeto com a Sudam e do desenvolvimento de uma metodologia que permitia encontrar correspondência entre as imagens de satélite e a realidade em campo, a diretoria do IBDF propôs ao Inpe que analisasse três aspectos da Amazônia: a silvicultura, o estado da cobertura florestal dos parques nacionais e o desmatamento total. "O IBDF ficou com ciúmes da Sudam", conta Tardin. A ideia inicial era avaliar o desmatamento numa área-teste em Rondônia, mas o resultado do simpósio de sensoriamento foi tão positivo que o Instituto de Florestas fez uma proposta mais ambiciosa: por que não olhar para toda a Amazônia?

O Inpe topou o desafio e alugou uma casa em São José dos Campos, onde seria montado um pequeno departamento de sensoriamento remoto. Ali uma equipe de onze técnicos das duas instituições, equipada com o que havia de mais moderno em tecnologia de interpretação de imagens de satélite — lupas, lapiseiras, canetas nanquim, papel de poliéster transparente e calculadoras de bolso HP —, gestou durante nove meses o primeiro mapa de desmatamento da Amazônia.

Durante o ano de 1979, o grupo analisou 1244 imagens do Landsat, que cobriam a área total dos nove estados da Amazônia Legal: 4 975 527 km^2, ou 58% da área do Brasil. Naquele momento não se fez a distinção entre o desmatamento nas florestas e nos cerrados. "A ideia de incluir o Cerrado foi justificada pelo início de sua ocupação agrícola de forma tecnificada, que atingia grandes extensões", lembra Tardin. O IBDF queria entender a velocidade dessa ocupação. Tempos depois, o Cerrado seria abandonado pelo monitoramento do Inpe e só ganharia um olhar exclusivo na segunda década do século XXI.

O trabalho dos técnicos consistia em olhar com lupa as fotografias de Landsat em escala 1:500 000 e contornar, usando uma lapiseira bem fina e papel transparente, as áreas claras na imagem do canal vermelho — cujo padrão já havia sido identificado como desmatamento pelos trabalhos anteriores. A área desses polígonos altamente irregulares era calculada com base na chave de interpretação criada por Tardin e seus alunos na dissertação de 1977. Como o Landsat era um satélite óptico, e a Amazônia é coberta por nuvens na maior parte do ano, se uma imagem de um ano estivesse nublada demais, recorria-se a uma imagem do ano anterior.

Foi ali também que surgiu um número cabalístico que durante décadas determinaria a detecção do desmatamento na Amazônia. O menor polígono de desmate visível pelo Inpe tinha 6,25 hectares, o que no terreno correspondia a um quadrado de 250 metros por 250 metros. Como as imagens de Landsat eram mais precisas do que isso — lembre-se de que cada ponto que a compunha tinha oitenta metros por oitenta —, não havia, a princípio, por que limitar a detecção a uma área três vezes maior. Só que existia uma prosaica barreira tecnológica: "A ponta da lapiseira tinha meio milímetro, então não se podia desenhar nada menor do que um milímetro", conta Dalton Valeriano, entre risos. "Um milímetro quadrado no papel significava 6,25 hectares no mundo real."

O resultado daquele trabalho monástico com lupas, lapiseiras e mesas de luz seria publicado em janeiro de 1980 sob o título nada atraente de *Inpe 1649*.[20] Era um relatório de cinquenta páginas, com muitas tabelas e muito pouca coisa escrita, que dava pela primeira vez na história a dimensão da ação humana na Amazônia brasileira.

Tardin e seus colegas haviam medido o desmatamento em dois períodos: até 1975 e entre 1976 e 1978. A conclusão principal, apresentada em uma das tabelas no meio do trabalho, era a de que até 1978 a Amazônia havia perdido 77,1 mil km² de cobertura vegetal. Considerando os quase 5 milhões de km² da Amazônia Legal, tratava-se de uma gota no oceano — mero 1,55% da área da região.[21] O dado não empolgou muita gente e possivelmente trouxe algum conforto aos chefões do IBDF, já que, para todos os efeitos, a floresta estava preservada. Só que o relatório *1649* também fazia uma observação que, lida com os olhos de hoje, era absolutamente apavorante: "O que deve merecer atenção é a velocidade com que vem sendo feito o desmatamento, o qual apresentou uma taxa de incremento de 169,88% nos últimos três anos estudados".

No ano de 1975, mostrava a tabela, a Amazônia tinha 28 595 km², incluindo as áreas de Cerrado. Ou seja, desde 1542, quando a expedição do espanhol Francisco de Orellana batizou o rio onde jurou ter combatido as amazonas — as mulheres guerreiras da mitologia grega —, até o ano em que Tardin, Novo e Santos iniciaram seu trabalho em Mato Grosso, a Amazônia inteira havia perdido menos vegetação do que perderia em doze meses entre 1994 e 1995. Em 1978, a área destruída de matas e cerrados já havia saltado para 48,6 mil km². Nos três anos entre a primeira viagem da equipe do Inpe ao Xingu e o simpósio de São José dos Campos, o desmatamento acumulado quase triplicara. No momento em que este livro foi escrito, esse desmate na Amazônia Legal brasileira, considerando apenas as florestas e formações florestais do Cerrado, já havia ultrapassado os 830 mil km². Um aumento de 2700%.

"Até 1975 era bem calmo", conta Tardin sobre a taxa de desmatamento. "O que estimulou foi o incentivo fiscal. Você acha que o Silvio Santos colocaria dinheiro do Baú, do bolso dele, na fazenda Tamakavy?"

A conta não incluía, porém, desmatamentos antigos na chamada Zona Bragantina, entre as cidades de Belém e Bragança, no Pará, e em parte do Maranhão. Aquela foi a primeira região agrícola da Amazônia, com fazendas que datam do século XVI, mas que fracassou devido à pobreza dos solos e foi em parte tomada por florestas secundárias. Essa omissão seria objeto de polêmica anos mais tarde.

A publicação do relatório *1649* poderia ter dado origem a um sistema robusto de monitoramento da Amazônia que alertasse o governo para taxas de desmatamento elevadas. Se isso tivesse acontecido ali, em 1980, talvez muitos milhares de quilômetros quadrados de florestas e várias vidas humanas perdidas em conflitos fundiários pudessem ter sido salvos. Mas o que se seguiu ao trabalho foi um brutal anticlímax. O resultado técnico foi engavetado como uma prova de princípio, uma curiosidade acadêmica, e o IBDF jamais levou adiante o monitoramento por suas próprias pernas. "O certo seria o Inpe transferir a tecnologia e um programa ter começado no IBDF", lamenta Tardin. Nada disso ocorreu.

A equipe responsável pelo programa se dispersou. Evlyn Novo e Armando dos Santos, que àquela altura já estavam fora do projeto de desmatamento, seguiram suas carreiras acadêmicas em outras áreas — Novo se especializou em ecossistemas aquáticos e desde os anos 1990 pesquisa as várzeas da Amazônia. O Inpe, que, como o restante da academia brasileira, começou a sentir o baque financeiro do fim do "milagre" econômico da ditadura, passaria quase toda a década de 1980 em situação análoga à dos trabalhadores das fazendas amazônicas: sendo contratado por empreitada. O sensoriamento remoto passou a ser usado para tarefas como previsão de safra, sob encomenda do Ministério da Agricultura, ou para um mapeamento geológico do Brasil que nunca chegou a ser finalizado, ou para monitorar estoques de sardinhas e atuns, ou para mapear usos da terra no Vale do Paraíba. "O resto tudo ficou uma pesquisinha aqui e outra ali", lembra Dalton Valeriano, que entrou no Instituto em 1978.

Os biomas brasileiros ficariam sem vigilância por mais oito anos. Enquanto isso, a ditadura agonizante acelerava o maior projeto de destruição de um ecossistema natural de que se tem notícia nas regiões tropicais. A "política mais ampla de governo" à qual Armando dos Santos se referira era executada com muito dinheiro público, e seus resultados reverberam até hoje na maior floresta tropical do planeta.

2. Integrar para desintegrar

> *O fato mais importante a ser compreendido sobre a floresta úmida brasileira não é que ela é grande, mas que é finita.*
>
> Philip Fearnside

Em 3 de dezembro de 1966 o marechal Humberto Castello Branco reuniu empresários e políticos no Teatro Amazonas, em Manaus, para a aventura da vida deles: a conquista do último grande vazio habitável do planeta. A ditadura militar que tomara o poder no Brasil menos de três anos antes, depondo o presidente João Goulart, tinha planos de integrar e desenvolver a região amazônica, povoando-a e explorando seus recursos naturais. No discurso de abertura da Primeira Reunião de Incentivo ao Desenvolvimento da Amazônia, Castello fez questão de deixar claro qual era o modelo de integração que o Brasil gostaria de emular: "homens da Amazônia, do Nordeste e do Centro-Sul dão-se as mãos para uma empresa que repetirá, no Brasil, a façanha pioneira da conquista do Centro-Oeste dos Estados Unidos, nas primeiras décadas do século passado".[1]

Para quem se lembra do que a conquista do Oeste fez com os povos indígenas dos Estados Unidos,[2] a declaração parecia um péssimo vaticínio. Mas não foi a única fala agourenta do presidente naquele dia. Os políticos e empresários convocados pelo ditador iniciariam na manhã seguinte uma viagem de Manaus a Macapá a bordo do navio *Rosa da Fonseca*, mas Castello já avisara que os rios e a floresta não eram objeto primário do interesse da iniciativa. "Por certo não viestes aqui para ver a paisagem da Amazônia, como fazem os turistas à cata de quadros exóticos. Homens de negócios, vitoriosos em outras partes do Brasil, estais preocupados em bem utilizar as facilidades concretas que se oferecem à iniciativa privada, para aqui repetir as vitórias obtidas em outras regiões através de empreendimentos agrícolas ou industriais modelares." O presidente prometia que o ímpeto da revolução, como os militares chamavam o golpe de 64, faria a Amazônia deixar "de ser um mistério" para tornar-se "uma realidade cheia de extraordinárias possibilidades".

A lista feita pelo marechal com as atividades que teriam apoio do governo federal era extensa: fertilizantes químicos, fibras e óleos vegetais, serralheria, estaleiros, mineração, material de construção, arroz, frutas, pescado, bovinos e búfalos. Nenhuma das atividades da lista, à exceção da pesca, girava em torno de produtos da própria Amazônia, como essências, madeiras nativas, látex e açaí. As "extraordinárias possibilidades" brandidas pela ditadura para desenvolver a região exigiam a remoção da floresta.

O encontro em Manaus inaugurava no terreno um plano de ação lançado pelo governo em setembro de 1966 e que ficaria conhecido informalmente como Operação Amazônia. Tratava-se de uma série de atos presidenciais e leis voltada para estimular a economia amazônica. Entre eles estavam a criação da Sudam, a partir da antiga Spvea;[3] do Banco da Amazônia, o Basa;[4] e, no ano seguinte, da Zona Franca de Manaus,[5] um polo industrial montado com base em subsídios fiscais.

A Sudam atuaria na chamada Amazônia Legal, que expande a região para além dos 4 196 943 km^2 do bioma Amazônia.[6] A lei de criação da Sudam incorporava, para efeito de benefícios governamentais, a região Norte e parte dos estados de Goiás (hoje Tocantins), Mato Grosso e Maranhão que estão em zonas de Cerrado. Isso perfazia um total de 4 975 527 km^2, quase 59% do Brasil. (Em 2007, a Amazônia Legal seria revista pelo Instituto Brasileiro de Geografia e Estatística[7] e ficaria com 5 015 146 km^2.)

A bordo do *Rosa* naquela viagem estiveram dois personagens que, em tempos diferentes e por motivos distintos, teriam forte influência sobre o destino da Amazônia. Um deles era o governador do Amazonas, Arthur Cezar Ferreira

Reis (1906-93), único chefe de Executivo estadual citado nominalmente pelo presidente em seu discurso. O outro era o jovem governador do Maranhão, José Sarney, que, 22 anos depois daquela reunião em Manaus, seria levado pelas circunstâncias a um ato pioneiro em relação à floresta. Mas não vamos dar spoiler aqui.

Arthur Reis era um nacionalista ferrenho que havia ocupado entre 1953 e 1955 a presidência da Spvea, a antecessora da Sudam, criada por Getúlio Vargas na primeira e fracassada tentativa de estimular a economia amazônica no pós-guerra. "Ele era o intelectual que dominava o debate sobre a região, tanto por seus argumentos como pelo grande conhecimento que tinha das peculiaridades amazônicas", recorda Sarney. A partir de 1960, Reis publicou quatro edições de um livro que cairia nas graças dos círculos militares e até hoje forma opinião na caserna: *A Amazônia e a cobiça internacional*. São 258 páginas do puro creme da paranoia conspiratória, em que Reis historiografa supostas tentativas de governos estrangeiros de se apropriar da Amazônia, tomando do Brasil suas riquezas.[8]

Algumas tentativas de violação de soberania de fato ocorreram no passado distante, como a campanha iniciada em 1850 pelo oficial da Marinha norte-americana Matthew Maury para abrir a navegação do rio Amazonas a todas as bandeiras — o que, na prática, equivalia a transformar a Amazônia num protetorado americano. O movimento foi habilmente desarmado pela diplomacia brasileira. Outras decorreram de contestações legítimas de fronteira, como no começo do século XX, quando a Bolívia, frustrada pela ocupação por brasileiros das florestas ricas em seringueiras de seu território do alto rio Acre, tentou terceirizar para uma companhia americana a administração da área. O Brasil, temendo a repetição na América do Sul do drama vivido pela África com as chamadas *chartered companies*, ou "companhias de carta" (que tinham carta branca de líderes de algumas nações para exercer uma espécie de governo privado de um território), firmou com a Bolívia em 1903 um acordo pelo qual comprava o Acre em troca de 2 milhões de libras esterlinas e da promessa de construção de uma ferrovia para escoar a borracha boliviana[9] (um século depois, o presidente boliviano Evo Morales daria uma gafe ilustre, afirmando que o Acre fora trocado por um cavalo).[10]

Reis curiosamente não trata a ocupação do Acre pelos seringalistas brasileiros como violação da soberania boliviana.

Em meio a histórias reais, porém, o intelectual amazonense inventou inimigos imaginários. Seu livro acusa naturalistas que fizeram expedições científicas à Amazônia no século XIX, como os zoólogos britânicos Henry Walter Bates e Alfred Russel Wallace, cocriador da teoria da evolução, de agirem como "cabeças de ponte do imperialismo europeu".[11]

A conclusão do livro era a de que a Amazônia tinha riquezas imensas, era muito permeável por seu tamanho e sua baixa densidade demográfica, que o mundo inteiro estava de olho nela e que o Brasil precisava de fato ocupá-la, sob pena de amargar "condições profundamente humilhantes". "Os perigos que rondam a Amazônia entram pelos olhos da cara", sentenciava Reis no final de seu libelo.

O caso construído pelo futuro governador que mais influenciaria o pensamento do regime militar foi o do Instituto Internacional da Hileia Amazônica, com sede na Itália. A ideia fora aventada em 1945, na conferência inaugural da Organização das Nações Unidas para a Educação, a Ciência e a Cultura (Unesco), e envolvia a criação de um centro internacional de estudos e pesquisas visando ao aproveitamento dos recursos naturais da Amazônia. Acabou sendo vetada pelo Congresso Nacional anos depois, mas Reis argumentava que o Instituto serviria de cavalo de troia para a internacionalização da região, dado o estranho interesse da Itália e de outros países em bancá-lo.

Era o final da Segunda Guerra Mundial, e a comunidade internacional precisava lidar com o problema da fome, diretamente relacionado à segurança global e à manutenção da estabilidade num mundo que tentava juntar seus cacos. As regiões tropicais, em especial a Amazônia, despontavam como imensas extensões de terra agricultável e vazios demográficos que poderiam ser ocupados para aliviar as pressões populacionais, alimentares e de matérias-primas do planeta. Havia, portanto, argumentava Arthur Reis, interesse em relativizar a soberania brasileira sobre a região e transformá-la numa espécie de celeiro global sob o domínio de agentes internacionais. O Instituto da Hileia seria o primeiro passo dessa colonização alimentar. Qualquer pessoa que passeie hoje pela orla de Santarém, no Pará, e veja o porto de escoamento de soja construído e mantido ali pela companhia norte-americana Cargill pode ficar à vontade para dar risada de tal zelo nacionalista.

Reis também apontava que a tomada da Amazônia seria uma porta de saída para os países ricos derrotados na descolonização da África e da Ásia darem sobrevida ao imperialismo e à acumulação de capital feita sobre a exploração de regiões e povos periféricos do mundo. "A partilha da Amazônia poderia ser objeto de cogitação para contentar as nações poderosas que mantêm em mãos, ainda hoje, os destinos do mundo, e não se conformam com as perdas que sofrem na própria carne."[12]

Em outubro de 1964, durante uma conferência sobre o desenvolvimento da América Latina, o *think tank* americano Hudson Institute levantou ainda mais as sobrancelhas da ditadura recém-inaugurada ao propor que o rio Amazonas fosse barrado na altura do estreito de Óbidos, no Pará, para a criação de uma série de lagos que o tornassem navegável em toda a sua extensão, de forma a integrar o Brasil com os países andinos. "Todo mundo sabia que aquilo era uma maluquice completa. As únicas pessoas que levaram a proposta a sério foram os militares brasileiros, no sentido de pensar que, se eles não exercessem presença na Amazônia, alguém viria tomá-la", relembrou Thomas Lovejoy (1941-2021), um ecólogo americano que estudava aves no Pará no final dos anos 1960 e que pouco mais de uma década depois ganharia fama mundial ao introduzir a expressão "diversidade biológica".

Para Raoni Rajão, pesquisador do Laboratório de Gestão de Serviços Ambientais da Universidade Federal de Minas Gerais (UFMG), a gritaria contra a internacionalização da Amazônia tinha muito de jogo para a plateia. Cientista da computação que na primeira década do século XXI se tornou estudioso da ocupação da região (ele jura que seu nome de batismo tem muito pouco a ver com seu interesse pela Amazônia), Rajão aponta que a paranoia soberanista era um discurso conveniente das classes altas amazônicas, que, após o final da Segunda Guerra, viram a economia da região degringolar mais uma vez devido ao fim da demanda dos Aliados por borracha. "Era uma tentativa da elite amazônica de posicionar a Amazônia no Brasil", afirma.

Afinal, ninguém reclamou de ameaça colonial estrangeira nem de imperialismo em 1942, quando os Estados Unidos, premidos pelo corte do fornecimento de látex da Ásia ocupada pelo Japão, fizeram um acordo de fornecimento exclusivo de borracha do Brasil para suprir seu esforço de guerra. Na ocasião, os americanos bancaram o recrutamento de 24 300 seringueiros para aumentar a produção na Amazônia — os "soldados da borracha" —[13] e criaram até mesmo um banco para financiar a produção. Segundo dados compilados pela antropóloga Mary Allegretti (mais sobre ela adiante) na sua monumental tese de doutorado sobre o movimento dos seringueiros, a demanda americana fez o preço da borracha aumentar 50% entre 1942 e 1944.[14] Até o fim da guerra, portanto, a Amazônia reviveu temporariamente os tempos de glória do boom da seringa iniciado no século XIX e finalizado de forma trágica na primeira década do século XX.

De acordo com Rajão, a depressão econômica que a região atravessou quando a guerra e a festa da borracha terminaram levou a elite local a se queixar da falta de integração com o Brasil. Essa queixa encontrou ouvidos atentos nos militares, que começavam a pensar o Norte em outros termos: os da geopolítica.

O *Dicionário de política* do italiano Norberto Bobbio define geopolítica como "o estudo do determinismo do ambiente físico sobre a política dos Estados".[15] A geografia, prossegue Bobbio, explica o comportamento político e as capacidades militares e determina até mesmo "a tecnologia, a cultura e a economia dos Estados, sua política interna e externa, e as relações de poder entre os mesmos".[16] O movimento de ocupação da Amazônia a partir de 1966 foi motivado por raízes geopolíticas profundas.

O pesquisador da UFMG aponta os escritos do gaúcho Golbery do Couto e Silva (1911-87) como a base teórica desse movimento. O general Golbery, um dos arquitetos tanto do golpe de 1964 quanto da distensão que resultaria na Anistia em 1979, era instrutor da Escola Superior de Guerra, instituição que forma o que quer que possa ser chamado de "pensamento estratégico" militar brasileiro. Desde os anos 1950 ele vinha formulando ideias sobre geopolítica e segurança nacional. Inspirado na geopolítica norte-americana, o general expandiu conceitos que vinham fermentando havia alguns anos, como o de que olhar para dentro do território, sobretudo em países extensos como os Estados Unidos e o Brasil, é tão importante quanto olhar para fora.[17] O conceito de defesa — aplicado a agentes externos — foi substituído pelo de segurança nacional, que incluía agentes internos.

"Até esse período a função das Forças Armadas era proteger as fronteiras e olhar para o inimigo externo. Golbery subverte essa noção, dizendo que só teremos um país forte se ele for forte também internamente", diz Rajão. "Segurança internacional significa tratar de uma política de segurança nacional, que se desdobra num conceito estratégico nacional com diretrizes que só podem surgir do alinhamento entre uma estratégia política, uma estratégia econômica, uma estratégia psicossocial e a estratégia militar."

O conceito de segurança nacional de Golbery nos legaria duas pérolas do autoritarismo: a Lei de Segurança Nacional, baixada em 1967, que resguardava a consecução dos "objetivos nacionais" contra "antagonismos, tanto internos como externos", e o Serviço Nacional de Informações, ou SNI (atual Agência Brasileira de Inteligência — Abin), a agência de inteligência usada na ditadura para espionar os tais "antagonistas internos".

A Amazônia tinha um lugar especial nessa geopolítica doméstica por seu tamanho e sua posição geográfica. Situada na imensa porção noroeste do Brasil, fechada por sua gigantesca e densa floresta, a região não podia ser facilmente acessada a partir dos centros dinâmicos da vida nacional, situados na costa, pelo fato de os afluentes da margem direita do Amazonas serem encachoeirados e, portanto, apresentarem dificuldade à navegação. A geógrafa carioca Bertha Becker notou como essa falta de integração natural tornava a Amazônia uma imensa pedra no sapato geopolítico do Brasil: mais próxima dos Andes e do Caribe do que do Rio e de São Paulo, ela "sempre esteve mais exposta às influências externas, e permanece até hoje à margem do sistema espacial nacional".[18]

Essa articulação natural com o exterior deu o tom dos primeiros grandes ciclos econômicos da Amazônia: o das chamadas "drogas do sertão", especiarias como cacau, guaraná e urucum, e o da borracha. A seiva pegajosa da seringueira (*Hevea brasiliensis*) transformou-se em commodity após a descoberta da vulcanização por Charles Goodyear, em 1839, e passou a literalmente mover o mundo depois da invenção do pneumático pelo americano Henry Dunlop, em 1888.[19] O estabelecimento da atividade extrativa, ligada de forma direta aos mercados europeu e americano por meio dos portos de Manaus e Belém, trouxe a primeira grande onda de povoamento para a Amazônia — a massa de trabalhadores e aventureiros vindos principalmente do Nordeste para os seringais. A população do Pará e do Amazonas cresceu de 329 mil pessoas em 1872 para 695 mil em 1900.[20]

Criou-se também uma casta de capitalistas da selva, os barões da borracha. Data desse período (1896) a construção do suntuoso Teatro Amazonas, em Manaus, com lustres trazidos de Veneza e colunas de mármore de Carrara, para satisfazer às necessidades culturais da elite da "Paris dos Trópicos". Data também desse período o estabelecimento de instituições até hoje presentes na

Amazônia: os latifúndios de extensão mirabolante, a exploração violenta do trabalho e a escravidão por dívidas no chamado "barracão" (estabelecimento em que os seringueiros pagavam com trabalho gêneros alimentícios, roupas e equipamentos, criando débitos que jamais conseguiam saldar). Mas a região permanecia uma "ilha econômica", nas palavras de Bertha Becker, distante do Brasil mesmo quando, no fim do século XIX, cerca de 65% da borracha do planeta[21] escoava dos confins da selva pelo porto de Belém.

A Amazônia passou a se ressentir da falta do Brasil a partir de 1912, quando o preço da borracha despencou devido à concorrência de países asiáticos. Um malandro inglês chamado Henry Wickham — que mereceria, esse sim, um capítulo inteiro do livro de Arthur Reis — havia contrabandeado sementes de seringueira do Pará para o Reino Unido em 1876. Aclimatadas na colônia britânica da Malásia, deram origem a plantações densas, que não sofriam com as pragas que as afetavam na Amazônia e podiam ser exploradas de forma muito mais intensiva e barata. O colapso daquele que era basicamente o único produto da economia amazônica trouxe miséria e decadência, lembradas com amargura por Clara Pandolfo, a cientista da Sudam protegida de Arthur Reis que tentou desenvolver uma indústria sustentável de produtos da floresta quase um século após o ato de biopirataria de Wickham.[22]

Dali em diante, outra imagem da Amazônia colaria no imaginário dos brasileiros: o "inferno verde", quente, desabitado e cheio de insetos e doenças, de solos pobres demais para a agricultura e onde nenhuma atividade econômica poderia prosperar. A selva torna-se sinônimo de atraso, um "mato", algo a higienizar, sanitizar e, em última análise, eliminar. A palavra "extrativismo" viraria nêmese do desenvolvimento. Ela foi ensinada aos autores deste livro, que frequentaram o ensino fundamental na década de 1980, como atividade econômica superada no tempo e subdesenvolvida. Como se verá adiante, nem mesmo o maior dos economistas brasileiros, Celso Furtado, escapou da birra atávica com o extrativismo.

Becker lembra que esse marasmo econômico vivido durante a maior parte do século XX foi o que garantiu que a floresta sobrevivesse mais ou menos intacta. "Quanto mais fracas as forças em ação, mais preservada a região; quanto mais poderosas, mais desastrosas as consequências",[23] escreveu em 1974, ano em que a Sudam iniciou a concessão de incentivos fiscais no Polamazônia.

* * *

Se é verdade que a elite amazônica se tornou mais sedenta de integração no tempo das vacas magras, sucessivos governos brasileiros tentaram trazer a Amazônia para dentro do país tão logo a tecnologia para isso — sobretudo aviões e tratores[24] — se tornou disponível. A interiorização do Brasil e a mudança da capital do Rio de Janeiro para o Planalto Central, por razões geopolíticas, já estavam previstas desde 1891 na Constituição,[25] mas teriam de esperar mais de sessenta anos para começar a se concretizar. No fim do século XIX e no começo do XX, o marechal Cândido Mariano Rondon fez suas célebres expedições pelo Mato Grosso, para instalar a linha telegráfica em Cuiabá; depois, entre 1907 e 1915, subindo até o Acre e cruzando o estado que levaria seu nome, Rondônia. Em 1943, Getúlio Vargas fez um primeiro movimento real de penetração na Amazônia, designando uma expedição para subir de Uberlândia até o Xingu, desbravando o Brasil Central e fundando povoações. A "Marcha para o Oeste", como ficou conhecida, foi comandada pelos irmãos Leonardo, Orlando e Cláudio Villas Bôas e resultaria em 43 povoados, uma base aérea no Pará, a do Cachimbo, e uma estrada que rasgava a porção leste de Mato Grosso, a BR-158, avançando do cerrado do Araguaia até as florestas do Xingu. (A região foi a mesma imageada pelo Landsat-1 em 1972, que ganhou incentivos para a pecuária em 1974 e o primeiro monitoramento de desmatamento do Inpe em 1977.) Cláudio e Orlando, num dos livros que escreveram sobre o período, lembram que uma das motivações de Vargas para a expedição foi a suposta cobiça estrangeira, durante a guerra, das regiões "desabitadas" da América do Sul.[26]

A penetração rumo ao noroeste do Brasil também colocou o avanço dito "civilizatório" em choque com os povos indígenas do Centro-Oeste e da Amazônia, vários deles sobreviventes da expansão paulista dos séculos XVII e XVIII. Isso resultou em sofrimento e milhares de mortes, mas também numa política de proteção aos territórios, capitaneada pelos Villas Bôas, que se mostraria fundamental para manter a Floresta Amazônica em pé e seus primeiros habitantes vivos.

A Marcha para o Oeste espetou uma primeira agulha na Amazônia, mas o destino da região e de sua floresta seria selado mesmo com a construção de Brasília, no final dos anos 1950. Em 1960, ano de inauguração da nova capital, Juscelino Kubitschek também inaugurou duas rodovias que, nas palavras de Becker, funcionariam como uma "pinça", formando um arco em torno da floresta e capturando-a, enfim, para dentro do Brasil: a BR-364, que iria de São Paulo ao Acre passando por Cuiabá e por Rondônia, seguindo a linha do telégrafo de Rondon, e a Belém-Brasília. Foi nas obras da Belém-Brasília que JK posou para fotos ilustres em cima de um trator de esteira derrubando árvores.[27] As duas estradas venciam, enfim, o principal entrave à penetração humana no "inferno verde": a inacessibilidade terrestre. Para a floresta e seus povos, elas abriram a porta de outro inferno.

A Belém-Brasília assistiu em suas margens ao início da ocupação pela proverbial "pata do boi", à qual se referiria anos depois o ministro Costa Cavalcanti. A região começou a atrair migrantes dos estados do Centro-Oeste e do Sudeste, tendência imortalizada no nome de uma de suas cidades mais icônicas: Paragominas. Concebida como uma utopia na selva, usando como plano urbanístico um dos projetos derrotados do Plano Piloto de Brasília, Paragominas viu sua ocupação acelerar-se após o início da ditadura, com a população saltando de quinhentos habitantes em 1960 para 15 mil dez anos depois.[28] Com o início do asfaltamento da estrada, em 1973, e os incentivos da Sudam no ano seguinte, as terras se valorizaram e começou a apropriação de grandes áreas por pecuaristas do Sudeste. Isso gerou conflitos fundiários entre posseiros nordestinos e grandes criadores de gado que, por um lado, deslocaram os posseiros para novas áreas de floresta e, por outro, renderam ao município um apelido macabro que seria mantido por décadas: "Paragobala".

Paragominas e outras cidades da Belém-Brasília também se transformaram num laboratório de desmatamento a céu aberto, no qual passou a ser praticada a sequência clássica da destruição da floresta. Primeiro a mata é "brocada", como se diz na Amazônia, em busca de madeira — o município chegou a ser o maior polo madeireiro do Brasil em 1990. As árvores nobres são abatidas para alimentar serrarias e, ao mesmo tempo, para gerar caixa para o trabalho de desmatamento. Na sequência, com motosserras, tratores e fogo, a área é "aberta", e o capim é semeado, às vezes de avião. Também são usados herbicidas para limpar o pasto e evitar a rebrota da floresta. Em 2009, 45% dos 19,3 mil km^2 de área do município haviam sido desmatados.[29]

A BR-364 viria a se tornar uma rodovia ainda mais problemática para a floresta que a Belém-Brasília. Cortando ao meio o estado de Rondônia, de sudeste a noroeste, a estrada seria o vetor de um surto de colonização violento com a floresta e seus povos. Foi também no eixo da 364 que se daria um conflito definidor dos rumos da política para a Amazônia, que você conhecerá adiante. No momento em que escrevo, a história de problemas socioambientais da BR-364 ainda não está superada — há planos para estendê-la até o Peru, rasgando o Parque Nacional da Serra do Divisor, no extremo oeste acreano.

Quando Castello Branco iniciou a Operação Amazônia, portanto, a floresta já havia recebido o abraço de tamanduá do Brasil e estava pronta para tomar um banho de capitalismo. Com 11 mil quilômetros de fronteiras a resguardar e "extraordinárias possibilidades" para quem encarasse os investimentos — com a segurança dada pela mão amiga do regime militar —, a forma mais eficiente de proteger a região do olho gordo dos estrangeiros seria torná-la produtiva e reverter as riquezas geradas ali em benefício do Brasil. A ditadura converteu a Amazônia no que Becker chama de "fronteira de recursos", com o duplo papel de apoiar o desenvolvimento do centro da economia nacional e de consolidar geopoliticamente o território. O slogan que seria cunhado para esse movimento — e que, por incrível que pareça, nunca foi enunciado por nenhum dos presidentes militares[30] — era "integrar para não entregar".

Um marco do início dessa integração ufanista, ironicamente, foi a entrega de um naco da Amazônia a uma empresa estrangeira. Em 1966,[31] atendendo a um convite do ministro do Planejamento de Castello Branco, Roberto Campos, o bilionário estadunidense Daniel Keith Ludwig iniciou a negociação para a compra de terras de um antigo seringal às margens do rio Jari, entre os estados do Pará e do Amapá.

Ludwig havia feito fortuna como armador após a guerra, inventando e construindo superpetroleiros para trazer do Oriente Médio o combustível fóssil que moveria o sonho americano. Em pouco tempo diversificara seus negócios em duas dezenas de países, com operações de gado na Austrália, mineração no México, hotéis nos Estados Unidos e silvicultura na América Central.

Quando Campos foi procurá-lo em Nova York para lhe franquear a Amazônia, Ludwig estava pronto para iniciar mais uma operação ousada: papel e celulose na África. Ele achava que o mundo fosse ficar sem papel antes do fim do século XX e começou a procurar terras nos países subdesenvolvidos para produzir celulose barata em grande escala — e macacos me mordam se não era exatamente o tipo de colonização por commodities contra o qual Arthur Ferreira Reis bradava. O plano contava com uma arma secreta: a gmelina (*Gmelina arborea*), uma árvore das florestas asiáticas que Ludwig havia plantado de forma experimental na Costa Rica e no Panamá com grande sucesso e que crescia, segundo os relatos de seus agrônomos, fabulosos trinta centímetros por mês.

O contato e as promessas generosas da ditadura fizeram o americano abortar a operação africana e adquirir as terras no Brasil. Em 1967 seria criada a Jari Agropecuária e Florestal Ltda., com o objetivo de substituir a luxuriante e ociosa mata amazônica por dezenas de milhares de hectares da diligente gmelina. A extensão nominal da fazenda negociada era assombrosa: 3,7 milhões de hectares, um território maior que a Bélgica. O colosso posteriormente se mostrara um erro de demarcação, e a área acabou reduzida a 1,7 milhão de hectares, o equivalente a quase duas Jamaicas. Mesmo com o corte, era considerada o maior latifúndio de um único dono existente naquela época no mundo.[32]

Depois de dois anos abrindo estradas e criando infraestrutura para os funcionários, a Jari iniciou o desmatamento de uma área de 100 mil hectares (dois terços da cidade de São Paulo) para o plantio de milhões de clones de gmelina. E Ludwig cometeu um erro que tornaria a Jari sinônimo de polêmica e fracasso na Amazônia.

"Trouxeram um monte de trator Caterpillar D9 para fazer desmatamento e foi uma *merrrda*", lembra o engenheiro florestal holandês Johan Zweede (1940-2022), em português com forte sotaque, apesar de mais de cinquenta anos no Brasil. Zweede chefiou as operações do Projeto Jari entre 1970 e 1982.

O desmatamento bruto feito com as escavadeiras D9 foi "uma *merrrda*" porque destruiu a fina camada de solo fértil da floresta, expondo debaixo dela uma terra arenosa que forma grande parte do latifúndio do Jari. O tamanho das árvores e a biodiversidade da Amazônia passam a impressão de fertilidade, mas em muitas áreas de terra firme da floresta isso é uma ilusão. São solos muito antigos, que passaram milhões de anos sendo lavados pelas intempéries e perdendo nutrientes. Várias espécies de árvore se viram nesse ambiente por meio da simbiose com bactérias que fixam nitrogênio nas raízes. Outras são beneficiadas pela alta taxa de decomposição de matéria vegetal na superfície, que recicla nutrientes para o solo. Mas elimine esses dois elementos e algumas regiões da hileia viram uma terra ruim. O Jari era uma delas.

Notando a falta de progresso da gmelina — que nas fazendas de Ludwig na América Central crescia em solo muito fértil —, Zweede importou milhões de sementes de pínus-do-caribe (*Pinus caribaea*). "Fiz uma plantação de pínus escondida", contou o holandês. A malandragem salvou a empreitada.

Em 1978, Ludwig decidiu que era hora de iniciar a fabricação da pasta de celulose e cometeu o que parecia um ato insano: mandou trazer do Japão, numa balsa de 333 mil toneladas (maior que seus superpetroleiros) e numa viagem de mais de 28 mil quilômetros, uma fábrica de celulose já montada, da altura de um prédio de quinze andares. Era a primeira das duas unidades que ele planejava instalar no projeto. A operação era tão arriscada que nenhuma seguradora queria assumi-la. Sua instalação foi mais um ato de ousadia: em vez de assentá-la sobre pilares de ferro, como era a recomendação, Ludwig decidiu apoiar o colosso em vigas de maçaranduba, por sugestão de Johan Zweede. Uma lição ensinada pela Holanda, que usa essa madeira amazônica há séculos em alguns de seus icônicos diques.

Com tantos lances grandiosos, porém, o papel mais barato do mundo nunca saiu do papel, e o Projeto Jari acabou vendido ao grupo brasileiro Caemi em 1982, apenas quatro anos depois da instalação da fábrica. Segundo os americanos Mark London e Brian Kelly, o prejuízo acumulado chegou a 1 bilhão de dólares.[33]

O holandês diz que a decisão de Ludwig de se desfazer do que ele considerava seu empreendimento favorito teve mais a ver com política do que com retorno financeiro. A pressão da sociedade sobre o governo do general João Figueiredo, último presidente militar, criou dificuldades que Ludwig, acostumado a sempre conseguir o que queria, não pôde superar.

"Era a época mole da ditadura", diz Zweede. "Havia muito questionamento da imprensa sobre o projeto e manifestações de estudantes contra o Jari e os gringos na Amazônia." O magnata não conseguiu autorização do governo para instalar uma hidrelétrica no Jari, que geraria energia para uma segunda fábrica de celulose, da qual dependia a rentabilidade total da operação. "Foi a gota d'água para ele sair."

Ludwig ao menos estava em boa companhia: antes dele, Henry Ford fracassara espetacularmente com um latifúndio para produzir borracha no Pará, a Fordlândia (1928-45, atual cidade de Belterra), vitimada por pragas da seringueira e por conflitos sociais.[34] Como Ford, Ludwig tentou apagar a memória das polêmicas amazônicas a golpes de filantropia, trazendo uma filial de seu instituto suíço de pesquisa do câncer para o Brasil em 1983.

Em 1970, enquanto os homens de Ludwig derrubavam as matas no Pará, um evento natural ocorrido longe da Amazônia marcava uma nova fase da política de "integração" da ditadura e transformava a fronteira de recursos também numa válvula de escape de tensões sociais. Um El Niño causou uma seca que atingiu 8 milhões de pessoas no Nordeste,[35] provocando êxodo rural e instabilidade social.

O Brasil vivia, então, a fase mais sanguinária da ditadura militar, com a promulgação do Ato Institucional nº 5 (AI-5), que em 1968 fechou o Congresso, suspendeu direitos e garantias individuais e institucionalizou a tortura. Para resistir ao AI-5, a oposição pegara em armas. Guerrilheiros urbanos marxistas sequestravam embaixadores e praticavam assaltos. Alguns líderes da guerrilha, como Carlos Lamarca e Carlos Marighella, teorizavam que a ditadura só seria derrotada quando o campesinato esclarecido nos ideais da revolução comunista se rebelasse. Tentativas de implementar uma guerrilha rural foram feitas por Lamarca no Vale do Ribeira em 1970, e, na mesma época, por um grupo de dissidentes do PCdoB de inspiração maoísta na região do Araguaia, entre o que então era o norte de Goiás e o sul do Pará. A Guerra Fria chegara à Amazônia.

O presidente militar de turno era o general Emílio Garrastazu Médici, que não estava disposto a permitir a criação de focos subversivos impulsionados pela tragédia humanitária no Nordeste que levassem à "revolução social, que nos iria desunir a todos".[36] Em 6 de junho, o general foi ao Recife e, num discurso descrito como "emocionado", anunciou frentes de trabalho, operações de crédito rural e programas de colonização que levassem populações das áreas "totalmente desaconselháveis à vida humana" para outras regiões, como o vale do São Francisco, o Planalto Central e o sul do Pará.

Dez dias depois, o ditador baixou um decreto-lei[37] contendo uma ideia mais radical: um programa maciço de colonização da Amazônia, que levasse os excedentes populacionais do Nordeste para a região de "milhões de hectares ainda desaproveitados" (reforma agrária no Nordeste não estava nos planos do general). Tal programa seria feito "com um mínimo de recursos econômicos", para "complementar, sem inflação, o esforço necessário à solução dos dois problemas: o do homem sem terras no Nordeste e o da terra sem homens na Amazônia".[38] A colonização se daria em torno do eixo de uma nova rodovia, ligando Picos, no Piauí, a Humaitá, no Amazonas, e cortando a floresta equatorial ao meio, de leste a oeste. Nascia a Transamazônica. Ela deveria ser interceptada perto de Itaituba, no Pará, por outra rodovia, a Cuiabá-Santarém, de traçado sul-norte. No mapa desenhado pelos planejadores do regime,[39] as duas estradas têm o aspecto sinistro de um arco e flecha no coração da floresta.

As rodovias eram as peças centrais do Programa de Integração Nacional (PIN), delineado pelo decreto-lei nº 1.106, de 16 junho de 1970, com recursos de 2 bilhões de cruzeiros. O programa obedecia à lógica de "tirar partido, para o desenvolvimento nacional, da dimensão continental do país, mediante estratégia que promova o progresso de áreas novas e a ocupação de espaços vazios".[40] Ao mesmo tempo que aliviaria o flagelo da seca e as tensões sociais do Nordeste, visava à expansão do Brasil para dentro de si mesmo, consolidando sua proteção geopolítica e supostamente ampliando o mercado interno para os produtos da industrialização nacional. (O plano da ditadura, embalada pelo "milagre" econômico que produziu altas taxas de crescimento do PIB nos anos 1970, era elevar o Brasil ao status de país desenvolvido no final do século.)

Mais importante ainda, o PIN tinha o objetivo expresso de "deslocar a fronteira econômica e, notadamente, a fronteira agrícola, para as margens do rio Amazonas, realizando, em grande escala e numa região com importantes manchas de terras férteis, o que a Belém-Brasília e outras rodovias de penetração vinham fazendo em pequena escala e em terras menos férteis".[41]

Uma faixa de dez quilômetros de cada lado das margens das estradas seria reservada à colonização, que no início deveria ser um processo "espontâneo, vinculando-se a posterior titulação das terras à ocupação efetiva".[42] "Ocupação efetiva", no caso, era um eufemismo para "desmatamento". A ideia era assentar 100 mil famílias nordestinas[43] no meio da selva amazônica, um lugar que a ditadura julgava desabitado e pronto para receber a agropecuária. Criou-se para auxiliar esse esforço um novo órgão na burocracia estatal, o Instituto Nacional de Colonização e Reforma Agrária (Incra).

A Transamazônica foi a estreia de uma fórmula de planejar o desenvolvimento da Amazônia que assombraria o país durante toda a ditadura e que até hoje teima em não morrer. Começou com burocratas traçando uma grande obra num mapa sem entender, no terreno, o que havia no trajeto. O plano foi, então, usado para atiçar o ufanismo dos brasileiros por meio de propagandas governamentais triunfalistas que antecipavam um Brasil potência que enfim conquistava a selva. "O inferno verde já era", decretava um anúncio do PIN publicado nos meios de comunicação. "Chega de lendas: vamos faturar!", anunciava na *IstoÉ* o Banco da Amazônia, em 1972. "Siga a Transamazônica. Esta estrada abre caminho para a exploração da região mais rica do mundo", dizia o texto da propaganda da Sudam, abaixo de uma foto de um trecho da Transamazônica aberto no meio da mata virgem.

Parte da imprensa comprou o plano pelo valor de face, com revistas como *Manchete* trombeteando em sua capa "um novo Brasil" com uma foto da terra amarela (a menos fértil, o que deveria ter acendido uma luz igualmente amarela) da Transamazônica estendendo-se a perder de vista, sendo cruzada por um carro de passeio, com lama e devastação dos dois lados.[44] Na Globo, o programa *Amaral Netto, o Repórter* travestia de jornalismo o discurso do regime. A propaganda oficial da investida sobre a selva tinha, ainda, o propósito de criar uma distração sobre a imagem do Brasil no exterior. Relatos de torturas e assassinatos de militantes vinham crescendo, e os sequestros dos embaixadores dos Estados Unidos e da Alemanha Ocidental em troca de presos políticos em 1969 e 1970 ganharam manchetes mundo afora, expondo rachaduras sérias na fachada do Brasil do "milagre".

Quem também adorou a Transamazônica foram as empreiteiras contratadas para construir a estrada: a Mendes Júnior, a Queiroz Galvão e as finadas Cristo Redentor e Industrial e Técnica. A estrada inaugurou uma relação promíscua entre o governo militar e firmas construtoras, marcada por superfaturamentos, elefantes brancos e dinheiro sujo para campanhas políticas. Esse hábito criado na ditadura seria mantido na democracia, como revelou a partir de 2014 a Operação Lava Jato.

A viabilidade econômica do projeto, seu custo-benefício e os recursos públicos disponíveis para executá-lo sem fazer dívida pública foram questionados na época, mas o governo militar não queria nem saber desses detalhes. Médici escalou Delfim Netto, o brilhante ministro da Fazenda que arquitetou o "milagre" econômico, para defender a obra. O ministro disse que nenhum empreendimento que mudou a face do mundo passou por teste de rentabilidade. E ironizou os críticos: "Se Pedro Álvares Cabral tivesse que provar a rentabilidade de sua viagem, o Brasil ainda não estaria descoberto".[45]

Quarenta anos depois, Delfim viria a fazer o mesmo tipo de defesa pública arrogante de uma obra faraônica, caríssima, altamente impactante e de viabilidade econômica não demonstrada na Amazônia: a Usina Hidrelétrica de Belo Monte. Numa dessas ironias de que a história do Brasil é pródiga, Belo Monte foi executada no governo de uma jovem de classe média que se engajou na guerrilha urbana e foi presa pelo regime de Médici em 1970, ano de anúncio do PIN: a mineira Dilma Vana Rousseff. Enquanto Delfim caprichava na retórica para justificar a estrada, Dilma era torturada nos porões da Operação Bandeirante, em São Paulo. Só seria solta em 1972, ano de inauguração da rodovia.

A euforia com a Transamazônica não demorou a colidir com a realidade. Para começar, os tais "espaços vazios" não eram tão vazios assim. Havia 29 grupos indígenas no entorno da Transamazônica, e a Fundação Nacional dos Povos Indígenas (Funai) precisou correr para fazer contato com algumas etnias antes que os índios* fossem literalmente tratorados pela obra. Montaram-se frentes de atração para contatar os Parakanã, os Asurini e os Arara antes da chegada das máquinas, mas foi impossível evitar escaramuças entre os indígenas e os invasores.[46] Também inevitáveis foram as epidemias de malária, gripe e sarampo, que dizimaram os povos da região logo após o contato. Um único povo, os Arara, cujo território foi cortado ao meio pela estrada, resistiu à invasão por uma década. Conhecidos como "o terror da Transamazônica", eles só seriam "pacificados" em 1981. O sertanista que realizou o feito, Sydney Possuelo, ficou tão chocado com os efeitos do contato sobre a população e com as mortes por gripe de indígenas que visitaram a cidade de Altamira que, anos depois, veio a propor uma nova política para indígenas isolados: a de evitar o contato a todo custo e proteger seu território sem se aproximar deles.

A colonização, feita em assentamentos do Incra em Marabá, Altamira e Itaituba, se mostraria um retumbante fracasso. Projetados para acomodar 100 mil famílias até 1976, os três Projetos Integrados de Colonização (PICs) do Incra haviam atraído até dezembro de 1974 apenas 5% desse total — ou seja, aquela terra permaneceu sem homens. E os homens nordestinos também seguiram sem terra: das cerca de 30 mil pessoas que encararam o desafio transamazônico em busca de melhores condições de vida, apenas 9 mil vieram do Nordeste. Se a ideia do presi-

---

* As expressões "índios" e "indígenas" serão usadas indistintamente, com preferência para a última, a bem da fluência do texto. (N. A.)

dente Médici era aliviar pressões populacionais e o flagelo da seca, então seria melhor voltar para a prancheta. Considerando a população total do Nordeste e a taxa de natalidade nos anos 1970, o total de migrantes nordestinos na Transamazônica equivalia a menos de uma semana de crescimento populacional da região.[47]

Uma crônica em tempo real do fiasco do PIN foi feita por um jovem californiano que chegou ao Pará aos 26 anos para fazer sua tese de doutorado e nunca mais saiu da Amazônia. Entre 1974 e 1976, Philip Martin Fearnside viveu numa casinha de madeira numa das agrovilas do PIC de Altamira, lutando contra os borrachudos e a língua portuguesa, para tentar entender quanta ocupação humana a floresta era capaz de sustentar com seu clima hostil e seus solos frágeis. A experiência o marcou tão profundamente que Fearnside dedicaria as quatro décadas seguintes a estudar — e denunciar — os impactos de sucessivos projetos mirabolantes do governo sobre a floresta. "Eu achava que fosse viver minha vida em blocos de dois anos num lugar, depois em outro. Aqui a coisa mudou", conta.

Phil Fearnside é alto, magro e dono de um célebre bigode que mantém desde os tempos de estudante, quando viveu na Índia servindo nos Corpos da Paz dos Estados Unidos. Cultivou durante décadas o hábito excêntrico de levar sacolas contendo cópias de suas publicações científicas para distribuir aonde fosse. "Parecia um desses vendedores de escovas de cabelo Fuller que iam de porta em porta", comparou um colega norte-americano. Pesquisador do Instituto Nacional de Pesquisas da Amazônia (Inpa), em Manaus, desde 1978, ele cultiva entre seus pares a fama de apocalíptico e, ao mesmo tempo, o respeito por uma produção acadêmica farta e eclética, que já o colocou entre os cientistas brasileiros mais citados no mundo. A tecnologia eliminou as sacolas de publicações. Hoje Fearnside saúda colegas cientistas e jornalistas com um mais econômico "já conhece o meu site?".[48]

Sua chegada à Amazônia foi casual: formado em biologia no Colorado, ele queria estudar a capacidade de suporte humano dos ambientes criados por barragens no deserto indiano, mas seu local de estudo, o Rajastão, ficou fora de acesso devido a uma guerra. Os Estados Unidos apoiaram o Paquistão contra a Índia, e a entrada de acadêmicos americanos foi proibida. Para o doutorado em ecologia, na Universidade de Michigan, precisou de outra região selvagem que estivesse começando a ser povoada, e a Amazônia do "pra frente, Brasil!" parecia o lugar óbvio.

Durante dois anos e três meses, o candidato a ecólogo percorreu a pé os 23 mil hectares do assentamento, analisando os solos de 165 lotes de cem hectares cada e conversando com os colonos sobre como produziam, como desmatavam e por que alguns desistiam do sonho de uma vida próspera como proprietários rurais na fronteira. Para ganhar a confiança dos vizinhos, o gringo lhes entregava análises dos solos de seus lotes, o que os ajudava a escolher os melhores locais para plantar. "Eu consegui que os solos fossem analisados no laboratório da Embrapa de Belém. Datilografava a informação em fichas e dava aos colonos. Ao menos alguma coisa ficava para eles", relembra.

De posse de todas as informações, Fearnside fez o que na época era algo tecnologicamente avançadíssimo: criou um "colono simulado" em computador e, alimentando o modelo com dezenas de variáveis, calculou qual era a probabilidade de fracasso anual dos assentados, considerando critérios como renda per capita, consumo de calorias e consumo de proteínas. A modelagem concluiu que, na densidade populacional existente nos assentamentos, a probabilidade de fracasso chegava a 47% ao ano. Ou seja, quem se instalasse na Transamazônica em busca de melhores condições de vida tinha basicamente uma chance em duas de terminar cada ano com fome ou sem dinheiro.[49] O resultado era um índice de desistência que, em 1974, já chegava a quase um quinto dos moradores do projeto de colonização de Altamira.

Nas conversas com os colonos e ex-colonos, Fearnside também se deparou com um motivo prosaico que levava alguns assentados a vender seus lotes: os borrachudos, conhecidos na Amazônia como piuns. "Eles formavam nuvens na época da chuva. Era uma coisa impressionante. Eu já vi uma mulher enlouquecer por causa deles, correndo desesperada pelo assentamento." Ele conta que havia até uma condição médica conhecida como síndrome de Altamira — uma reação alérgica às picadas dos insetos que produzia inchaços purulentos nas vítimas.

A assistência técnica aos produtores também era insuficiente. Sem conhecer a Amazônia direito, o governo distribuía aos assentados uma variedade de arroz inadequada para a região, que produzia pouco e tinha baixo valor comercial.

Não tardou para o regime perceber os problemas nos assentamentos e botar em ação um plano B. A partir de 1974, a colonização por pequenos produtores na Transamazônica e na Cuiabá-Santarém passou a perder ênfase, e um segundo modelo de ocupação agropecuária, o empresarial, começou a ser estimulado, com os incentivos da Sudam de que tratamos no capítulo anterior. Vastas porções de terra nos fundos das estradas vicinais perpendiculares à Transamazônica — conhecidas como travessões — passaram a ser vendidas a grandes fazendeiros para a criação de gado. Havia até uma justificativa "científica" para isso, diz Fearnside: um diretor do que hoje é a Embrapa tinha uma teoria de que a pastagem melhorava o solo, algo que jamais foi comprovado. Logo as terras destinadas pelo governo a essa ocupação de grande escala, as chamadas "glebas", começaram a se valorizar, e um fenômeno econômico determinante para o destino da Amazônia teve início. "O aumento do valor da terra pode tornar até uma operação marginal de pecuária lucrativa no longo prazo, desde que o título de propriedade possa ser obtido e mantido", escreveu o cientista americano em 1986, referindo-se aos anos 1970.[50] A terra valia mais que o boi.

Os governos estaduais da Amazônia Legal viram uma oportunidade de fazer caixa com isso e entraram na ciranda da especulação fundiária, vendendo nacos das próprias terras a fazendeiros que quisessem se instalar. No lado paraense da Transamazônica, entre Altamira e Marabá, glebas de 3 mil hectares passaram a ser compradas e vendidas com o propósito de usar o título para pegar empréstimos em bancos a juros subsidiados; muitos donos jamais chegavam a colocar os pés na terra e usavam o dinheiro para outras coisas. Em Anapu, perto de Altamira, essa forma de especulação se transformaria em tragédia décadas depois, como veremos.

O surto especulativo foi tão grande que o Incra decidiu limitar a 2 mil hectares o tamanho das áreas federais passíveis de venda em Rondônia. Os estados de Mato Grosso e Acre não tinham esses pudores e passaram a entregar a pecuaristas paulistas tudo o que eles quisessem adquirir. Inclusive, no caso do Acre, antigos seringais *com os seringueiros dentro* — o embrião de outra crise, que explodiria de modo sangrento nos anos 1980.

Um dos legados dessa intervenção desenvolvimentista da ditadura na Amazônia foi o desmatamento. A Transamazônica, que ligava nada a coisa alguma, foi abandonada e teve alguns trechos engolidos pela selva. Mas deixou de recordação, em seu trajeto paraense, uma cicatriz que pode ser vista do espaço: o desmatamento em "espinha de peixe". O aspecto decorre da forma como os projetos de colonização do Incra eram criados, com estradas vicinais interceptando a rodovia principal a cada três ou cinco quilômetros e os lotes dos colonos distribuídos ao longo desses travessões. O desmatamento era financiado pelo Banco do Brasil como condição para a "ocupação efetiva", portanto, para a titulação da terra. Dado o baixo retorno da agricultura, não havia incentivo para a manutenção dos 50% de cobertura florestal exigidos pelo Código Florestal. Fearnside observou que o limite de 50% não tinha "nenhuma influência visível" sobre o comportamento dos colonos. "Desde cedo dava para ver que as coisas eram insustentáveis", conta o cientista. "Estavam derrubando e não estavam seguindo o sistema de pousio para recuperar o solo." Vários locais relataram durante anos ao pesquisador que havia floresta demais e que era humanamente impossível dar fim a ela. Em 1980, um taxista de Altamira comparou a rodovia, vista de um avião, a uma mera "trilha de saúvas".[51]

A metamorfose da trilha de saúva em espinha de peixe se deu pelo desmatamento acelerado e sem fiscalização ao longo dos travessões — primeiro pelos pequenos produtores, depois pelos grandes fazendeiros. Num cálculo feito por Warwick Estevam Kerr, o entomólogo paulista que dirigiu o Inpa entre 1975 e 1979, até 1978 haviam sido desmatados 260 mil km^2 da Amazônia. Clara Pandolfo, da Sudam, estimou a devastação em 115 mil km^2 até 1975, a partir de amostras de fotos aéreas. As duas estimativas diferiam em muito das cifras calculadas pelo Inpe em 1980 com imagens de satélite, que Fearnside chamou de excessivamente conservadoras por não captarem pequenos desmatamentos.[52]

No papel, a ditadura nunca teve a intenção deliberada de causar a destruição da floresta. Os projetos de desenvolvimento, como o Polamazônia, previam inclusive "o zoneamento adequado do uso dos recursos naturais" e a destinação de áreas para unidades de conservação e terras indígenas. A Sudam, no esforço pioneiro de Pandolfo, tentou implementar o monitoramento por satélite dos projetos financiados. Mas a perda da mata era considerada — e é até hoje — um preço justo a pagar pela integração e pelo desenvolvimento. Embora o IBDF em tese existisse como órgão de fiscalização ambiental, na prática não havia capacidade nem vontade de tolher os bravos pioneiros que levavam o progresso à Amazônia, sobretudo os pequenos colonos do Sul e do Nordeste que chegavam à região em busca de uma vida digna.

Impelidos pela vibe da conquista do Oeste dos Estados Unidos, os militares implementaram uma mentalidade de fronteira que logo transformou, nas palavras de Philip Fearnside, "a paisagem em pastagem". Em nenhum lugar isso aconteceu de forma tão rápida e dramática quanto em Rondônia — com consequências duradouras para a Amazônia e o Brasil.

3. A destruição será televisionada

Num canto do Instituto Goiano de Pré-História e Antropologia da Pontifícia Universidade Católica (PUC) de Goiás, em Goiânia, era comum encontrar até pouco tempo atrás uma figura esquálida e de cabelos muito lisos realizando um trabalho de penitente. O cineasta Vicente Rios (1954-2022) passava os dias ali, debruçado sobre uma moviola, legendando e identificando quilômetros de filmes gravados por ele e pelo diretor inglês Adrian Cowell (1934-2011) durante três décadas de trabalho na Amazônia.

O acervo de Cowell, depositado em duas imensas salas refrigeradas na PUC, está sendo digitalizado há anos. Rios, cameraman e sobrevivente da dupla, passou mais de uma década identificando lugares, eventos e personagens em todo o material, até ele mesmo sucumbir a um câncer em setembro de 2022. A quem perguntasse pela quantidade de cadernetas de campo necessárias para guardar tanta informação, Rios dava um sorriso e batia com os dedos na testa: "Está tudo aqui. As coisas que eu vivi lá não dá para esquecer".

No começo de 1980, o fotógrafo e cinegrafista goiano embarcou num avião para Porto Velho para o que lhe parecia uma aventura temporária: passar nove meses na floresta como faz-tudo da equipe britânica de Cowell, que conseguira um contrato extraordinário com uma TV inglesa para passar um ano filmando a ocupação de Rondônia. Rios soubera por um colega que haviam chegado a Goiânia "uns malucos ingleses" que iam passar um ano na selva, e foi se oferecer para ir junto. Cowell negou: já tinha equipe completa, muito obrigado. Poucos meses depois, porém, um câmera precisou voltar à Europa por um problema familiar, e o diretor resolveu testar o jovem sem noção que se oferecera para a tarefa. "O trabalho de um ano virou de trinta", conta Rios. "Só parou porque ele morreu."

Nos anos seguintes a seu desembarque em Rondônia, Rios seria testemunha ocular de um processo brutal de ocupação que causaria a mais acelerada devastação já vista numa floresta tropical. Isso fez com que os anos 1980 entrassem para a história como a "década da destruição", título dado por Cowell à série de TV que filmou com Rios e que até hoje é o trabalho mais completo de documentação do drama amazônico.

Estado mais desmatado da Amazônia, Rondônia perdeu cerca de 40% de suas florestas em menos de cinco décadas. Embora 52% do território esteja em áreas privadas, elas detêm menos de um terço da vegetação nativa.[1] Quase toda a mata que sobrou está em unidades de conservação e terras indígenas, constantemente acossadas pelo agronegócio, pela mineração e pela grilagem. Apenas para comparação, a Mata Atlântica levou 150 anos, de 1700 a 1850, para perder 7 mil km^2.[2] Rondônia viu a mesma área virar cinza apenas entre 1994 e 1995 — e então seu pico de destruição já passara havia muito tempo. O drama que se desenrolou ali entre o fim dos anos 1970 e o fim dos anos 1980 teve impactos permanentes sobre as árvores e os povos nativos da região, mas também, paradoxalmente, mudou para melhor o destino da Amazônia.

Nos anos 1970, Rondônia assistiu a uma explosão demográfica espontânea, efeito colateral da mentalidade de fronteira instilada pelo PIN. Diferentemente da maior parte da Transamazônica, o estado tinha grandes porções de terras férteis, que estavam sendo dadas quase de graça a quem quisesse encarar. O valor do hectare ali era um oitavo do da região Sul,[3] e o governo estadual anunciava nos veículos de imprensa nacionais o grande leilão de suas (matas) virgens.

As transformações que ocorriam nos anos do "milagre" econômico na estrutura agropecuária brasileira tornaram a oferta irresistível para milhares de pequenos agricultores do Sul e do Sudeste. A capitalização e a mecanização da atividade favoreceram a concentração fundiária nessas regiões, com pequenas

TRAÇADO DA BR-364 ENTRE RONDÔNIA E ACRE, CUJA PAVIMENTAÇÃO, NOS ANOS 1980, FEZ EXPLODIR O DESMATAMENTO E OS CONFLITOS SOCIAIS

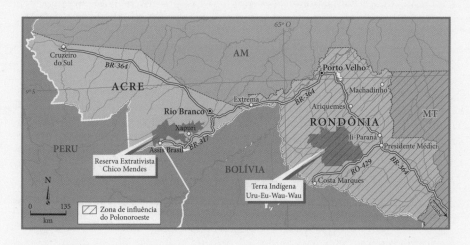

propriedades sendo vendidas e incorporadas a grandes fazendas. Culturas de exportação estimuladas pelos planejadores militares, como a soja, a cana e a laranja, ocuparam grandes áreas dos estados mais populosos do país (para dar só um exemplo, entre 1966 e 1976, a área de soja cresceu 38000% no Paraná)[4] e mudaram o sistema de propriedade. Uma massa de pequenos produtores expulsos de suas terras e de médios produtores capitalizados correu para multiplicar suas posses por oito numa região onde havia sol, calor e chuvas abundantes. O resultado é que em 1975 Rondônia tinha 111 mil habitantes e em 1980 o número chegaria a 491 mil.[5]

Em 1981, o governo do general João Figueiredo resolveu tentar botar ordem naquela bagunça migratória e fundiária. O Brasil vivia a abertura "lenta, gradual e segura" preconizada pelo general Golbery, e tanto imprensa quanto Congresso começavam a denunciar os abusos e a destruição cometidos pelo regime militar em sua investida sobre a Amazônia. Havia protestos de universitários contra o Projeto Jari e as multinacionais na região. Uma Comissão Parlamentar de Inquérito fora instalada em 1979 para "apurar a devastação da Floresta Amazônica e suas implicações". Presidida pelo senador e ex-governador do Pará Aloísio Chaves, do partido governista Arena, a CPI não poupou críticas ao modelo de incentivos fiscais da Sudam. Respaldada pelos dados iniciais do

Inpe e por denúncias de cientistas e indigenistas, a comissão concluiu "que a exploração incontrolada dos recursos naturais da Amazônia, muitas vezes apoiada e incentivada por órgãos públicos, já produziu danos irreparáveis ao meio ambiente em certas áreas da região", e que "tudo indica que se a devastação ainda não atingiu um patamar desastroso, esse é o momento para que se tomem as medidas necessárias a que esse patamar nunca venha a ser atingido".[6]

A resposta do regime às críticas crescentes foi tentar estabelecer em Rondônia uma espécie de anti-PIN: um programa que levasse infraestrutura e serviços básicos a toda aquela gente e permitisse "integrar a fronteira" e evitar a "autarquização" (um eufemismo para "bangue-bangue"), mas protegendo o meio ambiente. Em 27 de maio de 1981, Figueiredo baixou um decreto criando o Programa Polonoroeste, abrangendo dez municípios de Mato Grosso e todo o estado de Rondônia.[7] O general que dizia preferir o cheiro dos cavalos ao do povo parecia ter aprendido a lição com o fiasco da Transamazônica e buscou explicitamente fazer com que a nova investida integradora não improvisasse com os povos indígenas, nem causasse devastação ambiental perdulária e miséria social como se viu em Mato Grosso e no Pará. Numa linguagem que lembra até mesmo o conceito de desenvolvimento sustentável que seria criado seis anos depois, o decreto afirmava que o Polonoroeste tinha entre seus objetivos "assegurar o crescimento da produção em harmonia com as preocupações de preservação do sistema ecológico e de proteção às comunidades indígenas".[8] Para implementar esse novo modelo de integração, a ditadura usaria um empréstimo de 457 milhões de dólares do Banco Mundial, anunciado no ano anterior, que financiaria cerca de 30%[9] do custo total do programa, orçado em 1,55 bilhão de dólares.

Mas de boas intenções, como é sabido, o inferno está pavimentado. E a principal ação do Polonoroeste foi literalmente pavimentar o caminho do inferno.

Mais da metade dos recursos financeiros[10] do programa iriam para uma única ação, o asfaltamento da rodovia BR-364, entre Cuiabá e Porto Velho. Esse fora o objeto da negociação inicial do empréstimo com o Bird, iniciada em 1979. A nova e propagandeada componente ambiental recebeu mísero 1,4% da verba, e a proteção aos povos indígenas, 2,5%.

"Como sempre, a área ágil do banco era o pessoal que tinha grana para botar estrada, para botar saneamento, para botar escola. Não era o pessoal da área ambiental. Claro, tinha isso no projeto, mas a gente sabia que não ia acontecer", diz o economista carioca Sergio Margulis.

Em 1990, Margulis era técnico do Instituto de Pesquisa Econômica Aplicada (Ipea) e foi enviado a Rondônia juntamente com uma missão do Banco Mundial para avaliar a implementação da componente ambiental do Polonoroeste. O resultado foi um relatório demolidor, que atestava a falta de vontade do governo de levar a sério a própria determinação de fazer diferente da Transamazônica e dos incentivos da Sudam. "Não adianta ter um programa lindo se a instituição responsável por implementar, com poder... imagine o Ministério do Meio Ambiente fazendo frente ao Ministério dos Transportes na época? Fazem a estrada em duas semanas e depois de cinco anos ainda vão estar debatendo aquela unidade de conservação."

A 364 não foi asfaltada exatamente em duas semanas, mas sua pavimentação teve o efeito previsível de intensificar ainda mais a migração de gente do país inteiro para "fazer a América" em Rondônia. "A noção de eldorado era muito presente naquela época. A ideia de uma fronteira de prosperidade, onde as pessoas ganhariam dinheiro rápido e depois iriam embora, estava na cabeça de todo mundo", diz o jornalista mineiro Marcel Angelo, que passou a infância e a adolescência no estado.

Não eram apenas agricultores, mas também profissionais urbanos[11] fugindo da crise econômica dos anos 1980, como o também jornalista Carlos Henrique Angelo, pai de Marcel e meu tio. Se o estado havia demorado uma década para ganhar 380 mil pessoas, receberia outras 417 mil em apenas cinco anos. Em 1985, um ano após terminada a pavimentação, Rondônia tinha 908 mil habitantes.

Concluída originalmente em 1967, a estrada de terra inaugurada por JK em julho de 1960 logo se deteriorou pelas intempéries amazônicas. Nos meses de verão e outono (o chamado "inverno" amazônico), estação chuvosa, a via se transformava num atoleiro intransitável. A viagem de cerca de 1,4 mil quilômetros da capital de Mato Grosso a Porto Velho levava uma semana.[12] O efeito colateral dessa limitação de acesso foi, claro, refrear a ocupação de terras e a degradação ambiental em Rondônia. Com a pavimentação, essa dificuldade desapareceu como por mágica, e uma multidão de sem-terra, grileiros, madeireiros e garimpeiros lançou-se à tarefa de arrasar as imensas florestas do estado — com patrocínio do Banco Mundial.

Diferentemente da revolução cantada pelo protorrapper norte-americano Gil Scott-Heron, a destruição de Rondônia foi televisionada. Adrian Cowell, que havia trabalhado com os irmãos Villas Bôas no contato com os indígenas Panará no início dos anos 1970, conseguira convencer a Central TV, parte do canal britânico de notícias ITV, a bancar o ambicioso projeto de passar um ano filmando a nova fronteira. Depois das primeiras gravações, o que era um ano viraram dez, e o que era um filme virou uma série. Décadas antes de o cineasta Richard Linklater acompanhar por dez anos a infância de seu personagem no ficcional *Boyhood* (2014), Cowell estava seguindo em tempo real as aventuras e desventuras dos colonos vindos do Centro-Sul do Brasil para tentar prosperar naquele canto da Amazônia.

Hoje seria inimaginável para qualquer documentarista levantar recursos para um projeto dessa envergadura. Mas Cowell não era qualquer documentarista. "Naquela época as emissoras competiam por concessões com base não apenas no que elas pagavam ao governo, mas também com base na qualidade. Um indicador disso eram os prêmios que elas ganhavam, e o Adrian era um dos dois ou três diretores de lá que ganhavam um prêmio atrás do outro", lembra a advogada e ambientalista Barbara Bramble, que foi namorada de Cowell por 25 anos.

O Polonoroeste entrou no caminho do britânico com o projeto já aprovado e lhe deu muito o que filmar. "Ele produzia um filme por ano, às vezes dois", diz Bramble. Os documentários foram compilados no final em *A década da destruição*, que daria ao documentarista um prêmio Emmy.

Um dos filmes, *Nas cinzas da floresta*, acompanha os colonos que ocuparam a chamada estrada de penetração RO-429, que avançava perpendicular à 364 em direção à Bolívia, invadindo o território dos então isolados indígenas Uru-eu-wau-wau. Sua cena de abertura mostra dezenas de ônibus chegando com colonos a Vilhena, na divisa com Mato Grosso, para receber do Incra lotes de quarenta hectares, cujo título de posse seria dado após o desmatamento. "Esse foi o começo da década na qual maior quantidade de matéria viva seria destruída do que em qualquer outro momento da história", afirmou Cowell.

Não foi só o ecossistema que padeceu naquela década. Um personagem de

Cowell, o colono sulista Renato, narra ao longo dos anos o sofrimento de lidar com um ambiente desconhecido, no qual as culturas que plantara a vida inteira, como café e arroz, não produzem, com a falta de assistência técnica, com a imensa variabilidade da fertilidade do solo e com o risco constante de um ataque dos donos originais do pedaço, os índios. Ele acaba apartado do sonho da terra própria: vai trabalhar como meeiro numa fazenda do sul do estado. Uma década depois, o fracasso vivenciado pelos assentados da Transamazônica se repetia.

Mas ninguém sofreu tanto quanto os indígenas. Numa história dramática filmada por Cowell, uma família de assentados é atacada pelos Uru-eu--wau-wau e perde três filhos. O pai, com a ajuda de vizinhos, se lança numa expedição punitiva na qual um grupo de indígenas é chacinado. Os sertanistas da Funai, liderados pelo lendário Apoena Meireles, correm para fazer contato e evitar o extermínio da etnia. Cowell e Rios acompanharam o contato, e o goiano conta que eles quase foram mortos num reide dos índios à base da Funai onde acampavam. Rios descansava num casebre de madeira quando os Uru-eu chegaram e precisou fugir pela janela, debaixo de uma chuva de flechas. Não deu para filmar a cena.

O empenho e os recursos destinados à colonização versus o componente indígena fizeram com que a ocupação da terra dos Uru-eu pelos colonos fosse muito mais rápida do que a demarcação para salvar a tribo. O antropólogo norte-americano David Price, consultor do Banco Mundial, entrevistado no filme, chama a componente indígena do Polonoroeste de projeto "para manter as aparências" e denuncia que o banco, insatisfeito com as críticas, impediu a publicação de seu relatório. Entre escaramuças e epidemias, a etnia foi reduzida em dois terços entre 1980 e 1993, segundo o Instituto Socioambiental.[13]

Quem não tinha razões para reclamar do Polonoroeste eram os madeireiros. Segundo o relatório de Sergio Margulis, o número de serrarias em Rondônia saltou de quatrocentos, em 1982, ano em que o asfaltamento teve início, para 1,1 mil, em 1987. A participação da Amazônia no mercado nacional de madeira saiu de 15%, em 1975, para 50%, em 1987. "Não é descabida a proposição de que a indústria madeireira foi a maior beneficiária do Polonoroeste", escreveu o economista.

Na avaliação para o Ipea, ele relata que os problemas dos outros projetos de colonização se repetiram no Polonoroeste: o Incra era lento em dar títulos de terra, favorecendo a especulação, e insistia, em plena década de 1980, em considerar desmatamento como benfeitoria para fins de titulação; a Secretaria de Meio Ambiente do governo federal e o IBDF nunca fizeram cumprir o limite de 50% do Código Florestal, criando também em Rondônia o pavoroso padrão de desmate em forma de espinha de peixe ao longo das rodovias vicinais; a atividade rural rendia pouco — a ponto de a União Democrática Ruralista (UDR), organização de lobby dos latifundiários, recomendar a seus associados que vendessem suas terras em Rondônia para a reforma agrária, pois teriam com isso mais lucro do que criando bois; menos de 25 mil famílias foram assentadas, para uma migração total de 700 mil pessoas. "O programa 'veio com boas intenções', mas algumas medidas de controle mostraram-se ingênuas, e os efeitos foram às vezes graves", concluiu o pesquisador.[14] Era um replay do PIN, mas com uma diferença importante e mais grave: sua espinha dorsal não era uma "trilha de saúvas" ligando o nada a coisa alguma, como era a Transamazônica, e sim uma rodovia asfaltada conectando duas capitais.

Só que o Polonoroeste tinha duas outras diferenças cruciais em relação ao PIN e ao Polamazônia, que lhe dariam um destino diferente dos outros dois programas do governo brasileiro: uma era ter sido criado na fase da abertura do regime militar. A outra era a fonte do dinheiro. As demais intervenções da ditadura na Amazônia eram bancadas com recursos domésticos e dívida pública, e executadas por militares que não prestavam contas a ninguém. O Polonoroeste tinha um terço de suas verbas originado numa instituição de fomento multilateral, cujas decisões eram tomadas por brancos de olhos azuis que comiam de garfo e faca num ambiente democrático. Em 1983, um grupo de ambientalistas norte-americanos percebeu isso e achou que essa peculiaridade poderia ser usada em favor da floresta e dos povos indígenas. Acharam certo. Naquele ano, teve início a primeira campanha internacional de proteção da Amazônia, o embrião de tudo o que seria feito nas décadas seguintes para salvar o bioma e seus primeiros habitantes. É uma história que começa em dois lugares sem nenhuma relação com a Amazônia — um restaurante cubano em Washington e uma reserva ecológica no Alasca.

No começo dos anos 1980, o advogado Bruce Rich se mudou para Washington com o objetivo de construir uma reputação para si próprio numa área nova, a do lobby ambiental. Filho de uma família de classe média de Buffalo, Nova York, Rich se formou em língua russa ("uma aposta errada") e em direito e passou a década de 1970 viajando pelo mundo, da Amazônia à Alemanha, incluindo um período em Santa Catarina. Estudando em Paris, teve aulas com o antropólogo Pierre Clastres, que influenciou gerações de pesquisadores no Brasil e em outros lugares. Essa conexão o levou, de volta aos Estados Unidos, a frequentar jantares de antropólogos inicialmente realizados a cada quinzena no Omega, um restaurante latino da capital. Os convescotes eram organizados por dois pesquisadores norte-americanos que trabalhavam com povos indígenas na América do Sul, Steven Romanoff e Betty Meggers (1921-2012), uma das figuras mais importantes da arqueologia amazônica.[15] Pensados como momento de networking de cientistas sociais, os jantares acabaram virando um lugar de troca de experiências e de preocupações com os índios e o modelo de desenvolvimento que o regime autoritário brasileiro impunha à Amazônia.

Um dos habitués dos *Amazon Dinners*, como eram conhecidos, era Stephan Schwartzman, que acabara de concluir seu doutorado entre os Panará, contatados pelos Villas Bôas no Xingu, e tinha muito conhecimento da situação socioambiental do Brasil. Outro era o ecólogo australiano Robert "Bob" Goodland, do Banco Mundial, único especialista em meio ambiente do quadro da instituição. Goodland era coautor de um trabalho importante de 1975 sobre os impactos ambientais do Programa de Integração Nacional, que vaticinava que o "inferno verde" poderia virar um "deserto vermelho".[16] Por intermédio dele, Rich conheceu pessoas de dentro do banco dispostas a falar sobre os impactos do Polonoroeste para a floresta e os povos indígenas. Mais do que isso, gente disposta a vazar para ambientalistas documentos sigilosos.

Na mesma época, em 1982, a ONG National Wildlife Federation (NWF) contratou uma jovem advogada chamada Barbara Bramble para iniciar um programa internacional. Era o auge do ambientalismo do "salve as baleias" e do urso panda. O conceito de "diversidade biológica" fora apresentado à comunidade científica apenas dois anos antes,[17] e as organizações não governamentais se articulavam para proteger a vida selvagem — então entendida como animais em extinção — do comércio ilegal. "Eu estava lendo coisas para desenvolver esse programa, e a biodiversidade da Amazônia e sua grande extensão estavam começando a se tornar uma questão", recorda. "Mas eu não queria que a NWF trabalhasse em conservação de vida selvagem porque já tinha muita gente trabalhando com isso. Eu queria um tema que fosse novo, uma adição ao que já estava sendo feito."

A inspiração veio de um caso no qual Bramble trabalhara entre 1976 e 1978: um projeto de gasoduto que atravessava o Refúgio Nacional da Vida Selvagem do Ártico e que era apoiado por duas dezenas de empresas de óleo e gás. A estratégia dos ambientalistas foi tirar o foco dos bichinhos fofos ameaçados e provar que o projeto seria um desastre do ponto de vista econômico — que custaria duas vezes mais e levaria duas vezes mais tempo para ser feito. "Nós paramos o projeto não porque a área era importante e tinha caribus e aves. Nós conseguimos provar que economicamente não era uma boa ideia", conta. "Os argumentos que ganhavam as causas eram sempre econômicos."

Essa experiência levou a NWF a desenvolver um programa de conservação internacional que se guiasse pela máxima do jornalismo investigativo: seguir o dinheiro. Era exatamente o tipo de ação que Rich, então no Natural Resources Defense Council (NRDC), estava querendo fazer em relação ao Polonoroeste e outros grandes projetos de desenvolvimento bancados pelo Banco Mundial e demais órgãos multilaterais. "Já havia evidências de que esses projetos, desde os anos 1950, eram um desastre completo. Nenhum deles deu resultado", diz Rich. Só que o Bird tinha um bom motivo para seguir emprestando dinheiro para esses programas. Aliás, centenas de milhões de bons motivos.

"O Brasil era um grande tomador de empréstimos do banco, e o banco era tão dependente dos grandes clientes quanto os clientes eram dependentes do banco", conta Rich. Entre os anos 1970 e 1980, instituições de fomento multilaterais emprestaram dinheiro a rodo e sem garantia nenhuma a países do antigo Terceiro Mundo. A crença era que os projetos de desenvolvimento realizados por esses países seriam tão bem-sucedidos e gerariam tanto aumento no PIB que os clientes poderiam mais do que pagar de volta esse dinheiro, com juros. "Mas é claro que isso era um conto de fadas completo e que só funcionava na cabeça dos economistas", diz Rich. Lá pelas tantas, os receptores começaram a pagar mais em juros ao Banco Mundial do que tomavam em empréstimos. Para citar apenas um exemplo, em 1990 o Brasil recebeu 782 milhões de dólares em recursos novos do Banco Mundial e pagou em juros, multas e amortizações de empréstimos anteriores 1,97 bilhão de dólares.[18] O mecanismo, que produziu as crises da dívida externa em países como Brasil e México, tinha, em Washington, o apelido de *round-tripping* ("ida e volta"), porque o dinheiro saía do banco para o Tesouro dos endividados e voltava na forma de juros.

Lá pelas tantas, os governos começaram a pensar duas vezes antes de contrair novos empréstimos, e o banco precisava estimulá-los a fazer isso. Uma das maneiras era baixar a barra das exigências socioambientais, por exemplo. Por isso os relatórios do Polonoroeste eram mantidos em segredo. Por meio de seus contatos, Rich obteve os documentos do banco sobre Rondônia. "Eram dinamite pura", conta.

De posse das informações sigilosas, Rich, Bramble e Brent Blackwelder, do Environmental Policy Institute (EPI),[19] criaram uma campanha dedicada a examinar os projetos destrutivos de organizações multilaterais de fomento, como o Bird e o Banco Interamericano de Desenvolvimento (BID), em vários lugares do mundo.

O Banco Mundial vinha usando um argumento cínico para defender o empréstimo para a 364, na linha do "eles vão fazer a estrada de qualquer jeito, então é melhor que seja conosco, assim temos chance de reduzir a lambança". O banco exibia o Polonoroeste como um exemplo socioambiental positivo, ao mesmo tempo que silenciava a crítica interna: Bob Goodland, o funcionário do Departamento de Meio Ambiente, foi proibido de ir a Rondônia por quatro anos.[20] David Price, o consultor que criticara no filme de Cowell a falta de cuidado com os indígenas, teve seu contrato encerrado.[21]

Embora ONGs locais dos Estados Unidos não tivessem a rigor poder nenhum de mudar as políticas de uma instituição multilateral, tinham um botão poderoso para apertar: o Congresso americano define o orçamento do Departamento do Tesouro, e o Tesouro é quem nomeia os representantes dos Estados Unidos no Banco Mundial e no BID. Como os Estados Unidos eram o maior doador e o país-sede dos bancos, o governo do país tinha (e tem) influência enorme sobre ambos. Em 1983, a Câmara dos Representantes dos Estados Unidos realizou as primeiras audiências públicas sobre os projetos desastrosos do Bird, como parte de uma campanha que ficaria conhecida como *Bankrolling Disasters* (algo como "bancando os desastres" ou "desastres dos bancos").

No verão amazônico de 1984, com o asfaltamento da 364 quase finalizado, Bruce Rich e Steve Schwartzman, então na Universidade de Chicago, escreveram um dossiê sobre os impactos do Polonoroeste, que ameaçava 10 mil indígenas e poderia levar ao desmatamento completo de Rondônia até a virada do século, segundo projeções da época.[22] As informações foram usadas na petição de audiências públicas específicas sobre Rondônia na Câmara americana.

Ao mesmo tempo, emergia no Brasil um conjunto de lideranças ambientalistas cosmopolitas, poliglotas e interessadas numa aliança internacional para levar suas denúncias além das fronteiras do país. A principal delas em meados da "década da destruição" era o agrônomo gaúcho José Lutzenberger (1926-2002), apresentador do filme de Cowell *Nas cinzas da floresta*.

Filho de alemães, nascido em Porto Alegre, Lutz, como era conhecido, formou-se nos Brasil e nos Estados Unidos e viveu na Alemanha, na Venezuela e no Marrocos trabalhando para empresas de adubos químicos. Suas temporadas no exterior o puseram em contato com o movimento ambientalista internacional, surgido em 1962 com a publicação do livro *Primavera silenciosa*, da americana Rachel Carson, que denunciava os efeitos dos pesticidas no ambiente e na saúde. Em 1971, Lutz ajudou a criar uma das primeiras ONGs ambientais brasileiras, a Associação Gaúcha de Proteção ao Ambiente Natural (Agapan). Em 1976, publicou *Fim do futuro? Manifesto ecológico brasileiro*, inspirado em *Primavera silenciosa* e no relatório *Limites do crescimento*, do Clube de Roma, de 1971. O livro o tornou uma referência nacional no ambientalismo num tempo em que pouca gente falava nisso por aqui.

Lutzenberger praticava na vida pessoal os princípios que pregava — às vezes ao extremo. "Ele fazia a barba e guardava os pelinhos para compostá-los depois. E usava sempre um único palito de dente, que guardava na carteira", recorda o biólogo Eduardo Martins, que se encantou com uma palestra de Lutzenberger quando era estudante da UnB e acabou indo trabalhar com o gaúcho quando este foi nomeado ministro do Meio Ambiente, em 1990. Para além do folclore, Martins diz que uma das principais características de Lutz era a oratória. "Ele tinha uma maneira fantástica de convencer o interlocutor." Isso foi determinante para sua militância no exterior contra a devastação da Amazônia. Em Rondônia, Lutz usou suas credenciais de agrônomo para decretar que a transformação da floresta mais biodiversa do planeta em capim para boi pastar era "uma das coisas mais estúpidas que se pode fazer por aqui".

Os ambientalistas norte-americanos levantaram dinheiro para levar Lutzenberger para depor no Capitólio. A audiência aconteceu em 19 de setembro de 1984, apenas seis dias depois de inaugurada a pavimentação da BR-364. Houve mobilização de mídia nos Estados Unidos e no Brasil: o depoimento de

Lutz foi gravado para ser exibido nos noticiários noturnos da TV.[23] Diante dos deputados, o ambientalista brasileiro denunciou a "destruição impiedosa" da cultura e das vidas dos indígenas, a colonização de Rondônia como um esquema para transferir pobres rurais para os confins da Amazônia a fim de contornar a necessidade de reforma agrária, o modelo de agronegócio exportador implementado pela ditadura e, por fim, fez um apelo: "Em nome dos grupos ambientalistas do Brasil, eu peço ao Banco Mundial para parar a estrada e repensar sua política para Rondônia".[24]

Em outubro, deputados americanos mandaram uma carta para o secretário do Tesouro, Donald Reagan, pedindo que cobrasse do banco providências em relação ao desmatamento e aos indígenas. Na mesma semana, Bruce Rich organizou uma carta ao presidente do Banco Mundial, Alden W. Clausen, listando oito providências urgentes a ser tomadas sobre o Polonoroeste — incluindo o cancelamento de três rodovias estaduais, a demarcação de terras indígenas e medidas contra o desmatamento e a grilagem. A carta era assinada por 41 ambientalistas, indigenistas e políticos de diversos países, como Brasil, Estados Unidos, Índia, Alemanha, Equador e Dinamarca — incluindo Lutzenberger. Clausen mandou um assessor escrever uma resposta de três linhas, dizendo "obrigado pela preocupação, vamos ver isso à medida que o Polonoroeste avançar".

Os ambientalistas, então, apertaram o botão do pânico: em janeiro de 1985, "quase em desespero", segundo Rich, foram queixar-se aos republicanos, que controlavam o Senado. Parecia improvável que parlamentares da direita, base do governo de Ronald Reagan, se mobilizassem em nome de índios e árvores. Mas um senador, Robert Kasten, um ex-fabricante de sapatos de Wisconsin, acabou jogando a favor. Kasten tinha um assessor chamado (falando sério) James Bond, um veterano do Vietnã que achava os ambientalistas um bando de frouxos, mas que gostava menos ainda de ver o Tio Sam emprestando "dólares do contribuinte" a governos estrangeiros. "Bruce, nós vamos nos entender muito bem", disse Bond quando o ambientalista lhe apresentou o problema e pediu uma audiência com o senador.

Kasten chefiava justamente o comitê do Senado responsável pelos empenhos orçamentários dos órgãos multilaterais como o Banco Mundial, e escreveu ao Tesouro chamando a reação do banco à carta de "ultrajante" e ameaçando cortar recursos.[25] A bronca funcionou: em março daquele ano, o Banco Mundial tomou a decisão inédita de suspender os repasses ao Brasil até que as demarcações de terras indígenas, em especial a dos Uru-eu-wau-wau, fossem feitas. Essa era a primeira vez na história em que o Bird suspendia um financiamento por motivos socioambientais. A demarcação ocorreu e o repasse foi retomado no meio do ano.

O desastre da BR-364 e a gritaria internacional decorrente dele mudaram a maneira como o Bird operava no mundo todo. "O Brasil virou um showcase para o Banco Mundial", diz Margulis. "O banco ficou tão exposto que criou salvaguardas ambientais, muito a partir dos projetos brasileiros." A área ambiental foi reforçada com a contratação de especialistas do mundo inteiro. "Nós brincamos que criamos novas carreiras para centenas de pessoas", lembra Barbara Bramble — o próprio Margulis seria contratado pelo banco e passaria 22 anos em Washington.

Os resultados do Polonoroeste não encerraram a era de financiamentos ambientalmente controversos do Banco Mundial e do BID, mas tornaram ambas as agências mais cautelosas. Quando o governo brasileiro foi bater à porta do BID para pedir um empréstimo para prolongar o asfalto da BR-364 até o Acre, em 1985, precisou criar um complexo programa de proteção socioambiental que contornasse as falhas do Polonoroeste.

Para as florestas de Rondônia, as mudanças nos bancos eram muito poucas e chegaram tarde demais. O estado, cujas matas estavam virtualmente intactas em 1975 (1,2 mil km² desmatados até aquele ano),[26] havia perdido 99 mil km² de vegetação até 2020[27] — um aumento de 5500% e uma área equivalente ao território de Portugal.

Para a Amazônia, porém, aquilo era o começo de mudanças importantes. A aliança improvável entre ambientalistas brasileiros e estrangeiros e o caminho de lobby aberto via pressões internacionais para a redução do desmatamento acabariam movendo placas tectônicas no governo brasileiro. O terremoto que levaria o Brasil a finalmente se sacudir para proteger a floresta viria poucos anos depois, com o auxílio decisivo de dois outros atores que passaram a caminhar juntos: a ciência e a imprensa.

4. Acorda, Ribamar

No alvorecer de 1988, um problema ambiental tirava o sono dos brasileiros, revoltava a sociedade e era alvo de campanhas na televisão: a caça ao jacaré. A alta nos preços do couro do bicho na década de 1980 motivou um lucrativo negócio de abate ilegal no Pantanal mato-grossense. Quadrilhas massacravam centenas de milhares de animais por ano para abastecer o mercado de moda de luxo no Japão, na Europa e nos Estados Unidos.

Os coureiros, como eram conhecidos esses criminosos, não pecavam pela sutileza. A TV mostrava cenas chocantes de praias no Pantanal repletas de carcaças despeladas em putrefação — a carne do jacaré não era aproveitada. O acesso dos bandidos às fazendas pantaneiras, cujos rios abrigavam os répteis, era obtido via intimidação armada quando a cooptação falhava. E os agentes da lei eram recebidos à bala quando investiam contra as operações noturnas de caça. Mais de um foi morto nessas escaramuças. Segundo Ângelo Rabelo, policial militar de Mato Grosso do Sul que passou a maior parte da década trocando tiros com coureiros (e um ano de molho por um balaço no ombro), o número de jacarés abatidos nos anos 1980 pode ter chegado a 5 milhões.

O Brasil, então, avançava rumo à retomada plena da democracia. A ditadura militar de duas décadas havia colapsado com um gemido poucos anos antes. Em 1985, após o fracasso de uma mobilização maciça por eleições diretas no ano anterior, o Congresso Nacional escolheu Tancredo Neves, do oposicionista PMDB, como primeiro presidente civil desde 1964 — derrotando Paulo Maluf, do PDS, agremiação herdeira da Arena, o partido da ditadura. Tancredo morreu antes de tomar posse, e a tarefa de conduzir a redemocratização coube a uma figura improvável: o maranhense José Ribamar Ferreira de Araújo Costa, o Sarney.

Ex-senador e ex-governador do Maranhão pela Arena, José Sarney fizera carreira à sombra dos militares. Ele esteve, por exemplo, na viagem de navio organizada por Castello Branco em 1966 quando a Operação Amazônia foi anunciada, episódio do qual diz se lembrar "com nostalgia". Oportunista, pulara na canoa da oposição assim que o regime começou a fazer água, entrando como vice na chapa de Tancredo pela Frente Liberal (antecessora do atual União Brasil) e angariando apoios à direita cruciais para a vitória da chamada Aliança Democrática. Sua posse, em março de 1985, deu início à Nova República.

Visto como "traidor" por setores das Forças Armadas, Sarney precisaria desarmar duas bombas legadas pela ditadura ao país: a hiperinflação, que seu governo tentou resolver com sucessivos e desastrosos passes de mágica (como o congelamento dos preços em 1986), e a dívida externa, à qual declarou moratória em 1987. Uma terceira bomba, a infame Constituição de 1967, que dizia que o poder emana do povo "e em seu nome é exercido", começou a ser desmontada em 1986 pelo Congresso recém-eleito. Formou-se uma Assembleia Nacional Constituinte, que entregaria em outubro de 1988 uma nova Carta Magna ao país.

Em meio a essa ebulição nacional, não havia muito espaço para preocupação com outra herança maldita da ditadura — a devastação da Amazônia. Apesar de tudo o que vinha acontecendo em Rondônia e da campanha internacional sobre o Banco Mundial, no começo da Nova República a floresta estava basicamente fora do radar do governo e da sociedade. E o IBDF, o órgão ambiental federal notório por sua incapacidade de fiscalizar o cumprimento das leis, havia se transformado num antro de inépcia e corrupção.

Desde 1966 o IBDF concedia incentivos fiscais a projetos de reflorestamento com espécies exóticas como pínus e eucalipto. O próprio nome do órgão, Instituto Brasileiro de Desenvolvimento Florestal, deixava claro que sua missão era promover o *desenvolvimento* do país estimulando uma atividade econômica, que calhava de ser a silvicultura.

Quando Sarney assumiu, a política de incentivos havia virado um negócio em si. Assim como ocorrera no caso do Polamazônia, várias empresas, chamadas de "reflorestadoras independentes", eram constituídas unicamente para meter a mão no dinheiro dos subsídios — pessoas jurídicas com projetos de reflorestamento podiam abater até 50% do seu imposto de renda. A renúncia fiscal anual chegava a 300 milhões de dólares. Desvios eram a praxe, com empresas recebendo incentivos para plantios de árvores que só existiam em laudos fraudulentos.

"O IBDF deixou de ser uma instituição florestal para se tornar uma agência de incentivos fiscais, fazendo com que a política florestal, no senso amplo, ficasse em segundo plano", conta José Carlos Carvalho, um engenheiro florestal capixaba que havia trabalhado com Tancredo Neves no governo de Minas e que foi chamado em 1987 para assumir a secretaria-geral do órgão e tentar acabar com os desvios de recursos. "Se, naquela época, uma parte desse recurso pudesse ter sido aplicada seriamente em manejo da floresta tropical, poderíamos ter criado uma indústria sustentável com base no manejo da Amazônia, em vez de usar a floresta como reserva de solo para expansão da fronteira agropecuária. Não fizemos isso, então o IBDF ficou em um limbo institucional, tornando-se refém dos empresários ligados à atividade reflorestadora", prossegue. A Amazônia permaneceu fora da lista de prioridades do órgão, enquanto as políticas de incentivos do governo, como o Polonoroeste, estimulavam ativamente o desmatamento.

O inverno de 1988 trouxe dois acontecimentos que mudaram esse cenário e acabaram recolocando, dessa vez para sempre, a Amazônia na lista de preocupações do Brasil. O primeiro foi um fenômeno aparentemente sem relação nenhuma com a floresta: uma onda de calor que sacudiu o hemisfério Norte naquela estação, o verão setentrional, elevando as temperaturas em Nova York acima de 37°C durante várias semanas.

"A cidade apresenta um aspecto horrível", relatava em agosto o correspondente da *Folha de S.Paulo*. "Os meteorologistas estão totalmente surpresos e assustados."[1] O calor extremo e a alta umidade do ar fizeram o número de internações hospitalares disparar e a desidratação infantil bater recordes. Nos bairros mais pobres, a população passou a destruir hidrantes para que as crianças pudessem se refrescar. A imprensa, em busca de explicações para o fenômeno, foi ouvir os cientistas. E topou com uma que vinha ocupando a cabeça dos acadêmicos fortemente pelo menos desde os anos 1970, mas que até então falhara em atingir o imaginário coletivo: o "efeito estufa".

Em 23 de junho, quando os norte-americanos na Costa Leste começavam a suar naquele que seria um dos verões mais quentes já registrados no país e uma seca bizarra afetava o interior, o senador Tim Wirth, do Partido Democrata do Colorado, organizou uma audiência no Comitê de Energia e Recursos Naturais do Senado com quatro pesos pesados da então obscura ciência do clima. Um deles era Syukuro Manabe, da Nasa, criador dos primeiros modelos climáticos computacionais. Mas o depoimento que marcou a audiência foi de outro cientista da agência espacial, James Hansen.[2] Citando dados preliminares de um artigo científico seminal que seria publicado em agosto daquele ano,[3] Hansen afirmou que os primeiros cinco meses de 1988 foram mais quentes que o mesmo período de qualquer outro ano desde o início das medições, no século XIX. Além disso, apontou que havia "99% de confiança" de que o aquecimento da Terra não era resultado de variações naturais do clima, mas, sim, o efeito detectável da poluição resultante de atividades humanas. O *New York Times* fez do depoimento capa no dia seguinte, com uma manchete que ficaria famosa: "O aquecimento global começou".[4]

O segundo evento aconteceu em São José dos Campos, interior paulista, mas também envolveria a Nasa. Naquele ano, imagens de satélite produzidas por um discreto pesquisador do Inpe chamado Alberto Setzer (1951-2023) chocaram a opinião pública e a comunidade científica ao darem a dimensão do desastre das queimadas em Rondônia.

Nascido em São Paulo, Alberto Waingort Setzer era um sujeito muito magro e formal, desses tipos que nunca devem ter falado um palavrão na vida. A cabeleira ruiva da juventude deu lugar a tufos grisalhos desgrenhados, que lhe conferiam um ar de cientista de filme. Ele próprio filho de um cientista ambiental — o pedólogo russo José Setzer (1909-83), que mapeou os solos do estado de São Paulo e protestou contra sua degradação —,[5] Alberto trabalhou no Inpe a vida inteira e por mais de duas décadas dividiu seu tempo entre dois ambientes extremos: a Amazônia e a Antártida. Engenheiro de formação, era um cientista observacional que torcia o nariz para grandes elucubrações e gostava de se ater ao que dizem os dados. Pilotou por 27 anos o módulo de meteorologia da Estação Antártica Comandante Ferraz e entrou em polêmicas com colegas por não enxergar tendência de aquecimento global naquele ponto do continente (embora o registro em Ferraz seja de fato cheio de ruído, a região onde a estação está, a península Antártica, é um dos lugares que mais esquentam em todo o mundo). Críticos já o chamaram meio brincando de "cético do clima", mas o apodo era injustificado: Setzer não apenas formou cientistas climáticos de primeira linha, como seus dados sobre fogo na Amazônia ajudaram a ciência a entender o peso do desmatamento tropical no aquecimento da Terra.

O pesquisador paulistano esbarrou nas queimadas por acaso. Como muitas descobertas da ciência, essa começou com uma tentativa banal de cumprir uma ordem do chefe.

Em 1982, o presidente americano Ronald Reagan fez uma visita ao Brasil — que confundiu com a Bolívia,[6] num episódio que entrou para o folclore político. Entre os documentos assinados com o general João Figueiredo estava um memorando de cooperação científica. Era preciso dar forma a essa cooperação. Em 1983, o coordenador de meteorologia do Inpe, Antonio Divino Moura, entregou a Setzer, recém-chegado do doutorado nos Estados Unidos, a tarefa de propor temas de projetos de pesquisa para o departamento cooperar com os norte-americanos. A Nasa vinha realizando uma série de medições da troposfera no mundo inteiro, embarcando sensores em aviões para caracterizar a química da camada inferior da atmosfera. Setzer, que havia estudado plumas de poluição industrial no doutorado, sugeriu que o Inpe se engajasse nessas missões e que uma delas viesse para a Amazônia. Nos anos 1970, o holandês Paul Crutzen (1933-2021) havia feito estudos pioneiros sobre a poluição causada pela queima de biomassa no Brasil, mas focando o Cerrado e ignorando por completo o gás carbônico.[7] A Amazônia era tida e havida como um lugar prístino e de ares limpíssimos. "O objetivo do trabalho era amostrar, caracterizar, a atmosfera mais pura do mundo, que supostamente seria aquela sobre a Floresta Amazônica intacta", recordou Setzer, numa entrevista on-line durante a pandemia de covid-19.

Depois de um pequeno calvário burocrático para permitir que o turboélice Electra da Nasa cheio de gringos e instrumentos sofisticados fosse autorizado a sobrevoar a região amazônica em plena ditadura, as missões do chamado GTE-Able2A (Global Tropospheric Experiment — Atmospheric Boundary Layer/Amazon) tiveram início em julho de 1985. E de cara os cientistas tomaram um susto: a tal "atmosfera mais pura do mundo" tinha concentrações elevadíssimas de poluentes, como monóxido de carbono, dióxido de carbono, ozônio e particulados. Em alguns sobrevoos, entre mil e 4 mil metros de altitude, os pesquisadores puderam detectar — e fotografar — uma névoa seca sinistra, parecida com as inversões térmicas vistas em cidades como São Paulo e Rio de Janeiro. "O pessoal até achou que tinha problema de calibração, alguma coisa errada, não se estava entendendo os dados", contou o pesquisador do Inpe.

A explicação veio por causa de um golpe de sorte. Antes das missões, Setzer propôs ao Inpe que, enquanto o avião da Nasa sobrevoasse a floresta, uma antena receptora de satélites do Instituto em Cachoeira Paulista gravasse imagens do satélite meteorológico estadunidense NOAA-9. Assim como o Landsat-1, o NOAA-9 não tinha capacidade de armazenamento de dados, então era preciso captá-los com uma antena nas passagens sobre o Brasil. Um cientista da Nasa chamado Compton James "Jim" Tucker vinha usando um dos sensores daqueles satélites, chamado radiômetro avançado de altíssima resolução (AVHRR, na sigla em inglês), para observar vegetação. "Ele não era muito avançado, nem tinha alta resolução coisa nenhuma", relembra Tucker. Mas era bom para detectar infravermelho médio — a faixa do espectro eletromagnético na qual o calor das queimadas emite radiação. Setzer não sabia disso: decidiu gravar as imagens por precaução, sem ter nada especial em mente. "Imaginei que pudessem indicar nuvens ou trajetórias de massas de ar", recorda. "É aquela história: você atira no que vê e acerta no que não vê."

As imagens de satélite permitiram descobrir de onde vinham a névoa seca e os altos índices de poluição: analisando-as, Setzer e seu aluno Marcos da Costa Pereira descobriram que as emissões estranhas sobre a floresta tinham sua origem em extensas queimadas realizadas a centenas de quilômetros do trajeto do Electra, em Mato Grosso e no sul do Pará: gente seguindo o imperativo do desenvolvimento estabelecido na ditadura e botando a Floresta Amazônica abaixo. Em algumas das imagens, era possível detectar mais de 1200 focos de incêndio e nuvens de fumaça cobrindo áreas de até 90 mil km^2 — quase o tamanho do estado de Pernambuco.[8]

Em fevereiro de 1986, um seminário foi organizado em São José dos Campos para analisar os dados do GTE-Able2A, e a imprensa começou a noticiá-los. Pressionado por Brasília a "não entrar em polêmica", o Inpe correu para abafar a história. A poluição detectada sobre a Amazônia, declarou-se, vinha das indústrias do mundo desenvolvido.[9] O diretor do Instituto, Marco Antonio Raupp

(1938-2021), cancelou uma entrevista coletiva que seria realizada pelos cientistas no encerramento do encontro, e o coordenador brasileiro do experimento, Luiz Molion, correu a declarar ao *Globo* que "não há nada de alarmante nas conclusões", porque "as queimadas [...] não são novidade para o Inpe".[10]

Convencido de que seus dados apontavam um problema real, Setzer foi procurar o IBDF em Brasília. Com as imagens embaixo do braço, foi parar na sala do chefe da comunicação do Instituto, Aylê-Salassié Quintão. "O Setzer apareceu na hora do almoço, não tinha ninguém da diretoria lá, e me mostrou o material. Fiquei estarrecido", conta. O jornalista mineiro com nome de imperador etíope enxergou nas fotografias de satélite potencial para ilustrar uma campanha contra as queimadas e deu um jeito de mandar os dados do Inpe para a imprensa antes mesmo de mostrá-los à chefia.

Mergulhado na própria crise de identidade, o IBDF reagiu sem a mesma empolgação que demonstrara oito anos antes, quando propôs ao Inpe mapear o desmatamento em toda a Amazônia. No entanto, deu à comunicação o aval para fechar um convênio com o Instituto. E foi assim, sem nenhum alto propósito científico e pensando mais na divulgação do que na ciência, que o Brasil começou a monitorar o fogo na Amazônia, em 1987.

Naquele mesmo ano, para alegria de Aylê Quintão, as imagens de queimadas na Amazônia feitas pelo Inpe começaram a aparecer esporadicamente nos jornais. A atmosfera então estava na moda por causa da camada de ozônio. Em setembro, durante a temporada de queimadas no Brasil, os países-membros da ONU se juntaram em Montreal, no Canadá, para assinar um tratado internacional banindo os clorofluorcarbonos (CFCs), os gases de refrigeração que destruíam esse manto protetor invisível da Terra. Houve um agito de mídia sobre o tema: embora o buraco estivesse sobre a distante Antártida, a perspectiva de pegar câncer de pele tomando sol era assustadora o suficiente, e todos passamos a usar filtro solar "contra radiação UV", como gritavam os rótulos (como se houvesse outra radiação a bloquear) e a comprar geladeiras e desodorantes "CFC-free", aqueles com o pandinha estampado.

O Protocolo de Montreal foi um sucesso estrondoso do multilateralismo, com o bloco capitalista, o bloco socialista e o Terceiro Mundo se juntando pela primeira vez para agir com base em evidências científicas recentíssimas de uma ameaça ambiental. A ação dos CFCs sobre o ozônio havia sido teorizada nos anos 1970 por Paul Crutzen — o pioneiro dos estudos da poluição por queimadas no Brasil —, pelo mexicano Mario Molina e pelo norte-americano Frank Sherwood "Sherry" Rowland, que em 1995 dividiriam o prêmio Nobel de química pela descoberta. O buraco antártico em si foi detectado apenas em 1985, e dois anos depois os CFCs seriam banidos.

Também em 1987, uma comissão de especialistas designada pela ONU e chefiada pela premiê norueguesa Gro Brundtland publicou um aguardado relatório[11] lançando um novo conceito: o desenvolvimento sustentável, no qual as necessidades das gerações presentes precisavam ser satisfeitas sem prejudicar a vida das gerações futuras. Queimadas, caça predatória e depleção da camada de ozônio eram claramente a antítese do desenvolvimento sustentável. Mas o aquecimento global ainda era uma questão restrita aos círculos acadêmicos quando o relatório Brundtland foi publicado, em outubro, e o Brasil ainda não era reconhecido como vilão ambiental do planeta. Essa situação mudaria drasticamente no ano seguinte.

Em 27 de maio de 1988, enquanto a classe média brasileira consumidora de notícias chorava de pena dos jacarés no Pantanal, o Inpe publicou o relatório de seu convênio com o IBDF. Foi um choque. Os satélites mostravam que, de 15 de julho a 2 de outubro de 1987, no chamado "verão" amazônico, nada menos do que 20 milhões de hectares (o equivalente a um Paraná) haviam queimado em 170 mil focos de incêndio (10 464 em um único dia, 2 de setembro) na Amazônia Legal, incluindo as áreas de Cerrado. Desse total, 40% correspondiam a matas recém-derrubadas. Se a conta estivesse correta, somente na estação seca de 1987 o desmatamento teria alcançado 80 mil km^2, o equivalente a quase tudo o que havia sido desmatado na Amazônia do descobrimento até 1978, segundo a análise inicial do Inpe em 1980 (uma limitação do satélite NOAA-9, cujos pixels ficavam saturados pelos focos de calor e perdiam sensibilidade, torna esse número provavelmente exagerado, mas Setzer defendeu-o a vida toda, lembrando que o dado incluía os cerrados da Amazônia Legal).

Temendo mudanças na legislação ambiental e fundiária que viriam com a nova Constituição, em 1988, os fazendeiros correram para desmatar e queimar tudo que podiam no ano anterior. Proporcionalmente, o estado mais afetado era Rondônia, com 19% de sua área tomada pelos focos de calor.[12] O Inpe informava que os incêndios haviam causado o fechamento de aeroportos em Cuiabá,

Porto Velho e Rio Branco, emitido 518 milhões de toneladas de carbono, e que sua fumaça se espalhava por até 4 mil quilômetros de distância. Concluía, ainda, com uma profecia algo sensacionalista, mas que capturava perfeitamente o zeitgeist: "Em futuro breve a comunidade científica internacional deverá relacionar as queimadas com alterações da composição química e do clima do planeta, e muito possivelmente da camada de ozônio e do 'buraco de ozônio' na Antártida".[13] O mundo acabava de ganhar mais um fantasma ambiental para assombrá-lo.

Os dados do Inpe deram início a uma tempestade midiática que teria início naquele mês e não pararia mais: afinal, a temporada de queimadas de 1988 estava apenas começando, e não havia nenhum motivo para imaginar que, na ausência de qualquer mudança econômica ou ação do governo, o problema fosse estar menos grave do que no ano anterior, cujos dados apareciam no relatório do Inpe.

A jornalista holandesa Marlise Simons, correspondente do *New York Times* no Brasil, que já vinha acompanhando o trabalho dos cientistas do Inpe, farejou notícia. Em 12 de agosto, em meio ao verão tórrido no hemisfério Norte e menos de dois meses depois do depoimento de James Hansen ao Senado, a primeira página do *Times* trazia no canto inferior direito uma chamada assinada por Simons com um título que não podia ser ignorado: "Vastos incêndios na Amazônia feitos pelo homem, ligados ao aquecimento global".[14] A reportagem ocupava metade da página 6 do principal jornal do mundo e trazia os dados alarmantes de 1987 e uma foto de satélite de Rondônia e Mato Grosso, justamente a região beneficiada pelo Polonoroeste. "À noite, rugindo e vermelha, a floresta parece estar em guerra", relatou a repórter.

As ligações com o "efeito estufa", a nova paranoia de estimação dos norte-americanos, foram imediatas. Compton Tucker, entrevistado pelo jornal, ecoava estimativas segundo as quais a devastação da floresta respondia por 10% de todo o gás carbônico lançado pelos seres humanos no ar. "Ninguém sabia da extensão das queimadas", relembra o cientista. "Jim Hansen havia começado a conversa sobre aquecimento global e todo mundo sabia que havia uma componente de uso da terra. Mas o que se assumia era que ao longo de dez, quinze, vinte anos as árvores [das áreas desmatadas] iriam se decompor e liberar o gás naturalmente. Então Alberto apareceu e mostrou as queimadas, e as pessoas entenderam que essa emissão poderia acontecer muito rápido."

No final de agosto, o *Times* voltou à carga com um editorial duro contra o Brasil, repetindo que o fogo na floresta representava um décimo de todo o CO_2 do mundo, que 17% do território de Rondônia já estava desmatado e que a culpa era da BR-364.[15] O texto citava, ainda, um pesquisador do WWF chamado Thomas Lovejoy propondo uma solução "imaginativa": a troca de parte da dívida dos países subdesenvolvidos pela preservação da natureza. A sugestão foi a primeira cutucada nos brios soberanistas do governo Sarney. Várias outras ocorreriam nos meses e anos seguintes.

A atenção dada às queimadas pelo *Times* despertou na imprensa brasileira o sentimento universal mais poderoso do jornalismo: a inveja. No começo de setembro de 1988, a *Folha de S.Paulo* despachou para Rondônia o repórter carioca Fernando Gabeira, ex-guerrilheiro e ex-candidato a governador que dois anos antes havia fundado o Partido Verde juntamente com ex-exilados políticos e artistas. Gabeira e o fotógrafo Jorge Araújo, outra estrela do jornal, produziram uma série de reportagens mostrando como a incúria, a ganância, a falta de assistência técnica e o abandono pelo governo dos assentados no eixo da BR-364 estavam fazendo o estado arder em chamas. O IBDF dizia estar de mãos atadas: José Carlos Carvalho declarou à *Folha* que o órgão tinha apenas trezentos fiscais[16] para vigiar todos os quase 5 milhões de km^2 da Amazônia Legal, o que tornava virtualmente impossível a tarefa de fiscalizar e conter as labaredas.

Naquele mesmo setembro, auge da temporada de fogo, com o aeroporto de Porto Velho fechando constantemente, uma segunda pancada internacional veio em cima do Brasil. E de um lugar insuspeito: o Banco Mundial.

A mesma instituição que havia ajudado a ditadura a causar a "década da destruição", financiando a pavimentação da BR-364, agora aparecia cheia de moral para dar lições ao governo civil brasileiro. Um relatório produzido por Dennis Mahar, um técnico do Departamento de Meio Ambiente do banco, afirmava sem meias palavras que os incentivos governamentais à atividade agropecuária, em especial ao gado, eram a causa da destruição da Amazônia.[17]

Publicado internamente pelo banco em junho, o relatório de Mahar chegou aos jornais brasileiros mais de três meses depois.[18] Ele fazia um retrato impiedoso das políticas de incentivo do governo à produção na Amazônia, desde os esquemas mirabolantes da ditadura até o Polonoroeste — embora este último, que carrega a assinatura do banco, seja tratado com tintas menos carregadas do que o PIN e o Polamazônia.

Citando uma avaliação feita pelo Ipea em 1985, Mahar mostrou que o desempenho dos projetos da Sudam não havia melhorado em nada desde o estudo pioneiro do Inpe, em 1977, que revelou problemas nas fazendas financiadas (veja o capítulo 1). Até meados dos anos 1980, a Sudam havia bancado 950 projetos econômicos na Amazônia com incentivos fiscais. Desses, 631 eram de pecuária. As fazendas tinham impacto marginal ou até mesmo negativo na geração de empregos — algumas delas destruíam castanhais, arrasando no processo o ganha-pão de comunidades inteiras para criar pastagens que empregavam, em média, uma pessoa a cada trezentos hectares. Apesar de o governo ter despejado um caminhão de dinheiro na atividade ganadeira, totalizando 700 milhões de dólares (o equivalente nos anos 2020 a quase 2 bilhões de dólares) em subsídios, apenas 92 projetos haviam sido concluídos. Numa amostra de campo de nove fazendas, o Ipea descobriu que a média de produção de carne nelas equivalia a apenas 16% do inicialmente projetado. Três das nove não produziam coisa alguma.[19] Citando outro estudo, de 1981, Mahar afirma que "a criação de gado sob as condições prevalentes na Amazônia pode ser *intrinsecamente* antieconômica" (grifo dele), já que a disponibilidade de crédito subsidiado tornava mais barato para o pecuarista avançar sobre novas áreas de floresta do que adubar e recuperar pastos excessivamente usados pelo rebanho. A degradação significava que um hectare de pasto na Amazônia, que em sua formação em geral comportava um animal, declinava para 0,25 animal no quinto ano.[20] Mais de três décadas depois, esse diagnóstico sobre os incentivos perversos e o declínio da taxa de lotação das pastagens se mantinha essencialmente atual na região.

Mas o que de fato incomodou o governo brasileiro no relatório, e moveu placas tectônicas, foi uma conta apresentada pelo pesquisador sobre o desmatamento total na Amazônia. Mahar criticava como subestimados os dados de 1980 do Inpe que mostravam apenas 77 mil km^2 desmatados até 1978. Ele afirmava, citando estudos de Philip Fearnside, que a devastação nos anos 1980 havia explodido, atingindo 598 921 km^2, ou 12% da área total da Amazônia brasileira.[21] Era uma área maior que a França. Se essa conta estivesse certa, a floresta teria perdido o equivalente a meia Inglaterra por ano entre 1980 e 1988 e, caso esse ritmo se mantivesse, estaria inteira desmatada em meados do século XXI.

O relatório foi mais uma gota no caldo de mídia que engrossava sobre o governo brasileiro. Além do *New York Times* e do *Washington Post*, publicações econômicas como as britânicas *The Economist* e *Financial Times* também alertaram para o problema do desmatamento e das queimadas — então tratados mais ou menos como sinônimos — e defendiam o fim dos empréstimos por bancos multilaterais ao Brasil.

Ao recordar aquele período, José Sarney conta que soube pela imprensa do que estava acontecendo na floresta. "Tínhamos uma visão intelectual do problema, mas nossos instrumentos de aferição do que realmente acontece, do que acontece pontualmente, eram muito limitados. Como hoje, guardadas as devidas proporções, ainda são, diante da escala do problema, do número de frentes simultâneas que desafiam a lei para destruir a floresta", contou o ex-presidente, aos 91 anos, numa entrevista por escrito concedida durante o lockdown da pandemia.

Sua reação inicial, admite, foi de negação: seus auxiliares, em especial os militares, imbuídos pelo nacionalismo de Arthur Cezar Ferreira Reis, batiam na tecla da conspiração internacional para arrancar do Brasil a soberania sobre a região. Mas o governo não tinha nem como contestar o Banco Mundial. O Brasil não produzia nenhum dado oficial de devastação na Amazônia desde 1980, quando o relatório *1649* do Inpe foi publicado. "Estávamos ainda com a visão do Arthur Cezar dos ataques que a Amazônia havia sofrido. Essa visão era reforçada pelos relatórios que eu recebia. Mas mobilizei pessoas de minha confiança e determinei a apuração do que realmente acontecia", conta Sarney. Essa determinação presidencial em busca dos fatos teria várias idas e vindas ao longo do terço final do governo, e Sarney transitaria entre a paranoia soberanista e os acenos ao ambientalismo durante muitos meses.

Em 5 de outubro, a crescente maré favorável à preservação da Amazônia subiu alguns metros, com a promulgação da nova Constituição Federal. A Carta completava a transição democrática e tinha ares de catarse coletiva após 21 anos de repressão. Os avanços do texto em proteção das liberdades e em direitos civis foram tantos que lhe valeram o justo apelido de "Constituição Cidadã". Nas palavras do jornalista Marcelo Leite, "foi um dos raros momentos em que o Brasil se rebelou contra si próprio".

Uma das revoluções do texto constitucional foi dedicar um capítulo inteiro ao tema ambiental, com seu artigo 225 sacramentando que "todos têm direito ao meio ambiente ecologicamente equilibrado, bem de uso comum do povo e essencial à sadia qualidade de vida, impondo-se ao poder público e à coletividade o dever de defendê-lo e preservá-lo para as presentes e futuras gerações". Mas os constituintes foram além. No artigo 170, a Carta vincula expressamente a ordem econômica brasileira à "defesa do meio ambiente". No artigo 5, fica estabelecido que a propriedade privada "atenderá a sua função social". Esse inciso justificava limitações ao uso de terras agrícolas, como a necessidade de manter áreas de mata como reserva legal e preservar margens de rios da erosão. Também dava a senha para a reforma agrária, já que latifúndios improdutivos não cumprem sua função social. Nos anos 2010, a revolta contra ele explodiria de maneira dramática.

O artigo 225 resultou de um conjunto improvável e possivelmente irrepetível de circunstâncias, entre elas a eleição do primeiro deputado ambientalista do Brasil, o advogado paulista Fabio Feldmann (PMDB). Influenciado na adolescência pelo relatório *Limites do crescimento*, do Clube de Roma (o mesmo que inspirara José Lutzenberger a escrever *Manifesto ecológico* anos antes), Feldmann participou do movimento ambientalista paulistano que fermentou no início dos anos 1980. Foi advogado das vítimas da poluição de Cubatão e criou uma subcomissão de Meio Ambiente na Ordem dos Advogados do Brasil (OAB). Mais tarde, uniu-se a intelectuais, como o biólogo José Pedro Costa e o jornalista Randau Marques, e a jovens herdeiros de impérios empresariais, como João Paulo Capobianco (Construcap), Rodrigo Lara Mesquita (*O Estado de S. Paulo*) e Roberto Klabin (Klabin Celulose), na campanha que transformou a Jureia, último trecho de Mata Atlântica intocada do estado de São Paulo, numa estação ecológica. A mobilização levou à criação da Fundação SOS Mata Atlântica, em 1986, e à candidatura brancaleônica de Feldmann a deputado constituinte.

Os panfletos de campanha do então candidato continham "propostas para a Constituinte" que incluíam princípios que acabaram consagrados na Constituição, como o do usuário-pagador, o recurso ao Ministério Público e o "meio ambiente sadio e equilibrado" como um "direito de todos".

Feldmann conta que a maior inspiração para a redação do artigo 225 foi a Conferência de Estocolmo, em 1972, a primeira reunião da ONU sobre meio ambiente. O Brasil, cuja delegação era chefiada pelo ministro Costa Cavalcanti — aquele que louvou a "pata do boi" como instrumento de ocupação da Amazônia —, fez um papelão ao afirmar que a miséria era a maior forma de poluição, cravando o desenvolvimento como valor precedente à proteção ambiental (isso teria consequências duradouras). A Carta Magna foi uma vingança por aquele fiasco servida fria, dezesseis anos depois, ao incorporar a linguagem mais avançada da Conferência de Estocolmo em seu texto de proteção ambiental.

Em Brasília, Feldmann lançou um grupo parlamentar de um homem só batizado Frente Nacional de Ação Ecológica. "O grau de institucionalidade era zero", conta, com uma risada, vigiado por um gato na sala de sua casa no bairro paulistano de Pinheiros. Mas a capacidade de lobby do deputado era grande. Feldmann organizava viagens de parlamentares a joias ambientais brasileiras, como o Vale do Ribeira e o Pantanal, e fazia jantares frequentes no apartamento funcional. "Eu tinha uma cozinheira peruana, a Estercita, que oferecia chester para eles. Então a gente comia chester na terça-feira e ficava comendo quase até o jantar da terça seguinte. Até hoje eu não consigo ver chester na minha frente."[22] O resultado foi um conjunto de apoios improváveis de deputados de direita, como a ex-arenista Sandra Cavalcanti (PFL-RJ), e a inclusão de membros do recém-nascido Centrão, o bloco fisiológico de centro-direita, na frente parlamentar. "Eu tive como estratégia evitar polarização, evitar que o meio ambiente fosse tratado como um tema de esquerda. Muitas coisas que não passavam em outras comissões passaram na nossa", recorda. "E o que nos ajudou de fato foi a presença de gente do Centrão na frente. Eles conseguiram neutralizar iniciativas do Centrão que esvaziavam o texto constitucional." A Câmara dos Deputados de hoje, reconhece Feldmann, não passaria nem perto de aprovar dispositivos como os da Carta de 1988. Mas o Brasil da redemocratização era um lugar onde milagres aconteciam.

Apenas uma semana depois do nascimento da Carta, no dia 12 de outubro, o presidente Sarney assinou um decreto improvisado e ao mesmo tempo revolucionário, estabelecendo o primeiro esforço federal de proteção da Floresta Amazônica em 488 anos de existência do Brasil.

O decreto criava o Programa de Defesa do Complexo de Ecossistemas da Amazônia Legal, batizado Programa Nossa Natureza, que teria a finalidade de "estabelecer condições para a utilização e a preservação do meio ambiente e dos recursos naturais renováveis na Amazônia Legal, mediante a concentração de esforços de todos os órgãos governamentais e a cooperação dos demais segmentos da sociedade com atuação na preservação do meio ambiente". Foram criados seis grupos de trabalho interministeriais para adotar medidas de "proteção da cobertura florística", "substâncias químicas e processos inadequados de mineração" (leia-se mercúrio de garimpo), "estruturação do sistema de proteção ambiental", "educação ambiental", "pesquisa" e "proteção do meio ambiente, das comunidades indígenas e das populações envolvidas no processo extrativista".[23] Todos receberam prazos de sessenta a noventa dias para apresentar seus resultados.

No discurso de lançamento do Nossa Natureza, Sarney reconheceu o *buzz* internacional sobre a Amazônia e o papel da imprensa e dos cientistas na decisão de criar o programa: "Há sensibilização crescente da sociedade brasileira contemporânea a grandes movimentos mundiais quanto à questão da preservação ambiental. Foi para mim motivo de surpresa e indignação constatar numerosos incêndios, que em poucos dias consumiram milhares de quilômetros da Floresta Amazônica. Posso confessar mesmo que foi a luz vermelha a despertar no presidente a consciência da necessidade de um programa mais abrangente, global e mais enérgico, o fato de o Instituto Nacional de Pesquisas Espaciais ter monitorizado, num só dia, mais de 6 mil focos de incêndio no Brasil".[24]

Para coordenar os grupos de trabalho, Sarney designou um militar — o general Rubens Bayma Denys, ministro-chefe de Secretaria de Assessoramento da Defesa Nacional, a Saden. A motivação foi dupla: primeiro, tratar o tema amazônico como estratégico, elevando-o a assunto de segurança nacional. Depois, fazer um aceno à caserna, evitando alijar os militares de um tema que lhes era tão caro e cuja governança estavam perdendo rapidamente com a redemocratização. Sarney precisava manter calma a tropa, que tinha setores que não o engoliam.

Bayma Denys não era um neófito em Amazônia: ele fora o principal arquiteto de um programa do Exército para estender o modelo de ocupação do PIN à margem esquerda do rio Amazonas, construindo rodovias, hidrelétricas e bases militares. A justificativa para a ocupação era a imensa e intocada faixa de fronteira norte, que se estende do Suriname à Colômbia.

O Programa Calha Norte, como ficou conhecido, foi proposto pelo general ao presidente em 1985. A exposição de motivos era carregada da retórica integracionista e soberanista que reinara durante a ditadura na região Norte. Numa repaginação à luz da Guerra Fria das teorias conspiratórias de Arthur Reis, o documento alertava contra a possibilidade de "influência ideológica marxista" na Guiana e no Suriname, o que tornaria "vulnerável a soberania nacional", e proclamava a necessidade do "fortalecimento das expressões do Poder Nacional na região" (a expressão "poder nacional" é intercambiável com "Forças Armadas"). Entre as propostas do programa estavam o aumento da malha viária, com a construção de mais uma rodovia faraônica, a Perimetral Norte; a aceleração da produção de energia hidrelétrica; a "definição de uma política indigenista apropriada à região" — os militares temiam grandes terras indígenas contínuas na fronteira; e a "interiorização dos polos de desenvolvimento econômico".[25] Era esse sujeito, um militar com um pensamento da década de 1970, que conduziria um programa interministerial de civis para proteger a Amazônia dos resultados deletérios da implantação do pensamento militar da década de 1970. A chance de dar certo parecia remota, mas, de novo, o Brasil de 1988 era um lugar onde milagres aconteciam.

O lançamento do Nossa Natureza não foi a única medida anunciada por José Sarney naquele 12 de outubro. Como parte do que os jornais chamavam de "pacote ecológico", o presidente também decretou a suspensão imediata de incentivos fiscais do Fundo de Investimentos da Amazônia, o Finam, operado pela Sudam, e dos projetos de pecuária com subsídio oficial. Também proibiu que créditos oficiais fossem dados a projetos agropecuários na Mata Atlântica.

A suspensão dos incentivos fiscais, identificados pelo Banco Mundial como motores do desmatamento, já vinha sendo ventilada antes do pacote. Parecia uma medida ousada, mas ela unia o útil ao agradável: por um lado, ajudava a proteger a floresta e deixava o governo bem na foto; por outro, ajudava a fechar mais um dos vários buracos fiscais contra os quais o Planalto se debatia em pleno período de moratória da dívida externa, nos quais cada centavo que pudesse ser mantido no caixa do Tesouro contava. Assim como ocorrera com o IBDF, a Sudam havia se tornado um poço de corrupção, com uma investigação da Polícia Federal, que seria revelada ainda naquele ano, de um esquema para liberação de dinheiro de subsídios em troca de propinas gordas — de até 25% — para os diretores da superintendência.

O anúncio da suspensão dos incentivos fiscais teve repercussão imediata no chamado "setor produtivo" amazônico — o empresariado que lucrava com a destruição da floresta. O pecuarista Orlando Mariutti, administrador de fazendas em Mato Grosso, declarou à imprensa que, sem os incentivos, "a Amazônia para, e isso significaria mais áreas abandonadas sem fiscalização dos órgãos estatais e também sem o cuidado de empresas que, em geral, preservam áreas maiores que os 50% exigidos pela lei".[26] O chefe da União Democrática Ruralista no Pará, Lincoln Bueno, disse que "o presidente Sarney cedeu às pressões do Banco Mundial" e que "a Amazônia não poderá ser um eterno [jardim] zoológico somente para agradar os norte-americanos".[27]

Um dos empresários amazônicos mais vocais contra o pacote ecológico foi Ariosto da Riva, de Mato Grosso. Paulista, dono da empresa de colonização Indeco, Riva fundou cidades como Naviraí, Alta Floresta, Apiacás e Paranaíta. Foi ele quem comprou o megalatifúndio de cerca de 650 mil hectares de Suiá--Missu, associado à família Ometto, onde a Sudam bancou o maior projeto do polo Xingu-Araguaia nos anos 1970 em cima de uma terra indígena xavante — de onde os indígenas foram simplesmente removidos, no que o antropólogo Darcy Ribeiro chamou de "pogrom".[28] Riva reagiu às medidas do governo com um discurso que nos anos 2020 seria carimbado como fake news e tirado do ar em algumas redes sociais: prometeu que iria ao Conselho de Segurança Nacional denunciar os dados de queimadas como uma imensa conspiração para internacionalizar a Amazônia. Acusou "organismos internacionais" de usarem "números mentirosos e fotos de satélite pré-montadas" para sensibilizar Sarney. "Afirmo e pretendo provar ao Conselho de Segurança que essas fotografias são meras montagens. Também não é verdade, como afirmam alguns ecologistas internacionais, que apenas este ano foram derrubados e queimados mais 20 milhões de hectares de mata no Brasil. O número real é de apenas 20 mil hectares."[29] E não só isso: Riva dizia, também, que o pacote ecológico de Sarney consistia em boicote ao desenvolvimento do Brasil. "Os grandes países produtores de grãos estão começando a temer a concorrência brasileira no mercado internacional de alimentos, e a transformação de uma pequena parte da Amazônia numa região agrícola não lhes interessa."[30]

Se você acha que já ouviu esses mesmos argumentos em outros contextos mais recentemente é porque ouviu mesmo. As falas de Ariosto da Riva e dos outros empresários sintetizam um conjunto de falácias contra a proteção ambiental tão consistente na história do Brasil que poderia ser chamado de

Decálogo do Desmatador. Todas as vezes que o latifúndio se sente ameaçado por regulações ambientais ou sociais, o Decálogo, todo ou em partes, é tirado da manga e colocado sobre a mesa. Seus pontos essenciais são:

1 – Negar o problema;

2 – Acusar os cientistas de manipulação, dizendo que pode provar a fraude;

3 – Dizer que a economia vai quebrar;

4 – Dizer que a regulação trará um problema social, porque o setor emprega muita gente;

5 – Dizer que, na verdade, o produtor rural é quem mais preserva, e que os grandes preservam mais que os pequenos;

6 – Culpar os estrangeiros por querer fazer concorrência desleal com nosso agronegócio e nossa mineração e nos manter subdesenvolvidos;

7 – Culpar as "ONGs estrangeiras" por querer arrancar a soberania do país;

8 – Dizer que os ambientalistas se preocupam com as árvores, mas não estão nem aí para as pessoas;

9 – Dizer que a legislação brasileira é a mais rigorosa do mundo, draconiana, e impede o trabalho do produtor;

10 – Dizer que há áreas protegidas e terras indígenas demais, e que o índio, na verdade, é o maior latifundiário do país.

O Decálogo começou a ser formatado provavelmente no século XIX, quando o Brasil era pressionado a abolir a escravatura. Em sua autobiografia, Joaquim Nabuco (1849-1910) já se queixa de que a campanha pela abolição poderia ter começado bem antes de 1879, se houvesse no Parlamento gente disposta a contrapor o discurso dos fazendeiros de que o país iria quebrar sem a escravidão.[31] Do Nossa Natureza em diante, o aumento da pressão internacional pela proteção da floresta e dos povos tradicionais turbinou o Decálogo, que se tornou arma retórica preferencial do lobby ruralista — e, muito perigosamente, também dos militares — em momentos críticos, como a Rio-92, a mudança do Código Florestal, entre 2009 e 2012, e, em 2019, no governo de Jair Bolsonaro.

O escândalo midiático sobre a Amazônia e o relatório de Dennis Mahar causaram outra repercussão em São José dos Campos naquele mesmo ano, paralelamente ao Nossa Natureza. O diretor de Sensoriamento Remoto do Inpe,

Márcio Barbosa, passou a ser questionado sobre a destruição da Amazônia em congressos no exterior. "A Amazônia era a bola da vez. Eu tinha a sensação de que a crítica era exagerada", conta. Após a publicação do Banco Mundial, havia uma necessidade de dar resposta, mas não existiam dados. Barbosa decidiu buscá-los resgatando um velho conhecido do Inpe: o Landsat.

O satélite de observação da Terra usado nos estudos pioneiros do Instituto em 1977 e 1980 estava, então, em sua quinta versão. O Inpe ainda o utilizava, mas para tarefas pontuais sob encomenda de outros órgãos do governo, como previsão de safras ou estimativas de estoques de sardinha. Cansado de passar vergonha no exterior, Barbosa pediu a sua equipe que produzisse uma nova estimativa de área desmatada na Amazônia tendo como referência o ano de 1988. Uma imagem preliminar, colorida, foi apresentada num simpósio em Natal entre 11 e 15 de outubro — exatamente na época da assinatura do decreto de Sarney. O dado consolidado viria a público em 6 de abril de 1989. Ele causaria uma crise no Inpe e terminaria numa CPI no Congresso, ao afirmar que apenas 5% da área da Amazônia havia sido desmatada — menos da metade do que Fearnside e Mahar estimavam.

Enquanto isso, Alberto Setzer, cujo trabalho estivera na origem do alvoroço global das queimadas, pagava o preço da superexposição pública. "Muitos colegas no Inpe viam o trabalho como uma forma de autopromoção midiática, sem qualquer relevância científica, com base em imaginação, em algum grau de loucura ou em mentiras", contou. Mas as caras feias no Instituto eram fichinha perto do que o Estado faria com ele. O pesquisador relata ter tido seu carro seguido e sua sala revirada algumas vezes durante os anos de 1988 e 1989. Setzer desconfia de ação do Serviço Nacional de Informações (SNI), a agência de espionagem criada por Golbery do Couto e Silva na ditadura para lidar com os "antagonismos internos". Sarney negou que tenha determinado que arapongas espionassem o pesquisador: "Se aconteceu, foi à minha revelia", disse.[32]

Em 6 de dezembro de 1988, num almoço realizado por uma organização ambientalista norte-americana na Escola Superior de Agricultura Luiz de Queiroz (Esalq) da USP, em Piracicaba, Setzer sentou-se à mesa ao lado de um cidadão acreano com quem conversou sobre queimadas e desmatamento, paranoia e ameaças. Seu comensal também relatou episódios de perseguição e intimidação após denunciar no exterior a destruição da floresta. Para ele, porém, as ameaças teriam um desfecho trágico poucos dias depois daquele encontro. O homem era Francisco Alves Mendes Filho, o Chiquinho, que entraria para a história com outro nome: Chico Mendes.

5. Tiros em Xapuri

Em 23 de dezembro de 1988, dia seguinte ao assassinato de Chico Mendes, quem abrisse os dois maiores jornais do Brasil leria apenas notícias sobre outro crime. A *Folha de S.Paulo*, *O Estado de S. Paulo* e logo o país inteiro queriam saber: quem matou Odete Roitman?

A arquivilã da novela *Vale tudo*, interpretada por Beatriz Segall, seria morta num episódio que iria ao ar na véspera de Natal, e a antecipação do evento na mídia deu início a um culto pop que atravessaria gerações. A cara da madame arrogante que os brasileiros amavam odiar estampava os cadernos de cultura e um anúncio enorme de uma companhia de seguros, que ironizava: "Faça seguro. Você nunca sabe o dia de amanhã".

O leitor que olhasse as páginas internas dos diários cariocas *O Globo* e *Jornal do Brasil*, porém, ficaria sabendo do homicídio real. No remoto Acre, o presidente do Sindicato dos Trabalhadores Rurais de Xapuri, Francisco Alves Mendes Filho, 44 anos, fora morto por pistoleiros no fim da tarde da véspera, em casa. A nota no *Globo* tinha exatas treze linhas e mencionava no final que Chico Mendes havia ganhado notoriedade no início do ano ao receber, em Washington, um prêmio da Organização Internacional do Trabalho (OIT) por sua luta em defesa dos extrativistas da Amazônia (um duplo erro: Chico jamais fora premiado em Washington ou pela OIT). O *JB*, na época o principal jornal do Rio, foi o único que noticiou o assassinato em página inteira. Embora não tivesse mencionado o fato na capa, o diário trazia informações sobre a hora da morte (18h45), a arma do crime (uma espingarda) e os principais suspeitos, os irmãos fazendeiros paranaenses Darly e Alvarino Alves, que vinham ameaçando o sindicalista. Falava também sobre o fato de o acreano ser desconhecido no Brasil, mas ilustre no meio ambientalista no exterior, por conta de sua participação, em 1987, numa reunião do BID em Miami, na qual alertara contra o desmatamento causado pela extensão do asfaltamento da BR-364 de Rondônia para o Acre. O título da reportagem do *JB* talvez tenha sido o primeiro na história do Brasil a juntar na mesma frase as palavras "ecologista", "emboscado" e "morre" — algo que se tornaria comum nas décadas seguintes. Sob a notícia o jornal trazia uma entrevista com Chico feita no dia 9 daquele mesmo mês, na qual o seringueiro falava do risco que corria e dava uma declaração que viraria título de filme: "Quero viver".[1]

A atenção que Chico recebera na imprensa carioca decorria de visitas recentes à cidade. No começo do mês, o sindicalista fizera um tour pelo Sudeste para participar de eventos no Rio e em São Paulo. No dia 6 estivera em Piracicaba, onde contara ao cientista Alberto Setzer as ameaças à sua vida. Poucas semanas antes, na capital fluminense, Chico havia recebido as chaves da cidade das mãos do prefeito Saturnino Braga e lançado uma campanha pela Amazônia com o movimento ambientalista local, encabeçado pelos ex-guerrilheiros Alfredo Sirkis, Fernando Gabeira, Liszt Vieira e Carlos Minc, cofundadores do Partido Verde (na ocasião, recebeu de Sirkis uma cantada para deixar o PT, ao qual era filiado, e se juntar ao PV).

A reação tímida ao caso na mídia brasileira deu lugar a um tsunami no exterior no dia seguinte. Mais uma vez, coube a Marlise Simons, a correspondente do *New York Times* no Rio, dar o tom da cobertura internacional, ao estampar na capa do jornal, no dia 24, a manchete "Brasileiro que lutava para proteger a Amazônia é morto".[2] A ampla cobertura dos jornais estrangeiros — além do *Times*, o *Washington Post* e os britânicos *Independent*, *The Guardian* e *Daily Telegraph* deram destaque ao crime — mobilizou a imprensa brasileira, da mesma maneira como o caso das queimadas fizera poucos meses antes. "Descobri ali que o jornal mais importante do Brasil era o *New York Times*", ironizou o biólogo americano Tom Lovejoy. Xapuri tornou-se um circo de imprensa para o funeral do sindicalista naquela véspera de Natal. Artistas e personalidades políticas também voaram para a cidade.

Ricardo Arnt, o único repórter do *JB* que cobria a pauta ambiental, ficou perplexo quando chegou à redação no dia 23. Chico era um velho conhecido. O jornalista gaúcho estivera com ele e outras lideranças do sindicato de Xapuri no começo daquele ano, fazendo uma reportagem sobre um modelo de preservação produtiva que os seringueiros tentavam em vão emplacar junto ao governo: as reservas extrativistas. A temática era em geral tratada com descaso pelo jornal. Mas Arnt, com o cacife de quem tinha bons contatos em Brasília e na academia (seu pai, o general Hyran Ribeiro Arnt, era chefe do Comando Militar da Amazônia, e sua então esposa, a linguista italiana Bruna Franchetto, pesquisava línguas indígenas na UFRJ) e escrevia sobre política, contava com a tolerância da chefia para fazer reportagens sobre meio ambiente. "Não entendiam como um cara bacana podia se interessar por aquilo", conta. Na véspera do fatídico assassinato de Odete Roitman, o repórter de meio ambiente viu seu pequeno quadrado se tornar a conversa do planeta. Nas semanas e meses seguintes, Chico Mendes seria tema de quilômetros de reportagens, artigos, análises e programas de TV, depois de livros — o mais famoso deles, *The Burning Season*, escrito por um jovem jornalista americano sem experiência na Amazônia, Andrew Revkin (e que acabaria virando filme, com Raul Julia no papel do seringueiro). O cantor inglês Sting, então no auge de sua popularidade no Brasil, fez uma versão em português da canção "Fragile", de 1987, para homenagear Chico Mendes. Paul McCartney compôs outra homenagem a Chico, "How Many People", em 1989. O escritor Zuenir Ventura adotou e levou para o Rio um adolescente que testemunhara o crime e que estava ameaçado, Genésio Ferreira da Silva. Pessoas que jamais conversariam com o acreano em vida escreveram-lhe longas homenagens. "Muita gente virou ambientalista naquela onda", diz Arnt.

Não era segredo para ninguém que Chico Mendes era um cabra marcado para morrer. Desde o começo da década o sindicalista havia feito uma coleção notável de inimigos, que incluía um grande frigorífico paulista, o governo brasileiro e grileiros locais. "Ele comentava o tempo todo sobre estar ameaçado", recorda o antropólogo norte-americano Steve Schwartzman, um dos grandes aliados de Chico fora do Acre. "Muita gente falava, 'ô, Chico, de novo com essa história?'. Ficou um pouco folclórico. Mas ele circulava muito pelo interior dos seringais, tinha informantes, sabia o risco que corria", conta a também antropóloga Mary Allegretti, que acompanhou a trajetória do líder xapuriense por quase uma década e ajudou a transformar o movimento dos extrativistas numa força política nacional.

A família Alves era a peça mais recente e perigosa dessa coleção de desafetos. Darly e Alvarino ocuparam as terras do seringal Cachoeira, onde Chico vivia, para desmatar e criar gado num período em que conflitos entre fazendeiros ligados à União Democrática Ruralista (UDR) e os seringueiros do sindicato haviam transformado Xapuri em um barril de pólvora. Em maio de 1988 houve um atentado a tiros contra um grupo de trabalhadores rurais e em junho um jovem seringueiro candidato a vereador chamado Ivair Higino, de um seringal vizinho ao Cachoeira, foi morto a tiros. Chico responsabilizou os Alves.[3] Após a morte de Higino e um bem-sucedido protesto dos seringueiros dentro da mata durante vinte dias para impedir a derrubada, colocando-se como escudos humanos na frente dos peões que tentavam desmatar, o conflito aparentemente começou a ser solucionado a favor dos extrativistas: em meados de 1988, o ministro da Reforma Agrária, Jader Barbalho, havia decidido desapropriar e indenizar Darly Alves para criar uma nova categoria de assentamento rural em Xapuri, o assentamento extrativista. Muita gente achou naquele momento que o caso estava encaminhado para um final feliz, mas Chico nunca relaxou. Naquela época ele já vinha sendo acompanhado pelo cineasta Adrian Cowell, que após sua morte lançou o filme *Chico Mendes: Eu Quero Viver*, parte da série *A década da destruição*. Uma das cenas mostra um jogo de futebol no seringal Cachoeira, uma celebração dos seringueiros após a decretação do assentamento extrativista. Chico aparece com um semblante grave durante a partida. "Ele estava supernervoso, porque tinha informações precisas de que a coisa não estava se acalmando. Ele foi ficando mais e mais seguro de que ia ser assassinado", lembra Allegretti.

A tensão era tão grande durante aquele ano que Chico precisou de escolta policial. O movimento para tentar protegê-lo da sina de Odete Roitman foi articulado pelos ambientalistas do Sudeste e envolveu outra personagem de novela: a escrava Isaura. Em maio, a atriz Lucélia Santos, cofundadora do PV, viajou a Rio Branco para participar de um comício com Chico no coreto de

Xapuri. "Nesse dia tinha um cara rodeando a cavalo, que era o cara que baleou o Chico Mendes, o filho do Darly", conta Santos. "Era um cara que usava um chapéu bem estilo americano, de caubói. E o Raimundão [Raimundo de Barros, primo de Chico] me contou que naquele dia ele estava armado e pronto para atirar. E só não atirou porque eu estava ali." Em Rio Branco, a atriz se reuniu com o governador do Acre, Flaviano Melo (PMDB), e pediu proteção da PM para o líder dos seringueiros. O governador mandou a PM para Xapuri, mas para evitar conflitos, não para fazer a segurança de Chico Mendes.

Em setembro o caso teve uma reviravolta por conta de um documento obtido bem longe do Acre, no Paraná. Durante um seminário em Curitiba, o advogado do Instituto de Estudos Amazônicos, ONG fundada por Mary Allegretti, entregou a Chico Mendes uma carta precatória que ele descobrira num juizado no interior do estado. Darly Alves da Silva era acusado de outro assassinato, cometido em 1973, e teve ordem de prisão expedida pela Justiça estadual na cidade de Umuarama. "O Chico chegou eufórico em Rio Branco com essa carta na mão. Descobriu que o cara era bandido mesmo e que ele de fato estava correndo risco de vida", conta a antropóloga. Na capital, a carta foi entregue ao superintendente da Polícia Federal, Mauro Sposito, e Chico estava certo de que ele mandaria prender Alves. Nada aconteceu. O delegado afirmou que o envelope com a carta precisaria estar fechado, e lhe fora entregue aberto; e ser enviado a um juiz em Xapuri, onde não havia nenhum designado naquela data. Em 27 de setembro, Chico relatou transtornado a Allegretti que vira Darly tomando uma cerveja despreocupadamente no bar em frente à sede da PF na capital.[4] Quando enfim a ordem de prisão saiu, em 19 de outubro, Darly Alves já havia recebido a dica e fugira — mas não sem antes jurar que mataria o seringueiro.

No fim de outubro, Chico voltou a pedir proteção policial a Flaviano Melo, que dessa vez designou três policiais militares para acompanhá-lo. Mas, pouco disposto a levar desaforo para casa, o sindicalista resolveu brigar em público com o superintendente da PF, mandando a um jornal local um artigo no qual acusava Sposito de negligência e de ter alertado Alves sobre o mandado de prisão. O delegado devolveu acusando Chico de ter sido delator durante a ditadura. Era dezembro. Fernando Gabeira e Fabio Feldmann pediram a Allegretti que convencesse Chico a sair de Xapuri. Ele se recusou. "Nós poderíamos ter impedido o Chico de voltar para o Acre nesse momento de risco. Mas ele não teria aceitado, talvez, porque o Chico era teimoso, só fazia o que queria", diz Lucélia Santos. "Eu achava que a comunicação pudesse salvar o Chico, que se ele se tornasse uma pessoa conhecida no Brasil, aquilo seria um fator protetor."

"Não fazia o menor sentido ele sair de Xapuri. Todo final de ano tinha assembleia de todos os seringueiros de Xapuri, ele estava feliz da vida, vinha conseguindo coisas, tinha conseguido um caminhão da embaixada do Canadá, não ia sair de jeito nenhum. Mas ele tinha convicção de que seria morto. Só acho que na cabeça dele não seria ali, naquele momento. Todo mundo pensava que haveria uma trégua de Natal", recorda-se Allegretti.

Contando com o elemento surpresa, Darci Alves, filho de Darly que, segundo Lucélia Santos, em maio rondara o coreto, armou a tocaia no dia 22, num fim de tarde, enquanto Chico jogava dominó com seus seguranças em casa. Ao sair para o quintal para tomar banho, o sindicalista foi alvejado no peito com um tiro de escopeta. O Acre, a Amazônia e o Brasil nunca mais seriam os mesmos.

Mary Helena Allegretti estava no rumo de uma gloriosa carreira como burocrata acadêmica quando foi parar em Rio Branco, em 1978. Professora de antropologia na Universidade Federal do Paraná (UFPR), a gaúcha radicada em Curitiba foi aprovada num mestrado na Universidade de Brasília, sob orientação do lendário etnólogo Roberto Cardoso de Oliveira. O objetivo era modesto: fazer uma dissertação sobre um tema local, engatar um doutorado no exterior e seguir como professora na UFPR. Levou um puxão de orelha: "Por que você quer fazer dissertação sobre o que já sabe? Vá para a Amazônia, para um lugar que você não conheça", disse o professor. Mary reagiu como todo bom cientista social reage diante de uma proposta radical que o leve a desbravar novos mundos intelectuais: rejeitou no ato. Aventura? De jeito nenhum. "Eu nunca imaginei isso, sou gaúcha que no máximo tinha vindo pro Paraná, e achei que aquilo era um absurdo. Mas ele me fisgou."

Sob influência do colega de turma Terri Valle de Aquino, um antropólogo acreano que ajudou os indígenas do estado a retomar os territórios invadidos pelos seringais na era da borracha, a pesquisadora decidiu aceitar o conselho de ir para a Amazônia. A ideia a princípio era estudar a colonização paranaense no Acre, mas a questão dos seringais lhe pareceu mais interessante. Era a oportunidade de analisar um fóssil social vivo. No final dos anos 1970, no município de Tarauacá, ainda havia seringueiros trabalhando no velho sistema de "barracão", presos ao patrão por toda a vida por dívidas de consumo que jamais conseguiam saldar. Estranhamente, o sistema funcionava mesmo muito tempo depois da decadência do látex, que vira seu último momento de preços altos na Segunda Guerra Mundial, com a demanda dos Estados Unidos e a criação da figura dos "soldados da borracha" — e uma malsucedida tentativa de renascimento em 1953, quando Vargas criou a Spvea, antecessora da Sudam. Fascinada por aquele enclave do século XIX em pleno final do XX, Allegretti foi pesquisar o modo de vida dos extrativistas e as revoltas contra o patronato que explodiam de tempos em tempos ali.

Mas havia outras coisas acontecendo no interior acreano na segunda metade dos anos 1970.

O surto nacional-desenvolvimentista agropecuário iniciado pela ditadura com a Operação Amazônia e os incentivos da Sudam também varrera o extremo oeste do Brasil. O fim do monopólio estatal da borracha, decretado pelos militares, e uma mudança no financiamento à produção pelo recém-criado Banco da Amazônia S.A. (Basa) fizeram vários seringalistas se endividarem.[5] Ao mesmo tempo, o governo do estado, sobretudo na gestão de Wanderley Dantas (1971-4), buscava atrair o setor privado do Sudeste anunciando terras baratas e fartas para a criação de gado. Essa união da fome dos seringalistas — ansiosos por quitar as dívidas e vender seus seringais por mais do que as terras valiam — com a vontade de comer do poder público terminou com a transferência maciça de terras acreanas a empresários de São Paulo para a formação de pastagens. Em 1980, as doze maiores propriedades do Acre somavam uma área de 5,2 milhões de hectares, quase duas Bélgicas.[6] Brechas na legislação permitiram a venda de latifúndios de até 60 mil hectares sem nenhuma fiscalização sobre a regularidade das posses.

Essas terras vendidas de "porteira fechada", por assim dizer, evidentemente não estavam desocupadas. Os seringais eram negociados com os seringueiros dentro, e, em toda a primeira metade dos anos 1970, houve expulsão maciça de extrativistas para abertura de fazendas e uma explosão dos conflitos fundiários. Alguns seringueiros fugiram para a Bolívia em busca de seringais intactos; outros foram para a periferia das cidades. A abertura da BR-317, que ligava Rio Branco à Bolívia pelo sul do estado, levou as fazendas — e os conflitos — aos municípios de Xapuri, Brasileia e Assis Brasil. A partir de 1973, a Igreja católica do Acre, um bastião progressista composto de padres de origem italiana, como Paolino Baldassari, Heitor Turrini, no município de Sena Madureira — que nos anos 1990 travariam lutas contra madeireiros — e Moacir Grechi, bispo de Rio Branco, resolveu tentar estancar a sangria. Os padres organizaram as comunidades eclesiais de base, o embrião dos sindicatos dos trabalhadores rurais. Chico Mendes começou a militar nessas organizações em 1973, alfabetizando seringueiros e dando cursos sobre organização social, direitos dos trabalhadores e consciência de classe. Uma aula de marxismo em plena ditadura, sob a bênção de um setor da Santa Madre Igreja. Em 1976, um desses cursos, ministrado por Chico e pelo teólogo Clodovis Boff, capturou para sempre uma menina magrela e enfermiça estudante de um convento de Rio Branco.

Maria Osmarina da Silva, dezessete anos, era filha de um cearense que chegara ao Acre em 1946, no último navio a trazer os soldados da borracha para o esforço de guerra. Pedro Augusto da Silva instalou-se no seringal Bagaço, que acabaria sendo vendido a fazendeiros e cortado ao meio pela BR-364. Como criança, Marina Silva viveu as ondas de choque do declínio do extrativismo e das transformações econômicas e sociais daquele canto da Amazônia: a exploração dos seringueiros pelo patrão, que descontava do valor da borracha o custo de compras obrigatórias na loja do seringal (o "barracão") de mantimentos e de equipamentos de trabalho, como facas e lamparinas; o abandono do seringal, que colocara os seringueiros na mão de outros comerciantes exploradores, os "regatões"; e a expectativa, sempre renovada e nunca alcançada, do restabelecimento de uma política de preços para a borracha que permitisse aos extrativistas sair da miséria, sobreviver com alguma dignidade daquilo que produziam — e, principalmente, permanecer em suas "colocações", como eram chamadas as posses exploradas pelas famílias extrativistas. "Eu nunca me esqueço, não sei se foi na posse do Garrastazu [Médici], meu pai com o ouvido colado no rádio ouvindo o discurso até o final. Ele estava na ponta do pé, todos nós e minha mãe sentados no chão, e quando terminou tudo ele falou: 'Ele não disse nada do preço da borracha'. Então era uma situação de abandono", recorda Marina, entre lágrimas.

Vitimada por leishmaniose na infância e por malária na adolescência, a menina precisou sair do seringal aos dezesseis anos para tratar uma hepatite que lhe ameaçava a vida e para estudar na capital acreana. Desenganada pelos médicos[7] em Rio Branco, teve uma recuperação espantosa, alfabetizou-se em quinze dias no Mobral e trabalhou como empregada doméstica. Depois internou-se no convento da Ordem das Servas de Maria Reparadoras para fazer um pré-noviciado, o curso que a habilitaria a ser freira. Ali foi acolhida por uma irmã simpatizante da Teologia da Libertação, de inspiração marxista, formulada por Clodovis Boff e seu irmão Leonardo. "E eu escutava muitas críticas à irmã, ao bispo e ao tal de Chico Mendes, que eu ainda não conhecia. Porque era comunista e ficava fazendo coisa pros índios, pros seringueiros. Quem era de Deus era do outro lado, os fazendeiros", conta Marina, mais de quatro décadas depois. Fascinada com o proibido, a jovem viu colado no convento um cartaz anunciando um curso ministrado por Boff e Chico Mendes e resolveu se matricular para conferir se o diabo era mesmo tão feio quanto o pintavam.

Depois de Clodovis ministrar a parte teológica, falando de Jesus e do Sermão da Montanha, Chico começou a falar da experiência dos seringueiros, das expulsões e da injustiça. Aquilo ressoou imediatamente em Marina, que conhecia de berço aquela história. No final da aula, a adolescente foi chamada por Chico para apresentar um resumo do que fora dito. Amante de literatura de cordel por inspiração da avó cearense, ela resumiu as palestras em versos, que apresentou ao sindicalista numa mesinha onde tiveram a primeira conversa. "Ele disse que estava muito bom, que eu podia ir lá na frente apresentar o cordel, e eu tive assim a primeira aprovação do meu professor", relata, dessa vez com um sorriso. Chico, diz Marina, ia fazer essas palestras com o objetivo de recrutar militantes. E encontrou uma naquele momento: já deu para a moça ali mesmo um exemplar do jornal alternativo *Movimento* e dos boletins das comunidades de base. Marina passou a esconder a literatura subversiva debaixo do colchão no convento, que terminaria por largar no final do pré-noviciado para se dedicar ao "comunismo". Pelos onze anos seguintes, caminharia lado a lado com Chico Mendes numa das frentes de luta dos seringueiros: a política partidária.

Naqueles anos de organização do movimento dos extrativistas e de criação de uma militância, a Confederação Nacional dos Trabalhadores da Agricultura (Contag) se instalou no Acre e destacou advogados para ajudar os seringueiros na disputa para permanecer em suas terras. Juntamente com os padres, a Contag tentou mediar negociações entre os patrões e os trabalhadores. Afinal, não faltava terra para todos nos latifúndios que eram criados, e os recém-

-chegados poderiam ceder parte das terras aos ocupantes tradicionais. Mas os fazendeiros, que inundavam cartórios com dinheiro e saíam deles com títulos de propriedade, não queriam nem saber de acordo. Até que, em 1976, ano em que Marina Silva conheceu Chico Mendes, um ato de desespero de um grupo de seringueiros acabou produzindo um novo e radical método de negociação com os pecuaristas que projetaria Chico como liderança — mas também pintaria um alvo em sua testa.

Em Brasileia, cidade na fronteira boliviana vizinha a Xapuri, os moradores do seringal Carmen foram surpreendidos por um grupo de mais de cem peões realizando um grande desmatamento na área explorada por eles. Sem saber como evitar a destruição da floresta que levaria à sua expulsão, sessenta seringueiros, homens e mulheres, armados com espingardas e com munição contrabandeada da Bolívia, correram para o meio do mato para se colocar diante dos peões e impedir o avanço da frente de desmatamento.[8] Não era um ato pacífico: os extrativistas estavam dispostos a matar ou morrer. Durante três dias eles conseguiram barrar a devastação e forçaram o fazendeiro a dialogar e, finalmente, a ceder-lhes lotes de terra no seringal. Foi o primeiro de uma série de protestos que ficariam conhecidos como *empates*. Chico era secretário do Sindicato dos Trabalhadores Rurais de Brasileia, o primeiro a ser formado no Acre,[9] e participou dos primeiros empates. Isso o cacifou a disputar a eleição para a Câmara de Vereadores de Xapuri, em 1977, sendo eleito pelo MDB, e a levar os pleitos dos seringueiros para a política formal.

Passaram a ser feitos acordos pelos quais os seringueiros recebiam lotes de cinquenta a cem hectares[10] e uma indenização pelas "benfeitorias" que tivessem feito — na maior parte das vezes, casebres miseráveis de palha e madeira de valor basicamente nulo. Pensados com a mentalidade do Sul do Brasil, porém, tais acordos eram completamente inadequados para os seringueiros. Seu modo de vida dependia de longos tratos de floresta contendo as árvores de látex. Como sabemos, florestas tropicais têm alta diversidade, mas baixa concentração de uma espécie qualquer, e cada seringueiro explorava árvores distribuídas ao longo de picadas (as "estradas de seringa") de quilômetros de extensão cada uma. Receber um lote, ainda que de cem hectares, num seringal não ajudava muito. "Era um desastre", conta Steve Schwartzman. "Eles perdiam as estradas de seringa e as castanheiras." O resultado desses acordos era que, depois de um tempo, sem conseguir se adaptar à vida como pequenos produtores rurais, os seringueiros vendiam suas terras para os patrões e iam inchar a periferia de Rio Branco.

Os empates ajudaram a quebrar a assimetria absurda das relações entre fazendeiros e posseiros ao dar a estes algum poder de negociação. Mas também elevaram a temperatura dos conflitos fundiários. Em 21 de julho de 1980, um companheiro de ação de Chico, Wilson Pinheiro, então presidente do sindicato de Brasileia, foi assassinado, supostamente a mando de um fazendeiro, na escadaria da sede do sindicato. Pinheiro foi o homem que sistematizou os empates, transformando o ato improvisado e potencialmente letal dos seringueiros do Carmen em método de negociação com os latifundiários. Ele havia organizado um empate espetacular, que destruíra a pista de pouso que um fazendeiro havia mandado construir num seringal, depois tomado as armas dos capangas e entregado o fazendeiro, amarrado ao lombo de um burro, a um destacamento do Exército.[11] Humilhado, o pecuarista supostamente armou uma vendeta e mandou matar Pinheiro e Chico Mendes, que afirmou depois ter escapado por estar em viagem ao extremo oeste do Acre.

No dia 27 de julho de 1980, o sindicato de Brasileia organizou um protesto contra a morte de Pinheiro que reuniu 5 mil pessoas. Chico era uma das estrelas do ato. A outra, vinda de São Paulo, era um sindicalista que estava incendiando o ABC paulista e que havia acabado de passar um mês na cadeia por organizar uma greve de metalúrgicos em São Bernardo do Campo: o pernambucano Luiz Inácio da Silva. Em fevereiro daquele ano, Lula havia fundado o Partido dos Trabalhadores em São Paulo, e Chico começara a criar um diretório no Acre. No protesto em Brasileia, ambos falaram de opressão, injustiça e luta de classes. Chico teria dito que "o sangue de Wilson não ficará impune". O ato ficou conhecido como o "discurso da hora de a onça beber água". Uma semana depois da manifestação, um grupo de seringueiros organizou a vingança da vingança e matou o suposto assassino de Wilson Pinheiro. Foi o que bastou para Chico Mendes passar a ser alvo da polícia acreana. Ele e Lula foram indiciados por subversão e incitação ao assassinato pela Lei de Segurança Nacional e acabaram no banco dos réus em 1981. Ambos seriam absolvidos em 1984. Esse batismo amazônico marcaria Lula profundamente e despertaria nele o que Marina Silva chama de "ancestralidade de relações", quando, mais de vinte anos depois, eleito presidente da República, o petista preciso tomar decisões fundamentais para a proteção da Amazônia.

* * *

Mary Allegretti conheceu Chico Mendes em Rio Branco em 1981, quando ele acabara de voltar de uma sessão de julgamento no tribunal militar de Manaus. Chico pediu ajuda à antropóloga para criar uma escola para os seringueiros em Xapuri. Estava convencido de que os acordos, como estavam sendo feitos, não adiantavam nada para os seringueiros, e passou a organizar os empates de forma que os extrativistas permanecessem na floresta. Não bastava evitar momentaneamente a derrubada para ganhar um lote; era preciso manter a floresta em pé para garantir a existência das árvores de seringa e castanha. A solução proposta era conservar a floresta e ficar nela. Mas, para isso, era necessário também organizar a base: alfabetizar os seringueiros, formar cooperativas e fortalecer o sindicato. Allegretti, então na USP para fazer seu doutorado, topou o desafio. "Tentei uma licença da universidade para ir implantar a escola, não consegui, mas fui mesmo assim." A tese levaria mais 21 anos para ficar pronta.

A escola começou a funcionar em 1982 no seringal Nazaré, então palco de vários empates e de conflitos com uma empresa que você conheceu no capítulo 1: o frigorífico paulista Bordon. Um dos primeiros a atender ao chamado da ditadura para ocupar a Amazônia pela pata do boi, o Bordon foi atrás dos subsídios da Sudam no Polamazônia em Mato Grosso em 1974, mas dois anos antes havia adquirido 46 mil hectares no Acre. A partir daquele ano, Chico estava sem mandato de vereador e presidindo o Sindicato dos Trabalhadores Rurais de Xapuri. Os empates contra o Bordon foram épicos, envolvendo até trezentas pessoas, inclusive idosos e crianças. Um deles, em 1987, teve a participação de Marina Silva e do antropólogo Mauro Almeida, e ali Chico deu uma aula de obstrução para deputado nenhum botar defeito. Relata Marina: "Era uma área de quase setecentos hectares que ia ser derrubada. A gente chegou lá, éramos mais ou menos 86 pessoas. Fomos conversar com os peões. Quando a gente se espalhou pelo local, os peões pararam. A Polícia Militar estava lá dando suporte aos peões. Eu fui, comecei o diálogo, e aí o policial disse que eles estavam com uma ordem da Justiça que dava o direito de fazer a derrubada. E quando vieram os policiais na nossa direção, o Chico Mendes falou pra todo mundo começar a cantar o Hino Nacional." Os policiais ficaram sem reação. "Quando terminou o hino, os policiais tentaram voltar ao trabalho. E aí o Chico falou: 'Companheiros! Companheiros! Agora vamos rezar um pai-nosso! Dá a mão aí pro nosso irmão policial!'. E aí todo mundo deu a mão para os peões da derrubada, a mão para o irmão policial. Fizemos uma grande roda, 'Pai Nosso que estais no céu, santificado seja o vosso nome...'. E quanto terminou a oração, os irmãos policiais já não conseguiam fazer o que tinham de fazer, os peões também não. Diferentemente de outros lugares, onde quem ia fazer a derrubada eram pessoas que vinham de fora, aqueles peões já eram filhos de pessoas que tinham perdido os seus lugares. Todo mundo ali era primo de alguém, era sobrinho de alguém, era afilhado de alguém, então os irmãos peões também não iam derrubar madeira em cima dos seus parentes, dos seus amigos. Foi suspenso o negócio, foi combinado que ia parar".

Àquela altura os seringueiros já não estavam sozinhos: Chico era um personagem conhecido entre os ambientalistas brasileiros e no exterior. A briga com os pecuaristas já havia deixado de ser, nas palavras do próprio seringueiro, uma luta de um mosquito com um leão para se tornar uma luta de um leão contra uma casa de cabas (marimbondos).[12] As lideranças voltaram para Xapuri, e a Contag, juntamente com a Comissão Pastoral da Terra e os ambientalistas do Rio e de São Paulo, conseguiu enfim evitar a derrubada. O Bordon saiu de Xapuri naquele mesmo ano. De um movimento armado de negociação fundiária, o empate acabou evoluindo para uma forma de protesto pacífico em defesa da floresta.

Dois anos antes do confronto no Bordon, a luta dos seringueiros de Xapuri se convertera num movimento de expressão nacional. Em 1985, com o fim da ditadura e a posse de Sarney, o Brasil era uma tábula rasa na qual todo mundo queria inscrever alguma coisa. A Associação Brasileira de Antropologia estava discutindo os direitos indígenas e a Constituição, e o deputado federal amazonense Arthur Virgílio havia organizado em Manaus um simpósio sobre o desenvolvimento da Amazônia. A causa indígena estava presente nos debates, mas os seringueiros não. Allegretti, então trabalhando em Brasília, numa ONG chamada Instituto de Estudos Socioeconômicos (Inesc), foi procurar o deputado e cobrar que se falasse alguma coisa sobre a borracha. Virgílio pediu que ela escrevesse algo para constar nos anais do simpósio. Em vez disso, Mary escreveu uma carta a Chico Mendes. "Disse para ele que estava todo mundo discutindo alternativas para o Brasil e os seringueiros não estavam, eles não eram nada, e que precisávamos fazer um encontro em Brasília para discutir isso", recorda. Chico foi à capital e a dupla começou a organizar aquilo que seria o primeiro Encontro Nacional dos Seringueiros. "Até hoje não sei como, eu comecei de repente a receber ligação de todo lugar da Amazônia. Tinha gente que me ligava sem saber usar o telefone. Alguém ligava dizendo 'tenho aqui um seringueiro e ele disse que quer falar, mas não sabe como falar, porque vai ter um encontro em Brasília e ele quer ir'", relata a antropóloga.

O evento ocorreu de 11 a 17 de outubro e reuniu cerca de cem seringueiros. O reitor da Universidade de Brasília, Cristovam Buarque, empolgado com a ideia, ofereceu um dos auditórios da universidade para o evento. Adrian Cowell, que estava trabalhando em Rondônia, foi a Brasília filmar o encontro e, no último dia, perguntou a Allegretti quem era a principal liderança entre os extrativistas — ele iria segui-la o tempo todo filmando a partir dali. Foi o início de uma relação com Chico Mendes que se transformaria em amizade no ano seguinte, quando o filho de Cowell, Xingu, morreu num acidente de canoagem. "Eles se tornaram muito próximos porque ambos haviam perdido filhos", lembra Barbara Bramble, ex-namorada do cineasta.

O encontro na UnB foi um marco na história da defesa da Amazônia por duas razões, ambas conectadas com a campanha movida pelos ambientalistas norte-americanos contra o Polonoroeste. A primeira foi uma ideia trazida pelos soldados da borracha de Rondônia que poderia solucionar o impasse gerado pelos empates no Acre. Chico Mendes e seus companheiros sabiam que um lote de terra para viver como colonos não era a solução e que a floresta precisava permanecer de pé, mas como conciliar a necessidade de reforma agrária com a da manutenção de grandes áreas florestais para o extrativismo? Cada seringueiro explorava áreas de cerca de trezentos hectares, e manter floresta nessas condições num seringal com dezenas de extrativistas era virtualmente impossível de conciliar com o modelo de pecuária extensiva. O que fazer?

Nas reuniões preparatórias para o encontro nacional, os seringueiros de Rondônia formularam uma resposta simples: o gado tinha de sair.

A campanha americana que levara à suspensão do empréstimo do Banco Mundial para o Polonoroeste naquele ano forçara a demarcação de terras indígenas na zona de influência da BR-364. "Os seringueiros falaram que estavam vendo a criação de reservas indígenas. Falaram 'estão criando muitas reservas indígenas aqui do lado do nosso seringal. E por que nós, que somos extrativistas, não podemos ter as reservas extrativistas?'", conta Mary Allegretti. Num documento enviado ao encontro, a Associação dos Soldados da Borracha e

Seringueiros de Ariquemes expôs suas propostas, que incluíam "a não extinção dos seringais existentes" e "terra doada para os seringueiros".[13] A ideia foi amplamente respaldada na reunião em Brasília, de onde saíram como propostas de reforma agrária dos seringueiros a "desapropriação dos seringais nativos" e a "definição das áreas ocupadas pelos seringueiros como *reservas extrativistas*, assegurado seu uso pelos seringueiros".[14] Nascia um novo conceito de área protegida, que precisaria de mais quatro anos e do sangue de Chico Mendes para se materializar. "Ali foi uma dessas coisas que historicamente têm de acontecer e acontecem, você é meio empurrado pelas coisas", diz a antropóloga gaúcha. "Você não lidera, você vai no jogo da realidade."

A segunda virada histórica do encontro dos seringueiros aconteceu no jantar do segundo dia de reunião, quando outro personagem entraria na vida de Chico Mendes e seria decisivo para sua projeção internacional. O Inesc recebera financiamento da ONG Oxfam para sua campanha de proteção aos povos indígenas. A ideia era contratar alguém nos Estados Unidos para ser a ponte entre os brasileiros e organizações indigenistas americanas. Mary Allegretti e Tony Gross, da Oxfam, foram a Washington para buscar a pessoa e já sabiam em que porta bater: na de um estudante de pós-graduação chamado Stephan Schwartzman.

Nascido na capital americana, Steve Schwartzman havia acabado de concluir seu doutorado pela Universidade de Chicago entre os Panará, grupo kayapó da bacia do Xingu e contatado pelos irmãos Villas Bôas em 1973. Voltara a Washington para escrever a tese e procurar emprego em 1983 e, por intermédio de colegas antropólogos, descobriu os *Amazon Dinners*. Num deles conheceu Bruce Rich, que acabara de conceber a campanha de lobby junto ao Congresso contra o financiamento a projetos destrutivos dos bancos multilaterais. Schwartzman se engajou na campanha, que botou a Amazônia na pauta da imprensa internacional pela primeira vez e acabaria levando à suspensão do empréstimo do Banco Mundial para o Polonoreste no início de 1985.

"Eu era um aluno de pós desempregado, morando em Mount Pleasant, um bairro de periferia. De repente aparece a TV Globo para me entrevistar sobre que história era essa de suspender empréstimo para o Brasil", lembra. Era exatamente o tipo de encrenqueiro com conexões parlamentares nos Estados Unidos que Allegretti e Gross estavam procurando. Schwartzman foi contratado pelo Inesc e, sem saber o que era seringueiro, convidado a participar do encontro em Brasília em outubro. Ali ele conheceu Chico Mendes e Marina Silva, que havia acabado de se filiar ao PT e pretendia disputar a eleição para deputada constituinte no ano seguinte, a fim de levar os pleitos dos extrativistas para o Congresso.

"Tinha uma delegação de uns trinta seringueiros, talvez quarenta, de vários estados, todo mundo hospedado em algum alojamento da Igreja. A Mary chamou a mim e ao Tony para nos apresentar para os seringueiros depois do jantar. Falei que era um antropólogo, que estava trabalhando com organizações ambientalistas, que a questão da biodiversidade e da floresta tropical estava tendo muita atenção, que era uma preocupação internacional, e eu fiquei muito interessado em saber mais sobre o trabalho deles, que era importante não só para eles, os estados deles, a Amazônia e o Brasil, mas para o mundo também, era uma questão internacional, eu estava disposto a ajudá-los a divulgar esse trabalho. Eles gostaram", diz Schwartzman. "E, de fato, olhando para trás, foi por aí que o Chico Mendes ficou sabendo o que era floresta tropical e biodiversidade. Ele foi super-rápido, não levou nem um minuto para fazer a conexão." Surgia ali uma nova vertente do trabalho dos seringueiros em geral e de Chico Mendes em particular: o ambientalismo.

Após o encontro, os seringueiros fundaram uma organização, o Conselho Nacional dos Seringueiros, e iniciaram uma campanha junto ao Incra pelo estabelecimento das reservas extrativistas. Esse movimento, que tinha na denúncia do desmatamento seu principal instrumento de mobilização pública, contaria com aliados importantes e improváveis, os indígenas. "Era uma maluquice, porque ninguém matou mais índio na história da Amazônia do que os seringueiros", conta Ricardo Arnt. A conquista do Acre e a criação dos seringais em toda a Amazônia, no século XIX, havia ocorrido à custa da invasão de territórios e massacre de indígenas, e somente a partir dos anos 1970 os índios acreanos começaram a retomar suas terras. Agora ambos, extrativistas e nativos, tinham um adversário comum: o governo.

Os indígenas acreanos estavam às turras com o governo por conta de outro empréstimo internacional controverso: o que a ditadura em seu último ano, 1984, contraíra junto ao Banco Interamericano de Desenvolvimento para estender a pavimentação da BR-364 para o Acre, num trecho de 502 km entre Porto Velho e Rio Branco. Escaldado pela campanha contra o Banco Mundial, o BID havia exigido como condição para o empréstimo de 58,5 milhões de dólares que o Brasil adotasse um programa de salvaguardas socioambientais, o Programa de Proteção do Meio Ambiente e das Comunidades Indígenas (PMACI).[15] Só que, assim como ocorrera em Rondônia, o governo tentou fazer o programa do jeito mais displicente possível, limitando a análise de impactos à zona de influência direta e ignorando os pleitos dos índios por demarcações em uma ampla área do Acre, do Amazonas e de Rondônia. Como no Polonoroeste, a imensa maioria do dinheiro do empréstimo iria para a obra de engenharia, e apenas 7% foram destinados à componente socioambiental.[16] Os militares, mesmo nos estertores do regime, ainda viam as terras indígenas como ameaças à consolidação do tal poder nacional[17] e tentaram no PMACI forçar uma distinção surreal entre indígenas "puros" e "aculturados". A estes últimos caberiam não reservas, mas "colônias indígenas", onde supostamente teriam de viver como agricultores familiares.[18] A situação dos seringueiros era ainda pior — como não eram reconhecidos como população tradicional, eles não estavam nem mesmo contemplados entre as preocupações do PMACI. O CNS se juntou à União das Nações Indígenas (UNI), criada poucos anos antes, para negociar em conjunto no PMACI. Em 1986, o presidente da UNI, o mineiro Ailton Krenak, foi até os Estados Unidos com José Lutzenberger para uma conferência ambiental e levou posições conjuntas de indígenas e extrativistas para o Banco Mundial e para o BID, para que cessassem todos os empréstimos que afetassem a Floresta Amazônica.[19] Ao mesmo tempo, prosseguiam os empates como forma sistemática de frear o desmatamento.

"A aliança — que as pessoas não esperavam — entre os seringueiros e os índios, quer dizer hoje a aliança do Conselho Nacional dos Seringueiros com a União das Nações Indígenas, considero o passo mais importante em muitos anos", disse Chico a Steve Schwartzman em 1987. E emendou: "Tem mais um terceiro exemplo, que é a aliança que a gente começa a ter, os nossos contatos com entidades a nível internacional. Quem jamais há dez, ou mesmo cinco anos pensava nessas coisas?".[20] Segundo o seringueiro, as coalizões estratégicas formadas no Brasil e no exterior pelos extrativistas e indígenas — que depois incluiriam quilombolas e outros povos tradicionais — eram um passo fundamental na construção da "casa de caba", a redução da assimetria entre as forças que buscavam destruir a floresta e as populações que viviam dela.

Mas o governo federal seguia sem entender os seringueiros, e a ideia de criar reservas de floresta para os extrativistas parecia alienígena até para os intelectuais mais brilhantes do país. Em janeiro de 1987, um grupo do CNS e da UNI foi a Brasília levar seus pleitos a vários ministros e órgãos do governo. Uma das dez audiências foi com o então ministro da Cultura, Celso Furtado. O economista, ex-exilado pela ditadura e um dos ídolos do pensamento progressista do Brasil, recebeu Chico Mendes e seus colegas e ouviu as reivindicações dos indígenas, com as quais concordou prontamente. Depois que os seringueiros falaram sobre a necessidade de proteger a cultura extrativista, o ministro contestou: "Como assim cultura extrativista? O extrativismo é um momento da história da humanidade, do passado, isso não existe mais. Desde lá o homem passou pela agricultura e a indústria, e o extrativismo acabou". O choque foi tão grande, lembra Allegretti, que ninguém respondeu na hora. O encontro terminou sem nenhum encaminhamento prático.

"Essa conversa de não negociar, não aceitar o lote e querer permanecer na floresta parecia para essas pessoas uma fantasia, radicalismo", lembra Schwartzman. "Eu me lembro quando fui primeiro para o Acre, que o bispo, que era um aliado histórico, grande defensor dos direitos humanos, criticava o Chico como radical. Ele [Chico] falava isso: a Igreja é uma grande aliada, mas só vai até certo ponto. Aquele certo ponto era justamente o fato de o Chico e o Wilson Pinheiro defenderem a permanência dos seringueiros dentro da floresta. De certa forma é a mesma lógica do Celso Furtado: você tem um processo evolutivo que vai tendendo para a modernidade, e o extrativismo não faz nenhum sentido nesse modelo. Os seringueiros dentro da floresta fazem parte do atraso. O seringueiro tem que virar agricultor racional ou ir pra cidade fazer alguma coisa."

Nem mesmo o PT, formado por gente de movimentos sociais do Sudeste e do Sul, entendia as peculiaridades amazônicas. "O Lula tinha uma cabeça de reforma agrária, e era difícil lidar com ela quando foi colocada a questão das reservas extrativistas", conta Marina Silva. "Não digo isso por mal; era o modelo do Centro-Sul do país. As pessoas achavam que tinha de levar o progresso e que a gente estava defendendo que as pessoas continuassem no atraso."

Invisíveis para as políticas públicas, os seringueiros viram a estrada começar a ser asfaltada. E temiam uma nova explosão do desmatamento e da grilagem, tal qual acontecera com a abertura da BR-317, que ligava Rio Branco a Xapuri. As dificuldades de negociação do PMACI ao longo de 1986 e 1987, seguidas de uma campanha de difamação da Confederação Nacional da Agricultura,[21] que defendia o asfaltamento do trecho acreano da 364, levaram o presidente do sindicato de Xapuri a dar um passo ousado, que o lançaria à fama internacional, mas, ao mesmo tempo, criaria as condições para seu assassinato: convidado por Brent Blackwelder, do Environmental Policy Institute, Chico foi à assembleia anual do BID em Miami, entre 23 e 27 de março de 1987.

Ele sabia que a viagem era um passo arriscado. Quanto mais visibilidade ganhasse e mais atenção internacional atraísse para atrapalhar os negócios dos latifundiários acreanos, mais sua cabeça estaria a prêmio. O discurso da soberania nacional e da conspiração dos países ricos contra o desenvolvimento do Brasil ecoava cada vez mais forte entre as elites amazônicas e, após a campanha dos norte-americanos contra o Polonoroeste, ganhara um elemento novo: as "ONGs estrangeiras". Os amigos explicaram a Chico quais eram as possíveis repercussões daquele passo. "E ele falou muito claramente: 'Olha, a gente aqui está numa guerra. Pior do que está não fica'", lembra Steve Schwartzman. A frustrante visita a Celso Furtado poucas semanas antes rendera um fruto inesperado: a passagem de Chico para os Estados Unidos foi paga pelo Ministério da Cultura.[22]

Em Miami, Chico Mendes vestiu uma gravata pela primeira vez na vida e denunciou os desmatamentos resultantes da obra financiada pelo BID. Em seguida foi a Washington, onde se reuniu com representantes do banco e parlamentares estadunidenses. A equipe de Cowell filmou todo o périplo, o que despertou curiosidade geral. Era a primeira vez que um representante de comunidades atingidas por uma obra financiada por um banco multilateral comparecia a uma reunião do conselho do banco.

A viagem deu resultado imediato: no dia 1º de abril de 1987, dois senadores do Comitê de Aprovação de Verbas — um deles o republicano Robert Kasten, o mesmo que ameaçara cortar a verba do Banco Mundial se o Polonoroeste não fosse suspenso — mandaram uma carta ao presidente do BID, Antonio Ortiz Mena, demandando a suspensão dos desembolsos à BR-364 enquanto medidas mitigadoras não fossem tomadas, sob pena de "repetição da devastação registrada em Rondônia".[23] A suspensão acabaria se materializando em 22 de dezembro,[24] e os desembolsos só seriam retomados em abril de 1989.

Em julho Chico voltaria ao exterior. Foi sozinho ao Reino Unido receber o prêmio Global 500, então o Nobel do ambientalismo, das mãos do secretário executivo do Programa das Nações Unidas para o Meio Ambiente, o egípcio

Mostafa Tolba. Foi o primeiro brasileiro a merecer a honraria. A indicação ao prêmio fora feita por Adrian Cowell, que acompanhava as tensões em Xapuri e buscava, com isso, aumentar a proteção ao sindicalista. A ideia era contrabalançar a repercussão negativa da ida à reunião do BID com ações propositivas e o reconhecimento internacional da defesa da floresta.

Em setembro daquele mesmo ano, também por indicação de Adrian Cowell, Chico foi a Nova York receber mais um prêmio: o da Better World Society, dado pelo magnata Ted Turner, dono da rede CNN, no luxuoso hotel Waldorf Astoria. Mais uma vez, como contou Chico a Ricardo Arnt, a imprensa estrangeira parecia mais interessada na epopeia do seringueiro do que a brasileira. "O pessoal lá fora parece mais preocupado com a nossa realidade do que nós mesmos. É triste."[25]

Em 1988, Chico Mendes estava numa posição que qualquer líder político invejaria. Era reconhecido no meio ambientalista brasileiro e brilhava na imprensa estrangeira. Derrotara uma grande empresa. Formara militantes para sua causa. Ganhara a reeleição para o Sindicato dos Trabalhadores Rurais com o apoio de uma atriz de novelas famosa. E forçara o mastodôntico Banco Interamericano a levar a sério os pleitos dos seringueiros. "O Chico estava muito poderoso", diz Lucélia Santos. "Essa foi uma das razões da morte dele."

Marina Silva não conseguiu se eleger deputada constituinte, mas em 1988 disputou e ganhou uma cadeira na Câmara Municipal de Rio Branco. Foi a vereadora mais votada do Acre, desempenho que repetiria anos mais tarde, quando disputou uma improvável eleição ao Senado Federal. Em seu mandato na cidade, a petista organizou a oposição à BR-364 para garantir a implementação do PMACI. Ao mesmo tempo, fazia visitas quase semanais a Xapuri. Ora de ônibus, desviando dos olhares de figuras mal-encaradas numa parada para lanche no trajeto, ora no fusca de Arnóbio Marques, o Binho, um educador que trabalhou com Chico e Mary Allegretti na implementação da iniciativa de alfabetização dos extrativistas. Binho fazia parte de uma turma de jovens de classe média de Rio Branco que abraçara a causa dos povos da floresta. Também se juntara à militância petista um engenheiro florestal recém-formado pela Universidade de Brasília, Jorge Viana.

Filho de um ex-deputado da Arena, o partido da ditadura, Viana roubava a caminhonete do pai nos fins de semana, a pretexto de aventuras amorosas no interior, para panfletar com Chico e Marina. "Eram namoros muito distantes, em ramais muito enlameados, que eu não sei como é que a família não desconfiava dessas namoradas rurais dele", conta Marina. As tais namoradas que nunca existiram teriam reflexos décadas mais tarde, quando Jorge se tornou governador do Acre por dois mandatos e tentou implementar pela primeira vez na Amazônia um modelo de desenvolvimento baseado na valorização da floresta em pé. Seu sucessor seria justamente Binho Marques.

Numa dessas visitas a Xapuri, poucos dias antes do recesso de Natal, Marina teve sua última conversa com Chico Mendes. Ela passaria os dias seguintes entre o ABC Paulista, onde faria um tratamento médico, e a casa dos sogros em Santos. Passou a noite com Chico e Ilzamar, sua mulher, e na manhã seguinte o amigo a levou a pé para a rodoviária. Saíram os dois calados e, perto da estação, Chico abraçou a companheira de partido e sentenciou: "Pois é, nega velha. Dessa vez não tem jeito. Os cabras vão me pegar". Marina respondeu que então fosse com ela a Rio Branco denunciar para a imprensa. "Não adianta. Toda vez que eu digo isso eles dizem que eu estou fazendo isso pra me promover. Quando eu morrer eles vão saber que não é pra me promover", devolveu o ambientalista. "Aí a gente se abraçou, eu entrei chorando no ônibus e ele voltou", relata Marina, aos soluços.

Chico tinha razão.

Mas o cartucho disparado por Darci Alves fez muito mais do que produzir o 82º trabalhador rural assassinado no Brasil no ano de 1988.[26] Num primeiro momento, o crime causou desespero e desânimo entre os seringueiros, certos de que a briga pelas reservas extrativistas morrera com seu principal porta-voz. Para azar dos Alves e da UDR, porém, a casa de marimbondos estava formada — e o enxame estava pronto para contra-atacar.

A imensa repercussão do caso na imprensa bateu diretamente em José Sarney, que passava o Natal com a família em Curupu, a ilha particular do clã no litoral maranhense. Escaldado pela dimensão que o tema amazônico tomara nos meios de comunicação, sobretudo no exterior — onde o governo brasileiro buscava legitimidade e recursos após decretar a moratória da dívida externa —, o presidente logo moveu-se. Sarney telefonou para o ministro da Justiça, Paulo Brossard, e para o diretor da PF, Romeu Tuma, a quem mandou a

Xapuri para conduzir as investigações. "Pouco depois Tuma me informou que o delegado da Polícia Federal se negara a cumprir, várias semanas antes, um mandado de prisão para os supostos criminosos, o que saíra na imprensa local. Houve então a necessidade de designar um delegado especial", recorda. Mauro Sposito estava fora do caso. Mas caiu para cima: "O dr. Tuma me removeu para São Paulo, onde eu assumi o serviço de polícia marítima e de fronteiras da época e, em seguida, passei a ser chefe de gabinete dele", conta o delegado, que nos anos seguintes se especializou em repressão ao crime ambiental.

Darci e Darly seriam detidos poucos dias depois e condenados em 1990 a dezenove anos de prisão. Alvarino Alves foi caçado na floresta e capturado, mas solto depois. Sua participação no crime nunca foi comprovada, embora o menino Genésio Ferreira da Silva, que trabalhava na fazenda de Darly, tivesse relatado reuniões secretas entre vários fazendeiros para combinar o crime.[27] Esse tipo de consórcio entre latifundiários para eliminar lideranças sociais é desgraçadamente comum no Brasil e se repetiria em 2005, num outro crime que mudou a história da Amazônia e do qual falaremos adiante.

Se lessem jornais, os assassinos de Chico Mendes também saberiam que aquele final de 1988 era o pior período possível para matar um ambientalista no Brasil. A comoção global pelo crime e a apuração das responsabilidades entraram pelo ano de 1989, momento em que os grupos de trabalho do Programa Nossa Natureza estavam funcionando a todo vapor. Em janeiro o presidente baixou uma medida provisória criando uma nova agência federal exclusivamente destinada à proteção do meio ambiente, o Instituto Brasileiro do Meio Ambiente e dos Recursos Naturais Renováveis (Ibama). Para presidir a nova autarquia, o presidente designou um de seus homens de confiança, o ex-porta-voz da Presidência Fernando César Mesquita. O jornalista cearense mostrou-se um aliado improvável dos ambientalistas, mediando negociações difíceis com Sarney e com os militares.

Embalado pela onda Chico Mendes, o Instituto de Estudos Amazônicos, ONG de Allegretti, elaborou e submeteu ao governo uma proposta para a criação de quatro reservas extrativistas, inclusive duas no Acre, na região de conflito: a do Alto Juruá e a Chico Mendes, somando mais de 2 milhões de hectares, ou meia Dinamarca. "Quando fomos falar com o Conselho de Segurança Nacional, eles não aceitaram o tamanho dessas reservas na faixa de fronteira", diz Allegretti. "Nós não conseguíamos convencê-los, achamos que não ia dar certo.

O advogado que fez o conceito teve que passar horas ali explicando para a Advocacia-Geral da União que aquilo era legal e tal. Mas o Fernando Mesquita fez o Sarney bancar mesmo sem entender direito. E acabou dando certo." Em 30 de janeiro de 1990, 45 dias antes de passar a faixa presidencial para Fernando Collor de Mello, Sarney assinou o decreto que criava uma nova figura jurídica no país, a reserva extrativista, ou Resex, definida como um tipo de área protegida de uso sustentável, dedicada "à conservação dos recursos naturais, por população extrativista".[28] As primeiras, criadas naquele ano, foram as duas do Acre, mais uma em Rondônia e uma no Amapá. Várias outras viriam mais tarde. Sarney também inaugurou ali algo que se tornaria tradição entre os presidentes brasileiros: baixar um pacote de bondades ambientais no finalzinho do mandato, delimitando uma grande extensão de áreas protegidas e terras indígenas, e sair do governo com uma boa lembrança na área, empurrando o eventual desgaste com os lobbies fundiários para o sucessor.

Muita coisa aconteceria na e com a Amazônia em 1989 antes da criação das Resex. Aquele último ano de governo Sarney assistiria a uma pressão internacional sem precedentes sobre o Brasil na gestão de sua floresta e na proteção a seus povos indígenas. O assassinato de Chico Mendes foi o catalisador de todo esse movimento. Mas, paralelamente, sem que os ambientalistas soubessem, já vinha fermentando na diplomacia brasileira um gesto sagaz, bem aproveitado por Sarney, que usou a força dos (justos) ataques ao país para iniciar seu *extreme makeover* em potência ambiental global.

6. Helicópteros de plástico

As férias de verão de 1989 foram inesquecíveis para José Carlos Carvalho. O engenheiro florestal estava com a família na praia em Guarapari, Espírito Santo, quando recebeu uma ligação do Palácio do Planalto. A ordem era suspender o descanso e pegar o primeiro avião para Brasília: seu chefe acabara de ser demitido e havia uma crise a debelar.

Uma medida provisória fora publicada em 16 de janeiro extinguindo diversos órgãos públicos.[1] Tratava-se de uma manobra do Ministério do Planejamento para economizar recursos e tentar tampar o buraco fiscal de um país que chafurdava numa crise econômica. Na lista das autarquias extintas estava o Instituto Brasileiro de Desenvolvimento Florestal (IBDF), do qual Carvalho era secretário-geral. A MP incorporava o IBDF à Secretaria Especial do Meio Ambiente (Sema) do Ministério do Interior. Ninguém avisou os órgãos envolvidos.

O cargo de presidente do Instituto, exercido pelo paraense Antônio José Guimarães, ficava automaticamente extinto. Carvalho, número dois da instituição, passaria a responder ao secretário da Sema. Mas essa era a parte simples. As férias do capixaba radicado em Minas tiveram de ser canceladas porque a fusão criava uma série de problemas administrativos e políticos que precisariam ser equacionados. Esses problemas se mostrariam insolúveis e, nas semanas seguintes, levariam o presidente José Sarney a tomar uma medida improvisada que mudaria os rumos da política ambiental brasileira.

A Sema foi criada em 1973 por Henrique Brandão Cavalcanti (1929-2020) e estruturada por Paulo Nogueira-Neto (1922-2019), a mais reverenciada figura do ambientalismo brasileiro no século XX. Era um pequeno bunker dentro do Ministério do Interior, com um punhado de funcionários emprestados ou em cargos de comissão e trabalhando num prédio alugado na Asa Norte de Brasília. Entre as atribuições da Sema estavam o estabelecimento de políticas para controle de poluição, o licenciamento de atividades industriais e o gerenciamento de algumas áreas protegidas, as Áreas de Proteção Ambiental (APAs) e as Estações Ecológicas.

Já o IBDF, criado em 1967, era um monstro. Tinha milhares de funcionários concursados em todos os estados e um orçamento dezenas de vezes maior que o da secretaria. Era encarregado de toda a fiscalização ambiental, do estímulo à indústria madeireira — que, como visto, trazia uma boa dose de corrupção associada — e do gerenciamento de parques nacionais e reservas biológicas. Diferentemente da Sema, o IBDF tinha sede própria: um campus novinho em folha, amplo e arborizado, no Setor de Clubes Norte, próximo ao lago Paranoá e à Universidade de Brasília. Como o IBDF era uma autarquia e a Sema era uma secretaria, fazia sentido para os cabeças de planilha do Ministério do Planejamento incorporar aquele a esta. Só que na prática a teoria era outra: o IBDF não cabia dentro da Sema.

"Botaram o fusquinha para puxar a carreta. Imediatamente todo mundo percebeu que aquilo não tinha a menor chance de dar certo", lembra Carvalho.

Se o encaixe administrativo era complicado, o político era impossível. Em 1989, a Sema era chefiada por um personagem controverso que, segundo seus ex-subordinados, fazia jus ao nome: Ben-Hur Batalha (1943-2000). O engenheiro sanitarista era amplamente detestado na secretaria por praticar o que hoje seria chamado de assédio moral. "Ele ligava umas músicas alemãs da época de Hitler e botava nas reuniões, perguntando 'o que vocês acham dessa música?'. A gente ficava muito impactada", lembra Marília Marreco, então diretora de qualidade ambiental da Sema. "Tinha mania de, no intervalo do almoço, abrir as nossas gavetas para dizer que ele tinha estado em todas as salas, vigiando todo mundo."

Quando Sarney criou o Programa Nossa Natureza, em 12 de outubro de

1988, na esteira da crise das queimadas na Amazônia, seis grupos de trabalho foram estruturados para reformar as políticas sobre meio ambiente. Batalha entendeu que se tratava de uma manobra para extinguir a Sema e passou a sabotar o programa. "O Ben-Hur fez uma reunião de diretores e coordenadores para dizer que a gente tinha que trabalhar contra, porque o decreto tinha vindo pra derrubar a Sema", lembra Marreco. Coordenadora do grupo de trabalho do Nossa Natureza que trataria de substâncias químicas, garimpo e mercúrio, ela foi instruída a manter-se calada nas reuniões — ordem à qual desobedeceu, com apoio, veja só, dos militares que Sarney havia destacado para compor o programa.

Como a medida provisória o transformava em tese no novo chefe do órgão criado pela fusão da Sema e do IBDF, Batalha aboletou-se na sala do presidente deposto do Instituto no campus do Setor de Clubes e começou a dar ordens. Algumas de grande repercussão, como mandar suspender todos os planos de manejo florestal do Brasil, o que deixou a indústria madeireira em polvorosa. Só que, do outro lado do corredor, José Carlos Carvalho seguia despachando como presidente interino do IBDF. "Ele usou o fato de ser secretário da Sema e o IBDF passou a ser dele. E ele entendeu de exercer essa autoridade. Mas ele não recebeu o mandato do governo para exercer; quem recebeu esse mandato fui eu. Ele ficava lá, era uma coisa estranha, porque a orientação do palácio era as coisas serem tratadas comigo, e não com ele", lembra Carvalho.

A situação esdrúxula do órgão ambiental com dois chefes foi remetida ao grupo do Nossa Natureza, que cuidava da estruturação do sistema de proteção ambiental. As discussões desse grupo estavam avançadas no sentido de criar uma secretaria especial, dentro da Presidência da República, para cuidar dos assuntos ambientais. A nova secretaria, cuja estrutura jamais chegou a ser formalizada, trataria de políticas ambientais e do uso sustentável dos recursos naturais, absorvendo as funções do IBDF e da Sema — nesse sentido, Batalha não estava errado em sua desconfiança sobre o fim da secretaria. "Sem querer o Ministério do Planejamento atravessou o samba que estava sendo composto no Nossa Natureza", conta o ex-secretário-geral do IBDF.

Diante do impasse criado com a fusão, o grupo propôs outra saída: no final daquele mesmo janeiro, uma nova medida provisória foi proposta, criando uma superagência ambiental no Brasil. Além do IBDF e da Sema, seriam incorporadas ao novo órgão a Superintendência do Desenvolvimento da Pesca

(Sudepe), do Ministério da Agricultura, e a Superintendência da Borracha (Sudhevea), do Ministério do Interior. O processo tramitou rapidamente no Congresso e, em 22 de fevereiro, Sarney promulgou a lei de criação do Instituto Brasileiro do Meio Ambiente e dos Recursos Naturais Renováveis (Ibama).[2] Ben-Hur perdera a batalha. "Se não fosse a MP do Planejamento, talvez o Ibama nunca tivesse sido criado", diz José Carlos Carvalho.

Ironicamente, o primeiro ato do novo órgão, que ficaria famoso por combater as invasões de terras públicas, foi uma pequena grilagem. Após a edição da MP, quando ficou claro que a Sema seria extinta, Marília Marreco tomou uma atitude desesperada: o contrato de aluguel do prédio da secretaria havia vencido em janeiro, mas o Ibama ainda não estava estabelecido. "Eu disse: 'não vamos continuar aqui'. O prédio do IBDF não estava ocupado. E falei: 'É pra lá que nós vamos'. Contratei uma empresa de mudança e num fim de semana levamos a Sema toda pra lá. Era meio usucapião", recorda-se, entre risadas. O campus "grilado" do IBDF abriga o Ibama até hoje.

Para presidir o novo órgão ambiental, Sarney destacou um homem de sua estrita confiança que marcaria para sempre o estilo do Ibama: o jornalista cearense Fernando César Mesquita.

Repórter de política em Brasília desde 1963, Mesquita conheceu Sarney em 1979 cobrindo o Congresso Nacional, e a relação entre fonte e jornalista acabou em amizade. Quando a Aliança Democrática foi formada unindo o PMDB a um grupo de ex-arenistas para montar uma chapa que disputaria a eleição indireta de 1985, Mesquita foi assessorar Sarney, então candidato a vice de Tancredo Neves. Com a morte de Tancredo, o secretário de imprensa do presidente mineiro, Antônio Britto, passou a atribuição ao colega. Mesquita assumiu o cargo de porta-voz da Presidência, mas não durou muito.

"Pela personalidade dele, o Fernando não porta a voz de ninguém", brinca Marília Marreco. Não demorou para o porta-voz se envolver numa série de intrigas palacianas e gafes, o que lhe rendeu o apelido de Diabinho do Planalto. "Eu era amigo do Sarney e criticava os ministros. Mandava cartas para eles sobre denúncias e eles não respondiam", lembra.

A gota d'água viria no final do ano, quando Mesquita comprou uma briga pública com o ministro da Reforma Agrária, Dante de Oliveira (1952-2006), ao denunciar corrupção no Incra. Ex-deputado por Mato Grosso, Dante fora autor da emenda constitucional de 1983 que previa eleições diretas no ano seguinte e que redundou na catarse nacional da campanha das Diretas Já!, em 1984, que fracassou em seu objetivo, mas enterrou de vez a ditadura ao levar os brasileiros maciçamente às ruas. Era um aliado importante demais para ser perdido. Em dezembro, forçado a decidir entre um e outro, Sarney demitiu o amigo,[3] que passou alguns meses esquentando cadeira na ouvidoria da Presidência até ser nomeado governador do então território federal de Fernando de Noronha, em agosto de 1987.

O exílio dourado no arquipélago despertou em Mesquita a consciência ambiental. "Ele chegou em Noronha e viu aquela maravilha e percebeu que, quando chegasse o desenvolvimento econômico, aquilo iria acabar", relata Marreco. Mesquita passou a se opor a projetos de massificação do turismo nas ilhas, que, segundo ele, virariam "condomínio de luxo para milionário", e criou um programa de educação ambiental no qual trocava latas de alumínio catadas na praia por snorkels e máscaras de mergulho para as crianças ilhoas. Com a promulgação da Constituição, em outubro, Noronha seria incorporado ao estado de Pernambuco, e Mesquita ficaria novamente sem emprego. Como seu último ato, o "Diabinho do Planalto" fez uma diabrura: manobrou para transformar o local num parque nacional marinho. Sarney não teve como negar e assinou o decreto de criação da área protegida em setembro,[4] um mês antes da promulgação da Carta — enfurecendo o governo pernambucano, já que a conversão em parque restringia a exploração econômica da região.

Mesquita assumiu o Ibama e montou uma diretoria técnica, nomeando José Carlos Carvalho seu braço direito. Sarney, acredite, deu a seu ex-porta-voz carta branca para blindar o órgão ambiental de nomeações políticas, limpando parcialmente as superintendências nos estados dos apaniguados do Centrão que então dominavam o IBDF. Como despachava diretamente com o presidente, Mesquita também contornava as ordens do ministro do Interior, João Alves, prócere do fisiologismo e, ao menos no papel, responsável pelo Ibama.

Não era o amor por bichinhos e plantinhas que movia o presidente a dar tanta liberdade à recém-criada agência ambiental. Chico Mendes havia sido assassinado exatos dois meses antes da criação do Ibama, o Nossa Natureza ainda não havia concluído seus trabalhos, e a pressão internacional sobre o Brasil estava maior do que nunca. O país, sob jugo do Fundo Monetário Internacional (FMI) e da moratória da dívida externa, decretada por Sarney em 1987, vira o investimento estrangeiro despencar a quase zero. O Banco Interamericano mantinha interrompidos os repasses para a pavimentação da BR-364 no Acre, suspensos desde a denúncia do sindicalista acreano, também em 1987. Era urgente recuperar a credibilidade internacional para retomar os investimentos, e a última coisa que o presidente queria ver debaixo de seu bigode era crítica de estrangeiros pelo tratamento dado à Amazônia.

"Haviam nos tornado os vilões da natureza. Naquele momento — coincidências existem? — éramos os vilões da banca financeira, capitaneada pelo FMI, por causa da moratória da dívida externa", conta Sarney.

Darly e Darci Alves não tinham como saber, mas, enquanto planejavam a eliminação de Chico Mendes, um movimento importante de pressão sobre o Brasil fermentava em Washington. O senador democrata Tim Wirth, do Colorado, vinha alarmado com as queimadas e o desmatamento na Amazônia desde as denúncias do Inpe e do Banco Mundial, e achou por bem organizar uma missão de senadores dos Estados Unidos ao Brasil. Wirth era o mesmo parlamentar que convocara em 1988 a audiência pública histórica na qual o aquecimento global fez sua estreia na lista de preocupações da humanidade. O biólogo Thomas Lovejoy, que trabalhava com a dinâmica de fragmentos florestais perto de Manaus desde os anos 1970, foi encarregado de organizar a visita, marcada para janeiro. Nomes de peso do Partido Democrata, como John Heinz (o dono da fábrica de ketchup), haviam demonstrado interesse na viagem. No dia seguinte à tocaia fatal de Darci Alves, o telefone de Lovejoy tocou em seu escritório na Smithsonian Institution, uma rede de museus na capital norte-americana. Era começo da noite na antevéspera de Natal, todos os funcionários haviam ido embora para o recesso e Lovejoy estava sozinho no prédio da Smithsonian, conhecido como O Castelo. O biólogo atendeu. Do outro lado da linha estava o senador Al Gore dizendo que queria se juntar à viagem ao Brasil, programada para janeiro. No outro dia, o noticiário sobre a morte de Chico Mendes explodiu, e a visita dos parlamentares subitamente ganhou outro significado.

A delegação foi recebida no Congresso Nacional e depois num almoço no Itamaraty. Durante a recepção, Wirth entabulou uma conversa animada com o chanceler brasileiro Roberto de Abreu Sodré (1917-99). O senador norte-americano propôs ao ministro que se testasse na Amazônia uma ideia de Lovejoy que ficaria conhecida como *debt-for-nature swaps*: países ricos cancelariam parte da dívida dos países do chamado Terceiro Mundo em troca da proteção de florestas tropicais.[5] Sodré propôs um brinde à delegação e começou a ler seu discurso, levantando sobrancelhas de toda a audiência. "Ele leu o discurso do americano", conta o ex-deputado Fabio Feldmann. Wirth só agravou o mal-estar ao dizer que eles estavam conversando sobre talvez criar algum tipo de fundação na qual os brasileiros entrariam com a terra e os norte-americanos com o dinheiro.

O senador havia tocado numa questão altamente sensível. O direito ao desmatamento era, na época, uma vaca sagrada da política externa brasileira. Segundo esse cânone, a Amazônia é brasileira e, se os brasileiros precisarem cortar até o último palmo de floresta para se desenvolver, nenhum país estrangeiro teria nada a ver com isso. Afinal, reza o Decálogo do Desmatador, as nações hoje ricas cortaram as próprias florestas no curso de seu desenvolvimento, e não têm moral para pregar ambientalismo aos outros países. "Todo mundo ficou alarmado que a conversa tivesse ido tão longe", disse Lovejoy. À tarde os senadores foram recebidos por Sarney, que rechaçou a ideia: "Vocês não vão criar um Golfo Pérsico verde", disse. Não seria a última vez que o presidente ouviria uma proposta de países ricos de pagar pela conservação da floresta.

No dia seguinte, os estadunidenses viajaram para a Amazônia, e sua primeira parada foi o Acre. Um mês depois da morte de Chico Mendes, eles se reuniram com o Conselho Nacional dos Seringueiros na casa paroquial de Rio Branco, e depois com o governador Flaviano Melo (a mulher de John Heinz, Teresa, nascida em Moçambique, fez as vezes de intérprete). Al Gore disse que a destruição da floresta era "uma das maiores tragédias da história". Aos seringueiros, o senador prometeu que nenhum centavo do dinheiro americano iria para a extensão da BR-364 enquanto não fossem garantidos os direitos dos extrativistas.[6] Era a primeira vez que um político norte-americano dava uma declaração desse tipo em solo brasileiro, o que alimentou ainda mais a psicose soberanista em Brasília.

No fim de fevereiro, logo após a criação do Ibama, Sarney foi em viagem oficial ao Japão para o funeral do imperador Hirohito. Em Tóquio, reuniu-se com o presidente dos Estados Unidos, George Bush, recém-empossado, e com o secretário do Tesouro, James Baker. As pautas eram a dívida externa, cuja moratória mantinha o nome do Brasil no SPC dos mercados internacionais, e as recomendações do FMI, que o Brasil tentara seguir com um choque de austeridade (o fracassado "Plano Verão"). Mas os norte-americanos trouxeram outro assunto para a mesa: a proteção da Amazônia. Baker voltou a propor ao presidente brasileiro a troca de parte da dívida externa pela preservação da floresta. Sarney se irritou e disse que os dois assuntos deveriam ser tratados separadamente.[7] No mesmo dia, o presidente da França, François Mitterrand, propôs uma "solução global" para a preservação da Amazônia, insistindo na troca da dívida pela preservação da floresta. Sarney chamou a conversa de "ficção científica", voltou a dizer que não haveria um "Golfo Pérsico verde" na Amazônia e botou a culpa pelo aquecimento da atmosfera e pelo buraco na camada de ozônio nos países desenvolvidos. Afirmou que apenas 3,5% da floresta brasileira fora desmatada e que "não existe comprovação científica de que esse índice tenha produzido alguma alteração no equilíbrio ambiental da Terra".[8]

O presidente francês voltaria à carga poucos dias depois. Em março de 1989, a França organizou, com a Holanda e a Noruega, uma reunião de cúpula na cidade de Haia com o objetivo de criar um órgão internacional para a proteção da atmosfera. O impacto do noticiário sobre mudanças climáticas em 1988, com a audiência pública no Senado norte-americano e o estudo de James Hansen mostrando que o aquecimento global já estava entre nós, chegara à ONU. O Programa das Nações Unidas para o Meio Ambiente e a Organização Meteorológica Mundial se juntaram para propor a criação de um comitê multilateral dedicado a revisar periodicamente as evidências de interferência humana na atmosfera, seus impactos econômicos e estratégias de resposta à potencial ameaça climática. Em 6 de dezembro de 1988, a plenária das Nações Unidas adotou uma resolução criando o Painel Intergovernamental sobre Mudanças Climáticas (IPCC, na sigla em inglês).[9]

A reunião em Haia teria o objetivo de dar consequência prática aos eventuais resultados do trabalho do IPCC, criando um organismo pertencente aos governos com autoridade para elaborar políticas de controle de emissões. Não se tratava de uma conversa exatamente inédita entre os membros da ONU: em 1987 eles já haviam se juntado com sucesso em torno de uma ameaça atmosférica global, a destruição da camada de ozônio, e assinado o bem-sucedido Protocolo de Montreal. Em 11 de março de 1988, representantes de 24 países, entre eles o Brasil, produziram na cidade holandesa uma declaração[10] recomendando à ONU a criação dessa autoridade climática mundial, destinada a "combater qualquer aquecimento global adicional" e elegendo a Corte Internacional de Justiça — o principal órgão de arbitragem da ONU, em Haia — como instância de controle.

A noção de uma polícia global da atmosfera causou desconforto, em especial nos Estados Unidos, que tentaram bloquear a iniciativa e não foram sequer convidados para o convescote na Holanda, e em alguns países em desenvolvimento. O próprio Brasil, atento a potenciais violações à sua soberania sobre a Amazônia, negociou no documento a desidratação dos poderes da tal autoridade. Como eram poucos os envolvidos na proposta, a ONU não teve como acolher a declaração; seria preciso esperar até 1992 para que o mundo ganhasse uma convenção internacional contra as mudanças do clima.

Mas a semente estava plantada, e Mitterrand tratou de regá-la. No caminho, pisou mais uma vez no calo de Sarney. Numa entrevista coletiva após o lançamento da Declaração de Haia, perguntaram ao francês se a proposta de uma agência internacional atmosférica não levantaria questões de soberania por parte dos países do Terceiro Mundo, já com dificuldades de aplicar regras de proteção ambiental. A resposta do presidente acabou criando um mal-entendido entre Brasil e França sobre essa questão que perduraria mais de três décadas: "É claro que alguns países experimentarão e já experimentam — todos nós experimentamos — essa dificuldade em renunciar a parte da soberania".[11] A declaração hoje circula na internet, de forma distorcida e evidentemente sem a referência original, dando conta de que Mitterrand disse que o Brasil deveria abrir mão de parte da soberania sobre a Amazônia. É fake news; a fala do francês se referia a abrir mão da soberania pela proteção da atmosfera, e não se aplicava apenas ao Brasil. Abrir mão de soberania é algo que os países fazem o tempo todo quando entram na ONU e precisam renunciar, por exemplo, ao direito soberano de invadir vizinhos.

Só que, após o encontro, os organizadores da reunião de Haia cometeram um erro diplomático fatal: em 3 de abril, mandaram publicar a íntegra do texto da declaração nos jornais das capitais dos 24 países signatários. Na imprensa francesa, no entanto, a declaração vinha com um texto introdutório intitulado "Nosso país é nosso planeta", que repetia a sugestão de que os participantes da conferência, entre eles o Brasil, estavam "prontos para abrir mão de uma parcela de sua soberania pelo bem comum de toda a humanidade".[12] O texto não fora combinado com nenhuma outra parte da Declaração de Haia. A publicação enfureceu o governo brasileiro, que mandou uma reclamação formal aos franceses.[13]

Ao mesmo tempo que xingava em público os países ricos, o Brasil conduzia naquele ano um esforço diplomático monstruoso junto a eles para emplacar na ONU uma proposta feita em 1988, em meio às pressões internacionais por causa das queimadas: sediar uma grande conferência das Nações Unidas sobre meio ambiente e desenvolvimento que marcaria os vinte anos da reunião de Estocolmo. A ideia ganhou engajamento total de Sarney após o assassinato de Chico Mendes, mas a oferta brasileira havia sido formalizada em 13 de dezembro, nove dias antes do crime. Ela tem origem num estalo do embaixador do Brasil na ONU, Paulo Nogueira Batista (1930-94), e numa pequena malandragem.

Em outubro, uma diplomata canadense abordou o brasileiro Everton Vargas na sede da ONU, em Nova York, com um papel na mão. Era uma proposta de resolução para organizar uma conferência ambiental para celebrar Estocolmo, que fora bolada pelo Canadá e pelos países nórdicos. Queriam que o Brasil copatrocinasse a iniciativa. Recém-chegado ao posto de primeiro-secretário, um dos cargos iniciais do serviço diplomático, Vargas estava encarregado de temas ambientais na missão brasileira. Ele recebeu o papel e prometeu que submeteria a ideia à chefia, o que fez no dia seguinte.

Os despachos matinais com o embaixador eram conhecidos pelo nome jocoso de "Bom Dia, PNB". Nogueira Batista ouvia os briefings de toda a equipe da missão, mas o novato foi ignorado pelo chefe na sua vez de falar. Vargas interrompeu PNB para tratar do tema. E foi interrompido na sequência: "E se nós fizéssemos essa conferência no Brasil?", sugeriu o embaixador. E deu uma instrução a Vargas: "Não dê copatrocínio e prepare um telegrama para Brasília". O chanceler Abreu Sodré e o presidente foram informados da proposta e Sarney topou rapidamente. O governo raciocinou, corretamente, que o ataque é a melhor defesa, e o Brasil, buscando sair das cordas, deu a cara a tapa. Nas semanas seguintes, o golpe no Canadá foi consumado após várias rodadas de negociação, e o Brasil se ofereceu como sede. Em 20 de dezembro, a Assembleia Geral das Nações Unidas aprovou a Resolução 43/196,[14] que previa a realização da conferência em 1992. A Suécia também tinha interesse em sediá-la, bem como o Canadá e o Japão. Já em janeiro de 1989 o Itamaraty iniciou o lobby internacional pelo Brasil. Um dos primeiros países a apoiar a oferta brasileira foi a França de Mitterrand.[15]

* * *

Enquanto os diplomatas trabalhavam e a pressão internacional soprava quente no cangote do Brasil, o Ibama se estruturava e o Programa Nossa Natureza avançava, também com apoio surpreendente do Palácio do Planalto. Seus grupos de trabalho passaram a rascunhar e a enviar propostas de decretos para o Palácio do Planalto e de leis para o Congresso Nacional, já na época dominado pelo Centrão. Entre dezembro de 1988 e setembro de 1989, o Brasil assistiu ao que talvez tenha sido o maior surto regulatório ambiental de sua história. O Nossa Natureza produziu nada menos do que 21 atos,[16] entre eles treze decretos presidenciais, sete leis e uma portaria, além de seis diretrizes a ministros sobre temas que iam de importação de mercúrio para garimpo a exportação de madeira. Nesse período, duas Florestas Nacionais na Amazônia foram criadas, a concessão de subsídios da Sudam para agropecuária na região foi suspensa, a Lei dos Agrotóxicos foi aprovada e foram criados o Prevfogo, o programa de combate a queimadas do Ibama, o Fundo Nacional de Meio Ambiente, que gerencia os recursos de multas para financiar a proteção ambiental, e o Conselho Nacional de Proteção à Fauna.

"Eles mobilizaram o governo inteiro", lembra Marília Marreco. "Eu sou funcionária pública aposentada, trabalhei na Sema desde 1978, e nunca tive apoio do governo para levar as coisas adiante como tivemos no Nossa Natureza. Se você fundamentasse as coisas tecnicamente, os militares bancavam você."

Ela conta que o governo acionou sua base no Congresso para garantir a aprovação sem sobressaltos até mesmo de projetos controversos, como a Lei dos Agrotóxicos, que tinha a oposição do Ministério da Agricultura. As relatorias caíam na mão de parlamentares alinhados com a questão ambiental, como Fabio Feldmann na Câmara e Fernando Henrique Cardoso no Senado. E os homens da Secretaria de Assessoramento da Defesa Nacional (Saden), do general Bayma Denys, chefão do Nossa Natureza, estavam prontos para dar proteção extra à equipe do Ibama no Parlamento. "Eu me lembro de assessor parlamentar da Agricultura sendo retirado do Congresso Nacional pelo pessoal da Saden. Eu olhei e disse 'aquele ali é da Agricultura'; eles ligaram para o ministro e falaram: 'Tira o seu cara daqui porque ele não vai opinar nessa questão'. Nunca mais a gente teve um suporte assim para entrar no Congresso e dar as cartas e aprovar as coisas em dois ou três meses." De fato, nos anos seguintes a situação se inverteria completamente no Parlamento. Aquele período pós-Constituição foi um ponto fora da curva.

Em 6 de abril de 1989, Sarney organizou uma exposição no Palácio do Planalto intitulada Nossa Natureza, com imagens de satélite da Amazônia produzidas pelo Inpe, e chamou a imprensa para fazer três anúncios: o pacote de decretos ambientais que seriam baixados poucos dias depois, a criação do Ibama, já efetivada desde fevereiro, e uma informação inédita: os dados do Inpe sobre o desmatamento acumulado na Amazônia Legal. Estes últimos causariam um escândalo envolvendo o monitoramento da floresta — o primeiro de muitos que sobreviriam nas décadas seguintes.

No dia 5, véspera do anúncio, o jornal *O Estado de S. Paulo* antecipou os dados do Inpe numa manchete de formulação estranha que agradou ao governo: "Desmatamento na Amazônia é menor". O texto informava que o Instituto Nacional de Pesquisas Espaciais havia passado dois meses analisando 143 imagens do satélite Landsat, a pedido de Sarney, e concluíra que o desmatamento acumulado na Floresta Amazônica desde Pedro Álvares Cabral até 1988 correspondia a 251 426 km^2, ou 5,12% da Amazônia Legal, cuja área totalizava 4,9 milhões de km^2 (57,6% do território brasileiro). Estava, portanto, oficialmente desmentido o relatório de Dennis Mahar, do Banco Mundial, que no ano anterior causara tanto transtorno ao presidente ao cravar que a área desmatada na Amazônia correspondia a 12%, ou quase 600 mil km^2.

Amparado pelos dados do Inpe, no discurso de lançamento do programa, Sarney denunciou a campanha "injusta", "infamante" e "cruel" dos países desenvolvidos contra o Brasil, que estava numa posição de "réu sem crime"; voltou a dizer que os países subdesenvolvidos "não [têm] força para destruir a Terra", algo que estaria sendo feito pelas nações ricas, que aqueciam o planeta com "milhões de toneladas de detritos industriais". E aproveitou para dar uma alfinetada no Banco Mundial, ao dizer que o Brasil pagava os países desenvolvidos havia quinze anos para obter informações de satélite sobre a Amazônia e que, "portanto, qualquer informação divulgada, hoje, no mundo, sobre o assunto, é falsa, pois somente nós temos condições de gravar, dia a dia, o que ali acontece".[17] O Brasil não era o vilão do meio ambiente, decretou o presidente da República.

Já no dia do lançamento surgiram controvérsias sobre os dados. O próprio *Estadão* noticiara que o Inpe havia divulgado estimativas muito superiores meses antes — tratava-se do relatório de queimadas de Alberto Setzer, feito com base no satélite meteorológico NOAA-9, que dava conta de que apenas na estação seca de 1987 a Amazônia havia perdido 80 mil km² para o desmatamento (ver capítulo 4). Outra lebre fora levantada por um cientista do próprio Inpe, segundo o qual o dado divulgado pelo presidente deixava de fora 92 mil km² de "desmatamentos antigos", anteriores a 1975, em regiões como a Zona Bragantina, entre as cidades de Belém e Bragança, e o Maranhão, estado natal de Sarney. Se essas áreas entrassem na conta, o desmatamento acumulado subiria para 7%.[18]

As divergências expostas publicamente indicavam que havia insatisfações dentro do próprio Inpe sobre como o processo de compilação dos dados fora conduzido pelo diretor, Márcio Barbosa, e pelo diretor de Sensoriamento Remoto, Roberto Cunha. De uma equipe de cerca de trinta pessoas envolvidas na geração das estimativas, apenas quatro tiveram acesso ao documento final.[19]

A briga interna no Instituto irromperia semanas depois na forma da maior crise que o Inpe enfrentara desde a sua criação. No dia 7 de maio, um domingo, a *Folha de S.Paulo* estampava em sua manchete uma acusação grave contra o Instituto: "Governo maquiou dados sobre Amazônia". A reportagem, do jornalista Maurício Tuffani, afirmava que técnicos do Inpe, sob a batuta de Roberto Cunha, haviam subestimado propositalmente o desmatamento para auxiliar o contra-ataque de Sarney ao Banco Mundial. De acordo com o jornal, um segundo relatório do Instituto, ainda a ser apresentado, dava conta de que a cifra real de perda de floresta era de 9,3% da área do bioma (então estimada em 3,7 milhões de km²), ou 343,9 mil km².[20]

"O Sarney nunca me pediu nada", afirma Barbosa. "Eu queria reagir a uma crítica internacional quando eu tinha em mãos ferramentas tecnológicas para mostrar uma coisa mais real, não uma especulação do Lovejoy ou do Dennis Mahar." Ele também nega manipulação dos números de desmatamento.

"Maquiar é falsear de propósito. Isso em nenhum momento ocorreu", diz o físico Luiz Gylvan Meira Filho, que entrou na história na esteira da crise aberta com a *Folha* e tornou-se um personagem central do programa de monitoramento da Amazônia.

Alto, magro, muito míope e dono de uma voz rouca de fumante inveterado, Meira Filho tem uma mente matemática tão aguçada que às vezes seus interlocutores se perdem na conversa. É um sujeito capaz de resolver equações diferenciais na palma da mão, mas que, ao mesmo tempo, admira a poesia de Jacques Prévert e navega na política. Anos mais tarde, viraria a eminência parda das posições nem sempre progressistas do Brasil na Convenção do Clima da ONU, um *government scientist* que atraiu detratores e fãs (caso do autor deste livro, que aos 25 anos foi entrevistá-lo em Brasília sobre negociações internacionais de clima e nunca mais deixou de cobrir o assunto como jornalista).

Meira Filho havia criado em 1987 o Centro de Previsão de Tempo e Estudos Climáticos do Inpe, o CPTEC. Em 1989, tornou-se diretor de meteorologia e sensoriamento remoto, portanto, responsável pelo que viria a se constituir como o programa de monitoramento da Amazônia. Assumiu a área decidido a contornar a crise de credibilidade do Inpe. E começou chamando para São José dos Campos um dos maiores críticos do monitoramento na comunidade científica, o bigodudo Philip Fearnside, de Manaus.

"Dei um uísque para ele e pedi para ele me contar onde havia erro. Achou um: as áreas dos reservatórios de hidrelétricas não foram computadas como desmatamento", recorda. Um erro desprezível, considerando a extensão da Amazônia.

Nas reportagens, Tuffani denunciou que o Inpe usara imagens de anos diferentes, o que causara erros de estimativa. Isso de fato ocorreu. Era uma limitação da metodologia. Como as imagens do Landsat são ópticas, se determinada área está encoberta por nuvens, o satélite não a enxerga. Inicialmente o Inpe tentou contornar esse problema adquirindo imagens da Amazônia em dois momentos: na estação seca de um ano e na estação seca do ano seguinte. Sobrepondo ambas seria possível ver as derrubadas. É por isso que até hoje o desmatamento anual é medido num calendário próprio, que vai de agosto de um ano a julho do seguinte. Para a primeira estimativa, a de estoque total de desmate, buscou-se usar as cenas do Landsat com menos nuvens — quando determinada área estava muito encoberta em 1988, recorria-se a imagens do ano anterior.

Uma revisão posterior do dado, que passaria a ser feita anualmente, dando a taxa de desflorestamento da Amazônia, parou de recorrer ao uso de imagens de anos anteriores. A questão das nuvens viria a ser resolvida de outra forma: com estatística. Assumia-se que o pedaço encoberto de uma imagem tivesse desmatamento igual ao pedaço aberto. Nos anos 2000, essa decisão metodológica também causaria sua própria dose de confusão, como você verá adiante.

As críticas internacionais e o caos gerado na opinião pública em torno do dado do Inpe foram bater no Congresso. O senador Jarbas Passarinho, do Pará, um dos homens-chave da ditadura e autor da infame frase "às favas, senhor presidente, neste momento, todos os escrúpulos de consciência" durante a promulgação do AI-5, criou uma CPI para apurar o escândalo. Após ouvir mais de duas dezenas de especialistas em busca de esclarecimento sobre o real número de desmate, a comissão do Senado concluiu que a cifra do Inpe "é merecedora de fé", mas fez um reparo: era necessário acrescentar os 92,5 mil km^2 de desmatamentos antigos que o trabalho liderado por Roberto Cunha havia deixado de fora. Isso elevou o acumulado para um total de 7% da Amazônia Legal (9,3% do bioma), ou 343 976 km^2. Em 1992, com o Programa de Monitoramento do Desflorestamento (Prodes) já produzindo suas taxas anuais e divulgando num ano o desmatamento do ano anterior, mais uma correção no dado foi feita e a área desmatada até 1988 seria alterada para 377,6 mil km^2.

Sem perder a autoironia, Gylvan Meira imortalizou a polêmica dos dados "maquiados" com uma piada interna. O arquivo no qual ele fez a primeira descrição da metodologia do Prodes, em 1992, recebeu o nome de "maquia1". Os primeiros programas de computador feitos para implementar os algoritmos foram batizados "maquia2" e "maquia3".

Com a CPI rolando no Senado, Fernando Mesquita implantou seu estilo flamboyant de gestão ambiental no Ibama. Uma de suas ações midiáticas foi contra o tráfico de peles de animais. Havia toneladas de peles apreendidas num depósito no Rio de Janeiro e o governo simplesmente não sabia o que fazer com elas. Não havia previsão legal de leiloar produto desse tipo de crime, os bichos mortos não voltariam e os contrabandistas tentavam obter na Justiça a devolução do produto apreendido. Mesquita achou uma solução simples: mandar o Exército queimar tudo. "Fizemos uma montanha e tocamos fogo. Foi um espetáculo muito bonito", ri.

Mas a prioridade do novo órgão ambiental era combater queimadas e desmatamento e salvar outra pele, a de José Sarney, do achincalhe internacional. Nos primeiros meses, o Ibama criou uma sala de situação na qual um grande mapa do Brasil foi pregado numa parede. Alimentados com os dados iniciais do Prodes, com o desmatamento marcado no mapa com alfinetes, os diretores do órgão ambiental começaram a entender a extensão e a geografia da devastação. Muito cedo o Ibama percebeu que a melhor forma de agir contra os ilícitos numa área imensa como a Amazônia era olhá-la do alto. Foi firmado um convênio com o Departamento de Aviação Civil (DAC) pelo qual os aviões comerciais que sobrevoassem áreas com queimada ou desmatamento plotassem suas coordenadas e avisassem o Ibama. Só que o órgão ambiental não tinha o que fazer com as informações que chegavam das aeronaves e dos satélites. A fiscalização precisava ir aonde o crime estava.

"Os primeiros dados do Inpe eram uma batata quente. Porque o Inpe dizia: 'Na latitude tal, longitude tal, teve desmatamento'. E daí? Você recebe o dado e arquiva. Porque você não tinha, como não tem ainda hoje, estrutura", conta José Carlos Carvalho.

Era preciso buscar financiamento para agir na floresta num país garroteado pelo FMI, com inflação em alta e em permanente crise fiscal. Carvalho encontrou a solução num lugar irônico: o mesmo empréstimo do Banco Mundial que estivera na origem da tragédia de Rondônia, a pavimentação da BR-364. Havia uma sobra de caixa de 8 milhões de dólares do programa Polonoroeste, na época uma boa quantia.

"Decidimos que tínhamos de fazer um plano, que foi chamado de emergencial porque era mesmo uma emergência e nós queríamos criar um clima de negociação rápida com o Banco Mundial. O 'emergencial' tinha um apelo estratégico, pra deixar claro que não era uma coisa de rotina."

O Ibama tinha ideias ambiciosas: queria usar helicópteros para patrulhar a selva, guiados pelos dados de satélite, e depois mandar equipes por terra, onde houvesse acesso, para multar quem estivesse ilegal, fazendo queimada ou cortando madeira fora das áreas dos planos de manejo. Faltava convencer Sarney, em cuja mesa desaguavam as queixas do tal "setor produtivo" contra as ações de fiscalização. Mesquita sabia o que fazer: marcou uma reunião no Planalto, levou sua equipe e um truque de marketing.

"A gente pegou um mapa no papel e o Fernando falou: 'Vai lá nas Lojas Americanas e compra uns helicópteros pra convencer da questão de usar helicópteros na fiscalização'. A gente comprou aqueles helicópteros de criança, pequenininhos assim, sabe? Aqueles helicópteros de plástico. Penduramos no mapa uma porção de helicópteros pra mostrar como a gente ia fazer a fiscalização, onde estavam as áreas maiores de desmatamento. Isso foi mostrado na exposição para o presidente; ele ficou entusiasmado", lembra Marília Marreco.

Em 30 de junho Sarney promulgou o decreto criando o Plano Emergencial de Controle e Fiscalização de Desmatamentos e Queimadas na Amazônia Legal (Peal), a primeira grande operação de fiscalização do Ibama.

No papel, o Peal era um espetáculo. Pela primeira vez, todas as superintendências do Ibama nos estados da Amazônia Legal trabalhariam juntas. As polícias dos estados também seriam envolvidas, assim como a Polícia Federal e o Departamento Nacional de Estradas de Rodagem, o DNER. O plano tinha nove objetivos, entre eles reduzir as queimadas em 50% em relação a 1988, reduzir o desmatamento em 70%, "conscientizar a população da região amazônica" e criar setenta equipes de fiscalização aptas a agir "em qualquer parte do país" e dotadas de infraestrutura para fiscalizar 80% do território amazônico. Os recursos seriam usados para alugar cinco helicópteros Bell-212 (para seis pessoas) e Bell-206 (para três pessoas), para bancar combustível de barcos que fariam a fiscalização no Pará pelos rios, e 44 caminhonetes F-1000, com tração nas quatro rodas, para acessar por terra as propriedades rurais onde a fiscalização aérea detectasse desmatamento.

O plano era ótimo. Faltou combinar com o Brasil.

O relatório final do Peal, publicado em 1990,[21] mostra com uma sinceridade comovente que o programa sofreu uma série de reveses burocráticos, trapalhadas e pequenas corrupções que atrasaram o início das ações e reduziram sua eficácia.

Devido à demora nas concorrências públicas para comprar picapes e alugar helicópteros, o Ibama só iniciou as operações em outubro, final da estação seca e do período de queimadas na Amazônia. A decisão do Ministério do Planejamento de liberar o dinheiro do Peal em etapas fez com que apenas nove das 44 caminhonetes fossem compradas no exercício de 1989 — o Ibama teve de gastar dinheiro recuperando a antiga frota do IBDF e seus agentes foram a campo, nos lamaçais da Amazônia, a bordo de carros como Fiats 147, Brasílias, Kombis e Opalas. Não eram só os veículos que eram inadequados: na falta de pessoal capacitado, as equipes de fiscalização incluíram funcionários de escritório, sem nenhum conhecimento de flora ou fauna ou experiência de combate ao crime.[22]

Os governadores dos estados amazônicos também logo perceberam que o setor produtivo, que vivia do crime ambiental e lhes dava apoio político, seria prejudicado pela operação. E resolveram fazer corpo mole. Em Rondônia, o governo estadual enrolou para liberar diárias para os agentes de campo, alegando burocracia interna, e pressionou a própria polícia florestal a pegar leve nas fiscalizações. No Amazonas e no Pará, a situação era ainda pior: os governadores Amazonino Mendes e Almir Gabriel (que sete anos mais tarde ordenaria uma ação da PM que terminou com o massacre de dezenove sem--terra em Eldorado do Carajás) decidiram não colaborar com a ação do Ibama. O governador amazonense foi além: durante a operação, Mendes repetiu o gesto que já fizera na campanha eleitoral de 1986 de distribuir motosserras à comunidade.[23] Fernando Mesquita precisou intervir para interromper o desatino. "Os governadores iam falar com o Sarney e ele dizia que não se metia nisso, que isso era com o Fernando", conta Mesquita.

O inédito uso de helicópteros foi prejudicado pela falta de pessoal treinado para identificar desmatamentos, pelo início das chuvas no "inverno" amazônico e, em uma ocasião, por um gesto bizarro de patrimonialismo: o superintendente do Ibama em Goiás (que na época sediava o Ibama do recém-desmembrado estado do Tocantins) desviou um helicóptero do Peal para levá-lo a um comício no interior do estado, sendo demitido na sequência. Mesmo com os problemas, o relatório nota que "a simples presença dos helicópteros do Ibama no céu da Amazônia Legal fez com que os depredadores da natureza se preocupassem em agir ilegalmente". Esse efeito dissuasório se tornaria fundamental no futuro.

O Peal terminou com um saldo de 145 milhões de cruzados novos em multas lavradas, 2% desse total efetivamente pago (um percentual que permanecia virtualmente inalterado no Ibama 32 anos depois), 159 mil hectares de desmatamentos autuados, 199 mil m³ de madeira ilegal autuados e com as apreensões de oito toneladas de carne de jacaré, onze toneladas de mantas de pirarucu, 105 cabeças de gado, duas onças vivas e dezoito cachorros.[24] As queimadas tiveram redução, auxiliadas por são Pedro: o ano de 1989 foi extraordinariamente chuvoso, o que derrubou o índice de incêndios e manteve todos os aeroportos da região abertos durante toda a estação seca. A meta de reduzir o desmatamento em 70% não foi nem de longe cumprida. Mas o Peal, aliado às chuvas e à crise econômica, levou a uma queda de 22% no desmatamento em 1990 em relação a 1989, segundo os dados do Prodes. Em 1991 haveria uma queda de mais 20%.

Desde 1988, quando o Brasil começou a monitorar a floresta anualmente por satélite, até 1991, a taxa anual de floresta perdida caíra quase à metade, passando de 21 mil km² para 11 mil km². Certamente o Ibama teve papel nisso, mas é difícil reputar esse resultado apenas às movimentações do governo. "A recessão econômica [sic] brasileira é a melhor explicação para a queda nos índices do desmatamento de 1987 até 1991", afirma Philip Fearnside.[25] "Os fazendeiros não tinham capacidade de expandir suas áreas desmatadas tão rapidamente, e o governo não tinha recursos para a construção de rodovias e para projetos de assentamento. O impacto das medidas de repressão [...] foi, provavelmente, menor", prossegue. Um indício de que o raciocínio de Fearnside faz sentido vem do próprio relatório do Peal, segundo o qual a mão de obra usada em 1988 no desmatamento fora desviada para os garimpos, e o custo elevado de equipamentos agrícolas refreara a devastação. O pequeno período de queda no desmatamento terminaria precisamente em 1992, quando os olhos do mundo se voltaram ao Brasil durante a Conferência das Nações Unidas sobre Meio Ambiente e Desenvolvimento, a Rio-92.

Mas o ano de 1989 ainda trouxe emoções para a Amazônia e para a imagem internacional do Brasil num outro front. No coração do Pará, uma nação indígena começava a expor as contradições entre os atos e os discursos do governo brasileiro e se dispunha a apertar todos os botões possíveis, inclusive junto à comunidade internacional, para que o Brasil cumprisse o requisito constitucional de demarcar suas terras. No caminho, esse povo, o Kayapó, ajudaria a consolidar um modelo de ativismo ambiental que até hoje é praticado no país.

7. Show de aberrações

Passa de sete da manhã quando o sol enfim se ergue acima da copa das árvores na aldeia Pykatoti. Seus moradores não esperaram por ele: começaram as atividades do dia enquanto a quentura do verão amazônico não apertava. Para o *kuben* (não indígena) que passou a noite em claro tremendo de frio numa rede fina de nyon, a tepidez do amanhecer é um alívio, e a beleza da luz dourada sobre a mata quase faz esquecer o perrengue das horas anteriores. Após quatro dias rodando de carro pela rodovia BR-163 sem ver nada além de pasto e plantações de soja, eu e meus companheiros de viagem, o engenheiro florestal Tasso Azevedo e o motorista Carlos Alberto Noronha, havíamos chegado na véspera ao maior bloco de florestas remanescente no sudoeste do Pará, a Terra Indígena Menkragnoti, do povo kayapó.

Na asseada cozinha da base de vigilância montada a poucas centenas de metros da aldeia, na fronteira do território, Meningô Mekragnotire nos aguarda com uma térmica de café doce, uma farofa de ovos divina e uma promessa: vai matar um jacaré para oferecer um almoço de verdade aos visitantes. O macarrão vegetariano que havíamos preparado para o jantar, derretendo laboriosamente tomates num fogão a lenha, fora mal recebido pelo pessoal da base. "Assim, sem mistura, a gente chama de comida de pobre ou de quem teve preguiça de caçar", sentenciaram, sem sutileza.

TERRITÓRIO KAYAPÓ, MAIOR BLOCO REMANESCENTE DE FLORESTAS NO SUDOESTE DO PARÁ

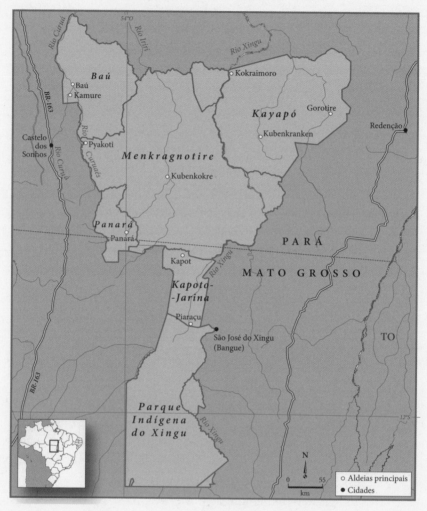

Meningô é agente ambiental indígena e piloto da voadeira que nos levaria de carona logo depois do café para uma pequena missão de patrulha subindo o rio Pitxatxá, chamado de Curuaés nos mapas dos *kuben*. Duas vezes por semana, os índios fazem incursões longas atrás de "buchas", como são chamadas as pinguelas instaladas por madeireiros e garimpeiros para invadir a terra indígena em busca de riquezas. Uma vez encontradas, as pontes são destruídas, e os Kayapó as revisitam de tempos em tempos para garantir que permaneçam assim.

138

Bases como essa foram instaladas em pontos estratégicos da Menkragnoti, um colosso de 4,9 milhões de hectares que integra o território contínuo dos Kayapó, composto de seis terras indígenas e maior que a Inglaterra.

O trabalho de vigilância é mantido pelo Instituto Kabu, uma ONG criada pelos indígenas em 2008 com recursos da compensação devida pela pavimentação da BR-163. O asfaltamento, que só seria concluído em 2020, aumentou a pressão sobre o território ao franquear o acesso de grileiros e madeireiros às florestas públicas do sudoeste paraense. Foi uma denúncia do Kabu em 2014 que levou o Ibama e a Polícia Federal a deflagrarem a Operação Rios Voadores, que desbaratou o sofisticado esquema de grilagem de terras tocado pela quadrilha do paulistano A. J. J. Vilela, o Jotinha.[1]

Os Kayapó estão sob cerco. Fazendas de soja vêm se expandindo rapidamente sobre antigas pastagens em toda a zona de influência da BR-163 e empurrando a pecuária para novas áreas de mata. No caminho até a terra indígena, uma estrada de sessenta quilômetros que sai do distrito de Castelo dos Sonhos, em Altamira, passamos por áreas recém-desmatadas e ainda queimando, com cercas novinhas — sinal de grilagem em pleno curso. Algumas delas ainda apareciam como floresta no mapa do Google que Tasso abria no celular. O desmatamento e a soja, reclamam os indígenas, já encostam na beira do Pitxatxá em alguns trechos, e há relatos de crianças que adoeceram ao nadar no rio no inverno, quando a chuva despeja nele os químicos da lavoura.

Mas o próprio Meningô se encarrega de nos mostrar, na viagem de voadeira, que o ambientalismo kayapó comporta vários tons de cinza. Subindo o rio até a aldeia Mopkrore, a duas horas de barco da Pykatoti (e errando o tiro em um pato, dois mutuns e duas capivaras que tentava apanhar para o almoço, sem contar o jacaré que afugentou antes mesmo de pegar a espingarda), ele aponta uma série de bancos de areia e cascalho que se estendem por quilômetros, às vezes formando pequenas enseadas na margem. Parecem praias, mas são cicatrizes de garimpo. "Em 1992, os garimpeiros fizeram um acordo com o cacique para tirar ouro", relata.

A mineração ilegal é um problema eterno no território kayapó. No começo de 2020, quando o preço do metal explodiu e o governo de Jair Bolsonaro desmontou a fiscalização ambiental e a Funai, ela era especialmente grave na Terra Indígena Baú, na fronteira noroeste da Menkragnoti. Ali garimpeiros cooptaram lideranças de algumas aldeias, que se desfiliaram do Kabu atraídas pelo dinheiro fácil. Meningô promete seguir na resistência com sua parentela. "Vou continuar a pisar no rastro do meu avô Raoni."

Ropni Metyktire, o cacique Raoni, é chamado de "avô" mesmo por pessoas com quem ele não tem parentesco direto, como Meningô e seu primo Mydjere, vice-presidente do Kabu. Embora sua aldeia esteja a centenas de quilômetros dessa região, em São José do Xingu, Mato Grosso, Raoni é reverenciado pelos Kayapó Mekragnotire como o homem que, literalmente, botou a etnia no mapa. Foi a fama adquirida por Raoni entre os *kuben* numa volta ao mundo que deu ao lado de um astro do rock em 1989 que arrecadou recursos para a demarcação da Menkragnoti — e, de quebra, ajudou a consolidar um modelo de campanha ambientalista que seguia vigente três décadas depois.

Nos anos 1980, os Mebêngôkre (lê-se "membenokré"), como os Kayapó se chamam na própria língua, tornaram-se aos olhos do planeta o próprio arquétipo do índio brasileiro, com seus adornos de miçanga, seu corte de cabelo tradicional (as mulheres raspam o meio da cabeça) e sua pintura facial preta ou vermelha. Altamente organizados, realizaram grandes manifestações, pararam hidrelétricas, viraram samba-enredo, protagonizaram escândalos na mídia, foram perseguidos por governantes e usaram o dinheiro dos brancos — inclusive o do garimpo e o da venda de madeira de suas terras — para assegurar seus direitos.

"De todos os contatos desastrosos de etnias brasileiras, eu posso dizer sem medo de errar que os Kayapó foram o caso em que os índios conseguiram manter o maior grau de autonomia. Eles fazem a merda e assumem", conta Márcio Santilli, do Instituto Socioambiental. O indigenista paulista presidiu a Funai no primeiro governo FHC e diz ter vivido por décadas "uma relação de amor e ódio" com esses nativos do Brasil Central que foram empurrados para o coração da Amazônia no século XIX.[2]

Entre 1987 e 1989, os Kayapó ajudaram a engrossar o caldo das pressões internacionais sobre o governo Sarney pela preservação da Amazônia, em lances épicos que envolveram, além de Raoni, o chefe Bep'kororoti, mais conhecido como Paulinho Paiakan (1953-2020), e sua prima Tuíre. É nesse período que duas trajetórias de militância que vinham até então seguindo separadas, o ambientalismo e a defesa dos povos tradicionais, passam a se tornar indissociáveis no Brasil, com a criação de uma escola de pensamento que moldaria as políticas de combate ao desmatamento no século seguinte:

o socioambientalismo. Dois funerais de pessoas que não se conheceram e a milhares de quilômetros de distância um do outro acabaram contribuindo, de formas inesperadas, para unir essas pontas.

Em setembro de 1987, Márcio Santilli recebeu um telefonema em seu escritório em Brasília. Do outro lado da linha, o bispo do Xingu, d. Erwin Kräutler, fazia uma recomendação que soava inacreditável: "Se você quer resolver a história dos índios, vá falar com o Jarbas Passarinho".

Ex-deputado federal pelo PMDB (1983-7), Santilli fora contratado em 1987 por um pool de organizações para fazer lobby na Assembleia Nacional Constituinte por um capítulo especial sobre os indígenas na nova Carta Magna. Havia um ranço integracionista nas Constituições anteriores, segundo as quais o futuro dos povos nativos era desaparecer, misturados ao restante da população brasileira. Mas a descoberta, nos anos 1980, de que a população indígena estava crescendo em vez de diminuir deu fôlego a uma tentativa de garantir o direito dessa gente às suas terras. Antropólogos passaram a se organizar, frequentemente sob liderança de mulheres, como Lux Vidal e Manuela Carneiro da Cunha,[3] para abrir um debate público sobre os territórios indígenas. Cinco organizações se juntaram numa campanha para incidir diretamente no Congresso: a União das Nações Indígenas, o Centro Ecumênico de Documentação e Informação (Cedi), a Associação Brasileira de Antropologia, a Comissão Pró-Índio e a Comissão pela Criação do Parque Yanomami (CCPY), fundada pela fotógrafa suíço-brasileira Claudia Andujar.

Santilli havia passado seu mandato como membro da Comissão do Índio da Câmara, ao lado do xavante Mário Juruna, o primeiro deputado indígena do Brasil. Como ex-parlamentar, tinha livre acesso ao plenário e conhecimento suficiente da lógica do Congresso para ajudar na tarefa. Mas naquele mês o capítulo dos índios havia chegado a um impasse.

A primeira proposta de texto constitucional sobre povos indígenas havia sido costurada com as organizações e apresentada pelo único deputado antropólogo, José Carlos Sabóia (PMDB-MA). Ela foi destinada a tramitar na Subcomissão dos Negros, Populações Indígenas, Pessoas Deficientes e Minorias, a chamada "subcomissão dos etecéteras". Na negociação, sua relatoria foi entregue ao PFL, que encarnava a direita no Congresso. Para espanto do pessoal da campanha, o relator, o jovem deputado paranaense Alceni Guerra, fez um relatório avançado. Mas alegria de índio dura pouco: ao final do trabalho da subcomissão, o texto foi entregue a outro relator, o amazonense Bernardo Cabral, do PMDB, que o virou do avesso. Cabral decidiu acolher as teses dos militares ligados ao Programa Calha Norte, favoráveis ao integracionismo da ditadura e contrários à demarcação de terras indígenas grandes, especialmente na faixa de fronteira, como era o caso da área dos Yanomami. E contou com uma ajuda poderosa: a imprensa.

No domingo 9 de agosto, Dia dos Pais, o jornal *O Estado de S. Paulo* publicou uma manchete de dar inveja a qualquer Jovem Pan: havia uma "conspiração contra o Brasil"[4] no capítulo dos índios da Constituição. Tratava-se, gritava o diário, de uma urdidura preparada por "47 mil austríacos" para inserir na Carta Magna o conceito de "soberania restrita" sobre os territórios indígenas, sobretudo a área yanomami, na fronteira venezuelana. O grande objetivo dos países desenvolvidos seria "subtrair 14% da Amazônia Legal do controle estrito do Estado brasileiro" e impedir a exploração mineral nos riquíssimos territórios indígenas, a fim de que eles, os estrangeiros, "possam continuar desfrutando de uma posição oligopolista no mercado internacional".[5] Evocar conspirações internacionais para frear o desenvolvimento do Brasil é, como a leitora recorda, um dos itens do Decálogo do Desmatador (ver capítulo 4).

E o *Estadão* estava com sangue nos olhos. O diário publicou duas páginas internas cheias de ilações, opiniões e "documentos fidedignos" (a própria necessidade do adjetivo numa chamada de capa já denunciava que eram tudo menos isso). Um deles era um mapa mostrando a área onde se planejava implantar a tal "soberania restrita": todo o bioma Amazônia.

As "reportagens", nenhuma delas assinada, não traziam nem sombra de cruzamento de informações, contrapontos e outras ferramentas elementares do jornalismo. Elas acusavam o Conselho Mundial de Igrejas e seu suposto títere brasileiro, o Conselho Indigenista Missionário (Cimi), de estar por trás do complô. Para provar seu ponto, o jornal lembrava que o presidente do Cimi, d. Erwin Kräutler, era "austríaco de nascimento" e — ahá! —, por "curiosa coincidência", havia, "ao que se sabe", estudado na cidade austríaca de onde teria partido um abaixo-assinado de 47 mil jovens com a sugestão de que se modificasse o texto constitucional. Foram sete dias seguidos de campanha com manchetes de capa como "Nem só de índios vive o Cimi",[6] "Índios, o caminho para os minérios"[7] e "Cimi propõe a divisão do Brasil".[8]

O caso foi parar numa comissão parlamentar mista de inquérito presidida por ninguém menos que Roberto "É Dando que Se Recebe" Cardoso Alves, o pai do Centrão. O primeiro convocado foi o jornalista Júlio de Mesquita Neto, dono do *Estado de S. Paulo*. A segunda sessão, lembra Santilli, foi com um perito, que mostrou que uma assinatura de um representante do Cimi apresentada nos "documentos fidedignos" do jornal era falsa. "E aí a CPI fez puf! Sumiu!", conta o indigenista. O relatório final, que mostrava que as acusações eram falsas, jamais chegou a ser votado.

Mas o salseiro estava criado e o substitutivo de Bernardo Cabral, apresentado em setembro, recuava em vários pontos, como definir que o direito originário só se aplicaria às terras onde os indígenas se encontrassem "permanentemente localizados";[9] que indígenas "em elevado estado de aculturação" ou que "mantivessem convivência com a sociedade nacional" não teriam direito a terra; e, num regresso surreal às ordenações pombalinas de 1755,* reconhecia a língua portuguesa como "oficial e única".[10] O retrocesso provocou uma cena histórica na Constituinte, quando Ailton Krenak, da União das Nações Indígenas (UNI), subiu ao plenário para discursar contra o substitutivo de Cabral e, ao vivo, diante de toda a imprensa, pintou o rosto de preto (usando não jenipapo, mas rímel coletado entre as funcionárias da Câmara).[11] "É aí que aparece o Jarbas Passarinho na história", conta Márcio Santilli.

O coronel do Exército, acreano de Xapuri eleito senador pelo Pará, havia sido um dos artífices do AI-5, que fechou o Congresso em 1968 e iniciou os anos de chumbo. Santilli tinha um motivo pessoal para odiar o senador: em 1976, ele tentara cassar o pai do indigenista, o então deputado federal José Santilli Sobrinho (1922-2006). A ligação de d. Erwin sugerindo uma conversa com Passarinho não caiu bem. O que Santilli não sabia era que a Providência se colocara, por linhas muito tortas, no caminho do bispo.

No começo de agosto de 1987, o senador havia perdido a mulher, Ruth, vítima de um câncer. Poucos dias depois, o prefeito de Altamira pediu que d. Erwin rezasse uma missa pela alma da finada. "E aí é que eu digo, a mão de

---

* O Diretório dos Índios, baixado na colônia pelo marquês de Pombal, proibiu o uso das línguas indígenas no Brasil, oficializando o português. (N. A.)

Deus estava sobre mim", recorda d. Erwin. O bispo elogiou o trabalho social de d. Ruth numa missa na catedral da cidade. Na mesma semana, embarcou para Brasília e cruzou com Passarinho no avião. "Passei, sentei lá no fundo, rezei meu breviário e de repente me deu um estalo: 'Rapaz, o homem perdeu a mulher e você passa por ele sem dar os pêsames!'." No meio do voo, o bispo foi até a fileira do senador corrigir a indelicadeza. "Ele tirou o cinto, me abraçou e chorou. E chorou mesmo. Ele disse que agradecia penhoradamente as palavras que eu achei na catedral do Xingu para lembrar a esposa dele. Eu disse que fiz o que era justo e que falaria de novo em tudo quanto é canto porque era a mais pura verdade."

No aeroporto de Brasília, os advogados do Cimi receberam o bispo e perguntaram se ele conhecia Passarinho. "Conheço, olha ele ali", respondeu. "Disseram que eu teria de falar com ele, era questão de vida ou morte." Era o início da campanha do *Estadão*. Os advogados fizeram o bispo ligar para o senador naquela mesma noite e pedir que os recebesse no gabinete para falar sobre os indígenas. Respeitosamente, d. Erwin disse ao senador enlutado que ele, como filho da Amazônia, tinha a "obrigação moral" de defender a causa indígena na Constituição. Dessa vez o coronel do AI-5 teve escrúpulos de consciência e assentiu. Em setembro, Santilli engoliu a raiva e foi com o indigenista Júlio Gaiger, um dos advogados do Cimi (e futuro presidente da Funai), até o gabinete de Passarinho apresentar uma contraproposta ao substitutivo tenebroso de Bernardo Cabral.

"Foi uma conversa duríssima", lembra. Quando terminou de revisar e canetar a última palavra do texto, Passarinho virou-se para os indigenistas e perguntou: "Meus amigos [militares] me dizem que vocês são inimigos da pátria. O que vocês têm a dizer sobre isso?". Santilli respondeu: "Olha, senador, a gente poderia dizer a mesma coisa do senhor, mas estamos vivendo um momento na história do país em que a gente devia superar essas feridas do passado. Se o senhor está de acordo com isso aqui nós também estamos".

O texto apresentado pelo militar acreano acabou se tornando a espinha dorsal de uma joia do humanismo, o artigo 231 da Constituição, que determina: "São reconhecidos aos índios sua organização social, costumes, línguas, crenças e tradições, e os direitos originários sobre as terras que tradicionalmente ocupam, competindo à União demarcá-las, proteger e fazer respeitar todos os seus bens".[12] A expressão "terras tradicionalmente ocupadas" foi inventada por Passarinho no lugar de "terras permanentemente ocupadas", que era o que desejavam a direita e os militares, e no lugar de "terras ocupadas", o que defendiam os indígenas e os indigenistas. "Foi uma vitória, para mim foi um milagre", recorda d. Erwin. "Eu chamo isso de uma virada copernicana nas Constituições do Brasil."

O coronel virou um defensor intransigente dos direitos indígenas e, alguns anos mais tarde, voltaria a ter um papel fundamental em sua garantia.

Enquanto o artigo 231 era discutido, uma inédita mobilização indígena chegou a Brasília para pressionar os congressistas. Em março de 1988, cerca de sessenta Kayapó foram ao Congresso para uma audiência com o presidente da Constituinte, Ulysses Guimarães, para propor alterações no texto e criticar a proposta de Bernardo Cabral. O ato, monitorado pelo SNI,[13] foi liderado pelo cacique Paulinho Paiakan (1953-2020).

Nascido na aldeia Kubenkranken, na porção da Terra Indígena Kayapó de Altamira, Paiakan havia estudado em Belém, com apoio da Funai. Sua fluência em português lhe garantiu destaque como intérprete de seu povo entre os brancos. Juntamente com Kube'í, uma liderança endinheirada que tinha acordos com garimpeiros, Paiakan levantou recursos para levar indígenas a Brasília para protestar por direitos territoriais. "Antes do Paiakan nunca houve uma mobilização indígena pra Brasília. Índio vinha para Brasília para ir para o hospital ou pra resolver treta na Funai. As primeiras mobilizações maciças em Brasília são os Kayapó que fazem, porque estão mais próximos e porque têm a grana do garimpo", conta Márcio Santilli.

Paiakan e Kube'í também foram os primeiros Kayapó a viajar para o exterior, naquele mesmo ano. A notícia de que o governo federal queria barrar o rio Xingu na altura de Altamira e construir a partir dali uma série de hidrelétricas a montante alarmou os Mebêngôkre. Mesmo morando a centenas de quilômetros da primeira barragem, eles temiam os efeitos que a onda de construções teria sobre o rio do qual tiravam seu alimento, e projeções do próprio governo davam conta de que parte de seu território seria alagada.

Até numa época em que era considerado normal ter reservatórios gigantescos para compensar a pouca declividade dos rios amazônicos e monstruosidades como Tucuruí (1984) e Balbina (1987) inundavam centenas de quilômetros quadrados de floresta, o projeto do Xingu era um colosso: as duas primeiras usinas projetadas, uma colada na outra, criariam o maior lago artificial do planeta, quase cinco vezes maior que a cidade de São Paulo, afetando territórios de onze povos[14] e gerando, juntas, estimados 17,6 mil megawatts de eletricidade.[15] Pelo menos quatro outras usinas[16] estavam previstas no inventário hidrelétrico do Xingu, concluído em 1980 pela estatal Eletronorte. Seus lagos se alastrariam quase até a divisa de Mato Grosso.

Um detalhe soou particularmente ofensivo para os indígenas: a barragem principal se chamaria Kararaô. É o nome de um subgrupo dos Xikrin, um povo kayapó da região do rio Bacajá, no médio Xingu, que seriam inclusive afetados pelas obras, e também um grito de guerra kayapó. Batizar uma força de destruição dessa monta com um nome na língua dos atingidos era totalmente cruel. "Em vez de botar o nome que não era nosso, colocaram um nome indígena. E nós, Kayapó, não queremos mais nenhuma obra no nosso rio, nenhuma obra na nossa área protegida", conta Tuíre, prima de Paiakan — para os Kayapó, primos por parte de mãe são considerados irmãos —, que acabaria por protagonizar a cena definidora do conflito envolvendo os indígenas e a usina.

Paiakan começou a se mobilizar para evitar a construção das barragens. O caminho para isso havia sido aberto anos antes pelos ambientalistas norte-americanos e por Chico Mendes: Kararaô e Babaquara, sua usina vizinha a montante, também envolviam empréstimos do Banco Mundial.

O banco concedera 500 milhões de dólares para o setor elétrico brasileiro em 1986. Tendo aprendido a lição do Polonoroeste, destinou parte da verba à proteção de indígenas, como os waimiri-atroari atingidos pela represa de Balbina, cujo lago começou a encher em 1987. Um segundo empréstimo, de 250 milhões de dólares, seria destinado ao chamado "complexo Xingu-Altamira", que envolvia Kararaô e a represa vizinha a montante, Babaquara. Mas o banco vinha adiando a sua concessão, justamente devido à falta de implementação, pelo governo brasileiro, das condicionantes socioambientais.

Uma decisão estava agendada para setembro de 1988. Em fevereiro, Paiakan e Kube'í, com a ajuda do botânico norte-americano Darrell Posey, pesquisador do Museu Emílio Goeldi, em Belém, pegaram um avião para Washington para tentar dissuadir o banco. Na capital estadunidense, com a ajuda de Bruce Rich e Barbara Bramble, conseguiram uma audiência com a diretoria de meio ambiente.

Os passos do trio eram seguidos por agentes do SNI, que registraram o itinerário dos indígenas e receberam comunicações da embaixada brasileira em Washington sobre suas falas públicas contra as hidrelétricas. Ao retornar ao Brasil, Paiakan e Kube'í foram processados nos termos do Estatuto do Estrangeiro, uma lei da ditadura, "por terem criticado, no exterior, a política energética brasileira, causando transtornos e prejuízos nos acordos econômicos entre o Brasil e os Estados Unidos da América".[17] Foi o enquadramento mais próximo que o governo Sarney encontrou para lidar com esse tipo de "delito" cometido de forma inédita por indígenas. Posey também foi indiciado segundo a mesma lei, pois a estrangeiros era vedado "exercer atividade política". A Polícia Federal acusou o cientista de agir "ardilosamente" para passar "mensagens negativas e distorcidas" por meio dos indígenas, que "são puros e manipuláveis em sua boa-fé".[18]

Os inquéritos acabaram gerando uma onda de solidariedade no movimento ambientalista a Paiakan e Posey. Ao mesmo tempo, o governo insistia em tocar a obra, contando não apenas com o financiamento do Banco Mundial, mas com empréstimos em bancos de outros países. Paiakan propôs, então, realizar um grande encontro de povos indígenas de toda a bacia do Xingu para discutir Kararaô. Em novembro de 1988, após a promulgação da Constituição e com o Programa Nossa Natureza já em marcha, ele e Kube'í iniciaram uma campanha internacional para levantar fundos para a grande reunião. O périplo da dupla está descrito nos relatórios do SNI. Naquele mês, Paiakan foi ao Canadá, onde participou de um evento com o ambientalista David Suzuki, o músico Gordon Lightfoot e a escritora Margaret Atwood, cujo romance distópico *O conto da aia* faria enorme sucesso em uma adaptação para a TV no século seguinte. O consulado em Toronto relata que o líder kayapó falou "diante de um público simpático" de "2,5 mil pessoas que pagaram dez dólares de ingresso, cada uma", para ouvi-lo numa igreja.[19] Para desespero do governo brasileiro, Paiakan e Kube'í visitariam ainda a Holanda, a Alemanha Ocidental, a Itália, o Reino Unido e novamente os Estados Unidos. O périplo resultaria de recursos e de uma ampla articulação para promover um evento histórico em Altamira, o 1º Encontro dos Povos Indígenas do Xingu, entre 20 e 25 de fevereiro de 1989. Mas antes disso o cacique Raoni ocuparia literalmente os palcos globais, graças à insistência de um cineasta belga e de uma modelo casada com um relutante astro do rock.

* * *

Os Metyktire (lê-se "metuktire") viviam na porção mato-grossense do alto Xingu nos anos 1970, quando o gado chegou até a fronteira de seu território. Os projetos de pecuária com incentivo da Sudam se espalharam pelo nordeste de Mato Grosso a partir de 1974, e uma estrada que cruzava o rio, a BR-080 (hoje MT-322), fora aberta para ampliar a ocupação. A rodovia se estendia desde a vila de São José do Xingu, conhecida pelo apelido agourento de Bangue (derivado, você adivinhou, de "bangue-bangue"), e penetrava no território indígena. Em 1980, onze peões de fazendas da região envolvidos nas operações de desmate foram massacrados a golpes de borduna pelos Kayapó, que reivindicavam uma faixa de quarenta quilômetros do leito da estrada até a cachoeira Von Martius, onde os irmãos Villas Bôas fizeram o primeiro contato com a etnia, em 1953.[20]

Sem resposta do governo e com a ajuda da Funai local, os indígenas fizeram uma inédita autodemarcação da terra que chamavam de *Kapot* ("cerrado", na língua kayapó) em 1984. "Botamos uma placa, mas os fazendeiros de tardezinha fizeram vários buracos de bala nela e foram bêbados até o posto da Funai devolvê-la. Metemos um monte de índios na caminhonete e fomos até a fazenda desse pessoal tirar satisfação. Eles ficaram morrendo de medo, porque os índios batiam com as bordunas no chão e tremia tudo", lembra o indigenista Heleno Gonçalves, que chefiava o posto Piaraçu, na borda nordeste do Parque Indígena do Xingu naquela época. Os conflitos levaram os Kayapó a bloquear por três meses a balsa que cruzava o rio, até o então presidente João Figueiredo, no final do mandato, determinar que o Exército delimitasse a área Kapoto-Jarina, que abrigava três antigas aldeias.

O movimento de então, liderado por Raoni, despertou nos Mekragnotire, parentes dos Metyktire das selvas paraenses, a ideia de demarcar um grande território kayapó no interflúvio Xingu-Tapajós. Não havia reconhecimento oficial da terra, e os indígenas do Pará sabiam que o desmatamento e as queimadas chegariam, como chegaram em Mato Grosso. Um ancião chamado Bepgogoti, da aldeia Kubenkokre, considerado uma espécie de cacique-geral de todos os Kayapó, pediu a Raoni que lutasse pela demarcação para seu povo. Raoni, então, já era conhecido dos *kuben*, graças à ambição e à cara de pau de um cineasta belga que foi parar no Parque do Xingu em 1973, no início rejeitado e depois tolerado pelos Villas Bôas.

Jean-Pierre Dutilleux veio ao Brasil, como sói acontecer, atrás de uma mulher e de aventuras. Chegou ao Xingu com uma câmera na mão e uma carta de recomendação no bolso para entregar a Orlando Villas Bôas. A carta era assinada por Chico Meireles, um velho e reverenciado sertanista, pai da então namorada do belga. A persistência de JP, como é conhecido, lhe rendeu várias viagens Xingu abaixo para documentar a vida dos indígenas. Numa delas conheceu Raoni, que já era uma liderança forte entre os Txucarramãe, como eram chamados os Kayapó de Mato Grosso. "Ele tinha um carisma e uma estatura excepcional, desde aquele momento quis fazer um filme sobre ele", conta JP.

O longa-metragem *Raoni* acabou saindo em 1977. Foi uma superprodução, com fotografia de Luiz Carlos Saldanha, expoente do Cinema Novo, e trilha sonora de Egberto Gismonti, que estreou no festival de Cannes e, em 1979, ganhou cinco prêmios Kikito no festival de cinema de Gramado.

Naquele mesmo ano, de volta a Paris, onde vivia, Dutilleux leu num jornal que o astro norte-americano Marlon Brando estava em Londres para filmar o primeiro *Superman*. Brando já militava em favor dos povos nativos nos Estados Unidos havia tempo: em 1973, recusou-se a receber o Oscar de melhor ator por *O poderoso chefão* e mandou em seu lugar à cerimônia a ativista indígena Sacheen Littlefeather, que fez um discurso duro contra a discriminação de indígenas pela indústria do cinema. Dutilleux enxergou ali uma oportunidade de fama para si e de atrair um nome de peso para a causa indígena no Brasil. Após um périplo que incluiu uma viagem de moto a Londres, vários nãos na cara e enfim um convite para ir a Los Angeles mostrar o filme ao ator, o belga convenceu Don Corleone a ser o narrador da versão inglesa de *Raoni*, que foi indicada ao Oscar em 1979.

Em 1984, após ter corrido o mundo filmando povos indígenas, Dutilleux foi chamado pelo baterista americano Stewart Copeland para gravar um documentário[21] sobre os ritmos da África, berço da batida que resultaria no jazz e no rock. O The Police, banda pós-punk formada por Copeland e pelos ingleses Andy Summers (guitarra) e Gordon Sumner, o Sting (baixo e voz), havia acabado de se separar após uma carreira meteórica que produziu hinos do rock como "Every Breath You Take" e "Roxanne". Mas Miles Copeland, irmão de Stewart e produtor do documentário dirigido por JP, era também o empresário de Sting na recém-iniciada carreira solo. No final de 1985, numa exibição do filme de Copeland em Los Angeles, JP conheceu o cantor. Sting havia se apresentado no primeiro grande concerto humanitário da história do pop, o Live Aid, em julho, organizado para arrecadar fundos para combater a fome na Etiópia.

"Eu havia ido ao Live Aid e daí veio a história de procurar uma estrela famosa. Era a época de grandes astros envolvidos em causas, e várias pessoas disseram que eu precisava de uma celebridade para promover a causa indígena. Ninguém dava a mínima para a Amazônia", conta JP. Sting era o popstar à mão, mas reagiu mal à proposta do cineasta. "Todo dia alguém me pede para defender alguma causa, os pinguins, sei lá o que mais. Não estou interessado, sou músico", teria dito o cantor, segundo se recorda o belga.

JP passou os anos seguintes stalkeando ocasionalmente o ex-líder do Police, até que em dezembro de 1987 uma tragédia e uma coincidência ligaram o destino dos dois. Dutilleux estava no Rio de Janeiro filmando *Copeland* numa turnê do Animal Logic, a nova banda do baterista. "No último dia de filmagem, te juro, estávamos indo para o aeroporto. E no caminho para o Galeão vimos um ônibus preto lindo, e o Stewart disse: 'É o Sting chegando na cidade'", relata.

Era o maior momento da carreira solo do cantor inglês. Sting acabara de lançar seu segundo álbum, *Nothing Like the Sun*, e vinha tocar pela primeira vez no Rio com um Maracanã lotado. Desde o Rock in Rio, em 1985, o showbiz descobrira o potencial multimilionário do mercado brasileiro, e encher o maior estádio de futebol do mundo virou uma parte importante da carreira até mesmo de gente que não precisava provar nada para ninguém, como Paul McCartney.

Para Sting, porém, o triunfo artístico veio acompanhado de uma tragédia pessoal: seu pai, Ernest, morreu de câncer às vésperas da viagem para o Brasil. Ele decidiu não cancelar o show e não compareceu ao enterro. "Ali, em frente a 200 mil pessoas, ele estava comigo. O meu sucesso, afinal, era o sucesso dele", escreveu o músico mais tarde[22] sobre sua apresentação no Maracanã.

Sem saber do ocorrido, JP decidiu ficar no Rio e tentar mais uma vez chamar Sting para ir à Amazônia, aproveitando que a turnê passaria por Brasília. Ele conta que foi ao Othon Palace, em Copacabana, onde centenas de fãs se apinhavam, para tentar encontrar o cantor. "Chegando lá, vi um *roadie* do Sting, o Ken Turner, que me botou para dentro. Perguntei como ele estava, e Turner me disse que o pai dele havia morrido, mas que ele ia fazer o show mesmo assim." Instruído por Turner, Dutilleux sentou-se no lobby do Othon e esperou. Sting saiu do elevador. "Ele cruza meu olhar, eu levanto e vou dar minhas condolências. E nesse momento a história mudou: aparece um cara dizendo que a van que iria levá-los ao estádio havia quebrado e outra só chegaria em quinze minutos."

Esperando sozinho com o astro e sua mulher, a atriz e modelo Trudie Styler, JP recorreu à sua infinita cara de pau para fazer a proposta de novo. "Vi que você vai passar por Brasília, de lá dá pra ir rapidinho para a Amazônia", relembra, entre risadas. Sting disse que não queria ir a lugar nenhum, mas consultou Trudie: "Você não quer ir pra porra da floresta com o JP, quer?".

Ela disse que sim.

Embora divirjam nos detalhes, as memórias de JP e de Sting sobre o episódio convergem nesse ponto. "Eu estava cansado e não queria ir, mas Trudie estava muito interessada. Disse que era uma oportunidade de ver algo que nunca tínhamos visto e que deveríamos aceitar", contou o roqueiro inglês, numa entrevista por Zoom de sua casa nos arredores de Florença. O músico nunca mais seria o mesmo depois de embarcar num monomotor arranjado por JP em Brasília rumo ao Xingu.

"Nós voamos por centenas de quilômetros para o norte, na direção da floresta. Mas no caminho vimos muitas fazendas, a maior parte delas pasto para gado, uma terra vazia, vazia, vazia. E ela não parecia muito saudável. Na verdade, tinha cara de um deserto", conta Sting. "E, horas mais tarde, chegamos ao limite da floresta e entramos naquela fantasia verde maravilhosa."

Sting, Trudie e o percussionista Mino Cinelu passaram dois dias no Parque Indígena do Xingu, perto do posto Leonardo Villas Bôas. JP havia avisado Raoni, que subiu o rio com seus parentes para encontrar o astro. "Era um grupo que metia medo. Pareciam muito sérios. E o Raoni é muito carismático. Ele pediu que Trudy e eu fizéssemos alguma coisa. A mensagem era simples, mas muito coerente e, olhando para trás, presciente. Ele disse: 'Olha, minha casa está queimando. A gente não consegue respirar por causa da fumaça, não consegue pescar, nem caçar, e em breve o que está acontecendo conosco vai acontecer com vocês todos'."

As fotos de Dutilleux do maior sex symbol do rock na selva, seminu e pintado de urucum, tomando banho de rio e cantando para os indígenas, foram publicadas no começo de 1988 na capa da revista francesa *Actuel*, e depois correram o mundo. Tanto os Kayapó quanto JP perceberam que havia uma oportunidade de mídia para expor a questão da demarcação. Segundo Dutilleux, surgiu ali a ideia de uma turnê mundial do roqueiro e do cacique.

Em outubro de 1988, Sting voltaria ao Brasil para um show da Anistia Internacional pelos direitos humanos. Ligou para JP e pediu que ele levasse Raoni a São Paulo. Numa suíte do hotel Hilton, na rua da Consolação, numa reunião com a presença de três guerreiros kayapó e de Peter Gabriel e Bruce Springsteen, Sting decidiu que Raoni subiria no palco durante seu show para fazer um discurso em defesa da floresta.

O britânico já havia completado sua conversão de "não estou interessado, sou músico" para paladino do meio ambiente. Juntamente com Styler e Dutilleux, havia criado uma ONG nos Estados Unidos, a Rainforest Foundation, para gerir o dinheiro arrecadado com a venda de direitos de imagem e, mais tarde, também com shows para apoiar a causa indígena. Numa entrevista coletiva antes da apresentação no estádio do Palmeiras, defendeu o ar puro e a água limpa como direitos humanos. Foi mal recebido pela imprensa paulista, que o chamou de "roqueiro de palanque" e "populista" e desfilou preconceitos contra os indígenas.[23] "A gente não sabia como o público brasileiro ia reagir, se ia ter vaia ou não", recorda-se JP. Mas, de novo, o Brasil de 1988 era um lugar onde milagres aconteciam. E, quando um indígena da Amazônia pisou pela primeira vez no palco de um show de rock — no exato dia em que Sarney baixara o decreto do Nossa Natureza, 12 de outubro —, o Parque Antarctica veio abaixo num grito de comemoração.

Após o show, ficou acertado que, no início de 1989, Sting e Raoni, juntamente com um sobrinho do cacique, Megaron Metyktire, e JP, sairiam numa turnê internacional para chamar atenção para a causa indígena e levantar fundos para a demarcação do que seriam as terras Baú e Menkragnoti. Os recursos iriam para um braço da Rainforest Foundation criado no Brasil, a Fundação Mata Virgem. Mas antes seria preciso combinar a viagem com os russos — no caso, o presidente da República.

Apesar de promulgada a nova Constituição, ainda havia tutela do Estado sobre os indígenas, e Raoni precisava de um passaporte e de uma autorização da Funai para ir ao exterior. O Itamaraty, escaldado pelo caso de Paulinho Paiakan, não queria correr o risco de o cacique ir ao exterior falar mal do governo brasileiro.

Havia também os militares e a história de praxe sobre soberania. "Tinha essa coisa de 'o que esse gringo está fazendo aqui, mexendo com os nossos índios, quando eles mataram todos os deles?', como se eu fosse americano", diz Sting. "Mas fui solicitado a fazer aquilo pelas pessoas que moram na floresta, e, sejamos honestos, a maioria dos brasileiros nunca chegou nem perto de Mato Grosso."

Sarney recebeu JP e Sting e autorizou a demarcação, desde que eles levantassem os fundos. Restava o impasse sobre a autorização de viagem a Raoni, que foi resolvido por Fernando César Mesquita. O jornalista presidente do Ibama sabia que barrar a viagem teria um custo de imagem para o presidente maior do que o eventual benefício de não ter Raoni lá fora criticando o governo. Uma reunião foi convocada no Palácio da Alvorada num domingo. Mesquita convenceu Sarney, mas ao final do encontro o presidente foi tocaiado por uma TV francesa na porta do Alvorada. José Carlos Carvalho, vice do Ibama que estava no encontro, diz que a TV fora chamada por "um belga" que estava com Sting; Dutilleux nega. O jornalista perguntou como o presidente se sentia autorizando Raoni a acompanhar Sting na volta ao mundo. Carvalho conta que Sarney respondeu com uma pequena lição de moral: "Eu gostaria de lembrar que há trezentos anos minha terra natal, o Maranhão, foi invadida pelos franceses. E naquela época os franceses exibiam nossos indígenas como troféu de conquistas. E trezentos anos depois o Brasil é uma das poucas nações do mundo que podem continuar mandando seus índios a Paris".

A dupla partiu do Rio em 7 de abril para um périplo de dois meses que envolveria quinze países, dezoito cidades[24] e encontros com presidentes, primeiros-ministros e o papa João Paulo II. A primeira parada foi na França, onde François Mitterrand, em pleno mal-estar diplomático com o Brasil por causa da cúpula sobre o clima de março (veja o capítulo 6), recebeu o cacique Raoni de braços e bolsos abertos — numa clara alfinetada em Sarney.

"Meu trabalho era conseguir entradas na televisão", conta Sting. "A mídia ficou interessada porque éramos um show de aberrações, uma estrela do rock e um índio. As pessoas ficaram intrigadas. Mas a mensagem não foi bem recebida. Era uma mensagem difícil, que alimentava o medo nas pessoas. Uma ameaça existencial [a mudança do clima causada pelo desmatamento] que hoje sabemos que não é uma fantasia, mas que na época era difícil passar. Fomos à Austrália, à Espanha, encontramos o papa, o príncipe Charles. Acho que a publicidade e certo grau de constrangimento sobre o governo brasileiro ajudaram a demarcação."

A viagem levantou cerca de 1,5 milhão de dólares, que foram usados em grande parte para financiar a demarcação da Terra Indígena (TI) Menkragnoti: para contratar empreiteiras, agrimensores, alugar helicópteros e fazer picadas na mata no perímetro gigantesco do território. A TI seria homologada em 1993. Após a demarcação, a Fundação Mata Virgem seguiu com o trabalho, arrecadando mais recursos e desenvolvendo projetos de saúde, educação, cadeias produtivas e etnolinguística em todo o Xingu. E aí as coisas começaram a desandar.

"Na minha percepção, o marco era para ser a demarcação. Mas o Raoni continuou, fora do escopo inicial", conta o agrônomo Luiz Pinagé, que foi diretor executivo da Mata Virgem. Em algum tempo, os Kayapó confundiram a fundação com uma entidade de assistência aos indígenas que suplementasse a brutal insuficiência da Funai, e começaram a usar os recursos para comprar coisas como munição, tecidos e anzóis.

"Era difícil explicar para o Raoni e o Megaron que se tratava de uma atuação por projeto. Eles achavam que era uma coisa para atender aos índios", prossegue Pinagé. Sting se afastou do dia a dia e passou a atuar pontualmente para a Rainforest Foundation, fazendo concertos beneficentes. A fundação mantém escritórios ativos no Reino Unido e nos Estados Unidos, além da filial norueguesa, a maior de todas, focada sobretudo na Amazônia. A Mata Virgem foi desmobilizada em 1994 e convertida em Fundação Vida e Ambiente, que acabou incorporada em 1996 ao Instituto Socioambiental.

Nesse meio-tempo, as relações entre Sting e JP também azedaram. O belga sofreu uma série de acusações envolvendo dinheiro: foi acusado de se promover e lucrar em cima dos Kayapó, de não ter repassado aos indígenas os 10% combinados da bilheteria de *Raoni*[25] e de ter gerido mal os recursos da Rainforest Foundation. Em 1990, Sting desligou JP da Mata Virgem.[26] Segundo Luiz Pinagé, o conselho brasileiro pediu a cabeça do cineasta. No ano seguinte, o sertanista Sydney Possuelo, então presidente da Funai, acusou Dutilleux de tentar um "golpe" na Europa e arrecadar dinheiro numa campanha de marketing que usava o nome da fundação indevidamente.[27]

JP se defende: "Desde que estou neste movimento e que fundei a primeira Rainforest, minha primeira preocupação foi nunca estar envolvido com dinheiro, nunca ser pago pelo trabalho. Até hoje vivo da venda das minhas fotos, dos meus livros e dos meus filmes. Tem gente criticando até hoje. A partir do momento em que você começa a fazer alguma coisa, tem gente pra criticar".[28]

* * *

Antes da volta ao mundo, em 20 de fevereiro de 1989, Raoni, JP, Sting e boa parte do nascente movimento socioambiental brasileiro estiveram juntos em Altamira, para apoiar Paulinho Paiakan no inédito encontro dos povos indígenas do Xingu para discutir as usinas de Kararaô e Babaquara. Cerca de seiscentos indígenas de várias etnias se reuniram no centro comunitário da prefeitura da cidade. Foi um circo político, com presença de parlamentares brasileiros e europeus, artistas, uma enorme cobertura de imprensa e uma prévia do que seriam outras reuniões do tipo na cidade nas décadas seguintes.

Márcio Santilli, no Núcleo de Direitos Indígenas (NDI), e o antropólogo Carlos Alberto Ricardo, do Centro Ecumênico de Documentação e Informação (Cedi, uma ONG de direitos humanos originalmente ligada à Igreja), participaram da assessoria do encontro. A Santilli coube a missão de convencer o prefeito, Armindo Denardin, e o deputado paraense Domingos Juvenil a permitir a realização da reunião na cidade sem que houvesse um banho de sangue: um movimento de comerciantes, fazendeiros locais e da União Democrática Ruralista (UDR) defendia a usina, que, segundo eles, traria desenvolvimento e empregos para o município. Eles prometiam enfrentamentos caso os indígenas e os "gringos" levassem a reunião adiante. Santilli deu uma sugestão que agradou às autoridades municipais: "Na época tinha uma hiperinflação e o dólar era uma coisa bastante apreciada. E vinha um monte de gente de fora. E eu falei para o Juvenil: 'Por que você não monta um câmbio negro aqui pra ganhar uma puta grana?'. E ele fez isso". Mas o movimento pró-Kararaô também exigiu ser ouvido durante o encontro, e no primeiro dia da reunião os partidários da usina fizeram uma passeata por Altamira. O SNI acompanhou tudo e produziu um relatório que talvez seja um dos memoriais mais completos do encontro[29] — enumera os presentes (no caso de participantes fichados pelo serviço de espionagem, o nome vinha acompanhado do número do arquivo da pessoa entre parênteses) e relata cada uma das falas. Segundo o documento dos espiões, o ato pró-usina reuniu "cerca de 10 mil pessoas, cavaleiros, dezenas de veículos, como ônibus, tratores, motocicletas e caminhões", portando cartazes e faixas com lemas que Altamira veria em profusão nas décadas seguintes: "A hidrelétrica para o desenvolvimento de Altamira", "Ecologistas, vocês já plantaram alguma árvore?", "Kararaô sim, radicalismo não", "Gringos, deixem-nos em paz que da nossa terra nós sabemos cuidar" e "Eles não querem o verde, querem o subsolo".

No dia 21, a programação do encontro indígena propriamente dito teve início. Paiakan, recém-operado e falando com dificuldade, sentou-se à mesa à esquerda do representante da Eletronorte, José Antônio Muniz Lopes, que se pôs a explicar o projeto. Enquanto ele falava, Tuíre Kayapó se aproximou do palco com um facão na mão e, irritada, criticou a usina em sua língua enquanto batia várias vezes com o cabo da ferramenta na mesa. Em seguida, em sinal de advertência, protagonizou a cena definidora do conflito em torno da usina: encostou a lâmina do facão no rosto de Muniz, uma vez de cada lado. A cena, cujas fotos e vídeos correram o mundo, está estranhamente ausente do detalhado relatório do serviço de inteligência.

Tuíre diz não se lembrar direito do episódio que a lançou à fama mundial, nem o que a levou àquele impulso. "Eu era jovem. Ele estava lá falando um monte de merda, eu não gostei da fala dele e fiz aquilo", contou, 32 anos depois, em Brasília, ao lado de O-é, uma das filhas de Paiakan.

Houve outros momentos de confusão. Fernando Mesquita, do Ibama, foi vaiado três vezes ao defender os pontos de vista do governo, ao dizer que "muitos povos que nos criticaram já destruíram seus índios" e que "uivar como lobos não vai solucionar nenhum problema". Lucélia Santos, que chegou no dia 21, teve uma altercação com um defensor não identificado da hidrelétrica. Numa das noites houve um tiroteio na cidade, mas foi um incidente isolado. O saldo foi positivo para os indígenas: a Eletronorte se comprometeu a abandonar o nome Kararaô, e a imensa repercussão do caso levou o Banco Mundial a manter o empréstimo de molho. Sarney, a um ano de descer a rampa, não insistiu. O projeto dos militares de represar o Xingu teria de esperar mais três décadas para se concretizar. Enquanto isso, demarcações de terras indígenas avançaram na região, com a década de 1990 assistindo à consolidação do grande território kayapó, como sonhou Raoni.

Já Paulinho Paiakan nunca foi perdoado pelos mandachuvas da política paraense. Em 1992, ele foi acusado de estuprar a estudante Sílvia Letícia Ferreira, de Redenção, com quem tinha um caso. A história foi parar na imprensa. Em plena abertura da Rio-92, a revista *Veja* estampou na capa uma foto de Paiakan com o título "O selvagem: o cacique-símbolo da pureza ecológica tortura e estupra uma estudante branca, e foge em seguida para a sua tribo". Amigos do cacique dizem que a agressão sexual à moça partiu de Irekran, mulher de Paiakan, num acesso de ciúmes. O líder kayapó foi inocentado da acusação de estupro pelo juiz de Redenção, mas o caso subiu para a segunda instância. Os desembargadores em Belém condenaram o organizador do encontro de Altamira a prisão domiciliar na aldeia. Indigenistas veem na condenação o dedo do então governador do Pará, Jader Barbalho, que era favorável à hidrelétrica e opositor das demarcações kayapó, que ocupavam 4% do estado.[30] Sem poder ir ao mundo dos *kuben* exercer seu papel de intérprete, Paiakan acabou no ostracismo por muito tempo, mudando-se para uma região desabitada da terra indígena. Morreu de covid-19 em 2020, aos 68 anos, reverenciado por seu povo.

Sting tem uma avaliação matizada sobre o resultado de todo o barulho que ele ajudou a fazer nos anos 1980. "Em um dado nível fomos bem-sucedidos, mas no final não sei se tivemos muito impacto", conta. As pressões sobre os territórios indígenas nunca cessaram, a Fundação Mata Virgem se desfez, e várias lideranças kayapó acabaram cooptadas pelo garimpo — como nos mostrou Meningô Mekragnotire no passeio de barco na própria terra — e, nos anos 1990, pela extração de mogno. "Eu não era ingênuo de achar que em três meses nós poderíamos salvar o mundo. Sabia que seria uma luta longa, e ocasionalmente você é empurrado de volta ao começo", diz o músico inglês. Mas ele pondera, parafraseando Martin Luther King: "O arco da história está do nosso lado".

Alguns frutos das férias prolongadas do popstar com seu amigo kayapó permaneceram. Alugar um rosto famoso para a defesa pública de causas ambientais entre públicos alheios à agenda ainda era a forma-padrão de fazer ativismo no Brasil, três décadas depois. Em setembro de 2017, a líder maranhense Sonia Bone Guajajara emulou Raoni ao subir no palco no Rock in Rio durante um show da cantora americana Alicia Keys para discursar pela demarcação. Celebridades começaram a se engajar espontaneamente em temas ambientais: no momento em que este livro estava sendo escrito, havia não apenas roqueiros de palanque, mas atrizes e atores de palanque, músicos de MPB de palanque, escritores de palanque e influenciadores digitais de palanque. Nos anos 2000, artistas se mobilizariam novamente contra nada menos que Kararaô, reencarnada, conforme a promessa de Antônio Muniz, com um novo e eufemístico nome — Belo Monte.

A demarcação das terras indígenas, que a Constituição de 1988 determinou que deveria ser finalizada em cinco anos, também se mostrou uma ferramenta importante para proteger a Amazônia, como raciocinava Raoni. No começo dos anos 2000, diversos estudos começaram a mostrar que terras indígenas eram tão eficientes quanto parques nacionais para deter desmatamento e queimadas: a área devastada era 8,2 vezes maior fora das TIs do que dentro delas e tinha metade dos focos de calor em relação aos parques, na comparação entre faixas de dez quilômetros dentro e fora de cada área protegida.[31] Em 2019, o consórcio MapBiomas mostrou que o desmatamento em áreas protegidas, incluindo unidades de conservação e terras indígenas, foi de 0,5% entre 1985 e 2018. Em propriedades privadas, o número foi de 20%. Considerando que os parques frequentemente estão longe da fronteira agrícola e várias terras indígenas estão exatamente na zona de conflito fundiário, é correto dizer que os indígenas estão ativamente protegendo seus territórios. E quem duvida pode conferir na internet imagens de satélite do nordeste de Mato Grosso, que mostram tudo devastado até a borda do Parque Indígena do Xingu. O mesmo se aplica cada vez mais ao sudoeste do Pará, onde o desmatamento e a grilagem param no limite da TI Menkragnoti.

Os atos e as pressões de 1989 também completaram a "casa de marimbondos" teorizada por Chico Mendes: se na Constituinte as temáticas indígena e ambiental andaram separadas, os eventos que antecederam o encontro de Altamira e se sucederam a ele acabaram por juntar no mesmo balaio extrativistas, indígenas e ambientalistas do Sudeste. Esse modo tipicamente brasileiro de pensar a conservação, o socioambientalismo, seria consolidado após a grande conferência da ONU de 1992 sobre meio ambiente e desenvolvimento, no Rio de Janeiro, e pautaria o milagre amazônico dos anos 2000. É para o Rio do governo Collor, do pré-impeachment e das grandes convenções ambientais multilaterais que vamos a seguir.

8. Revoluções no Riocentro

O primeiro presidente ambientalista do Brasil era um jovem nordestino alto e atlético. Filho de um político tradicional, nasceu no Rio, estudou em Brasília e fez fama na imprensa como um renovador que brotara do lugar mais improvável, a patriarcal Alagoas. Eleito governador do estado, dedicou-se a uma midiática campanha de caça aos "marajás", como eram chamados os funcionários públicos com altos salários e baixo desempenho. Com essas credenciais e um empurrãozinho da TV Globo na edição do último debate do segundo turno contra Luiz Inácio Lula da Silva, Fernando Collor de Mello, quarenta anos, venceu a primeira eleição presidencial direta do pós-ditadura, em 17 de dezembro de 1989, com 53% dos votos. E fez um discurso de posse que teria encantado a mais militante Greta Thunberg:

"Na realidade, diviso, como um dos limites fundamentais ao livre desenvolvimento das forças produtivas, à pujança e à expansão do mercado, o imperativo ecológico. O cuidado com o meio ambiente, o alarme ante o drama ecológico do planeta, não é para nós uma celeuma artificial. Pertenço à geração que lançou um grito de alerta contra um modelo de crescimento que caminhava às cegas para o extermínio da vida sobre a Terra. A urgência que meu governo dará a essa questão reflete um sentimento cada vez mais vivo na sociedade, e particularmente na juventude brasileira, que por isso mesmo converti em uma das pedras angulares de minha campanha presidencial."[1]

Sinalizando que estava disposto a fazer uma nova política, independente do "é dando que se recebe" do Centrão, Collor nomeou um gabinete de notáveis, com técnicos reconhecidos nas respectivas áreas de atuação para tocar os ministérios. O médico acreano Adib Jatene, pioneiro nos transplantes de coração no país, ocupou o Ministério da Saúde. O diplomata Sérgio Paulo Rouanet, o da Cultura, onde propôs a lei que levaria seu nome. O físico José Goldemberg, que acabara concluir seu mandato de reitor da Universidade de São Paulo, fora escolhido para o de Ciência e Tecnologia.

Para a Secretaria de Meio Ambiente, que tinha status de ministério, Collor nomeou ninguém menos que o ambientalista gaúcho José Lutzenberger, o aguerrido astro da série documental *A década da destruição*, do britânico Adrian Cowell. Era a sinalização definitiva, sobretudo para o exterior, de que o Brasil estava disposto a fazer a coisa certa em relação ao desmatamento e às queimadas na Amazônia. A nomeação de Lutz, entrevistado por Cowell em seu quarto de hotel logo após a posse, em 15 de março de 1990, encerra de forma otimista a série. "Temos no Brasil uma situação completamente nova no que concerne à Amazônia: temos um governo que realmente tem a intenção de agir no sentido de salvar a grande floresta", diz empolgado o novo ministro, com seu sotaque de alemão da colônia, ressaltando que o país já possuía imagens de satélite que permitiam ao Ibama mandar helicópteros ao local de uma queimada em poucas horas.

A lua de mel do novo governo com a opinião pública, porém, estava destinada a ser curta: 24 horas, mais precisamente. Em 16 de março, dia seguinte à posse, a ministra da Fazenda, Zélia Cardoso de Mello, anunciou um plano econômico que visava a conter a hiperinflação de 84% ao mês de um jeito simples e chocante — retirando dinheiro de circulação. Todos os depósitos acima de 50 mil cruzados novos (pouco menos de 13 mil reais em valores atuais) das cadernetas de poupança e outros investimentos foram bloqueados.

O episódio, que ficaria conhecido como "confisco da poupança", causaria trauma na população, falências, suicídios[2] e inauguraria um governo conturbado. Eleito por um partido nanico, o PRN, e sem base parlamentar, Collor viveria dois anos e meio de guerra com o Congresso e teria seu mandato marcado por suspeitas de corrupção. A imprensa, cujo patronato lhe era francamente favorável, transformou-se em rival depois de Collor mandar a Polícia Federal invadir a sede da *Folha de S.Paulo*, em 23 de março de 1990, e no ano seguinte processar repórteres do jornal que denunciaram um esquema de desvios com uma agência de publicidade que atendia ao governo. A marola de suspeitas foi se tornando cada vez mais forte, até irromper num tsunami com uma bombástica entrevista do irmão do presidente, Pedro Collor, à revista *Veja*, em maio de 1992,[3] que conduziria ao impeachment em 29 de setembro do mesmo ano.

As dificuldades no front doméstico e a falha do Plano Collor em combater a inflação, mesmo após o confisco, levaram o presidente a tentar sobreviver politicamente jogando para a plateia externa. Segundo o jornalista Luís Costa Pinto, autor da entrevista de Pedro Collor que abriu a trilha para o impedimento de Fernando, um elemento facilitador dessa estratégia foi a maciça presença do Itamaraty no governo.

"O Collor não tinha projeto de governo. O projeto era ganhar a eleição. Duas semanas antes da eleição houve uma reunião da equipe e alguém perguntou: 'Mas e se nós vencermos?'. O [embaixador] Marcos Coimbra respondeu: 'O Itamaraty tem gente para o que precisar'", recorda-se Costa Pinto. A ideia era contar com o plantel de funcionários altamente qualificados da carreira diplomática para compensar a falta de quadros técnicos no grupo que chegava ao poder. O "imperativo ecológico", discussão que fervia na agenda internacional após a queda do Muro de Berlim, o relatório Brundtland e a descoberta das mudanças climáticas estavam entre os temas que os diplomatas trouxeram na valise para esse Collor estadista atacar.

Além das queimadas na Amazônia, dois limões que Collor não encomendou caíram no seu colo, e ele cuidou de fazer deles uma limonada. O primeiro era a emergência humanitária criada em Roraima no final dos anos 1980, quando um contingente de garimpeiros estimado em mais de 40 mil invadiu a terra dos Yanomami. O segundo era a organização da Conferência das Nações Unidas sobre Meio Ambiente e Desenvolvimento, que o Brasil havia se oferecido para sediar em 1988.

No ano da eleição presidencial pipocavam notícias nos jornais sobre o massacre dos Yanomami pelos garimpeiros. Liderados pelo mineiro José Altino Machado, os invasores haviam chegado em massa à terra yanomami em 1987.[4] Desde então, relatos sobre escaramuças nas quais vários indígenas eram assassinados tornaram-se comuns. Em 1988, quando a Constituinte consagrava a proteção dos direitos indígenas no revolucionário artigo 231, os Yanomami mortos em decorrência da invasão do ano anterior já eram 68.[5]

O senador Severo Gomes, do PMDB de São Paulo, tornou-se uma das principais vozes de defesa dos nativos, comparando uma das aldeias a um "campo de extermínio".[6] Juntamente com outros senadores progressistas, como Fernando Henrique Cardoso e Mário Covas, e conservadores, como Jarbas Passarinho, Gomes entregou uma carta ao presidente José Sarney denunciando um "genocídio de proporções inéditas" dos Yanomami. Campanhas internacionais surgiram em defesa daquela que era a maior população indígena de contato recente na Amazônia, com o jovem pajé Davi Kopenawa indo ao exterior e advertindo que o "ouro canibal" extraído com tanta voracidade da terra causaria a queda do céu não apenas sobre os indígenas, mas sobre os brancos também.[7]

Com as denúncias estourando durante a eleição e uma bronca do príncipe Charles, que acusou o Brasil de genocídio dois dias antes de se encontrar com o presidente eleito,[8] Collor não quis nem saber em quais calos poderia pisar. Após a posse, decidiu agir contra o garimpo, da maneira mais midiática possível: vestido com um uniforme militar, viajou a Roraima ainda em março de 1990 e determinou que a Polícia Federal dinamitasse as 110 pistas de pouso clandestinas usadas pelos garimpeiros. O circo não adiantou de nada. "As pistas eram explodidas e reconstruídas rapidamente", conta o sertanista Sydney Possuelo, que seria encarregado pelo presidente de dar a solução definitiva para a questão.

O paulistano Possuelo assumiu a presidência da Funai em julho de 1991, após uma longa carreira no mato contatando indígenas isolados. Fora o responsável, no fim dos anos 1970, pela "pacificação" dos Arara, o povo mais ou menos literalmente atropelado pela Transamazônica e que havia se convertido no pesadelo dos colonos da região. Após testemunhar os efeitos devastadores do contato sobre povos indígenas, Possuelo criou uma diretriz na Funai a respeito de isolados: o governo nunca mais buscaria o contato com esses grupos, apenas protegeria o território e deixaria para os indígenas a decisão de fazer ou não contato. A política, adotada oficialmente pelo órgão indigenista a partir de 1987, tornou o sertanista uma celebridade — portanto, apto a integrar o time de estrelas do governo Collor.

Quando Possuelo chegou à presidência, a Funai já havia proposto ao Ministério da Justiça a anulação de reservas de garimpo criadas por Sarney no território yanomami sob influência do então presidente do órgão, Romero Jucá, e a revogação dos decretos de Sarney que haviam transformado os mais de 9 milhões de hectares do território yanomami em "ilhas", em favor da retomada da demarcação em terra contínua. Collor topou e, em 19 de abril de 1991,[9] a terra indígena em Roraima passaria por uma inédita "des-homologação", para voltar a ser demarcada de forma contínua. "O Collor estava realmente decidido. Não sei as motivações, para mim não interessava. Eu só queria aproveitar a vontade do presidente, sabia que isso passa rápido", conta Sydney Possuelo.

Só que, segundo a lei, antes da demarcação, seria preciso fazer a "desintrusão" do território, ou seja, tirar os 40 mil garimpeiros de lá. E com a franca oposição das Forças Armadas. O trabalho de retirada dos garimpeiros foi feito sem ajuda dos militares. A Funai alugou um avião cargueiro Buffalo e dois helicópteros da Força Aérea e deslocou para Roraima todas as sete aeronaves de que dispunha. O trabalho de localizar os garimpeiros no mato, rendê-los e colocá-los nos aviões para Boa Vista foi iniciado em julho pela Funai, pela Polícia Federal e pelo Ibama. Em 15 de novembro de 1991, Collor e seu ministro da Justiça, Jarbas Passarinho — em seu segundo grande ato de defesa dos índios —, fizeram a histórica delimitação da maior terra indígena da América Latina, com 9,4 milhões de hectares.

Fernando Collor assinou a homologação da Terra Indígena Yanomami em 25 de maio de 1992, uma segunda-feira. Foi o exato dia de publicação da edição da revista *Veja* com a entrevista de seu irmão "contando tudo". Àquela altura, já estava sendo servida a segunda limonada feita pelo enrolado presidente em seu figurino de estadista: a organização da Cúpula da Terra no Rio de Janeiro.

José Goldemberg nunca havia falado com Collor até o dia 14 de março de 1990. Na manhã daquele dia, o físico gaúcho recebeu em seu gabinete na Secretaria de Educação de São Paulo uma ligação de Brasília. Era Zélia Cardoso de Mello, futura ministra da Fazenda, com um recado curto: "O Collor quer falar com você". Goldemberg conversou com o presidente eleito, que propôs que ele tomasse um avião para Brasília naquele mesmo dia. No dia seguinte, o cientista seria empossado secretário nacional de Ciência e Tecnologia.

Físico nuclear especialista em energia, Goldemberg tinha uma reputação internacional sólida desde os anos 1970, quando foi uma das cabeças por trás do Proálcool e escreveu um artigo científico pioneiro sobre as vantagens energéticas do etanol de cana usado no Brasil.[10] Nos anos 1980, propôs um conceito novo em política energética, conhecido como *leapfrogging*: países em desenvolvimento, durante a construção de sua matriz energética, não estavam condenados a repetir a trajetória dos países desenvolvidos, porque poderiam adotar tecnologias mais baratas, mais eficientes e menos poluentes, alavancando o ritmo de seu crescimento econômico. Em 1990 ele terminara seu mandato como reitor da USP e fora chamado pelo governador Orestes Quércia para assumir a Secretaria de Educação do estado. Collor o arrancou de lá em menos de três meses.

Na Ciência e Tecnologia, Goldemberg ganhou a confiança do presidente ao liderar as negociações para o tratado nuclear entre Brasil e Argentina, pelo qual ambos os países abriram mão de construir uma bomba atômica. Em uma foto famosa, o secretário apareceu ao lado de Collor cimentando o buraco construído pelos militares na serra do Cachimbo para o eventual teste da bomba brasileira.

Apesar de participar com o presidente de diversas agendas internacionais, Goldemberg estava afastado dos preparativos para a Rio-92. Estes vinham sendo objeto de um intenso lobby do Itamaraty desde 1989. Primeiro para garantir que a oferta feita pelo Brasil em dezembro de 1988 de sediar a conferência fosse aceita: duas outras candidaturas fortes estavam postas, a da Suécia e a do Canadá, proponente inicial. A solução acabou sendo ter o Brasil como sede e um canadense presidindo os trabalhos — Maurice Strong (1929-2015), uma das cabeças da conferência ambiental de Estocolmo em 1972 e primeiro chefe do Programa das Nações Unidas para o Meio Ambiente.

No governo Collor, garantida a sede, a diplomacia brasileira passou a trabalhar pelo sucesso da conferência. Quatro grandes reuniões preparatórias (conhecidas como *Prepcoms*, contração em inglês de "comitês preparatórios") foram organizadas pela ONU, e nelas foram negociados os textos de quatro novas convenções ambientais: uma sobre mudança do clima, uma sobre proteção da diversidade biológica, uma sobre desertificação e uma sobre florestas — que acabou morrendo na praia e virando apenas uma fraca declaração política. Também se tentava contemplar as preocupações dos países em desenvolvimento com o financiamento à área ambiental via Banco Mundial.

Para encanto das ONGs ambientalistas internacionais, quem conduzia as negociações chefiando a delegação brasileira era o secretário de Meio Ambiente, José Lutzenberger. Até que, em março de 1992, menos de três meses antes da Rio-92, Lutz resolveu se implodir. Numa *Prepcom* que acontecia em Nova York, na sede da ONU, o secretário cometeu dois sincericídios: primeiro, disse numa reunião que organismos como o Banco Mundial não deveriam mandar dinheiro a países como o Brasil, porque este "talvez acabasse nas mãos da corrupção". Seis dias depois, no mesmo evento, diante de dezenas de ambientalistas e diplomatas, declarou que o Ibama, órgão subordinado a ele, era "uma sucursal 100% das madeireiras".[11]

A avaliação era precisa, como se verá adiante — e continuaria sendo verdade por mais de uma década. Só que não é o tipo de coisa que um ministro de Estado diz no exterior. Ademais, falar de corrupção no Brasil naquele momento, quando as suspeitas contra Collor ferviam, era corda em casa de enforcado demais. "O Lutz era brilhante, comovia plateias, mas era louco de pedra e não tinha a menor noção do que era ser governo", lembra Fabio Feldmann, o deputado constituinte que levantou fundos para a participação da sociedade civil na conferência do Rio e que testemunhou as falas de Lutzenberger em Nova York. No dia 23 de março, Lutz foi exonerado, e Goldemberg, escalado pelo presidente para finalizar as negociações da conferência do Rio, acumulou as secretarias de Ciência e de Meio Ambiente.

O novo secretário tinha duas missões: primeiro, convencer as viúvas de Lutzenberger na comunidade ambientalista de que o Brasil não iria abandonar suas políticas ambientais, nem a conferência, nem o cuidado com a Amazônia. Segundo, e mais difícil, persuadir os chefes de Estado de Estados Unidos, China, Índia e Japão a comparecerem ao Rio em junho para a cúpula.

Havia naquele momento uma hesitação grande especialmente do presidente dos Estados Unidos, George Bush, em comparecer. O texano Bush, ligado à indústria do petróleo, não queria nem ouvir falar de combate à mudança climática, uma das pautas centrais da conferência do Rio, e considerava não ir à cúpula. É dele a frase segundo a qual medidas pelo clima deixariam os Estados Unidos "afogados em corujas e sem empregos para cada americano" — uma máxima que seria levada ao paroxismo anos depois por seu filho, George W. Bush. As presenças de Bush e do premiê chinês Li Peng eram consideradas fundamentais para o sucesso daquele que seria o maior encontro de chefes de Estado e governo da história.

"O Collor me chamou e disse que queria que essa conferência fosse um sucesso. Não me disse a razão, mas estava absolutamente claro: já estavam começando as tratativas para o impeachment", conta Goldemberg. "E um grande sucesso internacional adiaria o desenlace, o que de fato aconteceu. Costuma-se dizer que a conferência do Rio deu seis meses mais de mandato para o Collor."

Com um grupo de diplomatas, Goldemberg viajou a Washington, onde foi recebido na Casa Branca pelo chefe de gabinete de Bush, John Sununu. O ex-governador de New Hampshire era um negacionista do clima e tratou de minimizar as preocupações dos brasileiros dizendo que a mudança climática não era um problema para os Estados Unidos. "Aqui nós temos uma coisa fantástica chamada ar-condicionado; se o clima esquentar, a gente aumenta o botão", disse Sununu. Goldemberg retrucou: "Vão ter que fazer uma redoma em volta do Meio-Oeste americano inteiro, então, porque a agricultura vai acabar migrando para o Canadá".

Se o argumento convenceu ou não é incerto, mas no dia seguinte a delegação brasileira foi recebida por George Bush, que decidiu vir ao Rio. "Anos depois descobri um memorando do Tesouro norte-americano dizendo que eles haviam analisado cuidadosamente as minutas das convenções do Rio e concluído que, no caso do clima, a linguagem utilizada era suficientemente vaga para não comprometê-los", diz o ex-ministro.

Garantida a presença da maior economia do mundo e, após o fim da viagem de lobby, também da China, do Japão e da Índia, a Rio-92 se encaminhava para o êxito. Mesmo o arquirrival do presidente brasileiro, o então governador do Rio Leonel Brizola, havia se empenhado: a cidade, em plena guerra entre facções do tráfico, teve um esquema de segurança que permitiu aos milhares de estrangeiros e às dezenas de chefes de Estado andar pelo Rio em paz. "Até os trombadinhas tiraram férias. Dezenas de milhares de estrangeiros na cidade e você não via um assalto", lembra o ambientalista italiano Roberto Smeraldi, da ONG Amigos da Terra — Amazônia Brasileira, que durante a cúpula foi encarregado de ser o elo entre a comunidade ambientalista internacional e as negociações. A mãe de Collor, d. Leda, completou o esforço diplomático ao escrever uma carta a Pedro Collor pedindo que desse uma trégua na guerra contra o irmão para não atrapalhar a cúpula.

Aberta por Collor em 3 de junho e encerrada no dia 14, a Cúpula da Terra reuniu mais de 30 mil pessoas de 179 países e 117 chefes de Estado e governo.

As negociações formais ocorreram no Riocentro, o centro de convenções na Barra da Tijuca. A programação da sociedade civil, o Fórum Global, acontecia no Aterro do Flamengo, que foi descrito por um participante da conferência como "meu Woodstock". Uma juventude livre do peso da Guerra Fria e do temor da aniquilação nuclear mergulhou em duas semanas de sexo, drogas e salvação do planeta. Parecia também, naquele momento, que o meio ambiente viria a dominar as discussões sobre desenvolvimento e substituir a segurança como pedra de toque do multilateralismo, uma vez que os líderes globais finalmente puderam olhar para o futuro e entender o quanto ele dependia de um sistema terrestre saudável.

Naqueles doze dias mágicos, desfilaram pelo Rio celebridades como Olivia Newton-John, Shirley MacLaine, Plácido Domingo, Pelé, Tom Jobim, Sting e o dalai-lama.[12] O encontro pode ser descrito, sem exagero, como o nascimento do ambientalismo atual e uma espécie de avant-première do século XXI do ponto de vista das relações internacionais. De lá saiu o tratado internacional que formaria (ou pelo menos deveria ter formado) as bases para a refundação da economia global, a Convenção-Quadro das Nações Unidas sobre Mudança do Clima, ou UNFCCC (o primeiro nome na lista de signatários da convenção é o do anfitrião da cúpula, Fernando Collor de Mello, lide com isso). Em seu artigo 2º, a UNFCCC determina como objetivo atingir a "estabilização das concentrações de gases de efeito estufa na atmosfera num nível que impeça uma interferência antrópica perigosa no sistema climático".[13] Essa única frase daria origem a três décadas de negociações internacionais e quilômetros de publicações científicas, que desaguariam no Acordo de Paris, em 2015. Se você hoje tem painéis solares na sua casa ou dirige um carro elétrico, agradeça aos engravatados que botaram o clima na agenda internacional em 1992.

Além da UNFCCC e das convenções sobre biodiversidade e desertificação, foi produzido um ambicioso plano de ação para o desenvolvimento sustentável batizado Agenda 21 e um documento de 27 princípios, a Declaração do Rio,[14] que balizaria as discussões Norte-Sul nas Nações Unidas. Um desses princípios, uma vitória do mundo em desenvolvimento que até hoje causa celeuma nas negociações climáticas, é o das chamadas "responsabilidades comuns, porém diferenciadas", conhecido pela sigla CBDR (do inglês Common But Differentiated Responsibilities): os países ricos foram os principais responsáveis pela crise ambiental devido a seu modelo de industrialização; cabe a eles, portanto, liderar a resolução do problema tanto nas ações domésticas como no financiamento ao combate ao problema nos países pobres.

A diplomacia brasileira conseguiu na Rio-92 tudo o que queria e coisas com as quais nem sonhava. De cara, como previsto por José Sarney, o país saiu do lugar desconfortável de Geni do meio ambiente e passou a ser um paladino do "desenvolvimento sustentável", um conceito genérico o suficiente para não comprometer demais nação alguma com nada. O esforço para realizar sem solavancos a cúpula de chefes de Estado, além do ativo representado pela Amazônia, deu ao país um assento à mesa com os adultos: desde o Rio, a palavra do Brasil em fóruns multilaterais é sempre escutada com grande atenção, desproporcional ao seu PIB per capita e à sua influência geopolítica global.

Também foram consagrados, entre os Princípios do Rio, velhos pontos de fala do Itamaraty, como a soberania, o direito dos países ao uso do próprio território (em português, o direito de desmatar e poluir para se desenvolver) e o veto à transferência de indústrias poluentes de países ricos para pobres.[15]

A formação dos posicionamentos brasileiros sobre meio ambiente em geral, mas sobre clima e florestas em particular, pode ser vista com clareza nas correspondências do Itamaraty desde 1989, quando a pressão internacional sobre o tratamento dado pelo Brasil à Amazônia chegou ao zênite. Um dos telex enviados por Brasília à embaixada em Washington em fevereiro de 1989 traz um trecho que virtualmente enuncia as CBDR e que poderia ter sido escrito hoje por qualquer negociador de clima do Brasil: "Dados os antecedentes dos países industrializados em matéria ambiental, não é razoável esperar que os países em desenvolvimento arquem com a principal responsabilidade pela proteção do meio ambiente. O Brasil está, na medida de suas limitadas possibilidades, determinado a contribuir para o esforço comum desde que os principais responsáveis assumam a parcela de custos que lhes cabe". Em outro ponto, o despacho bate numa tecla que o Itamaraty também desgastaria por décadas: não queremos sanções comerciais por tratar mal a floresta e quem quer que façamos alguma coisa deve pagar por isso. "A imposição de condicionalidades ambientais para empréstimos ao Brasil tende a gerar efeitos adversos e contraproducentes [...]. O princípio da condicionalidade deve, portanto, ser substituído pelo da adicionalidade de recursos."[16]

"A tradicional orientação do Itamaraty pode parecer até avançada, mas ela sempre foi retrógrada", diz o diplomata Rubens Ricupero, que era embaixador do Brasil em Washington na época da Rio-92 e foi convocado por Celso Lafer para integrar a elite de negociadores brasileiros na conferência. Ricupero, que se tornaria ministro do Meio Ambiente de Itamar Franco em 1993, diz que o posicionamento do Brasil em matérias ambientais nunca se descolou muito das teses defendidas em Estocolmo, quando a delegação brasileira declarava que a pior forma de poluição era a pobreza.

Segundo o diplomata, o governo brasileiro em geral e o Itamaraty em particular viam a agenda ambiental como uma ameaça. "Como se os países ricos estivessem dizendo 'nós já poluímos muito e por isso estamos com esse problema do estoque de gases de efeito estufa e agora vamos parar tudo. Vocês, que ficaram atrasados, agora vão ter que aceitar uma espécie de paralisia do desenvolvimento'. Era uma visão evidentemente distorcida, né?"

O ex-ministro diz que as CBDR são, em tese, um princípio correto, porque foram mesmo os países industrializados que contribuíram mais para a crise climática, ao menos tal qual ela se delineava em 1990. Naquele ano, o IPCC, o painel do clima da ONU, fez seu Primeiro Relatório de Avaliação, base para a UNFCCC, que dizia que a Terra já havia esquentado, mas que uma detecção inequívoca do aquecimento global causado por humanos só seria possível em uma década.[17] No entanto, segundo o embaixador, seus colegas de serviço diplomático nunca se deram conta de dois problemas fundamentais: o primeiro é que a diferença entre países ricos e emergentes na produção de gases de efeito estufa em breve diminuiria até se inverter. A China, aproveitando-se justamente do *leapfrogging* tecnológico teorizado por José Goldemberg, teve vinte anos de crescimento econômico explosivo e passou os Estados Unidos como maior poluidor climático do mundo no começo deste século (com efeito, metade dos gases de efeito estufa na atmosfera hoje foi emitida de 1990 para cá,[18] sobretudo entre 2009 e 2019).[19]

"O segundo erro é que eles não valorizavam suficientemente o fato de que esse era um problema absolutamente global. A questão da clivagem Norte-Sul podia se aplicar ao comércio, aos fluxos financeiros, mas não a essa questão. Porque nessa questão estávamos todos no mesmo barco e tínhamos que dar uma contribuição, ainda que não fosse igual à dos países desenvolvidos", afirma Ricupero.

Goldemberg é menos diplomático: ele diz que o Brasil sempre usou os Princípios do Rio como desculpa para a inação. Isso mudaria após o governo Lula, mas contenha a ansiedade — falaremos disso adiante. A Rio-92 teria implicações enormes para o futuro do combate ao desmatamento na Amazônia, de maneiras que o Itamaraty não previa e em parte justamente por causa do jogo duro dos brasileiros em relação às florestas.

Nas negociações preparatórias para a conferência do Rio, ficou evidente que a proposta de uma convenção internacional sobre florestas não avançaria por causa do Brasil. Sem nenhuma condição de controlar a devastação da Amazônia de forma consistente (na verdade, o país estava acabando de descobrir a extensão do problema com o monitoramento do Inpe, criado apenas em 1988) e determinado a não deixar nenhum gringo dar pitaco no seu uso da terra, o Brasil enterrou a proposta. O hoje embaixador Everton Vargas — o mesmo diplomata que esteve na origem da oferta brasileira para sediar a conferência — foi o principal opositor da convenção. Ele justifica a ação brasileira: "Floresta é território, portanto não pode ser objeto de legislação internacional a ser aplicada sobre esse território". Em vez disso, o Brasil trucou os países desenvolvidos a liberar recursos para que os próprios brasileiros cuidassem da Amazônia. Um canal possível para esses recursos já estava aberto, em parte graças a uma partida de futebol.

Em 8 de julho de 1990, o chanceler alemão Helmut Kohl assistiu de Houston, nos Estados Unidos, à final da Copa do Mundo da Itália, em que seu país derrotou a Argentina de Diego Maradona. No dia seguinte seria aberta a reunião de cúpula do G7, o grupo dos países mais ricos do mundo. Desde 1988, quando explodiu a crise das queimadas, e em especial em 1989, quando os Estados Unidos propuseram ao Brasil trocar parte da dívida por preservação da floresta, o G7 vinha tocando lateralmente no assunto do financiamento à proteção da Amazônia. Os norte-americanos, que vinham perdendo terreno na cooperação internacional — portanto, influência geopolítica — para novos países doadores, como o Japão, estavam interessados em botar dinheiro na área ambiental e garantir sua posição hegemônica entre os países subdesenvolvidos, e um lugar óbvio para começar era a Amazônia.[20]

Exultante com a vitória na Copa, Kohl resolveu atropelar a discussão e propor que a cúpula de Houston avançasse nesse tema e criasse um mecanismo financeiro. Mas antes era preciso combinar com os brasileiros.

"O Kohl, por birra pessoal, quis contornar o procedimento de negociação do G7 e resolveu chamar diretamente o presidente Collor e perguntar se podia colocar na declaração do G7 que havia acordo do Brasil sobre isso", conta o ambientalista Roberto Smeraldi, que testemunhou o evento em Houston. "E o maluco que não sabia nem do que se estava falando disse que ia chamar o outro maluco, o secretário de Meio Ambiente dele, e o cara [Lutzenberger] respondeu 'bota lá, faz o que você quiser'." Surpreendidos com o movimento alemão, os Estados Unidos toparam o novo mecanismo financeiro, mas exigiram que ele fosse operado pelo Banco Mundial, instituição que eles controlavam — e que desde o Polonoroeste havia desenvolvido um setor de meio ambiente altamente qualificado.

Mas a decisão ficaria sem medidas práticas até a preparação para a conferência do Rio, quando os países do Sul, liderados pelo Brasil, rejeitaram a convenção sobre florestas. "Eles advogavam que o caminho não era criar normas, mas fazer programas de apoio. Isso levou o Brasil a lembrar que o G7 já tinha um programa, mas que não estava sendo executado, e o Brasil disse que iria executar", lembra Smeraldi. Era um jeito de afastar a pressão dos ricos pela convenção de florestas e tocar cooperação multilateral para manter florestas em pé. Em 1991 nasceu o PPG7, o Programa-Piloto de Proteção às Florestas Tropicais do Brasil. Lançado na Rio-92 e encerrado em 2009, o programa aplicaria 463 milhões de dólares em 28 projetos de uso sustentável da floresta, monitoramento ambiental, criação de unidades de conservação e demarcação de terras indígenas. Fazendo jus à determinação inicial de seu chanceler, a Alemanha tornou-se a maior doadora, com 100 milhões de dólares.

O PPG7, que começou a desembolsar recursos apenas em 1994, no final do governo de Itamar Franco, forneceu vários dos ingredientes das políticas que levaram à queda do desmatamento a partir de 2005. Com seus recursos, o Brasil criou 100 milhões de hectares de áreas protegidas na Amazônia e na Mata Atlântica, incluindo a demarcação de 44 milhões de hectares de terras indígenas.[21] Destinar essas florestas públicas à proteção era, e ainda é, uma das maneiras mais eficientes de conter o desmatamento. Isso é verdadeiro sobretudo para terras indígenas, que são ativamente protegidas pelos seus moradores, como você viu no capítulo anterior.

Um dos projetos do PPG7, o Promanejo, com base na Floresta Nacional do Tapajós, em Santarém, expandiu uma metodologia de extração de madeira amazônica com baixo impacto desenvolvida no Pará no começo dos anos 1990. Outro levou à criação de um sistema de licenciamento ambiental de propriedades rurais em Mato Grosso, que permitia avaliar com imagens de satélite se o fazendeiro em busca de licença havia desmatado ilegalmente sua propriedade no ano anterior. Esse sistema, conhecido pela sigla SLAPR (Sistema de Licenciamento Ambiental de Propriedades Rurais), foi o precursor do Cadastro Ambiental Rural, constituído anos mais tarde.

O programa-piloto bancava, ainda, uma série de "projetos demonstrativos" que ajudavam pequenos produtores rurais, como os assentados da Transamazônica, a desenvolver cadeias produtivas de produtos florestais, como óleo de copaíba, castanha, açaí e cacau. A proposta era demonstrar que é possível viver dos produtos da floresta sem desmatar mais do que os 20% que a lei permite.

Mas o maior ganho do PPG7 foi institucional. Para começo de conversa, organizações científicas da Amazônia, como o secular Museu Paraense Emílio Goeldi e o Instituto Nacional de Pesquisas da Amazônia, que viviam à míngua, ganharam uma fonte de recursos que, embora temporária, lhes permitiu avançar o conhecimento sobre a floresta. Isso teria impactos profundos durante a década de 1990.

O PPG7 também foi decisivo para o estabelecimento de uma característica que hoje diferencia o Brasil de todos os países tropicais: uma sociedade civil altamente capacitada e com grande qualificação técnica tanto para fazer ciência quanto para implementar políticas públicas.

ONGs criadas na Amazônia entre o fim dos anos 1980 e meados dos 1990, como o Instituto de Pesquisa Ambiental da Amazônia (Ipam), o Instituto do Homem e Meio Ambiente da Amazônia (Imazon), a Fundação Vitória Amazônica, o Instituto Centro de Vida, em Mato Grosso, a SOS Amazônia, no Acre, e a Kanindé, em Rondônia, se beneficiaram do dinheiro. Fora da Amazônia, mas não muito, o Instituto Socioambiental (ISA), uma organização fundada em 1994 em São Paulo pela fusão do Centro Ecumênico de Documentação e Informação (Cedi) com o Núcleo de Direitos Indígenas e parte da SOS Mata Atlântica, tornou-se referência em direitos indígenas, sensoriamento remoto e políticas públicas de conservação.

Roberto Smeraldi, que presidiu o conselho consultivo do PPG7, conta que muitas ONGs eram mais capacitadas para implementar os projetos do que as próprias secretarias de Meio Ambiente dos estados amazônicos, que ainda estavam sendo criadas. Além disso, os doadores frequentemente preferiam canalizar os recursos para a sociedade civil, mais ágil que os governos e menos cheia de vícios.

"Isso fortaleceu a sociedade civil na Amazônia", conta Smeraldi. "No começo do PPG7, havia um preconceito dos ambientalistas do Sudeste com os da Amazônia. Hoje você vê que as ONGs da Amazônia estão mais estruturadas que muitas do resto do país."

Apesar da demarcação da terra yanomami e das revoluções postas em marcha no Riocentro, o governo Collor terminou em 1992 com o desmatamento na Amazônia em alta. José Goldemberg gosta de exibir a série histórica do sistema Prodes, do Inpe, que mostra queda da devastação entre 1988 (21 050 km^2) e 1991 (11 030 km^2) como evidência de que as políticas públicas implementadas naquela época e o início dos trabalhos do Ibama surtiram efeito. Há controvérsias a esse respeito.

Como você viu no capítulo 6, o próprio Ibama atribui a queda do desmate entre 1989 e 1990 a fatores externos à sua primeira grande operação, o Plano Emergencial para a Amazônia Legal (Peal). O pesquisador do Inpa Philip Fearnside culpa a recessão brasileira de 1987 a 1991 pela maior parte da queda.[22] Em 1991, a devastação foi provavelmente impedida pelo confisco da poupança proposto por Zélia Cardoso de Mello, que tirou toda a capacidade de investimento de pecuaristas, madeireiros e grileiros. No mesmo ano, Collor enterraria de vez os incentivos fiscais diretos ao desmatamento, que Sarney começara a eliminar, mas, na avaliação de Fearnside, essa medida também foi insuficiente — tanto que as derrubadas voltaram a crescer em 1992.

O Brasil saiu da era Collor, porém, com sua imagem internacional alterada para melhor. Com ONGs fortalecidas, o que significava mecanismos aprimorados de pressão sobre o governo e mais controle social sobre políticas públicas, e com novos conceitos sobre a floresta e novas ferramentas para abordar sua ocupação. Essa conjunção de fatores daria frutos mais tarde. Só que, antes de melhorar, a situação da Amazônia pioraria. E muito.

9. Perdendo o controle

Os *Diários da Presidência* de Fernando Henrique Cardoso são quatro volumes grossos derivados dos registros feitos pelo presidente, com assiduidade monástica, dos bastidores dos seus oito anos no Palácio do Planalto. Ao longo de suas 3656 páginas, a palavra "desmatamento" aparece apenas quatro vezes. Uma omissão notável, considerando que FHC assistiu em seu governo às taxas de devastação mais altas desde o início das medições e que, também em seu governo, foram lançados vários instrumentos de controle das motosserras.

O mais importante deles, que daria a baliza legal para todas as políticas posteriores contra o desmatamento — e que terminaria numa derrota fragorosa do campo ambiental uma década e meia depois —, aparece numa entrada de 11 de julho de 1996, uma quinta-feira. Escreve FHC: "À noite reuni o ministro do Meio Ambiente, Krause, o Lampreia e o [Israel] Vargas, com alguns assessores, e o [Eduardo] Martins, que é o presidente do Ibama, e tomei conhecimento de um fato desagradável. Aumentou o número de queimadas na Amazônia entre 1993 e 1994, e tudo indica que em 1995 também. Sobretudo no Mato Grosso e Rondônia. No Pará não é tanto, Amazonas praticamente intocado, Acre e Amapá praticamente intocados. No conjunto parece pouco, mas a tendência é preocupante. Vamos tomar medidas duras. É só".[1]

O que Fernando Henrique chama de "queimadas" eram, na verdade, os dados de desmatamento do sistema Prodes, do Inpe, que monitorava a floresta por satélites ano a ano desde 1988. "Ano a ano" é maneira de dizer: o Prodes, na época, era feito manualmente, contornando-se os novos desmatamentos vistos nas imagens de satélite com caneta nanquim sobre uma folha de acetato (veja o capítulo 1). E era extremamente defasado. Os dados demoravam dois anos ou mais para ser publicados e desde 1991 a taxa não era conhecida. Após a queda durante o governo Collor e o sucesso da Rio-92, o Brasil saiu do foco das críticas internacionais e o sistema ficou em banho-maria, com corte de recursos. Em 1993 não houve sequer medição, por falta de dinheiro. "Com a redução do desmatamento em 1990 e 1991, muitos acharam que o controle estava sendo efetivo e que a pior fase já havia passado", contou Alberto Setzer, o jardineiro fiel do monitoramento de queimadas do Inpe.

Mesmo às cegas sobre o desmatamento, o Instituto seguia observando diariamente as queimadas. O dado de queimada não serve para estimar a área destruída, já que nem toda queimada decorre de desmatamento — até metade delas pode vir de práticas agropecuárias, como a limpeza de pastos. Mesmo assim ele dava uma boa ideia do ritmo das motosserras. Setzer e sua equipe notaram uma explosão nos focos de calor entre 1993 e 1995, ano em que 72 219 queimadas foram identificadas apenas na primeira metade de agosto,[2] o dobro da média histórica para aquele mês.

A elevação alucinante na quantidade de fogo em 1995 tinha nome e sobrenome: Plano Real. A estabilização monetária do fim do governo de Itamar Franco derrubou as taxas de inflação de 50% para 0,5% ao mês e gerou altas sucessivas no PIB em 1993, 1994 e 1995 (4,9%, 5,8% e 4,2%, as maiores em uma década). E causou um triplo efeito: primeiro, um aumento na demanda por carne,[3] soja (cuja área plantada saltou de 1,5 milhão para 2,5 milhões de hectares apenas entre 1992 e 1996, segundo dados da Conab e do IBGE) e madeira para a construção civil, aliado a uma recuperação dos preços dos produtos agropecuários. Segundo, uma queda no preço da terra, já que ninguém mais precisava comprar imóveis para se proteger da inflação.[4] Terceiro, uma previsibilidade maior para investimentos, o que levou os fazendeiros e madeireiros da Amazônia a botar mais dinheiro para custear as caras operações de derrubada. No ano eleitoral de 1994 também houve aumento no crédito agrícola[5] e menos esforço de fiscalização por parte dos estados. A combinação de mais crédito, menos estímulo para produzir mais em áreas já abertas e menor fiscalização foi uma bomba. Com toda a economia aquecida, quem sentia o bafo quente mesmo eram as árvores amazônicas. A seca do verão de 1995 fez o restante do trabalho, tornando a floresta mais inflamável.

Entre agosto de 1994 e julho de 1995, o Prodes registrou a taxa mais alta de sua série histórica: 29 059 km^2. Era como se uma Bélgica inteira desaparecesse do mapa de um ano para o outro. Só que o governo ainda não sabia desse número em julho de 1996, quando FHC recebeu seus ministros para decidir as "medidas duras". O recorde de 1995, hoje chamado "o desmatamento do Real", só seria conhecido em 1998.

O alerta emitido pelos dados de fogo fez o Inpe se mexer para atualizar a taxa de desmatamento, que foi calculada para os períodos de 1993 (agosto de 1992 a julho de 1993) e 1994 (agosto de 1993 a julho de 1994). Como ninguém havia adquirido imagens de satélite em 1993, porque não havia nem dinheiro,[6] nem interesse no Prodes, a taxa foi estimada por meio do mais completo jeitinho brasileiro: o Inpe usou imagens de agosto de 1992, depois de julho de 1994, e simplesmente dividiu o dado de 29 792 km^2 por dois, de forma a evitar um buraco na série histórica. É por isso que as taxas de 1993 e 1994 são idênticas: 14 896 km^2. Até hoje não se sabe quanto disso foi desmatado em 1993 e quanto foi em 1994.[7] De qualquer forma, era um aumento de 35% em relação à baixa de 1991 e de mais 8% em relação a 1992.

A má notícia foi apresentada em julho pelos técnicos do Inpe, liderados pela matemática Thelma Krug, no auditório do Ministério da Ciência e Tecnologia. O ministro do Meio Ambiente, Gustavo Krause, pediu ao Instituto que ainda não tornasse os dados públicos; o governo precisaria de alguns dias para saber como reagir. Foi quando FHC reuniu a tropa para pensar nas tais "medidas duras".

O pernambucano Krause foi um dos deputados da Frente Liberal na transição para a Nova República. Fora ministro da Fazenda de Itamar Franco durante 75 dias, período em que criou proximidade com o então chanceler Fernando Henrique Cardoso. Em 1994, o PFL o mandou para "o sacrifício", como se diz no jargão da política: tirou-o de uma candidatura ao Senado com boas chances de vitória para perder uma eleição para governador de Pernambuco, disputando contra o imbatível Miguel Arraes. O objetivo era fornecer um palanque estadual para FHC e seu vice, Marco Maciel, também do PFL pernambucano. Ganhou como prêmio de consolação uma pasta que lhe era completamente alienígena, a do Meio Ambiente.

Apesar de não ser do ramo, Krause levou a missão partidária a sério. Ela consistia em blindar o governo de críticas, em especial internacionais, o que o levou a uma guerra constante com ambientalistas e a discussões públicas com opositores como a jovem senadora petista Marina Silva.[8] Leu Thoreau[9] e adquiriu o hábito de chamar os técnicos do Ministério ao seu gabinete, abrir um uísque, acender um charuto e ficar horas ouvindo o que eles tinham a dizer, até assimilar conceitos que lhe eram estranhos, como "desflorestamento", "florestamento" e "desmatamento".

O ministro também buscou se cercar de auxiliares que entendiam do assunto, nomeando para postos-chave servidores que haviam participado do combate ao desmatamento no governo Collor. Para a presidência do Ibama, escolheu Eduardo Martins, antigo braço direito de José Lutzenberger. Para a Secretaria de Coordenação dos Assuntos de Desenvolvimento Integrado do Ministério do Meio Ambiente (MMA), o engenheiro florestal piauiense Raimundo Deusdará, que chefiara a fiscalização do Ibama em 1991.

A ordem de Krause a seus subordinados diante da má notícia do Inpe foi puro Maquiavel: "Não vamos solenizar o dado, vamos solenizar a solução". Mas, na reunião convocada por FHC em 11 de julho, a solução demorou a aparecer. Uma ideia ventilada foi mandar um projeto de lei para o Congresso reduzindo os limites legais de desmatamento. Deusdará a ouviu sacudindo a cabeça. "Seu secretário não está gostando", disse FHC a Krause. Deusdará respondeu que um projeto de lei seria demorado demais. "O que você propõe, então?" "Uma medida provisória."

Acabou a reunião e o secretário voltou a seus afazeres no Ministério, descrente no encaminhamento da questão. Depois de alguns dias, recebeu uma ligação da Casa Civil: "Vocês prometeram uma minuta de MP. Cadê?".

Krause designou Deusdará, Eduardo Martins e mais dois servidores do Ministério[10] para escrever a proposta de medida provisória a toque de caixa. O grupo se trancou numa sala do MMA com um picador de papel por três dias e duas noites, rascunhando e destruindo minutas, até sair da sala com um texto conciso, confuso e que mudaria a história ambiental do Brasil.

Publicada em 25 de julho de 1996, a medida provisória nº 1.511 alterava o Código Florestal de Castello Branco, de 1965. Ela dizia que, na Amazônia Legal, estava vedado o corte raso em pelo menos 50% da propriedade, que seria mantida a título de reserva legal — como na lei original. Mas a reserva legal, agora, precisaria ser averbada em cartório, ou seja, declarada pelo proprietário na matrícula do imóvel, e sua destinação não poderia ser mudada em caso de desmembramento ou venda da propriedade. Fazendas com áreas já desmatadas e abandonadas ou subutilizadas não poderiam mais desmatar enquanto não dessem destinação produtiva a essas áreas. A reserva legal poderia ser usada para atividades como manejo florestal — ou seja, o corte raso era proibido, mas a exploração de madeira, não. E, no parágrafo 2, o grande twist na proposição: "Nas propriedades onde a cobertura arbórea se constitui de fitofisionomias florestais, não será admitido o corte raso em pelo menos 80% dessas tipologias florestais".

Na prática, a MP mudava o limite de desmatamento na Amazônia de 50% para 20% da área da propriedade. Mas não de uma hora para outra, explica Raimundo Deusdará: "A MP não muda a reserva legal, ela mantém os 50%. Só que ela reduz a possibilidade de obter uma autorização de desmatamento direto de 50% para 20%. Antes era assim: 'Quero desmatar 50%'. 'Mete pau!' Passou a ser assim: você só pode desmatar 20%. Os outros 30% você vai ter de conquistar, vai ter de mostrar que usa bem, que sua produção está dentro dos índices de produtividade etc. Ou isso ou você faz 20% de desmatamento e opta pelo manejo florestal nos outros 80%. A lógica era fortalecer a floresta em pé. E reduzir a autorização imediata de 50% pra 20%".

Assim que ficou pronta, a medida provisória foi apresentada ao presidente e a outros ministros no Palácio da Alvorada, à noite. Deusdará diz se lembrar especialmente bem da ocasião, pela quantidade de uísque doze anos servido no coquetel. No meio da apresentação o projetor quebrou e, enquanto o problema não era resolvido, os convidados iniciaram uma conversa miúda. FHC pediu mais explicações sobre o percentual de corte raso proibido e, ao ouvir a história dos 80%, quis saber de um servidor do MMA: "Por que vocês não fizeram 100%?". A pergunta de leigo no intervalo foi talvez a primeira menção ao desmatamento zero feita por um presidente do Brasil.

Eduardo Martins lembra que a MP ainda deixava duas brechas para ajustes futuros: primeiro, falava em "fitofisionomias florestais", um termo extremamente vago. Segundo, remetia a regulamentação futura os "fundamentos técnicos" do uso das áreas com cobertura florestal nativa.

"O raciocínio era que estávamos fazendo uma opção de que a [economia da] Amazônia fosse florestal. A medida permitiria que as pessoas pudessem ter rendimento se olhassem para a floresta. Só que aí tem um problema: a restrição é sobre o quê? Existem muitas Amazônias diferentes na Amazônia. É daí que vem a história da fitofisionomia", conta. "A MP precisava ser ajustada imediatamente, porque ela nasceu para responder a uma crise. Mas ela não foi reajustada, foi sendo reeditada." Até 2012, seriam 67 reedições, muitos acréscimos, muita confusão e, sobretudo, muito ressentimento.

A imprensa deu pouca bola para a 1.511 quando ela foi publicada. Outra medida daquele 25 de julho[11] capturou mais a atenção porque era fácil de entender: a proibição do corte de duas espécies ameaçadas da Amazônia, o mogno (*Swietenia macrophylla*) e a virola (*Virola surinamensis*). Ambas serviam como *cash crops*, ou seja, rendiam tanto dinheiro que possibilitavam o investimento posterior em desmatamento, embora sua exploração nem sempre fosse causa direta do corte raso.[12] A moratória estava prevista para dois anos. Ela se baseava em medidas sugeridas, veja só, por um deputado da oposição, Gilney Viana (PT-MT). Ele vinha denunciando a invasão da Amazônia por madeireiras malaias, chinesas, japonesas e indonésias com péssimo histórico ambiental em seus países e que em 1995 começaram a comprar gigantes do setor, sobretudo no Amazonas e no Pará.

No Congresso, porém, a bancada da Amazônia não demorou a entender o que a medida provisória significava. Para quem estava rachando de ganhar dinheiro desmatando com o Plano Real, a proibição do corte raso imediato e essa chatice de ser obrigado a mostrar que estava produzindo na terra eram um tremendo anticlímax. As licenças para desmatar ficaram mais difíceis de obter, e, por mais deficiente que fosse a fiscalização do Ibama, ela poderia acontecer e o fazendeiro poderia ser multado. Igualmente séria era a moratória ao mogno, mais fácil de fazer cumprir com fiscalização nas estradas e nos rios.

Poucas semanas depois da edição da 1.511, parlamentares da Amazônia, liderados pelo senador Odacir Soares (PMDB-RO), foram cobrar de FHC a derrubada da medida. O presidente lavou as mãos: "Não posso mudar a MP, vocês têm que convocar o ministro Krause para depor na Câmara como está programado, porque eu não posso tomar uma decisão sem ele".[13]

O ministro empurrou a MP com a barriga, enrolando o Congresso e aproveitando-se do fato de que a bancada ruralista ainda era pouco organizada e de que parte dela compunha a base do governo, interessada — pecuniariamente, inclusive[14] — na reeleição de Fernando Henrique. Enquanto isso, as permissões para desmatamento escasseavam, com o Ibama respaldado nas sucessivas reedições da 1.511.

Era tarde demais, evidentemente, para mudar o passado e impedir o maior desmatamento da história do Prodes. Mas a MP teria um impacto sobre a taxa do ano de 1996, que teve uma queda de 37% em relação ao recorde do ano anterior, para ainda inaceitáveis 18 161 km². E mais uma em 1997, de 27%, para 13 227 km². Foi a menor devastação da era tucana, e onze anos se passariam antes que a Amazônia registrasse um valor mais baixo que esse. "Eu aprendi uma coisa como gestor fazendário: você precisa fazer o delinquente achar que você é mais eficiente do que é de fato", conta Krause, com uma risada, comparando o poder simbólico da mudança legislativa ao da figura do leão da Receita Federal.

Em 1998, ano da eleição presidencial que daria a Fernando Henrique seu segundo mandato, após uma emenda constitucional aprovada com votos comprados que estabeleceu a reeleição no país, o Inpe voltou à carga, e Thelma Krug levou mais uma taxa escabrosa de desmatamento ao ministro da Ciência e Tecnologia. Mais dois anos de dados atrasados do Prodes mostraram o número recorde de 1995, dessa vez com duas pontas de esperança: a queda de 1996 e uma projeção da nova queda para 1997. Novamente Krause mandou segurar o dado até que o governo anunciasse medidas para conter a devastação. E dessa vez elas viriam num megapacote: no dia 26 de janeiro de 1998, o governo tucano anunciou treze ações para conter o desmatamento e tentar impulsionar a atividade florestal sustentável na Amazônia. Entre elas, um projeto de lei e cinco decretos.[15] E uma inovação lexical emprestada da ciência: pela primeira vez num documento de governo, a faixa de duzentos quilômetros a seiscentos quilômetros de largura compreendida entre o oeste do Maranhão, Tocantins, o norte de Mato Grosso, o sul do Pará, a maior parte de Rondônia e um pedaço do Acre ganhava o nome pelo qual seria conhecida dali para a frente: "Arco do Desmatamento".

O projeto de lei era inspirado diretamente na proposta de Clara Pandolfo, de 1978, de destinar florestas públicas na Amazônia para a produção de madeira. Ele fora rascunhado por Deusdará, que havia estudado as ideias da cientista da Sudam em seu mestrado. Previa conceder áreas das Florestas Nacionais (Flonas) à iniciativa privada para o manejo florestal. Mas a proposta pegou mal na opinião pública: embora o governo tivesse deixado claro que o que estava em concessão não eram as terras públicas, mas apenas o uso de seus recursos, o PL foi massacrado como mais um caso de "privataria" tucana e acabou naufragando. As concessões precisariam esperar mais oito anos para ganhar uma nova chance.

Um dos decretos presidenciais, contando com o sucesso incerto da futura lei de concessões, criava sete Flonas, seis no Pará e uma no Amazonas, que somavam respeitáveis 2,6 milhões de hectares. Entre elas, uma na zona de influência da BR-163, a Flona de Altamira, e duas em áreas da bacia do Tapajós visadas pelo garimpo (as Flonas de Itaituba I e II). O governo também lançou o compromisso de elevar a área protegida da Amazônia a 10% do território até o ano 2000.

Na parte fundiária, porém, as medidas de FHC, que sempre criticou o PT por ser excessivamente ideológico, deixaram-se contaminar pela ideologia.

Naquela década de 1990 havia explodido a atuação do Movimento dos Trabalhadores Rurais Sem Terra (MST), após os massacres de camponeses de Corumbiara, Rondônia, em 1995, e Eldorado do Carajás, no Pará, em 1996 — dezenove sem-terra foram assassinados pelas armas da PM de um governador tucano, Almir Gabriel. Radicalizado, o movimento aumentou o número de invasões de terras, de 146, em 1995, para 599, em 1998,[16] e chegou a invadir uma fazenda da família do presidente da República em Minas Gerais.[17] O MST tinha uma ligação histórica com o PT e fazia oposição sistemática aos tucanos. O pacote ambiental de 1998 tinha quatro ações voltadas para assentados rurais ou para neutralizar o MST;[18] a criação de uma linha de crédito para manejo florestal para agricultores familiares; um convênio entre o Ibama e o Incra para melhorar a atuação conjunta em assentamentos; a readequação dos critérios de produtividade para fins de desapropriação (considerando produtivas áreas sob manejo florestal); a reorientação dos assentamentos para áreas já desmatadas (em vez de criá-los em áreas devolutas com florestas, como era a praxe), com a intenção declarada de "desestimular invasões" de florestas públicas; e a instituição do manejo florestal comunitário. Ocorre que, segundo análise do Ipam publicada pelo próprio governo, as propriedades menores, de até trezentos hectares, respondiam por 40% do desmatamento na Amazônia, enquanto os latifúndios, de mais de mil hectares, respondiam por 47%.[19] As medidas de FHC, portanto, deixavam a maior parcela do desmatamento fora do gancho.

Fosse como fosse, o caldo político também ajudou o governo a fazer avançar no Congresso uma antiga proposta de José Lutzenberger que tramitava a passo de cágado desde 1991: a Lei de Crimes Ambientais. Ela estabelecia os parâmetros para a atuação do Ibama, tipificava o desmatamento em áreas de preservação permanente e o incêndio de florestas como crimes passíveis de prisão e previa a apreensão de equipamentos usados no cometimento desses crimes. A lei seria sancionada por FHC em 12 fevereiro de 1998,[20] após momentos de emoção no Congresso. Os ruralistas tentaram barrar a proposta, e o MMA precisou recorrer a um pacto com o demônio — quer dizer, com a bancada evangélica. Seu líder, o deputado Bispo Rodrigues (PL-RJ), da Igreja Universal, topou arrebanhar votos em favor da lei desde que a poluição sonora fosse excluída da lista de crimes ambientais do projeto, de forma a deixar os templos isentos. "Até hoje, quando eu durmo num lugar muito barulhento, eu me lembro disso", conta Eduardo Martins.

As novas medidas não impediram que o desmatamento e as queimadas aumentassem em 1998, turbinados por um evento climático extremo: um El Niño de força descomunal secou vastas porções da Amazônia a partir do final de 1997, causando no começo do ano seguinte um dos maiores incêndios florestais já registrados no mundo até então: cerca de 40 mil km^2 de vegetação nativa pegaram fogo em Roraima.[21] Dali em diante, exceto por uma oscilação discreta em 2001, as taxas do Prodes subiriam sem parar até 2004.

Pesaram na equação do desastre a desvalorização do real em 1999, o anúncio do asfaltamento da BR-163 em 2002 e a expansão de um novo ator, a soja, na dinâmica econômica da Amazônia, com a escalada da demanda da China por proteína animal (de bichos alimentados com soja brasileira). O ex-ministro José Israel Vargas, ao qual o Inpe fora subordinado, me disse em entrevista já no primeiro governo Lula que não acreditava que o desmatamento fosse algo que pudesse ser contido; era um problema crônico com o qual o país teria de conviver, com episódios mais ou menos agudos. Muita gente pensava assim, e o comportamento da devastação no final do governo FHC autorizava essa linha de raciocínio.

Enquanto as motosserras comiam soltas na Amazônia em 1995, a um oceano de distância outra peça importante para o futuro da floresta se movia. Em 7 de abril, a ministra do Meio Ambiente da Alemanha, uma promissora política de quarenta anos chamada Angela Merkel, batia o martelo no encerramento da primeira Conferência das Partes da Convenção do Clima das Nações Unidas, em Berlim. A COP1 marcava a entrada em vigor da UNFCCC, assinada no Rio três anos antes. As marretadas de Merkel sacramentaram a decisão da comunidade internacional de negociar um instrumento legal internacional que desse sentido prático ao tal objetivo de impedir a "interferência antrópica perigosa" no clima da Terra. O chamado Mandato de Berlim resultaria, dois anos depois, na COP3, na antiga cidade imperial de Kyoto, Japão, no primeiro acordo internacional para reduzir emissões de gases de efeito estufa, o Protocolo de Kyoto. Pelo instrumento, os países desenvolvidos seriam obrigados a cortar suas emissões em 5,2% até 2012 em relação aos níveis de 1990. Escorados no princípio das responsabilidades comuns, porém diferenciadas, os países em desenvolvimento ficaram sem meta de emissões. Isso irritou os Estados Unidos, cujo Senado havia decidido, por 95 votos a zero antes mesmo da COP3, que o país não se juntaria a nenhum esforço internacional de combate às emissões que não incluísse metas para a China e para a Índia.[22]

O Brasil chegou a elaborar uma proposta de divisão de responsabilidades que atribuía a cada país emissor uma parcela de culpa pelo aumento de temperatura observado na época. A chamada "Proposta Brasileira"[23] omitia o papel das mudanças de uso da terra na responsabilidade histórica. Esse esquecimento deliberado tornava o Brasil um dos menores culpados pelo problema e enchia o país de razão para cobrar os ricos.

Só que a ressurgência dos dados de desmatamento do Prodes trazia uma verdade inconveniente em seu bojo: cerca de 70% das emissões de gases de efeito estufa do Brasil se deviam ao desmatamento da Amazônia. Isso fazia com que um amazônida médio emitisse mais gás carbônico do que um norte-americano. Como seria mostrado muitos anos depois, quando o desmatamento histórico era computado, o Brasil que arrasou a Mata Atlântica na primeira metade do século XX e que arrasava a Amazônia na segunda metade passava a figurar entre os dez países que mais contribuíram para o aquecimento global atual.[24] Esse debate, porém, passou longe da COP de Kyoto, na qual o país nem sequer conhecia suas emissões.

Mas o Brasil também marcou um gol na conferência: propôs um fundo para auxiliar as nações em desenvolvimento a fazer a transição para uma economia energética limpa sem a necessidade de atravessar a fase das tecnologias altamente poluentes usadas pelos países então industrializados. Os Estados Unidos, claro, não toparam o fundo. Da briga entre brasileiros e norte-americanos emergiu uma proposta de um "mecanismo de flexibilização" do protocolo. Por ele, países ricos com metas de corte de emissões a cumprir poderiam comprar direitos de poluição, ou "créditos de carbono", de nações em desenvolvimento que implementassem projetos de redução de emissões que fossem "adicionais", ou seja, que não aconteceriam de outra forma, e que ajudassem essas nações a se desenvolver poluindo menos. Batizado de Mecanismo de Desenvolvimento Limpo, ou MDL, esse esquema seria responsável por trazer o debate sobre mudança do clima para o radar do setor privado em países como o Brasil.

Os ambientalistas da Amazônia viram no MDL uma chance de captar recursos maciços para a conservação da floresta. Em outubro de 2000, catorze organizações locais, entre elas o Conselho Nacional dos Seringueiros (CNS), a Coordenação das Organizações Indígenas da Amazônia Brasileira (Coiab), o Instituto Socioambiental e o Instituto de Pesquisa Ambiental da Amazônia (Ipam), se reuniram em Belém para discutir o assunto e produziram uma carta recomendando ao governo brasileiro que incluísse o chamado "desmatamento evitado" no mecanismo de Kyoto. Dado o que começava a ficar evidente sobre o peso do desmatamento nas emissões brasileiras e sobre o papel das florestas tropicais no clima — estimava-se na época que o uso da terra respondesse por algo entre 10% e 20% das emissões globais —,[25] fazia sentido que países tropicais recebessem recursos internacionais para não deixar suas florestas virarem pasto. E não havia motivo para não permitir que o desmatamento evitado entrasse nos mercados de carbono.[26]

"O que estávamos dizendo era que, sem reduzir o desmatamento, a conta do combate à mudança do clima não ia fechar. E era preciso haver uma compensação para países que reduzissem emissões de desmatamento, senão eles ficariam fora do jogo de recursos", conta Paulo Moutinho, cofundador do Ipam e um dos articuladores do manifesto de Belém. Esse raciocínio hoje é lugar-comum, mas na época era uma heresia.

A proposta foi ridicularizada pelo governo. O Itamaraty e o Ministério da Ciência e Tecnologia, que ditavam as posições brasileiras nas nascentes negociações internacionais de clima, argumentaram que a inclusão do desmatamento evitado no MDL era tecnicamente inviável e climaticamente perigosa.

Inviável porque não havia como garantir sempre, ao botar uma cerca numa floresta e protegê-la, que aquele carbono assegurado fosse "adicional", ou seja, que não se estivesse pagando para proteger uma floresta que nunca esteve em risco, para começo de conversa. Por outro lado, tampouco era certo que, caso a floresta estivesse em perigo, o desmatamento evitado ali não fosse "vazar" para outra região — como naqueles desenhos animados nos quais o Pernalonga põe o dedo num dique para conter um esguicho de água e vários outros buracos surgem. Também não havia como assegurar a chamada "permanência" daquele carbono: florestas, argumentava o governo, podem pegar fogo por acidente ou por crime, jogando o carbono de suas árvores para a atmosfera.

O risco climático era que a inclusão do desmatamento no MDL pudesse dar aos países desenvolvidos um passe livre para seguir queimando petróleo e carvão, principais fontes de emissão de CO_2, adiando a transição para energias renováveis sem as quais seria impossível combater o aquecimento da Terra. Afinal, por que a indústria norte-americana ou japonesa faria investimentos bilionários para mudar a matriz energética se pudesse simplesmente comprar créditos de carbono baratos e abundantes de florestas tropicais e seguir poluindo como se não houvesse amanhã?

Por trás do biombo das legítimas preocupações com a integridade do clima, o que havia na linha do Itamaraty, você adivinhou, era o argumento de sempre. Primeiro, o Brasil não poderia "empatar" nenhuma parte do seu território para proteger florestas e cumprir acordos internacionais, abrindo mão de seu direito inalienável de desmatar para se desenvolver, sacramentado nos Princípios do Rio (veja o capítulo 8). Depois, como falar em receber por desmatamento evitado quando o país nem sequer conseguia controlar de forma sistemática a derrubada, considerada por membros do próprio governo um problema insolúvel? "Era impossível para eles botar florestas em qualquer compromisso mandatório", diz Moutinho. "O discurso-padrão do Itamaraty era que florestas eram um tema para discutir na Convenção da Biodiversidade, não na Convenção do Clima."

Para surpresa dos organizadores do manifesto de Belém, grandes ONGs internacionais, como o Greenpeace, o World Wide Fund for Nature (WWF) e a rede Climate Action Network (CAN), tomaram o lado do governo brasileiro. O desmatamento evitado transformou as conferências do clima em palco de uma guerra civil no movimento ambientalista, de baixa intensidade e com táticas mais ou menos pueris. Panfletos e publicações que o Ipam e ONGs aliadas levavam para as COPs explicando a proposta eram roubados e jogados fora antes dos eventos. Pessoas que defendiam o desmate evitado eram expulsas de reuniões — em pelo menos uma ocasião, apanhadas pelo braço e conduzidas para fora da sala.[27]

Houve também gestos de sabotagem por parte do governo, tampouco recorrendo aos métodos mais adultos. Na COP8, em Nova Delhi, em 2002, a delegação brasileira requisitou a sala onde os ambientalistas realizariam um evento sobre desmatamento evitado minutos antes do início. "Ficamos tão putos que fizemos o evento no corredor do lado de fora, com o projetor de slides num balcão e as pessoas amontoadas em cima das mesas", conta Moutinho (um segurança indiano foi subornado com cem dólares para permitir a bagunça e ainda ajudar os ambientalistas a arrumarem um cabo para o projetor de slides).[28] No ano seguinte, em Milão, a mesma solicitação de última hora do Itamaraty deixou os defensores do desmatamento evitado sem sala para acomodar 480 pessoas, num evento que então contaria com uma presença especial: o secretário executivo do Ministério do Meio Ambiente de Lula, o gaúcho Cláudio Langone, que pela primeira vez admitiria em nome do governo do Brasil que as emissões por desmatamento eram algo que precisava ser tratado.

Na regulamentação do acordo de Kyoto, a visão do governo e das ONGs estrangeiras prevaleceu. As regras para o MDL foram fixadas em 2001 e o desmatamento evitado não foi incluído, nem o seria em nenhum momento da implementação do protocolo. O tema precisaria aguardar o final do primeiro governo Lula e uma mudança filosófica crucial para sair da margem e tornar-se mainstream. Enquanto brigavam com a administração FHC no exterior, porém, os ambientalistas brasileiros tiveram uma vitória importante dentro de casa, com ajuda desse mesmo governo.

Em 1999, Fernando Henrique iniciou seu segundo mandato e trocou o ministro do Meio Ambiente. A pasta permanecia na cota do PFL, mas dessa vez a indicação veio do PMDB: o ex-presidente José Sarney indicou seu filho caçula, o deputado José Sarney Filho, para assumir o cargo.

Apesar do sobrenome, Zequinha, como é conhecido, tinha boas relações com o movimento ambientalista e faria em seus três anos de mandato uma distensão necessária após a gestão de Krause, detestado pelas ONGS. O ex-ministro se lembra de que o Brasil estava "no paredão dos ambientalistas internacionais" pelo desmatamento recorde. As imagens do fogo em Roraima ainda estavam frescas na mente da opinião pública, e as medidas adotadas por seu antecessor eram insuficientes para melhorar a imagem do país. Como ninguém carrega o nome Sarney à toa, Zequinha também agiu para aplacar o Congresso, despachando uma vez por semana na Câmara para ouvir os pleitos dos deputados. "Eu recebia mais a oposição que o governo, e isso distensionava", conta.

Sarney Filho também trazia a tiracolo algumas armas secretas: nomeou como secretário executivo o capixaba mineiro José Carlos Carvalho, que havia sido chave na criação do Ibama durante o governo de seu pai. Na presidência do Ibama, botou Marília Marreco, a pupila de Paulo Nogueira-Neto que grilara a sede do IBDF em 1989 para instalar o Ibama. E, num governo que ainda enxergava a Amazônia sob o prisma da defesa — FHC criou o Sistema de Vigilância da Amazônia, o Sivam, e traduziu em radares e caças a máxima do "integrar para não entregar" —, criou uma Secretaria de Coordenação da Amazônia para implementar o PPG7 e buscar soluções econômicas para a floresta em pé. Por uma coincidência do destino, a secretária da Amazônia foi indicada por Sarney pai, que havia conhecido no Amapá uma "moça muito competente" que queria apresentar a Zequinha. A moça era ninguém menos que Mary Allegretti, a companheira de militância de Chico Mendes e responsável pela criação das reservas extrativistas.

A gestão de Sarney começou com os ruralistas no Congresso pressionando pela derrubada da Medida Provisória do Código Florestal. Em outubro de 1999, foi formada uma comissão mista integrada por nove representantes do agro para examinar a MPNO nº 1.511, àquela altura em sua 41ª reedição e renumerada como MP nº 1.885. O projeto de lei para converter a MP foi relatado por Moacir Micheletto (PMDB-PR), um deputado da ala radical da bancada ruralista.

O PL de Micheletto simplesmente acabava com a vedação ao desmatamento direto. Fixava a reserva legal em 50% na Amazônia Legal e 20% no resto do país, como na lei de 1965, e não tocava mais no assunto. Pequenas propriedades de até 25 hectares — como a maior parte das fazendas do Paraná — eram dispensadas de manter qualquer reserva legal. Em áreas de até cem hectares, espécies exóticas como café e eucalipto poderiam ser computadas na reserva, desvirtuando o próprio sentido da reserva legal como a porção da propriedade onde a vegetação nativa precisava ser preservada.[29]

Com a imagem do Brasil abalada e o indício de que a restrição ao desmatamento direto dera resultado, Sarney Filho não podia abrir mão da MP. Juntamente com José Carlos Carvalho, operou com FHC para que a tramitação do substitutivo de Micheletto fosse suspensa no Congresso e o assunto fosse levado ao Conselho Nacional do Meio Ambiente, onde foi criada uma câmara técnica só para debater o Código Florestal. "O Conama nos daria mais suporte político para manter as medidas", diz o ex-ministro. Outra vantagem era que o colegiado era paritário, diferentemente da comissão mista do Congresso. No Conama, ambientalistas, ruralistas, academia, governos estaduais e empresas tinham voz e voto.

Em 16 de março de 2000, o Conama produziu uma resolução que espichava a MP de cinco para treze artigos, regulando uma série de pontos que a primeira versão havia deixado em aberto. O mais importante era que eliminava a linguagem confusa da 1.511 sobre reserva legal, desmatamento direto e "fitofisionomias": fixava a reserva legal em 80% nas florestas da Amazônia Legal e 20% no restante do país.[30] Mais tarde foi aberta uma exceção aos cerrados localizados nos estados da Amazônia, nos quais a reserva legal foi limitada a 35% em vez dos 20% da lei de 1965. O número, segundo Raimundo Deusdará, não tinha nenhuma base técnica. "Só falaram durante a negociação: 'Tá bom 35%?', e foi assim." Em 26 de maio, a reserva legal criada no Conama foi transposta para o texto da MP, já na 50ª reedição e renumerada para 1.956.[31] Os ruralistas não desistiram e tentaram emplacar mais uma versão do substitutivo de Micheletto em 2001. O governo segurou mais uma vez. Até o final do mandato de FHC, a medida provisória continuou sendo reeditada, e a Amazônia ganhou, pelo menos no papel, uma proteção extra pelo maior limite de reserva legal. Na prática, porém, à medida que o câmbio favorecia a pecuária e os desmatadores descobriam que o Ibama não tinha braços para fazer cumprir a lei — estimulados por representantes parlamentares que prometiam derrubar o limite de 80% de reserva legal fixado pela MP —, o Código Florestal foi se tornando letra morta e o desmatamento saiu de controle.

Uma exceção parecia ter ocorrido no lugar mais improvável: em 2000, enquanto as taxas de devastação cresciam no Pará e em Rondônia, caíam 8,5% justamente no estado campeão de derrubada, Mato Grosso. O responsável pela queda, segundo um estudo realizado por Philip Fearnside, do Inpa,[32] foi um novo sistema de licenciamento ambiental aplicado pelo governo mato-grossense, que usava imagens de satélite para vigiar o desmatamento de cada propriedade rural do estado.

Esse "Big Brother" ambiental atendia pelo nome pouco inventivo de Sistema de Licenciamento Ambiental de Propriedades Rurais (SLAPR) e fora criado pelo órgão estadual de Meio Ambiente de Mato Grosso, a Fema, como parte do PPG7, o programa de proteção às florestas tropicais proposto antes da conferência do Rio e iniciado no final do governo Itamar. O SLAPR usava imagens de satélite de cada fazenda do estado, localizando a reserva legal e as áreas de preservação permanente, como margens de rios. Essas imagens eram atualizadas ano a ano, de modo a obter-se um "filme" sobre o estado de conservação das florestas em cada fazenda. Num primeiro momento, as propriedades inscritas no sistema ganhavam esse mapa; se desmatamentos irregulares fossem detectados, o fazendeiro assinava um termo de ajuste de conduta, comprometendo-se a recuperar os passivos para ganhar licença ambiental. Num segundo momento, as propriedades cadastradas eram acompanhadas ano a ano e, se o fazendeiro insistisse em delinquir, não ganhava a próxima licença para desmatar nem plantar e tomava uma multa.

O sistema de Mato Grosso foi a primeira ferramenta de sensoriamento remoto para avaliar o cumprimento da legislação ambiental na Amazônia. Os primeiros dados da Fema indicaram um sucesso inicial significativo da iniciativa: a análise de Fearnside mostrou uma redução de 35% no desmatamento nas propriedades cadastradas em 2000-1 em comparação a 1998-9.[33] Isso gerou uma onda de otimismo na comunidade científica, no meio ambiental e entre os doadores do PPG7, que consideraram o SLAPR o mais importante resultado do programa-piloto. Estava ali a prova de que era possível, sim, controlar o desmatamento, usando uma mistura de tecnologia e vontade política.

A história real do sistema de Mato Grosso é menos edificante. Em 2002, o estado elegeu como governador um representante dos anseios do agronegócio, o gaúcho Blairo Borges Maggi. Dono de um império agropecuário herdado do pai, Maggi havia ficado bilionário nos anos 1990 ao descobrir uma solução logística para o escoamento da soja de Mato Grosso: em vez de transportá-la por caminhão até os portos do Sul, ele criou um porto flutuante no rio Madeira e passou a embarcá-la por hidrovia em imensas barcaças, que a conduziam a navios nos portos do Maranhão e do Amapá para mandá-la para a Ásia e para a Europa. "De repente, sumiram mil quilômetros de estrada. Isso fazia uma diferença de custo de trinta dólares por tonelada de soja", conta o empresário. "Eu me elejo governador com um forte discurso de logística e de levar estradas para as zonas produtoras."

O exemplo pessoal de sucesso Maggi, a disposição de ampliar os corredores de exportação no Norte, a demanda chinesa em alta e a isenção de ICMS sobre a exportação de grãos, sancionada em 1996 por FHC, formaram o caldo para uma explosão do desmatamento em Mato Grosso. Apenas em 2003, primeiro ano do governo do "rei da soja", a devastação cresceu 32% na Amazônia mato-grossense, o maior salto desde o "desmatamento do Real".[34] A floresta tornou-se um dano colateral ao boom econômico do estado que viraria o maior produtor agropecuário do Brasil — segundo cifras do próprio ex-governador, a quantidade colhida saltou de 500 mil toneladas no final dos anos 1970 para 90 milhões nos anos 2020. A promessa de Maggi na campanha era chegar a 100 milhões de toneladas e, para quem objetasse falando em meio ambiente, o governador tinha uma frase pronta: "Esse negócio de floresta não tem o menor futuro".

Embora a soja causasse pouco desmatamento ela própria, ocupando em sua maior parte terras já abertas para a pecuária, ela produzia um efeito de levar muito dinheiro às regiões produtoras, valorizando as pastagens e tornando economicamente atraente para os pecuaristas vender suas terras aos sojeiros e abrir novas áreas florestadas mais para cima. O SLAPR não pôde fazer frente a esse frenesi.

Na verdade, como um estudo de 2012 descobriria, o sistema não funcionou para conter o desmatamento ao longo de sua implementação. Ao contrário: entre 2000, quando começou, e 2007, nenhuma diferença estatisticamente significante no desmatamento foi verificada em propriedades cadastradas no sistema em comparação às que não haviam entrado (Maggi tornou a adesão ao SLAPR voluntária quando assumiu). No ano de 2003, o desmatamento nas propriedades dentro do sistema foi mais de duas vezes maior do que nas não cadastradas.[35]

Segundo seus autores, o que aconteceu foi que o sistema acabou funcionando como um incentivo para os produtores desmatarem, já que facilitava a obtenção de licenças. A fiscalização nunca foi capaz de fazer frente ao desmatamento nas propriedades cadastradas, cujos donos não se importavam em delinquir bem na cara do satélite. A resolução das imagens também não permitia detectar desmatamentos pequenos e pulverizados. Pior ainda, para estimular mais fazendeiros a se cadastrar no SLAPR, a Fema fez vista grossa aos delitos cometidos pelos cadastrados.[36]

Apesar do fracasso na implementação, o sistema era uma prova de princípio importante. Ele seria a inspiração direta para outra tentativa de controlar o desmatamento por imagens de satélite, implementada a partir de 2008 no Pará e estendida para todo o Brasil a partir de 2012.

Ao substituir Sarney à frente do Ministério entre abril e dezembro de 2002 (quando ele deixou o governo para se candidatar à reeleição para a Câmara), José Carlos Carvalho manteve a MP do Código Florestal e aproveitou a tradicional benevolência de governantes em fim de mandato para empurrar para a mesa de FHC a criação de 6,6 milhões de hectares de áreas protegidas, incluindo a maior área de proteção integral em floresta tropical do mundo: o Parque Nacional Montanhas de Tumucumaque, no Amapá, com 3,9 milhões de hectares. Na conferência Rio+10, em Johannesburgo, em 2002, também foi lançado um programa do governo em parceria com o WWF para investir 115 milhões de dólares em unidades de conservação na Amazônia.

A era FHC terminou com alguns avanços institucionais e um surto relevante de criação de unidades de conservação e demarcação de terras indígenas: 145, o recorde histórico, em larga medida graças aos recursos do PPG7. No entanto, eles foram insuficientes para conter a catástrofe que se abatia sobre uma Amazônia cuja devastação era turbinada pela expansão do agronegócio.

A grande contribuição dos anos 1990 para a proteção da floresta, no entanto, aconteceu fora do mundo das políticas públicas. Nessa década, uma revolução no entendimento da Amazônia, de sua ecologia e de suas dinâmicas econômicas ocorreu nos bancos das universidades e nos escritórios de organizações ambientalistas. Essa revolução, que já vinha sendo fermentada desde os anos 1980, permitiu responder com um categórico "sim" à dúvida sobre se era possível controlar o desmatamento.

10. A ciência contra-ataca

Em 19 de março de 2000, o jornal *Folha de S.Paulo* publicou uma incomum manchete de domingo sobre um tema de meio ambiente.[1] Ela revelava detalhes de um estudo das ONGs Ipam, ISA e Woods Hole Research Center prevendo que a pavimentação de quatro rodovias na Amazônia causaria um desmatamento de até 270 mil km^2,[2] o equivalente a três vezes a área de Portugal.

A pesquisa tinha um gosto péssimo de déjà-vu. Vinte anos após o desastre de Rondônia, um plano do governo federal voltava a assombrar a floresta com desenvolvimento baseado em brita e asfalto. A ideia dessa vez não veio de militares, mas da administração do progressista Fernando Henrique Cardoso, perseguido pela ditadura.

FHC desenhara um ambicioso projeto de expansão da infraestrutura no país. Era parte do Avança Brasil, nome dado ao plano de governo do segundo mandato do presidente.[3] A proposta salpicava a Amazônia de estradas asfaltadas, hidrovias, ferrovias, linhas de transmissão e gasodutos. Nas palavras do governo, "uma infraestrutura moderna de transporte, energia e telecomunicações que se integre à natureza amazônica".[4] O estudo do Ipam, liderado pelo ecólogo norte-americano radicado no Pará Daniel Curtis Nepstad, mostrava que a tal integração estava mais para desintegração.

Nepstad e colegas puderam prever, a partir do que já fora observado em outras obras do tipo, como se comportaria o desmatamento numa faixa de cinquenta quilômetros em torno do eixo das rodovias BR-163 (Cuiabá-Santarém), BR-230 (o trecho da Transamazônica entre Marabá e Rurópolis), BR-174 (Manaus--Boa Vista) e BR-319 (entre Humaitá-Manaus).[5]

Além do desmatamento direto, outros 192 mil km^2 de florestas que permaneceriam em pé se tornariam mais suscetíveis a incêndios, devido à degradação de suas bordas e aos efeitos da extração de madeira. A "brocagem" da mata pelos madeireiros abre clareiras na floresta, permitindo que mais luz do sol penetre o dossel, secando o solo e deixando tudo mais inflamável.

Os cientistas do Ipam haviam aprendido, nos anos anteriores, que as florestas sempre verdes da Amazônia na verdade eram vulneráveis ao fogo. A ONG, fundada em 1995, havia começado a estudar incêndios na floresta quase por acaso: uma estagiária, a geógrafa paraense Ane Alencar, que fora contratada por causa de uma obsessão de infância com mapas, ficou curiosa com grandes manchas arroxeadas que via em imagens de satélite da floresta. Verificando-as em campo, descobriu que se tratava de cicatrizes de incêndios antigos, algo que contrariava o senso comum. "A visão naquela época era que floresta úmida não pega fogo", diz a cientista. Em 1997, num convênio com o Banco Mundial, Alencar, Nepstad e outros pesquisadores publicaram um estudo mostrando que a área atingida por fogos rasteiros dentro da floresta anualmente era uma vez e meia maior do que a área afetada por queimadas para desmatamento.[6] Nesse trabalho, tiveram a honra dúbia de usar pela primeira vez na literatura científica a expressão "arco de desmatamento".[7]

O estudo sobre as estradas fornecia a primeira previsão científica do desmatamento induzido por obras de infraestrutura. Além disso, a degradação florestal projetada abria uma nova e desagradável perspectiva sobre o impacto dessas obras. Degradar uma floresta a ponto de torná-la inflamável, raciocinou a equipe do Ipam, equivale a assinar um contrato de desmatamento futuro.

Era uma pancada dupla no Avança Brasil, a grande aposta do governo FHC para impulsionar o crescimento econômico do país.

E não seria a última: apenas oito meses depois de os dados do Ipam se tornarem públicos, a *Folha* publicou mais uma chamada de capa bombástica: dados preliminares de outro estudo, liderado pelo ecólogo norte-americano William Laurance, do Instituto Nacional de Pesquisas da Amazônia (Inpa), sugeriam que o conjunto de obras do Avança Brasil — incluindo hidrovias, hidrelétricas e gasodutos — poderia induzir a destruição ou degradação de 42% da Amazônia até 2020.[8]

Ali estava FHC, o "príncipe dos sociólogos", que nos anos 1970 pesquisara profundamente a ocupação da Amazônia e escrevera um livro sobre o tema,[9] repetindo o modelo de desenvolvimento implementado pela ditadura que o exilara — só que dessa vez sem mais poder alegar ignorância sobre seus efeitos ambientais e sociais.

O ex-presidente falou sobre o episódio numa conversa por Zoom durante a pandemia. Aos 89 anos, FHC tinha uma memória seletiva sobre a questão ambiental, que nunca foi prioridade em seu governo. E admitiu que o Avança Brasil reciclava ideias do passado. "Qual era o grande modelo [do] que tem que fazer no Brasil? O regime militar era contra o meio ambiente, isso tudo, mas fazia estrada. Mas o modelo era mais a visão do Juscelino [Kubitschek], que era desbravador também. Eu sempre fui favorável a fazer usinas hidrelétricas. Então o governo tinha um lado que era desenvolvimentista, digamos assim. Mais inspirado pelo Juscelino do que por outras correntes."

Os cenários de destruição da floresta pintados pelos cientistas e sua repercussão, porém, temperaram essa ambição desenvolvimentista e acabaram fazendo com que Fernando Henrique engavetasse os planos do Avança Brasil para a Amazônia em seu biênio final de mandato, de forma discreta. Essa foi provavelmente a primeira vitória prévia da ciência contra a engrenagem estatal da destruição. Provisória, como veremos adiante, e não em pouca medida auxiliada pelo fato de que o Estado brasileiro no final da era FHC tinha pouco dinheiro em caixa para realizar todas as obras projetadas para a região. Mas uma vitória mesmo assim.

"A equipe tinha uma noção muito genérica da coisa. Era um grupo de intelectuais que desenha os objetivos e tal. Quando você vai tentar pôr em prática, você dá de frente com a realidade", diz o ex-presidente. E completa: "Quando você está em Brasília, você pensa que tem força, mas não tem. Eu tomo uma decisão, mas quem é que põe em prática? Se você não tem burocracia ou o social do seu lado, você não faz nada".

As pesquisas que começaram a traçar cenários de desmatamento futuro integram um movimento de explosão cambriana do conhecimento sobre a

Amazônia ocorrido na década de 1990, em especial após a Rio-92. Uma série de trabalhos pioneiros ajudou a dissecar o funcionamento do bioma, a fisiologia das árvores, as interações com o clima global, as dinâmicas de sua devastação, formas de manejar a floresta e também a pré-história de sua ocupação por seres humanos, e lançou as bases teóricas para as políticas de combate ao desmatamento adotadas no primeiro governo Lula.

O principal gatilho desse movimento foi a alta quantidade de recursos internacionais para pesquisa mobilizados depois da conferência do Rio. O carro-chefe dessa injeção de cooperação internacional foi o Programa-Piloto de Proteção às Florestas Tropicais do Brasil, o PPG7 (veja o capítulo 8). Novos financiadores, como instituições filantrópicas e órgãos de cooperação internacional dos Estados Unidos, da Alemanha e do Japão, permitiram o estabelecimento de ONGs de ciência no país e bancaram a maior iniciativa científica coordenada da história amazônica, no fim dos anos 1990.

Mas a região sempre teve uma tradição científica própria, com bastiões em Manaus, no Inpa, e em Belém, na Embrapa e no Museu Paraense Emílio Goeldi. Nos anos 1960, 1970 e 1980, instituições amazônicas atraíram cientistas dos Estados Unidos e do Sudeste do Brasil que criaram raízes na região e formaram gerações de pesquisadores. Os ecólogos norte-americanos Thomas Lovejoy e Philip Fearnside, ligados ao Inpa, ajudaram a entender os efeitos da fragmentação da floresta sobre a biodiversidade e o impacto ambiental das políticas públicas. O também norte-americano Chris Uhl abriu várias avenidas de pesquisa sobre o desenvolvimento sustentável ao fazer seus discípulos mergulharem no entendimento da indústria madeireira, da pecuária e de outras atividades econômicas na região. Nos anos 1990, outro estadunidense, o economista Robert Schneider, do Banco Mundial, publicou um artigo seminal desvendando a lógica econômica da fronteira amazônica, que até hoje explica a ocupação predatória.[10] Mas é possível que nenhum cientista tenha contribuído de forma mais decisiva com o entendimento da importância da floresta para o restante do Brasil que o piracicabano Enéas Salati (1933-2022).

Nos anos 1970, Salati usou a tecnologia mais avançada então disponível da física nuclear para desvendar o transporte de umidade na floresta. Fez duas descobertas cruciais: em 1976, estimou que mais da metade do balanço hidrológico da região amazônica se devia à evapotranspiração — o "suor" das árvores, pelo qual elas liberam vapor d'água para a atmosfera. Portanto, escreveu, "um desmatamento intensivo deverá trazer alterações no ciclo hidrológico". Em 1979, publicou com dois colegas um estudo clássico no periódico *Water Resources Research*, no qual mostrava que a Amazônia reciclava a própria chuva,[11] mandando umidade de nordeste a sudoeste.

O agrônomo havia cofundado em 1966 o Centro de Energia Nuclear na Agricultura (Cena), ligado à escola de agronomia da Universidade de São Paulo, a Esalq, em Piracicaba. Era a época da campanha Átomos para a Paz, da ONU, que estimulou o uso da tecnologia das bombas atômicas para fins pacíficos, como pesquisa e geração de eletricidade. O Cena adquiriu um aparelho chamado espectrômetro de massa, que determinava a composição química de uma substância pelo "peso" de seus átomos. Estimulado por um colega israelense que já usava espectrometria de massa, Salati uniu a técnica de investigação à sua maior paixão: o ciclo da água. Primeiro fez estudos sobre o Nordeste, e depois, naturalmente, passou a olhar para o lugar com mais água no Brasil, a Amazônia.

Trabalhando no Inpa, Salati tentou entender de onde vinham as chuvas da floresta pluvial. Era sabido que a Amazônia recebia umidade do Atlântico na porção nordeste. Mas como ocorria esse transporte através da floresta, atravessando um território tão extenso? Um jeito de investigar era olhar para a proporção de oxigênio-18 (^{18}O) na água.

O átomo de oxigênio vem em dois "sabores" distintos, chamados isótopos: o ^{16}O, com oito nêutrons em seu núcleo, e o ^{18}O, com dez nêutrons. Quando as nuvens que trazem a chuva do Atlântico se formam, carregam determinada "assinatura" isotópica, dada pela proporção desse oxigênio pesado e também do hidrogênio pesado, o deutério. "Foi aí que ele teve a grande sacada da vida dele, seguir a chuva pela calha do Amazonas para saber como variava a razão de oxigênio pesado e deutério", conta o ex-aluno Reynaldo Victoria, que mais tarde se tornaria ele próprio um líder da pesquisa amazônica.

Como é mais pesado, o ^{18}O precipita primeiro. A tendência seria que a água da chuva coletada perto da foz do Amazonas tivesse proporcionalmente mais oxigênio pesado que a de Mato Grosso e Rondônia, por exemplo. Só que as análises do espectrômetro mostraram que esse gradiente praticamente inexistia, e que a assinatura isotópica da água das chuvas era a mesma da água subterrânea da Amazônia.

A conclusão de Salati foi que a Amazônia "reciclava" a água: a umidade vinda do oceano desabava como chuva na floresta, era evaporada pelas árvores e formava novas nuvens, que iam chover mais ao sul, e assim sucessivamente. Metade da umidade da floresta vinha dessa reciclagem de chuvas. Uma mesma molécula de água era reciclada de cinco a oito vezes.

O trabalho era revolucionário. Salati explicou que a maior floresta tropical do mundo fabricava a própria chuva em vez de apenas receber passivamente água do oceano. Com isso, abriu caminho para pesquisas que buscavam saber para onde aquela umidade ia. Em 1984, ele próprio fez mais um avanço nessa trilha, ao sugerir que a remoção da floresta poderia impactar adversamente a agropecuária no Centro-Sul do Brasil ao cortar o transporte de umidade que formava as chuvas que irrigavam a competitiva agricultura brasileira.[12] Victoria conta que seu ex-professor, que tinha talento para simplificar coisas complicadas, explicava a descoberta com uma imagem: "Ele dizia que na Amazônia você tem um rio embaixo e um em cima [no céu], e os dois estão permanentemente em conexão".

Um dos cientistas que seguiram a pista deixada por Salati e que acabou sem querer criando uma síntese ainda mais simples da ideia do mestre foi o estudante de meteorologia peruano José Antonio Marengo. Ele nunca havia saído de Lima até o fim dos anos 1970, quando um de seus professores foi a Piracicaba e voltou ao Peru com o artigo de Salati debaixo do braço. Marengo ficou impressionado. "Esse estudo me inspirou a trabalhar na Amazônia", conta.

Em 2004, então no Inpe, Marengo publicou um trabalho caracterizando os chamados "jatos de baixa altitude", correntes aéreas de umidade que saíam da Amazônia, batiam nos Andes, faziam a curva e levavam água até o rio da Prata.[13] Pouco tempo depois, foi chamado por Salati e pelo aeronauta suíço-brasileiro Gérard Moss (1955-2022) para colaborar num projeto de Moss e sua mulher, Margi, com patrocínio da Petrobras, que buscava seguir a trilha desses jatos num avião e mostrar como a Amazônia mandava umidade para a América do Sul.

"O Gérard era piloto. Ele entendia muito de meteorologia, mas não tanto de física. Eu expliquei para ele que o jato era como um rio voador que, se você converte em água, tem volume equivalente ao do Amazonas em Óbidos", recorda-se Marengo. Moss teve um estalo: estava ali a metáfora mais poderosa para explicar o transporte de umidade na floresta e a importância da Amazônia para o restante do Brasil. A expedição, exibida como uma série no programa

Fantástico, da TV Globo, passou a se chamar "Rios Voadores" e popularizou o conceito criado por Marengo a partir do mecanismo descoberto por Salati.

No começo dos anos 1990, outro pesquisador que convivera com Salati mostrou que a imensa Floresta Amazônica, considerada inesgotável pelos sulistas que a ocuparam durante o regime militar, era um sistema mais frágil do que se imaginava.

Carlos Afonso Nobre nasceu em São Paulo, em 1951. É o segundo de seis filhos de um jogador de futebol e de uma dona de casa. Com a morte precoce do pai, tornou-se arrimo de família e um segundo pai para os quatro irmãos mais novos, todos homens. Com porte de zagueiro, mas hábil com números, Nobre cursou engenharia eletrônica no seletivo Instituto de Tecnologia da Aeronáutica (ITA) em São José dos Campos. Em 1971, aos vinte anos, foi à Amazônia pela primeira vez, numa excursão de alunos organizada por um professor rondoniense que queria estimular a ida de formandos do ITA à região. Louco por sorvete, foi apresentado a uma estranha massa roxa que nunca tinha visto na vida e da qual se tornaria um prosélito. "Era açaí. Provei e adorei", recorda-se. Além do sorvete de açaí, a visão aérea da floresta ainda virtualmente intocada no Amapá, em Rondônia e no Acre fez Nobre querer voltar. E ele voltou quatro anos mais tarde, em 1975, quando conseguiu um emprego no Inpa, em Manaus. Sua tarefa era ser o técnico de campo de Enéas Salati, fazendo funcionar equipamentos do chefe para a coleta de dados de temperatura no rio Negro e instalando uma torre de observações meteorológicas na reserva florestal do Inpa nos arredores da capital — a primeira do tipo na Amazônia, acima da copa das árvores.

O trabalho com Salati fez Nobre abandonar a engenharia e ir atrás de um doutorado em meteorologia no Instituto de Tecnologia de Massachusetts (MIT), nos Estados Unidos, justamente sobre a importância das chuvas tropicais para o clima global. Mordido pelo bicho amazônico, o cientista nunca mais largou o tema. De quebra, inspirou três de seus irmãos mais novos a trabalhar também com ciência na Amazônia: Paulo, meteorologista, criador do primeiro modelo climático computacional brasileiro; Antonio Donato, agrônomo que fez carreira no Inpa trabalhando com hidrologia da Amazônia e detalhando o papel da floresta nas chuvas no resto do país; e Ismael, estudioso das dimensões humanas da ecologia (a família tem ainda um engenheiro e uma primogênita astróloga, o que garante discussões animadas nas festas de Natal).

No final dos anos 1980, já estabelecido como pesquisador do Inpe, Carlos Nobre foi convidado pelo meteorologista indiano-americano Jagadish Shukla para passar um ano na Universidade de Maryland como pesquisador-visitante, explorando as ligações entre floresta e clima. A colaboração resultou em dois artigos científicos que lançaram uma teoria nova sobre o impacto do desmatamento na Amazônia.

Nobre, Shukla e o meteorologista (e futuro astronauta) britânico Piers Sellers[14] usaram o supercomputador do Centro de Voos Espaciais Goddard, da Nasa, vizinho à universidade, para simular o clima da Amazônia com e sem floresta. No computador, a vegetação era eliminada e a Amazônia passava vários anos sem mata para ver o que mudava no clima local. O trio descobriu que 70% da área do bioma voltava a ser floresta, mas 30% da mata, no sudeste, era substituída por outro tipo de vegetação.[15]

"A temperatura aumentou 3°C e a estação seca passou a ser de seis meses. E aí fizemos um modelo de vegetação: qual é a vegetação compatível com seis meses de seca? Cerrado", conta Nobre. O dado, que seria reforçado por estudos posteriores, indicava que o desmatamento extensivo induzia mudanças no clima local, já que a proverbial fábrica de chuvas amazônica era sabotada. Essas mudanças faziam a vegetação ser empurrada para outro estado de equilíbrio, a partir do qual a exuberante floresta tropical não mais retornava. Estava lançada a hipótese da "savanização" da Amazônia, que, assim como os rios voadores, também ocuparia o imaginário popular.

Por potente que fosse o conceito, a teoria da savanização era incompleta. Ela só olhava para metade do impacto humano sobre a selva, o desmatamento. Ignorava totalmente as interações da floresta com o clima sul-americano e global e passava ao largo da influência que a mudança climática induzida por seres humanos poderia ter sobre essa transição de vegetação. Quando o primeiro artigo de Nobre sobre o tema foi publicado, em 1990, o IPCC, o painel do clima da ONU, estava recém-criado e ainda não havia lançado seu primeiro relatório contendo o estado da arte do conhecimento humano sobre o aquecimento global. Embora se inferisse que a perda da floresta provavelmente ajudaria a aquecer o planeta, os pesquisadores ainda não sabiam se o inverso era verdade: como o aquecimento do planeta afetaria a floresta?

Essa lacuna de conhecimento começou a ser preenchida no final dos anos 1990, quando um grupo internacional de cientistas liderado por Nobre[16] teve a ideia de montar um grande projeto de pesquisa que durasse vários anos e esquadrinhasse a Amazônia de alto a baixo. O paulista rabiscou a proposta na toalha de papel de um restaurante numa reunião em São José dos Campos, em 1994. O projeto precisaria ser liderado por uma instituição brasileira, mas o Inpa, candidato natural, não topou. O Inpe, escolado em parcerias com a agência espacial americana, topou, mas seria necessário convencer o governo brasileiro.

"O ministro de Ciência e Tecnologia era o José Israel Vargas. Ele era a favor, mas o Itamaraty era contra", recorda-se Nobre. Adivinhe por quê.

Exatamente naquela época o governo negociava a criação de um sistema de vigilância para a Amazônia que acabaria sendo montado por uma empresa norte-americana, a Raytheon. A concorrência para o sistema, o Sivam, foi um dos maiores escândalos do governo FHC, envolvendo tráfico de influência, espionagem e grampos telefônicos para favorecer a firma norte-americana em detrimento de uma concorrente francesa. Um embaixador foi flagrado numa escuta da Polícia Federal fazendo lobby para a Raytheon e acabou sendo demitido do governo, assim como o então ministro da Aeronáutica, o brigadeiro Mauro Gandra.[17]

O substituto de Gandra, Lélio Lobo, seria um surpreendente fiel da balança numa discussão entre Israel Vargas e o então ministro da Secretaria de Assuntos Estratégicos, Ronaldo Sardemberg, em 1996, sobre o programa de pesquisa amazônica. Com seu apoio, os cientistas conseguiram criar o LBA, sigla em inglês para Experimento de Grande Escala da Biosfera-Atmosfera na Amazônia, até hoje a maior iniciativa científica realizada na maior floresta tropical do mundo.

Iniciado em 1998, o LBA formou quinhentos mestres e doutores, a maioria brasileiros; instalou torres que mediram o fluxo de gases entre a selva e a atmosfera — e que determinaram que a Amazônia sequestra ativamente carbono do ar, a uma taxa média de uma tonelada por hectare, ajudando a mitigar o efeito estufa —; desvendou o papel das queimadas na inibição das chuvas; mostrou que 70% de todo o desmatamento ocorre a cinquenta quilômetros ou menos de rodovias pavimentadas (um insight que ajudaria os cientistas do Ipam a modelar o desmatamento futuro e botar o Avança Brasil na geladeira); e explicou a dinâmica dos "rios voadores". Um dos cientistas associados ao programa, Peter

Cox, do Escritório de Meteorologia do Reino Unido, o Met Office, completaria a lacuna do trabalho sobre a savanização dando uma primeira pista sobre o impacto do aquecimento global na Floresta Amazônica. Não era nada bonito.

No fim do ano 2000, Cox publicou no periódico *Nature* um estudo sugerindo que o aquecimento da Terra poderia ser acelerado pela interação da atmosfera com a biosfera.[18] Usando dados de um sofisticado modelo de computador do clima global criado pelo Met Office, Cox mostrou que os ecossistemas do mundo funcionavam bem como sorvedouros para o carbono em excesso emitido pela humanidade. Na ausência de políticas de combate às emissões, porém, esse "ralo" seria progressivamente entupido até 2050, quando as florestas passariam a "hiperventilar", emitindo mais carbono por respiração do que absorvem por fotossíntese.

O modelo de Cox também indicava que, antes dessa conversão da biosfera em fonte líquida de CO_2, o aquecimento em excesso faria os ecossistemas sul-americanos secarem, causando uma morte maciça de florestas, sobretudo na Amazônia. Isso, por sua vez, levaria a mais emissões, pela perda do carbono estocado na biomassa, agravando ainda mais o aquecimento global. É o que os cientistas do clima chamam de "feedback positivo", com o efeito estufa causando mais efeito estufa.

A hipótese da morte maciça da Amazônia (ou *Amazon dieback*, como ficou conhecida em inglês) deixou a comunidade climatológica em pânico: passou a ser considerada uma das grandes trombetas do apocalipse do clima, um evento de baixa probabilidade de ocorrência, mas de impacto tão nefasto para a humanidade que o melhor seria não pagar para ver. Cox, no entanto, lembrou em seu estudo original que não considerou os efeitos diretos do desmatamento, que poderiam agravar e acelerar ainda mais a morte da Floresta Amazônica. Juntas, a hipótese da savanização e a do *dieback* forneceram o argumento científico mais poderoso em favor da preservação da Amazônia. Estima-se que a floresta estoque em sua biomassa 123 bilhões de toneladas de carbono, o equivalente a 442 bilhões de toneladas de gás carbônico, ou quase dez anos de emissões humanas.[19] Removida a floresta, a crise climática global se tornaria essencialmente insolúvel, e seus impactos, cataclísmicos. Não se tratava mais de uma mera questão de biodiversidade ou de direitos de povos indígenas e ribeirinhos: a ciência mostrava que cada cidadão do mundo tinha interesse direto na manutenção da floresta.

* * *

Enquanto Daniel Nepstad e colegas do Ipam olhavam para o mundo macro da dinâmica do desmatamento e suas consequências, outro expatriado americano e seus alunos brasileiros tentavam entender a lógica micro de suas causas e como revertê-las. No processo, criaram uma das instituições científicas mais robustas do mundo tropical.

Christopher Francis Uhl nasceu em 1949, na Pensilvânia, e nunca havia se interessado por florestas até seu doutorado, no final dos anos 1970. Na faculdade, no Michigan, cursou estudos asiáticos, fascinado pela cultura japonesa e pelo budismo. No final daquela década, foi para a Venezuela estudar regeneração de florestas desmatadas e abandonadas e acabou surpreendido pela mesma resiliência da juquira que perturbou os pecuaristas paulistas em Mato Grosso em meados dos anos 1970 (veja o capítulo 1). Publicou trabalhos importantes sobre o tema, mostrando, por exemplo, que a velocidade da regeneração depende da área degradada e da proximidade de uma mata em pé que sirva de banco de sementes.

"Tudo isso é óbvio, mas ninguém havia quantificado antes dele", lembra Adalberto Veríssimo, um ecólogo paraibano que desde a adolescência quis trabalhar na Amazônia e que se transferiu de faculdade do Ceará para o Pará para poder ficar mais perto da floresta. Beto, como prefere ser chamado, conheceu Uhl durante a graduação, em 1988, quando este veio para o Brasil num convênio com a Embrapa de Belém. Juntamente com o baiano Paulo Barreto, um estudante de engenharia florestal da Universidade Federal Rural da Amazônia, tornou-se cofundador de uma organização que Uhl vinha planejando criar no Brasil desde 1987 com o também estadunidense David "Toby" McGrath. Em 1990, nasceu o Instituto do Homem e Meio Ambiente da Amazônia, o Imazon.

Já no início de seu trabalho no país, Uhl aprendeu pela dor o que era ser um gringo se metendo em um tema tão sensível quanto a Amazônia. Pouco tempo depois de se mudar para Belém, entregou a um jornalista uma cópia de um de seus artigos científicos mais famosos, o qual estimava que, para a produção do hambúrguer de 125 gramas Quarterão, do McDonald's, era necessária a destruição de meia tonelada de floresta tropical. A história foi parar na capa do jornal *O Liberal*, de Belém, com uma ilustração de um sanduíche com uma imensa tora no meio. Uhl foi convocado na direção da Embrapa para levar uma bronca: a ordem na estatal era não chamar a atenção para o desmatamento, e seus anfitriões disseram que ele não tinha vindo para o Brasil para "soltar foguete" sobre a Amazônia.

O episódio marcaria o DNA do Imazon como uma organização não governamental em que não havia lugar para ativismos. "A Amazônia estava polarizada por muita opinião, e mesmo as pessoas que defendiam a floresta não tinham uma boa fundamentação técnico-científica para a defesa, e os que atacavam também não tinham", recorda-se Veríssimo. "Nessa confusão, o Chris falou: 'Nós vamos entrar aqui oferecendo informação e soluções e olhando para a frente, fazendo boas perguntas'. A contradição nos interessa."

Uhl criou um sistema draconiano de pesquisas em que cada estudante buscava responder a uma única pergunta com foco total. Todos eram incentivados a quantificar, a relatar suas conclusões em artigos científicos, escrevê-los em inglês — um desafio para os estudantes brasileiros — e submetê-los aos melhores periódicos do mundo. Ex-alunos contam que Uhl trabalhava sem parar e impunha o mesmo ritmo a sua jovem equipe. Isso incluía estar em atividade às dez da noite de 31 de dezembro, por exemplo.

O novo instituto buscou investigar questões sobre as quais havia muito achismo e pouca literatura, como a de que o desmatamento diminuía em períodos de arrocho econômico porque não havia dinheiro para desmatar. Isso não era verdade. Havia algo na própria dinâmica do desmatamento financiando a atividade. Esse algo era a indústria madeireira, que obtinha matéria-prima a custo baixíssimo — frequentemente em terras públicas — e reinvestia os lucros na pecuária. A floresta, mostraram as pesquisas do Imazon, bancava a própria destruição. A exceção foi o governo Collor, quando houve um enxugamento total da liquidez no país (veja o capítulo 8).

Coube a Beto Veríssimo liderar os trabalhos do Imazon que desvendariam a indústria madeireira, naquela época um dos principais motores do desmatamento. Mergulhando em longas temporadas de campo em lugares que nenhum ambientalista frequentava — serrarias e acampamentos de extratores —, o pesquisador paraibano mostrou como os madeireiros eram agentes econômicos plenamente racionais e que realizavam uma atividade muito competitiva, já que o principal custo da atividade, o da terra com florestas, era subsidiado de forma involuntária pelo governo: as terras de onde se extraíam as toras eram públicas, portanto ninguém precisava se preocupar em pagar seu custo. Além da rentabilidade elevada, reinvestida depois no desmatamento, a atividade madeireira contava com apoio social forte, porque, além dos empregos que gerava, frequentemente a única via de ligação de algumas comunidades com o mundo exterior — incluindo aí escola e médico — eram os milhares de quilômetros de estradas abertas e mantidas pelos extratores.

Entre 1988 e 1990, os pesquisadores do futuro Imazon publicaram quatro trabalhos clássicos sobre a dinâmica da atividade madeireira. A alta demanda do mercado internacional por madeira tropical nos anos 1980 fizera a atividade explodir nos municípios da Amazônia. E um lugar em especial se destacava: o município de Paragominas, a trezentos quilômetros de Belém, na beira da rodovia Belém-Brasília.

A proximidade da capital, o acesso por estrada asfaltada e o imenso estoque de florestas em sua área do tamanho de Sergipe[20] tornaram Paragominas o maior polo madeireiro da América Latina. A Rodovia dos Pioneiros, hoje um retão asfaltado na periferia da cidade cheio de oficinas mecânicas e galpões abandonados, chegou a abrigar centenas de serrarias no boom econômico da atividade; o número certo ninguém sabe, mas um ex-prefeito fala em trezentas. Em 1998, já bem depois do pico e com as florestas do município em esgotamento, o Imazon ainda contou 155 serrarias ativas na cidade, quase um quarto do total do estado do Pará.[21] Compradores desfilavam de porta em porta com valises do tipo Presidente cheias de dinheiro vivo, e a demanda era tamanha que os preços subiam nos meses de "inverno", época da chuva, quando a colheita arrefecia. Era tanta madeira que os resíduos das serrarias também alimentavam uma próspera indústria carvoeira, que abastecia o polo siderúrgico de Carajás, mais ao sul. A fumaça dos fornos, centenas deles construídos nos próprios galpões das serrarias, encobria Paragominas num smog permanente. "Se você chegasse no meio da praça da cidade e sentássemos eu e você numa mesa, um não enxergaria o outro", ouvi de um ex-carvoeiro enquanto atravessávamos em sua picape a antiga zona madeireira da cidade.

Nesse lugar improvável e violento, Chris Uhl e Toby McGrath criaram um dos ambientes científicos mais férteis da Amazônia dos anos 1990. Num pequeno escritório da Embrapa conhecido como Casa Verde, instalado num terreno cedido por um fazendeiro local, o Imazon montou uma base de pesquisas para trazer estudantes dispostos a responder a perguntas sobre restauração florestal, degradação e atividade madeireira. Muitos líderes da ciência amazônica de hoje passaram por lá. "A Casa Verde tinha dois quartos, mas chegou a abrigar trinta pessoas, todo mundo dormindo em rede", conta Daniel Nepstad.

Conhecido de Uhl desde os tempos de Michigan, o nativo de Illinois, louro, alto e impossível de ser confundido com um local, havia se instalado em Paragominas nos anos 1980 com a mulher, numa casa "na frente de um bordel muito ativo". Por influência de Uhl, começou a trabalhar com ecologia de recuperação florestal e foi um habitué da Casa Verde durante os primeiros anos do Imazon. Nepstad conta que a atmosfera intelectual e as discussões com os pesquisadores jovens que se revezavam ali foram ingredientes importantes da fase explosiva da ciência amazônica.

Naquela época, ele publicou seu primeiro artigo científico sobre um tema que perseguiria nos anos seguintes: a observação de que, diferentemente do que ditava o senso comum, as árvores da Amazônia têm raízes profundas — e não concentradas todas na fina camada superior rica e matéria orgânica do solo —, que permitiam buscar água mesmo durante a seca e as mantinham sempre verdes. A descoberta foi noticiada na revista *Veja* sob o título de "Papo de gringo", o que assustou Uhl na determinação de não se meter em confusão com os brasileiros.

Foi também na base avançada do Imazon que Nepstad conheceu um charmoso estudante de mestrado paulista interessado em saúvas que ficou empolgadíssimo com Paragominas. O rapaz, Paulo Roberto Moutinho, acabaria sendo orientando de doutorado do americano. Em 1995, se juntaria ao professor, a Toby McGrath e ao advogado paraense especialista em questões fundiárias José Benatti para fundar outro instituto de pesquisas, o Ipam, mais assumidamente voltado a influenciar políticas públicas que o Imazon. "Todo mundo se juntava nas festas, mas havia algumas diferenças de abordagem ao longo dos anos", diz Nepstad, em seu português com sotaque paraense.

Em outra propriedade de Paragominas, a fazenda Sete, Beto Veríssimo e Chris Uhl começavam a responder à seguinte pergunta sobre a atividade madeireira: como fazer com que ela parasse de destruir florestas sem levar municípios inteiros à falência?

Já havia estudos na Ásia sobre como manejar de forma sustentável florestas tropicais, colhendo poucas árvores por vez e dando tempo para a floresta se regenerar. Mas nada nem sequer parecido existia na Amazônia.[22] Os pesquisadores do Imazon usaram o conhecimento adquirido em campo da ecologia da floresta e do comportamento dos madeireiros e propuseram ao dono da fazenda Sete um experimento: uma área de pouco mais de duzentos hectares seria separada em três lotes: um deles seria deixado intacto para controle, outro seria explorado da forma tradicional amazônica — predatória e sem planejamento — e, no último, seriam aplicados conceitos presentes nos livros-texto sobre manejo: inventário prévio das árvores, planejamento da derrubada e do arrasto das toras (para evitar que outras árvores morressem como dano colateral) e regeneração da área após a extração.

Uma equipe própria de tratoristas e operadores de motosserra foi treinada pelo Imazon para operar apenas no lote manejado, sob a batuta de um veterano da exploração de madeira na Amazônia: o holandês Johan Zweede, que havia sido braço direito do magnata Daniel Ludwig no controverso Projeto Jari. Também foi importada especialmente para o experimento uma máquina *skidder*, um tipo de trator de pneu com uma garra em forma de pinça de caranguejo na traseira, usado para arrastar toras.

O experimento, iniciado em 1991, durou até 1993 e provou o princípio de que o manejo florestal sustentável era possível na Amazônia. Tornou-se, depois, uma das linhas do ppg7, o Promanejo, destinado a disseminar a experiência e a convencer empresários do setor madeireiro a investir na opção.

"O ponto central pra mim é que organizações do terceiro setor são pequenas e você só tem uma chance de impactar: antecipar tendências, estar perto do problema e se preparar para que, quando as condições políticas forem favoráveis, você esteja com as coisas prontas", diz Veríssimo. Num futuro não muito distante, as condições políticas favoráveis apareceriam, e as ideias fermentadas pelos cientistas do Imazon, do Ipam e de outras organizações no chão da floresta seriam enfim testadas em escala.

11. Ritual macabro

Gilberto Câmara chegou ao Ministério do Meio Ambiente às nove horas. Trazia um laptop na mochila e uma mensagem singela para o secretário de Biodiversidade da pasta: "Capô, fodeu".

Era 18 de maio de 2005. Dali a uma hora haveria uma reunião de ministros no Palácio do Planalto para a apresentação dos dados de desmatamento na Amazônia no ano de 2004. Câmara, diretor de Observação da Terra do Inpe, havia passado a madrugada num hotel em Brasília com os líderes do programa de monitoramento da Amazônia, Dalton Valeriano e Cláudio Almeida, revisando planilhas para chegar ao número final. Indicações preliminares davam conta de que o dado seria ruim, mas até o dia de sua divulgação ele ainda não havia sido totalmente fechado.

Por volta das cinco horas da manhã, os técnicos do Inpe concluíram que a taxa de desmatamento estimada para os doze meses entre agosto de 2003 e julho de 2004, período oficial de apuração, fora de 26 130 km^2, um aumento de 6,23% em relação ao período de 2002-3. "Achei que tinha um erro de software, mas o problema não era de software. O problema era que o dado estava certo", recorda-se Câmara.

O número era uma bomba: tratava-se da segunda taxa de devastação mais alta desde o início da série do sistema Prodes, em 1988. E João Paulo

Capobianco, o Capô, entrou compreensivelmente em pânico ao receber a informação.

O governo Lula chegava a seu terceiro ano sob fortes suspeitas de um esquema de corrupção descoberto nos Correios — que estouraria poucas semanas depois, em 6 de junho, com o deputado Roberto Jefferson cunhando a expressão "mensalão" numa entrevista à *Folha de S.Paulo*. O partido que havia passado duas décadas denunciando a corrupção alheia pelo visto não era imune a ela.

Na área ambiental, o PT também prometera fazer as coisas de um jeito diferente, encantando o mundo ao nomear a senadora ambientalista Marina Silva, que já era uma celebridade na área, como ministra do Meio Ambiente. A taxa de 2004 era a primeira cuja responsabilidade era 100% da administração Lula, já que o recorde do ano anterior ainda poderia ser parcialmente atribuído ao descontrole da gestão FHC. Dessa vez não havia como botar a culpa na "herança maldita" dos tucanos.

Pior ainda, Marina e Capobianco haviam arquitetado em 2003 e iniciado em 2004 um grande Plano de Ação para Prevenção e Controle do Desmatamento na Amazônia Legal. O PPCDAM, como ficou conhecido, era o teste de duas grandes apostas da equipe da ministra. A primeira era que o desmatamento poderia ser reduzido de forma consistente, algo que ainda não era consenso à época. A segunda era que, para que essa redução ocorresse, seria necessário tirar a questão do gueto ambiental e torná-la transversal,[1] envolvendo diversas áreas do governo. O número apresentado por Câmara, Valeriano e Almeida naquela manhã ao secretário de Biodiversidade mostrava que, até ali, as apostas haviam fracassado. E, como a responsabilidade era compartilhada, não se tratava de um fracasso do Meio Ambiente, mas, sim, de todo o governo federal.

Depois de perguntar várias vezes "mas vocês têm certeza?" aos técnicos do Inpe e apresentar os dados a Marina, Capô foi com a ministra e o trio de cientistas à Casa Civil para subir no cadafalso. O poderoso ministro José Dirceu era o coordenador do PPCDAM, então as reuniões para debater as políticas para a Amazônia eram convocadas por ele. Entre os ministros presentes estavam Ciro Gomes (Integração Nacional), Eduardo Campos (Ciência e Tecnologia) e Anderson Adauto (Transportes). Dirceu não pôde ir e mandou em seu lugar o secretário executivo, Swedenberger Barbosa.

A apresentação em PowerPoint de Gilberto Câmara foi seguida de um barata-voa. Ministros começaram a questionar a forma de cálculo do Prodes. Ciro foi o mais agressivo: não aceitava a metodologia do Inpe, estabelecida desde 1988, que calculava a taxa com base em medições e algumas inferências estatísticas — por exemplo, se uma imagem está parcialmente coberta por nuvens e a área adjacente à encoberta está desmatada, o Inpe assume que a área encoberta também está. "Ele tinha um misto de autoritarismo de que o governo não podia lançar um dado tão ruim com uma desconfiança de que essa tal taxa era uma coisa esquisita", lembra Capobianco. Câmara explicava e Ciro interrompia, rejeitando as explicações. Marina interveio: "Deixa o menino falar!".

Lá pelas tantas, Barbosa, da Casa Civil, resolveu tentar encerrar a discussão e fazer valer sua autoridade: "O Inpe tem trinta dias para revisar o dado". Câmara se irritou: "Nem trinta dias, nem trinta anos! O Inpe não é a casa da mãe joana!". O bate-boca foi enfim encerrado pela ministra do Meio Ambiente, principal prejudicada pela informação. Marina disse que confiava no Inpe e que, se o número era aquele, seria aquele o que iria para a imprensa na saída da reunião (Barbosa diz não ter lembrança do episódio; a Casa Civil não manteve ata dessa reunião). "O Gilberto sabia que era aquilo e não havia nada a ser feito. Minha interposição ali foi evitar que se cometessem erros desnecessários, até por desconhecimento da dinâmica do processo", conta ela. Assim foi abortada a primeira tentativa de intervenção no dado de desmatamento do governo Lula.

Não seria a última.

Previsivelmente, o número do Prodes gerou uma crise. A ministra precisou se explicar a uma imprensa que questionava se a senadora acreana não estava sendo usada para fazer *greenwashing* numa gestão que mantinha as mesmas práticas das outras — e se ela teria condições de se manter no cargo.[2]

De fato, entre 2003 e 2004, o Ministério do Meio Ambiente foi vencido pelo agronegócio em seu plano de conter a destruição da floresta. A gestão de Luiz Inácio Lula da Silva foi marcada pelo chamado "boom das commodities", uma alta nos preços internacionais dos produtos primários, como soja e minério de ferro, ocorrida no início do século, na esteira do brutal crescimento da economia da China. Em 2004, a soja atingiu seu maior preço internacional desde 1997, indo a 277 dólares a tonelada negociada na Bolsa de Chicago.[3] Antes do final da década ela estaria 453 dólares, 63% a mais. O estado de Mato Grosso, governado pelo empresário gaúcho Blairo Borges Maggi, o "rei da soja", se convertia na principal potência agropecuária do país que estava no rumo de se tornar a principal potência agropecuária do mundo. E mais: em breve, os grãos do nordeste mato-grossense ganhariam um atalho para os mercados internacionais, com o anúncio da pavimentação da rodovia BR-163, a Cuiabá-Santarém, que cruzava o miolo da região produtora de Mato Grosso.

Mas havia uma floresta no meio do caminho da agropecuária, e o desmatamento no médio-norte mato-grossense explodiu. A rentabilidade era tão alta que a soja passou não apenas a ocupar maciçamente pastagens já existentes — empurrando o boi para novas áreas de floresta virgem e de forma indireta causando desmatamento —, mas também a fazer algo que não se imaginava que ocorresse: converter mata amazônica virgem diretamente em agricultura, e no intervalo de apenas um ano.[4] Devido ao alto custo do desmate, o padrão até aquele momento era que a conversão levasse cerca de três anos e que o capim precedesse o cultivo mecanizado de grãos. Na Amazônia dos anos 2000, essa regra já não era absoluta.

Toda a gestão de Marina Silva no Ministério do Meio Ambiente viveu essa tensão: de um lado, a onda econômica internacional que o governo Lula tão habilmente surfou, permitindo ao país crescer e distribuir renda. De outro, a destruição maciça de ecossistemas e comunidades tradicionais que esse ciclo de prosperidade ensejava caso não houvesse controle sobre o setor de commodities e a especulação fundiária. No final daquele mesmo ano de 2005, a tese de Marina, Capobianco e colegas de que era possível expandir a agropecuária reduzindo desmatamento começaria se mostrar correta. Mas, como em toda jornada do herói, antes do triunfo, o PPCDAm atravessaria uma série de percalços. O dado do Prodes de 2004 era um deles, ameaçando a credibilidade da herdeira natural de Chico Mendes. E credibilidade fora exatamente o que levara Luiz Inácio Lula da Silva a nomear Marina Silva para o cargo.

Na tarde de 10 de dezembro de 2002, a senadora petista estava saindo do próprio gabinete para o plenário quando foi surpreendida por uma horda de jornalistas para entrevistá-la. "Parece que o Lula falou alguma coisa", disse um de seus assessores. Pela imprensa, a acreana de 44 anos acabava de saber que fora anunciada como nova ministra do Meio Ambiente do Brasil.

Lula estava nos Estados Unidos, em sua primeira viagem internacional como presidente eleito. Encontrou-se com o colega norte-americano George W. Bush e em seguida foi dar uma entrevista coletiva no National Press Club, em Washington. A imprensa americana só queria saber de duas coisas: da economia e da Amazônia. Na ocasião, ele anunciou os dois primeiros nomes de seu ministério, o ex-prefeito de Ribeirão Preto Antonio Palocci para a Economia e a senadora Marina Silva para o Meio Ambiente.[5]

"O Lula foi bombardeado com perguntas sobre Amazônia, meio ambiente, questão indígena. Naquele contexto ele disse, quase como uma garantia de que o tema seria bem tratado, que eu seria ministra do Meio Ambiente", conta Marina.

O famoso senso de oportunidade do presidente operou naquele momento, já que Lula não havia combinado nada de antemão com ela. E o tema ambiental era lateral para os petistas. O partido era dominado por nacional-desenvolvimentistas e por gente preocupada com distribuição de renda e educação. Apesar da influência dos socioambientalistas, meio ambiente era visto não apenas pelo PT, mas por toda a esquerda, como um assunto de "burgueses".[6] Marina diz que o capítulo de meio ambiente do plano de governo de Lula, coordenado por ela, foi o que teve menos ênfase quando apresentado ao candidato em 2002.

Só que o presidente eleito entendeu muito rápido que o tema amazônico seria central para a inserção internacional do Brasil. O conjunto de pesquisas científicas publicadas nos anos anteriores mostrando a importância da Amazônia para o combate à mudança do clima, as altíssimas emissões de gás carbônico dos brasileiros em decorrência da devastação e o risco que programas de desenvolvimento como o Avança Brasil traziam à maior floresta tropical do mundo já eram um assunto-chave para a comunidade internacional. Ao retirar os Estados Unidos das negociações de clima, em 2001, George W. Bush havia sem querer atraído ainda mais atenção do mundo para a crise climática e, por tabela, para a selva brasileira. Ter a chefia do Meio Ambiente entre os dois primeiros nomes anunciados de sua equipe era um trunfo para Lula.

Na volta de Washington, o presidente eleito formalizou o convite. Marina aceitou, mas com algumas condições: queria autonomia para montar sua equipe, longe do loteamento partidário feito na administração federal pelo PT; queria "honrar o legado de Chico Mendes", ou seja, ter autonomia para tocar a política ambiental. "E outra questão que eu levantei foi se teria mesmo apoio para fazer as coisas. Claro que a resposta foi muito cordata, daquele jeito do Lula: 'Fique tranquila, minha querida, vamos trabalhar'. Como eu sempre vivi na escassez, meia frase para mim é uma tese de doutorado, então 'fique tranquila, vamos trabalhar' era o que eu precisava."

Marina teve de fato liberdade para montar sua equipe. Manteve Mary Allegretti na Secretaria da Amazônia, trouxe alguns assessores de sua confiança do Senado e foi buscar nomes entre as ONGs ambientalistas. O biólogo João Paulo Capobianco, do Instituto Socioambiental, foi trazido para a Secretaria de Biodiversidade e Florestas e logo se tornaria o principal auxiliar da ministra.

Capô e Marina contrastavam em figura e em personalidade. Louro, alto e peremptório, o ambientalista paulista é um trator, enquanto sua chefe, pequena e esquálida, é contida e conciliadora por temperamento. Os dois se conheceram três anos antes, num workshop em Macapá, e mantiveram conversas pontuais desde então. O estilo dominador de Capobianco rendeu oposição a seu nome entre membros da equipe. Mas o biólogo era o tipo de encrenqueiro de que Marina precisaria no Ministério, com uma trajetória de militância ambiental que envolveu enfrentar a própria família.

João Paulo Ribeiro Capobianco é herdeiro de uma das maiores empreiteiras do Brasil, a Construcap. Seu pai, Júlio, construiu um império durante a ditadura, fazendo estradas, conjuntos habitacionais, redes de esgoto e outras obras públicas, inclusive para a Petrobras. João Paulo era o filho "desbundado", que nunca se interessou por engenharia ou obras e nunca trabalhou na empresa. Sua maior influência foi a do avô materno, Custódio Ferreira Leite, um grande cafeicultor de Minas Gerais que mantinha uma floresta de 5,7 mil hectares em sua propriedade de 9,6 mil hectares na região de Guaxupé. O major Custódio, como era conhecido, foi um dos poucos fazendeiros que não eliminaram suas florestas na crise de 1929 para vender madeira, e a "Mata do Major" virou um dos últimos grandes fragmentos de Mata Atlântica no sul de Minas. Era onde Capô passava as férias e foi onde ele iniciou sua militância, aos dezesseis anos.

Em 1974, com a morte do major Custódio, a propriedade foi dividida entre nove filhos. E os tios e primos de João Paulo tinham um plano para a Mata do Major: botá-la abaixo. "Eu, um primo e meu irmão ficamos desesperados", lembra-se. Em busca de ajuda, os três adolescentes foram até a casa de uma de suas professoras no colégio Santa Cruz, Nícia Magalhães, muito ligada à questão ambiental. "Eu tenho um amigo que pode ajudar vocês", disse a professora. Na mesma hora ela pegou o telefone e discou um número. Do outro lado da linha atendeu o tal amigo — Paulo Nogueira-Neto, secretário especial do Meio Ambiente do governo federal.

Orientados pelo chefe da Sema, os três montaram um grupo de defesa da Mata do Major e organizaram uma campanha, que incluía denunciar que a derrubada estava sendo feita sem autorização do governo e em desrespeito ao Código Florestal de 1965. O desmatamento parou e rendeu a Capô o "cancelamento" por parte de alguns primos, que até hoje não falam com ele. A vitória dos jovens ativistas contra seus parentes durou pouco. "Passaram-se uns onze ou doze meses, os caras ficaram na surdina e venderam a mata em pé a uma fábrica de carroceria de caminhão. E essa fábrica tinha uma capacidade de desmatamento monumental; quando ficamos sabendo, já tinham detonado uma área enorme e não conseguimos mais segurar." Para o futuro ativista, ficariam duas lições do episódio que ele buscaria aplicar décadas depois à Amazônia: a necessidade de criar amarras institucionais e a de jamais contar só com elas — presença permanente nos locais a proteger era crucial.

No início dos anos 1980, trabalhando como fotógrafo, Capô foi convidado para uma expedição à Jureia, o último grande pedaço de Mata Atlântica preservado no estado de São Paulo, perto da divisa com o Paraná. E descobriu que o paraíso florestal à beira-mar estava com os dias contados. Paulo Nogueira-Neto havia criado uma minúscula estação ecológica federal no local, com 3 mil hectares. Mas havia uma guerra fundiária em curso na Jureia: a construtora Gomes de Almeida Fernandes planejava erguer um condomínio vertical gigantesco na área de restinga, que havia adquirido. E a Nuclebrás, estatal nuclear federal, queria fazer duas usinas atômicas ali. "Aí eu entrei de cabeça no movimento em defesa da Jureia. Foi uma coisa louca, uma ruptura total na minha vida." Capô se aliou a outro herdeiro paulistano, Rodrigo Lara Mesquita, cuja família era dona do *Estado de S. Paulo*, da rádio Eldorado e do *Jornal da Tarde*, ao advogado Fabio Feldmann e ao jornalista Randau Marques, do *JT*. O movimento iniciado em 1984 resultaria na criação, pelo governador Franco Montoro, da Estação Ecológica Jureia-Itatins, de 84400 hectares, em 1986. No mesmo ano, o movimento pela Jureia se transformaria na Fundação SOS Mata Atlântica, que em 1987 fez uma campanha de mídia famosa até hoje ("estão tirando o verde da nossa bandeira") e emplacou Feldmann como primeiro deputado federal ambientalista do Brasil.

Nos anos 1990, Capô embarcou no socioambientalismo e ajudou a fundar o Instituto Socioambiental em 1994. Ali trabalharia junto às populações tradicionais do Vale do Ribeira, no mesmo litoral sul de São Paulo, contra a construção da hidrelétrica de Tijuco Alto (enterrada pelo Ibama apenas em 2016), e depois no mapeamento das áreas críticas para a proteção da biodiversidade na Amazônia, operando muito próximo ao Inpe na produção de mapas de desmatamento. Foi nesse momento que Marina o recrutou para o Ministério.

Da primeira conversa da ministra com seu novo secretário de Florestas, em 3 de janeiro de 2003, saiu uma ideia: uma das principais metas da nova gestão seria reduzir a taxa de desmatamento da Amazônia. Ambos concordaram que, se Marina falhasse em controlar a destruição da floresta, qualquer outro eventual sucesso de sua gestão seria eclipsado.

Hoje, olhando para trás, parece óbvio que qualquer ministro do Meio Ambiente precisava ter a redução do desmatamento entre suas prioridades. Só que no começo de 2003 isso estava muito longe de ser consenso. Ao contrário, mesmo entre ambientalistas havia quem achasse que a devastação da Amazônia era uma espécie de doença crônica, produzida por um conjunto complexo de fatores — desde o câmbio até os preços de commodities, passando pelo otimismo ou pessimismo econômico e pelos calendários eleitorais — contra os quais o governo tinha poucos poderes. Além de tudo, os 5 milhões de km² da Amazônia Legal eram virtualmente "infiscalizáveis", por mais que o Ibama tivesse gente e recursos, o que não era o caso. A agência ambiental poderia atuar, como atuou de Sarney a FHC, enxugando gelo. Mas a grande cartada contra o desmate, a medida provisória que elevou a reserva legal para 80%, já havia sido jogada na mesa, com resultado pífio: após uma queda em 1997, de 18,2 mil para 13,2 mil km², o Prodes voltara a subir em 1998 e se mantivera alto, na casa dos 18,5 mil km², até o final do governo tucano.

Quando Marina realizou no gabinete sua primeira reunião de equipe com todos os secretários e decretou que a meta prioritária do Ministério seria reduzir a taxa de corte raso da floresta ao final da gestão, a primeira a levantar a voz contra foi justamente a pessoa com mais experiência em combate ao desmatamento da equipe: a secretária da Amazônia, Mary Allegretti. A mãe das reservas extrativistas já vira José Carlos Carvalho quebrar a cara ao comemorar uma "tendência de declínio" da devastação com o dado de 2001,[7] que não resistiu à revisão do próprio Inpe[8] meses depois. Allegretti achava que, dado tudo o que se sabia sobre a dinâmica e o ritmo da devastação na era do Plano Real, era um risco inaceitável assumir um compromisso com a redução da taxa no espaço de um mandato presidencial. Foi secundada por Gilney Viana, mato-grossense e secretário de Políticas para o Desenvolvimento Sustentável do Ministério. Após um silêncio desconfortável, Marina insistiu: "Se no meu governo não reduzirmos o desmatamento, então eu quero mesmo sair como fracassada". Caso encerrado. Haveria meta.

As questões passavam a ser se essa meta seria numérica, em percentual de redução, por exemplo, e como atingi-la. E o primeiro passo a dar seria quebrar algumas caixinhas dentro do próprio governo.

O Meio Ambiente sozinho não tinha os recursos humanos ou orçamentários para dar conta da tarefa. Além disso, havia uma série de políticas adotadas em outras esferas de governo que influíam no aumento ou na redução do desmatamento: a titulação e a destinação de terras públicas, que eram responsabilidade do Incra; a construção de estradas, pelo Ministério dos Transportes, e de hidrelétricas, pelo de Minas e Energia; a demarcação de terras indígenas, pela Funai, ligada ao Ministério da Justiça; e, evidentemente, o crédito agropecuário e a política agrícola, do Ministério da Agricultura. A equipe do MMA desenhou uma proposta, levada a Lula e ao conselho de ministros, de um grupo de trabalho formado por dezoito ministérios e uma comissão executiva de doze[9] que decidiria sobre as políticas visando à redução dos índices de desmatamento na Amazônia Legal. Cereja do bolo, o trabalho seria coordenado pelo Palácio do Planalto, por meio da Casa Civil. Por vias tortas e treze anos mais tarde, voltava à baila a proposta inicial do Programa Nossa Natureza, atropelada pela criação do Ibama (veja o capítulo 6), de centralizar o combate ao desmatamento na Presidência da República.

Previsivelmente, houve choro e ranger de dentes. "A Casa Civil tinha pavor de desmatamento. O Palácio do Planalto queria ficar longe de desmatamento", lembra Marina. Vários ministros apontaram que o MMA estava jogando um pepino internacional no colo de Lula. Ciro Gomes não perdeu a chance de ironizar: "Essa Marina é muito inteligente. Ela quer dividir essa bomba do desmatamento com todos nós aqui". A ministra respondeu que poderia ser uma bomba, mas poderia também ser um resultado inédito, com louros a dividir com todo o governo. Fiando-se na meia promessa de Lula de que lhe daria apoio, Marina "subiu" o tema para arbitragem presidencial. Ao mesmo tempo, iniciou costuras políticas bilaterais com os outros ministros. Lula topou a criação do comitê, e Ciro, inicialmente cínico, acabou tornando-se um dos maiores aliados da ministra no governo.

Outro grande problema a resolver era aquilo que Marina chamava de "ritual macabro" da divulgação dos dados de desmatamento. Os números do Prodes eram sempre publicados com atraso de mais de um ano: apesar de o desmatamento ser medido de agosto a julho, o dado só era conhecido no final do primeiro semestre do ano seguinte. Isso o tornava pouco útil para fins de planejamento de ações de fiscalização, já que era sempre um olhar para o passado — fora o constrangimento público do ministro de turno de levar pancada na imprensa por eventuais números ruins sobre os quais ele já não poderia atuar e que nem sempre eram culpa do governo empossado.

"O primeiro dado de 2003, que vinha do governo FHC, nós recebemos duas horas e pouco antes de ser anunciado. Era um dado da administração anterior, mas de nossa responsabilidade. E a gente recebe junto com o Brasil, praticamente, e a comunidade internacional. O dado cai na sua cabeça e você não tem nada o que fazer", diz Marina Silva.

O Ministério da Ciência e Tecnologia e o Itamaraty tratavam o dado do Prodes como um segredo de Estado. Como o número em geral era ruim, ele fragilizava as posições brasileiras nos fóruns internacionais, sobretudo na Convenção do Clima da ONU.

Como usuário antigo dos dados de desmatamento e em contato com o Inpe desde os tempos de SOS Mata Atlântica — que iniciou um monitoramento do bioma com o Instituto em 1989 —, Capô usou o poder que agora tinha para abrir o Prodes. O Meio Ambiente solicitou ao então ministro da Ciência e Tecnologia, Roberto Amaral (PSB), que os dados digitalizados do Prodes fossem disponibilizados na internet e debatidos com a sociedade civil antes da divulgação. O Ministério também pediu que uma prévia da taxa de desmatamento, baseada em cinquenta imagens de satélite que capturavam 75% da área desmatada, passasse a ser disponibilizada no mesmo ano e ajustada no ano seguinte, quando todas as duzentas imagens que o Inpe usava no Prodes estivessem processadas. Amaral, um nacionalista que se notabilizara por defender que o Brasil construísse uma bomba atômica, negou o pedido, alegando não poder contrariar os protocolos do Inpe. Lula interveio. Marina ganhou o acesso.

Em junho de 2003, quando o dado de 2002 caiu na cabeça de Marina, ela aproveitou o momento do "ritual macabro" e o constrangimento geral para botar os planos em marcha. A primeira medida foi formalizar, por um decreto publicado em 3 de julho, o comitê interministerial "com a finalidade de propor medidas e coordenar ações que visem à *redução dos índices de desmatamento na Amazônia legal*".[10] Ali estava, pela primeira vez, o governo brasileiro se comprometendo formalmente com a diminuição do desmatamento, e de forma transversal. O comitê tinha entre suas atribuições elaborar um plano de prevenção e controle do desmatamento da Amazônia (o PPCDAM) e submetê-lo ao presidente da República. A segunda medida foi convocar para setembro um seminário de especialistas da academia e da sociedade civil para abrir a caixa-preta do Inpe e discutir os dados.

A equipe do Meio Ambiente passou a trabalhar na construção do PPCDAM, que seria apresentado a Lula no fim daquele ano e lançado em 15 de março de 2004.[11] O plano visava mudar completamente a maneira como o governo atuava na Amazônia. Com base em todo o conhecimento acumulado sobre a economia da fronteira e sobre os motores do desmatamento, o PPCDAM envolveria ações em quatro eixos: ordenamento territorial e fundiário, para coibir a grilagem de terras que incentivava o saqueio à madeira da floresta e aos nutrientes do solo pela agropecuária; monitoramento e controle, para iniciar uma presença ostensiva do Estado nas zonas críticas de devastação; fomento a atividades produtivas sustentáveis — o mais pretensioso deles, que visava a mudança da economia da região; e infraestrutura sustentável, que acabou incorporado ao terceiro eixo.

Ainda em 2003, duas outras iniciativas foram concebidas no Ministério. A primeira era o chamado Plano Amazônia Sustentável, sugerido a Lula na primeira viagem como presidente à Amazônia, em maio, no Acre.

A ideia, segundo Capobianco, era evitar que o presidente cedesse aos tradicionais pedidos dos governadores da Amazônia de obras como pontes e estradas, condicionando todos esses pedidos ao desenvolvimento de uma economia sustentável. O PAS, como ficou conhecido, nunca foi realizado. Os governadores amazônicos não só não compraram a ideia como teriam papel decisivo cinco anos mais tarde na saída de Marina do Ministério.

O PAS não foi exatamente iniciativa da equipe do MMA, mas, sim, uma maneira de tentar descascar um abacaxi que havia sido empurrado por Fernando

Henrique Cardoso. No final de seu governo, em 2002, o tucano anunciou que a rodovia BR-163 seria asfaltada em seu trecho final, entre as cidades de Guarantã do Norte, em Mato Grosso, e Santarém, no Pará. A soja mato-grossense ganharia, assim, um atalho para o Atlântico, pois, em vez de ser levada de caminhão até o porto paranaense de Paranaguá (a 2,25 mil quilômetros de Sinop, um dos principais polos sojeiros da época), poderia ir pelo norte até portos em Miritituba, no Pará (a 990 quilômetros de Sinop), ou Santarém, na boca do rio Amazonas (a 1290 quilômetros).

A 163 era a "flecha" do arco e flecha representado pelas estradas do Programa de Integração Nacional de Emílio Médici. Mas, ao contrário da Transamazônica, nunca havia sido objeto de um esforço de colonização do governo. Praticamente intransitável seis meses por ano, tinha povoação esparsa, exceto por garimpeiros que criaram corruptelas, como Moraes de Almeida, um distrito de Itaituba, e Castelo dos Sonhos, na porção sul do município de Altamira, um lugar conhecido pela violência extrema de bandoleiros da quadrilha de Márcio Martins, o "Rambo do Pará".[12]

O anúncio de que havia um consórcio de sojicultores interessado em bancar a pavimentação e de que o governo levaria a obra adiante, via Departamento Nacional de Infraestrutura de Transportes (DNIT), criou um alvoroço no médio-norte de Mato Grosso e no oeste do Pará. Com a expectativa de valorização das terras, o desmatamento cresceu 500% entre 2001 e 2002 no trecho paraense da rodovia, nos municípios de Novo Progresso e Altamira.[13] O estudo pioneiro do Ipam, do ISA e do WHRC sobre o impacto do Avança Brasil (veja o capítulo 10) havia estimado em 50 mil km² o desmatamento induzido pela estrada, mais 50 mil km² de degradação por fogo e extração de madeira.[14] A 163 compôs o surto de otimismo do agro que viria a tornar as taxas de desmatamento em 2002, 2003 e 2004 tão elevadas.

O asfaltamento da BR seria uma oportunidade de botar em prática os conceitos desenvolvidos pelos cientistas e incorporados ao planejamento do PPCDAm. Marina não diria "não" à pavimentação, mas, com apoio de Ciro Gomes, tentaria fazer o que o colega da Integração chamava de intervenção "ex ante" no território. Seria desenvolvido um plano de ordenamento territorial e fundiário para coibir o surto de grilagem, e serviços públicos essenciais seriam oferecidos aos municípios, assim como atividades sustentáveis e, o mais importante, um esquema de monitoramento ambiental rigoroso.

O laboratório de políticas ambientais da BR-163 seria colocado em prática dois anos mais tarde, com resultados contraditórios, como veremos adiante. Para que ele ocorresse, porém, seria preciso quebrar o último feitiço que mantinha o ritual macabro vivo e criar aquilo que seria um dos ingredientes fundamentais do sucesso do Brasil em reduzir o desmatamento: um método para monitorar a devastação em tempo real.

Quando reuniu os colegas de Esplanada para anunciar a criação do grupo interministerial sobre Amazônia, em julho de 2003, Marina fez uma bravata: o desmatamento seria medido mês a mês. "Era uma reivindicação justa, mas *avant la lettre*", diz Câmara. Na época ainda não existia um sistema que desse conta disso. Como você viu no capítulo 4, o satélite meteorológico NOAA-9, que detectava queimadas em tempo real e alimentava o monitoramento feito por Alberto Setzer, no Inpe, era imprestável para medir mudanças na cobertura florestal. Por essa razão, ninguém no Instituto havia pensado a sério em criar um sistema de alertas de desmatamento juntamente com o de queimadas. Eram problemas gêmeos, mas a tecnologia mantinha cada um no seu quadrado. Como as queimadas ocorrem muito depois do desmatamento, quando a floresta derrubada no ano anterior já secou, elas tampouco eram um indicador adequado para a fiscalização.

No final de 1999, o entrave tecnológico foi eliminado: a Nasa botou em órbita dois satélites pioneiros de observação do planeta, o Terra e o Aqua, que levavam a bordo uma série de sensores para medir múltiplas características do planeta. Era fim do governo de Bill Clinton, cujo vice, Al Gore, era extremamente interessado em mudanças climáticas. O governo norte-americano tentava entender, a partir do espaço, as mudanças globais, e os dois satélites irmãos serviriam para isso (o dinheiro do contribuinte americano foi bem gasto: em 2002, o Terra faria a primeira observação em tempo quase real do colapso de uma plataforma de gelo na Antártida).[15]

Tanto o Terra quanto o Aqua carregavam um sensor chamado Modis, sigla em inglês para Espectrorradiômetro de Imageamento de Resolução Moderada. O Terra orbitava o planeta de Norte a Sul, passando pelo equador de manhã, e o Aqua, orbitando de Sul a Norte, fazia a mesma passagem à tarde. Juntos, os dois sensores Modis tinham uma visão completa do globo diariamente —[16]

contra um a cada dezesseis dias do Landsat. Apesar de ser menos acurado (daí a "resolução moderada" no nome) que o Landsat, o Modis conseguia detectar mudanças rápidas. Isso não passou despercebido pelos cientistas do Inpe.

Em 2002, antes da eleição de Lula, um pesquisador do Instituto chamado Yosio Shimabukuro, que andava explorando as potencialidades do Modis, foi desafiado por um dos antigos membros da equipe do IBDF que encomendou o primeiro relatório de desmatamento, em 1980, a ver se o novo sensor poderia ser usado para medir também mudanças rápidas na cobertura florestal. A tarefa coube a mais uma mulher do espaço: Liana Anderson, estudante de mestrado do Inpe.

Recém-formada em biologia, a jovem de 24 anos queria estudar plantas aquáticas, mas acabou indo parar, na pré-seleção, na sala de Shimabukuro, um dos professores mais bem avaliados do Inpe, que, segundo a regra da instituição, tinha a prerrogativa de selecionar seus orientandos. Durante a entrevista, Anderson disse que estava aberta a trabalhar com sensoriamento remoto, mas que nunca tinha visto uma imagem de satélite na vida. Colada na porta de um armário do professor havia uma, colorida, da Floresta Nacional do Tapajós. "Aquilo era a coisa mais linda que eu já tinha visto na vida", conta Anderson. "O Yosio disse que me selecionou só por ver como meu olho brilhou naquele momento."

Shimabukuro deu a ela a tarefa de analisar as possibilidades do Modis para detectar desmatamento. O local escolhido foi o nordeste de Mato Grosso — a mesma região onde 28 anos antes o Inpe começara a testar o uso de satélites para medir a derrubada da floresta.

Em sua dissertação, defendida em junho de 2004, Liana Anderson mostrou que o Modis, mesmo com resolução mais baixa, conseguia capturar 95% do desmatamento visto pelo Landsat. Uma viagem de campo à região de Sinop em 2003 confirmou a detecção pelo Modis e mostrou, para estarrecimento da cientista e de colegas, a velocidade do avanço da soja sobre a floresta. "Baixamos imagens de uma semana e na semana seguinte havia quilômetros e quilômetros de floresta derrubada sendo convertida diretamente para soja."

A dissertação terminava com uma frase que abria as portas para um novo mundo de combate ao crime ambiental na Amazônia: "A utilização das imagens diárias do sensor Modis mostrou a viabilidade da sua utilização para a detecção de desmatamentos em uma série temporal. Este resultado reforça a ideia da utilização desta metodologia para o desenvolvimento de um sistema de detecção de áreas desmatadas em tempo real (Sistema de Alerta do Desmatamento)".[17]

Informado por Gilberto Câmara dos estudos com o Modis em andamento no Inpe, no começo daquele mesmo ano (2004), num almoço em Brasília, João Paulo Capobianco fez uma encomenda ao diretor: o governo precisava de um sistema rápido de monitoramento da devastação para incluir no PPCDAM e cumprir a promessa feita por Marina. Câmara transmitiu a incumbência a Valeriano, que liderava o Prodes. Juntamente com os técnicos do Inpe Valdete Duarte e Egídio Arai, o biólogo mineiro traçou uma estratégia para expandir o uso do Modis para toda a Amazônia. Nascia o Sistema de Detecção do Desmatamento na Amazônia Legal em Tempo Real, o Deter,[18] que começou a medir o desmatamento mensalmente em maio.

"Quando eu falei com o Gilberto, ele me disse que talvez em 2005 o Inpe conseguisse ter o sistema", conta Capobianco. "Mas dali a dois ou três meses ele me liga dizendo que estava pronto e só precisava ser validado."

No entanto, o Ibama só começaria a usar o Deter no ano seguinte. Sem que o Inpe ou o Ministério soubessem, o Exército estava desenvolvendo o próprio sistema de detecção de desmatamento em tempo real, em parceria com a Universidade Federal de Goiás, usando o mesmo sensor Modis.

O projeto estava sendo tocado de forma mais ou menos secreta no Centro Gestor e Operacional do Sistema de Proteção da Amazônia, o Censipam, ramo do notório Sivam, do governo Fernando Henrique.[19] O Censipam tinha investido dinheiro na modernização do Centro de Sensoriamento Remoto do Ibama, e, como parte do acordo, a agência ambiental receberia e usaria a partir de 2005 as imagens de um Sistema Integrado de Alertas de Desmatamentos (Siad). Mas os militares estavam com uma dificuldade técnica para fazer funcionar o algoritmo de conversão de radiação detectada pelo satélite em biomassa, algo que Shimabukuro e Anderson já haviam resolvido. Por causa desse acordo, as imagens que vinham do Inpe foram simplesmente ignoradas pelo Ibama durante meses.

Em março de 2004, o PPCDAM foi publicado num documento de 156 páginas[20] que listava uma série de ações de todos os ministérios envolvidos, inclusive a pioneira criação de dezenove bases operativas permanentes do Ibama em regiões críticas de desmatamento e com baixa presença do Estado. Quando olhou a componente de monitoramento do desmatamento, Dalton

Valeriano tomou um susto: "Sai um calhamaço, eu começo a olhar, aí vejo lá, entrega do Siad do Sivam em 2005". Em abril de 2004, o sistema do Deter já estava pronto, esperando só as primeiras imagens do Modis sem nuvens para começar a olhar o desmatamento. Quando elas apareceram, em maio, já estavam apontando 8 mil km² de desmatamento — quase uma Jamaica. "Falei: isso aqui tem um impacto grande se for público, se for tornado público que o governo tem um sistema de monitoramento de desmatamento em tempo real, em tempo de ação, e se vocês puderem jogar isso na imprensa e avisar que existe isso, o desmatamento vai cair, porque o povo vai acabar com a quase certeza de impunidade, do fato consumado", conta Valeriano.

Os dados do Inpe começaram a ser enviados semanalmente a Brasília. Havia um acordo com o Ministério de que de início eles não seriam públicos: ficariam disponíveis num sistema acessível mediante uma senha de três linhas de código fornecida a poucas pessoas. Capobianco temia que o livre acesso ao dado pudesse jogar contra o Ibama, alertando os desmatadores.[21] Esse dilema perseguiria o Deter várias vezes nos anos seguintes.

Mas o Ibama ainda estava esperando o sistema do Censipam ficar pronto.

Dezesseis dias depois da primeira detecção, o Inpe viu mais 4 mil km². Valeriano ligou para Capobianco para cobrar a divulgação dos dados. "Não vi notícia nenhuma. Estou vendo crime ambiental para todo lado e não posso fazer nada!" Como se descobriu depois, os dados estavam sendo enviados ao Ministério, mas o Ibama não estava fazendo nada com eles.

Foi quando entrou em cena outro encrenqueiro nomeado por Marina Silva: Flávio Montiel da Rocha, diretor de Proteção Ambiental do Ibama, responsável pela fiscalização. Montiel era um homem de ação direta. Ativista do Greenpeace, passara anos na campanha de proteção da Amazônia da ONG, que havia eleito como alvo, no fim dos anos 1990, as máfias de extração ilegal de mogno. Ele havia ajudado a botar em prática ações espetaculosas, como colocar chips em árvores e rastreá-las até a serraria de uma empresa japonesa para mostrar que elas tinham origem ilegal. Num outro lance, acorrentou-se a um navio com uma carga de mogno ilegal para impedir seu desembarque no porto francês de Le Havre.

Montiel tinha acesso ao código do site do Deter e passou a pressionar o grupo de sensoriamento remoto do Ibama para fazer alguma coisa com aquilo. A equipe pediu demissão coletiva. Só que a fofoca logo estava na rua, e, em breve, com a promessa do Exército sempre no gerúndio, os próprios agentes do Ibama em campo na Amazônia começaram a querer usar os dados do Inpe. "Começou a me ligar gente da ponta pedindo o código para acessar o sistema", recorda-se Valeriano. Os militares perderam a corrida. O Deter virou o sistema de alertas oficial do PPCDAM.

O dado se tornaria público formalmente em dezembro,[22] com a má notícia de que a devastação estimada em 2004 ficaria entre 23 100 e 24 400 km² (como visto acima, a estimativa do Prodes publicada no ano seguinte era ainda pior e, quando ela foi consolidada, no final de 2005, mostraria uma devastação ainda mais acachapante, de 27 772 km², quase uma Bélgica perdida em um ano).

Antes da imprensa, os números foram mostrados ao comitê interministerial. Para desespero do Itamaraty, dessa vez a apresentação de Gilberto Câmara não era um arquivo em PowerPoint, mas, sim, uma projeção do site do Inpe.

Ao final da apresentação, o embaixador Everton Vargas, negociador-chefe do Brasil na área ambiental, levantou a mão para fazer uma pergunta: "Espera: isso está na internet?". Câmara disse que sim. Mais um buchicho. "Quer dizer que um sueco, lá na Suécia, pode simplesmente entrar na internet e ver onde está o desmatamento no Brasil?", questionou um dos ministros. "Isso é um absurdo! Um constrangimento!" Marina respondeu: "Mas nós queremos mesmo ser constrangidos".

Após o início conturbado e cheio de más notícias, o PPCDAM começaria a dar a volta por cima no ano seguinte, em parte devido a uma tragédia ocorrida no Pará. Mas o ano de 2004 ainda viu conflitos acontecerem na Amazônia em outro front, o da exploração ilegal de madeira. Dali surgiriam protestos, sequestros e ideias novas para lidar com o desafio da manutenção da floresta em pé.

12. Calando a motosserra

O mogno (*Swietenia macrophylla* King) é uma planta linda e caprichosa. Medindo até setenta metros de altura e três metros e meio de diâmetro,[1] a árvore esconde, sob uma casca quase preta, uma madeira de brilho castanho-avermelhado hipnotizante. É diferente de todos os tons das madeiras tropicais e se destaca onde quer que esteja. Sua densidade média, de 630 quilos por metro cúbico[2] (contra uma tonelada por metro cúbico da maçaranduba, por exemplo), a torna ao mesmo tempo resistente e fácil de trabalhar. Essas características fazem do mogno, também chamado de aguano ou acaju, um queridinho da indústria de móveis. Fabricantes de instrumentos musicais também sucumbiram a seu encanto. A icônica guitarra Gibson Les Paul, que brilhou nas mãos de músicos como Bob Marley, Jimmy Page, do Led Zeppelin, e Alex Lifeson, do Rush, tem no mogno seu componente essencial[3] em decorrência da combinação de acústica e leveza.

Como se consciente da própria beleza, porém, o mogno se faz de difícil. Apesar de ocorrer naturalmente em toda a América tropical, do México a Mato Grosso, a *S. macrophylla* não cresce em qualquer floresta. Ela prefere regiões mais secas e matas de terra firme, de preferência com perturbações, naturais ou não, que abram clareiras na selva grandes o bastante para que plantas jovens brotem e se desenvolvam. No Brasil, o aguano só existe numa faixa de 80 milhões de hectares[4] que vai do Acre ao leste do Pará, passando por Rondônia e sul do Amazonas. Desgraçadamente, é uma zona de distribuição que coincide na maior parte com o Arco do Desmatamento.

Essa combinação de qualidade e relativa escassez fez da espécie também a madeira mais valiosa da Amazônia. Uma investigação do Greenpeace feita no começo do século mostrou como funcionava a cadeia de preço: uma única árvore de mogno custava trinta dólares na floresta; a madeira serrada dessa árvore chegava a 3,5 mil dólares no mercado internacional, e uma mesa de mogno na loja de departamentos Harrods, em Londres, era vendida por 8,55 mil dólares.[5] Não à toa, o aguano ganhou o apelido de "ouro verde".

A hipervalorização tornou esse sedutor da Amazônia um capítulo à parte dentro do submundo da extração ilegal de madeira na região. Quadrilhas especializadas e com grande capacidade de investimento para buscar as árvores raras em pontos distantes da floresta formaram uma espécie de cartel com ramificações no exterior que cooptou lideranças indígenas, corrompeu agentes públicos, invadiu terras da União e cometeu fraudes em série. Esses madeireiros travaram com os órgãos de controle uma guerra que se estendeu por toda a década de 1990 e só terminaria no começo desse século, com a adoção de medidas que acabaram influenciando todo o combate ao desmatamento. A maior vitória da floresta contra a máfia do mogno, porém, ocorreria num ambiente muito distinto do trópico úmido: a árida porção sul da cordilheira dos Andes.

Em novembro de 2002, com Lula já eleito, uma reunião internacional em Santiago do Chile criou regras especiais de proteção ao mogno. A capital chilena sediou a conferência das partes da Cites, sigla em inglês para Convenção sobre o Comércio Internacional de Espécies da Flora e Fauna Selvagens em Perigo de Extinção. Havia uma proposta da Guatemala e da Nicarágua sobre a mesa para elevar o status do mogno do chamado Apêndice 3 para o Apêndice 2, ampliando sua proteção. O encontro foi precedido de uma enorme campanha do Greenpeace e de outras ONGs pelo fim da exploração ilegal, que rendera ações espetaculares como invasões, em portos europeus, de navios com cargas de madeira ilegal vindas do Pará. O Greenpeace chegou a instalar microchips em árvores de mogno na floresta e a segui-las até a serraria em Belém para provar que a multinacional japonesa que serrava e exportava o material estava comprando produto de crime.[6]

Espécies no Apêndice 3 da Cites podem ser exportadas mediante alguns controles. No caso brasileiro, esse controle era feito pelo Ibama por meio da exigência de que toda madeira viesse de planos de manejo sustentável — ou seja, que a extração permitisse a regeneração do mogno na floresta. Se você acha que no Brasil dos anos 1990 essa determinação era de mentirinha, achou certo. Era comum que detentores de planos de manejo declarassem ao Ibama que havia muito mais madeira em suas áreas do que havia de fato e usassem os "créditos" inflados para extrair mogno em terras indígenas ou áreas públicas e, assim, "esquentar" a madeira ilegal. A fiscalização era feita sobre documentos em papel conhecidos como Autorização para Transporte de Produtos Florestais (ATPF), facilmente fraudáveis. As deficiências do Ibama e a corrupção no órgão ambiental davam conta do resto. Uma empresária do Acre contou numa reunião, revoltadíssima, que pagara à toa a primeira parcela de um acordo a um figurão do Ibama para que operasse a fim de evitar que o mogno mudasse de status na Cites.

O Apêndice 2 determinava que os países exportadores garantissem que a sobrevivência da espécie na natureza não estaria ameaçada pelo comércio, e que certificados de exportação garantindo a origem em manejo sustentável fossem exigidos. O Ibama, portanto, seria obrigado a apertar a fiscalização, e o país teria de criar uma autoridade científica que monitorasse os estoques de mogno na Amazônia, com poder de determinar a suspensão da exploração caso estivessem baixos demais. Só que naquela época eles já estavam. A infeliz coincidência geográfica entre o cinturão do mogno e o Arco do Desmatamento fez com que a espécie estivesse quase extinta em Mato Grosso e na devastada Rondônia (confesso, sem orgulho, que a casa onde cresci em Brasília foi feita com esquadrias de mogno maciço rondoniense extraído provavelmente no final dos anos 1970, e que brilha como novo quarenta anos depois). Ela sobrevivia esparsamente no Acre, mas seus grandes estoques estavam em áreas públicas devolutas do Pará, como a chamada Terra do Meio, entre os rios Iriri e Xingu, e, sobretudo, no imenso território kayapó. A equação, portanto, era muito simples: praticamente todo o mogno da Amazônia brasileira que ia parar nas casas de gente rica nos Estados Unidos, na Europa e no Japão fora extraído de forma ilegal de florestas públicas e "esquentado" de maneira fraudulenta, causando danos ao ambiente e ao contribuinte brasileiros.

Diante disso, seria de imaginar que a delegação do Brasil tivesse chegado ao Chile com uma posição forte em defesa da proposta guatemalteca de elevar o status de proteção da espécie. Mas os negociadores do Itamaraty eram contra, e o argumento, surreal: temiam que o upgrade na Cites levasse países importadores a criar barreiras não tarifárias ao mogno brasileiro.[7] Apegaram-se a um suposto problema técnico da proposta dos países centro-americanos para votar contra. Em Brasília, o ministro do Meio Ambiente, José Carlos Carvalho, negociou com o Palácio do Planalto uma abstenção do Brasil, mas a instrução não foi transmitida a Santiago a tempo.[8] A Cites incluiu o mogno no Apêndice 2 e o país foi derrotado.

Quando o governo Lula assumiu, em janeiro de 2003, o relógio estava correndo. O Brasil tinha onze meses para implementar a decisão da Cites, que passaria a vigorar em novembro. A tarefa de coordenar o trabalho coube ao engenheiro florestal goiano Antonio Carlos Hummel, recém-nomeado diretor de Florestas do Ibama.

Nascido em Catalão, no coração do Cerrado, Hummel havia passado toda a sua vida profissional na selva amazônica, em Manaus, desde os tempos de IBDF. Ele acompanhara de perto as frustrantes tentativas do Ibama de combater a exploração ilegal de mogno. "Havia cotas de exportação, mas aquilo era igual tripa de lambari, não servia para nada", recorda-se Hummel numa tarde de chuva em seu sítio em Ouvidor, interior goiano, onde hoje, aposentado, dedica-se a restaurar uma área de cerrado devastada. Em 1996, na esteira do desmatamento recorde que levara à mudança no Código Florestal (veja o capítulo 10), o governo havia tentado estabelecer uma moratória à extração da espécie. Foi um primeiro passo, que viabilizou uma grande operação do Ibama e da Polícia Federal contra as máfias do mogno dois anos depois — e mais uma série de apreensões nos anos subsequentes.

Só que essas apreensões tinham um problema fundamental, que tornava a moratória pouco efetiva: o que fazer com toda a madeira confiscada? Um caminhão de toras carrega até 30 m^3 de madeira. As apreensões podiam chegar à casa dos milhares de metros cúbicos. Diante da impossibilidade de levar o produto confiscado para a delegacia ou o escritório do Ibama, a madeira era deixada no local — e o madeireiro multado, quando aparecia, ficava como fiel depositário da carga e ainda podia concorrer nos leilões públicos da madeira feitos pelas autoridades. No final, o mogno ilegal acabava voltando para o infrator — e legalizado, por se tratar de compra em leilão, para depois sair do país.

A elevação da proteção da espécie deu ao Ibama a chance de agir de forma mais firme contra o comércio ilegal. Os planos de manejo de mogno, que já na ocasião haviam sido reduzidos de mais de sessenta para menos de quinze, foram suspensos até que uma comissão formada para cumprir as exigências da Cites avaliasse o status de regularidade de cada um. "Mas todo mundo tinha estoques de madeira derrubada na floresta", conta Hummel. E também fora dela. Quando Lula assumiu, havia um imbróglio judicial por conta de 20 mil m³ de mogno serrado apreendidos no governo FHC que estavam depositados nos arredores de Curitiba para serem levados ao porto de Paranaguá.[9] Liminares obtidas pelos madeireiros vinham garantindo a liberação paulatina dessas cargas, mesmo com a proibição do comércio estabelecida por FHC, e o Ibama não podia fazer nada senão brigar na Justiça com as quadrilhas.

Outras grandes apreensões em Altamira e São Félix do Xingu, no Pará, também aguardavam destinação. No total, eram quase 70 mil m³ de madeira,[10] volume suficiente para encher 2300 caminhões e avaliado por baixo em 100 milhões de dólares — parte deles apodrecendo, parte sendo roubada. Dada a imensa visibilidade da questão do mogno na imprensa, o governo queria adotar alguma medida de impacto sobre o tema para anunciar no Dia Mundial do Meio Ambiente, em 5 de junho. Durante o trabalho da comissão, entraram no caminho de Hummel dois jovens de classe média de São Paulo que acabaram achando uma solução pouco ortodoxa para a questão. Essa solução ajudou a catalisar o fim da máfia do mogno no país.

Dificilmente houve na história da Escola Superior de Agricultura Luiz de Queiroz, a Esalq, um apelido mais dissonante que o do estudante de engenharia florestal Tasso Rezende de Azevedo. Ao chegar para se matricular no braço piracicabano da USP, o menino cabeludo que até o último momento ficara em dúvida entre prestar vestibular para teatro ou engenharia florestal foi atacado pelos veteranos e teve a cabeça raspada. Em choque, Tasso só pensava no problema que teria ao aparecer careca na peça que estava ensaiando. Ficou sem reação durante o trote, e um dos seniores cuidou de botar-lhe o apodo que acompanha os alunos da Esalq por toda a vida: "Marasmo".

De marasmo, porém, Marasmo não tinha nada.

Segundo dos cinco filhos de um engenheiro eletricista e uma psicopedagoga, Tasso nasceu em 1972 em Berlim, enquanto seu pai passava uma temporada trabalhando no escritório alemão de uma multinacional do setor. Costumava acompanhar o pai em viagens de trabalho e, na adolescência, ficou fascinado com uma fábrica de papel que este ajudara a instalar. Surgiu daí a ideia de ser engenheiro florestal, mas a ligação da família com artes e música também o empurrou para o teatro. Acabou se decidindo pela engenharia. Só que a ideia de trabalhar com celulose nunca saiu do papel. Em vez disso, Marasmo causaria sua primeira confusão no terceiro ano de faculdade ao denunciar a Esalq, com seus colegas, por não cumprir o Código Florestal.

O professor de legislação ambiental dera à classe a tarefa de encontrar algum tema relacionado a leis na área. O grupo de Tasso descobriu que a escola de agronomia da USP não tinha nenhuma área de preservação permanente no rio que corta seu campus. O trabalho terminou com os alunos denunciando a Esalq à prefeitura de Piracicaba, que notificou a diretoria. O grupo inteiro foi chamado à sala do diretor para se explicar.

Após um estágio num projeto de restauração da Mata Atlântica na serra do Mar em Cubatão, Tasso descobriu o mundo das florestas naturais. Estimulado por um veterano de faculdade, fez sua primeira viagem ao exterior, em 1990, para participar de um congresso de estudantes de engenharia florestal na Holanda. Ali teve contato pela primeira vez com o tema que formaria sua carreira e mudaria o setor madeireiro no Brasil: o manejo florestal de espécies nativas, que vinha sendo experimentado pelos holandeses no Suriname.

Tomou gosto pelas duas coisas, florestas tropicais e encontros estudantis. Em 1992, organizou o primeiro congresso internacional de estudantes de engenharia florestal em Piracicaba, tendo como mote a Rio-92, que ocorreria no mês seguinte. Em 1992, antes da conferência da ONU, participou de uma missão de paz de estudantes do mundo inteiro em Timor Leste, então em plena guerra de independência contra a Indonésia. O episódio lhe garantiu a honra duvidosa de ser fichado pelo governo indonésio e, dois anos depois, quando tentava entrar em Jacarta para estudar manejo florestal, ser preso e deportado. "Acho que fui o único brasileiro a ser deportado da Indonésia", ri.

No ano anterior à formatura, em 1993, Marasmo já participava de estágios em série. Exatamente naquela época, um grupo de carpinteiros ambientalmente conscientes da Nova Inglaterra, que gostava de trabalhar com madeiras tropicais, mas não queria comprar produtos de desmatamento, criou uma organização que daria origem ao Conselho de Manejo Florestal (Forest Stewardship Council). Conhecida pela sigla FSC, a nova instituição criou um catecismo de boas práticas de extração de produtos florestais para garantir que as matérias-primas não destruíssem a floresta. O selo FSC acabou virando sinônimo de manejo sustentável. Um dos professores de Tasso na Esalq, Virgilio Viana, participou da reunião de criação do FSC, no México, e quis trazer o selo para o Brasil. Convidou Tasso para estagiar com ele no processo de consulta para geração dos princípios e critérios de certificação florestal FSC. Semanas depois de se formar, o estudante começou a montar com o professor uma instituição que fizesse a certificação no Brasil. Em 1995, na casa do engenheiro recém-formado, a dupla fundou o Instituto de Manejo e Certificação Florestal e Agrícola (Imaflora), que concederia o selo FSC a diversas iniciativas de manejo sustentável de madeira — inclusive a primeira da Amazônia, a suíça Mil Madeireira.

A inquietude de Tasso e sua experiência à frente do Imaflora o levaram a ser indicado para compor a equipe de Marina Silva, que conhecera em 2001, quando organizou uma visita para ela e o então governador do Acre, Jorge Viana, para que conhecessem empreendimentos bem estruturados com base em produtos florestais certificados. Aos trinta anos, Marasmo tornou-se coordenador de Florestas do Ministério, disposto a levar adiante a ideia do manejo florestal sustentável.

Os trabalhos da ONG Imazon em Paragominas na década de 1990, a experiência do Promanejo, do PPG7 (veja o capítulo 10) e a adesão crescente dos mercados importadores à produção certificada, já com várias empresas com selo FSC na Amazônia, indicavam que o manejo florestal poderia ser aplicado como política pública. Naquela época, a Amazônia produzia 28 milhões de m³ de madeira, e mais de metade desse total era ilegal.[11] Tasso apostava em estimular o manejo em florestas públicas como forma de resolver o maior gargalo da atividade sustentável: onde encontrar terra para fazê-lo.

O manejo sustentável, ou de baixo impacto, exige grandes extensões de floresta. Diferentemente da atividade predatória amplamente praticada na Amazônia, para tirar madeira sem destruir a floresta é preciso limitar o corte seletivo a uma ou duas árvores por hectare — aquela mesma área só será revisitada depois de trinta anos ou mais. Também é preciso fazer investimentos grandes em planejamento (uma das etapas é realizar um inventário de todas as árvores de uma parcela de floresta para identificar quais podem ser retiradas) e em equipamentos. O resultado é que o custo inicial da atividade é muito mais alto do que o de contratar meia dúzia de peões com motosserras em regime de semiescravidão para cortar tudo o que estiver disponível numa área pública invadida. Para complicar ainda mais a exploração legal havia o detalhe, nada desprezível, de que são raros os títulos de terra legítimos na Amazônia.

A ideia de incentivar a o manejo florestal em áreas públicas foi proposta por Tasso, então diretor do Programa Nacional de Florestas do Ministério, e por seu ex-chefe, Carlos Rocha Vicente, assessor da ministra, para tornar o manejo competitivo com a madeira ilegal e deixar que as forças de mercado e as exigências dos consumidores quebrassem a atividade clandestina. Mas chamar madeireiros para cortar árvores em terras da União era um plano ousado demais até para Marina. Ela só topou levá-lo adiante após uma série de debates, nos quais os "magrelinhos", como chamava os defensores do manejo, conseguiram convencê-la de que a atividade era uma alternativa para a conservação em escala da Amazônia.

Mas antes de criar uma política para o setor florestal, o coordenador tinha a missão de trabalhar com Hummel, do Ibama, para resolver a questão do mogno — tanto a extração futura após a mudança da Cites quanto o destino dos 70 mil m³ da preciosa madeira vermelha sub judice espalhados entre o Pará e o Paraná. Para isso, contou com a ajuda de outro jovem paulistano cheio de ideias chamado Salo Coslovsky.

Formado em administração pela Fundação Getulio Vargas, Coslovsky era tiete de Marina Silva, a senadora mais jovem da história. Na faculdade, mandou um e-mail ao gabinete de Marina se oferecendo como voluntário para trabalhar com ela e acabou ganhando em 2002 um estágio no governo petista do Acre com Carlos Vicente, o futuro diretor do programa de Florestas do Ministério. No mestrado nos Estados Unidos, Coslovsky estudou a cadeia produtiva da castanha-do-pará no Acre. Entre o mestrado e o doutorado no prestigioso MIT, passou seis meses no Brasil, novamente na equipe de Marina, trabalhando com Tasso na questão do mogno apreendido que apodrecia aos poucos nas águas do Xingu.

As propostas de destinação que vieram de parlamentares e de parte do governo eram usar a madeira apreendida para fazer casas populares ou leiloá-la e doar o dinheiro para o Fome Zero, o fracassado programa social do início da gestão Lula que daria origem ao revolucionário Bolsa Família. Ao se debruçar sobre a questão, o rapaz viu que nenhuma das alternativas era viável. "Primeiro, não se faz casa de mogno, né? Se você fosse doar o mogno para fazer casa popular, quem recebesse iria vender a madeira para comprar material de construção de verdade. E, se vender o mogno, ele entra no mercado de novo e isso cria uma brecha para mais exploração ilegal", conta Coslovsky, hoje professor da Universidade de Nova York.

O leilão também criava um risco. "Quem tem conhecimento e capacidade de entrar no Xingu e tirar toras de mogno de lá são os madeireiros ilegais que o puseram lá; então, se você fosse leiloar, quem ia ganhar esse leilão seriam os ilegais. Ia ser uma máquina de lavagem de madeira." A conclusão foi que seria preciso dar um jeito de vender o mogno diretamente, sem passar pela cadeia de intermediários que alimentava o crime. Coslovsky e Tasso raciocinaram que, se não pudessem reaver o produto ilegal, os empresários da máfia do mogno, que eram poucos, acabariam quebrando por não poder usar os lucros da predação para investir em mais predação. Mas como o Ministério do Meio Ambiente se tornaria entreposto de venda de madeira?

"Vê com a Gibson", sugeriu Tasso. Salo ligou para a fabricante de guitarras. "Eles perguntaram quantas toras a gente tinha para vender. Respondi que eram 6 mil, e eles disseram que isso daria para abastecer a linha de produção deles por 6 mil anos", conta Coslovsky, entre risadas.

Escarafunchando a Lei de Licitações, o jovem encontrou uma modalidade obscura de alienação de bens públicos chamada "doação com encargos". A equipe do Meio Ambiente precisaria encontrar uma entidade filantrópica que fosse também ambiental cadastrada no Ministério do Desenvolvimento Social para receber o dinheiro da venda da madeira e criar um fundo de recuperação e investimento em ações sustentáveis. Encontrou a Federação de Órgãos para Assistência Social e Educacional (Fase), que tinha um trabalho de denúncia de crimes ambientais e violação de direitos de camponeses na Amazônia. Mas essa era a parte fácil. Restava o problema de como tirar a madeira do Xingu, processá-la e vendê-la sem o envolvimento do cartel do mogno. Tasso resolveu pedir um favor a um velho conhecido: Manoel Pereira Dias, dono da maior madeireira da Amazônia, a Cikel.

Dias tinha uma coisa que quase nenhum de seus concorrentes possuía: uma floresta própria de 200 mil hectares com um título de propriedade legítimo, no município de Itacoatiara, no Amazonas. Isso tornou a Cikel uma das primeiras madeireiras certificadas pelo FSC na região.

Procurado pelo parceiro, Manoel Dias topou envolver sua empresa numa operação surreal: a Cikel retiraria o mogno do Xingu, serraria e exportaria a madeira, abateria os custos operacionais e depositaria o lucro da venda num fundo criado pela Fase no Banco da Amazônia (Basa), que seria então utilizado pela ONG em projetos socioambientais na região impactada pela extração de mogno, inclusive as terras dos Kayapó. A operação teria a cadeia de custódia monitorada pelo Imaflora e também a vigilância do Exército. A ideia parecia boa. Só faltava combinar com a ministra.

"Nem a pau", disse Marina quando a dupla apresentou a proposta. A chefe achou o arranjo todo muito insólito, com um agravante: seu marido, Fábio Vaz de Lima, havia trabalhado no Grupo de Trabalho Amazônico (GTA), uma rede de movimentos sociais à qual a Fase era ligada. Marina mandou os magrelinhos conseguirem uma autorização do Ministério Público Federal (MPF) e da Controladoria-Geral da União. O MPF subscreveu a proposta.

A dupla foi adiante e, em 5 de junho, Lula baixou um decreto condicionando a exploração de mogno a planos de manejo sustentável e ordenando a reformulação de todos os planos suspensos no início do ano.[12] No mesmo dia, liberou o Ibama para autorizar a doação do mogno apreendido a projetos de uso sustentável e proteção da floresta. Em julho, o Ibama assinou a doação da madeira apreendida em Altamira à Fase, que criou um fundo de 3 milhões de reais para apoiar projetos sustentáveis de ribeirinhos. O fundo foi batizado em homenagem a Ademir Federicci, o Dema, líder comunitário da Transamazônica assassinado em 2001. O mogno apreendido nas terras kayapó em São Félix do Xingu teve destinação análoga, com os recursos da venda depositados num fundo da Funai.[13]

Os madeireiros e os agentes do Ibama que tinham ligações com o cartel do mogno, como esperado, não ficaram nada satisfeitos. Um dossiê apareceu na imprensa explorando as conexões familiares de Marina com a Fase e acusando o marido da ministra de ser traficante de madeira. A denúncia foi parar no Tribunal de Contas da União, que criticou o Ibama pela falta de transparência na escolha da Fase e da Cikel, mas não viu nenhum indício de ilegalidade no processo.[14] "Eles publicaram um acórdão dizendo que entenderam o que nós fizemos, mas falaram para não repetirmos aquilo nunca mais", recorda-se

Tasso. "Depois acabaram mandando um dossiê para o Congresso e virou uma investigação, mas não deu em nada, porque não tinha nada", relata Coslovsky.

Muitos anos depois, a "ONG do marido" viraria uma fake news amplamente disseminada na internet e que voltaria a ser proferida contra Marina na tribuna da Câmara por um ex-aliado, o deputado federal Aldo Rebelo, então no PCdoB, que havia sido presidente da Câmara no governo Lula. Difamações à parte, o que importa é que o mogno flutuante do Pará desapareceu do mercado e a máfia do ouro verde ficou sem nada.

Melhor dizendo, quase nada: ainda havia os consideráveis 20 mil m³ de mogno serrado em São José dos Pinhais, na região metropolitana de Curitiba. De propriedade da Red Madeiras, uma das maiores empresas exportadoras de mogno, a carga era avaliada em milhões de dólares, e o dono da empresa movia uma batalha judicial contra o Ibama para obter a permissão de exportação. No final do ano, já com a nova regra da Cites em vigor, o madeireiro obteve uma decisão da Justiça para liberar a exportação. Hummel negou, correndo o risco de ser preso.

Então Tasso teve uma ideia: disse ao colega que concedesse a autorização para o embarque do mogno para os Estados Unidos, mas com um carimbo que identificasse aquela exportação como produto de uma decisão judicial, não como um ato de comprovação de origem do Ibama.

Com uma cópia do documento na mão, Tasso pegou um avião para Washington, para se encontrar com a contraparte norte-americana de Hummel, o diretor do Fish and Wildlife Service que servia como ponto focal da Cites nos Estados Unidos. "E aí eu expliquei o que tinha acontecido e disse que estaria escrito na nota que foi autorizado por ordem judicial, aí vocês sabem que essa aqui a gente não garante que teve origem de manejo. E a Cites é um acordo que vale nas duas pontas. Então você pode recusar uma coisa que veio de outro país se você não tiver certeza de que seguiu os controles", conta Tasso. Foi o que os norte-americanos fizeram. Quando o navio com o mogno brasileiro chegou ao porto na Flórida, o Greenpeace já estava com uma manifestação pronta e faixas dizendo que aquela madeira tinha saído ilegalmente da Amazônia. Os Estados Unidos não autorizaram o desembarque.

Depois de duas semanas, o governo americano mandou devolver a carga ao Brasil. O vaivém, os custos jurídicos, os custos com navio e com o depósito no porto acabaram se tornando proibitivos, e a Red Madeiras quebrou. Terminava ali a saga do "ouro verde" da Amazônia.

Mas o mogno, como já vimos, era apenas uma minoria barulhenta e ilustre da madeira ilegal da Amazônia. Acabar com seu comércio era simbolicamente importante, mas havia ainda 98% do problema para resolver. Embalado pelo sucesso com o mogno, Hummel fez o que diz ter sido a maior maluquice de sua vida.

O diretor resolveu passar um pente-fino em todos os planos de manejo de madeira autorizados pelo Ibama. Viajou aos principais escritórios do Instituto na Amazônia e tirou cópia de todos os documentos utilizados para liberar a exploração florestal. De volta a Brasília, chamou Tasso e, juntos, sentaram-se com o procurador-geral do Ibama, Sebastião Azevedo, que havia sido procurador do Instituto Nacional de Colonização e Reforma Agrária (Incra). Ali, descobriram o tamanho da encrenca que a estrutura fundiária da Amazônia causava ao setor madeireiro.

O procurador explicou que havia nada menos do que doze tipos diferentes de documentos fundiários precários, que o Incra e os órgãos fundiários estaduais concediam basicamente a qualquer pessoa que fosse lá pedir dizendo que tinha uma posse de terra. Esses documentos eram usados para dar aparência de legalidade a projetos de exploração feitos em terras públicas.

Em agosto de 2003, Hummel baixou um memorando circular a todos os Ibamas dos nove estados da Amazônia para que exigissem, para qualquer renovação de planos de manejo em áreas públicas, que uma série de documentos fossem apresentados, inclusive demonstrações de que o imóvel tinha uma reserva legal averbada (declarada em cartório), um contrato de concessão com a União e a inscrição do imóvel no Cadastro Nacional de Imóveis Rurais.[15] Dito hoje parece óbvio, mas até então ninguém jamais havia pensado em questionar a premissa da exploração florestal: a quem pertence a terra da qual aquela madeira é extraída? O Ibama controlava — como vimos, precariamente — o produto final da exploração. Mas, uma vez que um madeireiro dava entrada no órgão com um pedido de licença para desmatamento ou para corte seletivo a título de "manejo florestal", o órgão ambiental não queria saber se o documento que legitimava a posse daquela terra era sólido ou não; a questão passava a ser a conferência da quantidade de madeira declarada na ATPF com a quantidade declarada no plano de exploração.

O memorando do Ibama botou o bode na sala. No ano seguinte, o Incra faria o bode berrar: após uma série de conversas com a equipe do Meio Ambiente, o ministro do Desenvolvimento Agrário, Miguel Rossetto, ao qual o órgão fundiário era subordinado, determinou que nenhum Certificado de Cadastro de Imóveis Rurais (CCIR) novo seria expedido em 350 municípios da Amazônia Legal se o proprietário não provasse, com imagens de satélite e outros documentos, que aquela terra não incidia sobre nenhuma área pública.[16] No caso dos cadastros antigos, o Incra dava de dois a quatro meses para os donos apresentarem a documentação comprobatória, sob pena de cancelamento.

O CCIR era o instrumento de regularização fundiária federal, uma espécie de "CPF" dos imóveis rurais. Sem ele o proprietário não podia obter nenhum tipo de licença de uso do imóvel, autorização de desmatamento de exploração florestal ou crédito rural. Tornava-se um clandestino.

A investida sobre os cadastros tinha o objetivo de conter a grilagem de terras, um dos principais motores do desmatamento na Amazônia. No primeiro governo Lula, 66 mil CCIRs seriam cancelados,[17] o que ajudaria a reduzir o desmatamento a partir de 2005. O ato do Incra era a desculpa de que o Ibama precisava para apertar o torniquete sobre a madeira ilegal: apenas nove dias depois da portaria, Hummel baixou um memorando recomendando aos Ibamas dos estados da Amazônia que suspendessem todos os planos de manejo florestal baseados em declarações de posse até que ficasse comprovado que eles estavam em conformidade com o CCIR.

O documento foi uma bomba atômica sobre o setor madeireiro. Com ele, o governo declarava que virtualmente toda a madeira da Amazônia era ilegal em sua origem até prova em contrário. E sem plano de manejo em ordem não havia ATPF, nem transporte, nem venda e muito menos exportação. Madeireiros fizeram protestos em várias cidades da Amazônia. "Choveu processo em cima de mim", conta Hummel, com bom humor. "Estou respondendo a alguns até hoje." Hummel e Tasso fizeram várias viagens à região para explicar as medidas que o governo estava estudando para o setor. Em uma delas, no norte de Mato Grosso, o presidente do sindicato da indústria madeireira local declarou a um auditório cheio: "Vocês estão sem trabalho por causa desses dois aqui!". "Levaram a gente para uma sala e disseram que só nos deixariam ir embora quando o Hummel liberasse todos os planos de manejo", lembra Tasso.

Não havia como recuar. Mas a situação do setor madeireiro acabou sendo mitigada por meio de "arranjos transitórios", pelos quais as atividades seriam autorizadas a prosseguir enquanto a recém-formada Comissão Nacional de Florestas debatesse um novo marco legal sobre a exploração florestal em terras públicas. A nova lei disciplinaria a produção de madeira e outros produtos, criando um instrumento novo chamado concessão florestal, pelo qual madeireiros poderiam "alugar" terras da União para produzir sob manejo de baixo impacto. Ela seria discutida durante todo o ano de 2004, apresentada ao Congresso em 2005 e finalmente sancionada em 2006. Tornou-se elemento central de um ambicioso plano da equipe de Marina Silva para estimular a economia sustentável na Amazônia e ao mesmo tempo proteger terras públicas na zona de influência de grandes obras, que tentaria provar a viabilidade da infraestrutura sustentável na região. Sua aprovação, porém, foi precedida por uma tragédia — mais uma das que marcaram viradas importantes para a Amazônia.

13. Fogos em Anapu

"Saiam cedo, façam o que têm de fazer e não durmam lá de jeito nenhum."
Eliane Brum é categórica ao desfiar recomendações aos colegas que se preparam para visitar Anapu. A jornalista gaúcha radicada em Altamira conhece a região bem o bastante para saber que a cidadezinha paraense a 140 quilômetros de sua casa continua sendo um lugar onde é fácil morrer, mais de quinze anos depois da tragédia que a apresentou ao mundo.

Sem ousar desobedecer, eu e minha companheira de viagem, a também jornalista Giovana Girardi, saímos de Altamira antes do nascer do sol para percorrer o trecho de Transamazônica que separa as duas cidades. Hoje asfaltada, a estrada conecta dois horrores da história recente da Amazônia: a hidrelétrica de Belo Monte, com suas turbinas ociosas e uma profusão de linhas de transmissão que parecem um emaranhado de cipós numa floresta de metal; e o município que sintetiza em seu território todo o histórico dos conflitos fundiários e ambientais da floresta.

Inchada de 10 mil para mais de 30 mil habitantes após a construção da usina, Anapu é feia, poeirenta e pouco convidativa. Não se distingue de nenhuma outra cidade de beira de estrada da região, a não ser pelo número incomum de caminhões estacionados em frente a comércios às margens da rodovia. Quando terminássemos nossas tarefas no fim daquele dia de setembro e retornássemos a Altamira, eles não estariam mais lá. Teriam ido cumprir sua rotina noturna de transportar a madeira extraída ilegalmente de terras públicas nos arredores. Estas são disputadas há décadas por posseiros pobres e grandes fazendeiros, com uma contagem de corpos impressionante: dezenove trabalhadores rurais mortos em conflitos apenas entre 2015 e 2019.

Foi naquele mesmo pedaço da Transamazônica que faz as vezes de avenida central de Anapu, em 12 de fevereiro de 2005, que Marina Silva viu o que diz ter sido a pior cena que já testemunhou na vida: a cidade comemorando efusivamente o assassinato da freira Dorothy Mae Stang, de 73 anos.

"Cheguei em Anapu e tinha um foguetório, na hora em que a picape entra com a irmã Dorothy morta na carroceria, um pé prum lado, um pé pro outro, toda ensanguentada. E começou muito foguete... muito foguete... muito foguete", recorda-se, com a voz sumindo entre lágrimas.

O crime acontecera às sete e meia da manhã no Projeto de Desenvolvimento Sustentável Anapu-1, mais conhecido como PDS Esperança, um assentamento a cinquenta quilômetros da cidade, criado em 2002. Os PDS eram uma tentativa de fazer reforma agrária em novos moldes, mantendo a floresta em pé. Diferentemente da razia ecológica promovida pelo Incra na mesma Transamazônica nos anos 1970, quando o órgão exigia o desmatamento de pelo menos 50% dos lotes, nos PDS os assentados podiam explorar só 20% com agricultura. Os outros 80% tinham de ser mantidos como reserva legal, que era coletiva, para fazer manejo de madeira e extrativismo.

Só que parte da área do PDS Esperança era reivindicada por fazendeiros, cuja pressão sobre os colonos vinha recrudescendo. O método dos grileiros, então, consistia em mandar capangas para ordenar aos comunitários que saíssem, após jogar sementes de capim nas roças para inutilizá-las, depois atirar nas panelas para que eles não tivessem como cozinhar, queimar as casas e, por fim — caso os recados não fossem suficientemente evidentes —, eliminar as pessoas. A tensão na área arrefeceu após 2005, mas retornou com tudo a partir da década de 2010: em 2021, quando viajamos até o local do assassinato da irmã Dorothy, Girardi e eu topamos com carros da Polícia Civil indo recolher um corpo no assentamento. No PDS, fomos guiados por Antônia Silva Lima, assentada amiga da freira, que precisara passar três meses fora de Anapu por estar jurada de morte. Não é só ela. "Dizem que tem uma lista aí, que meu nome está nela", conta com um bom humor que parece incabível a irmã Jane

Dwyer, uma bostoniana de 81 anos que chegou ao Brasil durante a ditadura, trabalhava com Stang e segue militando pelos colonos em Anapu — protegida, como ela diz, por dois cachorros, Deus e o povo.

Nativa de Ohio e naturalizada brasileira, Dorothy Stang aportara em Altamira em 1982, após anos de trabalho no Maranhão. Foi bater na porta de d. Erwin Kräutler pedindo para trabalhar "entre os pobres mais pobres". O bispo a mandou para Anapu, onde ela e outras freiras da ordem de Notre Dame de Namur se encontraram cara a cara com a maior herança da ditadura militar na floresta: o caos fundiário.

Assim como em Altamira, na região de Anapu o ditador Emílio Médici havia distribuído lotes de cem hectares para colonos à beira da Transamazônica, instalando-os ao longo de ramais abertos de cinco em cinco quilômetros — os embriões do desmatamento em "espinha de peixe" tão característico da região. No fundo desses ramais, em ambos os lados da rodovia, foram destacadas áreas de 3 mil hectares para grandes fazendas de gado. Essas terras eram concedidas a preço de banana para empresários do Sul e do Sudeste por meio dos chamados Contratos de Alienação de Terras Públicas (CATPs) e de outros contratos com cláusulas de devolução. Se o fazendeiro não usasse a terra no prazo determinado no contrato, o governo poderia retomá-la. Isso não aconteceu até hoje na imensa maioria das áreas de CATP.

Com o tempo, os contratos de alienação acabaram se tornando papéis para especulação financeira, com os donos originais usando-os para pegar empréstimos a juros subsidiados em bancos e passando-os para terceiros, sem autorização do Incra e frequentemente sem nunca botar os pés na terra. Já na década de 1990, figuras que um dia apareceriam no noticiário policial, como Délio Fernandes, Vitalmiro Bastos, o "Bida", e Regivaldo Galvão, o "Taradão", estavam entre os compradores de CATPs em áreas que nunca haviam sido utilizadas e que, portanto, segundo a Comissão Pastoral da Terra (CPT), deveriam ser devolvidas ao Estado.

A partir da virada do século, com o anúncio das obras do Avança Brasil, do asfaltamento da Transamazônica e, posteriormente, com os rumores sobre a construção de Belo Monte, camponeses sem terra vindos sobretudo do Maranhão começaram a chegar maciçamente a Altamira e Anapu. Dorothy Stang passou a ajudar os posseiros a se organizar e a pressionar o Incra por reforma agrária, inclusive dentro das áreas de CATPs que deveriam ser retomadas pela autarquia.

Juntamente com o indigenista altamirense Tarcísio Feitosa, que depois foi secretário da CPT na região do Xingu (e que em 2006 se tornaria o terceiro brasileiro a ganhar o prêmio Goldman, o Nobel do ativismo ambiental), a freira montou um inédito mapa da situação fundiária de Anapu. Em cartórios, documentos do Incra e nos processos judiciais, a dupla levantou quem se dizia dono do quê, quais terras estavam improdutivas e poderiam ser retomadas para ampliar os assentamentos. Havia a perspectiva de fazer mais um PDS vizinho ao Esperança, o Anapu-2.

Em 2004, Stang fez um depoimento à CPI da Terra, no Senado, onde expôs sua planilha com os dados fundiários e denunciou que algumas das fazendas de 3 mil hectares de Anapu foram usadas no monumental esquema de fraude na Sudam descoberto no final do governo FHC e que levaria à renúncia do então senador Jader Barbalho.[1] "Eles faziam projetos financeiros para recuperação das áreas, só que aí tiravam madeira, transformavam tudo em pasto e depois pegavam o dinheiro da Sudam para os projetos, com laudos fraudados", conta Feitosa. "É aí que a galera fala, ó, tem que matar essa velha, porque senão ela vai ferrar com a gente."

Naquele 12 de fevereiro de 2005, a freira caminhava na companhia de um assentado para tomar café da manhã num barracão comunitário onde colonos fariam uma reunião quando foi surpreendida pelos pistoleiros Rayfran das Neves, o Fogoió, e Clodoaldo Batista, o Eduardo. Ambos haviam sido contratados por 50 mil reais por Amair Feijoli da Cunha, o Tato, intermediário de um consórcio de fazendeiros que se cotizaram para matar a freira. (Dois deles, Bida e Taradão, seriam posteriormente condenados como mandantes; a família Fernandes não teve ligações comprovadas com o crime.)

O local, uma beira de floresta sinistra no alto de uma ladeira de terra amarelada, é o ponto perfeito para uma tocaia: quem vem de onde Stang vinha não consegue ver quem está no alto da ladeira. Segundo os relatos feitos à polícia, Fogoió interpelou a freira e a acusou de ter uma arma escondida. Ela se abaixou e tirou da bolsa uma Bíblia: "Esta aqui é a minha arma". Em seguida, leu três versículos do Sermão da Montanha e recebeu o primeiro tiro, na barriga. Depois, já caída, um na nuca e quatro nas costas. Assim como ocorrera com Darci Alves dezesseis anos antes, quando deu o tiro fatal em Chico Mendes, ao esvaziar o tambor de seu revólver calibre 38 numa mulher idosa e indefesa, Rayfran das Neves também estaria, sem querer, mudando o rumo das políticas para a Amazônia. Os grileiros de Anapu soltaram fogos cedo demais.

Quando a irmã Dorothy tombou no meio da estrada de terra no lote 55 do PDS Esperança, Marina Silva e boa parte da cúpula do Meio Ambiente estavam a apenas duzentos quilômetros dali, no município de Porto de Moz, onde o rio Xingu encontra o Amazonas. Era a primeira reunião da ministra com os moradores da Reserva Extrativista (Resex) Verde para Sempre, criada apenas três meses antes, em novembro de 2004. Centenas de moradores da Resex e representantes dos movimentos sociais do Xingu viajaram até o local para o encontro. Um búfalo foi morto para alimentar aquela horda, mas Marina não come carne. Um ativista do Greenpeace que estava no local, Carlos Rittl, foi encarregado de ligar para a paróquia de Porto de Moz atrás de peixe para o almoço da ministra. E recebeu a notícia do padre: "Carlos, mataram a Dorothy".

Rittl desmaiou. Ele era amigo da freira, com quem colaborava à revelia da chefia do Greenpeace — a ordem na ONG era que não dava para abraçar o mundo e seria impossível atuar em cada município da Amazônia onde houvesse casos semelhantes aos de Anapu. Meses antes do assassinato, tentara denunciar ao então ministro da Justiça, Márcio Thomaz Bastos, e à Polícia Federal o recrudescimento do conflito. A própria irmã Dorothy já estivera no Ministério da Justiça em 2004 para pedir providências.[2] O Ministério Público do Pará e a Comissão Pastoral da Terra também vinham pressionando as autoridades. Mas a PF botou o caso no gerúndio: mais um conflito fundiário no Pará com gente ameaçada. Sem novidades, "vamos estar verificando".

Assim que recobrou os sentidos, Rittl comunicou a bomba aos presentes, e a reunião foi suspensa. Na mesma tarde, Marina subiria num helicóptero do Ibama e voaria para Anapu para testemunhar o foguetório macabro.

"Antes de ir, eu perguntei ao delegado da PF que estava comigo se ele podia assumir o caso. Ele disse: 'Isso é um processo complexo, ministra, porque é competência do estado. A menos que o presidente da República de viva voz me dê uma ordem de que eu devo entrar no caso'. Ah, é isso? Então tá bom." Marina pegou o telefone por satélite do Greenpeace e na mesma hora ligou para o chanceler Celso Amorim, que estava acompanhando Lula numa viagem ao

Suriname. "O Amorim passou o telefone para o Lula e eu digo: 'Irmã Dorothy foi assassinada, é muito grave, é como se fosse a morte do Chico Mendes. Você precisa dizer para o cara da PF que ele tem de entrar no caso agora'. Ele disse, 'então passa aí para o companheiro delegado', eu passei para o companheiro delegado e ele já deu a ordem."

Nos três dias que se seguiram à morte de Stang, outros quatro trabalhadores rurais foram assassinados no Pará, dois na região de Anapu. A presença de uma ministra de Estado na cidade e a entrada da PF imediatamente no caso foram chaves para a investigação célere e para a ação que Lula tomaria na sequência, enquanto o homicídio ganhava repercussão internacional: antecipar seu retorno ao Brasil e determinar, na mesma semana, o envio de 2 mil homens do Exército para a região da Transamazônica a fim de interromper o banho de sangue.[3] Oito dias após o crime, Fogoió foi preso. Antes de março, todos os responsáveis estavam identificados e indiciados.

A Operação Pacajá, com helicópteros Black Hawk desembarcando tropas em campos de futebol de Anapu e soldados de fuzil em punho desfilando pela Transamazônica, fechou serrarias, apoiou equipes da Funai e do Incra que não conseguiam trabalhar por ameaças de grileiros e madeireiros e reverberou além da Transamazônica. Tarcísio Feitosa relata que estava em Novo Progresso, a quase mil quilômetros a sudoeste de Anapu, durante a operação, e define o clima no local como "um barata-voa". "Ficou aquela imagem dos soldados, achavam que ia acontecer lá. Passava um avião do Correio e os pistoleiros se escondiam no mato", recorda-se, rindo.

Em Brasília, a equipe de Marina aproveitou a oportunidade política aberta pela comoção mundial e pela atenção do governo ao caso para levar adiante planos que já estavam em gestação no PPCDAM. No dia 17 de fevereiro, foi baixado um pacote de medidas que incluía a criação de cinco unidades de conservação e o envio para o Congresso de uma nova lei para tentar resolver a questão da madeira ilegal e melhorar a gestão das florestas públicas, além de criar o Serviço Florestal Brasileiro.[4]

Entre as novas áreas protegidas estava uma gigante num dos lugares mais conflituosos do Pará: a Estação Ecológica Terra do Meio, com 3,4 milhões de hectares (maior que a Bélgica).

A Terra do Meio é um imenso bloco de florestas entre os rios Iriri e Xingu, ao sul da Transamazônica, onde movimentos sociais se organizavam havia anos contra grileiros e madeireiros. A estação ecológica, ou Esec, era uma unidade de proteção integral, destinada apenas a manter a floresta — somente pesquisa científica é permitida nesse tipo de área. A Esec compreende parte do território que entrou para a infâmia amazônica como o maior latifúndio grilado do mundo, no qual o empresário Cecílio do Rego Almeida, dono da empreiteira CR Almeida, amealhou para si nada menos do que 7 milhões de hectares, o equivalente a meio Amapá. O processo de reaver as terras para a União levou dezessete anos.

Além da Esec da Terra do Meio, foram criadas a Resex Riozinho da Liberdade, no Acre (325 mil hectares), a Floresta Nacional de Balata-Tufari, no Amazonas (1 077 859 hectares), e o Parque Nacional da Serra do Pardo, no Pará (445 mil hectares). No dia seguinte, foi criada a Floresta Nacional do Anauá, em Roraima, com 259 mil hectares. João Paulo Capobianco conta que os processos de criação das unidades de conservação estavam todos prontos, com estudos e audiências públicas feitos. A ideia era decretá-las em junho, mas a necessidade do governo de mostrar serviço e dar uma resposta ao novo caso Chico Mendes precipitou a assinatura. O projeto da Lei de Gestão de Florestas Públicas, que tinha sido desenvolvido no último ano por Tasso Azevedo, também estava na boca do gol.

O que não estava pactuado ainda entre o Meio Ambiente e os outros ministérios era uma medida inédita e controversa, que acabou sendo publicada no *Diário Oficial* no dia 21 de fevereiro de 2005. Como parte do PPCDAM, Marina propôs um plano para evitar que a pavimentação da BR-163, entre Cuiabá e Santarém, repetisse o desastre da BR-364, em Rondônia e no Acre. A ideia seria cercar a estrada, em todo o seu trajeto, com uma muralha de unidades de conservação. Ao destinar terras públicas maciçamente para a proteção e para o uso sustentável, retirava-se o incentivo à grilagem, que inevitavelmente acompanha obras na Amazônia. A aposta (cujo resultado conheceremos adiante) era que dava para fazer asfalto na floresta sem desmatamento.

Para criar as unidades de conservação, porém, seria preciso cumprir um longo rito que inclui estudos e audiências públicas. Isso colocava uma dificuldade para a equipe do Meio Ambiente: a partir do momento em que o governo anunciasse sua intenção de tirar áreas maciças de terras públicas do mercado, haveria uma corrida de grileiros para desmatar e se apossar do que pudessem.

Portanto, seria preciso tirar o doce da boca dos desmatadores *antes* de criar as áreas protegidas.

A solução desenhada por Capobianco e sua equipe foi congelar as áreas que seriam objeto dos estudos para a criação das áreas protegidas. Havia um precedente legal: áreas indígenas que estão sendo estudadas para fins de demarcação recebem do governo federal uma portaria de interdição, pela qual todos os requerimentos de posse tornam-se nulos até a conclusão das análises da Funai. A lógica agora era a mesma, mas dessa vez o objetivo era proteger a floresta, e não os indígenas. Assim que os limites da região bloqueada fossem publicados, quem comprasse terras dentro deles poderia perder tudo numa batida do Ibama. Como regra, onde há risco de punição na Amazônia, grileiro não entra.

O grupo, então, propôs estabelecer, por medida provisória, a figura da Área sob Limitação Administrativa Provisória (Alap) e, ato contínuo, baixar um decreto[5] congelando nada menos que 8,2 milhões de hectares no entorno paraense da BR-163. "Havia uma oposição tremenda na Casa Civil, mas estávamos com tudo pronto", diz Capobianco. O crime de Anapu eliminou as resistências e a Alap foi decretada. Marina Silva e o PPCDAM ganhavam uma batalha importante por força de uma circunstância trágica. Outra vitória, ainda maior, estava por vir dali a poucos meses.

14. Cadê o desmatamento?

Na noite de 1º de junho de 2005, Tasso Azevedo estava nervoso acompanhando a discussão, numa comissão da Câmara dos Deputados, do projeto da Lei de Gestão de Florestas Públicas, que havia sido enviado ao Congresso no pacote para responder à crise gerada pelo assassinato de Dorothy Stang. Recebeu uma ligação enigmática do Ministério: "Tem que votar hoje. Faça o que for preciso, mas tem que votar hoje".

O coordenador de Florestas não entendeu a ordem da chefia, mas obedeceu. A razão ficaria evidente na manhã seguinte: não haveria clima para nada no Congresso dali a mais algumas horas.

Naquela noite, internada num hospital de Brasília para tratar uma inflamação no quadril, Marina recebeu da Polícia Federal a informação de que na madrugada do dia 2 de junho seria deflagrada uma imensa operação de combate ao crime ambiental, com o envolvimento de 480 policiais federais e quarenta agentes do Ibama do Brasil todo. Os alvos estavam sobretudo no estado de Mato Grosso, onde um enorme esquema de extração ilegal de madeira envolvendo empresários, despachantes e vários servidores públicos vinha sendo mapeado desde setembro de 2004.[1] Naquela manhã, o país acordou com a notícia de que a maior operação da história da PF havia desarticulado uma rede de empresas que movimentou 1,98 milhão de m³ de matéria-prima; isso era o equivalente a 99 mil caminhões de madeira serrada, que, se enfileirados, cobririam a distância de Porto Alegre a Macapá.[2] Contudo, mais importante do que isso, a polícia havia levado em cana 127 pessoas, incluindo o superintendente do Ibama em Mato Grosso, Hugo Werle, o secretário de Meio Ambiente do estado, Moacir Pires (um ex-diretor da Secretaria, Rodrigo Justus de Brito, teve a prisão decretada, fugiu e ficou quase um mês foragido),[3] e, o que parecia inacreditável, o diretor de Florestas do Ibama, Antonio Carlos Hummel, o terror dos madeireiros da Amazônia.

Os antecedentes da operação datam de 2001. Um funcionário da Advocacia-Geral da União lotado no Ibama, Elielson Ayres, recebera pelo canal de ouvidoria do órgão uma denúncia anônima de corrupção envolvendo fiscalização de madeira no Trevo do Lagarto, em Várzea Grande, no entorno da capital. Principal ligação de Cuiabá com o interior, o trevo era por onde chegavam caminhões com a madeira extraída da Amazônia mato-grossense. Ali eles em tese seriam fiscalizados pelo órgão ambiental. Mas a fiscalização não estava acontecendo devido a um esquema de fraude. A denúncia, impressa numa folha de papel A4, falava em quarenta funcionários corruptos.

Ayres era procurador, ou seja, parte de seu emprego consistia em apurar desvios de conduta de funcionários. Só que ele fazia isso com afinco especial, o que lhe rendeu desafetos em todas as superintendências regionais por onde passava. O trabalho na procuradoria mostrou ao advogado que a herança de corrupção sistêmica do IBDF, principal órgão que originou o Ibama, permanecia. "O Ibama foi formado por várias instituições. Só que ele pegou o lixo dessas instituições, os piores funcionários, e os incorporou", conta. No Rio de Janeiro, por exemplo, havia núcleos dentro do Instituto especializados em achacar donos de postos de gasolina para liberá-los para funcionar sem licença ambiental; outros especializados em fábricas de cerâmica; outros, ainda, em empreendimentos imobiliários.

Na Amazônia, naturalmente, os esquemas eram com madeira. Numa investigação no Pará, Ayres descobriu que a área de extração madeireira mais antiga do município de Tailândia, onde em tese havia um projeto de manejo florestal de milhares de hectares para permitir ciclos de corte intercalados com até trinta anos de repouso para regeneração da floresta, era um imóvel de quatrocentos metros quadrados dentro da cidade. O engenheiro florestal responsável por esse plano fajuto era simplesmente o homem que tinha criado e ainda operava o sistema de controle da madeira do Ibama no Brasil inteiro.

Numa viagem de rotina a Mato Grosso para fazer um processo administrativo disciplinar contra um funcionário, Ayres levou a folha de A4 a quem de direito: o chefe do MPF em Mato Grosso, Pedro Taques (que anos depois seria eleito governador). O MPF engavetou o papel. Mas as denúncias continuaram.

No começo do governo Lula, Marina visitou Mato Grosso e ouviu da então senadora Serys Slhessarenko numa reunião com o MPF em Cuiabá que havia corrupção na extração de madeira no estado envolvendo agentes públicos. "Você já encaminhou a denúncia?", perguntou a ministra. A senadora retorquiu que não havia provas. "Agora há: o seu depoimento. Você falou isso na minha frente e na do MPF, eu não posso ouvir e não fazer nada", conta Marina.

Um caudal de provas seria obtido nos meses seguintes.

Em 2003, Ayres foi chamado a Rondônia para lavrar processos administrativos disciplinares contra servidores denunciados por participar de esquemas com madeireiros. E descobriu centenas de madeireiras fantasmas operando na cidade de Ariquemes, com a participação do escritório local do Ibama — todos os funcionários foram presos. No ano seguinte, em mais uma viagem a Mato Grosso, o procurador resolveu ver o que havia sido feito da denúncia anônima de 2001: se a mesma lógica de Rondônia se aplicasse ao estado vizinho, provavelmente havia alguma verdade naquela folha de A4 que acusava quarenta funcionários. Só que o MPF não havia aberto inquérito.

Naquele mesmo período chegara ao Ministério Público Federal de Cuiabá outro encrenqueiro profissional. Mário Lúcio de Avelar, então com 39 anos, fora chamado por Pedro Taques para cuidar de meio ambiente e povos indígenas. Mineiro de Belo Horizonte, baixinho, brigão e descrito por alguns colegas como "doido varrido", Avelar fizera uma longa carreira na procuradoria no Tocantins, onde também colecionou inimigos. Precisou ser retirado às pressas depois que um primo seu quase foi morto por pistoleiros em Palmas quando dirigia o carro do procurador — o alvo era ele. Em Cuiabá, viu-se às voltas com uma série de denúncias que vinham sendo feitas ao MPF sobre ilegalidades com madeira.

Avelar e Ayres já haviam trabalhado juntos no Tocantins, numa investigação sobre desvios de conduta no Ibama. As memórias de ambos divergem sobre o que aconteceu em seu reencontro em Cuiabá em 2004: o procurador da República afirma que ele e sua equipe já vinham mapeando irregularidades com madeira e que o MPF provocou o Ibama a abrir investigação. O procurador do Ibama, por sua vez, afirma que foi levado à sala de Avelar depois que um constrangido Pedro Taques admitira não ter feito nada com a denúncia original de 2001. Seja como for, a dupla descobriu que as fraudes na indústria madeireira aconteciam de pelo menos cinco formas diferentes e complementares.

O controle da extração de madeira é feito no transporte. Os empresários do setor precisam declarar ao Ibama todo ano quanta madeira pretendem extrair, e o volume transportado precisa bater com o que é declarado — senão é multa. No começo do século, essa conferência era feita por meio de um papel chamado Autorização para Transporte de Produto Florestal (ATPF). O documento, impresso em duas vias em papel-moeda, era necessário para que os caminhoneiros pudessem circular com madeira entre a floresta e a serraria. Uma via ficava com o transportador e outra com o Ibama, que abatia o volume de madeira declarado daquela carga do total de "créditos" que a empresa tinha no ano.

Se você acha que um sistema desses implorava para ser burlado, achou certo. A forma mais comum de fazer isso era o madeireiro declarar ao Ibama que o seu projeto de manejo tinha mais madeira do que de fato tinha. Confiando na falta de fiscalização in loco, os empresários declaravam que extrairiam, digamos, 200 m³ de toras de determinada área privada que só tinha metade disso. A outra metade era roubada de terras públicas, principalmente indígenas, ou vinha de desmatamento ilegal. Desde 2004 os planos de manejo incidentes sobre terras públicas estavam suspensos (veja o capítulo 12), o que significava que pelo menos 80% da madeira circulando em Mato Grosso na época, que não era pouca, estava irregular;[4] se ela era reconhecida pelas autoridades como proveniente de planos de manejo válidos, era porque de fato havia algo errado com as autoridades.

Outra maneira comum, mais arriscada, de andar por aí com madeira ilegal era fazer o que se chama de "calçar" a ATPF: declarar na via de trânsito que a carga era de x metros cúbicos de madeira e andar com o dobro disso, por exemplo. "Como ninguém parava caminhão e ninguém sabia o que tinha dentro, muitas vezes você tinha de pegar a via do Ibama para fazer auditoria e conferir. E aí a gente concluía que o cara estava cometendo apenas um crime de falsidade ideológica, informando uma coisa e transportando outra. Só que a pena para isso é pequenininha", diz Avelar.

Como o inquérito demonstraria, também havia funcionários corruptos pilotando o próprio sistema computacional do Ibama nos escritórios onde os créditos florestais eram inseridos,[5] além de roubo de talões de ATPFs em branco em repartições do órgão ambiental. Por fim, existia uma próspera indústria de falsificação de ATPFs em Mato Grosso. Usando papel-moeda e técnicas de impressão a laser, os criminosos conseguiam forjar até a marca-d'água das ATPFs distribuídas pelo Ibama. Nesse caso, não era preciso nem mesmo ter um plano de manejo: era possível "esquentar" 100% da madeira extraída ilegalmente de terras públicas e circular com ela à vontade. Na verdade, não era nem mesmo preciso ter uma madeireira. "Noventa por cento das empresas eram fantasmas. O Ibama autuava e quando chegava lá descobria que a empresa estava em nome de um laranja", lembra o procurador. Não adiantava nem processá-las.

Embora a falsificação de ATPFs fosse um fenômeno do século XXI, em geral as fraudes denunciadas ao MPF eram problemas crônicos da fiscalização de madeira em toda a Amazônia. E o Ibama era incapaz de solucioná-los porque o sistema era inerentemente frágil — mas também porque vários funcionários do órgão em postos-chave, como as chefias dos escritórios regionais das cidades madeireiras e os próprios agentes da fiscalização no Trevo do Lagarto, estavam a serviço dos criminosos. O esquema cuja ponta fora vislumbrada por Elielson Ayres em Rondônia era regra, não exceção.

O trabalho de conferência das centenas de ATPFs movimentadas pelas madeireiras em Mato Grosso também revelou um padrão: várias das firmas eram criadas e representadas pelos mesmos contadores. Coincidência demais para ser mera coincidência. Os velhos conhecidos do Tocantins estavam diante do que parecia ser uma imensa organização criminosa e criaram uma força-tarefa para avançar a investigação. Mas faltava um eixo essencial à equipe, que se mostraria receptivo à proposta e crucial para aquela investigação — e para o que aconteceria com o desmatamento na Amazônia nos anos seguintes.

Paulo Lacerda é um goiano de Anápolis alto e magro, com mãos compridas de contrabaixista de jazz e que em 2022 ainda mantinha o mesmo bigode antiquado que envergava quando dirigiu a Polícia Federal, entre 2003 e 2007.

Aos 77 anos, é jovial e afável, mas transmite a seu interlocutor a sensação de estar diante de um agente secreto que sabe todos os seus podres e pode lhe dar voz de prisão a qualquer momento.

O delegado havia trabalhado anos na violenta Ponta-Porã, na fronteira com o Paraguai, investigando o crime organizado e outros tantos sob a chefia do temível ex-diretor da PF Romeu Tuma (1931-2010), assessorando parlamentares em investigações de CPIs. Em dezembro de 2002, foi chamado pelo ministro Márcio Thomaz Bastos para assumir a PF no governo eleito. Topou mediante duas promessas: independência de investigação e recursos para a polícia. Bastos aquiesceu em ambos.

Lacerda e seu número dois, o amazonense e ex-colega de Ponta-Porã Zulmar Pimentel, implementaram uma série de mudanças na metodologia de trabalho da PF. Em vez de operar no varejo — fazendo, por exemplo, apreensões de drogas, um serviço essencialmente inútil, mas que gera prisões em flagrante e a sensação de dever cumprido —, a polícia passou a priorizar casos mais rumorosos e mais impactantes, que eram escolhidos pelas coordenações regionais e submetidos a Brasília para aprovação. Para evitar vazamentos e corrupção nos estados, as investigações também passaram a ser concentradas em Brasília e compartimentadas entre as equipes. O princípio norteador era o de que, onde quer que haja crime organizado, há um agente público envolvido em alguma de suas pontas. "As primeiras operações foram investigar o nosso próprio pessoal, cortar na carne", lembra Lacerda. Já em março de 2003, 22 policiais federais foram presos por facilitar contrabando em Foz do Iguaçu (sendo um deles o agente Newton Ishii, o "japonês da Federal", que ganharia fama anos depois por fazer a condução dos presos da Operação Lava Jato). Depois a PF investiu contra membros do Judiciário em São Paulo. "E aí começamos a receber denúncias de corrupção dentro de outros órgãos, inclusive na fiscalização ambiental", conta o ex-diretor. Desde o final do governo FHC a polícia vinha olhando para a área ambiental com mais atenção, inclusive com uma recentemente criada divisão especializada no tema.[6] Não faltaria trabalho para essa turma nos anos seguintes. Em 2004, uma operação bem-sucedida de combate à grilagem no Pará, a Faroeste, terminara com dezoito presos, entre eles o superintendente do Incra. Em breve começaria a colaboração com o Ibama.

Na era de Paulo Lacerda, aconteceram outras duas mudanças no trabalho da PF que perduram até hoje. Uma delas foi o reforço ao extenso e subterrâneo trabalho de inteligência que precedia a fase ostensiva, das buscas, apreensões e prisões. Na fase de diligência, agentes do Brasil inteiro eram convocados na véspera e só eram informados sobre o que iriam fazer e aonde iriam no briefing da madrugada da deflagração. "Nunca vazou nenhuma operação nossa", orgulha-se Pimentel.

A outra, que nem sempre depõe a favor da PF, foi a aproximação da polícia com a imprensa num grau ainda mais sistemático do que ocorria até então. A PF sempre teve relacionamento próximo com jornalistas, que incluía vazamentos seletivos de informações off-the-record para manter a cobertura dos casos e o apoio público à polícia. Isso aumentou quando as rumorosas operações especiais contra a corrupção ficaram mais frequentes. Para aumentar o recall, elas eram batizadas com nomes criativos que remetiam a alguma característica da investigação, como "Sucuri", seguida de "Anaconda", "Navalha", "Satiagraha", "Arco de Fogo", "Akuanduba" e assim por diante.

Quando a força-tarefa do Ibama e do MPF procurou a PF para tratar das investigações do esquema com madeira em Mato Grosso, foi bem acolhida por Paulo Lacerda e Zulmar Pimentel. Este acabou criando vínculos com Marina, por ser, como ela, amazônida e evangélico. Foi o vice-diretor quem batizou a nova operação com o nome da entidade do folclore que habitava as matas e tinha os pés virados para trás para despistar os caçadores: Curupira.

A PF assumiu as investigações e começou a grampear e quebrar sigilos de empresários, despachantes e servidores. Na reta final, quando ficou evidente a importância de funcionários do Ibama no esquema, a ministra passou a ser brifada com frequência pela equipe de Lacerda em seu leito no hospital. Os pacientes do Sarah Kubitschek até hoje não sabem o que aqueles homens de terno preto e óculos escuros faziam lá com tanta frequência.

Quando foi definido o número de alvos, de cidades e de empresas em Mato Grosso, Rondônia e Pará, a cúpula da PF entendeu que seria preciso despachar na Curupira o maior contingente de policiais já mobilizado para uma operação. Marina pedia para ser informada sobre os funcionários do Ibama que estavam entre os alvos, para providenciar sua exoneração simultaneamente às prisões. Um nome, porém, bateu na maca da ministra e ficou: o de Hummel. O homem que suspendera os planos de manejo em terras públicas da Amazônia e que havia sido xingado e sequestrado por madeireiros não podia estar no esquema.

A PF não tinha provas contra Hummel, mas, por insistência de Avelar, ele teve prisão preventiva decretada. "Eu estava com o Hummel quando a polícia chegou para prendê-lo. O delegado que cumpria a ordem disse com todas as letras: 'Não temos nada no inquérito contra você, estamos só cumprindo a ordem do juiz'", recorda-se Tasso. Hummel receberia um habeas corpus cinco dias depois,[7] mas o dano de imagem já estava feito: o goiano passou sessenta dias afastado do cargo.

Refletindo sobre o ocorrido dezessete anos mais tarde, Avelar reconhece o erro, mas diz que havia denúncias de planos de manejo incidindo sobre áreas indígenas e que o responsável por aquilo só poderia ser o chefão da área de florestas do Ibama. "A gente acerta sempre? Não, a gente erra. Mas tinha um contexto, era muita gente arrolada, eu não sabia quem era o Hummel."

Injustiças à parte, a Curupira se abateu como um furacão sobre a indústria madeireira de Mato Grosso. Cidades como Sinop, Brasnorte, Aripuanã, Juína e outras do norte do estado, única região onde havia sobrado floresta, tiveram um baque econômico geral: a ilegalidade movimentava empregos e o comércio desses lugares. A denúncia da Curupira, apresentada pelo Ministério Público à Justiça de Mato Grosso, contabilizou quinhentas empresas-fantasmas, mais de 2,2 mil ATPFs "calçadas" e noventa indiciados.[8]

Como eu mesmo pude testemunhar em Colniza, no extremo noroeste de Mato Grosso, dez dias após a operação, a extração de madeira não parou. Caminhões carregados com toras ainda circulavam pelas estradas de terra da região, à noite, aproveitando-se do fato de que o escritório do Ibama mais próximo, em Aripuanã, a 150 quilômetros dali por estrada de terra, tinha apenas três agentes (o quarto, o chefe do posto, fora afastado). Mas a cidade quebrou, como me contaram quinze madeireiros revoltados que me receberam no escritório do prefeito, ele próprio madeireiro, e desfiaram um rosário de lamúrias contra o Ibama após me servirem a melhor picanha que eu já comi na vida (com boi criado em área 100% de desmatamento ilegal). Vários deles relataram que a propina era tão disseminada que chegava a encarecer o custo da atividade.[9]

Quem também ficou atordoado pela passagem da Curupira foi o governador de Mato Grosso, Blairo Maggi. Herdeiro do império agroindustrial Amaggi, criado por seu pai, o paranaense André Maggi, o "rei da soja", havia sido eleito em 2002 pelo Partido Popular Socialista (PPS), antigo Partido Comunista Brasileiro (hoje Cidadania). Era a fase áurea do boom das commodities, e o maior produtor de grãos do Brasil assumia as rédeas da maior fronteira agropecuária do Brasil disposto a chupar aquela fruta até o caroço. Se havia floresta no caminho do agro, tanto pior para ela. No início de seu mandato, Maggi colecionou ações e declarações típicas da ala mais radical da bancada ruralista. Fez vista grossa para desmatadores e tentou até alterar a classificação da vegetação da porção norte do estado para aumentar o limite de desmate legal.[10] Em 2004, o desmatamento em Mato Grosso havia subido 50% em relação a 2002, o que tornou Maggi o inimigo número um da Amazônia para a opinião pública. O *The Independent* chamou-o de "estuprador da floresta",[11] e o *New York Times*, de "inimigo incansável"[12] da selva.

Dias depois de ver seu secretário do Meio Ambiente atrás das grades, Maggi recebeu do Greenpeace o troféu Motosserra de Ouro, entregue em Cuiabá por uma trupe de humoristas. Passou também a ser questionado, em seu chapéu de empresário, por financiadores das operações da Amaggi na Noruega.

Quando o problema passou a ameaçar seu bolso, o "rei da soja" ensaiou um *en arrière*. Decretou intervenção na Fundação de Meio Ambiente do Estado, que passou a se chamar Secretaria de Meio Ambiente (o novo secretário também acabaria preso pela PF alguns anos depois, por crime ambiental). E passou a fazer juras à sustentabilidade, criando um programa de regularização ambiental de fazendas. Longe de ter virado um ecoxiita, Maggi fazia um recuo estratégico. Ele ainda cruzaria o caminho do PPCDAM novamente duas vezes num futuro próximo, com consequências importantes.

O pleno impacto da Operação Curupira ficaria evidente no mês seguinte, quando Tasso Azevedo recebeu uma ligação dos repórteres Andreia Fanzeres e Manoel Francisco Nascimento Brito, o Kiko, do então recém-criado site de notícias ambientais *O Eco*. A dupla tinha uma informação bombástica: um levantamento feito pelo Imazon no sistema de monitoramento por satélite em tempo real do Inpe, o Deter, mostrava uma queda de 95% no desmatamento na Amazônia no mês de junho.[13] Nunca antes na história deste país uma redução próxima disso havia sido registrada: de 10 017 km² em junho de 2004, a devastação havia caído para 531 km² no mesmo mês de 2005. Parecia um milagre.

Tasso reagiu simplesmente com um "não pode ser". A Amazônia estava sofrendo naquele ano o que seria uma das piores secas da história, e as queimadas estavam intensas. Aquele julho detinha o recorde histórico de fogo para o mês, então o diretor não achava que junho pudesse ter tido uma redução no desmate — menos ainda naquela dimensão. Foi conferir os dados com o Inpe. E era aquilo mesmo. "Em 17 de maio, quinze dias antes da Curupira, tinha saído o dado de desmatamento na Amazônia. Tinha crescido, e metade do desmatamento estava em Mato Grosso. Aconteceu a Curupira e no mês seguinte o desmatamento tinha caído mais de 90%", recorda-se. Como junho é um mês de seca, ele costuma ser um bom indicador do que será a taxa de desmatamento daquele ano. "A gente olhava os dados e se perguntava: Cadê o desmatamento? Sumiu!", conta Mário Lúcio de Avelar.

A queda abrupta da devastação naquele mês de 2005 na esteira da operação da PF hoje é tida como a principal responsável pelo espantoso dado de desmatamento que seria detectado pelos satélites naquele ano. Em agosto, com a série anual do Deter fechada, Marina convocou uma entrevista coletiva no Palácio do Planalto para anunciar uma estimativa de queda de 51% na devastação detectada pelo sistema de monitoramento.[14] Embora nem ela nem Capô mostrassem qualquer triunfalismo no anúncio, ao seu lado na apresentação aos jornalistas havia uma figura batendo bumbo: a ministra da Casa Civil, Dilma Rousseff. Aquela foi a primeira vez que o governo faria uso político do dado do Deter — que nunca serviu para fazer estimativa de área desmatada devido à imprecisão inerente à sua necessidade de ser veloz —, celebrando-o quando apontasse queda e minimizando-o quando mostrasse alta. Quando a taxa oficial do Prodes saiu, a tendência de redução se confirmou: 19 014 km^2 de floresta haviam tombado na Amazônia, uma queda de 31% em relação aos 27 772 km^2 do ano anterior.

Outro efeito colateral positivo da Curupira foi dar à ministra do Meio Ambiente um aliado armado e perigoso, o diretor-geral da PF. Lacerda conta que o sucesso de público e crítica da operação fez os próprios agentes passarem a se interessar mais por casos ambientais. Até sua saída da diretoria, em 2007, mais nove operações foram realizadas para combater crimes ambientais, incluindo uma fase dois da Curupira, em agosto, e a Ouro Verde, em outubro, que mobilizou quatrocentos policiais federais para desmontar mais um esquema de falsificação de ATPFs em sete estados.[15] Era comum que a própria ministra do

Meio Ambiente comparecesse às preleções para os agentes na madrugada antes de uma diligência ser deflagrada. No primeiro governo Lula, operações da PF prenderam 460 pessoas, 107 delas servidoras do Ibama.

O órgão ambiental, após uma greve subsequente à Curupira, ganhou reforços naquele mesmo 2005. Dezenove bases operativas permanentes foram instaladas em municípios críticos da Amazônia, inclusive cidades que haviam sido alvo da operação, como Juína e Ji-Paraná. O esforço não estava destinado a ser permanente, mas naquele momento engrossava o caldo da fiscalização. Em 2005, o número de multas por crimes contra a flora aplicadas pelo Ibama na Amazônia cresceu 14%, com 7699, para cair 20% em 2006 e atingir no ano seguinte o valor mais alto da série histórica, 8845 (44% de aumento).[16]

A Polícia Federal havia baixado a febre e impedido que o paciente entrasse em convulsão, mas outras medidas precisariam ser tomadas para manter a redução milagrosa do desmate. Naquele 2005 sangrento, chocante e espantoso, a queda no ritmo das motosserras e dos tratores de esteira na Amazônia ainda não estava escrita em pedra. Mas os sinais eram animadores. Era o momento de pôr em ação outras ferramentas do kit que o Ministério do Meio Ambiente preparava, numa zona particularmente complicada do Brasil.

Em 1976, Evlyn Novo tenta desatolar picape usada no primeiro estudo do mundo a avaliar o potencial uso de imagens de satélite para monitorar desmatamento, em Mato Grosso: "Cresci indo para o sítio, meu pai me fazia dirigir até trator".

Visionária: a química paraense Clara Pandolfo (1910-91) foi uma das cientistas mais importantes da história da Amazônia. Ela idealizou o manejo florestal sustentável décadas antes de sua implementação e teve a ideia de usar satélites para detecção de desmatamento.

O ataque: Castello Branco (no centro) reúne governadores no Teatro Amazonas para anunciar a Operação Amazônia, em 1966. À sua esquerda, de terno claro, está o governador do estado, Arthur Reis, um nacionalista cujas teses alimentaram a paranoia da cobiça internacional sobre a floresta.

Em Paragominas, no Pará, Juscelino Kubitschek maneja o trator de esteira para derrubar uma árvore durante a construção da Belém-Brasília, em 1958.

Floresta queima em Rondônia nos anos 1980, a "década da destruição". Segundo o cineasta inglês Adrian Cowell, em nenhum outro período da história humana houve tanta matéria viva queimada.

Foto tirada por Adrian Cowell com, de cima para baixo, José Lutzenberger, futuro ministro do Meio Ambiente, Xingu Cowell, o técnico de som Albert Bailey e Vicente Rios no rio São Miguel, vale do Guaporé, em Rondônia.

Alberto Setzer (1951-2023), à esq., com o americano Jim Tucker, em Rondônia. Pioneiro do monitoramento de queimadas no Brasil, Setzer foi responsável pelo relatório do Inpe sobre a destruição da Amazônia que escandalizou a mídia e levou o governo Sarney a agir contra o desmatamento.

Indígenas celebram em frente ao Congresso Nacional o reconhecimento de seus direitos na Constituição que seria promulgada em 1988.

Tuíre Kayapó encosta o facão no rosto do diretor da Eletronorte, José Antônio Muniz Lopes, no Primeiro Encontro dos Povos do Xingu, em Altamira, em fevereiro de 1989. Os Kayapó foram a força mais importante contra a hidrelétrica de Kararaô, que seria construída décadas depois e rebatizada como Belo Monte.

Meio Ambiente   QUINTA-FEIRA, 11 DE JANEIRO DE 1990

Raoni, Sarney e Sting: demarcação de reserva ecológica

Raoni e Sting pedem terras

BRASÍLIA — Depois de uma hora e meia de espera, o cacique Raoni e o cantor inglês Sting foram recebidos ontem pelo presidente Sarney. Eles foram ao Palácio do Planalto, acompanhados de Rita Lee, Gilberto Gil e Arnaldo Antunes, dos Titãs, cobrar a demarcação de uma área de 1,9 milhão de hectares, situada entre o sul do Pará e o norte do Mato Grosso, onde vivem dois mil índios Caiapós.

O grupo, que faz parte da Fundação Mata Virgem fundada por Sting no ano passado para a preservação de ecossistemas e defesa dos índios, vinha tentando uma audiência com Sarney há dois meses. Como não conseguiram, resolveram ir para Brasília e tentar um encontro com o presidente da República. Antes de serem recebidos, os artistas acabaram chamando a atenção de muitos fãs e curiosos que terminaram provocando um pequeno tumulto na portaria do Palácio.

Sarney prometeu que até o final do seu governo a demarcação das terras estará resolvida e que possivelmente a área seja transformada em reserva indígena e não em Parque Nacional, como deseja Raoni. O cacique assegurou que o grupo possui US$ 1 milhão (NCz$ 12,9 milhões no oficial) e que este dinheiro, levantado por Sting e Raoni durante a turnê realizada em 89 pelo mundo, será aplicado no trabalho de demarcação, desde que "o governo cumpra o que está na Constituição", disse Sting.

O cacique Raoni e o cantor britânico Sting se reúnem com o presidente José Sarney, em 1989, durante a campanha internacional de arrecadação de fundos para a demarcação da terra indígena Menkragnoti, no Pará.

Companheiros: Chico Mendes fala em comício no salão paroquial de Xapuri em 1985, na sua fracassada campanha a prefeito da cidade pelo PT. Atrás, Luiz Inácio Lula da Silva, fundador do partido. Lula voltaria ao mesmo salão três anos depois para o velório de Chico.

Marina Silva durante a marcha de um dos "empates" organizados pelo sindicato dos seringueiros de Xapuri, sob liderança de Chico Mendes. Protestos desesperados dos extrativistas contra a expulsão de suas terras acabaram virando um movimento em defesa da floresta.

O Brasil sai das cordas: ladeado pelo canadense
Maurice Strong (à dir.) e pelo secretário-geral da
ONU, Boutros Boutros-Ghali, Fernando Collor de Mello
conduz a plenária da Rio-92. A conferência
foi um sucesso estrondoso e reposicionou
o país na geopolítica ambiental mundial.

O senador norte-americano Tim Wirth fala no Itamaraty em janeiro de 1989, entre o ministro das Relações Exteriores Abreu Sodré (à dir.) e o ministro da Justiça Paulo Brossard. A visita da delegação dos Estados Unidos ocorreu semanas depois do assassinato de Chico Mendes e elevou o debate sobre a cooperação internacional e a conservação da Amazônia.

Dorothy Mae Stang lutou pela criação de assentamentos especiais de reforma agrária com viés florestal, os PDS, na Transamazônica. Seu assassinato, em 2005, causou comoção mundial e facilitou a adoção de uma série de medidas do PPCDAm.

A Operação Arco de Fogo, da Polícia Federal e da Força Nacional, em 2008, foi um marco no PPCDAm; municípios campeões de desmatamento entenderam a seriedade do governo na punição ao crime ambiental. Alguns viraram a chave.

Agro é fogo: o norte de Mato Grosso assistiu à explosão da soja no começo dos anos 2000, na esteira do "boom das commodities" — a floresta foi sua maior vítima.

O desmatamento ao longo de estradas vicinais perpendiculares à Transamazônica forma o desenho-padrão de espinha de peixe que simboliza a ocupação predatória da Amazônia estimulada pela ditadura militar.

Contra a boiada: os ex-ministros do Meio Ambiente Sarney Filho, Carlos Minc, Izabella Teixeira, Marina Silva, Rubens Ricupero e José Carlos Carvalho se reúnem na USP em junho de 2019 para protestar contra o desmonte da política ambiental por Jair Bolsonaro.

15. Desordem no Progresso

Quem sobe a rodovia BR-163 no sentido norte, de Cuiabá para Santarém, encontra no sul do Pará uma encruzilhada — literal e metafórica. Ela conduz a dois destinos possíveis da Amazônia: de um lado, um passado de destruição que teima em se fazer presente; do outro, um futuro promissor que ainda não conseguiu se estabelecer.

Da vila de Moraes de Almeida, distrito do município de Itaituba, saem duas estradas de terra perpendiculares à 163. Quem vira à esquerda cai na rodovia que leva o nome nada sutil de Transgarimpeira, margeada por bordéis de nomes não mais sutis, como "Boteco da Sereia" e "Bar das Coleguinhas". Ela penetra a selva no sentido oeste, rumo ao rio Tapajós. Nas primeiras horas da manhã, o trânsito ali é intenso: caminhões de combustível e carretas levando pás carregadeiras (PCs, no dizer local) avançam devagar para abastecer os garimpos da região. A exploração de ouro no alto e médio Tapajós data do fim dos anos 1950,[1] mas a alta do preço do metal no final da década de 2010 levou a uma explosão da garimpagem — em sua maioria clandestina — naquele pedaço do Pará. Itaituba, a Cidade-Pepita, era a segunda maior produtora do país e respondia por três quartos do ouro ilegal do Brasil em 2022.[2] Por todo o vale do Tapajós tornaram-se famosas no começo dos anos 2020 as imagens de quilômetros de leito de rio completamente arrasados pelo garimpo industrial, que invadia terras públicas, contaminava cidades inteiras com mercúrio[3] e ameaçava povos indígenas como os Munduruku. A pluma de lama de garimpo chegou em 2022 até Alter do Chão, a praia paradisíaca na foz do rio que um dia foi azul.

Quem vira à direita na BR, quase em frente ao início da Transgarimpeira, chegará em menos de uma hora à Floresta Nacional (Flona) de Altamira. Não há porteira, guarita ou uma mísera placa indicando que se está em uma área protegida federal. E os grileiros da Amazônia entendem bem a mensagem que tal omissão transmite: grande parte da Flona é invadida e desmatada. Há cercas feitas por invasores, gado pastando e fumaça no horizonte, sinal de derrubadas em pleno curso.

Depois de duas horas de viagem, a estrada faz uma bifurcação e entra de repente numa densa floresta, sombreada por castanheiras e animada pelo canto lindamente sinistro dos cricriós. Parece estranho, mas é justo nesse paraíso tropical que uma maciça operação de extração de madeira está em curso.

No comando de um pequeno exército de operadores de motosserra, tratoristas e engenheiros florestais está Robson Azeredo, 48 anos. Ruivo, de olhos azuis e pele muito clara, o fluminense de Rio Bonito pertence a um gênero raro na Amazônia: o madeireiro legal. E a uma espécie ainda mais rara desse gênero: o empresário que usa terras públicas em regime de concessão para produzir madeira mantendo a floresta. Sua empresa, a RRX, e sua vizinha na mesma Flona, a Patauá Florestal, são tudo o que vingou de uma das propostas de desenvolvimento econômico mais brilhantes e mais mal executadas da história amazônica: o Distrito Florestal Sustentável da BR-163.

Ao volante da Toyota Hilux cinza que nos leva até o barracão da RRX na Flona, Azeredo conta que tinha uma empresa de aluguel de máquinas pesadas para construção no Rio e nunca havia pensado em trabalhar na Amazônia até 2010, quando viu uma reportagem numa revista sobre as concessões florestais. Quatro anos depois, estaria ele mesmo no Norte. "No setor madeireiro faziam apostas sobre em quantos meses eu iria quebrar", diverte-se. Hoje é o maior concessionário de florestas públicas do Brasil, operando em 342 mil hectares — um quarto da área total que estava sob concessão federal em 2022.[4]

No banco do carona está o homem que indiretamente o levou para a Amazônia: Tasso "Marasmo" Azevedo, principal cabeça por trás das concessões florestais iniciadas na primeira década do século XXI. Primeiro diretor do

Serviço Florestal Brasileiro, Tasso também coordenou o processo que resultou na redação da Lei de Gestão de Florestas Públicas,[5] promulgada em 2006 para tentar resolver a crise gerada pela suspensão dos planos de manejo de madeira em 2004 (veja o capítulo 12) e para dar uma alternativa para a economia da região que valorizasse a floresta em pé.

Quando a lei foi enviada ao Congresso, logo após o assassinato de Dorothy Stang, havia uma pilha de evidências técnicas e científicas de que a melhor saída para valorizar as terras públicas florestadas da Amazônia seria mantê-las públicas e manejadas de forma sustentável, e uma das principais maneiras de alcançar esse objetivo seria criar unidades de conservação de uso sustentável, como Flonas, e destiná-las às comunidades locais ou concedê-las por meio de licitação à iniciativa privada para várias atividades econômicas, como a produção de madeira. A proposta trazia um eco das "florestas de rendimento" divisadas por Clara Pandolfo, a cientista pioneira da Sudam, em 1978, e dava materialidade ao Programa Nacional de Florestas, criado no final do governo FHC.

A premissa era simples: para extrair madeira com baixo impacto, é preciso ter muita terra. A biodiversidade estonteante da Amazônia significa que é difícil encontrar muitas figurinhas repetidas num mesmo hectare de mata; árvores valiosas como o ipê (*Handroanthus sp.*) e o cedro (*Cedrela odorata*) ocorrem em pequena quantidade e ficam distantes uma da outra. Como é necessário, após o corte seletivo, deixar a área se regenerar por vinte ou trinta anos, uma unidade de exploração de madeira tem de medir milhares de hectares para ser rentável. Só que os madeireiros legais esbarravam em duas dificuldades: primeiro, achar qualquer área extensa na Amazônia com um título de propriedade legítimo, ainda mais depois de 2004, quando o Incra cancelou 66 mil posses (veja o capítulo 12); segundo, o investimento inicial em terra é tão grande que inibe os outros investimentos iniciais que uma operação madeireira de baixo impacto precisa ter — maquinário especial, mão de obra treinada e um inventário detalhado de todas as árvores comerciais de uma floresta.

A solução encontrada pelo governo Lula foi permitir "alugar" as Flonas em contratos de até quarenta anos. Os concessionários pagariam royalties ao Serviço Florestal (no caso de florestas estatuais, para os respectivos órgãos gestores) e cumpririam uma série de exigências socioambientais para garantir, como Tasso gosta de dizer, "que as florestas públicas continuem sendo florestas e continuem sendo públicas". Com esse subsídio à produção legal, o manejo de baixo impacto poderia competir com a madeira ilegal e eventualmente tirá-la do mercado. "Tudo isso em tese e entre aspas", ressalva Robson Azeredo.

O laboratório onde essa ideia revolucionária e baseada em ciência seria testada era a BR-163. Terra para isso havia; afinal, 8,2 milhões de hectares tinham sido interditados em 2005, e sete unidades de conservação foram criadas numa tacada só, em 13 de fevereiro de 2006, totalizando 6,45 milhões de hectares. Quatro Flonas foram estabelecidas: a do Jamanxim, a do Crepori, a de Trairão e a de Amanã. Elas se juntariam a outras Flonas já existentes — Altamira e Itaituba 1 e 2 — num imenso mosaico de unidades de conservação, integrado, ainda, pelos parques nacionais do Jamanxim e do Rio Novo e pela Reserva Biológica Nascentes da Serra do Cachimbo. Esse conjunto de áreas protegidas, somado às terras indígenas de ambos os lados da estrada, formaria uma muralha de proteção à floresta ao redor da BR-163, cuja promessa de asfaltamento no âmbito do Avança Brasil conduzira a um surto de grilagem e desmatamento (veja o capítulo 11). O Distrito Florestal Sustentável seria o embrião de um novo modelo econômico para toda a região amazônica, baseado na valorização da floresta em pé. Além das concessões, seria desenvolvida uma indústria de processamento de madeira na região para agregar valor ao produto. Também seriam criadas cadeias comerciais para produtos não madeireiros, como óleos e castanhas, e áreas já desmatadas seriam recuperadas com espécies de crescimento rápido e uso comercial. Tudo isso com a facilidade de escoamento aos mercados por uma rodovia asfaltada.

Seria também a oportunidade de provar que obras de infraestrutura podem conviver pacificamente com a mata, desde que tomados todos os cuidados. Para Marina Silva, que despertara como ativista nos anos 1980 justamente se opondo aos impactos socioambientais nefastos de uma estrada (a BR-364, no Acre), aquilo tinha um sabor de quebra de paradigma e de triunfo pessoal.

Em 2003, a ministra e Ciro Gomes convenceram Lula a condicionar o licenciamento da obra de pavimentação dos 993 quilômetros da BR que ainda precisavam ser asfaltados entre Guarantã do Norte (MT) e Santarém (PA) a um plano de ordenamento territorial da região. A estrada era de interesse direto do agronegócio, pois permitiria economizar mais de 1,2 mil quilômetros para exportar a soja pelos portos do Tapajós em vez dos de Paranaguá e Santos. Um consórcio formado pelas principais empresas do setor de soja do país, inclusive a Amaggi, da família do governador eleito de Mato Grosso, Blairo

Maggi, se dispôs a bancar o asfaltamento. Lula, mesmo sendo um defensor ardoroso do agro (Maggi ostentava em seu gabinete uma foto apertando a mão do presidente), topou segurar o licenciamento até que houvesse um plano para compatibilizar a estrada com a floresta. Com base em diagnósticos do ISA e do Ipam, foi convocado no fim do ano um seminário em Sinop de onde se tirou uma carta[6] que firmava o compromisso de mudar a escrita da BR-364 no asfaltamento da BR-163. Dali surgiria o Plano BR-163 Sustentável, que tinha no Distrito Florestal Sustentável um de seus principais eixos. "O Meio Ambiente não está aqui para dizer para não fazer, mas sim como fazer", afirmava Marina.

Tudo em tese e entre aspas. No mundo real, a história foi outra.

Enquanto no resto da Amazônia o desmatamento caiu de forma consistente desde 2005, na região da BR-163 ele oscilou e voltou a subir a partir de 2010, aponta Maurício Torres, geógrafo da Universidade Federal do Pará que estuda a ocupação de terras e a violência no entorno da estrada desde o início do século. Segundo Torres, o Plano BR-163 Sustentável nunca saiu do papel; seu único legado foi a criação das áreas protegidas, e mesmo esse vem sendo desafiado por grileiros, madeireiros, garimpeiros e pecuaristas, que fazem pressão constante sobre elas desde 2006. Um dos símbolos dessa pressão é justamente uma das áreas protegidas criadas em fevereiro de 2006: a Floresta Nacional do Jamanxim, com 1,3 milhão de hectares, uma das áreas protegidas mais desmatadas da Amazônia. Em algumas ocasiões, como veremos, medidas do próprio governo jogaram contra a tentativa do Ministério do Meio Ambiente de estancar a devastação.

Para entender o drama da 163, convém dar um passeio pela cidade-símbolo dos conflitos ambientais e fundiários da região, cem quilômetros ao sul da encruzilhada de Moraes de Almeida.

Novo Progresso tem uma temperatura estranhamente aprazível para o verão amazônico. Mesmo à tarde, o termômetro ali não passa dos 25 graus, um alívio para quem saíra na véspera da escaldante Santarém. Mas de agradável "o Progresso", como é chamada, só tem mesmo isso. Todo o resto assusta: as revendedoras de motosserras e produtos para garimpo na entrada da cidade; as bandeiras do Brasil, onipresentes em carros, comércios e porteiras de fazenda, explicitando as preferências políticas de seus moradores (em 2022, Jair Bolsonaro

BR-163, COM ÁREAS PROTEGIDAS DO ENTORNO E A ÁREA DA ALAP

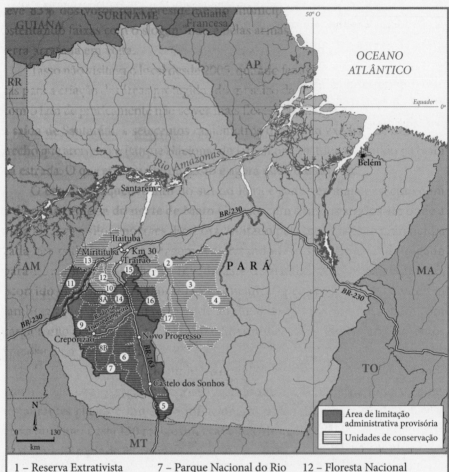

1 – Reserva Extrativista Riozinho do Anfrísio
2 – Reserva Extrativista do Rio Iriri
3 – Estação Ecológica da Terra do Meio
4 – Parque Nacional do Rio Pardo
5 – Reserva Biológica Nascentes da Serra do Cachimbo
6 – Floresta Nacional do Jamanxim
7 – Parque Nacional do Rio Novo
8A e 8B – Área de Proteção Ambiental do Tapajós
9 – Floresta Nacional do Crepori
10 – Floresta Nacional de Itaituba I
11 – Floresta Nacional do Amaná
10 – Floresta Nacional de Itaituba I
11 – Floresta Nacional do Amaná
12 – Floresta Nacional de Itaituba II
13 – Parque Nacional da Amazônia
14 – Parque Nacional do Jamanxim
15 – Floresta Nacional do Trairão
16 – Floresta Nacional de Altamira
17 – Floresta Estadual do Rio Iriri

A FLORESTA NACIONAL DO JAMANXIM, COM DESMATAMENTO ATÉ 2022
(EM BRANCO)

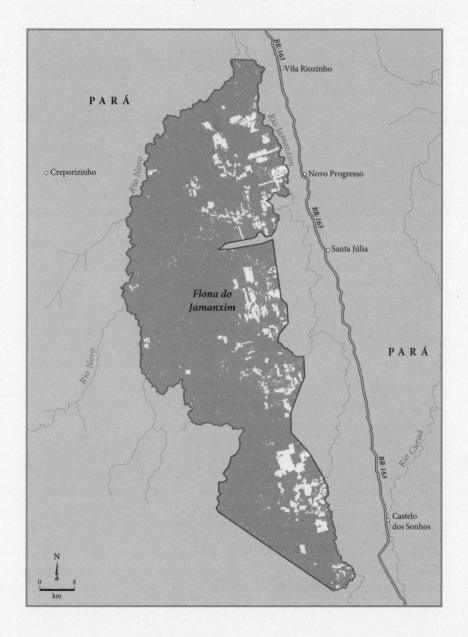

teve 83% dos votos para presidente no município); as lojas de caça e pesca ostentando faixas com o slogan "não é pelas armas, é pela liberdade"; e o ar de terra arrasada em volta.

Tasso não visitava o local desde 2005, quando fez as tensas audiências públicas para a criação das áreas protegidas do mosaico da 163. Ele se disse espantado com o fato de praticamente não se ver mais floresta às margens da rodovia desde a saída de Santarém, a setecentos quilômetros dali. Com exceção de um curto trecho que atravessa o Parque Nacional do Jamanxim, foi tudo destruído na beira da estrada. O que era mata virou pasto e agora está virando soja.

O cenário naquele canto do sul do Pará é cada vez mais parecido com o da região sojeira do norte de Mato Grosso, com campos arados até onde a vista alcança e silos enormes. Embora limitado pela topografia, o grão ocupa cada vez mais áreas de pastagem, valorizando terras e empurrando o gado para novas florestas públicas invadidas e destruídas. Após o asfaltamento, ocorrido em etapas nos anos 2010 e concluído apenas em 2020, o comércio também prosperou: a cidade atende ao fluxo de caminhões que sobem com carga rumo aos portos de Santarém e Miritituba, causando engarrafamentos épicos na época da safra.[7]

A soja e o ouro têm feito dinheiro circular no Progresso. As noites são movimentadas, com picapes novinhas tocando música sertaneja a todo volume, restaurantes cheios e um surto inflacionário típico de *boomtown*, onde uma pizza qualquer custa 130 reais e um açaí vindo de quase oitocentos quilômetros de distância, mais de 25 reais.

A cidade é dividida pela BR-163, que também funciona como avenida principal. Nos fundos do lado oeste há uma estrada que conduz a uma ponte de madeira sobre o rio Jamanxim, turvo de lama de garimpo. Dali se acessa a Flona do Jamanxim, onde muitos moradores do Progresso mantêm fazendas de gado — inclusive o então prefeito Gelson Luiz Dilli, do MDB, que já foi multado em mais de 6 milhões de reais pelo Ibama por desmatamento ilegal.[8]

Com 1,3 milhão de hectares, a Flona era a maior aposta do Distrito Florestal Sustentável. Mas desde sua criação o governo tenta driblar conflitos fundiários ali. Um "dente" no desenho da unidade de conservação foi feito pelo próprio Tasso para excluir da área protegida uma região de fazendas de ocupação consolidada.

Não adiantou muito. A agropecuária continuou se expandindo dentro da

Flona: segundo dados do consórcio MapBiomas,[9] o desmatamento equivalia a 1,5% da unidade de conservação em 2002, quando a pavimentação da BR-163 foi anunciada. Cresceu para 6% em 2006, quando a Flona foi criada, e subiu para 14% em 2021. Um estudo do Instituto Chico Mendes de Conservação da Biodiversidade (ICMBio), autarquia criada por Marina Silva em 2007 para cuidar das unidades de conservação federais, mostrou em 2010 que dois terços dos ocupantes na área protegida chegaram após sua criação. Em 2017, dados do Imazon corroboraram a análise: em 2010, havia 55 propriedades declaradas dentro da Floresta Nacional; em 2016, esse número era sete vezes maior.[10]

A pressão de grileiros e políticos paraenses foi tão grande que, naquele ano, o então presidente Michel Temer mandou uma medida provisória (MP) ao Congresso reduzindo a Flona em 743 mil hectares (57%); desse total, 308 mil hectares seriam transformados em Área de Proteção Ambiental, uma categoria de área protegida que permite virtualmente qualquer atividade econômica. Foi um presente para os grileiros, dado com aval do próprio ICMBio, que via nas vastas áreas desmatadas dentro da Flona uma impossibilidade de recuperação ambiental e achou melhor entregá-las de vez. A MP, porém, foi barrada no Congresso. A disputa e o desmatamento seguiram até o início do terceiro governo Lula, e a Flona se tornou território proibido para concessões florestais ou qualquer outra atividade econômica sustentável.

"Não consigo ver ninguém provar que árvore em pé dá mais dinheiro do que no chão."

A frase que resume o sentimento dos moradores de Novo Progresso em relação às iniciativas do governo para conter o desmatamento é proferida por Agamenon Menezes. Aos 71 anos, 38 deles passados no Pará, o fazendeiro nascido em Campo Grande ocupa há duas décadas a presidência do Sindicato dos Produtores Rurais do município e tornou-se o principal porta-voz do dito "setor produtivo" da região da 163. É um papel que exige disposição para o embate e gosto para a polêmica, o que Menezes tem de sobra. Numa de suas tiradas mais famosas, ele comparou a conservação da Floresta Amazônica à dos dinossauros. "Quem me garante que a geração futura vai aprovar nós termos preservado a Amazônia? Eu vou fazer [sic] só um exemplo: dinossauro faz falta na sua vida?"[11] A propensão a frases chocantes o tornou uma espécie de "meu malvado favorito" dos jornalistas que enxameiam até Novo Progresso a cada recorde de queimadas quando buscam ouvir o lado dos fazendeiros em suas reportagens.

Durante seus nove mandatos consecutivos à frente do sindicato rural, Menezes encarnou a resistência à criação das unidades de conservação da 163, a oposição à Lei de Gestão de Florestas Públicas (orgulha-se de ter proposto 303 emendas ao projeto) e a defesa dos "trabalhadores" da Flona do Jamanxim. Foi investigado por suspeita de ser um dos articuladores do "Dia do Fogo", em agosto de 2019, quando fazendeiros realizaram uma megaqueimada coordenada para "mostrar serviço" ao então presidente Jair Bolsonaro.[12] Ele chama o episódio de invenção da imprensa.

O líder ruralista despontou no noticiário nacional num episódio que culminou em 2003, quando o recém-empossado governo Lula tomou uma medida desastrosa para o futuro controle do desmatamento no entorno da 163: a redução em 347 mil hectares da Terra Indígena Baú, da nação kayapó — e sua classificação como terra pública não destinada —, que acabou por entrar no mercado da grilagem. Por mais de uma década, madeireiros interessados nas terras — usadas pelos indígenas para coleta de castanha, mas desgraçadamente ricas em mogno — vinham confrontando os Mebêngôkre e ameaçando o trabalho da delimitação realizado pela Funai. A tensão escalou a partir do ano 2000, com o presidente do sindicato rural engrossando o coro dos políticos paraenses nas ameaças de conflito armado, até que o ministro da Justiça de Lula, Márcio Thomaz Bastos, patrocinou um acordo para reduzir ("desafetar", no jargão técnico) 17,2% da área, que desde 1991 havia sido decretada de posse indígena e estava sendo demarcada.[13] "O argumento era que, se não desafetassem, os grileiros iriam matar os índios", conta Maurício Torres. "A mensagem que ficou para eles foi que, com ameaça, violência e terror, você ganha qualquer coisa."

O modo de operação vem sendo repetido desde então, para tentar criar fatos consumados e ganhar no grito anistias em série. A invasão das Flonas do Jamanxim e de Altamira — e, mais recentemente, um ousado esquema de grilagem desbaratado pelo Ibama com ajuda dos Kayapó — se inscreve nessa lógica. Uma vez que virtualmente todas as terras do sudoeste paraense são públicas, invadir, desmatar e vender tornaram-se a base da economia da região. Como disse em 2014 um fazendeiro a Torres e seus colegas Juan Doblas e Daniela Alarcon, "dono é quem desmata". E os lucros para quem vira dono são fabulosos: um hectare de terra florestada em Novo Progresso podia ser comprado nos anos 2010 por 350 reais; um hectare "aberto", no tenebroso eufemismo amazônico, chegava a 5 mil reais.[14] A decretação da Área sob Limitação Administrativa Provisória (Alap) da BR-163, em 2005, e a posterior criação das unidades de conservação foram um golpe nessa lógica. Mas nem Marina Silva, nem nenhum outro ministro do Meio Ambiente que a sucedeu conseguiram quebrá-la, como pudemos testemunhar na Flona de Altamira. Intacta, na teoria, em 2005, ano da Alap, ela havia perdido 4% de sua área para a agropecuária em 2021.

Agamenon Menezes chama as unidades de conservação da BR-163 de "aleatórias". Segundo ele, "olharam o mapa, meteram a caneta em cima e criaram o decreto". Não é bem assim: à exceção da Reserva Biológica Nascentes da Serra do Cachimbo, que é relativamente pequena (tem um quarto da área da Flona do Jamanxim) e visa preservar de forma integral um local de biodiversidade única e sensível, todas as UCs tiveram como parte de seu rito de criação audiências públicas presenciais com a comunidade local — tanto que a porção já ocupada da Flona do Jamanxim foi excluída de antemão.

O presidente do sindicato rural evoca a herança da ditadura para justificar a lógica de ocupação no eixo da 163. "O governo distribuiu a terra. O Incra dizia: ocupa quinhentos metros de frente e desmata o que você puder. O que você desmatar eu titulo o dobro. Isso está em documento, inclusive a obrigação era desmatar 50%. Isso era a lei", afirma. E prossegue: "É injusto chamar as pessoas de grileiros. Grileiro é quem vai lá grilar a terra do outro, expulsar. Se o governo chamou esse pessoal para ocupar essas áreas, mandou o Incra dizer para desmatar 50%, é justo chamar de grileiro?".

Tem um grau aí de prisma na coisa.

Diferentemente da Transamazônica, concluída em 1972 e que logo recebeu projetos de colonização do Incra, a BR-163 demorou outros quatro anos para ser aberta e foi em grande parte esquecida pelo Programa de Integração Nacional do ditador Emílio Médici. Quando os soldados do 9º e do 8º Batalhões de Engenharia de Construção, os BECs, se encontraram em outubro de 1976 no quilômetro 877, com frentes de abertura da estrada vindas respectivamente de Cuiabá e de Santarém, o fracasso do projeto de assentar nordestinos na Transamazônica já era evidente; não havia colonização induzida pelo Incra na região sul do município de Itaituba (atual Novo Progresso) e sul de Altamira (atual Castelo dos Sonhos). Segundo informações levantadas por Torres, Doblas e Alarcon, a colonização do chamado Quilômetro 1085, que se tornaria em 1991 o município de Novo Progresso, foi espontânea, com aventureiros vindos da região Sul, aos quais se juntariam posteriormente famílias deslocadas pela construção de Itaipu.[15] O Incra entrou num segundo momento para tentar ordenar a bagunça, seguindo as regras do Código Florestal da época, que autorizava desmatar 50%. "Os pedidos de regularização fundiária daquela região datam do fim dos anos 1980", conta Torres. "Eles usam o argumento de um convite do governo à ocupação da Amazônia que de fato houve, mas que veio muito antes e não os abrangeu."

Os mitos fundadores do convite para ocupar e da licença para desmatar 50% da área da propriedade — algo que mudou após o fim dos anos 1990, quando o limite de desmatamento foi reduzido a 20% — vêm sendo sistematicamente usados pelos fazendeiros da porção paraense da 163 (e, de maneira geral, de toda a Amazônia) para justificar o descumprimento da legislação. Agamenon Menezes cita de cabeça leis, portarias, decretos e instruções normativas que, segundo ele, ou não são cumpridas pelo governo, ou vieram "retroagir" para mexer em supostos direitos adquiridos. A mais dolorida dessas medidas foi o decreto nº 6.514, de 22 de julho de 2008, por meio do qual o ministro Carlos Minc, sucessor de Marina Silva no Meio Ambiente, determinou o "cumpra-se" do limite de desmatamento do Código Florestal, algo que vinha sendo largamente ignorado Amazônia afora. Esse decreto teria repercussões imensas no futuro, como se verá adiante.

O governo federal, e isso é fato, nunca indenizou os ocupantes de boa-fé das áreas protegidas criadas na região (nem em lugar nenhum do país), como determina a lei que criou o Sistema Nacional de Unidades de Conservação, em 2000. Como vimos, porém, a maioria das pessoas que hoje se dizem donas de propriedades na Flona do Jamanxim chegou lá após a criação da unidade de conservação. O nome disso, goste Menezes ou não, é grilagem. Só que, no entendimento da turma do Progresso, é olho por olho e dente por dente.

"Se o governo não cumpre a lei, por que eu tenho de cumprir?", questiona Menezes. "Quem tem de obedecer a lei e dar exemplo é o governo. Não tem uma lei do governo no sentido de ver o que se vai fazer com essas pessoas; todas são repressão, multa, embargo, como se as pessoas fossem abandonar essas terras por causa de multa. Vai ficar multado, o CPF dele vai pro pau, mas ele vai continuar trabalhando. Ele tem que sobreviver."

O teor do discurso é extraído diretamente do Decálogo do Desmatador: a legislação é draconiana; o governo é influenciado por ONGs e só quer saber de repressão porque isso traz dinheiro do exterior, e o dia em que o problema for resolvido, o recurso acaba; há uma questão social envolvida ("o pé de mogno é bonito, lindo, mas o filho dele precisa de pão, ele não tem para dar, e o desespero mostra que vender aquela árvore dá mais lucro"); o governo não pensa "no ser humano"; e o Inpe mente sobre os dados de queimadas e desmatamento. Em nossa conversa, precisei mostrar ao presidente do sindicato rural como funcionava o site do sistema Deter, que contabiliza e diferencia as queimadas de pasto, as de desmatamento e as de incêndio florestal.

A demora em concluir os planos de manejo das Flonas da BR-163 e questionamentos do Ministério Público aos primeiros editais de concessão fizeram o governo desistir de iniciar as concessões pelo Distrito Florestal Sustentável. Mas havia também um problema de infraestrutura: depois que o Ministério do Meio Ambiente anunciou as medidas para conter a grilagem de terras na região, o consórcio de sojicultores que em 2003 se mostrava tão empolgado para bancar a pavimentação da estrada acabou desistindo, em agosto de 2005.[16] Isso ocorreu na esteira de uma queda no preço da soja no mercado internacional, que especialistas afirmam ter tido também influência na espantosa redução do desmatamento em 2005. O serviço de asfaltamento sobraria para o 8º Batalhão de Engenharia de Construção do Exército — o mesmo que abriu a 163 durante a ditadura — e seria penosamente executado nos quinze anos seguintes. A estrada só se tornaria trafegável na época das chuvas em 2017, e o último asfalto só seria colocado em 2020. Mas, mesmo no ano seguinte, as cabeças de ponte da rodovia ainda não haviam sido pavimentadas.

A primeira licitação de florestas públicas do Serviço Florestal Brasileiro aconteceria em 2007 numa área de 96 mil hectares da Floresta Nacional do Jamari em Rondônia, mas só começaria a operar quatro anos depois da promulgação da lei de florestas públicas, com Tasso Azevedo e Marina Silva já fora do Ministério. A primeira árvore colhida, um roxinho (*Peltogyne paniculata*), foi cortada em 21 de setembro de 2010, às 11h16 da manhã, por operadores de motosserra da madeireira Sakura.[17] Eram os últimos meses de presidência de Luiz Inácio Lula da Silva, e o desmatamento estava em queda em toda a Amazônia – inclusive na 163, graças a uma operação do Ibama contra pecuaristas ilegais: no município de Novo Progresso, ele despencaria de 316 km² no ano anterior para 50 km², algo que nunca mais se repetiria.

Já estava claro naquele momento que o modelo de concessões florestais enfrentaria percalços. O plano inicial do Serviço Florestal Brasileiro, então dirigido por Antonio Carlos Hummel, era licitar no primeiro ano 10 milhões de hectares de Flonas. Quando as operações começaram, porém, menos de 2% disso (145 mil hectares) haviam sido licitados. Dezesseis anos depois da lei, em 2022, o Serviço Florestal Brasileiro computava mero 1,3 milhão de hectares sob concessão federal.[18]

O empresário paulistano Roberto Waack, um dos três primeiros concessionários do país — e personagem da reportagem de 2010 que levou Robson Azeredo à Amazônia —, diz que as concessões começaram bem, com regras claras, mas acabaram atingidas por três torpedos: as dúvidas sobre a real sustentabilidade do manejo florestal, levantadas em vários estudos recentes que apontavam a necessidade de ciclos ainda mais longos que os trinta anos previstos; a crise de reputação do mercado de madeira tropical, cada vez mais restrito por um mercado consumidor menos tolerante com a ilegalidade; e problemas no Brasil que reduzem a margem de lucro dos concessionários e aumentam seu risco, como a falta de ação dos órgãos de fiscalização sobre invasores que roubam madeira das áreas concedidas.

Ele chama de "erro bem-intencionado" a crença de que as concessões seriam um instrumento tão poderoso que sufocaria o mercado ilegal somente pela atuação da mão invisível. A mão pesada do Estado precisa estar presente reprimindo os madeireiros clandestinos, o que tem sido insuficiente até agora. Robson Azeredo enumera as desvantagens competitivas da madeira legal:

"Eu tenho que ter quantos engenheiros florestais? Eu tenho que ter quantos advogados? Eu tenho que ter quanta infraestrutura administrativa? Quanto tempo eu demoro para carregar um caminhão? Quanto eu gasto de equipamentos de proteção individual, de assinatura de carteira de funcionários? O nível de transporte que você acaba tendo que ter, de equipamento que você acaba tendo que ter, de impostos que você tem que pagar, de limite de volume de madeira que você pode extrair na floresta. Isso joga a conta lá nas alturas. O ilegal não tem um centavo desse custo, ele não paga nada pela terra, ele entra lá e rouba."

Hummel aponta dois outros problemas: o primeiro foi a perda de apoio político às concessões após a saída de Marina do Ministério, em 2008. "Toda aquela coisa planejada ficou sem uma pessoa que falasse 'vai em frente!', e a agenda de fomento a atividades sustentáveis do PPCDAM minguou", diz o ex-chefe do Serviço Florestal. Os esforços de combate ao desmatamento, prossegue, ficaram concentrados demais em comando e controle, algo que daria muito resultado, sobretudo entre 2010 e 2012, mas que tinha limites.

Por fim, como acontece com muita coisa no Brasil, mudanças no mundo em volta acabaram alterando as perspectivas do setor florestal. Nos anos 1980, a "década da destruição", houve uma explosão no uso de madeira tropical. Isso mudou a partir da década de 1990, quando a China entrou em urbanização acelerada e outros materiais mais baratos, leves e fáceis de transportar, como os compensados, o MDF, o gesso, o PVC e o alumínio, começaram a conquistar a preferência do mercado consumidor. Como o Brasil só começou a fazer estimativas confiáveis da produção madeireira a partir de 1998, com os trabalhos do Imazon, essa mudança não foi capturada inicialmente. Em 1998 a Amazônia extraiu 28 milhões de m³ de madeira em tora. Em 2009, a produção estava em 14 milhões de m³.[19] "Caiu pela metade, quando pelo crescimento demográfico e econômico seria de esperar que tivesse subido para 40 milhões ou 50 milhões hoje", afirma Adalberto Veríssimo, cofundador da ONG. As exportações caíram de 36% em 2004 para 21% em 2009.

"Curiosamente, a madeira na construção civil passou a ser um objeto de desejo por conta de pegada de carbono mais baixa", conta Waack. "Ela mudou de patamar, de um produto barato, abundante e de segunda categoria, quase um lixo da obra, para algo muito sofisticado que os melhores escritórios de arquitetura sonham em ter. Isso não é ruim, porque os projetos de manejo podem teoricamente usufruir de mercados mais sofisticados com volumes menores e preços maiores. O problema é que esse mercado não convive com ilegalidade, com bagunça. Esse segmento não se consolida por causa de oferta sub judice nos trópicos. E ele está sob risco." Apesar de tudo, Waack afirma ter uma "crença quase religiosa" no manejo florestal como alternativa econômica para a Amazônia e nas concessões como a única forma de disseminá-lo. "A gente vê que a ideia estava certa", diz Tasso Azevedo, enquanto sobe no toco de uma árvore extraída num bloco de exploração da RRX da Flona de Altamira.

Se a estratégia das concessões teve resultados parcos no incentivo a uma nova economia na Amazônia, o mesmo não pode ser dito da criação de áreas protegidas. O ano de 2006 até hoje detém o recorde de estabelecimento de unidades de conservação na Amazônia Legal, com 9 milhões de hectares. Contando os três anos de 2005 a 2007, o governo Lula criou 21,2 milhões de hectares em áreas protegidas em toda a região (quase uma Romênia). Várias delas estão na fronteira sul do Arco do Desmatamento, formando o que João Paulo Capobianco chamou de "muralha verde" para impedir que a grilagem de terras subisse de Mato Grosso e Rondônia para o Amazonas, estado com a maior área de florestas intactas da região e afetado por um grande projeto de infraestrutura, a rodovia BR-319 (Manaus-Porto Velho). Também em 2006, o governo decretou área sob limitação administrativa provisória (Alap) no entorno da 319: 15,4 milhões de hectares[20] foram congelados para estudos de criação de unidades de conservação.

O impulso federal criou um efeito de corrida ao topo nos governos estaduais. Em dezembro de 2006, o governador do Pará, o tucano Simão Jatene, criou, com estudos técnicos do Imazon, o maior conjunto de áreas protegidas em floresta tropical da história da humanidade: nada menos do que 12,7 milhões de hectares foram colocados sob proteção numa tacada só na porção paraense da calha norte do rio Amazonas, incluindo a maior área protegida terrestre do Brasil, a Floresta Estadual do Grão-Pará (4,2 milhões de hectares). Somando as áreas estaduais e federais, a Amazônia ganhou mais de 25 milhões de hectares sob proteção apenas em 2006.[21] Essa pororoca de áreas protegidas foi uma das principais responsáveis pela redução das taxas de desmatamento em 2006 e 2007, mesmo que o Jamanxim tenha seguido sob pressão e que os distritos florestais (havia também um planejado para a BR-319) tenham ficado largamente no papel.

Mas o setor madeireiro, por pior que fosse seu comportamento, era apenas um dos problemas da Amazônia na época em que o PPCDAm começou a rodar. O outro, principal fator por trás da explosão no desmatamento no início do século, era uma atividade recente na floresta, tocada por atores privados com alta organização empresarial, contatos no exterior e muito dinheiro no bolso — que, por isso mesmo, estavam mais suscetíveis a pressões da sociedade do que os grileiros de Novo Progresso e os ladrões de tora de Rondônia. Em 2006, essas pressões chegaram ao ápice. E esse setor, o da soja, se mexeu.

16. Lágrimas do palhaço

Havia algo muito errado com Ronald McDonald. O palhaço símbolo do McDonald's, a maior rede de fast-food do planeta, tinha o rosto e as roupas manchados de sangue. Com um olhar malévolo, um sorriso de psicopata e uma voz que parecia saída do fundo do inferno, Ronald explicava às crianças como a produção dos inocentes Chicken McNuggets estava destruindo a Amazônia. Em seguida, usava a motosserra que trazia nas mãos para cortar árvores, fazendo esguichar sangue para todos os lados.

O desenho animado produzido pela organização ambientalista Greenpeace foi ao ar em 2006, como parte de uma grande campanha da ONG para pressionar o setor da soja, principal responsável pela explosão do desmatamento no início do século XXI. Um relatório minuciosamente apurado nos dois anos anteriores pela equipe do Greenpeace provava que o frango fornecido ao McDonald's em 46 países, incluindo toda a Europa, era alimentado com soja colhida em áreas de desmate ilegal. No centro da investigação estava a maior empresa de capital fechado do mundo, a gigante norte-americana do agro Cargill.

O relatório, intitulado *Comendo a Amazônia* (*Eating Up the Amazon*),[1] foi lançado em 6 de abril e mostrava que o McDonald's europeu tinha como fornecedora exclusiva de frango uma empresa francesa chamada Sun Valley, subsidiária da Cargill. A firma alimentava os McFrangos com uma ração composta de soja brasileira, parte dela enviada à Europa através de um porto que a multinacional havia começado a operar em 2003 em Santarém, no Pará. Cada um dos 10 milhões de cidadãos no Velho Continente que comiam diariamente nas lanchonetes do McDonald's[2] estava, portanto, colaborando potencialmente com a destruição da floresta se pedisse algum lanche com frango.

Para traduzir melhor a mensagem do documento, voluntários do Greenpeace fantasiados de galinha fizeram ações (ou "visitas", no eufemismo jocoso da ONG) em centenas de lojas do McDonald's na Europa, acorrentando-se às mesas e abrindo cartazes com os dizeres "arruinando a floresta por fast-food" e "o McDonald's tomou um frango".[3] Naquela mesma tarde, a empresa soltou uma nota à imprensa dizendo que iniciaria "imediatamente" uma investigação sobre o caso.[4] Três meses depois, as firmas compradoras e exportadoras de soja, reunidas na Associação Brasileira da Indústria de Óleos Vegetais (Abiove) e na Associação Nacional dos Exportadores de Cereais (Anec), anunciaram um compromisso voluntário de parar de adquirir soja proveniente de áreas desmatadas a partir de 2006 na Amazônia. A moratória deveria valer por dois anos. Era o primeiro acordo setorial desse tipo para parar o desmatamento no mundo tropical.[5] No momento em que escrevo, ela já dura dezesseis e é um dos maiores cases de sucesso de autorregulação contra o desmatamento do mundo.

Por ironia do destino, o setor mais rico e poderoso do agronegócio foi enquadrado justamente por um filho de fazendeiro.

Paulo Adário nasceu em 1949 em Barra Mansa, Rio de Janeiro, e viveu até os oito anos na fazenda de gado dos pais, em Bananal, na porção paulista da serra da Bocaina. No início da ditadura, foi fotógrafo e ator de teatro. Chegou a contracenar com Paulo César Pereio, Dennis Carvalho, Walmor Chagas e Antônio Pitanga na peça *Os rapazes da banda* (1970), produzida por Eva Wilma. Numa época em que seus colegas das artes eram presos e exilados, Adário recebeu um convite para fazer uma novela na TV Globo e, em vez disso, foi para a Europa em 1972 ("com a recomendação de um general para não voltar", recorda-se). Como não era formalmente um exilado, pôde desobedecer à recomendação do general e retornar ao país em 1976, antes da promulgação da Lei da Anistia. Nos anos seguintes, assumiu outra encarnação, como jornalista, rodando entre diversas editorias até o final de 1991, quando foi contatado pelo Greenpeace, que estava para abrir um escritório do Brasil, no embalo da Rio-92.

Naquele início dos anos 1990, o Greenpeace estava acordando para uma verdade inconveniente: era uma ONG de brancos de países ricos fazendo ambientalismo de brancos de países ricos para brancos em países ricos. Isso trazia o risco de externalidades importantes: uma campanha contra despejo de lixo tóxico no mar poderia, por exemplo, fazer com que esse lixo passasse a ser enviado para algum país pobre da África. Era preciso atuar globalmente, e vários escritórios no mundo em desenvolvimento começaram a ser abertos, inclusive um para a América Latina — sediado, pois é, na Califórnia.

O Greenpeace Brasil começou com uma sala na rua México, no Rio, vizinha ao consulado dos Estados Unidos (sem placa na porta por medo de espionagem norte-americana), mudando-se para São Paulo em meados da década. Naquele período, começou a investigar a exploração ilegal de mogno e seus elos com o desmatamento da Amazônia, fazendo denúncias de grande visibilidade na imprensa que ajudaram a aumentar as restrições à comercialização da espécie, em 2002 (veja o capítulo 12). Em 1999, o custo logístico de tocar a campanha da Amazônia a partir de São Paulo forçou a abertura de um escritório em Manaus. Adário mudou-se para lá para dirigi-lo.

Por mais sérios que fossem os problemas do mogno, o comércio ilegal da madeira estava longe de ser o principal vetor da destruição da Amazônia. A ênfase era decorrência de um fator interno: em todos os países florestais do mundo, a primeira campanha de um novo escritório do Greenpeace é sempre sobre madeira. A ONG possui anos de expertise no tema, o produto é fácil de rastrear da floresta às casas das pessoas, tem relativamente poucos atores na cadeia de produção e traz em si uma literalidade que outras commodities não têm: uma tora num caminhão é igual a uma árvore cortada, e nada é mais fácil de associar à devastação de florestas do que isso.

"Só que tinha alguém desmatando a Amazônia. Quando a gente faz o levantamento, vê que são a pecuária e a soja. Mas a gente não tinha fôlego para enfrentar o desmatamento da pecuária", conta Adário. Pelo menos era o que ele achava na época.

Em 2001, com a campanha do mogno em pleno curso, o diretor do Greenpeace em Manaus foi inspecionar uma madeireira nos arredores de Santarém quando notou uma coisa diferente na paisagem: um imenso desmatamento para soja. Dois anos antes, em 1999, a Cargill havia iniciado a construção de um porto de águas profundas na cidade paraense, no encontro do rio Tapajós com o Amazonas. O porto se destinaria a mandar para o exterior cargas de soja trazidas de Mato Grosso em caminhões, pela BR-163, ou em barcaças, dos terminais de Porto Velho e Miritituba. A chegada da obra trouxe sojicultores de Mato Grosso para a região de Santarém, onde a terra era barata e as facilidades logísticas, autoevidentes. Com a soja, o preço da terra subiu 6600% na região — um estímulo a pecuaristas para vender suas propriedades a sojeiros e abrir novas fazendas em áreas de floresta — e o desmatamento praticamente dobrou entre 2002 e 2004.[6]

Sobrevoos feitos pelo Greenpeace em 2002 confirmaram que a soja estava, de fato, mudando a paisagem da região de Santarém. Movimentos sociais locais, contrários ao agronegócio empresarial, pediram ajuda à ONG para deter a expansão da lavoura, que estava concentrando terras e expulsando camponeses. Era preciso fazer uma campanha denunciando a destruição e forçando a Cargill a parar o desmatamento. Adário fez ao Greenpeace Internacional a proposta de trocar o foco da ação na Amazônia de madeira para soja, tendo a multinacional norte-americana como alvo inicial. E levou uma ducha fria na cabeça.

"O Greenpeace Internacional achava que a gente não ia ter como mobilizar consumidores para lutar contra uma empresa de capital fechado, porque não daria para fazer pressão em cima de investidores. Segundo, era uma empresa privada gigantesca e que ia cagar e andar, era ligada ao setor de direita dos Estados Unidos, republicano, religioso, e não era fácil mobilizar o público americano pra isso." O Greenpeace é financiado com doações de pessoas físicas e, naquela época, nos Estados Unidos, elas vinham de todos os lados do espectro político.

A investigação da cadeia, porém, foi autorizada. E a apuração mudou o rumo da conversa na cúpula do Greenpeace: um dos investigadores obteve um documento ligando o McDonald's à Sun Valley, a tal subsidiária francesa da Cargill. Agora havia os elementos para uma campanha — um logotipo famoso no mundo inteiro colaborando com a destruição ambiental e problemas sociais sérios. O Greenpeace Internacional não apenas topou apoiá-la como mobilizou três de seus principais escritórios — na Alemanha, no Reino Unido e nos Estados Unidos — para tocá-la com os brasileiros.

Em 2006 a investigação foi concluída. Era hora de marcar uma reunião com a vilã da fita, a Cargill, e apresentar os resultados. A recepção não foi muito calorosa. "A Cargill falou que nosso relatório era baseado em inverdades", diz

Paulo Adário. A multinacional elaborou um "contrarrelatório" e o encaminhou ao McDonald's, que já estava preparado para repetir o discurso quando foi procurado pelos ambientalistas, dias depois, em sua sede europeia, em Londres.

Para azar da empresa, porém, investigações do Greenpeace precisam ser muito detalhadas e calçadas em provas. É uma medida de proteção jurídica: qualquer relatório com falhas de apuração em qualquer um dos escritórios da ONG ao redor do mundo pode render ações judiciais milionárias e ameaçar o funcionamento de toda a organização.[7] Cada documento é escrutinado por um pelotão de advogados antes de ver a luz do dia. Era o caso do relatório da soja. Só que as provas coligidas, em outro eufemismo usado por Adário, não foram obtidas "de maneira clássica": várias eram documentos vazados que não podiam ser apresentados ao público sob risco de queimar fontes. Mas foram apresentadas ao McDonald's numa segunda reunião em Londres.

E aí a relação com a ONG virou. O "Méqui" quis saber qual era a demanda dos ambientalistas. O Greenpeace explicou: parar a expansão da soja na Amazônia. A rede de lanchonetes disse que não lideraria nenhum processo desses sozinha, já que havia outras grandes empresas que também compravam soja do bioma. Justo.

Em 26 de junho de 2006 aconteceu uma reunião em Bruxelas com a presença de representantes do McDonald's e de outros grandes varejistas europeus compradores de soja, como a rede de supermercados Tesco, do Reino Unido, e o Carrefour, da França. Dali saiu uma declaração intitulada "Aliança Histórica para Salvar a Amazônia", na qual os clientes pedem a seus fornecedores, as *traders* de grãos, uma moratória à soja vinda da floresta tropical produzida a partir do ano 2000. A bola agora estava no campo da Cargill.

Pressionada pelos compradores, a multinacional americana não teve outro remédio senão aquiescer. Mas, assim como o McDonald's, não queria sair pelada na rua sozinha. Ela procurou as outras grandes empresas do ramo para dizer "esse problema não é meu, é nosso". E uma das contatadas foi a Amaggi, do governador de Mato Grosso, Blairo Maggi.

Em junho de 2005, logo após a Operação Curupira, Maggi foi objeto de uma ação direta do Greenpeace à qual ele próprio reputa uma fatia importante de sua conversão de ogro para agro — de um ruralista radical que dizia não sentir "a menor culpa"[8] pelo desmatamento para um quase moderado que entende que destruir florestas é ruim para os negócios. Após uma votação pela internet (concorrendo com Lula, Zé Dirceu e o então ministro da Agricultura, Roberto Rodrigues),[9] ele foi eleito para o troféu Motosserra de Ouro, que seria dado à personalidade que mais tivesse trabalhado pela destruição recorde da Amazônia em 2004. O que ele não imaginava era que o troféu seria entregue em mãos. O Greenpeace contratou os humoristas do programa *Pânico na TV,* Rodrigo Scarpa (o Repórter Vesgo), Dani Souza (a Mulher-Samambaia) e Wellington Muniz (o Silvio), para ir até Cuiabá. O trio surpreendeu o governador durante um evento político numa escola pública e tentou entregar o prêmio, que Maggi se recusou a receber, enquanto a Mulher-Samambaia, que trazia o "troféu", era agarrada pelo chefe da segurança de Maggi. O militar teve problemas para explicar a cena à esposa naquela noite.

A repercussão do antiprêmio mexeu com o governador, que já vinha enfrentando mídia negativa desde 2003 por conta do desmatamento. Maggi, que tinha um esquema logístico próprio para escoar a soja e não concorria com a Cargill por infraestrutura, assumiu um papel de mediador das *traders* na reação à carta dos consumidores europeus. Em 24 de julho de 2006, um documento assinado pelas maiores associações do setor, a Abiove e a Anec, se comprometia a banir por dois anos a compra de soja produzida em áreas desmatadas no bioma Amazônia a partir daquela data.[10] Além disso, prometia empenhar-se para eliminar o trabalho escravo das lavouras e não comprar de propriedades que estivessem na lista de embargos do Ibama. No arrastão vinham as cinco gigantes da soja no Brasil: a ADM, a Bunge e a Louis Dreyfus, além de Cargill e Amaggi. A reação foi melhor que a encomenda.

"Honestamente, a gente não esperava que a coisa seria tão rápida. A gente sabia que iria pegar a principal empresa de capital fechado do planeta, o que ia ser dificílimo, segundo os especialistas em marketing do Greenpeace, e ia demorar. De repente não foi a Cargill, mas o setor inteiro que assinou", diz Paulo Adário.

A moratória tinha duas belezas que a tornam até hoje um benchmark para acordos do gênero sobre commodities. Primeiro, ela ia além do Código Florestal. A lei brasileira, àquela altura reformada pela eterna medida provisória nº 2.166 (a 67ª reencarnação da MP nº 1.511, de 1996), não permitia cortar mais do que 20% da área de uma propriedade rural na Amazônia. No acordo da soja, porém, era desmatamento zero: para as compradoras, não interessava se o fazendeiro tinha ou não direito a desmatar; se ele queria vender soja para as associadas da Abiove, não poderia fazê-lo em nenhum milímetro da área onde fosse plantar o grão. Segundo, ela não era uma ação de governo, e sim um compromisso voluntário entre atores privados. Dessa forma, quando a associação de produtores rurais de Mato Grosso, a Famato, e a associação nacional de sojicultores, a Aprosoja, reclamaram do acordo, ambas sabiam que não havia rigorosamente nada a fazer a respeito senão cumpri-lo, sob risco de não ter a quem vender. A mão invisível do mercado passava a atuar, portanto, como um complemento à mão pesada do Estado, que se fazia presente por meio das ações de fiscalização do PPCDAM.

Em 2007, quando a moratória entrou em vigor, foi formado um grupo entre ONGs, Abiove, Anec e *traders*, o GTS, para fiscalizar o seu cumprimento. No início, o monitoramento era feito com sobrevoos e idas a campo. Depois, passou a utilizar imagens de satélite.

O primeiro monitoramento, em 2008, mostrou aderência total dos sojicultores ao pacto, mas para uma amostra pequena, de apenas 265 áreas (ou "polígonos", como são chamados no jargão técnico).[11] À medida que a área monitorada crescia, também aumentava o número de propriedades em desconformidade, que iam sendo excluídas da lista de fornecedores das *traders*. No segundo ano, já era 0,88% da área. Com a aprovação da reforma do Código Florestal em 2012, a data de corte da moratória foi puxada de 2006 para 2008. Em 2023, o dado mais recente de avaliação da moratória apontava que, dos 7 milhões de hectares plantados com soja na Amazônia, 190 mil estavam em desconformidade, quase 3% do total.[12]

Estudos feitos anos após a adoção do pacto mostraram que, mesmo com a crescente desobediência à moratória por parte dos produtores — em especial durante os quatro anos de governo de Jair Bolsonaro —, o mecanismo teve sucesso em conter o desmatamento provocado pela oleaginosa. Em 2015, a norte-americana Holly Gibbs, da Universidade de Wisconsin em Madison, liderou um grupo que botou números no impacto da moratória: segundo o trabalho, publicado na revista científica *Science*, nos dois anos anteriores à adoção da moratória, 30% da expansão da soja havia ocorrido por meio de desmatamento. Em 2014, essa cifra havia caído para cerca de 1%.[13]

A partir de 2012 a moratória na Amazônia passou a enfrentar outro problema: as próprias empresas integrantes do pacto passaram a torpedeá-lo após a mudança do Código Florestal. Alegavam que não havia mais necessidade de monitoramento privado e de rastreabilidade, que adicionava custos à produção, já que a partir da reforma na lei todas as propriedades rurais teriam de ter o Cadastro Ambiental Rural, o sistema derivado do SLAPR de Mato Grosso (veja o capítulo 9), que em tese permitiria monitorar o estado da cobertura florestal em cada fazenda do país.

"No final de 2012, eles [as empresas] mandam uma carta para nós e para a ministra do Meio Ambiente dizendo mais ou menos 'queridos parceiros, vocês vão à puta que pariu'", conta Paulo Adário. "Diziam que o Estado tinha condição de punir quem não respeitava o código. Os fazendeiros todos bonitinhos seriam obrigados a cumprir a lei", prossegue. Com o fim da moratória, o ônus de monitorar os malfeitores passaria a ser do governo, e as *traders* não mais precisariam brigar com produtores.

A ameaça foi levada pelo Greenpeace à Amazon Alliance, o consórcio de consumidores de soja europeus formado após as reuniões com o McDonald's em 2006. "De novo a Amazon Alliance colocou pressão barra-pesada em cima, dizendo que era inaceitável um passo atrás na moratória. E o setor parou de falar no assunto." Em 2014, a moratória foi renovada por mais dois anos, até 2016. As empresas, então, voltaram a pedir seu fim. E o Greenpeace ameaçou sair do acordo. "Depois de uma discussão pesadíssima, eu falei: ou essa moratória acaba agora ou então ela dura até quando for necessário. A gente não vai mais sentar aqui com vocês todo ano pra dizer se renova ou não renova. Quando o Greenpeace diz que vai sair, ferrou, porque a gente tinha virado o garantidor." As *traders* engoliram de novo e renovaram o pacto, dessa vez sem prazo para acabar.

A moratória da soja foi o vestibular do Greenpeace na pressão sobre os principais motores da destruição da Amazônia. A pós-graduação, mais ou menos em sentido literal, viria dois anos depois, quando a ONG se debruçou sobre o setor que respondia por 80% do desmatamento na Amazônia segundo as estimativas da época.

Em 2008, um homem alto e boa-pinta apareceu na porta de uma planta do frigorífico Bertin em Lins, interior de São Paulo. A recepção estava cheia, e as recepcionistas, baratinadas com o rigoroso processo de identificação de todos os visitantes da fábrica. A Bertin era uma das maiores produtoras de carne e a maior exportadora de couro do planeta, e a unidade de Lins recebia matéria-prima do Brasil inteiro, encomendas a rodo e muita gente. Sem paciência para esperar, o rapaz ligou para o encarregado de processamento de carnes da unidade, que veio recepcioná-lo e deixou que ele entrasse sem passar pela fila e sem se identificar. De macacão, touca e óculos, o visitante percorreu toda a planta para entender como a Bertin fazia carnes processadas para exportação, de onde vinham os carregamentos e por onde eles passavam. Seriam informações preciosas para a tese de mestrado em rastreabilidade na cadeia da pecuária que o jovem estava fazendo na Esalq, a escola de agricultura da USP.

O mestrado era real, mas o estudante era de mentira. O encarregado da Bertin acabava de franquear acesso total às instalações da planta a um ativista do Greenpeace que havia ingressado na pós da Esalq com o único intuito de arrumar um álibi para entrar nos maiores frigoríficos do país e coletar provas da ligação dessas empresas com o desmatamento na Amazônia.

Nascido em Jundiaí em 1967, formado em engenharia florestal e com um mestrado (esse, sim, para valer) em manejo de madeira na mesma Esalq, Marcelo Marquesini havia acumulado uma longa experiência em tratar com a bandidagem na floresta. Em 1999, ingressara no Greenpeace como integrante da campanha da madeira. No começo do governo Lula, ele pulou o balcão e foi coordenar a fiscalização do Ibama, lidando justamente com o passivo da indústria do mogno que ajudara a sufocar (veja o capítulo 12). No novo emprego, começou também a entender as ramificações da pecuária, que todo mundo sabia ser o maior causador do desmatamento. Em 2007, de volta ao Greenpeace, tornou-se *campaigner* sênior e especialista em ações "não clássicas", para usar o eufemismo de Paulo Adário. Uma delas quase custou sua vida e a de três outros colegas.

Em outubro de 2007, Marquesini foi designado para ir ao sudoeste do Pará, ponto quente de desmatamento, para um trabalho mirabolante: buscar uma árvore derrubada, que sofreria uma intervenção de um artista plástico mineiro e rodaria as capitais do Brasil para alertar contra o desmatamento e o aquecimento global. Devidamente autorizados pelo Ibama, os ativistas do Greenpeace foram a Castelo dos Sonhos, o violento distrito de Altamira à margem da BR-163, e encontraram uma castanheira tombada. A árvore era tão grande que no oco cabia um homem em pé. Um trator de esteira de uma comunidade local foi alugado para colocar a árvore no caminhão, mas quebrou. O trabalho atrasou, e os agentes do Ibama que acompanhavam a equipe do Greenpeace precisaram ficar na floresta até o começo da noite. Nesse horário, começavam a circular os caminhões de madeira que iam servir à exploração criminosa no assentamento e na vizinha Floresta Nacional do Jamanxim. Três desses caminhões tiveram a infelicidade de topar com os fiscais e foram parados. Um dos madeireiros era reincidente e foi preso.

Na manhã seguinte, os ambientalistas conseguiram tirar a tora. Mas, àquela altura, os madeireiros de Castelo dos Sonhos já estavam revoltados com a prisão do companheiro na véspera e alimentados com o rumor de que o Greenpeace estava na área. O motorista da carreta que transportava a castanheira parou para almoçar na beira da 163 com sua carga nada discreta e foi cercado por madeireiros no restaurante. Quando Marquesini chegou para chamá-lo para pegar a estrada antes que alguém os descobrisse, era tarde demais. "Começou a chegar gente lá, começaram a chegar carros, a carreta já estava trancada por duas caminhonetes. E eu comecei a ficar preocupado e a debater com os caras. Aí um deles solta: 'Por que o Greenpeace pode vir aqui e levar uma tora e a gente não pode?'. Na hora em que ele falou isso eu disse 'não sei do que você está falando, mas eu vou ali no hotel pegar a autorização do Ibama pra mostrar pra vocês'. E eles saíram atrás da gente."

Teve início uma perseguição aos carros da equipe do Greenpeace que terminou com os ambientalistas se refugiando na base do Ibama em Castelo dos Sonhos, montada com apoio do Exército no âmbito do PPCDAm. Ali eles passariam os dois dias seguintes sitiados por mais de três dezenas de madeireiros. "O Exército queria nos expulsar da base, a PM dizia que se saíssemos seríamos linchados, o Ibama não sabia o que fazer." Depois de mais de 48 horas de uma negociação que envolveu imprensa, senadores, a governadora do Pará e uma exigência (não atendida) dos madeireiros para que Marina Silva fosse até o local, os madeireiros foram dispersados e o grupo pôde fugir para Mato Grosso. A tora ficou e foi exibida em Castelo como troféu da vitória da cidade contra o poderoso Greenpeace.

Com esse currículo invejável, Marquesini foi encarregado por Paulo Adário de comandar, juntamente com o jornalista André Muggiati, a pouco ortodoxa investigação sobre o gado, iniciada no fim de 2007. Ele passou um ano e meio infiltrado em grandes frigoríficos para documentar as ilegalidades da cadeia da carne na Amazônia. Protegido ora pelo manto do mestrado que não tinha intenção nenhuma de terminar, ora pelo nome falso em redes sociais, ele se aproximou de ex-funcionários da Bertin num grupo do finado Orkut e fez amizade com alguns deles para obter informação. Numa dessas conheceu um funcionário da empresa que o apresentou por telefone ao incauto encarregado da fábrica de Lins. Na JBS, a maior empresa de proteína animal do mundo, conseguiu entrar com uma carta de recomendação de professores da Esalq.

Marquesini e Muggiati não gostam de falar das técnicas "não clássicas" usadas durante o trabalho. Mas em meados de 2009 a dupla havia obtido um retrato assombroso do descontrole que grassava nas empresas e que permitia que fazendas com desmatamento ilegal na Amazônia, mesmo embargadas, seguissem vendendo carne e couro aos grandes frigoríficos. Esses, por sua vez, exportavam para o mundo inteiro os derivados de bovinos contaminados com crime ambiental.

O trabalho conseguiu documentar, para alegria do Greenpeace Internacional, que marcas conhecidas dos brancos dos países ricos, como a Unilever, a Tesco, o Walmart e o Carrefour, mas também a Macy's, a Nike, a BMW, a Toyota, estavam entregando aos consumidores produtos contendo devastação da Amazônia. A análise de 100 mil Guias de Trânsito Animal, ou GTAs, dos estados de Mato Grosso, Rondônia e Pará, permitiu aos investigadores rastrear a carne processada nas plantas do Centro-Oeste e do Sudeste até sua origem em fazendas individuais que desmataram ilegalmente e/ou invadiram terras indígenas.

A GTA é um documento expedido pelas Secretarias de Agricultura, necessário para transportar gado entre fazendas ou da fazenda ao abatedouro. As guias analisadas foram obtidas por meio de uma colaboração com o Ministério Público Federal, que também vinha investigando as ilegalidades na cadeia da carne. E traziam outra informação preciosa: esse setor na Amazônia era bem menos pulverizado do que se imaginava. Embora houvesse 300 mil fazendas numa ponta e 70 mil varejistas na outra, o que tornava impossível exercer qualquer controle ou pressão, entre essas duas extremidades existia no máximo uma dúzia de grandes frigoríficos que compravam a maior parte da carne e do couro. E com uma dúzia seria possível trabalhar.

No dia 1º de junho de 2009, o Greenpeace lançou o relatório *A farra do boi na Amazônia*, documentando para além de dúvida razoável os elos dos frigoríficos JBS, Bertin e Marfrig, os três maiores do país, com o desmate ilegal.[14]

O relatório também trazia artilharia contra o governo. O documento lembrava que o Estado brasileiro era financiador da destruição da Amazônia de duas maneiras: primeiro, ao ter emprestado, somente entre 2003 e 2008, 41 bilhões de reais a juros subsidiados ao agro, 85% disso para financiar a agropecuária empresarial.[15] Depois, o governo era sócio dos cinco maiores frigoríficos do país. A segunda gestão de Lula havia adotado uma política de capitalizar, via BNDES, as "campeãs nacionais", como eram chamadas as empresas de capital brasileiro em condições de se tornar líderes mundiais em seus setores. Somente entre 2007 e 2009, os frigoríficos JBS, Minerva, Marfrig, Bertin e Independência, responsáveis por 50% das exportações brasileiras de carne, receberam 2,65 bilhões de dólares do banco estatal de desenvolvimento.[16] Em 2024, o BNDES tinha 11 bilhões de reais em ações da JBS. Era o terceiro maior investimento do gênero no portfólio do banco, perdendo apenas para a Petrobras e a Vale.[17] O recado era simples e frustrante: enquanto o Ministério do Meio Ambiente se desdobrava para implementar o PPCDAM e fiscalizar o desmatamento, a área econômica estava ativamente minando esses esforços ao bancar os desmatadores com dinheiro público. A "transversalidade" de Marina Silva seguia esbarrando na política real.

No mesmo dia da publicação do relatório do Greenpeace, outro ator decisivo entrou em cena para enquadrar os frigoríficos. Um grupo de procuradores do Ministério Público Federal no Pará, liderados pelo mineiro Daniel Azeredo, impetrou ações civis públicas contra 21 fazendas e frigoríficos envolvidos no desmatamento ilegal — entre eles, a Bertin e a Agropecuária Santa Bárbara, da família do banqueiro Daniel Dantas.[18] No total, as ações pediam 2,1 bilhões de reais em indenização por danos ambientais. Ao mesmo tempo, o MPF encaminhou uma recomendação aos 69 maiores supermercados do Brasil (número depois ampliado para duzentos), alertando que eles compravam carne de frigoríficos envolvidos no desmatamento da Amazônia e em trabalho escravo. Recomendação, explica Azeredo, é um tipo de documento do MPF que aponta um problema a alguém — quem a recebe pode, ou não, tomar uma atitude a respeito. Caso não tomassem, porém, alertou o MPF, estariam sendo receptadores de produto de crime ambiental. Os supermercados agiram: as redes Carrefour, Walmart e Pão de Açúcar anunciaram em 12 de junho que iriam parar de comprar carne de treze frigoríficos instalados no Pará. Já que era impossível saber a procedência exata do bife, o melhor naquele momento era se precaver até que as empresas dessem uma resposta.

Para infelicidade dos frigoríficos, o Greenpeace sabia muito bem quando publicar bombas de forma a ampliar seu efeito. Dali a seis meses, aconteceria a conferência do clima de Copenhague, a COP15, cercada de expectativas sobre um novo acordo mundial contra a mudança do clima. O aquecimento da Terra era discutido no *Jornal Nacional*, e a ligação do desmatamento da Amazônia com as emissões de gases de efeito estufa do Brasil virou tema de conversas de bar. Os supermercados precisavam fazer algo diante do alerta do MPF para preservar a própria imagem.

A suspensão das compras causou um barata-voa no setor. Abatedouros pararam de funcionar, e a economia de municípios inteiros foi congelada. "Ficaram dois meses sem vender nada. Teve discussão sobre abastecimento, sobre possibilidade de aumento do preço da carne", diz Daniel Azeredo. Só que, como os supermercados corretamente previram, os consumidores estavam do lado do MPF. O tema foi parar até no programa *Mais Você*, da apresentadora Ana Maria Braga — sinal de que a discussão sobre a origem da carne que ia para o prato dos brasileiros deixara a bolha de classe média alta e caíra na boca do povo.

A reação da bancada ruralista não tardou. Quatro dias depois do anúncio dos supermercados, o deputado Abelardo Lupion, do DEM do Paraná, membro da Comissão de Agricultura da Câmara, fez um discurso raivoso na Feira Internacional da Cadeia Produtiva da Carne. Sob aplausos, acusou os procuradores de formar uma "quadrilha" com o Greenpeace. E recorreu à falácia retórica do "declive escorregadio"[19] para pintar um quadro de catástrofe à vista para todo o setor rural.

"Se a Justiça receber a denúncia do Pará, todo procurador que quiser aparecer vai entrar no domicílio de cada um de nós. Ele vai entrar em Ribeirão Preto e fazer com que as usinas de cana não comprem a cana dos produtores rurais. É a mesma coisa. Nós não vamos ter mais segurança jurídica! Vejam o precedente que está sendo aberto contra nós!" E prosseguiu: "Todo o trabalho que foi feito para nós botarmos a carne brasileira no mundo foi desmoralizado por um ato infame, vil, irresponsável, de meia dúzia que não estão olhando o país, estão olhando a mídia, porque tem um bandido, um marginal, no Ministério do Meio Ambiente".

O "marginal", no caso, era o ministro Carlos Minc, que em 2008 substituiu Marina Silva. Mas Minc não tinha culpa naquele cartório em particular.

O discurso de Lupion e outras atitudes de líderes do agro[20] capturavam perfeitamente o zeitgeist ruralista da época. Depois de cinco séculos operando sem amarras, o setor agrário brasileiro via o cerco se fechando sobre si e era chamado a prestar contas do próprio comportamento. Primeiro, pelas mudanças na legislação a partir do governo FHC; depois, com o governo Lula fazendo cumprir a lei; e, agora, com os próprios clientes no setor privado apertando onde mais lhes doía, o bolso. Após a moratória da soja e as ações judiciais da carne, o lobby agrário passou a jurar vingança, e não tardaria muito até que a exercesse.

Mas, para além das ameaças e da choradeira, o setor agropecuário tinha uma questão prática e urgente para resolver: o que fazer para que os supermercados voltassem a comprar carne do Pará?

Um mês depois do relatório e das ações civis do MPF, a JBS e a Marfrig chamaram os ambientalistas para conversar. A Marfrig assumiu a bronca e prometeu limpar sua cadeia. Na JBS, a ONG foi recebida por um diretor que abriu a reunião com uma longa preleção afirmando que "não tem boi na Amazônia porque chove muito". O diretor executivo do Greenpeace Brasil, Marcelo Furtado, irritou-se com a palhaçada e ameaçou ir embora. Nesse momento, uma porta da sala de reuniões se abriu e por ela entrou Joesley Batista, dono da JBS. O CEO vinha acompanhando toda a reunião de sua sala por vídeo, e chegou para fazer o papel de mocinho, escutar o Greenpeace e marcar uma segunda reunião para prometer tomar uma atitude.

No mesmo período, um diretor da Bertin apareceu na porta do MPF em Belém e pediu para falar com Daniel Azeredo. Dos cinco grandes frigoríficos do Brasil, a Bertin era o único arrolado nas 21 ações do MPF. O diretor perguntou se o Ministério Público aceitaria fazer um acordo com a empresa. Azeredo disse que sim. "Pedi uns três dias pra minutar e disse que mandaria para ele. E ele falou: 'Não tem como a gente sair com isso hoje?'. Eu disse que então faria a minuta no final do dia e ele ficou o dia inteiro lá esperando", recorda-se o procurador.

Azeredo chamou Paulo Barreto, do Imazon, que tinha feito estudos fundamentais sobre como o rebanho bovino aumentara de forma explosiva na

Amazônia desde meados da década de 1990 e sobre como o governo financiava o desmatamento para a pecuária.[21] Num pequeno grupo, eles escreveram a minuta de um Termo de Ajustamento de Conduta (TAC) contendo as medidas que os frigoríficos precisavam adotar para receber a luz verde do MPF e poder voltar a vender aos supermercados. "Quando desci e entreguei o acordo, ele foi lendo, e a alegria dele foi só diminuindo à medida que lia", conta Azeredo. Na minuta estava um conjunto de medidas pesadas, que, em sua maioria, acabariam compondo o TAC assinado em 8 de julho — pouco mais de um mês depois das ações originais — entre o MPF e os frigoríficos paraenses.

De acordo com o TAC, os frigoríficos não poderiam comprar gado de fazendas que figurassem nas listas sujas de trabalho escravo, que tivessem embargos pelo Ibama ou que infringissem qualquer direito de populações tradicionais, indígenas ou quilombolas. Além disso, claro, nenhuma fazenda que tivesse desmatamento pelos dois anos seguintes à assinatura do termo poderia vender gado às empresas. Os frigoríficos tornavam-se responsáveis por vigiar as próprias cadeias produtivas, e corresponsáveis por qualquer crime socioambiental cometido por seus fornecedores.

Para monitorar o desmatamento, o TAC comprometia os frigoríficos a comprar gado somente de fazendas que apresentassem em até seis meses o comprovante de inscrição no Cadastro Ambiental Rural.

O CAR, como é conhecido, foi criado em 2008 pelo geógrafo sul-mato--grossense Valmir Ortega, na época secretário de Meio Ambiente do Pará, no governo de Ana Júlia Carepa (PT). O Cadastro derivava diretamente do SLAPR, o sistema de licenciamento de fazendas de Mato Grosso que usava imagens de satélite para localizar as áreas de floresta dentro das propriedades. Só que, na versão paraense, era usado não para licenciamento ambiental, mas para monitoramento de desmatamento nas propriedades.

Ex-diretor de Ecossistemas do Ibama, Ortega assumiu a Secretaria de Meio Ambiente e Sustentabilidade (Semas) do Pará poucas semanas depois de o estado receber do órgão ambiental federal a tarefa de licenciar toda a atividade madeireira. Numa medida controversa, a Lei de Gestão de Florestas Públicas, de 2006, havia regulamentado na área ambiental o artigo da Constituição que define competências comuns da União, de estados e municípios. A ideia era boa: descentralizar a gestão florestal, desenvolvendo as capacidades dos estados. Na prática, porém, o governo criou problemas para os estados que tinham estrutura para cuidar das florestas e oportunidades de corrupção para os que não tinham. No Pará, conta Ortega, o Ibama tinha vinte engenheiros florestais para analisar quatrocentos planos de manejo; a Semas tinha dois.

Em meio à confusão administrativa, Ortega tinha como missão estruturar uma agenda ambiental na secretaria focada no combate ao desmatamento. Por uma feliz coincidência, a Semas havia contratado no fim do governo anterior a mesma empresa de geoprocessamento que fizera o SLAPR em Mato Grosso, sistema com o qual o novo secretário tinha familiaridade. "Minha crítica ao SLAPR é que ele foi estruturado como um instrumento de licenciamento ambiental, mas o que a gente estava precisando naquele momento era mais urgente: usar a ferramenta como mecanismo de controle do desmatamento e de recuperação dos passivos de reserva legal e área de preservação permanente e vincular isso num polígono georreferenciado a um CNPJ ou a um CPF. A gente precisava de um sistema de controle das obrigações que eram intrínsecas ao imóvel rural. Mesmo não tendo atividade econômica nenhuma, o detentor do imóvel é obrigado a manter reserva legal e área de preservação permanente", afirma.

Estabelecido por decreto da governadora em 17 de julho de 2008,[22] o CAR era uma espécie de CEP das florestas de uma propriedade, onde estariam localizadas as APPs (áreas de preservação permanente), como margens de rio, e a reserva legal. Todos os proprietários rurais eram obrigados a inscrever seus imóveis no cadastro. No ato da inscrição, o governo já poderia saber se havia algum passivo na propriedade, ou seja, reservas legais desmatadas em excesso ou APPs alteradas, e o proprietário teria de apresentar um plano de recuperação ambiental.

Embora desde o decreto de Ana Júlia o estado, em tese, já exigisse o CAR de todos os fazendeiros, a adesão ao sistema só começou um ano depois, na sequência da assinatura do TAC da carne. Segundo Valmir Ortega, foram 50 mil registros apenas entre 2009 e 2010. Era um sinal de que a pressão havia surtido efeito e os pecuaristas enfim começavam a entender que teriam de se regularizar para continuar no mercado. O TAC foi expandido nos anos seguintes pelo MPF para Mato Grosso e Rondônia, estados que também passaram a adotar o CAR.

Em outubro, mais um sinal de que as empresas haviam despertado para a necessidade de limpar seus negócios de desmatamento, trabalho escravo e violações de direitos indígenas: quatro dos cinco grandes frigoríficos, a JBS, a

Marfrig, a Bertin (comprada pela JBS ainda em 2009) e a Minerva, assinaram um compromisso público de só comprar de fornecedores com desmatamento zero em suas propriedades.[23]

Seis meses depois acendeu uma luz amarela nos compromissos. Uma auditoria contratada pelo Greenpeace mostrou que as empresas fizeram pouco além de propaganda para se adequar ao acordo voluntário. Apanhados no pulo, os frigoríficos mais uma vez prometeram se emendar. E durante algum tempo as coisas pareceram estar funcionando.

Em 2014, um grupo de pesquisadores liderado pelo norte-americano Daniel Nepstad, cofundador do Ipam, mostrou que a moratória da soja e os acordos da carne foram possivelmente elementos importantes na redução de 70% das taxas de desmatamento verificada até 2013, período em que o Brasil cortou mais de 1 bilhão de toneladas de gás carbônico equivalente de suas emissões de gases de efeito estufa — tornando-se líder global na mitigação do aquecimento global.[24] O estudo de Nepstad e colegas mostrava uma aparente dissociação entre as taxas de desmatamento, que despencaram no período, a produção de soja, que disparou, e a de carne, que cresceu, mas proporcionalmente menos que a de soja. O estudo tinha um tom otimista: em conjunto, políticas públicas e compromissos privados haviam provado que o desmatamento era controlável. No entanto, também fazia um alerta: o descasamento entre as curvas de desmate e de produção rural era provavelmente circunstancial. Caso a produtividade da pecuária na Amazônia não subisse nos anos seguintes de forma a liberar terras de pastagens antigas para a expansão da soja, haveria pressão para ocupar 120 mil km^2 (uma Inglaterra) de florestas aptas a receber soja e fora de áreas protegidas. Como veremos, a pecuária não colaborou.

A também norte-americana Holly Gibbs, da Universidade de Wisconsin, que havia estudado os impactos da moratória da soja, publicou a partir de 2015 uma série de estudos tentando quantificar o impacto do TAC da carne e do compromisso público do "G4" dos frigoríficos com o Greenpeace. O primeiro deles[25] analisou as quatro maiores plantas da JBS no sudeste do Pará, responsáveis por um terço de todo o gado abatido (legalmente) no estado. Além de ser a maior empresa de proteína animal do planeta, a JBS aderiu tanto ao TAC da carne quanto ao compromisso público com o Greenpeace.

A análise concluiu que os acordos da pecuária haviam de fato feito a inscrição no CAR disparar entre os fazendeiros: 2% dos fornecedores da JBS eram registrados na época da assinatura dos acordos, em 2009. O número subiu para 96% em 2013. O número de propriedades fornecedoras com desmatamento recente também caiu — de 36% para 4% no mesmo período. A probabilidade de a JBS comprar de uma fazenda com algum rolo ambiental havia caído de 100% para 50%, e as taxas de desmatamento entre 2010 e 2012 eram 75% menores nas propriedades que vendiam para a empresa em todo o período da análise.[26] No entanto, Gibbs e colegas também notaram uma mudança no tamanho das propriedades e na quantidade de florestas dentro delas: após o acordo, vendia mais para a JBS quem tinha áreas maiores e menos remanescentes florestais em suas terras. Um terço das fazendas analisadas tinha menos de 1% de suas matas em pé após o acordo, e apenas 31 dentre quase 3 mil propriedades analisadas que vendiam para a gigante goiana tinham 80% de floresta em pé, como determina o Código Florestal.[27]

Um segundo estudo de Gibbs com a economista Jennifer Alix-Garcia, publicado em 2017, trazia uma avaliação menos rósea. Olhando dessa vez todos os 67 abatedouros com selo do Serviço de Inspeção Federal (SIF) em Mato Grosso e no Pará, responsáveis por 90% do gado abatido nos dois estados, as duas pesquisadoras descobriram que houve um efeito inicial dos acordos: as propriedades que entraram no CAR até 2014 para vender aos frigoríficos tinham, em média, reduzido o desmatamento em 6%, poupando 21,5 mil hectares de mata da motosserra. No entanto, as fazendas que entraram no CAR após 2014 tiveram um desmatamento adicional de 20 mil hectares, fazendo com que o efeito líquido do TAC e do compromisso público do G4 até o ano de 2016 fosse basicamente zero.

"Com o tempo, o próprio setor aprendeu a fraudar o TAC", diz o procurador Daniel Azeredo. Ele enxerga três buracos principais no acordo. O primeiro, contra o qual Gibbs alertou em seu estudo de 2015, é que a cadeia da carne tem uma divisão interna de trabalho. Existem fazendas de engorda, que deixam os bois prontos para o abate. Essas fazendas são o alvo dos acordos e podem ser controladas pelos compradores, já que são elas que vendem para os abatedouros. Só que há outro tipo de propriedade que ninguém rastreia, as chamadas fazendas de cria e recria. São elas que produzem os novilhos que vão para as fazendas de engorda. E nesses lugares não existe pecado: uma fazenda de engorda pode ser perfeitamente limpa e vender bois gordos com zero desmatamento para os abatedouros da Marfrig ou da JBS. Mas como aqueles bezerros foram produzidos ninguém vai contar, porque ninguém vai perguntar.

O segundo buraco é a chamada "lavagem de gado", uma fraude que pode até não ter sido inventada na Amazônia, mas foi aperfeiçoada lá. Funciona assim: o fazendeiro A tem uma propriedade bloqueada pelos frigoríficos por desmatamento ou trabalho escravo e o fazendeiro B tem uma propriedade apta a vender aos frigoríficos. O fazendeiro A paga um dinheiro a B e transporta o gado para um pasto da fazenda de B. De lá, os animais saem para o abatedouro em nome de B, misturados ao gado "limpo" da fazenda. E o sistema é burlado. Segundo Azeredo, a prática é tão comum que criou até uma profissão nova no mundo rural amazônico, o agenciador de gado. Esse cafetão do desmatamento é especializado em achar fazendas com CAR liberado para poder lavar os bois das fazendas bloqueadas pelos frigoríficos. É assim que propriedades pequenas vendem um número de bois muito acima de sua capacidade, algo que o Ministério Público vem tentando conter.

Valmir Ortega diz que desde a época do TAC já existe uma solução tecnológica para a lavagem de gado: bastaria vincular as GTAS ao Cadastro Ambiental Rural. Assim, qualquer gado que saísse de uma propriedade com CAR bloqueado já estaria digitalmente "marcado" com o desmatamento e não poderia ser lavado. "Poderíamos ter resolvido essa história de monitorar a cadeia inteira desde 2008 ou 2009. O que não tinha lá atrás e não tem até hoje é capacidade de enfrentamento dos lobbies para de fato dar uma solução pra isso."

O terceiro buraco dos acordos da pecuária é o próprio CAR. Embora ele tenha sido adotado pela maioria dos proprietários rurais da Amazônia e do Brasil, até o início dos anos 2020 não havia sido validado pelos governos estaduais. É como se todo mundo preenchesse a declaração de imposto de renda, mas a Receita Federal não a verificasse. Com o tempo, sonegadores descobririam que poderiam escrever qualquer coisa nas respectivas declarações porque o risco de caírem na malha fina seria irrisório. Tanto Azeredo quanto Paulo Barreto, do Imazon, contam casos de propriedades que tiveram o CAR bloqueado e simplesmente criaram uma nova matrícula no cadastro excluindo a área com desmatamento ilegal para poder vender os bois. "O CAR acabou não virando um grande instrumento porque não tinha validação nem escrutínio", diz Barreto.

Em 2017, um fator externo atingiu em cheio os pactos da carne. O jornal

O Globo revelou que Joesley Batista, o dono da JBS, gravara o presidente Michel Temer numa reunião secreta tarde da noite no Palácio do Jaburu.[28] Batista dizia que havia "zerado as pendências" com o ex-presidente da Câmara dos Deputados, Eduardo Cunha, preso na Operação Lava Jato, sugerindo que pagara a Cunha para não delatar o grupo de Temer. "Tem que manter isso, viu?", disse o presidente. O áudio, revelado em 17 de maio, encerrou o governo Temer — que dali em diante passaria um ano e meio negociando com deputados para evitar o impeachment. E encerrou também a participação do Greenpeace no compromisso público do G4, que já vinha perdendo credibilidade.

Daniel Azeredo dá "nota 7" ao TAC. Além do efeito inicial, o compromisso ainda repercute sobre os frigoríficos — em especial a JBS, que tentou se pintar de verde após a Lava Jato prender seus donos, Joesley e Wesley Batista, e criou um fundo de 250 milhões de reais para projetos na Amazônia.

Barreto diz que os acordos da carne são um caso de copo meio cheio, meio vazio. "É difícil ter um contrafactual para esse tipo de história, mas talvez, com Jair Bolsonaro e sem o TAC da pecuária, o desmatamento tivesse explodido pra 20 mil km². O Bolsonaro fez muita coisa ruim, mas ele não conseguiu fazer tudo. Teve algum freio no Supremo e teve a coisa do mercado, que não mudou o embargo [da carne]. Se tivesse relaxado, aquilo talvez tivesse ido para 20 mil [quilômetros quadrados]. A gente não tem como afirmar, mas é uma hipótese bem interessante."

Um tipo de contrafactual foi apresentado por — de novo ela — Holly Gibbs em 2023, num estudo no periódico *Global Environmental Change*.[29] A norte-americana e colegas, num grupo liderado por Samuel Levy, do Instituto Federal de Tecnologia de Zurique, Suíça, fizeram a análise mais completa dos acordos da pecuária nos três estados que respondiam naquele ano por 90% do gado e do desmatamento na Amazônia: Rondônia, Pará e Mato Grosso. Eles concluíram que, no período de 2010 a 2018, apesar do repique do desmatamento nas propriedades que vendiam para o G4 depois dos primeiros anos, e apesar dos buracos nos acordos, o fato de a maior parte da carne amazônica afunilar nessas grandes empresas dava a elas um imenso poder de regular a cadeia, e esse poder, aos trancos e barrancos, foi utilizado: um modelo de computador alimentado com os dados da cadeia da pecuária indicou que, na ausência do compromisso público, 7 mil km² adicionais de floresta teriam sido eliminados nos três estados. Isso equivale a uma redução de 15% no desmatamento no período que poderia ser atribuída ao compromisso público.

Os dados para as empresas que assinaram o TAC da carne com o MPF são menos elogiosos, mas o grupo estimou que, se todas elas tivessem a mesma fatia de mercado das quatro grandes e se adotassem os mesmos critérios de controle, o desmatamento evitado poderia ter sido de 24 mil km², mais de metade de tudo que se cortou naquele período na Amazônia. Como intuiu Paulo Barreto, os acordos da carne são possivelmente parte importante da explicação para o desmatamento não ter retornado à casa dos 20 mil km² por ano no governo Bolsonaro.

As experiências do Greenpeace e do Ministério Público Federal com o setor privado na Amazônia deram fortes indicativos de que os principais causadores do desmatamento são, afinal, passíveis de controle. Porém, a estabilidade e a permanência desse controle na ausência de incentivos para a transformação do modelo econômico da Amazônia ainda eram questões em aberto nos anos 2020. A fronteira agrícola poderia ser domada, mas poderia ser encerrada?

A questão ocorreu a Paulo Adário ainda durante as investigações que levariam à moratória da soja. O otimismo em torno da eleição de Luiz Inácio Lula da Silva, em 2002, e a promessa do presidente eleito de acabar com a fome no Brasil fizeram o chefe do Greenpeace Manaus mandar um e-mail à nova ministra, Marina Silva. "O presidente está falando em fome zero. Que tal desmatamento zero?" Dias depois, recebeu uma ligação de Paulo Barreto: "Você está falando sério sobre desmatamento zero?". "Agora estou", respondeu Adário.

A ideia se tornaria um projeto de lei de iniciativa popular elaborado pelo Greenpeace em 2012 apenas para fazer marola na imprensa, mas a pulga entrou na orelha de organizações de pesquisa como o Imazon, o ISA, o Ipam e o Imaflora, que passaram a fazer as contas do que seria necessário para pôr um fim à fronteira e parar o desmatamento no Brasil. Mas muita água ainda passaria embaixo dessa ponte.

Antes de falar a sério sobre zerar o desmatamento, seria preciso mantê-lo sob controle. E, em 2007, ano em que a moratória da soja começou seu monitoramento, a fronteira reagiu. Após três anos de queda que pareciam sinalizar um ciclo virtuoso de redução da devastação da Amazônia, a ministra Marina Silva recebeu um lembrete de que as forças responsáveis pelo arraso da floresta não iriam largar o osso com facilidade. Como resposta, adotou um conjunto de medidas que dariam uma guinada definitiva no PPCDAM e colocariam o bioma no rumo das menores taxas de desmatamento da história — e que terminariam por precipitar sua demissão do Ministério.

17. A lista de Marina

O escritório de advocacia de Adnan Demachki fica na antiga avenida principal de Paragominas, batizada com o nome agourento de Costa e Silva. Naquela rua, em 1985, fazendeiros de uma família poderosa da região trocaram tiros com a polícia em plena luz do dia, num dos conflitos que renderam à cidade do leste paraense o apelido de "Paragobala". O lugar mudou muito desde então.

Após cinco décadas de sangue, fumaça e florestas arrasadas, Paragominas tornou-se nos anos 2010 um caso raro de vislumbre de uma Amazônia pós-fronteira.

A pecuária, principal responsável pela derrubada de 40% das matas do município, estabilizou sua expansão; hoje vê a disseminação de técnicas de recuperação de pastagens e confinamento de gado, que aumentam o número de cabeças por hectare e a renda do produtor. Quase todas as mais de duzentas serrarias que compunham o maior polo madeireiro da América Latina nos anos 1980 e 1990 fecharam. Os fornos de carvão que um dia cobriram a cidade com um smog noturno mortal foram desmanchados. O desmatamento, que bateu os 333 km^2 por ano em 2005, caiu para 17 km^2 em 2012. O aspecto sujo e caótico das aglomerações urbanas da Amazônia dá lugar, em Paragominas, a um relativo asseio.

A rodovia BR-010 (Belém-Brasília), que originalmente atravessava a cidade, foi desviada para longe com seus caminhões e seu barulho, e o acesso à zona urbana hoje é feito por uma estrada margeada por áreas agrícolas e plantações de eucalipto. Um desavisado poderia achar facilmente que está no interior de São Paulo, e não no do Pará: a única lembrança da Amazônia presente na cidade é o parque municipal onde, aos domingos, famílias passeiam e crianças dão pipoca aos quatis à margem de um laguinho decorado por esculturas de gosto duvidoso.

Sob a liderança de Demachki, que ocupou a prefeitura entre 2005 e 2012, Paragominas fez a transição de Paragobala para o apelido atual, muito melhor para o marketing: "Município Verde". Foi um processo longo, com idas e vindas e de futuro ainda incerto, mas que tornou a cidade a trezentos quilômetros de Belém uma pioneira na busca pelo convívio harmônico com a floresta — ou com o que restou dela.

Filho de um mascate libanês, o prefeito precisou negociar muito para convencer o setor produtivo a deixar de lado as motosserras. Teve dois elementos em seu socorro: um foi o esgotamento das florestas mais acessíveis da região após anos de intenso corte seletivo sem nenhuma preocupação ambiental. Outro foi a inclusão de Paragominas numa lista suja dos 36 municípios responsáveis por 50% da devastação na Amazônia,[1] uma cartada de Marina Silva que seria decisiva para reduzir o desmatamento entre 2009 e 2012.

A lista dos municípios prioritários integrava um pacote baixado entre o Natal de 2007 e o Carnaval de 2008 que levou o PPCDAM a um novo patamar de atuação no comando e controle. Além da fiscalização com auxílio de imagens de satélite em tempo real do Deter, da criação de unidades de conservação, do cancelamento de títulos em terra pública e das operações conjuntas do Ibama com a Polícia Federal, o governo passaria a mexer no bolso dos desmatadores. Um decreto baixado em 21 de dezembro de 2007[2] estabelecia que os imóveis rurais em municípios prioritários para ações de combate ao desmatamento precisariam ser recadastrados junto ao Incra e georreferenciados, para que o governo pudesse saber onde estavam as áreas de reserva legal e se elas haviam sido desmatadas além dos 20% permitidos pela lei. Mas o pulo do gato do texto era a determinação de que propriedades com desmatamento ilegal fossem obrigatoriamente embargadas pelos órgãos ambientais.

O embargo levava a fazenda onde o desmatamento estava sendo feito a uma lista pública do Ibama. Nada produzido numa área embargada poderia

OS 36 MUNICÍPIOS PRIORITÁRIOS PARA O COMBATE AO DESMATAMENTO DA PRIMEIRA LISTA DO MMA

Amazonas
1 – Lábrea

Rondônia
2 – Porto Velho
3 – Nova Mamoré
4 – Machadinho D'Oeste
5 – Pimenta Bueno

Mato Grosso
6 – Colniza
7 – Aripuanã
8 – Juína
9 – Cotriguaçu
10 – Nova Bandeirantes
11 – Juara
12 – Brasnorte
13 – Porto dos Gaúchos
14 – Nova Maringá
15 – Paranaíta
16 – Alta Floresta
17 – Peixoto de Azevedo
18 – Vila Rica
19 – Marcelândia
20 – Confresa
21 – São Félix do Araguaia
22 – Querência
23 – Nova Ubiratã
24 – Gaúcha do Norte

Pará
25 – Brasil Novo
26 – Paragominas
27 – Ulianópolis
28 – Dom Eliseu
29 – Rondon do Pará
30 – Novo Repartimento
31 – Novo Progresso
32 – Altamira
33 – São Félix do Xingu
34 – Cumaru do Norte
35 – Santa Maria das Barreiras
36 – Santana do Araguaia

ser vendido; frigoríficos e comercializadoras de grãos teriam acesso à lista e, se comprassem produtos de fazendas com embargo, seriam eles próprios punidos. Em fevereiro de 2008, o cerco se fechou com uma resolução do Banco Central[3] que proibia propriedades com parcelas embargadas de ter acesso a crédito rural em bancos públicos.

O decreto foi costurado com a Casa Civil e a Advocacia-Geral da União por um recém-chegado à equipe de Marina Silva, o advogado paulista André Lima. Após dez anos no Instituto Socioambiental apontando o dedo para o governo, Lima resolveu virar vidraça: pediu emprego ao ex-colega de ISA João Paulo Capobianco e foi chamado para assumir a Diretoria de Articulação de Ações para a Amazônia do Ministério, em maio de 2007.

O momento era de euforia com os resultados do PPCDAM. A taxa de 2006 havia mostrado uma queda de 25% em relação a 2005, e o Deter indicava que em 2007 uma terceira redução consecutiva deveria acontecer,[4] algo que não se via desde 1991. As ações do governo e a moratória da soja, aliadas a uma queda de 18% nos preços do boi e de 48% nos da leguminosa entre 2004 e 2006,[5] haviam concorrido para o recorde positivo. Em agosto de 2007, cumprindo a recém-criada tradição de bater bumbo com os dados do Inpe sempre que eles apontavam uma baixa no desmate, o governo lançou no Palácio do Planalto o número do Prodes de 2006 e o dado fechado do Deter de 2007 (lembrando que o desmatamento é medido de agosto de um ano a julho do ano seguinte). Mais uma vez a ministra da Casa Civil, Dilma Rousseff, esteve ao lado de Marina Silva na entrevista coletiva. Até o governador de Mato Grosso, Blairo Maggi, celebrou, mas com uma nota de cautela: Maggi comparou o desmatamento a um leão adormecido, que poderia acordar a qualquer momento.

Já no segundo semestre de 2007, André Lima viu que o leão estava acordando e que em 2008 ele voltaria a rugir.

"Cortei o barato da galera. Falei, 'gente, nós vamos comemorar, mas infelizmente ano que vem vai aumentar'. Ninguém entendeu, porque estava caindo havia três anos", relata. Mas análises do Ibama e do Inpe davam algumas indicações perturbadoras de que o PPCDAM havia batido no teto em termos de eficiência. Em 2007 houve um repique no preço das commodities[6] após três anos de queda. No ano seguinte haveria uma eleição municipal, com uma previsível catimba na fiscalização pelos estados para garantir palanque aos candidatos aliados. Além disso, os próprios desmatadores haviam se adaptado às ações de comando e controle do governo. Os grileiros e fazendeiros da Amazônia aprenderam a driblar os satélites, escorando-se na miopia do Modis, o sensor norte-americano que fornecia os dados para o Deter: passaram a desmatar mais porções menores de floresta, de modo que cada desmatamento individual ficasse abaixo do limite de detecção do Deter, de 25 hectares na época[7] (contra

6,5 hectares do Prodes). Essa conjunção de fatores significava que o trator de esteira iria cantar na floresta.

"Derrubamos muito os grandes desmatamentos, mas os pequenos aumentaram, pulverizou. A nossa estratégia não ia mais segurar, porque antes, onde havia cem desmatamentos de mil hectares cada, passou a haver mil desmatamentos de dez hectares cada", conta Lima. Ele mesmo havia feito uma conta do efeito da fragmentação: no começo do PPCDAM, a fiscalização do Ibama era capaz de cobrir 5 mil km^2 de desmatamento olhando para duzentas ou trezentas áreas devastadas, ou "polígonos", no jargão do sensoriamento remoto. Depois de 2007 já era preciso observar 2 mil polígonos. Outra métrica era o número de municípios com desmatamento: em 2005, vinte municípios da Amazônia desmataram 8,3 mil km^2; em 2006, a mesma área desmatada estava distribuída por 93 municípios.[8]

O PPCDAM também vinha patinando na implementação de várias de suas ações. A transversalidade que Marina tentara implementar, atribuindo a coordenação do plano à Casa Civil e envolvendo doze ministérios, começou a fazer água depois que José Dirceu, abatido pelo escândalo do Mensalão, deixou o Ministério e foi substituído, já em meados de 2005, pela ministra de Minas e Energia, Dilma Rousseff. Nacional-desenvolvimentista à moda antiga e monomaníaca com hidrelétricas na Amazônia, Dilma desacelerou a coordenação interministerial do plano. Ela já havia protagonizado batalhas com o Meio Ambiente em 2006 para licenciar duas hidrelétricas no rio Madeira, Santo Antônio e Jirau, que, segundo estudos de impacto e um parecer do próprio Ibama, induziriam desmatamento, assoreamento e levariam ao declínio de espécies de bagres migratórios importantes para a subsistência da população local. Na época, Lula se irritou com o argumento da área ambiental sobre os peixes: "Quem jogou o bagre no colo do presidente?", questionou. Marina perdeu a briga, as hidrelétricas foram feitas e os impactos aconteceram de fato. Após a eleição, houve rumores de que a acreana não continuaria no governo no segundo mandato devido a pressões para flexibilizar a atuação do Meio Ambiente. A ministra mandou o recado: "Perco o pescoço, mas não perco o juízo".[9]

Em 2007, o cenário para embates ainda mais duros foi armado quando Lula entregou a Dilma a gerência do principal programa de seu segundo mandato, o Programa de Aceleração do Crescimento (PAC). Era uma espécie de revival do Avança Brasil de FHC (veja o capítulo 10), que incluía vastas obras de infraestrutura na Amazônia — inclusive pavimentação de rodovias e a controversa hidrelétrica de Belo Monte, projeto da ditadura que José Sarney desistira de fazer após a pressão do movimento indígena em 1989. Dilma, que recebeu de Lula a alcunha de "mãe do PAC", passou a engavetar os pedidos de criação de áreas protegidas, instrumento essencial do PPCDAm, para garantir que não houvesse sobreposição com locais onde havia hidrelétricas planejadas.[10]

"A energia que a Casa Civil botava no PPCDAM caiu quando a Dilma virou ministra", diz Marcelo Marquesini, ex-Ibama e ex-Greenpeace. Ele produziu um relatório de avaliação do plano contra o desmatamento, publicado pelo Greenpeace em fevereiro de 2008, mostrando que, das 32 atividades estratégicas desenhadas, 22 (69%) não foram cumpridas ou estavam incipientes,[11] sobretudo no eixo de fomento às atividades sustentáveis. Um dos mais atrasados na implementação, para surpresa de ninguém, era o Ministério da Agricultura. Além de financiar o desmatamento em bilhões de reais por ano via Plano Safra, a pasta enrolou com as próprias ações no PPCDAm. Chegou a mencionar o controle de doenças da bananeira como atividade de combate ao desmatamento[12] (alegando na maior cara de pau que eliminar a sigatoka-negra e a mosca-da-banana melhorava a produtividade agrícola e, portanto, reduzia a pressão por terras).

O Greenpeace, vendo que o plano começava a soluçar, usou o relatório para esticar a corda. A equipe do Ministério do Meio Ambiente fez a mesma coisa. O grupo se deu conta de que havia um problema com o método de fiscalização e punição usado até aquela época. O Ibama ia até o local do alerta do Deter, parava o desmatamento e, nas raras ocasiões em que o suposto dono da terra aparecia, lavrava uma multa — estudos do Imazon[13] vinham mostrando que a efetiva arrecadação das multas do Ibama não chegava a 5% devido à possibilidade virtualmente infinita de recursos administrativos e judiciais com que a lei brasileira brinda os infratores. Não bastava embargar o desmatamento: era preciso embargar a atividade que gerava o desmatamento, ou seja, a produção agropecuária na área desmatada.

"Fazendo uma analogia, é como funciona o embargo de outras atividades econômicas. Se o cara polui um rio, você não embarga a poluição, você embarga a atividade", compara Lima. A estratégia tinha mais uma vantagem: não seria preciso ficar procurando o suposto dono da área, que frequentemente era pública, para multá-lo. "Embargou a área, o interessado em desembargar que se apresente. E, se o cara aparecer e pedir para desembargar e a área for pública, você manda prender."

O raciocínio era perfeito. Só que seria preciso produzir um decreto presidencial que estabelecesse o embargo, o corte de crédito e a lista dos municípios críticos, regulamentando artigos jamais colocados em prática das leis ambientais brasileiras.[14] E, para fazer o decreto, era necessário combinar com os russos — a Casa Civil de Dilma Rousseff, que coordenava formalmente o PPCDAM. Para isso, André Lima contou com a ajuda proverbial do grande instrumento de união dos brasileiros: o futebol.

O diretor do Ministério do Meio Ambiente jogava bola aos fins de semana com o subchefe de Assuntos Jurídicos da Casa Civil, Beto Vasconcelos, também de São Paulo e também advogado. "Liguei para ele e falei: 'Preciso que você me ajude a fazer um gol'", diz Lima. Os dois se reuniram, Vasconcelos ouviu a proposta do MMA e designou uma equipe para trabalhar na construção do decreto. Foram três meses de estica e puxa com o Ministério da Agricultura, que tentava diluir o texto, e uma reunião com Lula e o ministro da Fazenda, Guido Mantega, na qual o Meio Ambiente mostrou a correlação entre crédito e desmatamento, para convencê-los a encaminhar o pedido de resolução sobre crédito ao Conselho Monetário Nacional.

O decreto seguiu para a mesa de Lula na última semana útil de 2007 e foi promulgado em 21 de dezembro, com Brasília vazia. André Lima estava na estrada para São Paulo para as festas de fim de ano e não assistiu ao parto do próprio "filho".

Àquela altura já estavam na praça os dados de alertas de desmatamento do Deter, que indicavam uma explosão do corte raso a partir do segundo semestre de 2007. Entre julho e setembro, a devastação teria crescido 8%, incluindo um aumento bizarro de 600% em Rondônia. O número, divulgado em outubro, levantou sobrancelhas. Ele estava errado, como se mostrou depois,[15] mas a tendência de alta no segundo semestre seria confirmada em janeiro tanto pelo Inpe quanto pelo Sistema de Alerta de Desmatamento (SAD), um sistema independente recém-criado pelo Imazon.[16] Os dados do Deter e do SAD mostrando que o leão havia acordado entre agosto e dezembro de 2007 (portanto, impactando a taxa de desmatamento de 2008) foram publicados em 23 de janeiro. Marina e Capobianco decidiram que pau que dá em Chico dá em Francisco e chamaram uma entrevista coletiva para divulgar a má notícia. A lista dos 36 municípios que sofreriam dali em diante uma dose extra de rigor da lei foi editada no dia seguinte. As repercussões da medida, para o bem e para o mal, seriam amplas e duradouras. Mas antes disso a equipe do Meio Ambiente faria um movimento ousado na arena internacional, quebrando anos de resistência do Itamaraty sobre incluir florestas nas negociações de mudança climática e transformando um passivo e uma vergonha mundial numa oportunidade de captar dinheiro para preservar a Amazônia.

Em 12 de dezembro de 2007, um desenvolto Tasso Azevedo apresentou num auditório lotado do hotel The Westin, em Bali, Indonésia, uma proposta do Brasil para reduzir o desmatamento na Amazônia e angariar recursos do exterior pelos resultados alcançados. O principal slide mostrava uma espécie de "escadinha" com médias decrescentes de desmatamento ao longo dos anos futuros. Pela proposta, o país poderia receber verbas internacionais se ao longo dos próximos cinco anos reduzisse a devastação para abaixo da média verificada entre 1996 e 2005 (19,5 mil km^2). Nos cinco anos seguintes, o dinheiro só viria se o desmatamento estivesse abaixo da média dos dez anos anteriores. Assim, para o período 2006-10, a referência é 1996-2005; para 2011-5, a média de 2001-10; para 2016-20, a média 2010-9, e assim por diante. Se quisesse continuar recebendo a grana, o país teria de se forçar a uma redução progressiva no desmatamento.

O evento no The Westin havia sido organizado pelo governo brasileiro em paralelo à programação da COP13, a conferência do clima de Bali. A COP da Indonésia marcou os dez anos do Protocolo de Kyoto e produziu um acordo importante para fazer os Estados Unidos e os países em desenvolvimento, que ficaram fora do gancho em Kyoto, se engajarem na redução de emissões no futuro. A apresentação de Tasso sinalizava que o Brasil estava, enfim, pronto para entrar nesse debate, e quebrando um tabu histórico: era a primeira vez que o governo brasileiro aceitava falar em algo parecido com uma meta — embora voluntária — de redução de gases de efeito estufa por desmatamento diante do mundo.

Além de Marina, dividiam o palco com o diretor do Serviço Florestal três figuras de peso: o secretário executivo do Programa das Nações Unidas para o Meio Ambiente (Pnuma), o alemão Achim Steiner, o ministro da Cooperação Internacional da Noruega, Erik Solheim, e o chanceler brasileiro Celso

Amorim. A última vez que um ministro das Relações Exteriores do Brasil estivera presente em um encontro da UNFCCC foi quando a convenção nasceu, no Rio de Janeiro, em 1992. A ida de Amorim a Bali sinalizava que a inclusão de florestas na agenda climática do Brasil era um dado de realidade e uma determinação presidencial. O Itamaraty, que sempre fora contra, precisou engolir uma mudança de orientação.

Essa mudança foi resultado de anos de debates na sociedade civil sobre o polêmico "desmatamento evitado". A discussão ganhou impulso quando os defensores dessa tese fizeram uma mudança conceitual em sua proposta que terminaria por originar um novo mecanismo para proteção das florestas na UNFCCC. O momento "eureca!" dessa virada foi uma intoxicação alimentar num hotel em Nova Delhi.

Em 2000, Paulo Moutinho, do Ipam, e Steve Schwartzman (o amigo de Chico Mendes que você conheceu no capítulo 5), do Environmental Defense Fund dos Estados Unidos, contrataram o ex-presidente da Funai Márcio Santilli como consultor para ajudá-los a emplacar a tese do desmatamento evitado no Protocolo de Kyoto. "Eu não sabia nem o que era aquecimento global. Pra mim era uma coisa meio de ficção científica. Eles me deram aulas e, quando entendi, fiquei apavorado", conta Santilli. A proposta de trabalho era que o indigenista paulista ajudasse o grupo no lobby nas conferências do clima e, ao mesmo tempo, estudasse como o desmatamento evitado poderia gerar receita para agricultores que abrissem mão de desmatar no eixo da BR-317, no Acre. O engenheiro florestal Jorge Viana, outro antigo companheiro de Chico Mendes e Marina, acabara de assumir o governo acreano e vinha consultando ONGs como o Ipam para produzir um conceito novo e arrojado de crescimento verde para o estado, a chamada "florestania" (que nunca deu os resultados esperados).

Foram duas COPs frustradas para os defensores das florestas, em Haia, em 2000, e em Marrakesh, em 2001. No ano seguinte, em Nova Delhi, a turma do Ipam e do EDF preparou mais um evento paralelo para expor suas ideias. Santilli chegou à Índia na véspera e, na primeira noite, foi jantar com os colegas num restaurante tipicamente indiano, frequentado apenas por locais. "Comi um monte de pimenta, me deu uma caganeira gigante, passei a noite em claro e, no meio da noite, tive uma visão de como resolver a história. Mas não deu tempo de falar com o Paulo, porque no dia seguinte a gente já foi cedo para a apresentação."

A ideia, que Santilli anotou num bloco de papel em meio ao suplício noturno com medo de estar alucinando, consistia em esquecer a ideia de incluir florestas no Mecanismo de Desenvolvimento Limpo (MDL) do Protocolo de Kyoto. A questão florestal, afinal, tinha um peso próprio no debate climático, que ia muito além de projetinhos individuais de geração de créditos de carbono. Projetos de MDL, concluiu o indigenista, traziam o risco de simplesmente deslocar o desmatamento de um lugar para o outro[17] — o Itamaraty estava certo, afinal, quando falava no perigo do chamado "vazamento" do desmate (veja o capítulo 9). Seria preciso um mecanismo novo dentro da UNFCCC só para a questão florestal. Em vez de receber por projeto, os países tropicais mobilizariam recursos com base nas taxas nacionais de desmatamento, algo que o Brasil sabia medir, por causa do monitoramento do Inpe.

Em novembro de 2003, Márcio Santilli, Paulo Moutinho e mais quatro nomes de alta patente da ciência ambiental do Brasil e dos Estados Unidos[18] publicaram na *Folha de S.Paulo* um artigo de opinião delineando aquilo que chamavam de "redução compensada" do desmatamento: os países fixariam uma linha de base para suas emissões por perda de floresta e fariam jus a pagamentos sempre que elas caíssem em relação ao valor de referência. A ideia foi levada à equipe de Marina Silva e causou empolgação geral: o próprio Capobianco, em seu tempo de ISA, era um militante do desmatamento evitado e participara da gênese da proposta em 2000. Sinalizando essa empolgação, o então secretário executivo do MMA, Cláudio Langone, participou do evento do Ipam na COP de Milão, onde disse em nome do governo brasileiro que a questão florestal precisava ser tratada nas negociações de clima.

Em 2005, Papua-Nova Guiné e Costa Rica lideraram a formação de uma coalizão de países tropicais para incluir a redução de emissões por desmatamento na UNFCCC; o Brasil ficou de fora por ver na iniciativa o risco de tentar empurrar créditos de carbono florestais como offsets, ou seja, compensações pela poluição de origem fóssil dos países ricos.

Em agosto de 2005, os mesmos seis autores do texto de opinião na *Folha* publicaram um artigo seminal no periódico científico *Climatic Change*[19] detalhando a proposta de incentivos positivos aos países florestais que reduzissem suas emissões por desmatamento. No fim daquele ano, na COP11, em Montreal, o lobby da Coalizão das Florestas Tropicais conseguiu incluir no resultado da conferência a provisão para a criação de um mecanismo para compensar países florestais por reduções de desmatamento. Em 2005 nasceria o RED (sigla em inglês para Redução de Emissões por Desmatamento), que receberia puxadinhos sucessivos até se tornar REDD+ (Redução de Emissões por Desmatamento e Degradação Florestal; além da conservação de estoques de carbono florestal, o manejo sustentável de florestas e o aumento dos estoques de carbono florestal), sacramentado em Bali. A pauta do desmatamento entrou de vez na Convenção do Clima, apesar de quinze anos de esperneio do Itamaraty.

O MMA havia, naquele primeiro ano do segundo governo Lula, criado uma Secretaria Nacional de Mudança do Clima, outro movimento ousado, já que até aquele momento as negociações eram todas conduzidas pela chancelaria e pelo Ministério da Ciência e Tecnologia. Para ocupar o cargo, Marina, a partir de uma sugestão de Capô, destacou um nome surpreendente: Thelma Krug, pesquisadora do Inpe e presidente da força-tarefa sobre inventários de emissões do IPCC, o painel do clima da ONU. Uma das maiores especialistas em emissões por uso da terra do mundo, Krug era opositora ferrenha do desmatamento evitado e havia brigado várias vezes com o próprio Capobianco sobre o tema. Sob sua batuta, os incentivos positivos para as florestas ganharam impulso dentro do clubinho fechado dos negociadores de clima do Brasil.

O mecanismo desenvolvido por Tasso Azevedo ao longo de 2007 e apresentado no balneário indonésio, que recebeu o nome provisório de Fundo de Proteção e Conservação da Amazônia Brasileira, tinha como base precisamente um pagamento por resultados, tal qual delineado pelos precursores do REDD+. Tasso conta que teve o clique para o desenho do mecanismo na banca de tomates de um supermercado de Brasília: "Quando vai comprar tomate orgânico, você não vê um aviso dizendo 'pague mais pelo tomate comum e, quando voltar aqui, teremos tomate orgânico'. Você paga mais por uma coisa que já está lá". Ele seria gerido pelo BNDES e logo estaria aberto a aportes. Tamanha era a confiança de Tasso, Capobianco e Marina nas medidas que estavam sendo tomadas para conter as motosserras na Amazônia que a proposta foi anunciada mesmo com os alertas de desmatamento em alta naquele fim de ano.[20]

Por absoluta coincidência, na mesma manhã em que foi apresentado o fundo ganhou seu primeiro doador, o governo da Noruega. O país escandinavo havia recentemente aprovado a destinação de parte de seu fundo soberano — a poupança feita com os royalties da exploração de petróleo no mar do Norte — para financiamento de ações climáticas. Minutos antes de se juntar ao evento do Brasil no The Westin, o ministro norueguês Erik Solheim havia participado de outra mesa, na qual a Noruega anunciou que o país destinaria 545 milhões de dólares por ano para a conservação de florestas tropicais.[21]

"Nós chamamos alguns países para o nosso evento e por acaso convidamos a Noruega. Eles tinham feito um anúncio e eu não sabia o que era nem na hora da minha apresentação", diz Tasso. "Eu só entendi o que eles estavam falando na hora que o Solheim levantou e falou que eles haviam lançado o programa [de apoio às florestas]." Após a apresentação do fundo pelo Brasil, Solheim declarou que queria ser o primeiro a contribuir. O valor da contribuição norueguesa seria definido no ano seguinte, e graças a um erro de comunicação.

Na saída do evento em Bali, Tasso falou com jornalistas brasileiros para tirar dúvidas sobre a proposta. Questionado sobre valores que o Brasil poderia receber da Noruega, o diretor do Serviço Florestal fez uma conta de cabeça e falou em 100 milhões de dólares. Ele jura que era apenas um exemplo hipotético, mas os repórteres entendemos que se tratava do valor em negociação. "Quando vocês perguntaram, eu usei como exemplo: suponha que a Noruega queira contribuir com a redução de 20 milhões de toneladas; a cinco dólares por tonelada, seriam 100 milhões de dólares de contribuição. E aí veio a manchete no dia seguinte: 'Noruegueses vão dar 100 milhões de dólares'. Eu queria morrer! Pensei, 'a gente falando em 100 milhões de dólares, os noruegueses vão ficar putos da vida achando que a gente está forçando a barra e não vão dar um tostão'."

O efeito, na verdade, foi o oposto. Quando embarcaram para o Brasil em setembro de 2008 com o premiê Jens Stoltenberg para formalizar a doação, Solheim e o embaixador norueguês Hans Brattskar ainda não haviam decidido qual seria o valor. "Eles estavam conversando no avião de Oslo pra cá e raciocinaram: 'Bom, os brasileiros estavam pensando em 100 milhões de dólares, que foi o que saiu nas notícias'. E fizeram as contas. O programa teria sete anos quando lançaram, 2008 a 2015. Se botassem 100 milhões por ano, daria 700 milhões. Aí o premiê fala assim, 'então vamos fazer 1 bilhão de dólares, porque é um número bem grande'", conta Tasso. "Vocês lançaram uma fake news conjunta e isso definiu o valor do fundo", ri.

O fundo para a conservação da floresta, rebatizado de Fundo Amazônia, foi estabelecido por decreto em 1º de agosto de 2008,[22] um mês e meio antes da visita do premiê norueguês. Marina Silva não pôde assinar o decreto: ela pediu demissão do Ministério em maio, na esteira de uma sucessão de crises, enfrentamentos com Dilma e perda gradual do apoio de Lula para as ações do PPCDAM. O pivô da saída foi justamente o decreto do Natal de 2007, que estabelecia o embargo de fazendas com desmatamento. Para entender como, precisamos nos despedir dos corredores da ONU e voltar à poeira da Amazônia.

A portaria da ministra do Meio Ambiente estabelecendo a lista dos municípios críticos e botando em prática o decreto dos embargos caiu como uma marretada na cabeça do prefeito de Paragominas, Adnan Demachki. "Eu não me considero um ativista ambiental, mas também não sou um porra-louca", conta. "Sou advogado, eu sei o que é uma restrição para uma empresa. Uma empresa estar no Cadin, o cidadão estar no SPC. Qual é a empresa que cresce se não tiver uma boa imagem? Assim é com o município: qual é o município que se desenvolve, que vai atrair pessoas pra investir, se não tiver uma boa imagem?" O plano do prefeito era substituir a atividade carvoeira por soja, muito mais rentável e sem fumaça, e a lista iria atrapalhar. A Cargill, única compradora da incipiente produção de grãos de Paragominas, já vinha impondo restrições desde a moratória de 2006. Seria muito difícil fazer a transição econômica de que dependiam os pulmões da cidade com a ameaça de embargo e de corte de crédito no ar.

Em fevereiro veio mais uma pancada: munidos do decreto e da lista, o Ibama e a Polícia Federal, com apoio da Força Nacional, deflagraram a Operação Arco de Fogo, para combater desmatamento e extração ilegal de madeira em Rondônia, Mato Grosso e Pará. Paragominas foi um dos alvos, com serrarias e carvoarias fechadas. Em Tailândia, a 260 quilômetros de Belém, houve confronto entre madeireiros e as forças de segurança. Demachki achou melhor esfriar a cabeça do setor produtivo: reuniu 51 entidades e propôs um pacto para zerar o desmatamento e sepultar Paragobala.

Com ajuda do Imazon e da ONG The Nature Conservancy, Paragominas passou a monitorar o cumprimento dos limites de reserva legal em cada propriedade e a exigir recuperação de áreas de preservação permanente. A recomposição das reservas legais desmatadas em excesso não era tão simples, mas ainda havia floresta suficiente no município para aplicar a compensação ambiental prevista na lei (se um fazendeiro desmatou 100% de uma área de mil hectares, por exemplo, ele poderia pagar outros proprietários com excesso de floresta para manter os oitocentos hectares que ele seria obrigado a recompor).

O município foi o primeiro da Amazônia a ter mais de 80% de suas propriedades inscritas no Cadastro Ambiental Rural.

Como tudo mais na Amazônia, a trajetória de Paragominas não foi uma reta virtuosa da devastação à ecossantidade. Em novembro de 2009, uma operação do Ibama apreendeu dezenas de caminhões de toras extraídas ilegalmente de uma terra indígena no oeste do município. Eles foram estacionados em fila na avenida onde ficava o escritório do órgão ambiental. Num sábado à noite, madeireiros decidiram reaver seu patrimônio e organizaram uma turba para incendiar a sede do Ibama. Na segunda-feira, Demachki escreveu uma carta de desculpas à nação e foi pessoalmente entregá-la ao então ministro do Meio Ambiente, Carlos Minc. O evento, que quase acabou em tragédia, marcou a virada definitiva: os desmatadores perderam apoio popular e o projeto de transição ambiental avançou. Em 2011, com o desmatamento abaixo de quarenta quilômetros quadrados e o CAR disseminado, a cidade foi a primeira da Amazônia a sair da lista de Marina.

Mas evidentemente não foi apenas em Paragominas que o decreto dos embargos bateu forte. Os dados do Inpe e a lista dos municípios críticos causaram revolta em gente com o contracheque muito maior que o do prefeito Adnan Demachki e com muito mais influência no Palácio do Planalto: especificamente, o governador bilionário de Mato Grosso, Blairo Maggi, forte aliado de Lula no segundo mandato.

Após receber do Greenpeace o troféu Motosserra de Ouro em 2005, semanas depois da deflagração da Operação Curupira, o "rei da soja" começou a entender que os negócios do setor que o havia colocado no governo, o agropecuário, dependiam de um freio ao desmatamento — ou, no mínimo, de uma boa demão de tinta verde na economia do estado. Em 2007, Maggi convocou produtores para um pacto para recuperação de áreas de preservação permanente desmatadas — um passivo estimado em 5 milhões de hectares — até 2010. Foi o embrião de um programa que seria adotado no ano seguinte, o MT Legal, para adequar fazendeiros ao Código Florestal (com prazos muito generosos) e parar o desmatamento. Quando os dados do Inpe divulgados em janeiro mostraram a alta, o governador estrilou. Segundo o Deter, Mato Grosso era responsável, sozinho, por 55% dos 3233 km^2 de alertas detectados entre agosto e dezembro de 2007. A lista dos 36 municípios críticos contendo nada menos que dezenove mato-grossenses, no dia seguinte, foi a gota d'água.

"Como vínhamos — de fato — fiscalizando, acompanhando por imagens de satélite, nós tínhamos certeza de que o que estava acontecendo em Mato Grosso era uma redução permanente, constante e importante. Quando a Marina veio com esses dados, pra mim foi um chute no saco", conta Maggi. O governador determinou ao secretário de Meio Ambiente, Luiz Daldegan, que fizesse um levantamento dos dados de desmatamento do estado, seguidos de uma checagem presencial dos pontos de alerta do Deter um por um, usando todos os meios disponíveis. Munido de informações preliminares da secretaria indicando que ele tinha razão, o governador deu uma entrevista furiosa ao jornal *O Estado de S. Paulo*, na qual proferiu uma frase que seria repetida onze anos depois por outro político, em circunstâncias bem distintas: "O Inpe está mentindo a serviço de alguém. Queremos saber a serviço de quem".[23]

"Quando levantamos ponto a ponto, a gente percebeu que não era desmatamento que tinha lá. Muitas dessas áreas eram de pedras, onde não tinha uma floresta vistosa, muitas áreas com alagamentos, não tínhamos desmatamento nos pontos onde alegavam que tínhamos", recorda-se o ex-governador. Um relatório feito pela Secretaria de Meio Ambiente do estado e enviado ao Inpe afirmava que 80,53% dos 662 pontos de desmate verificados não correspondiam a derrubadas recentes.[24]

"Juntei tudo — olha, foi um calhamaço, encheu duas mesas —, pedi uma audiência com o presidente Lula e falei, 'olha, presidente, isso não é possível. Primeiro que nós somos companheiros do mesmo governo. E está se criando uma grande mentira. Ou no mínimo fizeram uma mudança na forma de medir as coisas e não separaram [o que era desmatamento e o que não era]. E Mato Grosso não é devedor desse negócio'. Isso realmente criou um problema sério entre nós em Mato Grosso e a Marina."

A reação de Lula foi de ira. O presidente já vinha irritado com o MMA por causa de supostas dificuldades colocadas pela área ambiental nas obras do PAC.[25] Também era um defensor do agronegócio, cujo boom era a onda que o governo tão habilmente surfava para reduzir as desigualdades no país (Lula costumava referir-se aos usineiros de cana como "heróis" e dizer que o Cerrado antes da Embrapa era tão ruim que até as árvores eram tortas). A reação de Maggi de questionar o Deter foi a gota d'água para enquadrar Marina Silva, e não ajudou o fato de o Inpe ter admitido que errara na análise do Deter de agosto e setembro de 2007.

"Fomos chamados para uma reunião dificílima no palácio. Tinha uns oito ministros. O Lula estava muito bravo, de um jeito que eu nunca tinha visto", recorda-se João Paulo Capobianco. "Ele disse que havia um questionamento dos dados, que Mato Grosso tinha um estudo detalhado." Emparedada, Marina tirou uma ideia da manga. "Presidente, tem um jeito simples de resolver isso: basta verificar os pontos. Vamos fazer um sobrevoo." Lula gostou e virou-se para o ministro da Agricultura, Reinhold Stephanes: "Reinhold, você vai ter de estar junto. E eu quero o Blairo Maggi no helicóptero".

A bola estava no campo do diretor do Inpe, Gilberto Câmara, que passara os últimos dias defendendo a acurácia dos próprios dados nos jornais. "O primeiro argumento que derrubamos foi o de que os dados do Deter viam corte raso onde não havia. Só que o Deter nunca mediu apenas corte raso, ele também detectava degradação grande", diz Câmara. Degradação florestal é causada por extração predatória de madeira, incêndios, garimpo e outros fatores. Dependendo de sua extensão, ela aparece nas imagens de satélite. Mas o Deter de fato não fazia distinção entre o que era corte raso e o que era floresta degradada, já que o objetivo, como diz o nome, é deter crime ambiental, e não medir área de desmate.

A equipe do Inpe e os ministros Marina Silva, Tarso Genro (Justiça), Guilherme Cassel (Desenvolvimento Agrário) e o vice-ministro de Stephanes foram de avião para a base aérea do Cachimbo, no sul do Pará. Ali, Câmara destacou dois técnicos do programa de monitoramento da Amazônia para fazer um plano de voo para o dia seguinte, com pontos onde o Deter havia mostrado alertas de desmatamento no segundo semestre de 2007. A rota continha uma pequena malandragem: nem todos os pontos a serem visitados estavam no relatório de Maggi.

Na manhã de 30 de janeiro, a comitiva subiu num helicóptero de transporte de tropas do Exército e voou do Cachimbo até Sinop, no médio-norte de Mato Grosso, para buscar Maggi e sua equipe. De lá, a aeronave fez um sobrevoo da região de Marcelândia, no norte mato-grossense. A partir daí, todas as partes envolvidas cantam vitória sobre o que aconteceu.

"Fomos lá pros lados de Marcelândia e lá num ponto onde a gente desceu não era desmatamento. Eu falei, 'então, Marina, é isso. Me fala onde eu estou errado, mas pelo menos reconhece aquilo em que estamos certos'. Nunca recebi nenhum pedido de desculpas", lembra o ex-governador.

"O primeiro ponto para onde fomos, coordenada tal... chegamos lá e era um puta desmatamento! O Blairo ficou quieto", diz Capobianco.

"Todos os pontos tinham menos de 50% de árvores. A maioria tinha menos de 20% de árvores", relembra Câmara, que foi encarregado de explicar ao governador e aos ministros o que havia em cada coordenada visitada.

"Voamos em alguns pontos, e o Blairo falava, 'olha aqui, Marina', e eram afloramentos rochosos", recorda-se Luiz Daldegan.

De volta à base do Cachimbo, onde pegariam o avião para Brasília, o ministro da Justiça, Tarso Genro, chamou Câmara num canto: "Fique tranquilo. Vou passar ao presidente que o Inpe não está perseguindo ninguém". O episódio, porém, fez o Instituto passar a diferenciar o que era desmatamento do que era degradação florestal na divulgação dos dados do Deter. A taxa oficial de desmatamento de 2008, lançada no fim do ano pelo Prodes, mostraria que o Inpe tinha razão: em toda a Amazônia, a devastação subira 11%. Em Mato Grosso, o aumento foi de 22%. O Inpe estava salvo de interferências no monitoramento da Amazônia. Já a situação de Marina Silva no governo se encaminhava para um final menos feliz.

Em 8 de maio de 2008, Lula reuniu ministros e os nove governadores da Amazônia no terceiro andar do Palácio do Planalto para uma solenidade de lançamento de um novo pacote de políticas para a região. Depois de quatro anos de chicote, com monitoramento e ações de comando e controle, era hora da cenoura para o setor produtivo. Seria lançado naquele dia o Plano Amazônia Sustentável, o PAS, por meio do qual a equipe do MMA procurava estabelecer um conjunto de ações que substituíssem, enfim, a economia de fronteira que havia arrasado a Amazônia.[26]

Costurado desde 2003, o PAS previa ações em cinco eixos: produção sustentável com inovação, gestão ambiental e ordenamento territorial, inclusão social e cidadania, infraestrutura para o desenvolvimento e um novo padrão de desenvolvimento.[27] Ações planejadas, como o Distrito Florestal Sustentável da BR-163 e uma política de preço mínimo para produtos florestais não madeireiros, se inseriam nessa lógica de valorização da floresta em pé. No mundo ideal, com infraestrutura para escoar a produção, madeira legal competitiva e produtos como cacau, castanha, borracha e óleo de copaíba valorizados, ninguém precisaria mais tocar fogo na Amazônia para botar um boi por hectare. No mundo real, as coisas foram bem diferentes. O PAS nunca chegaria a sair do papel, e a reunião de 8 de maio foi determinante para isso e para outro evento que aconteceria cinco dias depois.

Os ministros, governadores e outras autoridades esperavam Lula na sala de reuniões do palácio. O presidente conversaria rapidamente com todos e, em seguida, desceriam a rampa interna para o Salão Nobre, onde ocorreria a solenidade de lançamento. Uma testemunha relata que Blairo Maggi estava sentado ao lado do governador de Rondônia, Ivo Cassol. Ambos já haviam sido acusados por Marina de retirar apoio das respectivas polícias às ações de fiscalização.[28] Lula entrou e deu uma declaração rápida ao grupo: "Aproveito para informar que o coordenador do plano será o companheiro Mangabeira Unger". Marina ficou lívida. Mangabeira, um acadêmico americano-brasileiro ideólogo do PDT e ministro da Secretaria de Assuntos Estratégicos, era outro nacional-desenvolvimentista, como Dilma e Ciro Gomes. Ficara famoso por ideias folclóricas, como transpor o rio Amazonas para o Nordeste. Definitivamente a pessoa errada para conduzir uma mudança no padrão de desenvolvimento da Amazônia. Não era só isso: a entrega da coordenação do PAS ao professor de Harvard não havia sido combinada em momento algum com a ministra ou alguém de sua equipe.

Mas o pior ainda estava por vir. Naquela mesma entrada rápida, Maggi aproveitou para reclamar com o presidente que o decreto do Natal de 2007 estava inviabilizando a economia dos estados da Amazônia. "O Plano Safra ia começar, e o pessoal estava começando a pegar crédito. Quando o decreto foi baixado, ninguém estava tomando dinheiro, porque a safra já estava em curso. Mas depois, com o Ibama multando geral, a safra começando e os municípios críticos impedidos de tomar qualquer crédito, aquilo virou uma panela de pressão", recorda-se Tasso Azevedo. A resposta de Lula ao governador foi de gelar a espinha: "Não se preocupe, vamos resolver isso".

Era a senha. Marina entendeu ali que o presidente estava disposto a revogar o próprio decreto, minando o PPCDAM. Desceu a rampa com dificuldade, riu amarelo quando Lula a chamou de "mãe do PAS", em alusão a Dilma, a "mãe do PAC", e ainda encontrou fleuma para fazer piada à imprensa sobre o soco que recebera no estômago a respeito da retirada do PAS de sua gestão: "É melhor ter o filho vivo em colo de outro do que vê-lo jazendo em seu próprio colo".[29] Cinco dias depois, em 13 de maio, dia da Abolição, a ministra pediu a própria alforria. Se Lula escolhera Maggi, Cassol e o PAC em detrimento das medidas de proteção da Amazônia, ela não mais participaria daquilo.

O choque generalizado causado pela demissão de uma antiga aliada e amiga de décadas de Lula surtiu o efeito desejado. Os olhos do país se voltaram para a crise na área ambiental, e o presidente se viu compelido a indicar para o Ministério alguém que pudesse ser tão aceitável quanto a celebridade verde que revertera a curva do desmatamento na Amazônia.

Questionado sobre o episódio quinze anos depois, Blairo Maggi diz não ter recordações da conversa com Lula, mas admite que ela "pode ter acontecido". O ex-governador, porém, hoje defende o embargo como o instrumento mais eficiente para controlar o desmatamento.

Para o lugar de Marina, Lula acabou encontrando nos quadros do PT um ambientalista histórico, histriônico e que condicionou sua entrada no governo à manutenção do decreto dos embargos de pé e as outras medidas de controle do PPCDAM. Marina perdeu o pescoço, mas o Ministério não perdeu o juízo.

18. Operação Boi Pirata

Aptônimos são nomes que, em geral por coincidência, definem a atividade de uma pessoa na vida adulta. Os exemplos abundam. Há uma jornalista portuguesa chamada Mara Tribuna; uma ativista climática de nome Gaia Febvre; mais de um urologista de sobrenome Pinto; uma oceanógrafa Maria de Lourdes Sardinha — e por aí vai. Se Luiz Inácio Lula da Silva, na investida desenvolvimentista do seu segundo mandato, prestasse atenção a aptônimos, teria pensado duas vezes antes de substituir Marina Silva por um ministro do Meio Ambiente chamado "bosque".

E, no entanto, foi o que ele fez. Duas semanas após a demissão de Marina, tomava posse no MMA o deputado estadual carioca Carlos Baumfeld (literalmente, "campo de árvores", ou "bosque", em iídiche), mais conhecido por seu sobrenome materno: Minc.

O pedido de exoneração de Marina, em meio à crise com os governadores da Amazônia, às pressões para acelerar o licenciamento das obras do PAC e à perda de apoio do Planalto, pôs a agenda ambiental no centro das atenções e Lula em xeque. O presidente automaticamente ganhava a desconfiança dos ambientalistas e dos parceiros internacionais do Brasil, que viam em Marina uma espécie de seguro ambiental do país. Essa desconfiança recairia sobre o substituto da senadora acreana.

Lula entregou o abacaxi ao petista Carlos Minc Baumfeld, um ambientalista histórico do Rio e cofundador do Partido Verde, que apoiara o ex-metalúrgico desde a eleição de 1989 e que ocupava naquele momento a Secretaria do Ambiente do governo de Sérgio Cabral (PMDB), aliado do presidente. Além da reputação como militante ecológico, o geógrafo e economista carioca havia mostrado que sabia negociar nos termos que Lula gostava: concedera a licença ambiental ao Comperj, o imenso e altamente poluente complexo petroquímico da Petrobras em Itaboraí, entorno do Rio, e ao Arco Metropolitano, a maior obra do PAC no estado, que seria paralisada pelo Ministério Público por ameaçar o habitat de um anfíbio que só existia ali (Lula em mais de uma ocasião escarneceu do fato de pararem a obra "por causa de uma perereca").[1]

Nascido em 1951, neto de judeus poloneses fugidos do Holocausto, Minc era subversivo quase literalmente desde criancinha. Começou a militar no movimento estudantil aos quinze anos, pichando "Abaixo a repressão!" em muros de escolas da Zona Sul do Rio.[2] Aos dezesseis, era vice-presidente da Associação Metropolitana dos Estudantes Secundaristas e, aos dezessete, partiu para a resistência armada ao regime militar. Em 1969, membro do grupo Vanguarda Armada Revolucionária Palmares, foi acusado — segundo ele, falsamente — de ter participado da maior "expropriação" da ditadura: o furto da casa da amante do ex-governador de São Paulo e bicheiro nas horas vagas Adhemar de Barros, o político do epíteto "Rouba, mas faz". Da mansão em Santa Teresa a VAR-Palmares saiu com um cofre contendo nada menos que 2,5 milhões de dólares (sobre a parte do "rouba" Adhemar não mentiu). Uma das envolvidas no planejamento logístico do assalto era uma jovem mineira chamada Dilma Vana Rousseff, codinome Wanda.[3]

Minc "caiu", no jargão da resistência, naquele mesmo ano, poucos meses depois de seu décimo oitavo aniversário. Foi torturado e passou quase um ano preso num quartel da Marinha. Na cadeia, conseguiu fazer a subversão da subversão: mandava bilhetes aos companheiros de luta armada que estavam soltos, dando notícias de outros presos políticos. Foi para a solitária na Ilha das Flores depois que a repressão descobriu, num "aparelho" (apartamento) de um guerrilheiro, uma série de notas com sua caligrafia.[4] Comemorou dezenove anos em Argel, após ser trocado, com outros 39 presos — entre os quais Fernando Gabeira e Apolônio de Carvalho —, pelo embaixador alemão Ehrenfried von Holleben, sequestrado numa ação espetacular da guerrilha, da qual participara seu amigo Alfredo Sirkis.[5] De lá foram nove anos no exílio em Cuba, Portugal e França, até o retorno ao país em 1979, após a Lei da Anistia. Ele não gosta de falar sobre os anos de chumbo.

Minc pertencia ao grupo de exilados que voltaram ao Brasil convencidos de que o verde era o novo vermelho: a justiça social pela qual lutaram na juventude viria não do levante da consciência do proletariado, mas de um planeta em equilíbrio ecológico, cuja manutenção dependia necessariamente do uso racional e equitativo dos recursos naturais.

Convidado por Lula para o MMA por telefone, durante uma viagem à França, Minc inicialmente disse não. Depois foi a Brasília para uma conversa com o presidente e sua antiga companheira "Wanda" sobre o tamanho da responsabilidade. "Para substituir a Marina eu não podia ser um carimbador maluco", conta. Brifado pela equipe da ex-ministra, levou a Lula e Dilma uma lista de dez exigências para assumir o cargo. Uma delas era a criação de uma Força Nacional Ambiental e de um "imposto verde" para financiar as ações do Ministério. Outra era a manutenção do decreto dos embargos e do corte de crédito, apesar das pressões de Blairo Maggi e Ivo Cassol.[6] Pelo bem da imagem do governo, Lula cedeu: com a garantia da manutenção dos embargos e do corte de crédito, Minc foi empossado em 27 de maio. O Ministério da discreta senadora ganhava uma figura exuberante, de cabelo comprido, ginga de malandro da Lapa e trajando os coletes que eram sua marca registrada.

De acordo com uma testemunha, segundos antes da solenidade de posse, Dilma ainda tentou trazer à tona o assunto da necessidade de revogação do decreto do Natal de 2007. Minc cortou a conversa: "Wandinha, o decreto fica", teria dito, dando as costas à ex-colega de armas e descendo a rampa para o Salão Nobre do Planalto para ser empossado. O ex-ministro diz que tal conversa não aconteceu. Seja como for, o decreto não caiu. Ao contrário, menos de dois meses depois, em 22 de julho de 2008, ele baixaria outro,[7] endurecendo ainda mais a punição aos desmatadores.

O decreto 6.514 mantinha os embargos e apertava em outros aspectos. Permitia, por exemplo, a destruição de equipamentos usados por criminosos para degradar a floresta, provisão que seria usada pelo Ibama para arrasar operações inteiras de garimpo e extração de madeira em terras indígenas e unidades de conservação. Antes, o equipamento era apreendido e, com frequência, o próprio infrator ficava como fiel depositário do bem — que, evidentemente, voltava a ser usado no crime na sequência. Depois do 6.514, sempre que os agentes do órgão ambiental encontravam equipamentos em áreas de difícil acesso, de onde seria perigoso ou custoso retirá-los, a ordem era tocar fogo. Como tratores e retroescavadeiras custam centenas de milhares de reais, a destruição frequentemente acabava com o ativo e descapitalizava o infrator, tirando-o do mercado pelo menos por um tempo.

Foram estabelecidos, ainda, valores de multa para quem desmatasse em áreas de preservação permanente e reserva legal, regulamentando o cumprimento do Código Florestal. E, inspirados pelo mecanismo usado no Fundo Dema anos antes (veja o capítulo 12), os técnicos do Meio Ambiente também criaram no decreto de 22 de julho o chamado "perdimento" dos "animais, produtos e subprodutos da fauna e flora e demais produtos e subprodutos objeto da infração". Essa alínea seria usada como base jurídica para uma operação delirante, perigosa e absolutamente genial, que transformou fiscais do Ibama em vaqueiros e causou pânico nos grileiros da Amazônia. A complexidade e o ineditismo dessa ação eram tão grandes que só um ministro do Meio Ambiente lunático poderia autorizá-la. Para sorte do Ibama, o ministro em questão era lunático o bastante para ter pegado em armas na adolescência contra o Exército brasileiro.

Quando Minc foi convidado para assumir o Ministério, Tasso Azevedo recebeu uma ligação do Rio de Janeiro. Era Paulo Adário, diretor do Greenpeace na Amazônia, amigo de longa data do indicado. Adário estava com Minc num restaurante em Botafogo e recomendara ao deputado que mantivesse parte da equipe de Marina. Apresentou os dois por telefone. "Ele é doidão, mas é ponta firme", disse a Tasso. O diretor do Serviço Florestal topou ficar e ajudou a orientar o futuro chefe sobre os elementos inegociáveis para o PPCDAm, entre eles o decreto dos embargos.

Logo no início de junho, na primeira semana de Minc no Ministério, apareceu mais um dado negativo do Deter. Apenas entre agosto de 2007 e abril de 2008, o sistema do Inpe já havia detectado uma área de alertas maior do que em todo o ano de 2007[8] (agosto de 2006 a julho de 2007). Minc chamou Tasso, André Lima e o diretor de Proteção Ambiental do Ibama, Flávio Montiel, e perguntou se havia alguma medida que ele pudesse anunciar à imprensa para se contrapor à má notícia. O trio explicou que eles estavam planejando uma operação para apreender bois na Terra do Meio, no Pará. Ali havia sido criada em 2005 uma Esec (estação ecológica) de 3,4 milhões de hectares, com o objetivo duplo de parar a grilagem de terras e reduzir os conflitos fundiários na região entre os rios Iriri e Xingu. Mas a Esec da Terra do Meio e o vizinho Parque Nacional da Serra do Pardo estavam maciçamente invadidos por pecuaristas, que abriram fazendas com milhares de cabeças de gado dentro das unidades de conservação. Um servidor do Ibama chamado Bruno Barbosa, influenciado pela teoria da guerra de Carl von Clausewitz, havia proposto à chefia usar o perdimento, já aplicado no caso do mogno, para apreender gado, que, afinal, era o produto do crime de invasão de terra pública.

"Botamos os mapas na mesa, mostramos pra ele, o Flávio explicou o que podia fazer. Eu expliquei a operação e disse, 'o codinome que a gente criou aqui é Boi Pirata'. Ele abriu o olhão assim e falou, 'nossa, isso é muito bom, explica isso direito'", lembra Tasso. Lima explicou a lógica da apreensão dos bois e Minc na hora fez a equipe entender por que ele é apelidado de "Carlos Mídia": "Ele saiu da sala, literalmente, desse jeito que eu estou contando, e falou, 'tenho de dar uma coletiva, vamos comigo'. Sentamos lá na coletiva e ele anuncia que 'vamos fazer a Operação Boi Pirata, vamos pegar os bois que estiverem nas áreas protegidas, estão aqui o camarada Tasso e o camarada Flávio, que vão coordenar a operação'", conta Tasso. "Era para ser um negócio escondido e ele lançou a operação ali, no ato. Uma semana depois estava ele com o Flávio prendendo bois."

O lado performático de Minc e sua mania de aparecer na imprensa[9] passavam a impressão de que o ministro era um bufão inconsequente. O anúncio da Boi Pirata tinha cara de improviso e foi saudado com ceticismo pelos meios de comunicação, que chamaram a operação de "factoide". Este que vos escreve foi particularmente cruel na crítica, tachando Minc de "fanfarrão".[10] Em poucas semanas a vaca dos detratores iria para o brejo: a operação foi um sucesso.

Na verdade, a Boi Pirata estava sendo desenhada havia meses. Desde a criação das áreas protegidas da Terra do Meio por Marina, o Ministério Público do Pará vinha notificando os fazendeiros que clamavam posse de terras dentro das unidades de conservação a desocupá-las e a retirar seu gado. Após várias notificações sem nenhum resultado, o Ibama e o ICMBio encaminharam a catorze fazendeiros um aviso de que iriam agir, e começaram a planejar uma operação. "Nunca imaginaram que o pessoal iria lá pegar os bois pessoalmente", diz Tasso Azevedo.

Mas foram. Com o Exército e alguns caubóis.

Flávio Montiel conta que, com o apoio dos militares, o Ibama criou três bases em uma das supostas fazendas. Depois soltou seus fiscais para tocar o gado dessas três áreas diferentes e concentrá-lo num único cercado, perto da sede da propriedade grilada. No total, foram 3,3 mil reses conduzidas durante dois dias e meio pelos analistas ambientais até a base do Ibama, designado pelo Ministério Público fiel depositário da boiada.

"Tivemos de fazer um treinamento de peão boiadeiro para poder mexer com os bois", conta Montiel. "Não tínhamos muita ideia de como faríamos com o gado."

Mas o ministro do Meio Ambiente tinha ideia de para onde mandá-lo. Os bois piratas, dizia Minc, seriam leiloados para frigoríficos da região, e o dinheiro obtido, repassado para os programas sociais do governo. "Vão virar churrasco ecológico do Fome Zero", afirmava.

O xerife Minc e seus caubóis, porém, se esqueceram de combinar o plano com a Amazônia.

Solidários aos grileiros que haviam perdido para a União o patrimônio tão duramente amealhado, os frigoríficos paraenses boicotaram as sucessivas tentativas de leiloar o gado, e os peões do Ibama ficariam quase três meses estacionados na fazenda tentando evitar a morte em massa dos 3,3 mil bois. Nesse meio-tempo, os fazendeiros armaram uma emboscada aos agentes ambientais. O confronto foi desarmado graças a uma ação de inteligência digna de filme.

"Eles pretendiam ir até o local onde estava apreendido o gado pra tentar tirar o gado, talvez, tentar intimidar, causar pânico na equipe. Para a operação fracassar e terminar", conta Montiel. Um agente do Ibama saiu da Esec disfarçado de peão, de chapéu de palha e botina, e foi a São Félix do Xingu, cidade próxima à área protegida, para coletar informação em bares, firmas de zootecnia e escritórios de geoprocessamento. Confirmada a trama dos fazendeiros, o infiltrado acionou a PF e a Polícia Militar Ambiental do Pará a tempo de interceptá-los e impedi-los de tentar reaver o gado na marra.

Após quatro leilões vazios (sem interessados), no final de agosto o governo conseguiu enfim vender o rebanho — que àquela altura havia diminuído de 3300 para 3046 animais[11] — por 1,3 milhão de reais, um deságio de 60%.

Foi praticamente empate com o custo da manutenção da equipe do Ibama e da boiada no local da apreensão. "A gente achava que ia dar uma grana, porque teve a experiência do mogno, que rendeu um fundo legal. Mas no final a torcida era para não dar muito prejuízo", conta Tasso Azevedo. Após o leilão, os caubóis do xerife Minc passaram mais dezoito dias a pé e a cavalo tocando a boiada pelos duzentos quilômetros que separavam o local da apreensão na Esec Terra do Meio da cidade de São Félix, onde os caminhões do frigorífico estavam esperando para levar os bois piratas ao destino, o abatedouro.[12] Para não dizer que ninguém se feriu na operação, um fiscal teve escoriações ao cair do cavalo numa das saídas para tocar o gado.

Com todos os percalços, a ação foi surpreendentemente eficaz — não tanto pela boiada retirada, mas por seu efeito de dissuasão. A resiliência do Ibama e o prejuízo definitivo aos fazendeiros que perderam o gado aterrorizaram os pecuaristas que tinham bois em áreas públicas na Terra do Meio. "A gente sobrevoava o Parque Nacional da Serra do Pardo e via fazendas-fantasmas. As pessoas corriam para tirar o gado", relata o ex-diretor do Ibama Marcelo Marquesini. "Poucas operações foram tão importantes para aquelas unidades de conservação como a Boi Pirata", prossegue. Os catorze grileiros notificados pelo Ministério Público na Esec e no parque nacional tiraram 30 mil cabeças de gado das áreas protegidas. E o desmatamento na Terra do Meio caiu 75% após a operação, de acordo com o Imazon. Em 2009, uma segunda Boi Pirata seria realizada no eixo da BR-163, com resultado também positivo. Foi a primeira vez desde a criação da Floresta Nacional do Jamanxim, em 2006, que o desmatamento caiu no município de Novo Progresso.

"Depois da Boi Pirata eu fui para São Félix do Xingu e encontrei o cara que perdeu as 3 mil cabeças de gado; era um cara de Goiânia que tinha terra dentro da Esec. E encontrei o presidente da associação comercial de São Félix. Eles estavam consternados, dizendo que agora tinham entendido que quando o governo quer, ele pode fazer", relata Paulo Barreto, o pesquisador do Imazon que ajudou o Ministério Público a escrever o TAC da pecuária (veja o capítulo 17). Segundo Barreto, o desmatamento segue a mesma lógica do mercado financeiro. "Esses operadores do mercado vivem de expectativa. O grileiro e o madeireiro também operam com expectativa. 'Ah, o cara tá dizendo que vai fazer, mas não fez. Tem uma multinha aí, que nunca vamos pagar, a gente vai se safar.' Credibilidade é chave. Desde que a Marina assumiu, coisas que o governo disse que ia fazer foram feitas."

Mal baixou a poeira da Boi Pirata, o ministro tirou outra banana de dinamite do bolso do colete. Em setembro, às vésperas da divulgação dos números do Deter que confirmariam o aumento do desmatamento na Amazônia em 2008, ele suspendeu por sessenta dias o licenciamento da br-319, a rodovia Porto Velho-Manaus, e criou um grupo de trabalho para analisar a obra.

A estrada de 885 quilômetros, que corta a região mais preservada da Amazônia, foi asfaltada no governo de Ernesto Geisel, mas não recebeu projetos de colonização, ficou sem uso e acabou rapidamente destruída pelas intempéries. É a única ligação terrestre da capital do Amazonas com o resto do país, intrafegável seis meses por ano, e o asfaltamento é uma demanda histórica dos manauaras.

No segundo governo Lula, a população de Manaus estava muito perto de ver seu velho desejo atendido: o ministro dos Transportes era um político do Amazonas, Alfredo Nascimento, cacique do pr, partido da base aliada. Nascimento queria usar o asfaltamento da 319 como plataforma de sua campanha a governador do estado em 2010 e tentou acelerar o licenciamento da obra, incluída no pac. Foi barrado em suas pretensões pelo colega do Meio Ambiente.

A suspensão do licenciamento da estrada enfureceu Nascimento, e a briga entre os dois entrou pelo ano de 2009, depois de Lula definir que Dilma Rousseff, a "mãe do pac", seria candidata à sua sucessão no ano seguinte. "O Alfredo Nascimento simplesmente condicionou o apoio à candidatura da Dilma em 2010 a que se asfaltasse a estrada. Eu estava numa situação dificílima", conta o ex-ministro.

Minc retomou a discussão de uma antiga proposta de fazer uma ferrovia no lugar da estrada, o que foi rejeitado. Resolveu, então, rolar um lero no presidente da República. "Nós falamos: 'Tem que ter a implantação de parques antes de qualquer situação [de asfaltamento], vinte parques de um lado, vinte do outro, têm de estar demarcados, com guarda-parque etc.'. Cravamos isso como uma precondição. O Lula no começo achou interessante, mas depois o Alfredo Nascimento disse que era uma pegadinha, que a gente — segundo ele — não ia conseguir implantar parques antes da estrada", recorda-se Minc. "O Lula veio discutir comigo e falou, 'Minc, você me enrolou aqui. Como é que a gente vai levar guarda-parque, demarcar, construir sede se não tiver a estrada já pavimentada?'. E foi uma briga séria. Uma hora o Lula falou, 'ô, Minc, não pode ter dois presidentes do Brasil, um que quer a estrada e outro que não quer a estrada'. Eu falei, 'presidente Lula, o Brasil só tem um presidente: sou eu, que tive 80 mil votos no Rio de Janeiro'. Ele caiu na gargalhada. O fato é que a gente não licenciou." Em boa hora, já que, no final daquele mesmo ano, a proteção da Amazônia apagaria definitivamente a memória de pária ambiental do Brasil e tornaria Luiz Inácio Lula da Silva um herói mundial do clima.

Na tarde de 13 de novembro de 2009, o governo chamou jornalistas para uma entrevista coletiva no edifício do Banco do Brasil na avenida Paulista, onde ficava o escritório da Presidência da República em São Paulo. Acompanhados do embaixador Luiz Alberto Figueiredo, negociador-chefe de mudança climática do Itamaraty, os ministros do Meio Ambiente, Carlos Minc, e da Casa Civil, Dilma Rousseff, anunciaram que o país apresentaria um compromisso voluntário de reduzir suas emissões de gases de efeito estufa em 36,8% a 38,9% até 2020 em relação ao cenário tendencial — ou seja, ao que o país emitiria naquele ano se nada fosse feito, de acordo com uma série de premissas sobre as quais falaremos daqui a pouco.

O anúncio era extraordinário por dois motivos. Aquela era a meta de redução de emissões mais ambiciosa já colocada na mesa por um país em desenvolvimento. Depois de dezesseis anos fazendo biquinho e dizendo que só nações desenvolvidas precisavam agir no clima — dando à China o argumento perfeito para entupir a atmosfera de gás carbônico e aos Estados Unidos o argumento perfeito para acusar a China e não fazer nada —, o Brasil trucava tanto os outros emergentes quanto os norte-americanos a botar compromissos mais fortes na mesa. Mas havia outra coisa incrível no anúncio brasileiro: ele incluía a meta de reduzir a taxa de desmatamento na Amazônia em 80%. Em 2020, a devastação da floresta não poderia ser maior que 3925 km^2 (compare-se aos quase 28 mil km^2 desmatados apenas em 2004). Até a véspera, ainda havia gente no governo que duvidava de que o Brasil pudesse se comprometer com uma meta de desmatamento, ainda que voluntária. Um dos céticos era justamente a pessoa responsável por medir a devastação, Gilberto Câmara, diretor do Inpe.

Faltavam 23 dias para a COP15, a aguardada conferência do clima de Copenhague. O encontro na Dinamarca seria a maior reunião de chefes de Estado da história e definiria (ao menos era o que se esperava) o acordo climático que substituiria o fraco Protocolo de Kyoto. Em Copenhague, segundo as regras acordadas em Bali dois anos antes, os países que tinham metas a cumprir por Kyoto (desenvolvidos mais ex-comunistas europeus)[13] apresentariam novas propostas obrigatórias de corte de emissão. Os países que não eram partes de Kyoto — nações em desenvolvimento e Estados Unidos — precisavam apresentar propostas voluntárias "mensuráveis, reportáveis e verificáveis". A dos Estados Unidos, porém, precisaria ser também comparável às dos demais países ricos. A proposta brasileira tinha tudo para sacudir Copenhague, uma conferência qualificada pelos ambientalistas como o tudo ou nada da salvação do clima. Mas por pouco ela não sai.

Ao final da coletiva no Banco do Brasil, eu e a jornalista do *Valor Econômico* Daniela Chiaretti fomos os últimos a deixar o prédio. Entramos no elevador e, antes que as portas se fechassem, apareceu Tasso Azevedo. Descabelado, amarrotado e com cara de exausto, o ex-diretor do Serviço Florestal soltou um desabafo com jeito de profecia: "Essa mulher não tem a menor condição de ser presidente da República".

"Essa mulher" era Dilma. Antes da coletiva, Lula e alguns ministros, acompanhados de técnicos do governo, fizeram uma reunião tensa no escritório da Presidência, onde foi batido o martelo sobre a meta. Era o quarto encontro para definir a proposta que o Brasil levaria a Copenhague, e Dilma resistiu durante quase todo o processo a aceitar que se levasse qualquer coisa. Na visão da ministra, resolver o problema da mudança climática era obrigação dos países ricos, e o Brasil seria prejudicado economicamente caso adotasse metas de redução de emissões. Dilma se amparava nos argumentos do Itamaraty e do Ministério da Ciência e Tecnologia de que o Brasil não precisava apresentar nenhuma meta numérica por ser uma nação em desenvolvimento.[14]

Minc e sua equipe, porém, estavam determinados a levar à cúpula na Dinamarca alguma coisa que rendesse manchetes favoráveis para o Brasil. "O Lula tinha uma percepção política muito aguçada. Em certo momento, a gente viu que ele tinha entendido que ia ficar bem pra ele [anunciar uma meta]", conta Suzana Kahn Ribeiro, especialista em energia da Coppe-UFRJ que Minc havia escolhido para ser secretária nacional de Mudanças Climáticas em sua gestão.

Diante das posições antagônicas de Dilma e Minc, Lula arbitrou: o Brasil vai, sim, levar uma meta numérica a Copenhague. As contas do Ministério do Meio Ambiente sugeriam que o país poderia cortar até 42% de suas emissões em relação ao *business-as-usual*, o cenário tendencial. Era também um número simbólico, porque 40% era o que os países pobres exigiam que os ricos cortassem até 2020 em relação a 1990. No final, o número ficou um pouco menor: 36,8% a 38,9%.

O debate sobre as metas de Copenhague teve origem em 2007, quando Lula fez seu primeiro discurso abertamente ambientalista na Assembleia Geral da ONU.[15] O IPCC e Al Gore haviam acabado de ganhar o prêmio Nobel da paz pelos alertas sobre a emergência climática, e o secretário-geral das Nações Unidas, Ban Ki-moon, resolveu transformar essa agenda no carro-chefe do multilateralismo. Com três anos de desmatamento em queda, Lula sinalizou pela primeira vez que os países em desenvolvimento "devem participar do combate à mudança do clima". Defendeu a proteção da Amazônia e o etanol de cana como vantagens do Brasil na busca por redução de emissões (no ano seguinte, Lula abandonaria sem pestanejar a chamada "diplomacia do etanol" em favor da exploração de petróleo no recém-descoberto pré-sal). No mesmo discurso, prometeu para breve o Plano Nacional de Enfrentamento às Mudanças Climáticas.

Um ano depois do discurso de Lula, uma versão preliminar do Plano Nacional circulou entre a sociedade civil. O documento, feito para não criar atrito com a ala desenvolvimentista do governo, era genérico e exortatório, sem apresentar nenhuma meta setorial de corte de emissões, nem potenciais de redução por setor.[16] Limitava-se a fazer uma colagem de programas governamentais já existentes que poderiam levar a menos emissões, como a troca de geladeiras e o incentivo ao uso de carvão vegetal na siderurgia. A parte de desmatamento era especialmente fraca: o Plano limitava-se a dizer que a taxa deveria ter uma "derivada negativa" e que a perda de cobertura florestal no Brasil deveria ser zerada até 2015. O objetivo tinha uma pegadinha óbvia: "cobertura florestal" não é o mesmo que "vegetação nativa". Se o Brasil desmatasse 40 mil km^2 na Amazônia e no Cerrado num ano e plantasse 40 mil km^2 de pínus e eucalipto, teria zerado a perda de cobertura, mas produzido uma tragédia socioambiental.

O plano sofreu críticas duras da sociedade civil, sobretudo do secretário executivo do Fórum Brasileiro de Mudanças Climáticas, o físico Luiz Pinguelli

Rosa (1942-2022). "Não existe ainda um plano. Há matéria-prima boa para um plano", disse Pinguelli, que havia sido presidente da Eletrobras e era próximo de Lula. As críticas lhe renderam uma briga em casa: a secretária de Mudanças Climáticas, Suzana Kahn, era sua mulher. Mas a pressão surtiu efeito: em novembro, às vésperas da COP14, a conferência do clima de Poznan, na Polônia, um plano foi apresentado usando a "escadinha" do Fundo Amazônia, desenhada por Tasso Azevedo, para propor uma redução de 40% no desmatamento até 2010 em relação à média de 1996 a 2005, e quedas de mais 30% nos quadriênios seguintes, até 2017.[17] Fraco, mas melhor que nada.

No ano seguinte, a equipe do Meio Ambiente raciocinou que havia espaço para aumentar as ambições nacionais. A conferência de Bali havia exortado os países em desenvolvimento a apresentar compromissos "mensuráveis, reportáveis e verificáveis", mas cabia qualquer coisa nessa definição, e os países emergentes começaram a inventar metas exóticas, como redução de emissões em um ou outro setor da economia ou reduções "da intensidade de carbono", ou seja, da quantidade de CO_2 emitida por dólar gerado no PIB.

Kahn ponderou que seria "uma perda de oportunidade enorme" para o Brasil chegar à decisiva conferência de Copenhague sem algo forte para mostrar. Minc concordou, e a equipe da secretaria, juntamente com Tasso Azevedo (àquela altura fora do Serviço Florestal), passou a trabalhar na construção de uma meta para o país. O primeiro passo era saber quanto o Brasil emitia, para traçar a trajetória futura de emissões caso nada fosse feito. Só que isso não era possível: como país em desenvolvimento, o Brasil não era obrigado a apresentar à Convenção do Clima atualizações frequentes de seus inventários de emissões. Temendo fragilizar as posições do país, o Itamaraty e o Ministério da Ciência e Tecnologia sentavam em cima dos inventários nacionais. O primeiro inventário, lançado em 2004, era um olhar distante no retrovisor: os dados iam de 1990 a 1994[18] e eram perfeitamente inúteis para planejar qualquer política pública. O segundo estava quase pronto em 2009, mas sem previsão de ser lançado.

A secretária do Clima precisaria fazer um inventário instantâneo. Felizmente, Suzana Kahn tinha uma arma secreta: uma das diretoras da secretaria, Branca Americano, havia trabalhado no primeiro inventário. "Ela tinha toda a metodologia, era uma planilha Excel, não era tão complicado assim", conta. As emissões de desmatamento podiam ser facilmente inferidas a partir dos dados do Prodes; as de energia, juntando dados públicos sobre produção de eletricidade e consumo de combustíveis fósseis. Os de agropecuária começaram a ser produzidos naquele ano por um grupo liderado por Eduardo Assad, da Embrapa.

O MMA apresentou em agosto sua primeira estimativa das emissões do setor de energia (que haviam crescido 30% entre 1994 e 2007), o que irritou o Itamaraty e o MCT. No final daquele mesmo mês, o ministro acabou ganhando aliados em favor de apresentar uma meta onde menos se esperava: no setor privado. Um seminário organizado pelo jornal *Valor Econômico* e pela GloboNews em São Paulo reuniu CEOs de empresas como a Vale, a CPFL, a Braskem, a Natura e a Aracruz para discutir o papel do Brasil diante do cenário de mudanças climáticas. No evento, foi apresentada pelo presidente da Vale, Roger Agnelli (1959-2016), uma carta que havia sido costurada por Tasso Azevedo e Beto Veríssimo, do Imazon, juntamente com o Instituto Ethos, e assinada por 22 líderes empresariais, defendendo que o país fosse a Copenhague com um compromisso ambicioso. Se o governo resistia a ter metas em nome da competitividade do Brasil, parte do PIB não tinha esse medo.

Em outubro, o MMA apresentou pela primeira vez uma estimativa das emissões totais do Brasil desde 1994, apontando que o país poderia cortar entre 20% (só reduzindo o desmatamento na Amazônia em 80%) e 40% (com ações em outros setores) de suas emissões até 2020 em relação ao cenário tendencial.

De posse da proposta, Minc precisaria fazê-la passar pela renitente companheira Wanda e pelo Itamaraty. A diplomacia, que opera com base na teoria dos jogos[19] e não necessariamente no bem comum da espécie humana, estava em pânico diante da possibilidade de o Brasil chegar a Copenhague com uma oferta muito alta logo de cara e não ter nada para barganhar na conferência. Dilma, por sua vez, estava preocupada com o impacto das metas sobre o crescimento do país. Teve início a série de quatro reuniões para bater o martelo. A primeira, no Palácio do Planalto, durou quatro horas e teve uma saia justa entre Wandinha e Tasso: confrontada com os dados que mostravam que o Brasil emitia mais carbono que o Japão, a ministra da Casa Civil duvidou: "Se esse dado estiver certo, eu sou um mico de circo!". Tasso cochichou com Minc: "Xi, melhor preparar a roupa de mico". Só que bem naquele momento a sala tinha ficado em silêncio. "Tipo, deu para ouvir", relembra o engenheiro florestal.

Além da carta dos empresários, o ministro do Meio Ambiente acabou sendo auxiliado por três atores, que pesaram na hora de Lula decidir pela adoção da meta. O primeiro se chamava Marina Silva. A ex-ministra saiu do PT assim que deixou o governo e se preparava para lançar sua candidatura a presidente em 2010 pelo PV, concorrendo com Dilma. Marina iria a Copenhague com o cacife de quem arquitetou as políticas de controle do desmatamento e o Fundo Amazônia, e estava pronta para denunciar o arrego de Lula às grandes obras em detrimento do clima. Outro pré-candidato ao Planalto, o tucano José Serra, governador de São Paulo, também iria à Dinamarca, levando na bagagem um ambicioso plano estadual de combate à mudança do clima arquitetado pelo ex-deputado constituinte Fabio Feldmann. Serra promulgou a lei estadual de mudanças climáticas em 9 de novembro,[20] quatro dias antes do anúncio da meta brasileira. Dilma precisava ter algo a apresentar no palco da ONU que ofuscasse os adversários. Lula cuidou para que tivesse.

Um terceiro personagem, improvável, era o ministro da Agricultura. Reinhold Stephanes tinha um assessor, Derli Dossa, muito interessado em mudança do clima, que o apresentou a Eduardo Assad, especialista no assunto na Embrapa. Assad foi chamado a Brasília para uma audiência com o ministro para explicar a questão. "Você tem vinte minutos", avisou o assessor. A conversa durou quatro horas.

O especialista da Embrapa argumentava que o Brasil já adotava algumas tecnologias de agropecuária de baixa emissão de carbono, como o plantio direto, a integração lavoura-pecuária, a fixação biológica de nitrogênio e a recuperação de pastagens degradadas. Todas aumentavam a produção por hectare e a renda do produtor, e a recuperação de pastagens ainda conseguia armazenar carbono no solo por vários anos, mitigando o aquecimento da Terra. Era só questão de dar mais escala a essas tecnologias, usando recursos do Plano Safra. Stephanes ficou satisfeito e acabou apresentando uma estratégia para redução de emissões no agro, que depois seria incorporada à meta enfim anunciada em Copenhague. Apenas com tecnologias já em uso, o chamado Programa ABC (Agricultura de Baixa Emissão de Carbono) poderia abater entre 133 milhões e 166 milhões de toneladas de CO_2 equivalente (a soma de todos os gases de efeito estufa convertidos no potencial de aquecimento do gás carbônico) até 2020.

Um grupo foi formado para elaborar a meta brasileira. Além de Kahn, Tasso e Branca Americano, integravam-no os cientistas Carlos Nobre, Gilberto Câmara e Eduardo Assad, o presidente da Empresa de Pesquisa Energética,

Maurício Tolmasquim, e a subchefe da Casa Civil Tereza Campello — que também via no tema uma oportunidade. O grupo projetou as emissões brasileiras futuras com base em uma premissa excessivamente otimista e uma falsa: primeiro, que o PIB do Brasil fosse crescer 4% ao ano até 2020 (Dilma mandou fazer uma análise considerando 6% de crescimento; no final, a meta se baseou em uma projeção de aumento do PIB de 5% ao ano); depois, que toda a energia adicional instalada na matriz elétrica brasileira na ausência de políticas viria de fontes fósseis — algo impossível considerando a matriz elétrica do Brasil. Era uma maneira de incluir as hidrelétricas de Dilma como medidas de mitigação.

"A gente viu o que seria possível fazer de qualquer forma. As metas são superconservadoras, a gente ia cumprir. Não era um esforço monumental", diz Suzana Kahn. À exceção do corte na taxa de desmatamento na Amazônia, que era de fato uma proposta ousada (e ficou longe de ser cumprida), todas as outras ações das metas de Copenhague eram mais ou menos políticas que o Brasil já tinha ou já adotava; para energia, por exemplo, ficou-se com o Plano Nacional de Energia, da Empresa de Pesquisa Energética (EPE), que previa 80% de investimento em fontes fósseis.

Na reunião final de 13 de novembro, o MMA levou à sede da Presidência em São Paulo uma tabela com as metas e os potenciais de redução de emissão em cada setor. Estava ali a inédita proposta de reduzir em 80% o desmate na Amazônia até 2020 em relação a 1996-2005, derivada da "escadinha" do Fundo Amazônia, uma extrapolação do que já estava no Plano Nacional para 2017; e outra, já previamente combinada com Stephanes, de reduzir 60% a devastação no Cerrado.

Antes do encontro dos ministros, Tasso estava com a tabela em mãos e, juntamente com Tereza Campello, foi até a máquina de xerox do andar do gabinete de Lula para fazer cópias para todos os participantes. Toparam com Dilma no corredor.

"O que é isso aí?", inquiriu, olhando para o papel. "É o documento para a reunião", respondeu Tasso. "E ela bateu o olho e viu lá 60% do Cerrado. 'Reduz para quarenta!'" Tasso tentou argumentar, mas levou um cala-boca. "O que eu ia fazer? Não podia entrar na sala dizendo que não. Eu voltei, mudei a tabela, cheguei lá de volta, e aí olha o azar: fiquei sentado de um lado da mesa e o Minc do outro lado. O Lula estava na cabeceira, então não dava pra passar por trás dele pra chegar no Minc e dizer que a Dilma mandou mexer na meta."

Na reunião, Dilma insistiu que queria 35% de redução geral nas emissões. O impasse permaneceu até que Lula arbitrou: "O tempo que vocês tinham para decidir isso acabou". E leu os números que estavam na tela: "A meta será de 36,8% a 38,9% de redução". Foi assim que o Brasil ficou com uma esdrúxula meta climática expressa num intervalo. O mico de circo riu por último.

Em 7 de dezembro, uma massa de gente se aglomerava em longas filas no frio do inverno escandinavo para entrar no Bella Center, o centro de convenções na capital dinamarquesa que abrigaria a 15ª Conferência das Partes da Convenção do Clima da ONU. Copenhague recebeu mais de 40 mil pessoas para o evento, pelo qual desfilaram manifestantes, celebridades de Gilberto Gil a Thom Yorke (o líder do Radiohead passou três dias quase incógnito no centro de imprensa, com crachá de jornalista, acompanhando as discussões) e mais de uma centena de chefes de Estado e de governo. O Brasil chegou com a maior delegação dentre os 196 membros da Convenção do Clima. Na liderança da equipe do governo estava Dilma, que, em sua primeira fala na conferência, após apresentar as metas, soltou uma das suas famosas gafes: "O meio ambiente é uma ameaça ao desenvolvimento sustentável".[21]

Como temia o Itamaraty, o caldo entornou na cúpula. Estados Unidos e China, os dois maiores emissores do mundo, já haviam combinado entre si quase um mês antes que nenhum dos dois estava pronto para assinar um acordo climático com peso de lei.[22] Essa melada antecipada, somada à incompetência da presidência dinamarquesa — que na primeira semana perdeu a confiança dos países em desenvolvimento ao produzir um rascunho de texto do resultado esperado refletindo apenas a visão dos países ricos, que vazou para o *The Guardian* e causou um escândalo —, fez da COP15 um fracasso. Na sexta-feira, 18 de dezembro, dia previsto para o encerramento da cúpula, líderes mundiais começaram literalmente a fugir de Copenhague. O maior encontro de chefes de Estado e de governo já realizado até então terminou sem a tradicional "foto de família" de presidentes e premiês juntos. Na madrugada de sábado foi aprovada uma fraca declaração política, o Acordo de Copenhague, que, embora trouxesse elementos importantes para a negociação — como metas voluntárias para países em desenvolvimento, fixar em 2ºC o limite do tal "aquecimento perigoso" e prometer às nações insulares estudar fixar esse limite em 1,5ºC —, não fazia essencialmente nada para obrigar ninguém a cortar emissões. A prova final do fiasco da COP15 seria produzida em 2022 pelo IPCC:

o painel do clima da ONU mostrou que a década após Copenhague teve o maior aumento de emissões da história humana.[23]

A notável exceção ao clima geral de velório da conferência foi Lula. Apoiado nos trunfos da redução do desmatamento, que em 2009 voltara cair, e nas metas duramente paridas por Carlos Minc e sua equipe, o presidente se encontrou com todos os principais líderes mundiais para tentar mediar um acordo. E fez um discurso arrepiante na manhã do dia 18.[24] Falando de improviso, Lula criticou a falta de progresso e o risco de fiasco: "Se a gente não conseguiu fazer até agora esse documento, eu não sei se algum anjo ou algum sábio descerá neste plenário e irá colocar na nossa cabeça a inteligência que nos faltou até a hora de agora". Disse que o Brasil poderia até botar dinheiro para financiar o combate à mudança do clima em países pobres e prometeu inscrever em lei o compromisso voluntário do Brasil — tornando-o domesticamente obrigatório. Isso já havia sido feito, na verdade: em 20 de novembro, o governo operou para inserir as metas de Copenhague no texto da Política Nacional sobre Mudança do Clima, que era relatado por Marina Silva no Senado. Marina iria inserir as metas na lei, mas Lula não deixou que a potencial adversária de sua sucessora faturasse politicamente com aquilo e mandou a liderança do governo fazer o enxerto.

A fala do presidente brasileiro, de dez minutos, foi interrompida quatro vezes por salvas de palmas. Ao final, a ovação a Lula pôde ser ouvida por todo o Bella Center. Dez anos depois, os brasileiros se lembrariam saudosos do tempo em que o país era aplaudido naquele tipo de evento.

A transição geopolítica iniciada pelo PPCDAM foi completada em Copenhague: de mico internacional e fonte de pressão sobre o Brasil, a Amazônia virava o maior ativo do país na arena global. Paradoxalmente, Luiz Inácio Lula da Silva, o líder dessa transformação, demoraria mais treze anos para se dar conta do que isso significava. Seu último ano de governo, e os seis anos de governo de sua sucessora, trariam desafios monstruosos à floresta, a começar por uma obra que o ministro Carlos Bosque teve de engolir.

A técnica em enfermagem Leiliane Jacinto Pereira Juruna, 34 anos, é uma mulher pequena, bonita, perspicaz e com um problema burocrático: a conta de luz. Todos os meses ela recebe em casa, na aldeia Mïratu (pronuncia-se "muyratu"), no município de Vitória do Xingu, um "talão", como chama, cujos valores começam em 150 reais. "Já chegou talão na casa da minha irmã de oitocentos reais", conta. A aldeia inteira tinha uma dívida de 100 mil reais com a Equatorial, a distribuidora de energia de Altamira e arredores. Bel, como é conhecida, foi uma das lideranças da Terra Indígena Paquiçamba que tentaram brigar na Justiça contra os "talões", mas o capitalismo venceu: quem não pagar a conta fica sem energia. Simples assim.

O caso da aldeia Mïratu seria grave o bastante se fosse apenas o de uma comunidade rural pobre oprimida por uma grande empresa. Mas a situação dos Juruna (Yudjá) tem um elemento de crueldade especial: a energia pela qual eles são obrigados a pagar é a mesma que lhes tirou o modo de vida que garantia sua alimentação e poderia fazer as contas fecharem no fim do mês.

A Terra Indígena Paquiçamba, onde vive uma centena de jurunas numa área de 4 mil hectares, fica às margens da Volta Grande do Xingu, um meandro de mais de cem quilômetros de extensão do afluente do Amazonas. Num passado não muito distante, da beira da aldeia se descortinava um paraíso fluvial. Nas límpidas e escuras águas daquele trecho do Xingu, cheio de pedrais e ilhas, os Juruna, autointitulados os "reis do rio", pescavam pacus gordos e bagres enormes para se alimentar e peixes ornamentais como o cascudo-zebra (*Hypancistrus zebra*), um xodó de aquaristas no mundo todo, para complementar a renda. Tudo isso acabou depois que o Xingu foi barrado pela maior tragédia socioambiental da era petista, a Usina Hidrelétrica de Belo Monte.

A Volta Grande hoje é o que os tecnocratas da empresa que opera Belo Monte chamam de "TVR", ou "trecho de vazão reduzida". Trata-se de um eufemismo para dizer que o rio secou. Antes, a vazão média da Volta Grande variava entre um mínimo de 9,5 mil m^3/s por segundo, no "inverno" amazônico, e 900 m^3/s no "verão".[25] A média anual era de 23 mil m^3/s na cheia. Hoje, 70% da água da Volta Grande foi desviada para alimentar a hidrelétrica, e a vazão admitida no TVR durante a estação seca (chamada, com ironia cruel, de "ecológica") é de 700 m^3/s, menor que a mínima histórica. Mesmo na cheia, a vazão "ecológica" mantida é de 8 mil m^3/s, volume 36% menor do que os 12 627 m^3/s registrados na pior seca da série histórica.[26] O reino exuberante dos Juruna virou pouco mais que um filete d'água. E os peixes sumiram.

Ainda em 2005, o professor de engenharia da Unicamp Oswaldo Sevá e o ambientalista Glenn Switkes escreveram, num livro que alertava sobre

A VOLTA GRANDE DO XINGU E A USINA DE BELO MONTE

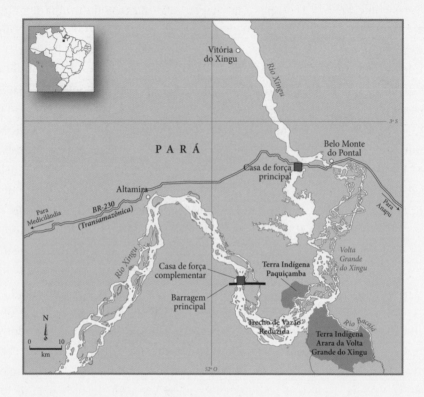

os riscos socioambientais de barrar o Xingu, o que poderia acontecer com a Volta Grande:

"A navegação, que é bem difícil no verão, ficaria impossível. A calha do rio, larga com vários quilômetros de ilhas e pedras, ficaria praticamente no seco, com poças de água, quentes durante o dia, como em geral a água nos trechos mais rasos é quente no verão, e mornas durante boa parte da noite. Como ficarão os peixes, retidos nas poças, sem chance de circular, de nadar contra a correnteza? E os carizinhos dourados que todos querem vender para o exportador, sumirão? O mosquito da pedra todos temem que prolifere ainda mais, faz sentido, ele sempre aumenta no verão. Moluscos há muitos nos bancos de areia, podem dominar ou desaparecer? E os pássaros que os comem? E as cobras e quelônios que estão sempre por ali? E as abelhas que ficam na florada dos arbustinhos das restingas?"[27]

A resposta às perguntas dos pesquisadores pode ser facilmente obtida caminhando numa tarde de setembro ao lado do cacique Gilliard Juruna, irmão de Bel, e sua filha Anita, à beira do imenso e escaldante areal que um dia foi rio. O cacique havia acabado de voltar de uma viagem de pesca de uma semana à boca do rio Iriri, onde vivem seus "parentes" Araweté, atrás dos pacus tão apreciados pelos Yudjá. Não há mais chance de encontrar pacu gordo na Volta Grande: Anita explica que os peixes se alimentavam de frutos que caíam das árvores dentro do rio. Como o Xingu não sobe mais até a borda da mata, os frutos caem no seco, e os peixes passam fome. Locais de desova de curimatás na mata alagada secam antes que os ovos possam eclodir, arrasando a população da espécie.[28] As locas onde viviam os cascudos-zebra ou sumiram ou ficaram quentes demais, realizando a previsão dos ictiólogos no final da década de 2000 de que aquele trecho do Xingu se tornaria uma "sopa de cascudo".[29] A filha do cacique filma e fotografa tudo para produzir provas contra o discurso da Norte Energia, que opera a usina, de que está tudo bem com o rio. "Aí a gente diz e o pessoal diz que não é verdade, que é mentira, que é drama, né? Mas não é."

"Rapaz, a gente falando, as pessoas às vezes não acreditam, só acreditam vendo. Antigamente a gente não via uma seca tão grande como a gente tá vendo agora depois de Belo Monte. A gente olha pra esse rio todo seco, a gente não consegue mais navegar. Nas cachoeiras [corredeiras] tem que ter gente pra apoiar a gente, pra ajudar a subir ou descer", conta Gilliard Juruna. O tal mosquito da pedra ao qual Sevá e Switkes se referiam de fato se multiplicou tanto que os Yudjá tiveram de abandonar o campo de futebol próximo ao rio. Hoje os moradores da terra Paquiçamba dependem de equipes da Norte Energia para varar as corredeiras quase sem água onde antes reinaram soberanos.

A hidrelétrica de Belo Monte, aliás, Kararaô, é a segunda maior do Brasil. Com 11,2 gigawatts de potência instalada, fica atrás apenas de Itaipu (14 gigawatts). Ela tem duas barragens: Pimental, a montante da terra indígena, e Belo Monte, a jusante, para onde a água é desviada por dois canais artificiais que passam ao norte da TI Paquiçamba. A usina que roubou a água dos indígenas a pretexto de gerar energia para o Brasil agora cobra deles pelo serviço ambiental que eles lhe cederam a contragosto e sem consulta prévia. Ao perdedor, o "talão".

Os impactos graves e irreversíveis da hidrelétrica já eram conhecidos desde o começo do século, quando a estatal Eletronorte tirou da gaveta o plano da ditadura de barrar o Xingu. Sepultado desde 1989, ano em que os Kayapó empreenderam sua campanha vitoriosa para impedir que o Banco Mundial financiasse Kararaô e cinco outras barragens vizinhas, ele foi discretamente ressuscitado no governo FHC, com duas barragens programadas e rebatizadas: Altamira, ex-Babaquara, e Belo Monte, ex-Kararaô. Apenas em 1999 os Juruna descobriram, por acaso, que havia estudos em curso, quando um cacique encontrou um "pau cheio de números" no meio do rio — uma régua linimétrica. Com a crise energética de 2001, causadora do racionamento de energia que contribuiu para a derrota do PSDB nas eleições do ano seguinte, a barragem voltou com força para as planilhas dos eletrocratas do governo. Agora a Eletronorte dizia que havia feito mudanças no projeto para torná-lo ambientalmente viável: no lugar do reservatório de 1250 km^2, do tamanho da cidade do Rio de Janeiro, que alagaria terras indígenas, a hidrelétrica seria feita "a fio d'água", ou seja, aproveitando o pulso natural do Xingu, com um reservatório auxiliar alimentado pelos canais de derivação que ajudam a secar ainda mais a Volta Grande. O lago cairia de dimensão para "apenas" 490 km^2.

A solução de engenharia eliminava um problema, decerto, mas criava dois outros: primeiro, se era verdade que terras indígenas não seriam mais alagadas, como temiam Raoni e Paulinho Paiakan nos anos 1980, o governo silenciava sobre as duas terras indígenas que ficariam sem água: a Paquiçamba e sua vizinha da frente Arara da Volta Grande, além de comunidades tradicionais ao longo de todo o meandro. O outro problema era que o projeto tornava Belo Monte um esforço grande demais para gerar pouca energia: dos 11 181 megawatts prometidos de potência instalada, a usina entregaria de fato, ao longo do ano, 4472 megawatts, 40% do total. Isso por causa da extrema variação de vazão do Xingu entre "inverno" e "verão". A energia "firme" da hidrelétrica, portanto, equivale à de usinas eólicas, cuja intermitência (quando não há vento, elas não geram) os barrageiros da Eletronorte sempre se apressaram em criticar. E é menor do que o fator de capacidade mínimo das hidrelétricas viáveis do Brasil, 50%.

Segundo Felício Pontes Júnior, procurador da República no Pará que impetrou nada menos do que 25 ações judiciais contra Belo Monte, o governo tentou inicialmente licenciar a obra pelo estado, de forma a acelerar o processo — foi só quando o MPF entrou na Justiça pela primeira vez que o licenciamento foi atribuído ao Ibama e reiniciado.

Quando Lula foi eleito, em 2002, os movimentos sociais e os indígenas reunidos no Movimento pelo Desenvolvimento da Transamazônica e Xingu respiraram aliviados. "Antes da eleição, os dirigentes sindicais ligados ao PT diziam: 'Vocês seguram na Justiça e a gente segura por aqui, porque o Lula vai ganhar e não vai ter hidrelétrica'", lembra Pontes.

Deu errado.

Logo no começo do governo, ficou claro para os ativistas de Altamira que Belo Monte estava completamente dentro dos planos do novo governo. Antônia Melo, liderança do movimento social do Xingu, conta que foi a Brasília no começo do governo para uma reunião com a nova ministra de Minas e Energia, Dilma Rousseff. O encontro fora articulado pelo deputado federal Zé Geraldo (PT-PA), um dos líderes sindicais que acharam que a vitória de Lula era a chance de enterrar o projeto da usina. No Ministério, Melo teve inicialmente uma boa surpresa: quem recebeu a comitiva de xinguanos foi o engenheiro Célio Bermann, do Instituto de Eletrotécnica e Energia da USP, ligado ao Movimento dos Atingidos por Barragens e opositor de grandes hidrelétricas. Ele estava assessorando a ministra.

"Oi, professor, que bom que o senhor está aqui, agora vamos derrotar Belo Monte, né?", quis saber a líder comunitária. "Ele ficou sério e falou 'não, Antônia'. Na hora fiquei sem chão."

Melo conta que Dilma chegou algum tempo depois e sentou-se à cabeceira da mesa da sala de reuniões. "Eu falei, 'senhora ministra, viemos aqui pra saber de Belo Monte, no governo do presidente Lula, Belo Monte não pode sair'. Ela não esperou nem eu terminar de falar: *pow!* Deu um murro na mesa e falou 'Belo Monte vai sair'. Levantou e foi embora."[30]

No começo do segundo mandato de Lula, o pesadelo dos comunitários do Xingu se tornou realidade. Belo Monte foi inserida no Programa de Aceleração do Crescimento, o PAC. Para não deixar dúvidas sobre as intenções do governo em relação à obra, o ministro Edison Lobão (PMDB-MA), de Minas e Energia, ligado a José Sarney, nomeou para presidir a Eletrobras, controladora da Eletronorte, ninguém menos que José Antônio Muniz, o engenheiro que em 1989 tivera o facão de Tuíre Kayapó encostado nas bochechas e agora estava pronto para se vingar da humilhação. Em 2008, a cena do facão se repetiu, de outra forma, num segundo encontro dos povos do Xingu em Altamira. O engenheiro da Eletrobras Paulo Fernando Rezende, ao falar sobre o projeto a uma audiência de indígenas e movimentos sociais opostos ao empreendimento, provocou: "Não é na minha casa que vai faltar luz". Um grupo de indígenas kayapó enfurecidos partiu para cima do homem brandindo facões. Rezende foi golpeado no braço e sofreu um corte profundo. "O governo já estava comprometido com a usina. Só não avisou a gente", conta Felício Pontes.

A hidrelétrica seria a maior obra pública do Brasil, avaliada em 28 bilhões de reais (o custo final foi estimado em 40 bilhões de reais). E o governo manobrou de todos os jeitos possíveis para forçar sua construção: formou artificialmente um consórcio construtor que tinha entre os membros até um curtume, a Bertin; e pôs em curso uma campanha de vilanização dos opositores da hidrelétrica e de cooptação de indígenas da região de Altamira, como os Xikrin da terra Trincheira-Bacajá — que apoiaram a usina, rompendo com os outros Kayapó, e depois se arrependeram ao ter sua navegação prejudicada.

Obcecada em abrir a Amazônia à expansão do parque hidrelétrico, última fronteira de potenciais hídricos do país, Dilma fez com que Belo Monte fosse incluída até mesmo nas metas de Copenhague, como um elemento de mitigação da mudança do clima, já que hidrelétricas supostamente não emitem gás carbônico.

A insistência com Kararaô e com as usinas do rio Madeira, aquelas da "crise do bagre", mostram que o governo Lula, apesar de tudo o que fez no combate ao desmatamento, não mudou a chave cognitiva essencial sobre a Amazônia. A região ainda era vista, tal como nos anos JK e na ditadura militar, como uma fronteira de recursos, expressão da geógrafa Bertha Becker. Lula permitiu que o Ministério do Meio Ambiente agisse contra o crime ambiental para poupar a imagem internacional do Brasil das críticas que vitimaram Sarney e depois FHC. Mas os planos de sua administração para o desenvolvimento da região amazônica tinham as mesmíssimas bases da Operação Amazônia de Castello Branco: agronegócio exportador, minerando nutrientes[31] do solo da floresta; extração de ferro, ouro e outros metais; e exploração de potenciais hidrelétricos. A vaca amazônica seria ordenhada até a exaustão para manter o Brasil. Se insanidade, segundo o adágio erroneamente atribuído a Einstein, é fazer a mesma coisa várias vezes e esperar resultados diferentes, Lula estava diagnosticado e precisava de tratamento.

Em fevereiro de 2010, o efetivo Carlos Minc cedeu ao PAC e ao partido e deu a licença prévia a Belo Monte, assinada pelo presidente do Ibama e ex-

-secretário da Sema nos anos 1980, Roberto Messias Franco. Conhecida pela sigla LP, a licença prévia é a primeira das três que um empreendimento de alto impacto ambiental precisa receber antes de começar a funcionar — ela atesta a viabilidade da obra. Uma segunda licença, a de instalação, permite que a construção seja feita, e, por fim, a licença de operação põe as máquinas em funcionamento.

A LP de Belo Monte condicionava a usina a quarenta medidas que teriam de ser adotadas. Além do reassentamento dos afetados pelo enchimento do reservatório, seria preciso construir uma rede de esgotos em Altamira (os engenheiros da obra comentavam, em tom de blague, que Altamira seria a única cidade da Amazônia com 100% de esgoto tratado, como se estivessem fazendo um favor à população da cidade), preparar a saúde e a segurança pública da cidade para uma explosão populacional e, por último, mas não menos importante, retirar invasores das terras indígenas Apyterewa, dos Parakanã, e Cachoeira Seca, dos Arara, além de demarcar a terra Ituna-Itatá, onde havia sido reportada a presença de indígenas isolados.

Apenas cinco das quarenta condicionantes haviam sido cumpridas quando saiu a licença de instalação, em junho de 2011,[32] apesar de uma guerra de ações judiciais do MPF, todas elas derrubadas pelo Tribunal Regional Federal de Brasília. Em novembro de 2010, vieram à tona dois pareceres do Ibama contrários à concessão da licença de instalação, justamente pelo descumprimento das condições prévias. A potencial negativa do Ibama deixou o Planalto nervoso e aumentou a pressão sobre o então presidente do órgão, Abelardo Bayma, colocado no cargo justamente para acelerar as licenças do PAC. Bayma pediu demissão em janeiro de 2011, alegando "motivos pessoais",[33] numa demonstração de que Dilma, já presidente da República, não mediria esforços para fazer Belo Monte acontecer. Uma segunda demonstração viria poucos meses depois, quando a Comissão Interamericana de Direitos Humanos, vinculada à Organização dos Estados Americanos (OEA), pediu a interrupção do licenciamento da usina por irregularidades, acolhendo uma denúncia de comunidades indígenas. A presidente rompeu com a comissão e cortou o repasse do Brasil ao órgão multilateral,[34] num movimento sem precedentes na Nova República.

O início das obras de Belo Monte, naquele mesmo ano, transformou a região de Altamira. A sede do maior município do Brasil sofreu um inchaço populacional instantâneo, que permaneceu mesmo após a entrada em operação da usina, em 5 de maio de 2016. De 99 mil habitantes, no Censo de 2010, passou a 140 mil no período da construção, segundo a prefeitura. Os impactos reverberam até hoje. Na zona urbana, além de engarrafamentos, também chegou o crime organizado, com o surgimento de uma facção local — o Comando Classe A, ou CCA. Em 2015, Altamira era a cidade mais violenta do Brasil, com 125 homicídios por 100 mil habitantes, quase dez vezes mais que em São Paulo.[35] Centenas de famílias ribeirinhas deslocadas pelo enchimento do reservatório foram reassentadas em uma nova periferia artificial, os Reassentamentos Urbanos Coletivos (RUCs), hoje dominados pelo tráfico. Em 2019, o CCA liderou um massacre no presídio da cidade que terminou com 58 detentos mortos, dezesseis deles decapitados. Uma das condicionantes da usina era a construção de uma nova penitenciária em Vitória do Xingu,[36] para desafogar a de Altamira. Ela levou seis anos para ficar pronta e só foi inaugurada após o massacre.[37]

Assim na zona rural como na urbana: a falta de atendimento às condicionantes da licença — demarcação, desintrusão e proteção do território — fez com que os indígenas na zona de influência da usina tivessem de se virar sozinhos em relação às invasões que não seriam difíceis de prever com um influxo migratório de 33 mil pessoas em Altamira e 30 mil em Vitória do Xingu no pico da obra.[38] Uma análise da Rede Xingu+, formada por associações indígenas, ambientalistas e movimentos sociais, mostrou que, após o início da operação da usina, em 2016, as terras indígenas do entorno de Belo Monte sofreram aumentos exponenciais de desmatamento: em 2019, por exemplo, 61% do desmate em terras indígenas em toda a Amazônia se concentrou nas quatro áreas diretamente impactadas pela hidrelétrica. Em 2019 e 2020, essas quatro TIs (Trincheira-Bacajá, Cachoeira Seca, Apyterewa e Ituna-Itatá) tiveram mais corte raso do que as outras 311 áreas indígenas da Amazônia.[39] Na terra dos Parakanã, o aumento da devastação foi de 237% entre 2017 e 2018 e de 350% entre 2018 e 2019, segundo o Sirad x, um sistema de monitoramento por satélite desenvolvido pelo Instituto Socioambiental para vigiar a bacia do Xingu.

O caso mais assombroso é o de Ituna-Itatá, que deveria ter sido demarcada antes da instalação da usina e até 2023 contava apenas com uma frágil portaria de interdição emitida em 2011. Em 2015, a terra destinada a indígenas isolados não tinha virtualmente nenhum desmatamento. Em 2019 eram 12 mil hectares, e mais de 90% do território havia sido reivindicado por grileiros por meio de registros fraudulentos no Cadastro Ambiental Rural (CAR).[40]

O procurador Felício Pontes atribui a Belo Monte o fato de Altamira ter se tornado um dos dez municípios mais desmatados da Amazônia. Embora tenha entrado nesse ranking em 2006, antes de Belo Monte ser incorporada ao PAC, a cidade vem galgando posições desde o início do segundo governo Lula, tornando-se o sétimo município mais desmatado a partir de 2007 e o terceiro após 2018. A análise da Rede Xingu+ que mediu o desmatamento nas terras indígenas também olhou um raio de cinquenta quilômetros no entorno da usina e concluiu que o desmatamento acumulado ali passara de 46%, até 2015, para 55%, em 2021. O número de registros no CAR (que, na prática, quando em área pública, indica pretensão de posse e, não raro, sinaliza grilagem) saltou de catorze, em 2015, para 703, em 2022, um aumento de 4900%.[41] Esses são os efeitos diretos; o recrudescimento dos conflitos fundiários em Anapu após os anos 2010 também pode ser em alguma medida atribuído à usina. Belo Monte provavelmente é parte da explicação para o fim do ciclo virtuoso de queda no desmatamento na Amazônia.

Quem passasse pela Transamazônica em frente à usina em setembro de 2021, período de forte seca no Xingu, poderia com razão achar que o dinheiro gasto, o esforço e o sofrimento causado por Belo Monte foram à toa. Do mirante à beira da estrada, onde os viajantes são exortados por uma placa um tanto constrangedora a fotografar a hidrelétrica, era possível ver três filetes d'água, igualmente constrangedores, descendo das turbinas, indicando que apenas três das dezoito estavam em operação. Naquele ano, dezessete delas chegaram a parar por falta d'água. Dos mais de 11 mil megawatts instalados, setecentos estavam efetivamente entrando no Sistema Interligado Nacional — metade da capacidade de uma única turbina, ou 6% do total. É um cenário que tende a ficar cada vez mais comum à medida que o Brasil esquenta (mais do que a média mundial) e que o desmatamento vai prejudicando a fábrica de chuvas natural da floresta. Em 2015, antes da inauguração do colosso do PAC, cientistas brasileiros apresentaram ao Ministério de Minas e Energia uma projeção encomendada pela Secretaria de Assuntos Estratégicos da Presidência com dados assustadores: já em 2040, a mudança do clima poderia causar reduções na vazão de Belo Monte de 25%, no melhor cenário, e de 55%, no pior. A seca de 2021 foi uma pré-estreia desse futuro. Em resposta, a Norte Energia pleiteou o aumento da cota do reservatório, o que poderia matar por completo a Volta Grande. O ambientalista e empreendedor Marcelo Salazar, um paulista radicado em Altamira, apresentou uma contraproposta: demolir a barragem e criar em seu lugar um memorial à insânia, o Parque Nacional das Ruínas de Belo Monte.

Se não serve direito para gerar energia, a hidrelétrica do Xingu serve para quê? "A ação penal da Lava Jato responde", diz o procurador Felício Pontes. A controversa operação da PF com o Ministério Público revelou em 2015 um esquema de corrupção envolvendo as empreiteiras do consórcio construtor da usina e políticos do PMDB e do PT. Os procuradores da Lava Jato afirmaram que as empresas pagariam 1% do valor da obra aos partidos: 45% ao PMDB, 45% ao PT e 10% a ninguém menos que o ex-ministro da Fazenda Antônio Delfim Netto, aquele que defendia a Transamazônica nos jornais no ano em que Dilma Rousseff foi torturada nos porões da Operação Bandeirante, em São Paulo. Denunciado pelo MPF como arrecadador do PMDB, o então ministro de Minas e Energia, Edison Lobão (cujo codinome nas planilhas do departamento de propina da empreiteira Odebrecht era "Esquálido"), foi transformado em réu em 2019 por receber supostos pagamentos ilícitos de 2,8 milhões de reais.[42] Ambos negam irregularidades. Delfim diz que foi apenas pago por um trabalho. "Eu recebi 200 mil reais, como consultor da Odebrecht, e paguei o imposto de renda, registrado. Ou alguém acha que eu não posso receber 200 mil reais como consultor?" Mas o ex-superministro da ditadura, depois convertido em aliado da presidente presa e torturada pelo governo que ele integrou, hoje diz que ter feito Belo Monte a fio d'água foi uma "imbecilidade" e teria sido melhor não gastar o dinheiro.[43] Invariavelmente, os defensores da usina culpam os ambientalistas — sobretudo Marina Silva, embora a mudança no tamanho do reservatório tenha sido feita no governo FHC — pelo seu desempenho pífio.

Belo Monte é um assunto claramente incômodo para os ex-ministros do Meio Ambiente dos governos petistas que tiveram de licenciá-la. Carlos Minc tenta compartilhar a responsabilidade, dizendo que o processo começou a correr no Ibama na gestão de Marina e que quem licenciou foi sua sucessora, Izabella Teixeira. Izabella, por sua vez, lembra que a licença prévia foi dada na gestão de seu ex-chefe.

"Os ambientalistas são contra qualquer obra que tenha impacto, e é claro que todos os governos querem a licença para o dia seguinte. Qualquer um que ocupe a cadeira de secretário do Meio Ambiente ou ministro do Meio Ambiente acorda de manhã pensando: 'Bom, ou eu vou ser execrado pelos ambientalistas, se der alguma licença, o Ministério Público vai querer minha prisão, ou se não der licença pra nada você cai do governo'. Porque não é o MMA que determina a política de transportes e energia. É o governo, com base em programa e em partidos", diz Minc.

Belo Monte não foi a única decisão desastrosa de Minc envolvendo obras do PAC. Em 2009, o ministro cedeu à chantagem do governador de Rondônia, Ivo Cassol, e fez uma negociação fundiária com o estado que teria impactos graves: em troca de uma licença estadual para a instalação da hidrelétrica de Jirau, em Porto Velho, o ex-guerrilheiro permitiu a redução da Floresta Nacional de Bom Futuro, entre os municípios de Porto Velho e Buritis, de 280 mil para 97 mil hectares.[44]

A Flona fora criada em 1988, no âmbito do Polonoroeste, e começou a ser maciçamente invadida na década de 1990, tornando-se no começo do século uma das UCs mais desmatadas da Amazônia. A porção arrancada de seu território foi dada a cerca de 5 mil grileiros, madeireiros e garimpeiros,[45] que haviam organizado um bloqueio ao canteiro de obras da hidrelétrica em reação a uma operação do Ibama de retirada do gado ilegal da Flona. Cassol ameaçou negar a licença à usina se "a gente sofrida do Bom Futuro" não tivesse "dignidade".[46] Propôs a Minc a desafetação da área federal em troca da cessão de quatro unidades de conservação estaduais à União.

A permuta, sacramentada em lei em 2010, fez com grileiros e madeireiros a mesma coisa que a Operação Boi Pirata fizera com os pecuaristas ilegais da Terra do Meio: criar expectativa. Só que com o sinal trocado. Em Rondônia e em outros estados começaram a pipocar movimentos de invasão de terra pública para repetir em outras unidades de conservação o sucesso da Bom Futuro. No caldo havia desde pequenos camponeses até fazendeiros, policiais e comerciantes, conta Simone Nogueira dos Santos, ex-superintendente regional do ICMBio em Rondônia.[47]

O caminho do gol para a grilagem de terras estava dado: unidades de conservação não são mais sagradas. Com a combinação certa de invasão maciça, desmatamento e bons amigos no poder local, elas poderiam ser retalhadas e privatizadas. O modus operandi se repetiria na Flona do Jamanxim, no governo Temer, e nas Terras Indígenas Ituna-Itatá e Apyterewa no governo Bolsonaro.

Um pilar do PPCDAM era, assim, abalado. Outro abalo, muito mais grave, viria do Congresso Nacional e teria um papel fundamental no fim do ciclo virtuoso de queda nas taxas de desmatamento iniciado em 2005. Este foi possivelmente precipitado pelo próprio Minc, tanto de propósito, quando baixou o decreto nº 6.514 dando o "cumpra-se" do Código Florestal, quanto involuntariamente, quando cometeu um inocente ato de sinceridade que uniu em armas o setor mais retrógrado e mais numeroso da política brasileira contra os ambientalistas, o ambientalismo e a floresta.

19. Fim de uma era

Em outubro de 2009, ambientalistas reunidos no gabinete do deputado Sarney Filho receberam uma visita da senadora Vanessa Grazziotin, do PCdoB do Amazonas. Os dias anteriores haviam sido de tensão para eles em Brasília, com a formação de uma comissão especial na Câmara dos Deputados para analisar propostas de mudança no Código Florestal. Após dez anos tentando sem sucesso flexibilizar a lei de proteção de florestas, os ruralistas enfim haviam conseguido se articular para pautar o tema na Câmara, e com uma vingança: o presidente da comissão seria o *über*-ruralista Moacir Micheletto, do PMDB do Paraná, autor da primeira proposta de enfraquecimento da lei, em 1999.

O pânico no movimento ambiental era que outro ruralista fosse nomeado relator, o que seria uma derrota certa para o campo num momento em que finalmente parecia que o desmatamento na Amazônia havia entrado numa queda consistente. Grazziotin chegou ao gabinete de Sarney no Anexo 4 da Câmara com uma notícia que, achava ela, acalmaria os corações aflitos: "Gente, não se preocupem. O relator vai ser o Aldo, ele é nosso". Nilo D'Ávila, ativista do Greenpeace, retrucou na hora: "Ele pode ser seu, mas não tem relação nenhuma com ninguém aqui nesta sala".

O deputado Aldo Rebelo parecia aos olhos do governo alguém acima de qualquer suspeita para conduzir aquela negociação. Figura histórica do PCdoB paulista, Aldo fora ministro das Relações Institucionais de Lula entre 2004 e 2005 e presidente da Câmara no período em que o escândalo do Mensalão se abateu sobre o petismo (2005-7). Nacionalista empedernido, foi autor de proposições legislativas, como a tentativa de limitar estrangeirismos na língua portuguesa, a criação do Dia do Saci em substituição ao Halloween e a mistura obrigatória de mandioca na farinha de trigo.[1]

Só que, como Nilo D'Ávila apontou, Aldo não tinha a mais remota conexão com as pautas ambientalistas. Ao contrário: ele havia sido favorável à manutenção dos arrozeiros que invadiram a Terra Indígena Raposa-Serra do Sol, cuja desintrusão fora parar no STF; e relatado a Lei de Biossegurança, de 2005,[2] que permitiu a comercialização de transgênicos no país, uma derrota especialmente pesada para o Greenpeace.

"O Aldo acha que o Estado é o grande provedor das políticas e as ONGs são uma espécie de subtração do dever do Estado. E na questão de meio ambiente ele foi mais a fundo: achava que as ONGs substituíam o Estado e, com o poder das doações internacionais, elas fizeram os agentes estatais reféns de seu poder de persuasão", diz Marcio Astrini, um ex-cara-pintada que recebera treinamento político de Rebelo quando militava no movimento estudantil secundarista.

A formação da comissão e a nomeação de um relator "de esquerda", mas avesso à pauta ambiental, foram o início de um movimento político que teria repercussões inimagináveis para o país nos anos seguintes.

A reforma da lei de florestas, que só seria concluída quase três anos depois, em maio de 2012, pode ser descrita sem muito exagero como aquilo que os sociólogos chamam de "fenômeno social total":[3] ela reconfigurou o Parlamento brasileiro, tornando a bancada ruralista uma força política unificada; criou uma divisão na sociedade na qual o meio ambiente passou a integrar uma guerra cultural; e semeou o impeachment de Dilma Rousseff em 2016 e a ascensão do bolsonarismo em 2018. Mas, antes disso, foi provavelmente o fator central por trás do fim do ciclo de queda das taxas de desmatamento na Amazônia e da derrocada do PPCDAM.

Os ruralistas nunca desistiram de mudar o código, sobretudo depois da resolução do Conama do ano 2000 que fixou a reserva legal em 80% na Amazônia. Como vimos no capítulo 9, a medida provisória de 1996 que alterou os percentuais de desmatamento direto foi feita para estancar uma sangria de alta na devastação da floresta, e havia a expectativa entre os autores de que ela se desdobrasse em normas adequadas aos vários tipos de floresta e de produção agropecuária na região amazônica. A reação dos ruralistas ao tentar derrubá-la em 1999 gerou a contrarreação no ano seguinte no então ministro Sarney Filho, do Meio Ambiente, endurecendo a regra no Conama. A bancada do agro jurou vingança, mas nunca teve coesão política suficiente para alterar a legislação. Nem nunca precisou fazê-lo de fato, já que, numa situação de fraqueza crônica da fiscalização ambiental, os ditames do código estavam ali só para constar.

Isso mudaria em 2007, quando Marina Silva baixou o corte de crédito na Amazônia, e em 2008, quando Carlos Minc assinou o decreto 6.514. Além de detalhar como a fiscalização atuaria no cumprimento do código, o ato estipulou multa de até 100 mil reais para quem não averbasse (ou seja, declarasse em cartório) a reserva legal da propriedade. Um segundo decreto de Minc, em dezembro, completava o anterior e determinava que as multas por falta de reserva legal passariam a ser cobradas em dezembro de 2009.[4] A partir dali as pressões se multiplicaram na Câmara dos Deputados por uma reforma na lei.

Os deputados tinham um modelo no qual se inspirar: em julho de 2008,[5] o governador de Santa Catarina, Luís Henrique da Silveira (PMDB), mandou para a Assembleia Legislativa uma proposta de "código ambiental" que flexibilizava o Código Florestal em dois pontos: primeiro, reduzia as áreas de preservação permanente, como as faixas de mata que precisavam ser mantidas intactas em topos de morro, encostas e margens de rio. Depois, criava o conceito de "área rural consolidada", que garantia que desmatamentos irregulares feitos no passado não precisariam mais ser recuperados.[6]

Era ao mesmo tempo uma anistia e o reconhecimento de uma realidade: seria dificílimo desocupar extensas áreas de agricultura para recuperar florestas em Santa Catarina, um estado composto de pequenas propriedades rurais e no qual a Mata Atlântica já fora largamente exterminada. Embora inconstitucional — já que estados não podem impor regras ambientais mais flexíveis que a federal —, a lei catarinense botou um bode na sala: a regulação vigente deixava parte da agropecuária brasileira na ilegalidade, e não só os latifúndios. "A agricultura tradicional de vazante do rio São Francisco era crime ambiental", exemplifica Izabella Teixeira, uma bióloga brasiliense que se tornou ministra do Meio Ambiente em abril de 2010 e teve um papel central no debate do código.

As falhas na legislação e os problemas que ela criava inclusive à agricultura familiar — que nunca foi bem tratada pelo Ibama e se ressentia disso — ajudaram a produzir o discurso entre os ruralistas de que era preciso mudar o código para salvaguardar "os pequenos".

O governo sabia dos problemas na lei, claro. Mas nenhum dos ministros do Meio Ambiente de Lula ousou propor uma alteração no Código Florestal, por entender que qualquer proposta seria trucidada na Câmara e viraria um libera geral (como quase virou). Minc passou a construir dentro do Ministério uma solução infralegal: um decreto para permitir a regularização ambiental da agricultura familiar, que seria editado em dezembro de 2009[7] sob o nome de Mais Ambiente. Contudo, as chances do ministro de evitar uma mudança na lei pelos congressistas foram implodidas por um sincericídio à Lutzenberger: em maio daquele ano, Minc subiu num carro de som estacionado em frente ao MMA durante o Grito da Terra, manifestação anual dos movimentos sociais do campo. Com um boné da Confederação Nacional dos Trabalhadores na Agricultura (Contag), o chefe do Meio Ambiente chamou os ruralistas de "vigaristas" com "rabinho de capeta" que somente fingiam defender a agricultura familiar.[8]

O gesto deu ao agro a *cause célèbre* de que precisava. Minc foi convocado a se explicar na Câmara e acabou sendo forçado a pedir desculpas. Uma denúncia na Comissão de Ética Pública da Presidência da República foi protocolada pela presidente da Confederação Nacional da Agricultura (CNA), a senadora Kátia Abreu, do Tocantins (então no Democratas). E o líder da bancada na Câmara, Abelardo Lupion (DEM-PR), chamou o ministro de "bandido, marginal". Minc foi vaiado por produtores rurais numa viagem a Mato Grosso. Nesse clima, o Mais Ambiente virou letra morta.

O deslize do ministro teve um timing ruim: ocorreu exatamente no período em que o setor da pecuária foi posto nas cordas por causa da ação do Ministério Público Federal contra os frigoríficos (veja o capítulo 16). Acuados, munidos de uma narrativa, com o exemplo catarinense nas mãos e com votos no Congresso, os ruralistas partiram para o ataque. A comissão especial para examinar as propostas de alteração do Código Florestal seria instalada em setembro de 2009, e o relatório de Aldo Rebelo foi apresentado em 8 de junho do ano seguinte.

Mesmo para quem não esperava uma defesa apaixonada do meio ambiente, o parecer de Rebelo[9] era uma peça chocante. O texto de 33 páginas que precedia o substitutivo do relator dizia logo na epígrafe de que lado o deputado estava: "Dedicado aos agricultores brasileiros". O que vinha a seguir era puro suco de teoria da conspiração: o autor acusava as ONGs de serem "o longo braço"[10] das nações ricas na defesa de seus supostos interesses comerciais, que visavam manter o Brasil na pobreza; negava o aquecimento global com malabarismos retóricos; e, numa alusão ao Greenpeace, que tem sede em Amsterdã, dizia que a Holanda, frustrada em não ter conseguido colonizar o Brasil, usava agora organizações ambientalistas "paramilitares" para terminar o serviço.

A proposta de texto de Aldo desfigurava o Código Florestal. Apesar de manter nominalmente os percentuais de reserva legal e Área de Preservação Permanente (APP), o parlamentar comunista deixava para os estados a possibilidade de alterar os percentuais se quisessem. Além disso, propriedades com área de até quatro módulos fiscais (medida que varia entre os municípios, mas que na Amazônia chega a cem hectares) ficavam automaticamente dispensadas de manter reserva legal. A medida seria uma catástrofe ambiental, já que a maior parte das propriedades rurais do país tem até quatro módulos fiscais e, nelas, o desmatamento seria todo autorizado. Como foi revelado no dia da leitura do parecer na comissão, o substitutivo havia sido escrito por uma consultora jurídica da Frente Parlamentar da Agropecuária (FPA), a representação da bancada ruralista.[11]

Aprovado com folga na comissão de maioria ruralista, o projeto fez uma série de atores se movimentar em Brasília e alhures. Os principais deles foram os representantes do agronegócio, que de repente se viram amparados por um ideólogo capaz de alinhavar, num discurso coerente (internamente pelo menos) e com verniz erudito, os anseios de sempre por desregulação. Aldo não era o único nesse papel: a senadora Kátia Abreu, a então poderosa presidente da CNA, passou a desfilar para cima e para baixo no Congresso levando a tiracolo o pesquisador da Embrapa Evaristo de Miranda.

Miranda havia produzido em 2008 um estudo supostamente demonstrando que faltava espaço para produzir comida no Brasil por causa da legislação ambiental draconiana. Segundo o agrônomo, apenas 33% do território brasileiro estaria disponível para a agropecuária, e na Amazônia nem isso: seria preciso devolver 334 mil km^2 de terras "produtivas" (um Maranhão) para atender às exigências da lei ambiental.[12] O trabalho foi apresentado em abril de 2009 numa audiência pública no Senado e criticado por especialistas dentro e fora da Embrapa.¹³ "Ele fez a apresentação e, enquanto eu assistia, fui montando a minha. Peguei todos os números que ele apresentou e fui desmontando ao vivo, só com base na lógica. A Kátia Abreu queria cortar minha palavra", lembra Tasso Azevedo.

Mesmo com os dados de Miranda sendo escrutinados — e desmontados —, Abreu usou-os na guerra de informação do código, pregando aos secretários de Agricultura dos estados que a aplicação da lei faria a área de agropecuária no Brasil encolher 20 milhões de hectares. A bancada ruralista descobriu ali o caminho do gol: produzir números para apoiar suas teses passou a ser parte importante da receita para ganhar não apenas votações, mas também corações e mentes. Em 2011, com o debate do Código Florestal a pleno vapor, um escritório político criado alguns anos antes em Brasília pelas associações de produtores de soja e algodão de Mato Grosso foi institucionalizado e nacionalizado.¹⁴ Batizado Instituto Pensar Agropecuária, o escritório de lobby, localizado numa mansão do Lago Sul, bairro rico da capital, tornou-se o lugar onde as narrativas do agro passaram a ser formuladas. O setor ganhava um *think tank* para chamar de seu, de onde sairiam ataques, frequentemente baseados em premissas falsas ou distorcidas, à legislação ambiental, às terras indígenas e aos territórios quilombolas — o caldo de cultura que entornaria na tentativa de destruição da agenda socioambiental e climática no governo Bolsonaro.

Já a ciência chegou atrasada na bola. Apenas em fevereiro de 2011, quase oito meses depois do relatório de Aldo Rebelo, a Sociedade Brasileira para o Progresso da Ciência (SBPC) e a Academia Brasileira de Ciências (ABC) publicaram o sumário executivo de um livro mostrando, com base nas melhores evidências disponíveis, que o Brasil não apenas tinha espaço de sobra para expandir a produção, mas que as propostas dos ruralistas para reduzir APPs e reservas legais seria um tiro no pé do próprio agronegócio, já que essas áreas de mata proveem serviços ambientais cruciais, como polinização, controle de enchentes e manutenção de água.¹⁵ Àquela altura, porém, as decisões políticas já estavam todas tomadas. Os cientistas aprenderam uma lição amarga: não se ganha nada em Brasília somente apresentando fatos.

O avanço da reforma do Código Florestal na Câmara ocorreu num ano crucial de eleições presidenciais. Com o PIB batendo o recorde histórico de

7,5% de crescimento, Lula encerrava o segundo mandato como o presidente mais popular da história do Brasil, e não teve dificuldade para empurrar como sua sucessora uma gerentona sem nenhum carisma: Dilma Rousseff, a "mãe do PAC". Foi o primeiro pleito no qual a agenda ambiental ganhou centralidade, dada principalmente pelo fato de que Marina Silva decidira concorrer, pelo Partido Verde. Antes de passar a faixa a Dilma, Lula lhe fez uma única recomendação: que não deixasse o desmatamento da Amazônia subir, sob pena de destruir a reputação internacional do Brasil — o que teria consequências econômicas num momento em que o país bombava nas agências de *rating* e atraía investimento estrangeiro.[16]

O agro também estava preparado para a disputa. Naquele ano, a Federação das Indústrias do Estado de São Paulo (Fiesp) e a Associação Brasileira do Agronegócio (Abag) publicaram um documento com uma agenda do setor agrícola para as eleições. Nela apareciam, também pela primeira vez, questões socioambientais como prioridade, inclusive a necessidade de alteração na lei de florestas e do estabelecimento de um "marco temporal" para a demarcação de terras indígenas, de forma a impedir demarcações futuras que pudessem atrapalhar o acesso do setor a terras (e garantir ao agro a posse de terras indígenas ocupadas por fazendas, como em Mato Grosso do Sul). O discurso ecoava o Decálogo do Desmatador, brandindo a ameaça da "insegurança jurídica" que causaria redução na produção de alimentos, desemprego em massa no campo, falência de pequenos produtores e êxodo rural.[17] "Ficava patente que parte relevante dos agentes dominantes do campo do agronegócio decidira resolver os conflitos ambientais, trabalhistas, indígenas, quilombolas e agrários subtraindo direitos e diminuindo dispositivos de conservação ambiental", diz o antropólogo Caio Pompeia, da Universidade de São Paulo, no livro *Formação política do agronegócio* (2021), que retrata a ascensão do agro como um agente político unificado e as consequências disso.

O código, afirma Pompeia, foi o momento-chave de unificação desse campo. Até então, seus representantes se juntavam apenas momentaneamente em torno de temas como reforma agrária e perdão de dívidas. Mas "os agentes patronais não detinham unidade razoável de pleitos, narrativas para defendê-los e estratégias para implementá-los, o que certamente implicava perda de eficácia política", relata o pesquisador.[18] A investida contra as regulações ambientais produziu o movimento "ninguém solta a mão de ninguém", que tornou a bancada ruralista a força mais poderosa do Parlamento brasileiro, perdurando até os anos 2020.

Com Dilma eleita, outro ator entra no jogo: o PMDB. Sócio do petismo na coalizão dos governos Lula, o maior partido do país havia feito o vice de Dilma, o ex-presidente da Câmara Michel Temer, e naquele momento disputava na Câmara a hegemonia com o PT, que detinha a presidência da Casa (com o deputado gaúcho Marco Maia). Durante a discussão do código antes da votação em plenário, em 2011, deputados peemedebistas na Comissão de Agricultura falavam abertamente em "derrotar o PT". Para viabilizar o candidato do PMDB à sucessão de Marco Maia, Henrique Eduardo Alves, então líder na Câmara, o partido botou o Código Florestal na barganha com os ruralistas. Com a bênção de Temer, o PMDB armou o que seria a primeira derrota parlamentar do governo Dilma. E a primeira traição do vice à presidente. Alheia à pauta ambiental, Dilma não enxergou um movimento mais amplo que ocorria no Congresso.

"Ela entendia aquilo como uma disputa política. O governo não via aquilo como uma questão estrutural, do Brasil, e não de Brasília. O raciocínio era de que tudo era cargos e emendas", diz o jornalista Thomas Traumann, então porta-voz da presidente.

O ministro da Casa Civil, Antonio Palocci (PT-SP), vinha acompanhando o assunto, com medo de que o código estourasse como uma derrota e um escândalo de opinião pública no colo da chefe. O desmatamento vinha caindo, e estava claríssimo que uma flexibilização na principal lei ambiental do país passaria uma mensagem de anistia no chão da floresta que poderia pôr em risco a capacidade da presidente de cumprir a recomendação do antecessor. Aflito, Palocci chegou a receber Marina Silva — rompida com o PT e recém-derrotada por Dilma — na Casa Civil em maio de 2011, para mostrar que o governo não estava comprado para o projeto de Aldo.

Dias antes, Palocci tentara enquadrar Aldo, designado relator do código também no plenário, para que modificasse o texto para retirar trechos que enfraqueceriam a lei, como a previsão de que os estados pudessem reduzir as APPs. Só que esse mediador também seria abatido: em 15 de maio, nove dias antes da votação do código no plenário da Câmara, a *Folha de S.Paulo* publicou na manchete que Palocci havia multiplicado seu patrimônio por vinte em quatro anos.[19] Era o início de uma série de denúncias que acabariam levando à demissão do ministro e o tirariam da interlocução política.

"Quando eu li a manchete da *Folha*, pensei 'perdemos o Código Florestal'", recorda-se Izabella Teixeira. "Eu estava tomando café da manhã, era um domingo. Minha companheira olhou pra mim e eu só falei, 'fodeu'. Não deu outra, dias depois ele caía. Aí o que acontece? O Aldo sobe, né?"

Palocci cairia em 7 de junho após uma longa sangria pública. Duas semanas antes, 24 de maio, a Câmara dos Deputados aprovou por 410 votos a 63 o texto de Aldo Rebelo,[20] que, contra a vontade do governo, anistiava desmatamentos irregulares feitos até 22 de julho de 2008 — data do decreto de Carlos Minc que estabelecia a punição para quem não averbasse a reserva legal —, incorporando o conceito de "área rural consolidada" da lei de Santa Catarina. O texto também dispensava propriedades de até quatro módulos fiscais de manter reserva legal e permitia que os estados reduzissem as áreas de preservação permanente. Mas não bastava enfiar a faca: o PMDB ainda fez questão de girá-la. Henrique Alves articulou a aprovação na mesma noite, por 273 a 182, de uma emenda construída pelo partido e apresentada pelo deputado Paulo Piau (PMDB-MG) que permitia a continuação de toda atividade rural, independentemente do tamanho da fazenda, em APPs. O texto de Aldo Rebelo, embora reduzisse algumas APPs, mantinha a obrigação de recuperá-las, como previa o Código Florestal de 1965. A chamada emenda 164 eliminava essa obrigação.

O placar acachapante da votação do código sinalizava que Dilma Rousseff não tinha uma base parlamentar. Além do PMDB e de outros partidos do Centrão, como o PL e o PTB, dezenas de deputados do PT votaram a favor da mudança do código, expondo um racha na própria esquerda. Deputados representantes da agricultura familiar, afinal, ficaram do lado dos "vigaristas".

O engenheiro florestal Luiz Henrique "Zarref" Gomes de Moura, da direção nacional do MST, explica essa cisão por três fatores. Primeiro, a habilidade de Aldo Rebelo em viajar pelo país fazendo audiências públicas em lugares onde havia divisões entre líderes de sindicatos de trabalhadores rurais, às vezes em conflito com os órgãos de fiscalização ambiental, e a direção nacional dos movimentos do campo, mais alinhada com os ambientalistas. O outro foi a proximidade que Kátia Abreu, da CNA, criou com alguns núcleos da Contag do Sul do país, que tinham médios proprietários em sua base, incutindo-lhes o pânico dos decretos e da cobrança de multas. O último foi o pragmatismo: "Havia a seguinte visão entre parte das organizações: já que vamos ser derrotados, vamos continuar na narrativa [de enfrentamento] ou negociar?".

Na véspera da votação na Câmara, Dilma ligou para Izabella Teixeira.
"Onde você está?"
"No meu gabinete."
"Venha até aqui."

Marco Maia e outros deputados estavam com a presidente, oferecendo um acordo em nome dos líderes partidários. Queriam que o governo aceitasse algumas reduções de APPs. Dilma perguntou o que a ministra achava; Izabella era contra. "Eu não disse que ela não toparia? Eu fico com a minha ministra do Meio Ambiente", disse a presidente aos parlamentares. No dia seguinte, às 8h30 da manhã, Dilma ligou novamente para a ministra: "Não teve acordo, nós vamos perder. Fique tranquila e construa um caminho no Senado".

Foi uma perereca que botou Izabella Teixeira no caminho de Dilma Rousseff. Formada em biologia pela Universidade de Brasília e funcionária de carreira do Ibama, Teixeira foi para o Rio fazer doutorado em licenciamento ambiental e por lá ficou. Acabou virando subsecretária de Meio Ambiente do estado na gestão de Carlos Minc e ficou famosa por ajudar a destravar processos complexos de licenciamento. Era o policial bonzinho, que se sentava com os empreendedores para fazer os acordos depois que Minc passava distribuindo suas caneladas, acompanhadas de bordões como "poluidores, tremei!".

Numa das viagens do chefe ao exterior, coube a Izabella ir a Brasília para uma reunião do Programa de Aceleração do Crescimento (PAC) na Casa Civil para tratar de uma obra particularmente espinhosa: o Arco Metropolitano do Rio de Janeiro. O licenciamento havia esbarrado na descoberta de uma espécie endêmica de anfíbio (*Physalaemus soaresi*), mas o subsecretário de Obras prometera ao Planalto que a licença sairia em trinta dias. A Fundação Estadual de Engenharia do Meio Ambiente (Feema), órgão licenciador estadual, estava desesperada com a pressão e dizia que em menos de noventa dias não seria possível licenciar. No avião com o secretário de Obras (e futuro governador) Luiz Fernando Pezão, Izabella disse que a licença não poderia sair naquele prazo curto. "Pois fale a sua posição", disse o secretário.

No quarto andar do Planalto, a então ministra ouviu atualizações sobre o PAC dos representantes de todos os estados. O Rio ficou por último.

"Pois não, o que a senhora tem a dizer?", questionou Dilma, com a secura de praxe.

"Que o prazo que foi dito aqui é inexequível, absolutamente irreal."

"Então me diga o porquê."

"Há um problema de espécie endêmica que não é de trivial solução. Ninguém vai licenciar em cima de espécie endêmica."

Dilma quis saber qual era, então, o prazo exequível. Izabella disse que noventa ou cem dias. "Perfeitamente", respondeu a presidente. E virou-se para os outros participantes: "Senhores, este é o calendário que o governo vai adotar".

Quando Marina pediu demissão e Minc finalmente foi a Brasília aceitar o convite para ser ministro, Lula quis saber quem seria o secretário executivo. Pensando na expectativa do presidente de que ele fosse acelerar as licenças do PAC, Minc improvisou, sem consultar a subordinada: "Izabella Teixeira". Lula quis saber se ela era do PT, mas foi interrompido por Dilma: "Ela é ótima!". Foi assim que Izabella voltou a Brasília. Quando Minc saiu do cargo, em abril de 2010, para se candidatar a deputado estadual, a porta-voz da perereca tornou-se ministra. Seria a mais longeva da história do Brasil, permanecendo à frente da pasta por sete anos, até o impeachment, em maio de 2016.

A negociação do Código Florestal no Senado foi o teste de fogo de sua gestão e marcou uma ruptura entre Izabella e o movimento ambientalista. Desconfiadas de Dilma, que pressionou para licenciar Belo Monte e queria empurrar outra mega-hidrelétrica na Amazônia, São Luiz do Tapajós, as ONGS não aceitavam ter a ministra do Meio Ambiente como mediadora de uma negociação entre o governo e a bancada ruralista. Afinal, em uma negociação, não é possível ter uma das partes em tese interessadas mediando um acordo. Vários ambientalistas até hoje criticam Izabella por sentar-se à mesa com os ruralistas já com a lista de tópicos que o governo estava disposto a negociar. Dessa forma, avaliam, não sobrou ninguém para esticar a corda para o lado ambiental, e o resultado por definição não poderia ser equilibrado.

A ex-ministra chama os críticos de "santas de puteiro". "O MMA não foi mediador, foi quem sobrou pra defender a área ambiental. Simples assim. O estrago já estava feito na credibilidade da área ambiental, porque não conseguiram construir acordo sobre o código antes. Se eu estivesse numa situação de zero a zero, eu não seria mediadora. Mas estava cinco a zero contra a gente." Em uma conversa de quase quatro horas sobre o episódio da mudança do código,

Teixeira desfiou um rosário de queixas contra o campo ambiental ("uma porra de um movimento de elite que vive numa bolha, que é isso que nós somos, uma seita, que fala a verdade, mas as pessoas não acreditam"). E não poupou Marina Silva, que, segundo ela, jogou contra a negociação no Senado. "Ela tinha toda a autoridade política de construir um acordo no Executivo quando foi ministra. Ela não quis ceder, e você acha que se faz acordo sem ceder? Então não se cumpra a lei, e a lei era inexequível."

O início da tramitação na Câmara Alta fez a ministra suar frio. Acordou-se que o texto teria uma relatoria dupla: de um lado, o petista Jorge Viana, do Acre, antigo companheiro de Marina e Chico Mendes e com sólida reputação ambientalista. Só que o outro relator designado era ninguém menos que o senador Luís Henrique da Silveira, do PMDB de Santa Catarina. O mesmo que, quando governador, havia aprovado o tal Código Ambiental com a anistia a desmatamentos passados que inspirara a bancada ruralista a introduzir na proposta da lei federal o conceito de "área rural consolidada".

Izabella foi conversar com o senador catarinense apoiada num ponto abonador de sua biografia: Silveira era discípulo de Ulysses Guimarães, o líder da Constituinte. Não era possível, raciocinou, que um ulissista no Senado fosse fazer o mesmo tipo de política que seu partido fizera na Câmara.

Com efeito, não fez. Luís Henrique e Jorge Viana construíram o que hoje pode ser considerado um milagre da redução de danos, dadas a catástrofe herdada da Câmara e as pressões por mais anistias do próprio Senado. Os ruralistas queriam manter o texto de Aldo Rebelo e ir além, acolhendo as demandas de todos os lobbies que não foram contemplados na Câmara. Kátia Abreu insistia na dispensa de recuperação de margens de rio desmatadas. Voltaram as pressões pelo fim da reserva legal. A bancada do Rio Grande do Norte queria tirar dos manguezais o status de área de preservação permanente, de forma a liberar parte deles para fazendas de camarão. E buscou-se expandir o próprio conceito de "pequena propriedade" para abarcar imóveis médios, de mais de quatrocentos hectares.

Recém-ungida na posição de negociadora, Izabella Teixeira foi falar com cada um dos senadores e saiu viajando pelo país para, como ela diz, "beijar anel de bispo" e entender quais eram as demandas. Dilma, por sua vez, encarnou a tecnocrata e pediu para ver todos os estudos que justificavam essa ou aquela medida. "Tinha o cara especialista em batata, ela ligava pro cara pra falar de batata. Ela checava a cada informação, era assim que ela deliberava. Eu parecia uma camelô, o que você quisesse de estudo eu tinha", conta a ex-ministra.

O texto que saiu do Senado e foi aprovado em dezembro de 2011 pode ser (e foi) chamado de vitória ou de derrota, a depender de para quem se pergunte. Ele manteve o conceito de área rural consolidada, anistiando parte dos desmatamentos ilegais praticados até 22 de julho de 2008. Também flexibilizou a proteção a encostas e topos de morro. Uma malandragem foi feita com o conceito de margem de rio que permitiu a redução das matas ciliares: em vez de calcular a área de florestas a partir do "leito maior", ou seja, da largura na cheia, as áreas de preservação permanente ripárias passariam a ser estabelecidas a partir do "leito regular", ou seja, a média de largura do rio durante o ano.

A reserva legal permanecia de 80% na Amazônia, 35% no Cerrado amazônico e 20% no restante do país. Quem tivesse desmatado até julho de 2008 teria condições facilitadas de recuperação, em programas a serem criados pelos estados. Quem desmatasse depois teria de recompor tudo integralmente.

Havia um brinde extra: a recomposição da reserva legal desmatada até 2008 não precisaria ser feita de forma integral com espécies nativas: metade dela poderia usar árvores exóticas, como o dendê. "Aquilo era demanda da agricultura familiar, porque os grandes queriam acabar com a reserva legal. E eu não tive solidariedade dos ambientalistas. Então eu tive de procurar alianças com as pessoas que minimamente topassem as teses", justifica a ex-ministra.

A mesma aliança permitiu a Izabella construir uma solução para as margens de rio que, embora esdrúxula, acabou com o argumento dos ruralistas de que seria preciso acabar com elas para proteger os pequenos: a chamada "escadinha". O dispositivo definia a largura a recuperar conforme o tamanho da propriedade. Assim, áreas de até um módulo fiscal só precisariam recompor cinco metros de largura, independentemente do tamanho do rio; para até dois módulos fiscais, oito metros; para até quatro módulos, quinze metros. As grandes propriedades precisariam recompor na íntegra, em faixas que variavam de acordo com a largura do rio.[21]

Por fim, o novo código ainda incorporava um elemento do fracassado decreto do Mais Ambiente: estendia para o país inteiro o Cadastro Ambiental Rural (CAR), o instrumento criado no Pará para monitorar florestas em propriedades privadas. Todos os mais de 6 milhões de imóveis rurais do Brasil seriam obrigados a entrar no cadastro, fornecendo a geolocalização de suas áreas de vegetação nativa. A ideia era que esse "CEP das florestas" pudesse ser usado para a regularização ambiental em duas etapas: a primeira, autodeclaratória, era o registro no CAR. Depois os estados validariam as informações, cruzando imagens de satélite de cada propriedade com o que era declarado pelos fazendeiros. Quem tivesse desmatado em excesso, então, poderia — após a validação do CAR — entrar em programas de regularização ambiental para ter o perdão das multas em troca de termos de ajustamento de conduta para recompor a vegetação. O prazo para registro no CAR seria de um ano, e, enquanto os proprietários não aderissem, a cobrança de multas estaria suspensa. Quando este capítulo foi escrito, onze anos após a promulgação da nova lei florestal, a cobrança de multas seguia suspensa. Apenas 0,4% dos 6,5 milhões de cadastros feitos haviam sido validados e recebido diagnóstico final de regularidade. O estado que mais validou o CAR, Mato Grosso, fez a análise completa de 3,3% das propriedades.[22]

No dia da aprovação da lei no Senado, Izabella viajou para a África do Sul para chefiar a delegação brasileira na conferência do clima de Durban, a COP17. Após o fracasso de Copenhague, em 2009, um encontro no México no ano seguinte havia juntado os cacos da confiança entre os países, e a reunião no balneário sul-africano trazia a promessa de retomar praticamente do zero a negociação de um novo acordo contra o aquecimento global. A questão era o que fazer com a oposição de sempre dos países emergentes a assumir metas de redução de emissões e com a insistência americana em arrancar concessões chinesa.

Em pleno jet lag, a ministra chegou a Durban e foi para uma reunião do Basic, o bloco de negociação formado por Brasil, Índia, China e África do Sul. Teixeira seria uma das primeiras ministras a falar naquela mesma tarde, na sessão da COP dedicada aos discursos de autoridades. Tinha trazido um discurso que ela define como "morno", falando em redução de desmatamento e omitindo o rebu doméstico por causa do Código Florestal. Na saída do Basic, o negociador-chefe chinês, Xie Zhenhua, pediu uma conversa bilateral com o Brasil.

Os chineses trouxeram um recado surpreendente. "Nas entrelinhas, ele falando em mandarim com uma tradutora, aparece que, se o Brasil mexesse os pauzinhos em outra direção, a China apoiaria", relembra a ministra. Após o encontro, Izabella sentou-se para comer um sanduíche com os negociadores- -chefes do Brasil, André Corrêa do Lago e Luiz Figueiredo. Os embaixadores estavam atordoados com a discreta sinalização da China.

"Entendi direito o que ele falou? Ele topa um novo acordo? O que você acha disso?", um dos diplomatas questionou.

"Bora", respondeu a ministra.

Era preciso avisar a presidente. Por causa do fuso, Dilma ainda estava dormindo ou ainda não tinha descido para tomar café. Izabella falou com o ajudante de ordens.

"É urgente? Se for, eu acordo a presidenta." A ministra calculou o risco de dar bom-dia a Dilma com a notícia de que o Brasil estava para chutar o balde na negociação de clima. "De jeito nenhum! Só diga que eu liguei."

Assim, à revelia do Planalto, Corrêa do Lago e Figueiredo reescreveram parte do discurso de Teixeira dizendo que o Brasil toparia negociar um novo acordo legalmente vinculante sobre o clima que incluísse todos os países.[23] O movimento impulsionou a COP17, que terminou num estrondoso sucesso, aprovando a plataforma de negociação que quatro anos mais tarde, em 2015, se materializaria no Acordo de Paris, o primeiro tratado universal contra a crise climática. Em reconhecimento ao papel do Brasil, a presidência francesa designou Teixeira como uma das ministras que facilitariam a negociação de temas controversos na conferência de Paris, a COP21.

De volta ao Brasil, porém, a situação do Código Florestal ganhava mais um revés. Como foi alterado pelo Senado, o projeto voltou para a Câmara, onde o PMDB manobrou para que fosse designado relator o mineiro Paulo Piau, o autor da bomba nuclear da emenda 164. Mesmo com os parlamentares ligados à agricultura familiar apoiando maciçamente o texto do Senado, os deputados enfiaram de volta uma série de retrocessos no projeto — como a devolução da prerrogativa dos estados de definir as larguras de APPs. Àquela altura, a sociedade civil estava com uma mobilização maciça nas ruas e na mídia pelo veto presidencial. O "Veta, Dilma!" foi uma das raras ocasiões em que um tema ambiental percolou para a sociedade a ponto de virar conversa de boteco. Depois que os ruralistas conseguiram criar uma divisão entre o "agro" e os "ambientalistas" na opinião pública, progressistas, mesmo que urbanos, passaram a tomar o lado dos ambientalistas naquele tema tão rural.

Dilma teve de vetar doze pontos e fazer 32 modificações ao texto em maio de 2012. O resultado é que a legislação sobre florestas do Brasil virou um Frankenstein, com uma lei (a 12.651/2012) e uma medida provisória com as modificações do Planalto (convertida na lei nº 12.727/2012). Especialistas em direito ambiental apontam que o correto é chamar essa quimera de "lei florestal", e não de Código Florestal — já que códigos são peças jurídicas que esgotam um assunto, algo que os textos aprovados em 2012 não fazem.

Fosse como fosse, o governo Dilma tentou vender o novo Código Florestal como uma vitória. Uma vitória de Pirro, com muitos mortos e feridos no processo: a nova lei reduzia em 58% o passivo de áreas desmatadas antes de 2008 a recuperar; antes da reforma, eram 50 milhões de hectares em reservas legais e APPs que demandavam reflorestamento ou regeneração, área que caiu para 21 milhões de hectares após maio de 2012;[24] a proteção de topos de morro e encostas foi reduzida em 87% num país que viu, em 2011, os efeitos catastróficos do desmatamento de APPs na serra fluminense, quando mais de mil pessoas morreram nos piores deslizamentos de terra já registrados por aqui.

As ONGs, grandes derrotadas no processo, foram ao Supremo: em 2013, provocados pelos ambientalistas, o Psol e a Procuradoria-Geral da República impetraram quatro ações diretas de inconstitucionalidade contra a mudança na lei. Todas elas seriam derrubadas em 2018 — e os ruralistas ainda alegaram depois que eram as ONGs que impediam a implementação do Código Florestal ao questioná-lo na Justiça.

Os ambientalistas afirmavam, como fazem até hoje, que a flexibilização da lei florestal foi a principal culpada pelo fim da queda do desmatamento na Amazônia. Um primeiro sinal disso ocorreu ainda em 2011, quando a devastação disparou em abril e maio. Dados do Deter mostraram alta de 572% naquele bimestre em relação ao mesmo período de 2010, com 80% das derrubadas em Mato Grosso.[25] Em reação, Izabella Teixeira montou um gabinete de crise no Ministério, redobrando a aposta no comando e controle. Deu certo: ao final de 2011, o Prodes traria o número mais baixo de desmatamento já registrado na Amazônia, 6418 km², que só foi divulgado quando a COP de Durban já estava em andamento — até o dia da divulgação pelo Inpe não se sabia ao certo se o resultado seria uma alta ou uma queda. No ano seguinte, mais uma grata surpresa: uma nova queda, de 29%, para 4571 km² — até 2023 a menor taxa da série do Prodes. Não estava muito distante da meta de 3925 km² para 2020, com a qual o Brasil se comprometera em Copenhague. Era o ápice e ao mesmo tempo o fim do PPCDAM.

A partir de 2013, com a reforma do código sedimentada, o ciclo de queda no desmatamento acabou. A criação de um Gabinete Permanente de Gestão Integrada pelo Ibama com as Forças Armadas em 2013 não impediu uma alta de 29% naquele ano, e dali até a eleição de Jair Bolsonaro o que se viu foram oscilações entre 6 mil km² e 7 mil km² anuais, sempre com tendência de alta.

A coincidência temporal entre o fim da redução do desmate e a regulamentação do novo código era grande demais para ser mera coincidência, apontaram os ambientalistas. O sinal político para quem estava na ponta era de que todo crime ambiental poderia ser anistiado; o agro teve força para mudar uma lei; poderia fazê-lo de novo quantas vezes quisesse.

Teixeira se defende: "O desmatamento não parou de cair. Ele foi de uma taxa enorme lá pra baixo e havia a expectativa de que fosse continuar caindo, e não é assim. Ele bateu num limite de capacidades institucionais existentes à época de lidar com a envergadura do crime organizado que nós descobrimos", diz. Ela também põe parte da subida literalmente na conta do papa (e da Fifa): a partir de 2013, o Brasil passou a sediar grandes eventos internacionais, como a Jornada Mundial da Juventude, da Igreja católica, em 2013, que teve a visita do papa Francisco e 3 milhões de pessoas em Copacabana; e a Copa do Mundo no ano seguinte. Segundo a ministra, isso mobilizou a inteligência da Polícia Federal, a Força Nacional e as PMs dos estados, o que reduziu a capacidade do Ibama de lidar com as quadrilhas de grileiros na floresta.

"A retomada do desmatamento é resultado da não implementação do Código Florestal", diz Marta Salomon, pesquisadora do Centro de Desenvolvimento Sustentável da Universidade de Brasília, que acompanhou como repórter do jornal *O Estado de S. Paulo* toda a tramitação da lei. "O código foi um freio de arrumação, um convite à regularização ambiental. Essa regularização não aconteceu, e acho que houve num primeiro momento um erro estratégico da comunidade científica e dos ambientalistas ao contestar o código. Fomos ao Supremo, gritamos, e hoje 100% dos ambientalistas falam 'cumpra-se o Código Florestal'."

Foi somente em 2023, quando este livro já estava escrito, que o consórcio

MapBiomas publicou dados mostrando que o desmatamento acelerou no país inteiro após o Código Florestal. Entre 2003 e 2007, período entre o recorde de destruição pré-PPCDAM e o início da implementação do plano, 18,4 milhões de hectares de vegetação nativa foram perdidos. Entre 2008 e 2012, essa cifra caiu 68%, para 5,8 milhões de hectares. Nos cinco anos após a aprovação do novo código, 2013 a 2017, houve uma disparada de 38%, passando para 8 milhões de hectares derrubados.[26]

As evidências são circunstanciais e provavelmente nunca haverá uma prova de que a flexibilização da lei florestal está por trás do fim do milagre amazônico. As políticas de comando e controle que fizeram o sucesso do PPCDAM de fato bateram no teto, e uma redução para baixo dos 4,5 mil km^2 de 2012 dependeria de um conjunto de políticas de fomento a atividades sustentáveis — como as concessões florestais, cujo resultado, como vimos, foi agridoce — e regularização fundiária jamais implementadas. Afinal, o único governo em cinco séculos de Brasil que tinha um plano para a Amazônia e que encarava a floresta como uma prioridade nacional foi a ditadura militar (um plano zoado, mas coerente). Uma coisa, porém, é reduzir a devastação abaixo do mínimo histórico; outra é vê-la voltar a crescer até retornar aos cinco dígitos, como retornou entre 2019 e 2022. Se a reforma do Código Florestal não é a melhor explicação, por favor, alguém apresente outra.

Menos controverso que o papel da mudança legal no fim do desmatamento é o tamanho do gênio que ele tirou da garrafa. Com o sucesso na flexibilização do código, a bancada ruralista não parou mais. Em outubro de 2011, após a lavada na Câmara, jornalistas que acompanhavam o plenário do Senado puderam ouvir um discurso altamente simbólico de Kátia Abreu. A Casa acabava de aprovar a chamada lei complementar nº 140, que dá aos estados a prerrogativa de licenciar (e multar) atividades rurais e extração de madeira, retirando poderes do Ibama.[27] Abreu comemorou a aprovação, dizendo que primeiro o Congresso ganhou o Código Florestal; agora, vencia o Ibama, e em seguida iria para cima do Conama. Essa de fato era a ordem das prioridades do Instituto Pensar Agropecuária, e a FPA trabalharia em bloco para implementá-las.

Como era evidente para os ambientalistas, o discurso ruralista de que a reforma do código serviria para "passar uma régua" e "pacificar o campo" só durou até a promulgação da lei. Desde 2012 a FPA pressiona por mais flexibilizações e mais anistias, decretando a legislação rigorosa e impossível de cumprir. Evaristo de Miranda comparou o CAR ao "maior trabalho escravo da história do Brasil", porque os produtores tinham de se cadastrar "sob coação" e sem ganhar nada.[28] Ano após ano, escorados no fato de que os estados (onde o agronegócio tem muito poder) não implementaram os programas de regularização ambiental, os parlamentares ruralistas aprovam prorrogações da vigência do CAR até deixá-la sem prazo. E, não tão secretamente, desejam eliminar a reserva legal, como propôs um PL dos senadores Márcio Bittar (AC) e Flávio Bolsonaro (RJ) em 2019.

A unidade ruralista formada na guerra do código logo transcenderia a pauta socioambiental. A crise econômica contratada no primeiro mandato de Dilma explodiu após sua reeleição, em 2014, e fez a FPA se afastar definitivamente do governo. Em 2015, associações do agro passaram a trabalhar para convencer parlamentares ruralistas da base a apoiar o impeachment de Dilma. No infame 17 de abril de 2016, quando a Câmara votou maciçamente pela admissibilidade do impedimento, 83% dos deputados da bancada ruralista estavam no bolo.[29] Quando Dilma foi afastada, em 12 de maio, o maior aliado da bancada assumiu a Presidência. Com Michel Temer, a FPA virava governo; o paulista foi o primeiro titular do Palácio do Planalto a ser recebido na mansão do Lago Sul em um dos tradicionais almoços de terça-feira da frente, e soube agradecer aos apoiadores com uma medida provisória que anistiava a grilagem de terras cometida até 2011 e em áreas de até 2,5 mil hectares (a lei anterior anistiava até 1,5 mil hectares grilados até 2004). A implementação da agenda ruralista no período só não foi maior porque Temer designou para o Ministério do Meio Ambiente o ambientalista Zequinha Sarney. E porque um dos amigos do presidente no agronegócio, Joesley Batista, dono da JBS, tratou de abreviar seu mandato ao grampeá-lo no Palácio do Jaburu em 2017 autorizando uma operação de propina para silenciar o ex-presidente da Câmara Eduardo Cunha, também do PMDB.

Temer se foi em 2018, mas o poder dos ruralistas só fez crescer. Após a eleição daquele ano, o agro não precisaria mais se contentar em ter votos no Congresso para se contrapor ao Ministério do Meio Ambiente. Ele passaria a ter nas mãos o próprio Ministério do Meio Ambiente.

20. Detendo a boiada

"Vou te dar uma ideia, mas não reaja agora." Passava das nove da noite de um dia de semana de abril de 2019 quando Izabella Teixeira me ligou. Com a falta de cerimônia característica e sem dizer nem um boa-noite a ex-ministra foi logo disparando que estava pensando em reunir todos os ex-ministros do Meio Ambiente[1] num ato público denunciando o desmonte da pasta pelo seu então titular, o advogado paulista Ricardo Salles, do Partido Novo. Era evidente que eu iria reagir: "Acho do caralho".

Seria a primeira vez que aquelas nove pessoas estariam todas juntas desde o movimento contra o Código Florestal, em 2011, quando os ex-ministros se reuniram com Dilma Rousseff tendo Izabella do outro lado do balcão. E, considerando o histórico recente de algumas dessas pessoas, o encontro pareceria altamente improvável até poucos meses antes. Izabella detestava Marina Silva, já havia trocado ofensas pelos jornais com Zequinha Sarney e tinha críticas até mesmo ao amigo e antigo chefe, Carlos Minc. Marina, por sua vez, já havia batido boca com seu sucessor, que liberara a licença prévia de Belo Monte, e atribuía à negociação do Código Florestal feita por Izabella a culpa pelo fim do ciclo de queda do desmatamento. José Goldemberg era ligado a Geraldo Alckmin, padrinho político de Salles. Gustavo Krause era do Democratas, partido da base aliada de Jair Bolsonaro, e podia não estar disposto a confrontar diretamente o governo.

Mas a ex-ministra inferiu, corretamente, que todas essas diferenças desapareciam diante do que Salles representava. Naqueles meses iniciais de governo Bolsonaro, já estava óbvio para qualquer pessoa que não tivesse acabado de chegar de Júpiter que a missão do novo ministro era uma só — cumprir na prática a promessa de campanha do presidente de fechar o Ministério do Meio Ambiente e fundi-lo ao da Agricultura. Com os respectivos legados em risco, os ex-ministros talvez se dispusessem a se unir em armas. Eles já haviam feito isso uma vez, em outubro do ano anterior, quando o recém-eleito Bolsonaro ameaçara tirar o Brasil do Acordo de Paris e oito deles publicaram um artigo alertando que o movimento faria o Brasil "desembarcar do mundo".[2] Uma reunião presencial seria um passo lógico para consolidar essa aproximação entre pessoas que, cada uma a seu modo, haviam trabalhado nas últimas três décadas para fazer avançar a agenda ambiental no país.

Eu fora escolhido como caixa de ressonância da proposta porque já vinha conversando com alguns dos ex-ministros sobre uma ação bem mais modesta. Juntamente com três colegas — a ex-presidente do Ibama Suely Araújo, a diretora de Conservação de Ecossistemas do MMA, Ana Paula Prates, e a coordenadora de política do Instituto Socioambiental, Adriana Ramos —, propus um segundo artigo de opinião do grupo, alertando sobre a atuação de Salles. A contraproposta da ex-ministra foi o encontro. Para agradar ao nonagenário Goldemberg, ela e o ex-deputado Fabio Feldmann sugeriram que o ato fosse na USP. Dito e feito.

Em 8 de maio, oito ex-ministros publicariam uma carta declarando, sem citar nomes, que "a governança socioambiental do Brasil está sendo desmontada, em afronta à Constituição".[3] E sete deles (Rubens Ricupero, Zequinha Sarney, José Carlos Carvalho, Marina Silva, Carlos Minc, Izabella Teixeira e Edson Duarte) leram o texto no auditório do Instituto de Estudos Avançados da Universidade, num ato amplamente coberto pela imprensa. Gustavo Krause, recém-operado, assinou, mas não compareceu. Goldemberg achou o texto radical demais e nem sequer o assinou.

A foto dos sete juntos (inclusive com Izabella e Marina lado a lado) e os discursos duros de Carvalho e Ricupero foram o primeiro grande chacoalhão na opinião pública em relação à catástrofe que vinha sendo meticulosamente forjada na área ambiental no Brasil. Muitos outros viriam. Entre 2019 e 2022, a aliança entre imprensa, ciência e sociedade civil que já havia atuado em outros momentos pela defesa da Amazônia se refez, mais sólida do que nunca, para resistir ao tsunami socioambiental bolsonarista. Dessa vez, com a ajuda crucial do tal *deep state*, servidores públicos que arriscaram o próprio emprego para contrabandear informações que evidenciavam a tragédia.

O paulistano Ricardo de Aquino Salles, então com 43 anos, havia sido o último ministro nomeado por Jair Messias Bolsonaro. O ex-capitão do Exército vencera a eleição de 2018 prometendo, entre outras coisas, acabar com a "indústria das multas" do Ibama e não demarcar "nenhum centímetro" de terra indígena (numa entrevista durante a campanha ele se corrigiu, afirmando que quisera dizer "nenhum milímetro"). Fundador da ONG anarcocapitalista Endireita Brasil, Salles possuía todas as credenciais necessárias para integrar o gabinete de Bolsonaro: fora advogado da Sociedade Rural Brasileira, organização de lobby ruralista; seguia a cartilha das guerras culturais proposta pelo astrólogo Olavo de Carvalho; era um negacionista do clima que em suas primeiras entrevistas após a nomeação atribuiu o aquecimento global à "dinâmica geológica da Terra"; e inventava números e "fatos alternativos" com uma desenvoltura que talvez nem Bolsonaro imaginasse quando o contratou.

Salles também tinha no currículo experiência em desossar instituições ambientais, um ativo crucial para o novo governo. Na passagem pela Secretaria de Meio Ambiente (Sema) do estado de São Paulo, entre julho de 2016 e agosto de 2017, havia se notabilizado por tentar reduzir a atuação do órgão, em nome de supostos conceitos modernos de gestão e eficiência administrativa. Entre seus feitos estiveram a remoção de um busto do guerrilheiro Carlos Lamarca do Parque Estadual do Rio Turvo, no Vale do Ribeira, por "proselitismo ao comunismo",[4] a tentativa de vender, sem autorização legislativa, 34 propriedades do Instituto Florestal de São Paulo; e a proposta de negociar a sede do Instituto Geológico paulista,[5] na valorizada Vila Mariana, zona sul da capital.

As estripulias do secretário com os imóveis do estado lhe renderam denúncias do Ministério Público paulista. Mas o grande case de sucesso de Salles na área ambiental foi mudar o plano de manejo de uma unidade de conservação estadual, a Área de Preservação Ambiental da Várzea do Tietê, favorecendo mineradoras e construtoras.⁶ Em sua defesa, ele disse que havia apenas refeito mapas antiquados; mentira. Segundo mostrou o Ministério Público, todo o plano de manejo da APA sofreu alterações que facilitariam a expansão imobiliária e a extração de areia.⁷ O resultado foi que, quando anunciado ministro, em 9 de dezembro de 2018, ele já era réu por improbidade administrativa. Foi condenado em primeira instância treze dias antes de tomar posse.

Não era preciso ter uma bola de cristal para adivinhar os passos que Salles daria no comando do Ministério: bastava ter lido jornal. O repórter Maurício Tuffani, o veterano da cobertura científica da *Folha* que revelara o problema com os dados de desmatamento do Inpe em 1989, cobrira com régua e compasso o período de Salles na Sema. Tuffani mostrou em seu site Direto da Ciência todos os atos de desmonte da Secretaria. E ajudou a pautar a grande imprensa. Giovana Girardi e Herton Escobar, de *O Estado de S. Paulo*, frequentemente contrariaram a chefia do jornal conservador para expor os escândalos do extremista de óculos de tartaruga, em especial o da APA da Várzea do Tietê. As reportagens ajudaram a formar o caldo que terminaria com Alckmin exonerando o secretário.⁸

O Salles secretário explicava todo o modus operandi do Salles ministro. A receita consistia em quatro ingredientes principais: primeiro, matar o controle externo, cortando todas as relações com a sociedade civil e baixando portarias e instruções normativas eliminando a transparência dos atos da pasta. Segundo, esvaziar o órgão público de suas atribuições, chamando isso de "desburocratização". Terceiro, concentrar em si próprio toda a interlocução com os entes regulados pelo órgão ambiental, sobretudo a iniciativa privada.⁹ Quarto, sufocar a dissidência interna, demitindo e perseguindo servidores de carreira (na era Bolsonaro, o número de processos administrativos disciplinares contra servidores da área ambiental do governo federal cresceu 380%)¹⁰ e aparelhando a instituição com seus indicados (policiais militares paulistas foram instalados em dezenas de postos-chave no Ibama e no Instituto Chico Mendes, que ganhou o apelido de "IPMBio").

O Salles secretário de Meio Ambiente suspendeu no primeiro mês no cargo todos os convênios da Sema com ONGs que executavam políticas públicas que o estado não conseguia executar. O Salles ministro tentou fazer a mesma coisa, em janeiro de 2019, com menos de um mês de mandato. O Salles secretário botou sob sigilo o CAR paulista, alegando proteção da privacidade dos proprietários de terras. O Salles ministro retirou a transparência de todos os atos do Ministério, desde a própria agenda — que lá pelas tantas não era de conhecimento nem dos diretores do próprio MMA —[11] até as assessorias de comunicação do Ibama, do ICMBio, amordaçadas, e do Ministério, que passou a não mais responder a jornalistas.[12]

Era fundamental que tudo isso ocorresse sem a supervisão do Poder Legislativo, fosse do Estado, fosse da União. Daí o Ministério do Meio Ambiente bolsonarista ter recorrido tanto a instrumentos infralegais, como decretos, portarias e instruções normativas, em vez de tentar aprovar os atos de desmonte no Congresso — onde, por piores que fossem os deputados, alguma luz seria jogada sobre eles. Numa reunião ministerial em 22 de abril de 2020, o próprio Salles sintetizaria sua fórmula de atuação, cunhando uma expressão que entraria para o léxico político: "Precisa ter um esforço nosso aqui, enquanto estamos nesse momento de tranquilidade no aspecto de cobertura de imprensa, porque só se fala de covid, e *ir passando a boiada*. E mudando todo o regramento".

A própria chegada do advogado paulista ao Ministério do Meio Ambiente ocorreu após uma boiada.

Um grupo de militares havia sido originalmente encarregado de montar o arremedo de "programa de governo" apresentado pelo candidato Jair Bolsonaro para cumprir tabela no TSE. Um deles, o coronel do Exército Sérgio Marrafão, tinha conhecimento da área ambiental e foi destacado, durante a campanha, para conseguir nomes para a transição nessa área. Marrafão já sabia a quem recorrer para ajudá-lo: ao amigo de adolescência Ismael Nobre, biólogo com doutorado em dimensões humanas dos recursos naturais e um dos quatro irmãos mais novos do climatologista Carlos Nobre. Após resistir ao convite inicial, Nobre foi a Brasília para uma reunião com o núcleo de generais da campanha bolsonarista. Achou a turma razoável e passou a ter uma série de encontros para dar um curso-relâmpago de desenvolvimento sustentável aos fardados.

Em novembro, após a eleição, Nobre foi nomeado coordenador da equipe de transição na área ambiental. Longe de ser simpático ao PT, como o irmão mais velho, Ismael, era, porém, muito ligado a Carlos, e trabalhava para implementar cadeias produtivas sustentáveis na Amazônia. Não havia, afinal, contradição alguma entre o hipercapitalismo "liberal" supostamente propalado pelo grupo que chegava ao poder e a proteção da floresta e do clima.

Durante o mês de novembro, um grupo de especialistas reunido por Nobre realizou setenta reuniões com membros do governo Temer, representantes da academia, do setor privado, de organismos multilaterais, estados e municípios (nenhuma ONG ambientalista). O diagnóstico deu origem a um desenho de uma nova estrutura, o Ministério do Meio Ambiente e Desenvolvimento Sustentável (MMADS), que teria uma secretaria só para cuidar de bioeconomia e incorporaria na agenda de clima e florestas a proteção de todos os biomas. Segundo os documentos da equipe de transição, a primeira diretriz do MMADS seria a "continuidade administrativa". O diagnóstico também lançava um alerta óbvio, mas que se revelaria profético: "O Brasil pode [sofrer] barreiras e restrições [não tarifárias] se demonstrar descuido com a redução das emissões atmosféricas".[13]

À medida que Bolsonaro ia anunciando seus ministros, cresciam os rumores de que Ismael Nobre ficaria à frente do Meio Ambiente. Diante da tragédia representada pela chegada da extrema direita ao poder, ter um Nobre no MMA seria uma redução de danos. Estimulado pela equipe, o cientista se colocou à disposição e levou a proposta do desenho do MMADS para um dos generais da campanha. "É disso que a gente precisa", empolgou-se o militar. "Mas quem decide o ministro não somos nós, é o pessoal do agro. Você vai ter de ir falar com o Nabhan." As chances de Nobre caíram por terra naquele momento.

O pecuarista Nabhan Garcia foi um dos principais apoiadores de Bolsonaro durante a campanha. Ele presidia a União Democrática Ruralista (UDR), a estridente associação de fazendeiros contra a reforma agrária. No começo do governo Lula, Garcia chegou a ser citado numa comissão parlamentar mista de inquérito como incentivador de uma milícia de fazendeiros formada para resistir ao MST no Pontal do Paranapanema, região de conflito fundiário endêmico no extremo oeste paulista.[14]

Caricato, de bigode e óculos fotocromáticos que lhe davam um ar de Pinochet, o pecuarista acabou se tornando a voz da parcela mais radical do agronegócio no governo. E uma voz que Bolsonaro escutava muito: apesar de não o ter feito ministro, o presidente lhe entregou a Secretaria de Assuntos Fundiários do Ministério da Agricultura, responsável justamente pela reforma agrária.

Garcia era também um dos mais hidrofóbicos detratores do Acordo do

Clima de Paris. Em outubro de 2018, logo após a eleição, havia declarado que o tratado só servia "para limpar a bunda"[15] e defendia que Bolsonaro seguisse o exemplo do presidente dos Estados Unidos, Donald Trump, e abandonasse o Acordo. A visão era partilhada por membros do alto-comando do Exército e pelo próprio Bolsonaro, e se baseava em uma burrice e em uma fake news.

A burrice, expressa por Garcia na primeira e última conversa com Ismael Nobre, era a alegação de que as metas climáticas brasileiras, formuladas por "comunistas", afetariam o agronegócio por obrigarem o Brasil a restaurar ou reflorestar 12 milhões de hectares de vegetação. É difícil que alguém de boa-fé possa usar isso como argumento contra o Acordo do Clima, porque, primeiro, a restauração nunca fez parte do compromisso brasileiro submetido à ONU; tratava-se apenas de uma ilustração de política a adotar para atingir a meta.[16] Segundo, o Código Florestal já prevê recuperar quase o dobro dessa área.

A fake news era a de que o Acordo do Clima implicaria perda de soberania do Brasil sobre parte da Amazônia. Pois é, de novo isso.

Ainda durante a campanha, foi parar no WhatsApp dos generais de pijama do círculo de Bolsonaro a proposta de um ambientalista colombiano de criar um corredor ecológico transnacional no Norte da América do Sul, conectando unidades de conservação já existentes na região que engloba os Andes, a Amazônia e o Atlântico (AAA). O presidente da Colômbia, Juan Manuel Santos, havia se empolgado com a ideia e falado sobre ela na conferência do clima de Paris, em 2015.[17] Os perigos do "Triplo A" viraram um ponto de fala da candidatura de Bolsonaro, assim como a mamadeira de piroca e o kit gay. Dali em diante, ainda que corredores ecológicos não tivessem relação com a negociação internacional de mudança climática, abandonar o Acordo de Paris se tornou meta do Jair. Nessa levada, Bolsonaro solicitou ao sainte Michel Temer que retirasse a oferta de sediar no Brasil a COP25, a 25ª conferência do clima da ONU, marcada para 2019.

Quando Garcia recebeu Nobre, impôs como condição para que ele fosse nomeado a promessa de que o Brasil sairia do Acordo de Paris. O biólogo reagiu à sugestão da única maneira cabível: dizendo que, como cientista, não poderia propor uma coisa tão absurda. Acabava ali a aventura platônica[18] do pesquisador.

Àquela altura, um personagem não exatamente novo, mas muito resiliente, já havia entrado em cena sem que Ismael Nobre ou qualquer pessoa da equipe soubessem: o agrônomo Evaristo de Miranda, que você conheceu no capítulo anterior.

Miranda foi trazido pelo ministro da Casa Civil, o ruralista Onyx Lorenzoni, e, como se descobriu depois, montou um gabinete de transição "do B" para o Ministério do Meio Ambiente com Ricardo Salles e o amigo sanfoneiro de Bolsonaro, Gilson Machado. Foi o primeiro caso de gabinete paralelo num governo que se tornaria tragicamente conhecido por seus gabinetes paralelos.

O grupo se reunia secretamente na Embrapa e tinha os próprios "especialistas", incluindo dois denunciados por corrupção.[19] O plano elaborado por eles para o MMA incluía a extinção da governança climática federal, vista como um cabide de empregos para ONGs, o fechamento do Instituto Chico Mendes e a transferência do monitoramento por satélite do desmatamento do Inpe para a Embrapa Territorial,[20] algo que Miranda tentara sem sucesso fazer em 2008. E simplesmente ignorou todo o trabalho do grupo oficial,[21] bem como os relatórios sobre a situação do Ministério produzidos pela equipe de Edson Duarte, último ministro do Meio Ambiente de Temer.

Em 12 de dezembro, o paralelo se tornou oficial, com o grupo de Miranda nomeado para coordenar o Meio Ambiente na transição de governo e o grupo de Ismael Nobre, exonerado. Miranda foi duas vezes a Brasília tentar ser nomeado ministro, mas teve o nome vetado por militares — que, antes da posse, ainda tentavam dar um verniz de decência institucional ao novo governo. Salles foi o nome que sobrou, bancado por Bolsonaro mesmo com a capivara da APA do Tietê nas costas.

Dadas as primeiras declarações do futuro ministro sobre "rever" a participação do Brasil no Acordo de Paris, é provável que ele tenha passado no teste do sofá de Nabhan Garcia. Mas setores do agronegócio preocupados com a imagem dos exportadores brasileiros trataram de demover Bolsonaro da ideia. O Brasil nominalmente permaneceria no Acordo, mas jogando contra seus objetivos até o final do governo.

Diga-se qualquer coisa do passador de boiadas, menos que ele não trabalhava. Enquanto durou seu mandato, Salles conduziu uma desestruturação intensiva e acelerada da política ambiental brasileira. No primeiro dia de expediente, entregou duas autarquias do MMA, a Agência Nacional de Águas e o Serviço Florestal Brasileiro, aos ministérios do Desenvolvimento Regional e da Agricultura, respectivamente. Fechou a Secretaria de Mudanças do Clima e Florestas — porque "eu não preciso ter uma secretaria [de Florestas]. O Ibama está lá para isso"[22] — e reafirmando que o governo não se empenharia no combate à mudança do clima porque o maior problema ambiental do Brasil estava nas cidades. Com a extinção da Secretaria, o PPCDAM, que de 2004 a 2012 reduzira em 83% a taxa de desmatamento na Amazônia, foi na prática engavetado, já que não havia mais quem o executasse. No fim de 2019 ele seria formalmente revogado.

Em janeiro, Salles assinou um ofício cancelando convênios com ONGs. Teve de voltar atrás porque a medida era ilegal. Dois meses depois, fez uma blitz na sede do BNDES, no Rio, sem avisar seu presidente, Joaquim Levy. O objetivo era levantar supostas irregularidades nos contratos do Fundo Amazônia com organizações do terceiro setor que justificassem sua paralisação. Deu com os burros n'água, já que o Fundo era auditado duplamente, pelo banco e pela Controladoria-Geral da União, e nenhum problema sério jamais havia sido detectado. Salles não desistiu, e em abril incluiu num "revogaço" presidencial os dois colegiados que geriam o fundo, o Comitê Orientador do Fundo Amazônia (Cofa) e o Comitê Técnico do Fundo Amazônia (CTFA).

A ideia era recriar os comitês de forma a excluir deles a sociedade civil e ter o MMA controlando a destinação dos recursos. Trinta e oito por cento da verba do Fundo Amazônia ia para o terceiro setor, e a ordem de Bolsonaro era nenhum centavo para ONGs, já que sua campanha prometera botar um "ponto--final em todos os ativismos" no Brasil.[23] Os doadores do fundo, Noruega e Alemanha, não aceitaram a manobra, e os comitês permaneceram dissolvidos. Como resultado, até o final do governo, 3,2 bilhões de reais que poderiam ser usados para o desenvolvimento sustentável da região amazônica ficaram congelados, enquanto autoridades do regime faziam um teatro dizendo que estavam negociando com os países doadores.[24] Os principais prejudicados foram os órgãos públicos federais e estaduais que respondiam por quase dois terços dos projetos aprovados no Fundo Amazônia.

Outros 500 milhões de reais de recursos externos também ficaram sem uso por quatro anos. Eles vinham de uma doação de 96,5 milhões de dólares do Fundo Verde para o Clima, negociada no governo Temer como pagamento internacional pela redução das emissões por desmatamento realizada sob Dilma. O recurso, destinado a um programa que compensaria produtores rurais, indígenas e comunidades tradicionais pelos serviços ambientais (sequestro de carbono, manutenção de água e polinizadores, por exemplo) prestados pelas florestas em suas áreas, seria repassado pelo Programa das Nações Unidas para o Desenvolvimento. Salles passou sete meses sentado em cima do dinheiro, pois não queria que indígenas e quilombolas recebessem a verba. Em 2020, o programa seria enfim lançado sob o nome fantasia de Floresta+. Não só o nome era fantasia: até o final do governo, o programa não havia sequer selecionado os beneficiários.[25]

Não demorou para o empenho do ministro começar a dar resultado no mundo real. Em meados de junho de 2019, num intervalo após o almoço, resolvi checar o site do sistema Deter, do Inpe, para saber como estava o desmatamento à medida que a estação seca avançava. Havia o temor evidente de que a gestão Bolsonaro fosse passar um sinal político de "liberou geral" na Amazônia e que o desmatamento fosse subir, mas isso ainda não havia se concretizado; ao contrário, entre janeiro e abril, a área de alertas de desmatamento havia caído 12% em relação ao ano anterior.

Na época, o Inpe disponibilizava os dados do Deter semanalmente na internet, mas nenhum mortal sem treinamento conseguia entendê-los. Um servidor do Ibama chamado Jair Schmitt, que liderara a negociação do futuro Floresta+ e fora exonerado assim que o Programa das Nações Unidas para o Desenvolvimento (Pnud) assinou a liberação do dinheiro, havia me ensinado a filtrar os dados no site para poder enxergar o desmatamento. Desde então, o Observatório do Clima passou a acompanhar as informações dos satélites e a ensinar à imprensa como aplicar os filtros. Em maio, início da estação seca (o "verão" amazônico), a tendência de queda vista nos meses anteriores já havia se revertido. Mas o número de junho fez o meu queixo cair: antes do fim do mês, a devastação acumulada já era maior do que em todo o mês de junho de 2018. Corri para o Twitter com o dado. Um "foca" do jornal *O Globo* farejou notícia na postagem e publicou o que seria a primeira reportagem registrando algo que viraria rotina dali para a frente: a explosão do desmatamento no governo Bolsonaro.[26] O dado consolidado de junho mostraria um aumento de mais de 90%.

A imprensa foi cobrar explicações. Num café da manhã com correspondentes estrangeiros, o britânico Dom Phillips, do *The Guardian*, questionou Bolsonaro sobre o desmatamento. A resposta do presidente foi o puro suco do bolsonarismo: "Até mandei ver quem é o cara que está à frente do Inpe. Ele vai ter que vir explicar aqui em Brasília esses dados aí que passaram pra imprensa do mundo todo, que pelo nosso sentimento não condiz [sic] com a verdade. Até parece que estão a serviço de alguma ONG".

O "cara" à frente do Inpe era definitivamente a pessoa errada para Bolsonaro atacar. Aos 71 anos, poliglota, atleta e com reputação acadêmica inatacável, Ricardo Magnus Osório Galvão impunha respeito até no nome. O professor titular da USP, doutor pelo prestigioso Instituto de Tecnologia de Massachusetts (MIT, na sigla em inglês), havia sido nomeado para o Inpe no governo Temer, após ter chefiado o Centro Brasileiro de Pesquisas Físicas. Galvão logo entendeu o que o petardo presidencial significava: sua chapa estava esquentando, e sua exoneração, com posterior intervenção do governo nos dados de desmatamento, era pule de dez.

Já que cairia, que fosse atirando: no dia seguinte à declaração de Bolsonaro, Galvão deu uma entrevista a Giovana Girardi, do *Estadão*, chamando Jair de "pusilânime e covarde" e dizendo ser inadmissível que ele falasse do Inpe "como se estivesse num botequim".[27] Como era previsível, o não menos pusilânime e covarde ministro da Ciência e Tecnologia, Marcos Pontes, exonerou o diretor poucos dias depois. Como também era previsível, o caso gerou tanta repercussão e tantos olhares do mundo sobre o Inpe que o regime não ousou interferir nos dados de desmatamento. Em dezembro, Ricardo Galvão seria escolhido pela revista *Nature* uma das dez personalidades da ciência do ano, ao lado da ativista climática sueca Greta Thunberg.

Àquela altura, o desmatamento já havia consolidado sua tendência explosiva. As queimadas na Amazônia em agosto haviam sido as maiores desde a seca de 2007 e colocaram o Brasil no centro de uma crise internacional. Os líderes da França, Emmanuel Macron, e da Alemanha, Angela Merkel, haviam acabado de assinar um acordo comercial entre a União Europeia e o Mercosul e, sentindo-se feitos de palhaços, criticaram o governo brasileiro. Em retribuição, Bolsonaro chamou a mulher de Macron de feia e mandou Merkel "reflorestar a Alemanha" com o dinheiro que a chanceler cortou dos repasses ao Fundo Amazônia. No acumulado de 2019, o desmatamento saltou 34%, o segundo maior aumento percentual da história do sistema Prodes. Em novembro, Salles deu sua primeira e última entrevista coletiva para apresentar os dados. Nos últimos anos de governo, eles simplesmente seriam escondidos.

Na COP25, que aconteceu em dezembro em Madri (já que Bolsonaro havia se recusado a sediá-la), o Brasil já era um pária ambiental internacional. Salles dera uma guinada no discurso após a revelação do Prodes e, em vez de negar o desmatamento e a mudança do clima, passou a culpar os países ricos e a exigir deles bilhões de dólares por ano para preservar a Amazônia (ao mesmo tempo que mantinha parados quase 4 bilhões de reais em recursos estrangeiros). A conferência também estreou uma inacreditável exportação do assédio moral bolsonarista sobre os servidores públicos: os negociadores da delegação brasileira foram proibidos de fazer contato com a imprensa e com a sociedade civil, e quatro agentes da Abin foram enviados para vigiá-los[28] — com ajuda do próprio Salles e de um assessor, que passaram as duas semanas da COP na Espanha. O clima de terror instalado pelo ministro abalou até os experientes diplomatas do Itamaraty e levou a cenas de pastelão, como conversas com repórteres embaixo de vãos de escada ou atrás de pilastras no pavilhão de exposições que abrigava o encontro. No final da COP, a Climate Action Network, uma rede de 1800 ONGs do mundo inteiro, concedeu ao Brasil, pela primeira vez na história, o antiprêmio Fóssil Colossal, atribuído à nação que mais atuou contra o combate ao aquecimento global naquele ano.

Nos meses e anos seguintes, a profecia de Ismael Nobre sobre os riscos econômicos de não cuidar das emissões de carbono viraria realidade: o acordo UE-Mercosul teve sua ratificação suspensa, e a entrada do Brasil na OCDE, o clube dos países desenvolvidos, travou. Investidores começaram a sair do Brasil, redes varejistas britânicas anunciaram boicotes e a Comissão Europeia acelerou a discussão de um projeto de regulação para vetar a importação de commodities produzidas com desmatamento. O país berço da Convenção do Clima, que arrancara aplausos do mundo pela queda brutal de emissões entre 2004 e 2012 e que um dia liderou pelo exemplo as nações tropicais no enfrentamento à crise climática, havia, afinal, desembarcado do mundo.

O descrédito da imagem do governo Bolsonaro na área socioambiental ocorreu devido a dois fatores principais. Primeiro, à prepotência dos membros do regime, em especial de Ricardo Salles, que confiou excessivamente em sua lábia de advogado e achou que fosse conseguir argumentar contra fatos por demais evidentes, como a aceleração do desmatamento e das invasões de terras indígenas. Segundo, a uma resistência nascida na sociedade civil que levou as atrocidades do bolsonarismo aos meios de comunicação, aos governos estrangeiros e ao plenário do Supremo Tribunal Federal.

O movimento indígena, altamente articulado e com lobistas de primeira linha, como a carismática Sonia Bone Guajajara, coordenadora da Articulação dos Povos Indígenas do Brasil (Apib), havia se sofisticado muito desde os tempos de Paulinho Paiakan e do cacique Raoni: em vez de recorrer a astros do rock para criar estranheza e chamar a atenção da imprensa, os indígenas agora frequentavam Bruxelas e Davos levando os próprios advogados, também indígenas, para argumentar contra a assinatura de acordos comerciais com um governo que os estava matando e acelerando o aquecimento global ao deixar a Amazônia queimar. Entidades ambientalistas organizaram uma operação de comunicação de guerrilha, com designers, roteiristas e produtores de vídeo que fizeram ações ousadas, como projetar "Jail Bolsonaro" (Bolsonaro na cadeia) no prédio do Parlamento britânico, e peças de campanha espetaculares nas redes sociais.[29] Uma delas, um vídeo narrado em inglês por uma criança, mostrava monumentos e cidades ao redor do mundo pegando fogo e conclamava cidadãos a questionarem empresas e governos que faziam negócios com o regime brasileiro.[30] A hashtag #defundbolsonaro (desmonetize Bolsonaro) viralizou e causou ira tanto do presidente como do agronegócio. Depois do vídeo, lançado pela Apib em setembro de 2020, o Jair chamou as ONGS da Amazônia de "câncer que eu não consigo matar".[31] O general Augusto Heleno, chefe do Gabinete de Segurança Institucional da Presidência (aquele mesmo que queria dar um golpe de Estado em 2022), ameaçou Sonia Guajajara e a acusou de crime de "lesa-pátria".

Mas poucos indivíduos causaram tanto dano estrutural ao carro de boi ambiental bolsonarista quanto uma discreta avó de Brasília, que fez Ricardo Salles sentar-se no banco dos réus na Suprema Corte.

Suely Mara Vaz Guimarães de Araújo nasceu em São Paulo, em 1962. Sua ligação com a Amazônia vem de berço e de uma tragédia pessoal. A mãe era manauara e o pai, paulistano, diretor técnico da Eletronorte na época da construção da usina de Tucuruí (a casa construída por ele no Lago Sul, onde sua filha viveu por décadas, tem o piso feito de madeira extraída do reservatório da usina). Ambos morreram num acidente aéreo no Acre quando Suely tinha vinte anos. Formada em arquitetura dois anos depois do desastre, a jovem começou a ganhar a vida projetando casas de funcionários e outros equipamentos em usinas hidrelétricas. Aos 28 anos, foi aprovada em primeiro lugar no concurso para a consultoria legislativa da Câmara dos Deputados, um grupo de elite do funcionalismo público encarregado de redigir leis para os parlamentares. Sua área de especialização era meio ambiente e urbanismo, e por ela passou, entre várias outras, a redação da Lei de Crimes Ambientais, de 1998, da Lei de Gestão de Florestas Públicas, de 2006, e da Lei dos Resíduos Sólidos, de 2010. No Código Florestal de 2012, apoiou tecnicamente os parlamentares contrários ao parecer de Aldo Rebelo.

Resolveu partir para uma segunda carreira após ingressar na Câmara e formou-se em direito em 1997. Para vencer a timidez extrema, virou professora voluntária na Universidade de Brasília. "Metade dos lobistas do Congresso foram meus alunos", brinca. O conhecimento das minúcias legais e a reputação que adquiriu em quase três décadas na coxia do mundo ambiental tornaram Araújo a escolha do então deputado Sarney Filho (PV-MA) para presidir o Ibama quando ele retornou ao MMA, após o impeachment de Dilma Rousseff.

No Ibama, Araújo tinha uma lista de prioridades. Uma era controlar o desmatamento, que cresceu quase 30% entre 2015 e 2016, na esteira de um corte orçamentário na fiscalização no ano final do trágico segundo governo Dilma. Conseguiu uma queda de 12% no primeiro ano, com uma aprovação extraordinária de dinheiro do Fundo Amazônia para alugar helicópteros e carros para as operações. No segundo ano, porém, a devastação voltou a subir, em 8%. (Os ambientalistas chiamos, sem saber o que nos aguardava.)

Também estava no Top 10 da presidente do Ibama algo que seria, até aquele momento, sua maior contribuição para o futuro da Amazônia — e que possivelmente causaria desgosto ao pai barrageiro: em 4 de agosto de 2016, Araújo arquivou o processo de licenciamento da usina hidrelétrica de São Luiz do Tapajós, quase tão grande e tão problemática quanto Belo Monte.

Obsessão de Dilma Rousseff, que mandou reduzir na canetada sete unidades de conservação para abrigar seu reservatório, São Luiz destruiria as espetaculares corredeiras do rio Tapajós e alagaria uma área equivalente a meia cidade de São Paulo, incluindo parte do Parque Nacional da Amazônia e duas terras indígenas Munduruku. Tudo isso para gerar metade dos 8040 megawatts de sua potência nominal. São Luiz também serviria como cabeça de ponte para a construção de mais oito ou nove hidrelétricas do chamado "Complexo

Tapajós". Além dos impactos diretos, estudos indicavam que o desmatamento na bacia cresceria ao menos 25% com as usinas. E, em 2015, uma projeção encomendada pelo próprio governo federal havia indicado que o aquecimento global reduziria a quantidade de água no reservatório de São Luiz em até 30% já em 2040.[32]

O licenciamento havia sido temporariamente suspenso nas semanas finais do governo Dilma devido à falta de manifestação da Funai sobre a usina.[33] Araújo argumentou que também não havia resposta dos empreendedores sobre uma série de pedidos de informação do Ibama feitos meses antes. Com o Brasil em recessão, energia sobrando, empreiteiros presos na Operação Lava Jato e sem caixa no governo para tocar uma obra estimada em 30 bilhões de reais, Sarney Filho deu luz verde para Suely Araújo livrar a floresta de um monstro. Outro, de cabelos cacheados e olhos azuis, cruzaria seu caminho em 2019.

A primeira briga pública de Ricardo Salles no MMA foi com a presidente do Ibama de Temer. Ela já tinha substituto anunciado, mas ainda não havia deixado o comando do órgão. Pagando de moralista na primeira semana no cargo, o ministro questionou no Twitter, em 6 de janeiro, um contrato de 29 milhões de reais para aluguel de carros para a fiscalização do Ibama. A postagem foi replicada por Bolsonaro, que cacarejou que seu governo estava "desmontando rapidamente montanhas de irregularidades". No dia seguinte, Araújo publicou uma nota afirmando que os 29 milhões de reais representavam na verdade uma economia em relação ao valor original do contrato, e que a acusação sem fundamento de Salles evidenciava "completo desconhecimento da magnitude do Ibama e das suas funções". No ato, pediu exoneração.

Fora do Ibama, mas querida pela equipe, tornou-se uma ponte entre os servidores, permanentemente ameaçados por Salles, e os megafones da sociedade civil e da imprensa. Quando funcionários do órgão e do MMA precisavam denunciar alguma boiada do ministro, encaminhavam os documentos (que deveriam ser públicos) à ex-presidente, que distribuía a notícia a jornalistas.

Em 2020, aposentada da Câmara, Araújo foi contratada por Marcio Astrini para o Observatório do Clima (OC). No mundo das ONGs, com a liberdade que o serviço público não lhe permitia, a advogada insone virou o proverbial pinto no lixo. Ricardo Salles não daria um dia de paz à sociedade civil, mas tampouco teria algum.

Além do trabalho de praxe de obter informação e repassá-la à imprensa, a ex-presidente do Ibama passou a usar sua expertise legal para se debruçar sobre os atos normativos de Salles. Ao mesmo tempo, começou a acompanhar, nas bases de dados públicas, como o Ministério do Meio Ambiente estava gastando dinheiro do seu orçamento. Descobriu que simplesmente não estava: nos primeiros nove meses de governo, Salles executou no MMA, tirando o pagamento de salários e aposentadorias, 105 mil reais, o valor de um carro. Isso significava que o ministério estava parado, numa opção aparentemente deliberada por não fazer política pública. O Observatório do Clima passou a divulgar relatórios anuais com a execução do orçamento da pasta. Na média, corrigindo pela inflação, a liquidação (recurso empenhado e gasto em um mesmo ano) da administração direta do Ministério do Meio Ambiente de Bolsonaro foi a mais baixa desde o início do século.[34]

No Ibama, havia dinheiro para a fiscalização, que simplesmente não era feita. Os PMs contratados por Salles para mandar no Instituto cuidaram para que o Grupo Especial de Fiscalização, a tropa de elite do Ibama, ficasse sem ir a campo e para que os recursos para as operações fossem repassados aos estados, onde nada acontecia (a maioria dos estados da Amazônia ficou sem superintendente na maior parte do primeiro ano de governo). A destruição de equipamentos de infratores, um recurso poderoso de dissuasão que quebra a estrutura econômica do crime, despencou pela metade no primeiro ano de governo.[35] Logo após tomar posse, Bolsonaro desautorizou publicamente uma operação do Ibama que havia destruído maquinário de madeireiros em uma unidade de conservação em Rondônia, e uma norma (ilegal) proibindo a destruição chegou a ser minutada. Em 2020, a cúpula da fiscalização foi exonerada após uma operação contra a grilagem e o garimpo que destruiu equipamentos em três terras indígenas.

Durante a pandemia, a situação do Ibama ficou ainda pior: em 2020, o Exército, sob a liderança do vice-presidente Hamilton Mourão (PRTB-RS), assumiu a coordenação do combate ao desmatamento no lugar do Ibama. Os militares fizeram três grandes operações, que custaram meio bilhão de reais[36] e não impediram que Bolsonaro terminasse seu governo com um aumento de 60% na devastação, a maior alta percentual em um mandato presidencial desde o início do sistema Prodes.[37]

A trava deliberada ao órgão ambiental chegou ao seu zênite em abril de 2021, quando Salles e seus prepostos na presidência do Ibama, Eduardo Bim, e do ICMBio, Fernando Lorencini (também um PM paulista), baixaram uma instrução normativa que simplesmente paralisava todo o trabalho dos fiscais. Dali em diante, antes de lavrar qualquer multa em flagrante, o agente precisaria fazer um relatório e obter a aprovação de seu "superior hierárquico". Dessa vez a reação veio de dentro: mais de seiscentos agentes, arriscando exoneração, publicaram um manifesto denunciando a instrução normativa.[38] O trio foi obrigado a recuar diante da repercussão.

Enquanto Salles e Bim metiam a foice no Ibama, Suely Araújo colocava em ação sua tática mais poderosa de atuação contra o governo. Sem ter a quem recorrer contra as boiadas no Executivo, que era a fonte dos problemas, nem no Legislativo, dominado pela bancada ruralista, a advogada olhou para a única instituição do Estado que não dormia furiosamente na era Bolsonaro: o Supremo Tribunal Federal.

Araújo reuniu uma equipe de advogados para propor no STF uma série de ações contra os atos mais escabrosos do governo. O OC construiria a argumentação técnica e jurídica das petições, que seriam formuladas e impetradas no Supremo por partidos de oposição. A Rede Sustentabilidade, o Psol, o PSB e o PT toparam a ideia e botaram os próprios advogados para trabalhar nas peças. Em junho de 2020, o STF recebeu as duas primeiras ações: uma que demandava a imediata reativação do Fundo Amazônia e outra que exigia que o governo parasse de sabotar outra fonte de recursos para o meio ambiente, o Fundo Nacional sobre Mudança do Clima.[39]

Concebido por João Paulo Capobianco no governo Lula 2 e implementado por Carlos Minc, o Fundo Clima tinha o objetivo de usar royalties do petróleo para financiar a transição para uma economia limpa, mas foi enfraquecido no governo Dilma com a mudança nas regras da partilha dos royalties, em 2012. Mesmo assim, em 2019, havia 8 milhões de reais no Ministério do Meio Ambiente para serem gastos a fundo perdido e 500 milhões de reais a serem repassados ao BNDES para empréstimos a juros subsidiados, mas nada estava sendo executado. Em abril de 2019, Bolsonaro também havia desfeito o comitê gestor do fundo (de novo, para eliminar a sociedade civil).[40]

Uma terceira ação concebida por Araújo com advogados parceiros foi impetrada na Justiça do Amazonas pelo Greenpeace, pelo ISA e pela Abrampa, uma associação de procuradores da República da área ambiental. Ela pedia a anulação de um despacho dado por Eduardo Bim em 25 de fevereiro de 2020, a pedido de madeireiras do Pará, liberando de fiscalização do Ibama cargas de madeira para exportação. A alegação dos empresários era que a inspeção era redundante, já que a madeira dos planos de manejo já havia passado por uma série de checagens de legalidade antes de chegar ao porto. Depois de ter lido os capítulos anteriores e entendido como funciona a indústria madeireira, vou deixar você rir um pouquinho desse argumento. Bim concordou, para desespero dos fiscais do Ibama. Esse despacho legalizaria retroativamente milhares de cargas de madeira exportadas.

A ação do Fundo Clima foi distribuída para relatoria ao ministro Luís Roberto Barroso, e a do Fundo Amazônia, a Rosa Weber. Num movimento inédito na história do STF e da política climática nacional, ambos convocaram audiências públicas para debater o assunto, com especialistas e representantes do governo e do setor privado. Em 21 de setembro, a mudança do clima foi objeto de debate no Supremo pela primeira vez, na audiência convocada por Barroso. Salles foi chamado a explicar o caso e tentou sair-se com uma malandragem: logo após os partidos entrarem com a ação, o ministro liberou os recursos retidos do Fundo Clima para o BNDES — com efeito, o maior aporte feito na história do fundo, de todo o meio bilhão que estava congelado. Em seu depoimento, disse que o processo havia "perdido objeto". Barroso não caiu na patranha. "O mundo comporta diversos pontos de observação, e a verdade não tem dono, embora a mentira deliberada tenha", discursou, ao final da audiência. "Um de nossos esforços aqui foi identificar narrativas que não têm apoio nos fatos." A ação seguiu adiante.

Mas Suely Araújo não parou nisso. Sua equipe concebeu ou deu auxílio técnico a dezenove ações contra o governo Bolsonaro. Em 2021, ela reuniria mais uma vez os oito ex-ministros do Meio Ambiente para apoiar uma ação movida por seis jovens ativistas na Justiça de São Paulo questionando a redução da ambição da meta brasileira no Acordo de Paris — proposta pelo governo Bolsonaro em 2020.

Em 24 de junho de 2022, Luís Barroso proferiu um voto histórico no julgamento da ação do Fundo Clima. Nele, declarou que a proteção climática é um dever constitucional e, portanto, omissões ou ações contrárias a ela são passíveis de sanção pelo STF. O voto criou jurisprudência para futuras ações contra o governo sempre que houver ameaça às metas climáticas. Por extensão, consolidou na interpretação constitucional brasileira a relação entre a redução do desmatamento na Amazônia e a proteção do clima, enterrando o velho argumento soberanista nascido nos escritos de Arthur Ferreira Reis, nos anos 1950, e sustentado durante décadas pelas Forças Armadas e pelo Itamaraty, de que o país tinha direito inerente a desmatar para se desenvolver. Os cientistas que desde os anos 1980 soaram o alarme da importância global da Amazônia agora estavam respaldados pela Carta Magna. Por dez votos a um, o STF mandou o governo parar de sabotar o Fundo Clima. Os partidos de oposição também ganharam por dez a um a ação que determinava a reativação imediata do Fundo Amazônia.[41] Meses antes, em março, outra ministra do STF, Cármen Lúcia, oficializara o entendimento da Suprema Corte de que a governança ambiental brasileira havia sido desmontada de propósito, chamando a estratégia bolsonarista de "cupinização" das instituições.[42]

Salles já não estava no cargo para amargar essas derrotas. Ele havia sido apeado do MMA em junho de 2021, após uma ação da Polícia Federal que esteve a ponto de levá-lo em cana. Mais uma vez, a prepotência do boiadeiro teve um papel nesse episódio.

No final de março de 2021, enquanto negociava com o governo dos Estados Unidos uma doação de 1 bilhão de dólares supostamente para proteger a Amazônia,[43] Salles viajou a Santarém, no Pará, com um objetivo inaudito: tentar liberar uma carga de 200 mil m³ de madeira apreendida pela Polícia Federal. Era a primeira vez na história que um ministro do Meio Ambiente pegava um avião e atravessava o Brasil para interceder em favor de madeireiros. Ele faria em abril uma segunda viagem com o mesmo objetivo.

Para além das suspeitas de advocacia administrativa — quando um funcionário público usa o cargo para defender interesses privados —, a viagem tinha um objetivo político: minar as chances do superintendente da PF no Amazonas, Alexandre Saraiva, responsável pela apreensão, de ganhar sua cadeira numa reforma ministerial que Bolsonaro faria naquele semestre.

O extremo desgaste de Salles após dois anos de denúncias na imprensa, escárnio internacional e processos na Justiça fez o nome de Saraiva começar a ser ventilado na imprensa como substituto do boiadeiro. A viagem para descredenciar a operação de Saraiva, dizendo que a apreensão fora ilegal, foi uma tentativa de ganhar pontos com Bolsonaro e tirar o rival da jogada. Mas o tiro saiu pela culatra: em 14 de abril, Saraiva impetrou uma notícia-crime contra Salles no STF por tentativa de obstrução de uma investigação da PF. O ministro se manteve no cargo, mas enfraquecido e com uma investigação em seu CPF na Suprema Corte. Em vingança, manobrou para que o superintendente perdesse o cargo no Amazonas. Saraiva foi removido para o interior do Rio de Janeiro.

Paralelamente, outro delegado da PF, Franco Perazzoni, conduzia outra investigação contra Salles, Eduardo Bim e mais 21 funcionários do Ibama e do MMA. Ela tivera início num memorando do Fish and Wildlife Service dos Estados Unidos para o governo brasileiro, questionando a legalidade de cargas de ipê exportadas da Amazônia para os Estados Unidos. A madeira ilegal saíra do país após o despacho de Bim de fevereiro de 2020 que isentou de inspeção do Ibama as cargas para exportação — o mesmo documento visado por Suely Araújo e cuja legalidade a Abrampa, o ISA e o Greenpeace questionaram na Justiça.

Em 19 de maio de 2021, com autorização do ministro do STF Alexandre de Moraes, a Polícia Federal deflagrou uma operação de busca e apreensão que teve como alvos Salles, Bim e mais dezesseis funcionários. A operação foi batizada Akuanduba, em homenagem a uma divindade do povo indígena Arara que tocava uma flauta para restabelecer a ordem toda vez que os humanos cometiam excessos. Bim e oito servidores do Ibama e do MMA foram afastados por noventas dias. Salles chegou a comparecer armado à sede da PF em Brasília para tirar satisfações com Perazzoni, mas não passou da porta.

Além da notícia-crime que já tramitava contra ele no Supremo, Salles passou a ser investigado por nove crimes, entre eles corrupção passiva, facilitação de contrabando, contrabando, advocacia administrativa e lavagem de dinheiro.[44] Em 23 de junho, diante de rumores da prisão iminente de seu ministro, Bolsonaro exonerou o boiadeiro. Na véspera, mandou exonerar também o delegado Perazzoni do comando da delegacia de repressão a crimes financeiros da PF.

O efeito imediato da demissão foi tirar toda a investigação contra Salles do Supremo e remetê-la à primeira instância, onde tudo recomeçou — o que abriu a possibilidade de o ex-ministro concorrer a deputado federal em 2022 e ser eleito, com mais de 600 mil votos. Para seu lugar, Salles nomeou o amigo Joaquim Leite, cujos feitos mais notáveis em um ano e meio no cargo foram esconder duas vezes os dados do Prodes e ser flagrado fazendo turismo no mar Vermelho quando deveria estar liderando a equipe de negociação do Brasil na COP27, a conferência do clima de Sharm El-Sheikh, no Egito.

Apesar do estrago feito ao Ministério do Meio Ambiente, à Floresta Amazônica, ao Cerrado e sobretudo aos povos indígenas, o Brasil tem uma dívida eterna com Jair Bolsonaro. Sua blitzkrieg contra o meio ambiente e os povos tradicionais botou a Amazônia no centro do debate na sociedade brasileira de uma maneira inédita. Nunca houve tanta cobertura de imprensa, tanta discussão internacional e tanta conversa de bar sobre a região, seus habitantes e a necessidade de o Brasil encontrar um modelo de desenvolvimento que permita enterrar de vez a herança da ditadura e manter viva a maior floresta tropical da Terra.

Zero é o maior número

Brasília fervia naquele domingo, mas a sensação para as 300 mil pessoas que lotaram a Esplanada dos Ministérios sob um sol de rachar era de um ansiado refresco. Às quatro da tarde de 1º de janeiro de 2023, primeiro dia sem chuva em semanas na capital federal, a multidão extasiada viu Luiz Inácio Lula da Silva subir a rampa do Palácio do Planalto para sua terceira posse como presidente da República. O país enfim interrompia a escalada autoritária, violenta e ecocida iniciada em 2018 com a eleição de Jair Bolsonaro.

De braços dados com Lula na subida da rampa estava um ancião alto e forte que, aos estimados noventa anos, ainda preservava o porte de guerreiro: Ropni Metyktire. Sua presença na solenidade carregava múltiplos simbolismos. Era a primeira vez que um indígena empossava um presidente e a primeira vez que um presidente se comprometia a trazer os povos originários para dentro do governo.

O avô dos Mebêngôkre completava, ele mesmo, um ciclo. Após décadas militando pela proteção aos territórios indígenas e contra as grandes hidrelétricas no rio Xingu, o cacique reatava laços com o político que decidira construir Belo Monte, confiando que dessa vez as coisas seriam diferentes.

Raoni não era o único ex-aliado que se reaproximava de Lula. Em setembro de 2022, na reta final do primeiro turno, o petista recebeu um apoio que marcaria sua candidatura: Marina Silva estava de volta.

Rompida com Lula desde sua saída do Ministério em 2008, a acreana havia traçado uma jornada que incluiu três mudanças de partido, três eleições presidenciais perdidas e um pote até aqui de mágoa com o velho amigo por causa da campanha suja empreendida pelo PT contra ela em 2014. Ciente da necessidade do ex-presidente de angariar apoios de peso para a frente ampla contra Bolsonaro — e do impulso que a própria candidatura a deputada por São Paulo teria com Lula no palanque —, Marina engoliu o ressentimento. Propôs uma "adesão programática", dispondo-se a pular no barco petista caso Lula se comprometesse com uma agenda socioambiental de 26 pontos entregue por ela. O mais importante deles era o compromisso com o desmatamento zero até 2030.

Lula não apenas aceitou incorporar o programa ambiental de Marina como escolheu fazer sua primeira viagem internacional como presidente eleito à COP27, a conferência do clima de Sharm El-Sheikh, no Egito, mais de um mês antes da posse. Recebido na COP como um popstar, o petista proferiu um discurso tão memorável quanto o de 2009 em Copenhague. E anunciou a meta ambiental mais ambiciosa já posta na mesa por um governante brasileiro num fórum internacional: "Não há segurança climática para o mundo sem a Amazônia protegida. Não mediremos esforços para zerar o desmatamento e a degradação de nossos biomas até 2030". A promessa, que já havia sido enunciada no discurso de vitória, em 30 de outubro, foi repetida duas vezes no escaldante dia da posse.

O tratamento atroz dado por Bolsonaro ao meio ambiente e aos povos indígenas havia posto a floresta na ordem do dia das campanhas dos candidatos do campo democrático em 2022. Lula falou em "desmatamento líquido zero", conceito que implica compensar com regeneração e reflorestamento tudo o que foi desmatado (reflorestar com quais espécies é onde mora o diabo); Simone Tebet (MDB) e Ciro Gomes (PDT), em "desmatamento ilegal zero", o que na Amazônia significaria permitir algo entre 2% e 20% do desmate atual.[1] Fosse como fosse, quem ganhasse a eleição no lugar de Bolsonaro teria de dar alguma resposta a uma parte importante da sociedade brasileira e da comunidade internacional, que viam na destruição da Amazônia uma ameaça ao patrimônio nacional, aos direitos humanos e ao futuro do planeta.

Após a adesão de Marina, a campanha lulista deu um salto conceitual e diferenciou-se das de Simone e Ciro ao falar de desmatamento zero sem qualificativos. Zerar desmatamento e degradação significa nada menos do que parar a expansão horizontal da fronteira agrícola no Brasil. Os avanços na produção terão de ocorrer ou por aumento da produtividade ou por ocupação de pastagens degradadas, que somam no país entre 33 milhões e 90 milhões de hectares, dependendo do cálculo.[2]

Isso não significa, evidentemente, que nenhuma árvore mais será cortada, mas que o desmatamento residual — feito por populações tradicionais ou por obras de interesse social e utilidade pública — será tão pequeno a ponto de ser irrelevante, e tende a ser mais do que compensado pela recuperação florestal e pela regeneração. Falar, claro, é muito mais simples do que fazer.

Em dezembro de 2022, após uma transição conturbada e sob caretas do PT, que a odeia, Lula bateu o martelo e trouxe Marina Silva de volta ao MMA, rebatizado Ministério do Meio Ambiente e Mudança do Clima. A acreana refez sua equipe à imagem e semelhança do último mandato, com João Paulo Capobianco na secretaria executiva e André Lima numa secretaria extraordinária de combate ao desmatamento.

No primeiro dia de governo, o grupo ressuscitou o PPCDAM, que fora revogado por Bolsonaro em 2019. Dessa vez, ele viria com quatro eixos: atividades produtivas sustentáveis, monitoramento e controle ambiental, ordenamento fundiário e territorial, como nas primeiras versões, e um novo, instrumentos normativos e econômicos para a redução do desmatamento. Também foi criada uma comissão de dezenove ministérios encarregada de apresentar e executar planos de controle do desmatamento em todos os biomas.

Algumas das ferramentas do kit do PPCDAM foram postas em uso logo no início do governo. Diante do corpo mole das Forças Armadas, o Ibama agiu sozinho com a Polícia Federal no começo de 2023 para tentar parar um novo genocídio dos Yanomami, causado pelo garimpo após a explosão do preço do ouro nos anos Bolsonaro, sob o olhar complacente do Exército. Imagens de satélite foram usadas para embargar remotamente propriedades rurais com desmatamento. Numa canetada só, apenas cruzando dados do sistema de controle, o diretor de Proteção Ambiental do órgão, Jair Schmitt, cancelou 1,6 milhão de m³ de créditos irregulares de madeira, o equivalente a 80 mil caminhões de tora. E o Banco Central publicou uma versão 2.0 da resolução de 2008 sobre corte de crédito a desmatadores, expandindo-a para todos os biomas.

A realidade amazônica em 2023, porém, mudara radicalmente nos vinte anos transcorridos entre o primeiro PPCDAM e a versão Lula 3. Embora o consenso em torno da necessidade de proteger a floresta estivesse estabelecido na sociedade brasileira — nem tanto assim na dos estados amazônicos, maciçamente bolsonaristas —, a Marina Silva dos anos 2020 encararia um cenário muito mais complexo na floresta que a dos anos 2000. Não foram somente os negociadores internacionais de clima que passaram a enxergar uma oportunidade na Amazônia; o crime organizado também.

A explosão do garimpo levou facções criminosas do Sudeste a buscar lavar dinheiro com a exploração ilegal do ouro.[3] As cadeias ilegais eram frequentemente interconectadas. Um estudo de 2022 da ONG Instituto Igarapé permitiu um vislumbre dessas ligações ao mergulhar nos resultados de 369 operações da Polícia Federal na Amazônia. A análise mostrou, por exemplo, que os indiciamentos nas operações contra a grilagem de terras também incluíam corrupção (em 42% dos casos), fraude (60%), lavagem de dinheiro (15%), tráfico de drogas (6%) e de pessoas (também em 6% dos casos).[4] A ilegalidade se convertera, nas palavras das pesquisadoras, em um "ecossistema" de crimes.

Contra essa rede ampla e complexa de bandidagem havia um Ibama depenado. O efetivo do órgão ambiental caiu pela metade desde o final do segundo governo Lula, devido sobretudo a aposentadorias sem substituição. Após a pandemia, o número de agentes aptos a ir a campo enfrentar criminosos era de trezentos, o que produzia a inacreditável razão de um fiscal para cada Bélgica do território nacional; o déficit era de oitocentos fiscais apenas para repor o quadro perdido,[5] sem nem chegar perto do que existe em outros países de dimensões semelhantes às do Brasil. Uma conta rápida feita por Schmitt indicava que, para se igualar aos Estados Unidos, país de extensão territorial semelhante, mas com menos áreas protegidas, o Brasil precisaria de mais de 5 mil fiscais no órgão.

Mais do que tudo, porém, os planos de Marina Silva de controlar o desmatamento e eventualmente zerá-lo enfrentavam resistência feroz do agronegócio.

A radicalização do agro depois de mais de uma década de empoderamento, iniciado com a mudança do Código Florestal e levado ao paroxismo entre 2019 e 2022, talvez tenha sido a herança mais deletéria do governo Bolsonaro para a área ambiental. Embora derrotado na eleição para o Executivo federal, o setor ganhou em 2022 aliados poderosos no Congresso, à medida que a extrema direita varreu o PSDB e tomou de assalto a Câmara e o Senado. Se na votação do código a bancada ruralista percebeu o tamanho do próprio poder político e inventou a clivagem entre "ruralistas" e "ambientalistas", após o governo Bolsonaro sedimentou-se na direita brasileira uma transformação que guarda paralelo com o que houve nos Estados Unidos com a ascensão do movimento ultradireitista Tea Party, no final dos anos 2000. Lá, toda a pauta socioambiental e climática passou a ser rotulada como "de esquerda", e não era mais possível ser conservador sem negar o aquecimento global três vezes. O mesmo tipo de cisão ideológica se verificou no Brasil: embora o agro não seja um monólito, quem fala pelo agro — políticos, líderes empresariais e sindicatos patronais — passou a se aliar ao discurso bolsonarista-militar de ataque aos povos indígenas, aversão às ONGs e *free-for-all* com a floresta.

Esse credo, que inclui doses maciças de desinformação, era martelado diuturnamente entre os homens e as mulheres do campo por veículos de comunicação ligados ao *agribusiness*,[6] por redes sociais e por cheerleaders do negacionismo ambiental, como o ex-deputado Aldo Rebelo, autor do parecer que mudou a lei florestal.

Para além da questão ideológica, que seria grave o suficiente, a promessa de zerar o desmatamento esbarra em questões bastante concretas. Uma delas é resumida por Blairo Maggi, o ex-governador de Mato Grosso: "Continuo achando até hoje que floresta não traz desenvolvimento local. Nós nunca conseguimos achar uma forma de remuneração da floresta em pé".

Os prejuízos econômicos do desmatamento para os municípios são evidentes no médio prazo;[7] mas, de imediato, os ganhos com o saque aos recursos naturais e com a mineração de nutrientes da floresta — turbinados pela perspectiva de impunidade — ainda eram imbatíveis quando este livro foi escrito. Uma combinação de chicote e cenoura, de punição e incentivo, é necessária para sufocar a ilegalidade, tornando o risco de castigo maior que a perspectiva de lucro com o crime, e, em seguida, para direcionar a produção a atividades que não destruam a floresta. O PPCDAM dos anos 2000 teve um bom desempenho na primeira parte dessa equação e não conseguiu entregar na segunda.

Além disso, pôr um fim deliberado à expansão da fronteira agrícola no Brasil implica, como a leitora já terá adivinhado, fazer proprietários rurais simplesmente abrirem mão do direito de desmatar. Como nenhum governo é besta a ponto de submeter um novo Código Florestal ao Congresso, isso precisará ser feito por meio de incentivos econômicos maciços, e dificilmente será o Fundo Amazônia, com poucos bilhões de reais, que bancará essa transição. Embora mais de 80% do desmatamento na Amazônia seja feito por menos de 1% das propriedades,[8] o número é grande o bastante para tornar o Brasil o maior desmatador do mundo, e o poder político desses fazendeiros é esmagador.

Vislumbres de uma Amazônia pós-fronteira, apesar de tudo, pipocam aqui e ali, com toda a imperfeição inerente ao Brasil. Um deles está justamente na cidade paraense batizada em homenagem ao homem que mais contribuiu para arrebentar a Floresta Amazônica.

O gaúcho Élido Trevisan mostra empolgado as árvores altas em sua propriedade. "Esse aqui é um cajá, essa outra é a tatajuba, esse é um mogno que eu plantei. Aqui só olhando tem umas dez variedades de madeira." O lote arborizado fica em Medicilândia, a oitenta quilômetros de Altamira, num trecho asfaltado da Transamazônica. Longe de ser um ambientalista, Trevisan desmatou 80% de sua área de 103 hectares nos anos 1970, quando chegou com a família em uma das primeiras levas de colonos da região. O reflorestamento que ele fez sozinho, apenas deixando árvores rebrotarem na terra queimada, tem um objetivo antes econômico que ecológico: sombrear o cacau que permite uma vida confortável a sua família. Segundo as contas do agricultor, cinco hectares da fruta na região rendem o mesmo que cem hectares de pecuária. "Dá para educar os filhos."

De símbolo do fracasso do Programa de Integração Nacional de Emílio Médici, Medicilândia tornou-se conhecida na segunda década do século XXI como a capital do cacau. Em 2021, a área plantada com a fruta no município era de 90 mil hectares, e a produção era a maior do país, superando as cidades do sul da Bahia cujas lavouras se viram arrasadas pela vassoura-de-bruxa (*Moniliophthora perniciosa*) nos anos 1990. Foram décadas de projetos econômicos frustrados na região até que a cidade passou a apostar no cacau, uma planta nativa da Amazônia[9] e com alta possibilidade de agregação de valor no próprio município.

Desde os anos 1970 o cacau está presente na região de Altamira, mas como refugo: produzido com baixa tecnologia, com amêndoas de má qualidade vendidas a preços baixos para fazer volume na fabricação de achocolatados e outros produtos de menor valor. Em 2010, os produtores de Medicilândia, organizados numa cooperativa, decidiram fazer algo que hoje soa óbvio na região que é o centro de origem da planta: fabricar o próprio chocolate. Montaram uma indústria, a CacauWay, que compra as melhores amêndoas dos cooperados, libertando-os do controle de preços das *traders*. E as manchas de terra roxa, mais fértil, passaram a ser maciçamente ocupadas por plantações de cacau, que substituem progressivamente as pastagens. Com a frutífera vêm também as árvores nativas para sombrear o cacau, como na propriedade de Élido Trevisan. Um produtor diz que plantações de cooperados da CacauWay dificilmente têm menos de oito espécies florestais.

A pequena revolução chocolateira de Medicilândia não se deu por mera conscientização dos produtores de que eles tinham ouro nas mãos e estavam apostando no cavalo errado. Numa manhã de domingo na fábrica da CacauWay, o capixaba Ademir Venturin, o Bel, explica como o movimento aconteceu: "Foi feito na porrada".

O marco ocorreu em 2008, com a operação Arco de Fogo. A operação do Ibama e da PF tinha como alvo a próspera indústria madeireira clandestina da Transamazônica, que se aproveitava do caos fundiário para saquear terras públicas e, ao mesmo tempo, tinha apoio dos colonos porque fazia estradas para chegar aonde ninguém mais chegava.

"O município virou um terreno de guerra, aqui desciam dez helicópteros com gente armada nas propriedades, era uma coisa que assustava. Você via um avião [risos]... era uma loucura. Diziam que aqui era lugar de criminosos perigosos", recorda-se Bel.

A ação do governo contra as madeireiras fez virar uma chave na cabeça de alguns agricultores de Medicilândia. Segundo Bel, o setor produtivo percebeu que quem ganhava com a matéria-prima extraída do Pará eram os outros estados, que condenavam os paraenses como desmatadores. "Tudo sai daqui, gera emprego lá, e criminoso fica sendo quem produziu a matéria-prima. Então o debate que a gente tinha na época era pegar alguma cultura daqui e transformar numa coisa diferenciada."

"A fábrica pode não ser muito viável economicamente, mas fez com que nosso cacau aparecesse no mundo, nosso cacau ganha prêmios internacionais", conta Trevisan. "Eu já fui para Gramado, lá não tem cacau nenhum, como é que eles conseguem fazer chocolate e a gente não?"

Outro produtor, o também capixaba Pedro Pereira Lima, conta que, nos últimos anos, Áreas de Preservação Permanente degradadas no município vêm sendo recuperadas com duas variedades de cacau nativas da Amazônia, o Parazinho e o Maranhão. Ambos são o xodó de *chocolatiers* de boutique, como a De Mendes, criada com capital de investidores paulistas. As duas cultivares produzem menos, mas fornecem as amêndoas de mais alta qualidade e que fermentam melhor (a fermentação da amêndoa é o que determina o sabor do chocolate). Numa demonstração prática do quanto ainda falta de marketing na "capital do cacau", Lima chama as cultivares nativas de "cacau comum", como elas são conhecidas, em oposição às variedades de laboratório que predominam no país. Leva um puxão de orelha de Tasso: "Não chama de comum! Esse é o cacau mais especial!".

A história de Medicilândia seria um lindo exemplo de transformação da Amazônia rumo a um futuro sustentável não fosse um detalhe chato: a realidade. O descontrole geral sobre o desmatamento prometido e entregue por Bolsonaro fez a devastação crescer quase três vezes mais depressa no município nos três primeiros anos de seu governo do que nos três anos anteriores, segundo dados do MapBiomas até 2021.[10] É uma demonstração desanimadora do quanto a floresta ainda precisa de comando e controle.

Outro caso de sucesso borrado pela realidade amazônica é Paragominas, a um Xingu e um Tocantins de distância de Medicilândia. Desde 2010, o primeiro município a sair da lista suja do desmatamento vem implementando um programa pioneiro de pecuária sustentável, com fazendas se adequando ao Código Florestal e aumentando sua produtividade por meio da adubação de pastagens —, além de liberar área de pasto para a agricultura. Vinicius Scaramussa, um jovem produtor, relatou-me que sua fazenda rende trinta arrobas de boi por hectare, contra sete da média nacional. O número de proprietários inscritos no programa, porém, é acabrunhante: apenas quinze em uma década, num universo de 3182 imóveis inscritos no Cadastro Ambiental Rural na ex-Paragobala.[11]

O resto do mundo está cada vez menos disposto a esperar o Brasil resolver seus problemas e dar escala às soluções. Com 451 bilhões de toneladas de gás carbônico estocadas em forma de carbono na vegetação da Amazônia brasileira, o equivalente a oito anos de emissões globais, a perspectiva de a floresta ultrapassar o ponto de virada teorizado nos anos 1990 — e explodir qualquer que seja o esforço global para atingir as metas do Acordo de Paris — tornou-se intolerável para a comunidade internacional. Estudos recentes de Carlos Nobre, de seu ex-aluno Gilvan Sampaio e do falecido Tom Lovejoy sugeriram que o ponto de virada da Amazônia poderia ocorrer com 20% a 25% de desmatamento devido aos efeitos combinados da mudança do clima e do desmatamento.[12]

Em 2021, essa previsão ganhou uma evidência aterrorizante: um estudo liderado pela pesquisadora do Inpe Luciana Gatti, publicado na revista científica *Nature*, mostrou que parte importante da Amazônia já emite mais gás carbônico do que absorve.[13]

Gatti e colegas passaram quase uma década fazendo 590 sobrevoos por toda a floresta para medir o fluxo de gases e a temperatura. Descobriram que a porção sudeste do bioma, que vai de Alta Floresta a Santarém, abarcando toda a região da BR-163, o Xingu, o leste do Pará e o Maranhão, esquentou mais do que a média da Amazônia e do mundo entre 1979 e 2018: 1,46ºC no ano e 2,54ºC nos meses de agosto, setembro e outubro. A média mundial nesse período foi 0,98ºC, e a da Amazônia foi 1,02ºC. O efeito combinado do aquecimento, que aumenta a estação seca e deixa a floresta mais inflamável, do desmatamento e das queimadas tornou essa imensa região uma fonte líquida de CO_2 para a atmosfera, como previsto pelos modelos computacionais rodados por Nobre e pelo britânico Peter Cox. Gatti diz que o sinal de que algo estava muito errado já era evidente no início das medições, mas ela e os colegas preferiram acumular nove anos de dados para ter certeza.

Em 2024, Gatti e Nobre foram coautores de um outro estudo, liderado pelos pesquisadores Marina Hirota e Bernardo Flores, da Universidade Federal de Santa Catarina, que botou números ainda mais assustadores no ponto de virada da Amazônia. Publicado na capa da mesma *Nature*, o trabalho mostrava que, até 2050, de 10% a 47% da Amazônia poderiam ser empurrados para um estado de instabilidade tão grande que a floresta poderia simplesmente morrer e ser substituída por savanas ou ecossistemas degradados sem cobertura de árvores.[14] Ou seja, o esforço de controlar o desmatamento pode ser em vão caso a mudança climática empurre a floresta para o colapso.

Sem nenhuma intenção de pagar para ver, a União Europeia (UE), os Estados Unidos e o Reino Unido vêm aumentando as restrições ao desmatamento importado como forma de deter a devastação das florestas tropicais na ponta da demanda.

Em 2022, a UE causou choro e ranger de dentes no agro brasileiro ao aprovar uma regulação pioneira, que exige desmatamento zero em qualquer propriedade rural em áreas florestais que queira vender ao mercado europeu uma série de commodities (como soja, couro, carne, madeira, cacau e borracha). Exportadores ficam sujeitos a uma auditoria dos compradores e precisam provar que não desmataram nada desde dezembro de 2020 se não quiserem ter seus produtos recusados. Ecoando o Decálogo do Desmatador, entidades como a Associação Brasileira dos Produtores de Soja (Aprosoja) e a Sociedade Rural Brasileira (SRB) denunciaram que a regulação viola a soberania do país. O governo Lula, no ano seguinte, juntou-se ao coro dos histéricos e ameaçou entrar na OMC contra a medida.

A regulação sinaliza que o desmatamento não é mais tolerável no mundo desenvolvido, que os mercados consumidores atentos à crise climática não querem compactuar com ele e que não existe nenhuma confiança em que o Brasil cumprirá sua legislação ambiental. De fato, o governo Bolsonaro mostrou ao planeta que o país pode simplesmente legalizar o ilegal e deixar que a floresta queime e o planeta cozinhe.

As pressões internacionais, respondendo a denúncias da sociedade civil brasileira, foram fundamentais para conter os ímpetos piromaníacos do Jair e seus generais. E devolveram o país à situação incômoda, da qual havia sido retirado pelo primeiro PPCDAm, de precisar ser cutucado por algum branco de olho azul para se mexer em relação à proteção da Amazônia.

É uma das manias antigas da nossa elite, aliás, insistir em fazer a coisa errada até ser lembrada de que o Brasil é um exportador de commodities na periferia geográfica do mundo e altamente dependente de mercados externos. A analogia inescapável é com a escravidão: o Brasil foi o último país das Américas a abolir a escravatura, algo que só fez porque as pressões externas tornaram-se insuportáveis.

"E aí você entra numa questão importante, que é a diferença entre patriotismo e nacionalismo", diz o embaixador André Corrêa do Lago, encarregado de chefiar a diplomacia climática do governo Lula 3. "O patriota critica os defeitos do seu país; o nacionalista elogia tudo sem critérios. Se você tem uma visão nacionalista da Amazônia, acha que tudo que acontece está dentro da lei e ninguém tem que se meter nisso porque a gente tem o direito de destruir o que é nosso. Se você tem um Joaquim Nabuco contemporâneo, ele vai dizer que nós vivemos num mundo onde aquilo que estamos fazendo é selvageria. Nós queremos nos integrar num mundo mais adiantado ou preservar nosso direito a ser selvagens?"

Único país do mundo com nome de árvore, o Brasil também é o único país que traz o desmate em sua certidão de nascimento, ao ser batizado em alusão à primeira indústria extrativa a destruir suas imensas florestas tropicais. Como escreveu o jornalista Ricardo Arnt em 1992, "o Brasil porta o ecocídio no nome". No clássico *A ferro e fogo*, sobre a destruição da Mata Atlântica, o historiador Warren Dean disse esperar que a sina deste bioma servisse de alerta para salvar a Amazônia, sua "imensa vizinha do oeste". Dean, morto em 1994, não viveu para se frustrar. O imperativo do desenvolvimento — lido nas bandas de cá como acumulação de capital a partir do saque a descoberto aos recursos naturais —, um entendimento torto de soberania e o mito fundador do berço esplêndido numa natureza infinita fizeram o país seguir na Amazônia seu hábito de ceifador de selvas. O clima agora está cobrando a conta da barbárie.

Felizmente o país não perdeu a capacidade de insurgir-se contra si próprio. Como vimos ao longo deste livro, o Brasil foi capaz de trilhar novos caminhos em 1988, quando promulgou a Constituição, e em 2004, quando criou o PPCDAm. Não há nada nas leis da física que nos impeça de repetir esses feitos nos anos decisivos para o enfrentamento das crises gêmeas do clima e da biodiversidade, na Amazônia e em seu imenso vizinho a sul, o Cerrado. As forças do atraso são formidáveis, mas semear desertos é uma escolha, não um destino. No Brasil dos anos 2020, zero é o maior número, e para chegar lá basta querer.

Nunca quisemos tanto.

Agradecimentos

Este livro vem sendo matutado desde 2011, quando pensei em tirar um sabático para escrever sobre o que me parecia um fenômeno novo e relevante, a queda sustentada do desmatamento. Na época comuniquei a ideia a Bertha Becker, que me incentivou a persegui-la. O projeto falhou. Perdi o emprego, larguei a profissão, outro livro apareceu na frente e eu passei os nove anos seguintes rascunhando uma proposta sobre a Amazônia, que nunca chegou a ter mais de uma página. O cutucão decisivo só veio em 2019, quando Ricardo Teperman me convidou para ser coautor do meu então colega de trabalho Tasso Azevedo num projeto bem mais modesto do que este. Bertha morreu em 2013 e não terá a oportunidade de se horrorizar com minha interpretação de suas ideias, mas serei sempre grato a ela pelo estímulo.

A obra não teria sido possível sem a ajuda e a paciência do Observatório do Clima, que custeou nossa etapa de campo na Amazônia e permitiu que eu me afastasse por três meses em pleno início de governo para finalizar o livro. Sou grato por isso a Lorena Pontes Masri, Joana Amaral e Marcio Astrini.

O apoio inestimável do Instituto Arapyaú e da Climate and Land Use Alliance permitiu baratear a produção do livro, ampliando seu alcance.

Como todas as minhas boas ideias, a de me licenciar, único jeito possível de terminar o livro, não foi minha. A inspiração veio de conversas com dois colegas queridos que haviam feito o mesmo, Bernardo Esteves e Dominic Phillips. Em 2022, Dom foi brutalmente assassinado juntamente com o indigenista Bruno Pereira durante a pesquisa de seu livro *How to save the Amazon — Ask the people who know*. Ele estava feliz e empolgado com o projeto, que abordava o futuro da floresta. Espero poder lê-lo em breve, concluído por um time de craques liderado por outro colega e amigo querido, o anglo-austro-altamirense Jon Watts.

Agradeço a Cassuça Benevides, Mydjere Kayapó Mekragnotire e ao Instituto Kabu pela visita à TI Menkragnoti, em 2021. A Caetano e Eugenio Scannavino, pelo banho no Tapajós, pelo açaí da Ana e pelas dicas fundamentais no Pará, e a Carlos Alberto Noronha, o Carlão, nosso motorista, arqueólogo honorário e contador de histórias.

Muita gente ajudou a puxar fios importantes de fatos pouco conhecidos que deixaram este relato mais rico. Thelma Krug e Dalton Valeriano foram fundamentais nesse mergulho. Gilberto Câmara, além de dividir as próprias histórias, foi submetido a consultas tão frequentes que lá pelas tantas ele mesmo passou a me ligar para saber as novidades da apuração. Lars Løvold me ajudou a obter um depoimento crucial ao fazer a ponte com Sting. Meu amigo bissexto João Paulo Barbosa, que sempre aparece do nada, não falhou com suas dicas salvadoras. Felipe Gomes Ferreira, Rogério de Souza Farias e os funcionários do arquivo do Itamaraty me permitiram uma viagem deliciosa e cheia de ácaros ao passado. Mário Lúcio de Avelar e Alessandro Vasconcellos da Silva me toleraram na sede do MPF em Goiânia olhando pilhas de documentos da Operação Curupira em pleno dia de jogo do Brasil.

Algumas pessoas fizeram leituras atentas de trechos do livro em busca de erros, omissões e contradições. Sou grato a Alberto Setzer, que também compartilhou gentilmente comigo parte de nossa apuração conjunta para o podcast *Tempo Quente*, que nos deixou precocemente em 2023, Fabio Feldmann, Evlyn Novo, Carlos Nobre, Suely Araújo, Giovana Girardi, que também compartilhou gentilmente comigo parte de nossa apuração conjunta para o podcast *Tempo Quente*, Marta Salomon, Ricardo Arnt e Felipe Werneck. Várias ideias discutidas aqui são fruto de mais de quinze anos de conversas com minha mulher e *fellow nerd* amazônica Cristina Amorim, que fez uma revisão implacável do texto e a quem agradeço por muito mais do que isso.

Tenho sorte de ser amigo dos maiores repórteres do Brasil, que deram ajuda inestimável em diferentes etapas do trabalho. Rubens Valente forneceu insights preciosos que me ajudaram a completar partes importantes do quebra-cabeça histórico. Com sua generosidade característica, Rubão compartilhou fontes, documentos antigos do SNI e fez uma leitura crítica fundamental de alguns pedaços. Fabiano Maisonnave foi a primeira pessoa a ler o manuscrito completo e fez comentários que me pouparam várias omissões e erros. Falando neles, Érico Melo fez uma checagem assombrosa que me salvou de dúzias de escorregadas, algumas constrangedoras. As que certamente persistirão no livro são de minha inteira responsabilidade.

Obrigado às dezenas de pessoas que aceitaram dividir memórias, bastidores e confidências comigo, mesmo correndo o risco de exposição pública de fatos às vezes desconfortáveis. José Carlos Carvalho, Marina Silva, João Paulo Capobianco, Bruce Rich, Steve Schwartzman, Carlos Nobre, Márcio Santilli e Mary Allegretti foram especialmente importantes. A lista completa das pessoas que consultei está nas Fontes.

Como sempre acontece nesse tipo de empreita, minha família foi prejudicada pelas minhas sumidas, físicas ou mentais, durante a apuração e a escrita. Meu filho caçula, Vítor, me tolerou durante todo o processo. Minha filha mais velha, Ana Carolina, me deu apoio à distância. Minha mãe, Sandra, e minha irmã Karina nunca deixaram de dar cobertura logística mesmo nas minhas piores ausências. Também sou grato a minha segunda mãe, Conceição Santa Cruz, e a Fernando Braga, que cuidou das minhas neuras.

Ao longo dos quatro anos trágicos de 2019 a 2022, sobretudo no período em que adoeci e precisei me afastar do trabalho no livro, a música ocupou um espaço grande na minha vida. Deixo um agradecimento e um abraço a mestres e parceiros, voluntários ou não: Ricardo Nakamura, Ricardo Baitelo, Gustavo Faleiros, Carlos Rennó, Lygia da Veiga Pereira, Fábio Cardelli e meu filho e muso João Gabriel Angelo. Chico, Gil e Caetano foram a trilha desse período. Milton, minha igreja.

Nunca poderei agradecer o bastante a duas pessoas que definiram o meu amor pela Amazônia. Meu pai, David Angelo, ajudou a despertá-lo na infância, com suas histórias sobre a selva coligidas no tempo em que trabalhou na Suframa e no Projeto Radam. Marcelo Leite transformou a paixão em profissão ao me entregar a chave da cobertura de Amazônia na *Folha de S.Paulo* no finzinho do século passado. Obrigado por tudo e desculpem qualquer coisa.

Fontes

Mais de uma centena de pessoas colaboraram com este livro. Algumas tiveram a paciência de conceder várias e longas entrevistas; outras responderam a perguntas rápidas por e-mail ou por telefone. Abaixo está a lista das fontes consultadas *on the record*.

Os ex-presidentes Dilma Rousseff, Michel Temer e Fernando Collor, o presidente Luiz Inácio Lula da Silva, o embaixador Marcílio Marques Moreira, o agrônomo Evaristo de Miranda e a ex-senadora Kátia Abreu não retornaram os pedidos de entrevista.

1. Antonio Tardin — pesquisador do Inpe, São José dos Campos
2. Dalton Valeriano — pesquisador do Inpe, São José dos Campos
3. Thelma Krug — pesquisadora do Inpe, São José dos Campos
4. Evlyn Novo — pesquisadora do Inpe, São José dos Campos
5. Alberto Waingort Setzer — pesquisador do Inpe, São José dos Campos (in memoriam)
6. Gilberto Câmara — ex-diretor do Inpe, São José dos Campos
7. Tasso Azevedo — engenheiro florestal, projeto MapBiomas, São Paulo

8. João Paulo Ribeiro Capobianco — biólogo, Ministério do Meio Ambiente, Brasília
9. Fernando Henrique Cardoso — ex-presidente da República, São Paulo
10. José Carlos Carvalho — ex-ministro do Meio Ambiente, Belo Horizonte
11. Luiz Carlos Joels — pesquisador do Inpa/MCTI, Brasília
12. Fernando César Mesquita — ex-presidente do Ibama, Brasília
13. Rubens Ricupero — diplomata, ex-ministro do Meio Ambiente, São Paulo
14. Salo Coslovsky — urbanista, Universidade de Nova York
15. Gustavo Krause — ex-ministro do Meio Ambiente, Recife
16. Eduardo Martins — biólogo, ex-presidente do Ibama, Brasília
17. José Sarney — ex-presidente da República, Brasília
18. Sergio Margulis — economista, Rio de Janeiro
19. Steve Schwartzman — antropólogo, Environmental Defense Fund, Washington, D.C.
20. Murilo Fiuza de Melo — jornalista, Rio de Janeiro
21. Fabio Feldmann — advogado, ex-deputado federal, São Paulo
22. Gordon Matthew Sumner (Sting) — músico, Florença, Itália
23. Philip Martin Fearnside — ecólogo, Inpa, Manaus
24. Luiz Gylvan Meira Filho — físico, IEA-USP, São Paulo
25. Raoni Rajão — cientista ambiental, UFMG, Belo Horizonte
26. Marina Silva — ministra do Meio Ambiente, Brasília
27. Mary Allegretti — antropóloga, Instituto de Estudos Ambientais, Curitiba
28. José Augusto Pádua — historiador, Rio de Janeiro
29. Johan Zweede — engenheiro florestal, Instituto Floresta Tropical, Fortaleza (in memoriam)
30. Paulo Artaxo — físico, USP, São Paulo
31. Maurício Tuffani — jornalista, São Paulo (in memoriam)
32. Ricardo Arnt — jornalista, São Paulo
33. Barbara Bramble — advogada, National Wildlife Federation, Washington, D.C.
34. Carlos Nobre — climatologista, IEA-USP, São José dos Campos
35. Marcel Henrique Angelo — jornalista, Viçosa (MG)

36. Ângelo Rabelo — diretor, Instituto Homem Pantaneiro, Campo Grande
37. Márcio Santilli — filósofo e indigenista, ISA, Brasília
38. Compton James "Jim" Tucker — pesquisador da Nasa, Centro de Voos Espaciais Goddard, Washington
39. Márcio Barbosa — ex-diretor do Inpe, Aparecida (SP)
40. Marília Marreco Cerqueira — ex-presidente do Ibama, Brasília
41. Rubens Bayma Denys — ex-secretário do Conselho de Defesa Nacional, Rio de Janeiro
42. Aylê-Salassié Filgueiras Quintão — jornalista, Brasília
43. Carlos Antonio Rocha Vicente — engenheiro florestal, Brasília
44. Thomas Lovejoy — ecólogo, UN Foundation, Washington DC (in memoriam)
45. Lucélia Santos — atriz, Rio de Janeiro
46. Bruce Rich — advogado, Washington
47. Rogério de Souza Farias — pesquisador do Instituto de Pesquisa de Relações Internacionais da Fundação Alexandre de Gusmão (Ipri), Brasília
48. Marcelo Marquesini — engenheiro florestal, Escola de Ativismo, Arraial D'Ajuda (BA)
49. Vicente Rios — cineasta, Goiânia (in memoriam)
50. Jair Schmitt — analista ambiental, Ibama, Brasília
51. Givanildo dos Santos Lima — analista ambiental, Ibama, Vitória
52. Carlos Rittl — ecólogo, World Conservation Society, Potsdam, Alemanha
53. Tuíre Kayapó — Aldeia Kaprankere, Redenção
54. O-é Paiakan — cacica, aldeia Rio Vermelho, Redenção
55. Doto Tatak-Ire — Instituto Kabu, Novo Progresso
56. Mydjere Kayapó Mekragnotire — Aldeia Baú, Altamira
57. Abiri Kayapó — cacique, aldeia Pykatoti, TI Menkragnoti, Altamira
58. Meningo Kayapó — agente ambiental indígena, aldeia Pykatoti, TI Menkragnoti, Altamira
59. Robson Azeredo — empresário, RRX Florestal, Moraes de Almeida (PA)
60. D. Erwin Kräutler — bispo emérito do Xingu, Altamira
61. José Amaro Lopes de Souza — padre de Anapu
62. Jane Dwyer — Irmãs de Notre Dame de Namur, Anapu
63. Eudes e Norma — produtores rurais, Anapu

64. Antônia Silva Lima — produtora rural, PDS Esperança, Anapu
65. Leiliane "Bel" Jacinto Pereira Juruna — técnica em enfermagem, aldeia Mïratu, Vitória do Xingu
66. Gilliard Juruna — cacique, aldeia Mïratu, TI Paquiçamba, Vitória do Xingu
67. Alex Lacerda — analista ambiental, Ibama, Novo Progresso
68. Thaís Santi — procuradora da República, Altamira
69. Raimundo Berro Grosso — pescador, Altamira
70. Dona Baiana — pescadora, Altamira
71. Ademir "Bel" Venturin — agricultor, Medicilândia
72. Pedro Pereira Lima — agricultor, Medicilândia
73. Élido Trevisan — agricultor, Medicilândia
74. Adnan Demachki — advogado, Paragominas
75. Vinicius Scaramussa — pecuarista, Paragominas
76. Euzébio Maria Alves — produtor rural, Paragominas
77. Jean-Pierre Dutilleux — cineasta, Rio de Janeiro
78. Luiz Pinagé — agrônomo, Pirenópolis
79. Heleno Gonçalves — indigenista, Goiânia
80. Swedenberger Barbosa — ex-secretário executivo da Casa Civil (Fiocruz, Brasília)
81. Paulo Lacerda — ex-diretor-geral da Polícia Federal, Rio de Janeiro
82. Antonio Carlos Hummel — engenheiro florestal, Ouvidor (GO)
83. Flávio Montiel — ex-diretor do Ibama, Brasília
84. Mauro Sposito — delegado da Polícia Federal, Manaus
85. Liana Anderson — bióloga, pesquisadora do Inpe, São José dos Campos
86. José Marengo — climatologista, Cemaden, São José dos Campos
87. Eneida Salati — limnologista, Piracicaba
88. Reynaldo Victoria — agrônomo, Piracicaba
89. Zulmar Pimentel — ex-vice-diretor da Polícia Federal, Brasília
90. Daniel Nepstad — ecólogo, Earth Innovation
91. Mário Lúcio de Avelar — procurador da República, Goiânia
92. Robert "Bob" Schneider — economista, Brasília
93. Tarcísio Feitosa — ambientalista, Rio de Janeiro
94. José Goldemberg — físico, ex-ministro do Meio Ambiente, professor emérito da USP, São Paulo

95. Agamenon Menezes — pecuarista, Sindicato Rural de Novo Progresso
96. Idacir Peracchi — madeireiro, Belém
97. Elielson Ayres — procurador aposentado do Ibama, Brasília
98. Paulo Barreto — engenheiro florestal, Imazon, Belém
99. Raimundo Deusdará — engenheiro florestal, Brasília
100. Maurício Torres — geógrafo, Belém
101. José Altino Machado — garimpeiro, Governador Valadares
102. Roberto Smeraldi — ambientalista, São Paulo
103. Sydney Possuelo — sertanista, ex-presidente da Funai, Brasília
104. Roberto Waack — empresário, São Paulo
105. Luís Costa Pinto — jornalista, Brasília
106. Lélia Marino — bióloga, São Paulo
107. Felipe Silveira Werneck — jornalista, Brasília
108. Suely Araújo — advogada e urbanista, Observatório do Clima, Brasília
109. Cláudio Almeida — agrônomo, pesquisador do Inpe, São José dos Campos
110. André Lima — advogado, secretário extraordinário de Combate ao Desmatamento, Brasília
111. Ane Alencar — geógrafa, Ipam, Brasília
112. Paulo Moutinho — biólogo, Ipam, Brasília
113. Rubens Born — engenheiro, Fundação Esquel, São Paulo
114. José Sarney Filho — ex-ministro do Meio Ambiente, Brasília
115. Carlos Minc Baumfeld — deputado estadual, ex-ministro do Meio Ambiente, Rio de Janeiro
116. Blairo Borges Maggi — ex-governador de Mato Grosso, empresário, Cuiabá
117. Valmir Ortega — geógrafo, empreendedor social, Curitiba
118. Nilo D'Ávila — engenheiro florestal, Greenpeace, Rio de Janeiro
119. Marcio Astrini — ambientalista, Observatório do Clima, São Bernardo do Campo
120. Beto Vasconcelos — advogado, Projeto Liberdade, São Paulo
121. Luiz Henrique Chaves Daldegan — ex-secretário de Meio Ambiente de Mato Grosso, Cuiabá
122. Suzana Kahn Ribeiro — engenheira, Coppe-UFRJ, Rio de Janeiro

123. Eduardo Assad — agrônomo, Fundação Getulio Vargas, Campinas
124. Paulo Adário — jornalista, Greenpeace, Rio de Janeiro
125. Felício Pontes Jr. — procurador da República, Brasília
126. Izabella Teixeira — bióloga, ex-ministra do Meio Ambiente, São Paulo
127. Sergio Machado Rezende — físico, ex-ministro da Ciência e Tecnologia, Recife
128. Luiz Henrique "Zarref" Gomes de Moura — engenheiro florestal, MST, Shangai
129. Caio Pompeia — antropólogo, USP, São Paulo
130. Everton Vieira Vargas — diplomata, MRE, Brasília
131. André Aranha Corrêa do Lago — diplomata, MRE, Brasília
132. Ropni Metyktire (cacique Raoni) — Aldeia Piaraçu, MT
133. Thomas Traumann — jornalista, Rio de Janeiro
134. Marta Salomon — jornalista, Brasília
135. Brenda Brito — advogada, Imazon, Belém
136. Simone Nogueira dos Santos — analista ambiental, Instituto Chico Mendes, Brasília.

Notas

Todos os links foram acessados em dezembro de 2023.

INTRODUÇÃO [pp. 15-21]

1. A primeira vedação legal ao corte de castanheiras e seringueiras foi estabelecida por Getúlio Vargas, no decreto-lei 4.841, de 1942, que proibia a derrubada da castanheira e da seringueira, exceto com autorização do hoje extinto Instituto Agronômico do Norte.

2. Um hectare é uma medida de área equivalente a 10 mil metros quadrados (um quadrado de 100 m × 100 m), pouco mais que um campo de futebol.

3. Segundo dados do Prodes/Inpe, publicados por Câmara et al. em "Impact of Land Tenure on Deforestation Control and Forest Restoration in Brazilian Amazonia" (*Environmental Research Letters*, Bristol, v. 18, art. 065005, 2023), o desmatamento acumulado na Amazônia Legal, que inclui formações florestais do Cerrado amazônico, é mais alto: 839 mil km² até 2022, ou 21% da área monitorada pelo Prodes (3994 mil km²).

4. Segundo dados do Prodes/Inpe, o desmatamento acumulado na Mata Atlântica até 2022 era de 789,5 mil km², o equivalente a 71,3% da cobertura original do bioma. A Fundação sos Mata Atlântica, que monitora bianualmente a devastação na floresta, considera que o desmatamento total é de 74% do 1,3 milhão de km² do bioma protegidos pela Lei da Mata Atlântica, de 2006 (e que inclui formações não florestais, como restingas e apicuns). Apenas 12,4% dos remanescentes correspondem a fragmentos florestais maduros de mais de três hectares.

5. Robert R. Schneider, *Government and the Economy on the Amazon Frontier* (*English*). Washington: World Bank Environment Papers, n. 11, ago. 1995.

6. Em 2021, uma pesquisa Ibope encomendada pelo Instituto Tecnologia e Sociedade mostrou que 77% dos entrevistados eram a favor de proteger o meio ambiente mesmo às expensas do crescimento econômico.

7. Ricardo Arnt e Stephan Schwartzman, *Um artifício orgânico: Transição na Amazônia e ambientalismo*. Rio de Janeiro: Rocco, 1992.

8. Sobre esse assunto, ver *Guerreiros da natureza: A história do combate aos crimes ambientais na Polícia Federal*, de Jorge Pontes (Rio de Janeiro: Mapa Lab, 2022).

1. MULHERES DO ESPAÇO [pp. 23-39]

1. Armando Pacheco dos Santos e Evlyn Marcia Leão de Moraes Novo, *Uso de dados do Landsat-1 na implantação, controle e acompanhamento de projetos agropecuários no sudoeste da Amazônia Legal*. Inpe, jun. 1977. Disponível em: <http://urlib.net/rep/6qtX3pFwXQZ3r59YD6/GLCS9>.

2. Antonio Tardin, comunicação pessoal.

3. O Polamazônia foi criado pelo decreto-lei nº 74.607. Disponível em: <https://www2.camara.leg.br/legin/fed/decret/1970-1979/decreto-74607-25-setembro-1974-423225-publicacaooriginal-1-pe.html>.

4. Segundo correção pelo IPC-Fipe.

5. Ver, por exemplo, nota técnica do Imazon sobre regularização fundiária. Disponível em: <https://imazon.org.br/wp-content/uploads/2020/03/Nota_Tecnica_MP910_2019_Imazon.pdf>.

6. Lúcio Flávio Pinto, "O inferno e as boas intenções". *Amazônia Real*, 7 set. 2017. Disponível em: <https://amazoniareal.com.br/o-inferno-e-as-boas-intencoes/>.

7. Armando Wilson Tafner Junior e Fábio Carlos da Silva, "Expropriação de terras e exclusão social na Amazônia mato-grossense". *Pracs – Revista Eletrônica de Humanidades do Curso de Ciências Sociais da Unifap*, Macapá, v. 8, n. 2, pp. 87-117, jul./dez. 2015. Disponível em: <https://periodicos.unifap.br/index.php/pracs/article/viewFile/2314/armandov8n2.pdf>.

8. Lúcio Flávio Pinto, "Ocupação pela pata do boi". *Amazônia Hoje*, 17 fev. 2017. Disponível em: <https://amazoniahj.wordpress.com/2017/02/17/ocupacao-pela-pata-do-boi/>.

9. Disponível em: <https://www.usgs.gov/landsat-missions/landsat-1>.

10. Antonio Tebaldi Tardin et al., "Projetos agropecuários na Amazônia: Desmatamento e fiscalização". *A Amazônia Brasileira em Foco*, Rio de Janeiro, n. 12, pp. 7-45, 1977-8. Disponível em: <https://issuu.com/bibliovirtualsec/docs/a_amaz_nia_brasileira_em_foco_n_12>.

11. Santos e Novo, op. cit.

12. "'Eu errei ao promover a desoneração', admite Dilma em Genebra", *GZH Política*, Porto Alegre, 13 mar. 2017. Disponível em: <https://gauchazh.clicrbs.com.br/politica/noticia/2017/03/eu-errei-ao-promover-a-desoneracao-admite-dilma-em-genebra-9746804.html>.

13. Tardin et al., op. cit., p. 36.

14. D. Pedro Casaldáliga, "Questão agrária: Uma questão política". *A Amazônia Brasileira em Foco*, Rio de Janeiro, n. 12, pp. 46-94, 1977-8.

15. Ibid.

16. Warren Dean, *A ferro e fogo: A história e a devastação da Mata Atlântica brasileira*. São Paulo: Companhia das Letras, 1996, cap. 10.

17. Girolamo Domenico Treccani, *Violência e grilagem: Instrumentos de aquisição da propriedade da terra no Pará*. Belém: UFPA, 2001.

18. D. Pedro Casaldáliga, op. cit.

19. Lei nº 5.106, de 2 de setembro de 1966. Disponível em: <http://www.planalto.gov.br/ccivil_03/leis/1950-1969/l5106.htm>.

20. Antonio Tebaldi Tardin et al., "Subprojeto desmatamento, convênio IBDF-CNPq/Inpe". IBDF-CNPq/Inpe, jan. 1980. Disponível em: <http://mtc-m12.sid.inpe.br/col/sid.inpe.br/iris@1912/2005/07.18.21.52.33/doc/INPE%201649.pdf>.

21. O relatório do Prodes de 1989, que tem as estimativas dos levantamentos anteriores, aponta uma alteração de 74 648,07 km² até 1978, o que equivalia a 1,521% da Amazônia Legal, cuja área era estimada à época em 4 906 784 km². Só que o limite da região mudou para 5 015 067 km², e o desmatamento mensurado pelo Prodes considera apenas formações florestais no bioma Amazônia e no Cerrado amazônico, daí a diferença entre o número de 1989 e o relatório *Inpe 1649*.

2. INTEGRAR PARA DESINTEGRAR [pp. 40-60]

1. Castello Branco, "3 de dezembro de 1966 — Na instalação da 1ª Reunião de Incentivo ao Desenvolvimento da Amazônia". Biblioteca Presidência da República: dez. 1966. Disponível em: <http://www.biblioteca.presidencia.gov.br/presidencia/ex-presidentes/castello-branco/discursos/1966/37.pdf/view>.

2. Ver, por exemplo: Roxanne Dunbar-Ortiz, *An Indigenous Peoples' History of the United States*. Boston: Beacon Press, 2014.

3. Lei nº 5.173, de 17 de outubro de 1966. Disponível em: <http://www.planalto.gov.br/ccivil_03/leis/L5173.htm>.

4. Lei nº 5.122, de 28 de setembro de 1966. Disponível em: <http://www.planalto.gov.br/ccivil_03/leis/1950-1969/l5122.htm>.

5. Decreto nº 61.244, de 28 de agosto de 1967. Disponível em: <http://www.planalto.gov.br/ccivil_03/decreto/Antigos/D61244.htm>.

6. "Amazônia". Ministério do Meio Ambiente", 28 dez. 2021. Disponível em: <https://www.gov.br/mma/pt-br/assuntos/ecossistemas/biomas/amazonia>.

7. Instituto Brasileiro de Geografia e Estatística (IBGE), *Amazônia Legal*, 2022. Disponível em: <https://www.ibge.gov.br/geociencias/cartas-e-mapas/mapas-regionais/15819-amazonia-legal.html?=&t=o-que-e>.

8. Arthur Cezar Ferreira Reis, *A Amazônia e a cobiça internacional*. São Paulo: Companhia Editora Nacional, 1960.

9. Mary Helena Allegretti, *A construção social de políticas ambientais: Chico Mendes e o movimento dos seringueiros*. Brasília: UnB, 2002. 826 pp. Tese (Doutorado em Desenvolvimento Sustentável — Gestão e Política Ambiental).

10. "Brasil comprou o Acre por um cavalo, diz Morales". *A Tarde*, 11 maio 2006. Disponível em: <https://atarde.com.br/politica/brasil-comprou-o-acre-por-um-cavalo-diz-morales-123305>.

11. Arthur Cezar Ferreira Reis, op. cit., p. 107.

12. Ibid., p. 250.

13. Mary Helena Allegretti, op. cit., p. 111.

14. Ibid., p. 112.

15. Norberto Bobbio et al., *Dicionário de política. Vol. 1*. 4. ed. Brasília: UnB, 1992.

16. Ibid., p. 544.

17. Thiago Bonfada de Carvalho, *Geopolítica brasileira e relações internacionais nos anos 1950: O pensamento do general Golbery do Couto e Silva*. Brasília: Funag, 2010. Disponível em: <http://funag.gov.br/biblioteca/download/627_geopolitica_brasileira_e_relacoes_internacionais.pdf.>.

18. Bertha K. Becker, *Geopolítica da Amazônia: A nova fronteira de recursos*. Rio de Janeiro: Zahar, 1982, p. 59.

19. Mary Helena Allegretti, op. cit.

20. Celso Furtado, *Formação econômica do Brasil*. São Paulo: Companhia Editora Nacional, 1972.

21. Mary Helena Allegretti, op. cit., p. 48.

22. Por pior que tenha sido para a economia da região, o contrabando das sementes de seringueira, que levou ao fim da era da borracha, foi uma bênção para os povos indígenas da Amazônia, que sofreram um massacre durante o auge de sua exploração, no século XIX.

23. Bertha K. Becker, op. cit.

24. Em seu livro *Árvore de rios: A história da Amazônia* (São Paulo: Senac, 2011), o geógrafo canadense John Hemming acrescenta a motosserra à tríade tecnológica que arruinou a Floresta Amazônica.

25. Constituição da República dos Estados Unidos do Brasil, 24 fev. 1891. Disponível em: <http://www.planalto.gov.br/ccivil_03/constituicao/constituicao91.htm>.

26. Cláudio e Orlando Villas Bôas, *Almanaque do sertão: Histórias de visitantes, sertanejos e índios*. São Paulo: Globo, 1997.

27. Juscelino determinara ao engenheiro Bernardo Sayão que fizesse uma estrada para rasgar o Cerrado e "arrombar a selva". Sayão cumpriu o mando, mas a selva arrombada deu o troco: em 1959, o engenheiro foi morto por uma árvore que tombou sobre sua barraca no canteiro de obras na vila de Ligação, perto de Paragominas (hoje município de Dom Eliseu).

28. Bertha K. Becker, op. cit.

29. Andréia Pinto et al., *Diagnóstico socioeconômico e florestal do município de Paragominas*. Belém: Imazon, 2009. Disponível em: <https://imazon.org.br/PDFimazon/Portugues/outros/iagnostico-socioeconomico-e-florestal-do.pdf>.

30. A origem do slogan mais famoso da colonização da Amazônia na ditadura é nebulosa. Ele não aparece em nenhum discurso dos presidentes militares. Raoni Rajão o atribui ao Projeto Rondon, iniciativa lançada em 1967 para levar estudantes universitários de áreas como medicina e letras a estágios na Amazônia. Na biografia do marechal Cândido Rondon que escreveu, o jornalista norte-americano Larry Rohter nega que o slogan — impresso nos materiais do Projeto Rondon — tenha sido cunhado pelo próprio marechal; diz que a ideia foi possivelmente de um

aluno do projeto, mas tampouco arrisca cravar essa hipótese. Ver Larry Rother, *Rondon, uma biografia*. Rio de Janeiro: Objetiva, 2019, p. 471.

31. Maria Luíza Gutierrez de Camargo, *O latifúndio do Projeto Jari e a propriedade da terra na Amazônia brasileira*. São Paulo: FFLCH-USP, 2015. 236 pp. Dissertação (Pós-Graduação em Geografia Humana). Disponível em: <https://teses.usp.br/teses/disponiveis/8/8136/tde-03122015-145826/publico/2015_MariaLuizaGutierrezDeCamargo_VCorr.pdf>.

32. Fundação Getulio Vargas CPDOC, *Projeto Jari*. Disponível em: <http://www.fgv.br/cpdoc/acervo/dicionarios/verbete-tematico/projeto-jari>.

33. Mark London e Brian Kelly, *A última floresta: A Amazônia na era da globalização*. São Paulo: Martins Fontes, 2007.

34. Ver *Fordlândia: Ascensão e queda da cidade esquecida de Henry Ford na selva*, de Greg Grandin (Rio de Janeiro: Rocco, 2010).

35. José Roberto de Lima e Antônio Rocha Magalhães, "Secas no Nordeste: Registros históricos das catástrofes econômicas e humanas do século 16 ao século 21". *Parcerias Estratégicas*, CGEE, Brasília, v. 23, n. 46, pp. 191-212, 2018. Disponível em: <https://seer.cgee.org.br/parcerias_estrategicas/article/view/896>.

36. Biblioteca da Presidência da República (Brasil), "Visão do Nordeste". Discurso de Emílio Médici em Recife, jun. 1970. Disponível em: <http://www.biblioteca.presidencia.gov.br/presidencia/ex-presidentes/emilio-medici/discursos/1970/15>.

37. Decreto-lei nº 1106, de 16 de junho de 1970. Disponível em: <http://www.planalto.gov.br/ccivil_03/Decreto-Lei/1965-1988/Del1106.htm>.

38. Biblioteca da Presidência da República (Brasil), "Sob o signo da fé". Discurso de Emílio Médici em Belém, out. 1970. Disponível em: <https://bibliotecadigital.economia.gov.br/handle/123456789/1067>.

39. Conferir documento *Metas e bases para a ação de governo – 1970-1974*, o plano de desenvolvimento nacional de Médici, cuja síntese está disponível em: <https://bibliotecadigital.seplan.planejamento.gov.br/handle/123456789/1068>.

40. Ibid.

41. Ibid.

42. Ibid.

43. Thomas Skidmore, em *Brasil, de Castelo a Tancredo – 1964-1985* (São Paulo: Paz e Terra, 1988) fala em 70 mil, a partir de um discurso de Médici. Philip M. Fearnside traz uma cifra mais precisa, a partir de dados do Incra, em seu *Human Carrying Capacity of the Brazilian Rainforest* (Nova York: Columbia University Press, 1986), cujo manuscrito em português está disponível em: <http://philip.inpa.gov.br/publ_livres/mss%20and%20in%20press/Capacidade_de_Suporte_da_Floresta_Amazonica.pdf>.

44. O biólogo paulista Ricardo Cardim publicou uma compilação de imagens das propagandas da época da ditadura sobre a Amazônia na revista eletrônica *Quatro Cinco Um*, em 2020. Disponível em: <https://quatrocincoum.folha.uol.com.br/br/galerias/a-ofensiva-da-ditadura-militar-contra-a-amazonia>.

45. Thomas Skidmore, op. cit.

46. Um relato completo da relação entre a Transamazônica e os indígenas está no espetacular

Os fuzis e as flechas: Histórias de sangue e resistência indígena na ditadura, de Rubens Valente (São Paulo: Companhia das Letras, 2017).
47. Philip M. Fearnside, *Human Carrying Capacity of the Brazilian Rainforest*. Nova York: Columbia University Press, 1986.
48. Disponível em: <http://philip.inpa.gov.br/>.
49. Philip M. Fearnside, op. cit.
50. Ibid.
51. Ibid.
52. Ibid.

3. A DESTRUIÇÃO SERÁ TELEVISIONADA [pp. 61-74]

1. Segundo dados do MapBiomas.
2. Warren Dean, op. cit.
3. Sergio Margulis, *O desempenho do governo brasileiro, dos órgãos contratantes, e do Banco Mundial em relação à questão ambiental do Programa Polonoroeste*. Texto para discussão nº. 227. Ipea, ago. 1991. Disponível em: <https://repositorio.ipea.gov.br/bitstream/11058/2469/1/td_0227.pdf>.
4. Brent Hayes Millikan, *The Dialetics of Devastation: Tropical Deforestation, Land, Degradation, and Society in Rondonia, Brazil*. Berkeley: Universidade da Califórnia, 1988, 48 pp. Tese (Mestrado).
5. Sergio Margulis, op. cit.
6. O relatório da CPI tem 83 páginas, um poder de síntese que bem poderia inspirar os congressistas de hoje. Está disponível em: <https://www2.senado.leg.br/bdsf/bitstream/handle/id/194599/CPIdevastaçãodamazonia.pdf?sequence=7&isAllowed=y>
7. Decreto nº 86.029, 27 maio 1981. Disponível em: <https://www2.camara.leg.br/legin/fed/decret/1980-1987/decreto-86029-27-maio-1981-435354-publicacaooriginal-1-pe.html>.
8. Ibid.
9. Ricardo Arnt e Stephan Schwartzman, op. cit.
10. Segundo o Ipea, o programa estava orçado em 1,55 bilhão de dólares, mas, desse total, 469 milhões eram uma reserva de contingência. Do total disponível para implementar as ações, 1,078 bilhão de dólares, 570 milhões foram destinados à obra da BR-364. Ver Sergio Margulis, op. cit.
11. Em 1982, apenas 22,5% dos chefes de famílias migrantes para Rondônia declaravam "lavrador" como ocupação principal. Ver Brent Hayes Millikan, op. cit., p. 78.
12. Ver Philip Martin Fearnside, *A ocupação humana de Rondônia: Impactos, limites e planejamento*. Brasília: Departamento de Ecologia, Inpa, CNPq, 1989.
13. "Uru-Eu-Wau-Wau". Povos Indígenas no Brasil, Instituto Socioambiental, 2016. Disponível em: <https://www.indios.org.br/pt/Povo:Uru-Eu-Wau-Wau>.
14. Sergio Margulis, op. cit.
15. Em seu livro *Amazônia: A ilusão de um paraíso* (Itatiaia/ Edusp, 1987), Meggers delineia um modelo de ocupação da bacia baseado em teses deterministas ambientais. Para ela,

a ausência de grandes mamíferos para caçar na Amazônia condenou as populações indígenas locais a uma dieta pobre em proteínas; portanto, seria impossível sustentar grandes populações ou sociedades politicamente complexas na região. O paradigma desenvolvido pela arqueóloga e por seu marido, Clifford Evans, acabou dando sustentação de forma involuntária a teses esgrimidas pela direita de que o genocídio praticado pelos europeus na Amazônia não foi tão extenso e que as sociedades indígenas atuais são espelhos fiéis das pré-colombianas. Desde os anos 1980 várias descobertas arqueológicas vêm mostrando o oposto, e Meggers virou um nome ligado a teses colonialistas e, no limite, racistas. Nada disso faz justiça à americana, que foi perseguida pelo macarthismo, era amiga de intelectuais de esquerda no Brasil, como Bertha e Darcy Ribeiro, e ajudou a organizar os jantares em Washington onde fermentaram ideias sobre a conservação da Amazônia e a proteção aos povos indígenas.

16. Robert J. A. Goodland e Howard S. Irwin, *Amazon Jungle: Green Hell to Red Desert?* Miamisburg: Elsevier, 1975.

17. Por Thomas Lovejoy no prefácio do livro *Conservation Biology: An Evolutionary--ecological Perspective*, editado por Michael Soulé e Bruce Wilcox (Massachusetts: Sinauer, 1980).

18. Ricardo Arnt e Stephan Schwartzman, op. cit., p. 110.

19. Ibid., p. 112.

20. Ibid., p. 111.

21. Ibid., p. 108.

22. Ver Brent Hayes Millikan, op. cit.

23. Bruce Rich, *Mortgaging the Earth: The World Bank, Environmental Impoverishment and the Crisis of Development*. Londres: Earthscan, 1994, p. 121.

24. Devesh Kapur, John P. Lewis e Richard Webb (Orgs.), *The World Bank: Its First Half Century. Vol. 2*. Washington: Brookings Institution, 1997, p. 662.

25. Bruce Rich, op. cit., p. 124.

26. Segundo estimativa do relatório nº 1.649 do Inpe (Tardin et al., op. cit.).

27. Segundo o Prodes-Inpe, o desmatamento acumulado em 2023 era de 66 976 km² em Rondônia.

4. ACORDA, RIBAMAR [pp. 75-94]

1. Helio Belik, "Calor excessivo em Nova York gera comparação com a Amazônia". *Folha de S.Paulo*, 18 ago. 1988, p. C3.

2. A íntegra do depoimento está disponível em: <https://www.sealevel.info/1988_Hansen_Senate_Testimony.html#refs>.

3. J. Hansen et al., "Global Climate Changes as Forecast by Goddard Institute for Space Studies Three-Dimensional Model". *Journal of Geophysical Research*, Richmond, v. 93, n. D8, pp. 9341-64, ago. 1988. Disponível em: <https://www.sealevel.info/hansen1988.pdf>.

4. Philip Shabecoff, "Global Warming Has Begun, Expert Tells Senate". *The New York Times*, 24 jun. 1988. Disponível em: <https://www.nytimes.com/1988/06/24/us/global-warming-has-begun-expert-tells-senate.html>.

5. Warren Dean, op. cit.

6. "Regan confundiu Brasil com Bolívia". *Folha de S.Paulo*, 11 out. 1997. Disponível em: <https://www1.folha.uol.com.br/fsp/brasil/fc111011.htm>.

7. P. J. Crutzen et al., "Tropospheric Chemical Composition Measurements in Brazil During the Dry Season". *Journal of Atmospheric Chemistry*, Berlim, v. 2, pp. 233-56, 1985.

8. M. O. Andreae et al., "Biomass-burning Emissions and Associated Haze Layers Over Amazonia". *Journal of Geophysical Research*, Richmond, v. 93, nº. D2, pp. 1509-27, 20 fev. 1988. Disponível em: <https://dataserver-coids.inpe.br/queimadas/queimadas/Publicacoes-Impacto/documentos/1986_Andreae_etal_Haze_EOS.pdf >.

9. "Queimadas na Amazônia não preocupam Inpe". *O Globo*, 7 fev. 1986.

10. Não seria a última declaração controversa de Molion. Segundo colegas, o meteorologista costumava dizer que os montes de terra erguidos pelos indígenas no Xingu e em Mojos, Bolívia, eram obra dos fenícios. Molion também negava o elo entre CFCs e o buraco na camada de ozônio e se tornaria, na virada do século, o mais proeminente negacionista das mudanças climáticas no Brasil.

11. "Report of the World Commission on Environment and Development: Our Common Future". Disponível em: <https://sustainabledevelopment.un.org/content/documents/5987our-common-future.pdf>.

12. Alberto Setzer et al., *Relatório de atividades do projeto IBDF-Inpe "Seqe" – ano 1987*. São José dos Campos: Inpe, 1988. Disponível em <http://urlib.net/ibi/6qtX3pFwXQZ3r59YD6/GNGLP?ibiurl.backgroundlanguage=pt-BR>.

13. Ibid., p. 44.

14. Marlise Simons, "Vast Amazon Fires, Man-made, Linked to Global Warming". *The New York Times*, 12 ago. 1988, capa.

15. "The Burning of Rondonia". *The New York Times*, 29 ago. 1988.

16. O terceiro governo Lula começaria, três décadas depois, com esse mesmo número de fiscais do Ibama aptos a ir a campo.

17. Dennis Mahar, "Government Policies and Deforestation in Brazil's Amazon Region". *The World Bank – Environment Department Working Paper*, nº. 7, jun. 1988. Disponível em: <http://documents1.worldbank.org/curated/en/865991493311211082/pdf/Government-policies-and-deforestation-in-Brazils-Amazon-region.pdf>.

18. Andrew Greenlees, "Banco Mundial alerta para devastação da Amazônia". *Folha de S.Paulo*, 22 set. 1988, p. C1.

19. Dennis Mahar, op. cit., p. 13.

20. Ibid., p. 15.

21. Ibid., p. 5.

22. O hábito de realizar jantares em sua casa com ambientalistas, políticos, empresários e artistas permanecia com Feldmann até os anos 2020.

23. Decreto nº 6.944, de 12 de outubro de 1988. Disponível em: <http://www.planalto.gov.br/ccivil_03/decreto/1980-1989/d96944.htm>.

24. Discurso do ex-presidente José Sarney no lançamento do Programa Nossa Natureza, 12 out. 1988. Disponível em: <http://www.biblioteca.presidencia.gov.br/presidencia/ex-presidentes/jose-sarney/discursos/1988/92.pdf/view>.

25. A exposição de motivos nº 018/85, de Bayma Denys, foi transcrita na íntegra e co-

mentada por Márcio Santilli, do Instituto Socioambiental. Disponível em: <https://documen tacao.socioambiental.org/documentos/I4D00059.pdf>.

26. "Empresários criticam restrições impostas a projetos agropecuários". *Folha de S.Paulo*, 12 out. 1988, p. C-2.

27. Ibid.

28. Rubens Valente, *Os fuzis e as flechas: História de sangue e resistência indígena na ditadura*. São Paulo: Companhia das Letras, 2017, pp. 26-7.

29. "Internacionalização da Amazônia é denunciada". *Jornal do Brasil*, Rio de Janeiro, 14 out. 1988.

30. Ibid.

31. Joaquim Nabuco, *Minha formação*. Brasília: Senado Federal, 1998. Disponível em: <http://www2.senado.leg.br/bdsf/handle/id/1019>.

32. "Para vocês terem uma ideia do que era nosso serviço de inteligência, minha assessoria está trabalhando agora nos informes do SNI sobre mim, inclusive como presidente da República — são cerca de 10 mil dossiês", contou-nos Sarney em entrevista.

5. TIROS EM XAPURI [pp. 95-117]

1. Edilson Martins, "Quero viver para salvar a Amazônia". *Jornal do Brasil*, 23 dez. 1988. Disponível em: <http://memoria.bn.br/DocReader/030015_10/251645>.

2. Marlise Simons, "Brazilian Who Fought to Protect Amazon Is Killed". *The New York Times*, 24 dez. 1988. Disponível em: <https://www.nytimes.com/1988/12/24/world/brazilian-who-fought-to-protect-amazon-is-killed.html?searchResultPosition=64>.

3. Mary Helena Allegretti, op. cit., p. 702.

4. Ibid., p. 727.

5. O processo de transformação fundiária do estado é descrito em detalhes por Mary Allegretti (op. cit.).

6. Id., op. cit., p. 213.

7. Marília de Camargo César, *Marina: A vida por uma causa*. São Paulo: Mundo Cristão, 2010, cap. 3.

8. Ibid., pp. 235-51.

9. Francisco Alves Mendes Filho, *A luta dos povos da floresta*. Palestra proferida na USP, julho de 1988.

10. Stephan Schwartzman, "Chico Mendes, the Rubber Tappers and the Indians: Reimagining Conservation and Development in the Amazon". *Desenvolvimento e Meio Ambiente*, Curitiba, v. 48, pp. 56-73, nov. 2018. Disponível em: <https://revistas.ufpr.br/made/article/view/58829>.

11. Segundo o depoimento do próprio Chico Mendes. Ver Mary Helena Allegretti, op. cit., p. 293.

12. Chico Mendes em entrevista a Steve Schwartzman, Washington, 29 mar. 1987 (Schwartzman, comunicação pessoal).

13. Mary Allegretti, *Encontro Nacional dos Seringueiros na Amazônia: Relatório*. Brasília: Inesc, 1985.

14. Ibid., op. cit., p. 444.

15. Ricardo Arnt e Stephan Schwartzman, op. cit., p. 159.

16. Ibid., p. 165.

17. A formulação de que o "governo próprio em áreas indígenas" era um "óbice ao poder nacional", uma roupagem nova para as teses de Arthur Ferreira Reis, aparece em um documento de 1989 da Escola Superior de Guerra, tratado extensamente por Arnt e Schwartzman. Essa ideia perdura até os dias de hoje nas Forças Armadas e ressurgiu com força no governo Bolsonaro.

18. Ricardo Arnt e Stephan Schwartzman, op. cit.

19. Mary Helena Allegretti, op. cit., p. 517.

20. Em entrevista concedida a Steve Schwartzman em 29 de março de 1987, em Washington, e jamais publicada na íntegra (Schwartzman, comunicação pessoal).

21. Mary Helena Allegretti, op. cit., p. 516.

22. Ibid., p. 570.

23. Ricardo Arnt, "Ecologistas podem levar BID a suspender empréstimo ao Brasil". *Jornal do Brasil*, 7 abr. 1987, p. 8. Disponível em: <https://documentacao.socioambiental.org/noticias/anexo_noticia/51373_20200211_153523.PDF>.

24. Mary Helena Allegretti, op. cit. p. 598.

25. Ricardo Arnt, "Reservas extrativistas são alternativas ao desmatamento". *Jornal do Brasil*, 28 fev. 1988, p. 15.

26. Mary Helena Allegretti, op. cit., p. 1.

27. Luan César, "Após 29 anos da morte de Chico Mendes, testemunha-chave do crime lança livro e diz ter tido depressão". G1, dez. 2017. Disponível em: <https://g1.globo.com/ac/acre/noticia/apos-29-anos-da-morte-de-chico-mendes-testemunha-chave-do-crime-lanca-livro-e-diz-ter-tido-depressao.ghtml>.

28. Decreto nº 98.897, de 30 de janeiro de 1990. Disponível em: <http://www.planalto.gov.br/ccivil_03/decreto/antigos/d98897.htm>.

6. HELICÓPTEROS DE PLÁSTICO [pp. 118-36]

1. Medida provisória nº 28, de 15 de janeiro de 1989. Disponível em: <https://legis.senado.leg.br/norma/552937/publicacao/15646308>.

2. Lei nº 7.735, de 22 de fevereiro de 1989. Disponível em: <http://www.planalto.gov.br/ccivil_03/leis/l7735.htm>.

3. "Frota Neto é o novo porta-voz da Presidência". *O Globo*, 17 dez. 1986, p. 5.

4. Decreto nº 96.693, de 14 de setembro de 1988. Disponível em: <http://www.planalto.gov.br/ccivil_03/decreto/1980-1989/D96693.htm>.

5. Em 30 de maio de 1989, um telegrama alarmado de Brasília foi enviado à embaixada de Washington dando conta de que a Suécia havia comprado parte da dívida externa da Costa Rica por 25,6 milhões de dólares em troca da manutenção das florestas costa-riquenses, no

primeiro acordo de *debt-for-nature swap* do mundo. O Itamaraty questionava o "caráter ético" da transação.

6. Fernando Gabeira, "Senadores dos Estados Unidos querem negociar verba por proteção a seringueiros". *Folha de S.Paulo*, 17 jan. 1989.

7. Matinas Suzuki Jr., "Sarney rechaça ideia dos Estados Unidos de vincular dívida à Amazônia". *Folha de S.Paulo*, 26 fev. 1989.

8. Matinas Suzuki Jr., "Discussão é ficção científica". *Folha de S.Paulo*, 26 fev. 1989.

9. Resolução nº 43/53, 6 dez. 1988. Disponível em: <https://www.ipcc.ch/site/assets/uploads/2019/02/UNGA43-53.pdf>

10. "Declaration of the Hague", 11 mar. 1989. *Environmental Conservation*, Cambridge, v. 16, n. 2, p. 174, 24 ago. 2009. Disponível em: <https://www.cambridge.org/core/journals/environmental-conservation/article/declaration-of-the-hague/DEF5C20AC8EE048903FAA007770F9B7D>.

11. "Conférence de presse de M. François Mitterrand, Président de la République, sur la protection de l'environnement, La Haye, samedi 11 mars 1989". Palácio do Eliseu, 11 mar. 1989. Disponível em: <https://www.elysee.fr/francois-mitterrand/1989/03/11/conference-de-presse-de-m-francois-mitterrand-president-de-la-republique-sur-la-protection-de-lenvironnement-la-haye-samedi-11-mars-1989>.

12. O texto foi reproduzido, ipsis litteris, em telex da embaixada do Brasil em Paris enviado em 3 de abril para Brasília. O anúncio fala em *"créer une autorité mondiale, dotée de vrais pouvoirs de décision et d'éxecution pour sauver à l'atmosphère, c'est à cela qu'on appelle 24 pays prêts a déléguer une parcelle de leur souveraineté nationale pour le bien commun de l'humanité toute entière"*.

13. "Ecologia: Governo manda protesto formal a Mitterrand". *O Globo*, 5 abr. 1989.

14. Resolução disponível em <https://undocs.org/en/A/RES/43/196>. Em 1989, uma nova resolução, a nº 44/228, definiu o escopo da conferência, já com o Brasil aceito como sede. Disponível em: <https://undocs.org/en/A/RES/44/228>.

15. Conforme informação ao presidente da República de 15 de dezembro de 1988, assinada pelo chanceler Abreu Sodré, a oferta brasileira recebeu "imediata simpatia" de Colômbia, França, México, Polônia e Venezuela.

16. *Programa Nossa Natureza: Leis e decretos*. Brasília: Ibama, 1989.

17. José Sarney, "Assinatura de atos referentes ao Programa Nossa Natureza", 6 abr. 1989. Disponível em: <http://www.biblioteca.presidencia.gov.br/presidencia/ex-presidentes/jose-sarney/discursos/1989/30.pdf/view>.

18. "Destruição da floresta é de 7%, diz cientista". *Folha de S.Paulo*, 9 abr. 1989, p. C16.

19. O próprio diretor-geral do Inpe era uma figura controversa no Instituto. Barbosa assumira em janeiro, na esteira de uma reforma ministerial feita por Sarney e que levara ao cargo de ministro de Ciência e Tecnologia (pasta à qual o Inpe era subordinado) ninguém menos que o deputado Roberto Cardoso Alves, arquiteto do Centrão e autor da frase que colaria como maldição na Nova República para definir as relações entre governo e Congresso: "É dando que se recebe". Cardoso Alves tinha relações com Márcio Barbosa e o indicou para a diretoria no lugar do gaúcho Marco Antonio Raupp (1938-2021), benquisto entre os pesquisadores e ligado ao sindicato de servidores. Originário do velho MDB, Raupp instituíra inovações, como

eleição direta para cargos de direção. Com Barbosa a banda tocaria de outro jeito. "Minha chegada à direção-geral foi relativamente tumultuada", conta.

20. "Relatório prova fraude nos dados da Amazônia". *Folha de S.Paulo*, 7 maio 1989, p. C1.

21. *Relatório geral do Plano Emergencial de Controle e Fiscalização de Desmatamentos e Queimadas na Amazônia Legal*. Brasília: Ibama, 1989-90.

22. Ibid., p. 23.

23. Ibid., p. 22.

24. Ibid., p. 36.

25. Philip M. Fearnside, "Desmatamento na Amazônia brasileira: História, índices e consequências". In: _____ (Org.), *Destruição e conservação da Floresta Amazônica*, v. 1. Manaus: Editora do Inpa, pp. 7-19.

7. SHOW DE ABERRAÇÕES [pp. 137-58]

1. Juliana Tinoco e Marcio Isensee e Sá, "O grileiro dos Jardins". *O Eco*, 7 out. 2016. Disponível em: <https://oeco.org.br/reportagens/o-grileiro-dos-jardins/>.

2. "Mebêngôkre (Kayapó)". Povos Indígenas no Brasil, Instituto Socioambiental. Disponível em: <https://pib.socioambiental.org/pt/Povo:Meb%C3%AAng%C3%B4kre_(Kayap%C3%B3)>.

3. Professora aposentada da Universidade de Chicago, então na USP, Carneiro da Cunha, organizou em 1987 o livro *Os direitos do índio: Ensaios e documentos* (São Paulo: Brasiliense), que buscava pautar os debates da Constituinte.

4. "Os índios na nova Constituição: A conspiração contra o Brasil". *O Estado de S. Paulo*, 9 ago. 1987, capa.

5. Ibid., p. 4.

6. *O Estado de S. Paulo*, 11 ago. 1987, capa.

7. *O Estado de S. Paulo*, 13 ago. 1987, capa.

8. *O Estado de S. Paulo*, 14 ago. 1987, capa.

9. A expressão daria origem à infame tese do marco temporal, julgada inconstitucional pelo STF em 2023, segundo a qual só teriam direito à terra povos que a estivessem ocupando desde 5 de outubro de 1988, data de promulgação da Carta Magna.

10. Danielle Bastos Lopes, *O movimento indígena na Assembleia Nacional Constituinte (1984-1988)*. São Gonçalo: Uerj, 2011, p. 113. Dissertação (Mestrado em História Social). Disponível em: <http://biblioteca.funai.gov.br/media/pdf/TESES/MFN-40948.PDF>.

11. Márcio Santilli, *Subvertendo a gramática e outras crônicas socioambientais*. Brasília: ISA, 2019, pp. 21-4.

12. *Constituição da República Federativa do Brasil de 1988*. Cap. VIII, art. 231. Disponível em: <http://www.planalto.gov.br/ccivil_03/constituicao/constituicao.htm>.

13. "Deslocamento de índios Kayapó a Brasília/DF, em 18 mar. 1988". Divisão de Segurança e Informações, Ministério do Interior, 25 mar. 1988. Disponível em: <http://imagem.sian.an.gov.br/acervo/derivadas/br_dfanbsb_v8/mic/gnc/aaa/88066756/br_dfanbsb_v8_mic_gnc_aaa_88066756_d0001de0001.pdf>.

14. Segundo press release do EDF e da NWF disponível no arquivo do SNI em: <http://imagem.sian.an.gov.br/acervo/derivadas/br_dfanbsb_v8/mic/gnc/aaa/88066218/br_dfanbsb_v8_mic_gnc_aaa_88066218_d0001de0001.pdf>.

15. Leynand Ayer O. Santos e Lúcia M. M. de Andrade (Orgs.), *As hidrelétricas do Xingu e os povos indígenas*. São Paulo: Comissão Pró-Índio de São Paulo, 1988. Disponível em: <https://cpisp.org.br/wp-content/uploads/2019/02/As_Hidreletricas_do_xingu.pdf>.

16. Glenn Switkes, "Análise da revisão do inventário hidrelétrico da bacia do Xingu". International Rivers. Disponível em: <https://acervo.socioambiental.org/sites/default/files/documents/25D00003.pdf>.

17. Segundo relatório do SNI, disponível em: <http://imagem.sian.an.gov.br/acervo/derivadas/br_dfanbsb_v8/mic/gnc/aaa/89071641/br_dfanbsb_v8_mic_gnc_aaa_89071641_d0001de0001.pdf>.

18. Segundo relatório do SNI, disponível em: <http://imagem.sian.an.gov.br/acervo/derivadas/br_dfanbsb_v8/mic/gnc/aaa/88068025/br_dfanbsb_v8_mic_gnc_aaa_88068025_d0001de0001.pdf>.

19. Segundo relatório do SNI, disponível em: <http://imagem.sian.an.gov.br/acervo/derivadas/br_dfanbsb_z4/dhu/0/0083/br_dfanbsb_z4_dhu_0_0083_d0001de0001.pdf>.

20. Durante muitas décadas, os kayapó de Mato Grosso foram chamados de "txucarramãe", e alguns deles, como Megaron e Mayalu, neta de Raoni, usam socialmente o etnônimo. Como de hábito, a palavra não vem do idioma kayapó: o nome foi dado à tribo por seus inimigos, os Juruna (falantes de uma língua do tronco tupi), que ajudaram os irmãos Villas Bôas no contato. Em Juruna, "txucarramãe" significa "sem arco", uma alusão ao hábito kayapó de caçar e guerrear com bordunas. Ver a esse respeito, por exemplo, o livro de Orlando Villas Bôas, *Histórias e causos* (São Paulo: FTD, 2005).

21. *The Rythmatist*. Direção: Jean-Pierre Dutilleux. Produção: Miles A. Copeland, Jean-Pierre Dutilleux, Derek Power, Simon T. James. Roteiro: Jean-Pierre Dutilleux e Stewart Copeland. (59 min.). Disponível em: <https://vimeo.com/231805879>.

22. Sting e Jean-Pierre Dutilleux, *Jungle Stories: The Fight for the Amazon*. Londres: Barrie & Jenkins, 1989.

23. Ver *Folha de S.Paulo*, 12 out. 1988.

24. Jean-Pierre Dutilleux, *Raoni: Le tour du monde d'un indien en 60 jours*. Paris: Filipacchi, 1989.

25. "Funai autoriza filme 'Índia'". *Folha de S.Paulo*, 22 jul. 1981. Disponível em: <https://amazonia-leaks.org/documents/01%20-%201981-07-22_Folha-de-Sao-Paulo_15037_20100813_233922.pdf>.

26. "Sting se livra de Dutilleux". *Veja*, 2 maio 1990.

27. Ricardo Arnt, "Belga explora índios da Amazônia e tenta golpe de US$ 5 mi na Europa". *Folha de S.Paulo*, 7 out. 1991.

28. Em 2023, Dutilleux voltou ao noticiário em mais uma controvérsia envolvendo os Kayapó e dinheiro. Uma reportagem da agência Associated Press afirmava que Raoni rompera com o velho amigo após o lançamento do último documentário do belga, *Raoni: uma amizade improvável* (2023), porque JP estaria usando o nome do cacique para levantar recursos sem repassar o suficiente ao ancião Kayapó. O cineasta negou as acusações: "Nunca houve desvio de dinheiro

ou falta de transparência da minha parte. Ao contrário, gastei muito dinheiro meu para ajudar Raoni ao longo dos anos". Sem saber da confusão, perguntei a Raoni sobre JP quando o entrevistei em Belém em agosto de 2023. O cacique deu um sorriso constrangido: "Tá aposentado". Diane Jeantet, "How the deep friendship between an Amazon chief and a Belgian filmmaker devolved into accusations". Associated Press, 14 dez. 2023. Disponível em: <https://apnews.com/article/raoni-documentary-dutilleux-brazil-amazon-indigenous-fdb772c66dd2ba335c6effd0f40b15de>.

29. SNI, ACE 7248/89, disponível em formato digital no Arquivo Nacional.

30. Maria José Alfaro Freire, *A construção de um réu: Paiakã e os índios na imprensa brasileira*. Natal: EDUFRN, 2019. Disponível em: <https://repositorio.ufrn.br/jspui/bitstream/123456789/27962/6/A%20constru%c3%a7%c3%a30%20de%20um%20r%c3%a9u.pdf>.

31. Daniel Nepstad et al., "Inhibition of Amazon Deforestation and Fire by Parks and Indigenous Lands". *Conservation Biology*, Washington, v. 20, n. 1, pp. 65-73. 2006.

8. REVOLUÇÕES NO RIOCENTRO [pp. 159-73]

1. Presidente Fernando Collor, "O projeto de reconstrução nacional e o compromisso com a democracia". Brasília: Presidência da República, 1991, p. 16.

2. André Bernardo, "Entre infartos, falências e suicídios: Os trinta anos do confisco da poupança". *BBC News Brasil*, 17 mar. 2020. Disponível em: <https://economia.uol.com.br/noticias/bbc/2020/03/17/entre-infartos-falencias-e-suicidios-os-30-anos-do-confisco-da-poupanca.htm>.

3. Luís Costa Pinto, "O PC é testa-de-ferro do Fernando". *Veja*, 27 maio 1992.

4. Em entrevista no início de 2023, Zé Altino Machado defendeu a invasão de 1987 como uma espécie de desforra contra o empresário Eike Batista, filho do então presidente da Companhia Vale do Rio Doce, Eliezer Batista. Segundo o relato do garimpeiro, o governador de Roraima tirou o garimpo de cassiterita da área yanomami em 1984 e o entregou à Vale. "Em 24 de agosto de 1984, a Vale devolveu a documentação, dizendo que não havia encontrado nada de valor. Dias depois, o filho do presidente da Vale requereu [lavra para exploração mineral na região]. Eu fui ao Rio e disse que nem com o capeta. Comprou briga com nós [sic]. Em 1985, passei cinco dias na solitária e 135 dias no presídio por causa disso, mas eles não levaram. Em 1987 nós voltamos."

5. Memélia Moreira, "A estratégia do genocídio yanomami". In: *Povos Indígenas no Brasil 1987/88/89/90*. São Paulo: Cedi, 1991, p. 162.

6. Severo Gomes, "Paapiú: Campo de extermínio". *Folha de S.Paulo*, 18 jun. 1989.

7. Bruce Albert, "Xawara: O ouro canibal e a queda do céu". Entrevista com Davi Kopenawa In: *Povos Indígenas no Brasil 1987/88/89/90*. São Paulo: Cedi, 1991, p. 169.

8. Ibid., op. cit., p. 189.

9. *Povos Indígenas no Brasil – 1991-1995*. São Paulo: Instituto Socioambiental, 1996, p. 220. Disponível em: <https://books.google.com.br/books?id=JYHBAgAAQBAJ&printsec=frontcover&hl=pt-BR&source=gbs_ge_summary_r&cad=0#v=onepage&q&f=false>.

10. José Gomes da Silva et al., "Energy Balance for Ethyl Alcohol Production from Crops". *Science*, Washington, v. 201, n. 4359, pp. 903-6, 1978.

11. Marcelo Leite, "Ibama é acusado de servir a madeireiras". *Folha de S.Paulo*, 18 mar. 1992.

12. O líder tibetano fez o chanceler brasileiro Celso Lafer suar frio: a China havia imposto como condição à sua participação que o líder do Tibete ocupado, que vivia no exílio na Índia, não participasse de "atividades políticas" na Cúpula da Terra, que deixasse o Rio antes de 8 de junho, quando o negociador-chefe chinês chegaria, e que em hipótese alguma estivesse em território brasileiro dia 11, data da chegada de Li Peng. Com a ajuda inusitada do secretário-geral da ONU, o governo brasileiro tapeou o dalai-lama, trazendo-o na condição de líder espiritual para o Fórum Global e garantindo que a condição imposta pela China fosse satisfeita. Ver Claudio Angelo e Rubens Valente, "Dalai Lama quase causa saia-justa durante a Eco-92". *Folha de S.Paulo*, 21 fev. 2012. Disponível em: <https://www1.folha.uol.com.br/fsp/ciencia/26942-dalai-lama-quase-causa-saia-justa-durante-a-eco-92.shtml>.

13. *United Nations Framework Convention on Climate Change*, UNFCCC. Disponível em: <https://unfccc.int/files/essential_background/background_publications_htmlpdf/application/pdf/conveng.pdf>.

14. ONU, *Report of the United Nations Conference on Environment and Development*. Disponível em: <https://www.un.org/esa/dsd/agenda21/Agenda%2021.pdf>.

15. Este último ponto virou uma *cause célèbre* dos negociadores do mundo em desenvolvimento depois de uma irônica aliança com as "ONGs estrangeiras" que o Itamaraty e o Exército tanto adoravam criticar. No começo de 1992, Roberto Smeraldi recebeu o vazamento de um memorando escrito no ano anterior pela equipe do economista Larry Summers, futuro secretário do Tesouro dos Estados Unidos e reitor da Universidade Harvard, então no Banco Mundial. O documento dizia que, do ponto de vista da alocação racional de recursos, era um ótimo negócio instalar indústrias poluentes no Terceiro Mundo, porque o custo de uma internação hospitalar num país africano era uma fração do da Noruega, por exemplo. O florentino radicado no Brasil entregou o documento ao *Jornal do Brasil*, que o estampou na manchete. "O Brasil usou e abusou do memorando Summers nos foros internacionais para mostrar a hipocrisia do Primeiro Mundo, que preocupação ambiental era pra se livrar da sujeira em casa", conta o ativista. Uma mudança e tanto para um país cujo ministro do Planejamento, vinte anos antes, convidara as indústrias poluentes a se instalarem aqui. Em janeiro de 1972, ano da Conferência de Estocolmo, o ministro João Paulo dos Reis Veloso comentou à imprensa, com orgulho, que o país queria atrair capital japonês. As indústrias estavam saindo do Japão por causa de restrições ambientais cada vez maiores e procurando lugares mais baratos e com menos limitações. "Nós ainda temos muita área para poluir", disse o ministro. Ver Regina Horta Duarte, "'Turn to Pollute': Poluição atmosférica e o modelo de desenvolvimento no 'milagre' brasileiro". *Tempo 21*, Niterói, v. 21, n. 37, pp. 64-87, 2015. Disponível em: <https://www.scielo.br/j/tem/a/CMYybBMgXfHcZNr6LWVCGmP/?lang=pt>.

16. Telegrama SMAM-ECOSOC-L00 no 224, de Brasília para a embaixada brasileira em Washington, 1 fev. 1989.

17. "IPCC x IPCC: como o consenso científico sobre o clima evoluiu em 30 anos". *Fakebook. eco*. Disponível em: <https://fakebook.eco.br/ipcc-x-ipcc-como-o-consenso-cientifico-sobre-o-clima-evoluiu-em-30-anos/>.

18. David Wallace-Wells, *A terra inabitável: Uma história do futuro*. São Paulo: Companhia das Letras, 2019, p. 13.

19. IPCC, *Climate Change 2022: Mitigation of Climate Change. Summary for Policymakers*. Disponível em: <https://www.ipcc.ch/report/ar6/wg3/>.

20. Uma análise excelente a esse respeito é feita pelo então embaixador em Washington Marcílio Marques Moreira em telegrama à chancelaria (MSG OF00141A, de 19 de janeiro de 1989).

21. "PPG7: Duas décadas de apoio à proteção das florestas brasileiras". Ministério do Meio Ambiente, 29 set. 2009. Disponível em: <https://www.gov.br/mma/pt-br/noticias/ppg7-duas-decadas-de-apoio-a-protecao-das-florestas-brasileiras>.

22. Philip M. Fearnside, *Destruição e conservação da Floresta Amazônica*. Manaus: Inpa, 2020, pp. 9-10.

9. PERDENDO O CONTROLE [pp. 174-91]

1. Fernando Henrique Cardoso, *Diários da Presidência — Vol. 1, 1995-1996*. São Paulo: Companhia das Letras, 2015, p. 655.

2. "Inferno na fronteira verde". *Veja*, 8 nov. 1995.

3. Segundo análise do governo, o rebanho bovino na Amazônia subiu de 16 milhões para 20 milhões de cabeças entre 1992 e 1996. Ver MMA, *Nota técnica — Assunto: Anúncio dos dados de desflorestamento (1995 a 1997)*. São José dos Campos, 26 jan. 1998.

4. MMA, *Nota técnica — Assunto: Anúncio dos dados de desflorestamento (1995 a 1997)*. São José dos Campos, 26 jan. 1998.

5. Philip M. Fearnside, *Destruição e conservação da Amazônia brasileira*. Manaus: Inpa, 2020, p. 10.

6. Naquela época, as imagens do Landsat eram pagas. Só a partir de 2008 o USGS e a Nasa tornaram-nas gratuitas. Foi a política de imagens gratuitas praticada pelo Inpe em relação ao satélite sino-brasileiro CBERS que empurrou os norte-americanos a permitirem acesso livre a seu arquivo de imagens.

7. Hoje é possível fazer uma estimativa grosseira a partir dos dados da plataforma MapBiomas, considerando tudo o que era floresta no bioma Amazônia nos dois anos. O MapBiomas não pode ser comparado ao Prodes por uma série de razões — por exemplo, ele considera florestas secundárias, enquanto o Inpe só mede o desmatamento em florestas nunca antes derrubadas. Os dados da plataforma indicam que a Amazônia perdeu 33 521 km^2 de florestas nos dois anos. Desses, 17 183 km^2 sumiram em 1993 e 16 338 km^2 em 1994. Ou seja, o desmatamento foi ligeiramente maior em 1993, mas a gambiarra do Inpe de dividir igualmente o dado pelos dois anos não estava tão distante da realidade.

8. Gustavo Krause, "Governo, oposição e o 'mico' da Amazônia". *Folha de S.Paulo*, 5 fev. 1998. Disponível em: <https://www1.folha.uol.com.br/fsp/opiniao/fz05029809.htm>.

9. Henry David Thoreau (1817-62) foi um naturalista estadunidense que escreveu um dos livros mais influentes do pensamento ambientalista, *Walden*, sobre sua vida numa floresta à beira de um lago em Massachusetts.

10. Vicente Gomes e Luiz Antônio Duprat.

11. MP nº 1.511 e decreto nº 1.963, de 25 julho de 1996, *Diário Oficial da União*, seção 1, 26 jul. 1996. Disponível em: <https://pesquisa.in.gov.br/imprensa/jsp/visualiza/index.jsp?data=26/07/1996&jornal=1&pagina=3&totalArquivos=184>.

12. O próprio FHC, único mandatário da história do Brasil a ter escrito um livro sobre os problemas da Amazônia (*Amazônia: Expansão do capitalismo*, publicado em 1977 com Geraldo Müller), demonstra em seus diários confundir extração de madeira com desmatamento.

13. Fernando Henrique Cardoso, op. cit., p. 710.

14. "Entenda como foi a compra de votos a favor da reeleição em 1997". Poder360, 8 set. 2020. Disponível em: <https://www.poder360.com.br/midia/entenda-como-foi-a-compra-de-votos-a-favor-da-emenda-da-reeleicao-em-1997/>.

15. Bernardino Furtado, "Desmatamento é recorde no governo FHC". *Folha de S.Paulo*, 27 jan. 1998. Disponível em: <https://www1.folha.uol.com.br/fsp/brasil/fc270115.htm>.

16. José Maschio e Eduardo Scolese, "No campo, governo enfrentou o radicalismo dos sem-terra". *Folha de S.Paulo*, 19 dez. 2002. Disponível em: <https://www1.folha.uol.com.br/fsp/especial/fj1912200224.htm>.

17. FHC relatou em entrevista um episódio curioso, do dia em que ele foi, incógnito, ao acampamento dos invasores após a invasão de sua fazenda: "Um dia eu peguei um motorista lá, era feriado, coisa assim, e falei 'vamos lá'. E fui, só eu e o motorista. Cheguei lá, era um feriado, estavam todos numa parte central, coisa assim, bandeira do MST, o chefe não estava, tinha ido para a cidade. No começo eles não perceberam que era o presidente da República, aí uma [mulher] — as mulheres são mais desenvoltas — me disse: 'Quer conhecer minha casa?'. 'Eu quero'. Aí eu fui. Tinha um riozinho que passava lá perto, fui lá e entrei na casa dela. O marido era marceneiro, não tinha nada a ver com terra, era marceneiro. O local era uma tenda simpática, correta. Tinha uma cadeira, eu sentei, tinha uma cama, uma criança, não sei o quê. Bom, aí começaram a desconfiar de quem eu era, mesmo assim não aconteceu nada. Voltei para a sede e tal, convidei-os que viessem e tal, falei: 'Quando me virem, podem ir lá na minha fazenda mas, por favor, vai pela porta da frente'".

18. Ministério do Meio Ambiente, *Nota técnica — Assunto: Anúncio dos dados de desflorestamento (1995 a 1997)*. São José dos Campos, 26 jan. 1998.

19. Ibid., op. cit., p. 36.

20. Lei nº 9.605, de 12 de fevereiro de 1998. Disponível em: <https://www.planalto.gov.br/ccivil_03/leis/l9605.htm>.

21. Reinaldo I. Barbosa e Philip M. Fearnside, "As lições do fogo". *Ciência Hoje*, Brasília, v. 26, n. 157, pp. 35-9, fev. 2000.

22. Resolução nº 98 (Byrd-Hagel), 25 jul. 1997. Disponível em: <https://www.congress.gov/bill/105th-congress/senate-resolution/98/text>.

23. UNFCCC, *Proposed Elements of a Protocol to the United Nations Framework Convention on Climate Change, Presented by Brazil in Response to the Berlin Mandate*, 1997. Disponível em: <https://unfccc.int/resource/docs/1997/agbm/03b.pdf>.

24. H. Damon Matthews et al., "National Contributions to Observed Global Warming". *Environmental Research Letters*, Bristol, nº 9, art. 014010, 15 jan. 2014.

25. Houve grande incerteza sobre esse número durante muito tempo. Em 2019, o IPCC

lançou seu relatório especial "Climate Change and Land", no qual estima as emissões por uso da terra, quase todas elas correspondentes a desmatamento, em 5,2 bilhões de toneladas líquidas por ano entre 2007 e 2016, o equivalente a cerca de 10% das emissões da humanidade. Somando tudo, a agropecuária e as mudanças de uso da terra respondem por 23% de todos os gases de efeito estufa emitidos pela humanidade por ano. Conferir em: <https://www.ipcc.ch/site/assets/uploads/sites/4/2022/11/SRCCL_SPM.pdf>.

26. "Manifestação da sociedade civil brasileira sobre as relações entre florestas e mudanças climáticas e as expectativas para a COP6". Belém, 24 out. 2000.

27. O racha era tão grande que, em 2001, Paulo Moutinho e três outros ambientalistas defensores da proposta (Fernando Veiga, da Pronatura, Miguel Calmon, da The Nature Conservancy, e Mario Monzoni, da Amigos da Terra — Amazônia Brasileira) se reuniram num bar na praia de Mosqueiro, no Pará, e decidiram criar uma dissidência do Fórum Brasileiro de ONGs, que representava a sociedade civil nas COPs, apenas para discutir o papel das florestas. Essa nova rede, o Observatório do Clima, foi lançada em março de 2002.

28. Márcio Santilli, op. cit., p. 88.

29. Projeto de lei de conversão nº 7/1999. Disponível em: <https://legis.senado.leg.br/diarios/ver/13809?sequencia=166>.

30. Conselho Nacional do Meio Ambiente, "Contribuição para a elaboração de projeto de lei de conversão da medida provisória nº 1956/47, de 16 de março de 2000". Disponível em: <http://conama.mma.gov.br/index.php?option=com_sisconama&task=documento.download&id=13829>.

31. Medida provisória nº 1956-50, de 26 maio de 2000. Disponível em: <http://www.planalto.gov.br/ccivil_03/mpv/Antigas/1956-50.htm>.

32. Philip M. Fearnside, "Controle de desmatamento em Mato Grosso: Um novo modelo para reduzir a velocidade de perda de floresta amazônica". In: _____ (Org.), *Destruição e conservação da Floresta Amazônica*. Manaus: Inpa, 2022, pp. 177-92.

33. Ibid.

34. "Prodes — Amazônia". Observação da Terra, Inpe. Disponível em: <http://www.obt.inpe.br/OBT/assuntos/programas/amazonia/prodes>.

35. Raoni Rajão, Andrea Azevedo e Marcelo C. C. Stabile, "Institutional Subversion and Deforestation: Learning Lessons from the System for the Environmental Licencing of Rural Properties in Mato Grosso". *Public Administration and Development*, Chichester, v. 32, n. 3, pp. 229-44, jun. 2012.

36. Ibid.

10. A CIÊNCIA CONTRA-ATACA [PP. 192-206]

1. Marcelo Leite, "Obras federais ameaçam florestas". *Folha de S.Paulo*, 19 mar. 2000, pp. 17-8.

2. A reportagem, baseada numa versão preliminar do estudo, falava em 180 mil km².

3. Fernando Henrique Cardoso, *Avança Brasil: Proposta de governo*. Rio de Janeiro: Centro

Edelstein de Pesquisas Sociais, 2008. Disponível em: <https://static.scielo.org/scielobooks/62rp6/pdf/cardoso-9788599662687.pdf>.

4. Ibid., p. 162.

5. Daniel Nepstad et al., "Avança Brasil: Os custos ambientais para a Amazônia". Belém: Ipam/ISA, 2000. Disponível em: <https://ipam.org.br/wp-content/uploads/2000/06/avança_brasil_os_custos_ambientais_para_.pdf>.

6. Daniel C. Nepstad, Adriana G. Moreira e Ane A. Alencar, *Floresta em chamas: Origens, impactos e prevenção do fogo na Amazônia*. Brasília: Ipam, 1999, XIII.

7. Ane Alencar et al., *Uso do fogo na Amazônia: Estudos de caso ao longo do arco de desmatamento*. Brasília: World Bank Report, 1997.

8. Marcelo Leite, "Amazônia perde 42% da floresta até 2020". *Folha de S.Paulo*, 12 nov. 2000. Disponível em: <https://www1.folha.uol.com.br/fsp/ciencia/fe1211200004.htm>.

9. Fernando Henrique Cardoso e Geraldo Müller, *Amazônia: Expansão do capitalismo*. Rio de Janeiro: Centro Eldenstein de Pesquisas Sociais, 2008 [1977]. Disponível em: <https://books.scielo.org/id/mnx6g>.

10. Robert R. Schneider, *Government and the Economy on the Amazon Frontier*. Washington: World Bank, ago. 1995.

11. Eneas Salati et al., "Recycling of Water in the Amazon Basin: An Isotopic Study". *Water Resources Research*, Washington, v. 15, nº 5, pp. 1250-8, out. 1979.

12. Eneas Salati et al., "Amazon Basin: A System in Equilibrium". *Science*, v. 225, nº 4658, pp. 129-38, 13 jul. 1984.

13. José A. Marengo et al., "Climatology of the Low-Level Jet East of the Andes as Derived from the NCEP–NCAR Reanalyses: Characteristics and Temporal Variability". *Journal of Climate*, Boston, v. 17, nº 12, pp. 2261-80, 15 jun. 2004. Disponível em: <https://journals.ametsoc.org/view/journals/clim/17/12/1520-0442_2004_017_2261_cotlje_2.0.co_2.xml>.

14. Além de Nobre e Shukla, foi coautor dos dois trabalhos o meteorologista inglês e futuro astronauta Piers Sellers (1955-2016).

15. Carlos A. Nobre et al., "Amazon Deforestation and Regional Climate Change". *Journal of Climate*, Boston, v. 4, nº 10, pp. 957-88, out. 1991.

16. A equipe que formulou o experimento consistia no astronauta Piers Sellers, nos também britânicos Jim Shuttleworth, da Universidade do Arizona, e John Gash, do Centro de Ecologia e Hidrologia do Reuno Unido, nos estadunidenses Michael Keller, do Serviço Florestal dos Estados Unidos, e Steven Wofsy, da Universidade Harvard, e nos holandeses Pavel Kabat (Iiasa) e Han Dolman (Universidade Livre de Amsterdã).

17. Ver, por exemplo: "1995: Ministro e embaixador deixam governo após escândalo do Sivam", CBN, 17 mar. 2016. Disponível em: <https://cbn.globoradio.globo.com/institucional/historia/aniversario/cbn-25-anos/boletins/2016/03/17/1995-MINISTRO-E-EMBAIXADOR-DEIXAM-GOVERNO-APOS-ESCANDALO-DO-SIVAM.htm>. O PT conseguiu aprovar a criação de uma comissão parlamentar de inquérito para investigar o caso. A CPI terminou em 2002 sem nenhum indiciado.

18. Peter M. Cox et al., "Acceleration of Global Warming Due to Carbon-cycle Feedbacks in a Coupled Model". *Nature*, Londres, v. 408, pp. 184-7, 9 nov. 2000.

19. Luciana V. Gatti et al., "Amazonia as a Carbon Source Linked to Deforestation and Climate Change". *Nature*, Londres, v. 595, pp. 388-93, 14 jul. 2021.

20. Em 1988, o município foi desmembrado para a criação de Dom Eliseu. Sua área hoje é de 19 342 km².

21. "Polos madeireiros do estado do Pará". Imazon, 1998. Disponível em: <https://imazon.org.br/polos-madeireiros-do-estado-do-para/>.

22. Havia duas pesquisas em pequena escala, uma de Niro Higuchi, no Inpa, e outra de Natalino Silva, na Embrapa, na Floresta Nacional do Tapajós, nenhuma delas em escala comercial.

11. RITUAL MACABRO [pp. 207-23]

1. A expressão "política ambiental transversal" foi cunhada pela pesquisadora e servidora do Ibama Roberta Graf no ano 2000, e usada por Marina no discurso de posse. O conceito é detalhado na tese de doutorado de Graf na Unicamp, *Política ambiental transversal: Experiências na Amazônia brasileira* (2005). Disponível em: <https://repositorio.unicamp.br/acervo/detalhe/349604>.

2. Claudio Angelo, "Desmatamento está sendo freado, reafirma ministra". *Folha de S.Paulo*, 23 maio 2005. Disponível em: <https://www1.folha.uol.com.br/fsp/brasil/fc2305200515.htm>.

3. Segundo dados do Fundo Monetário Internacional, disponíveis em: <https://data.imf.org/?sk=471DDDF8-D8A7-499A-81BA-5B332C01F8B9>.

4. Douglas C. Morton et al., "Cropland Expansion Changes Deforestation Dynamics in the Southern Brazilian Amazon". *PNAS*, Washington, v. 103, n. 39, pp. 14 637-41, 26 set. 2006. Disponível em: <https://www.pnas.org/content/pnas/103/39/14637.full.pdf>.

5. Adriana Vasconcelos e José Meirelles Passos, "Palocci é confirmado nos Estados Unidos". *O Globo*, 11 dez. 2002, p. 3.

6. Ver Alfredo Sirkis, *Descarbonário* (Rio de Janeiro: Ubook, 2020).

7. Leila Suwwan, "Governo aponta declínio de 13% em desmatamento". *Folha de S.Paulo*, 11 jun. 2002.

8. A estimativa de 2000-1 anunciada em junho de 2002 foi 15 787 km², mas foi posteriormente revista pelo próprio Inpe para 18 165 km², virtualmente igual à do período 1999-2000 (18 226 km²).

9. Decreto de 3 de julho de 2003. Disponível em: <http://www.planalto.gov.br/ccivil_03/dnn/2003/dnn9922.htm>.

10. Ibid.

11. João Paulo Capobianco, *Amazônia: Uma década de esperança*. São Paulo: Estação Liberdade, 2021, p. 72.

12. A história de Márcio Martins da Costa (1965-92), o Rambo do Pará é uma série da Netflix esperando para acontecer. Segundo Maurício Torres, Juan Doblas e Daniela Alarcon, Martins era um mineiro que chegou em 1988 à região de Castelo dos Sonhos, distrito no extremo sul de Altamira, e logo dominou o garimpo na região, com um bando de pistoleiros notoriamente ferozes. Consta que teria sido responsável por mais de trezentos assassinatos, além de assaltos a caminhões na BR-163, até ser morto por agentes da PM do Pará em 1992, escondido atrás de uma parede falsa em uma fazenda no distrito de Altamira. Várias pessoas com quem

conversamos em Castelo e Novo Progresso tinham algum "causo" para contar envolvendo o Márcio Rambo Ver Maurício Torres, Joan Doblas e Daniela Fernandes Alarcon, *Dono é quem desmata: Conexões entre grilagem e desmatamento no sudoeste paraense*. IAA: Altamira, 2017.

13. João Paulo Capobianco, op. cit., p. 65.

14. Ibid.

15. Claudio Angelo, *A espiral da morte: Como a humanidade alterou a máquina do clima*. São Paulo: Companhia das Letras, 2016, p. 276.

16. Nasa, *Modis Brochure*. Disponível em: <https://modis.gsfc.nasa.gov/about/media/modis_brochure.pdf>.

17. Liana O. Anderson, *Classificação e monitoramento da cobertura florestal do estado de Mato Grosso utilizando dados multitemporais do sensor Modis*. São José dos Campos: Inpe, 2005. Dissertação (Mestrado em Sensoriamento Remoto).

18. Inpe, *Sistema de detecção do desmatamento em tempo real na Amazônia – Deter: Aspectos gerais, metodológicos e plano de desenvolvimento*. 2008. Disponível em: <http://www.obt.inpe.br/OBT/assuntos/programas/amazonia/deter/pdfs/metodologia_v2.pdf>.

19. Cristina Amorim, "Governo paga dois 'vigias' para Amazônia". *Folha de S.Paulo*, 17 nov. 2004. Disponível em: <https://www1.folha.uol.com.br/fsp/ciencia/fe1711200401.htm>.

20. Presidência da República, Casa Civil, *Plano de Ação para a Prevenção e Controle do Desmatamento na Amazônia Legal*. Brasília, mar. 2004. Disponível em: <http://combateaodesmatamento.mma.gov.br/images/conteudo/PPCDAM_1aFase.pdf>

21. Cristina Amorim, op. cit.

22. Claudio Angelo e Cristina Amorim, "Sistema indica avanço no desmatamento". *Folha de S.Paulo*, 2 dez. 2004. Disponível em: <https://www1.folha.uol.com.br/fsp/ciencia/fe0212200402.htm>.

12. CALANDO A MOTOSSERRA [pp. 224-37]

1. "Mogno na Amazônia brasileira: Ecologia e perspectivas de manejo". Imazon, Belém, dez. 2015. Disponível em: <https://imazon.org.br/mogno-na-amazonia-brasileira-ecologia-e-perspectivas-de-manejo/>.

2. "Informações sobre madeiras: Mogno". Instituto de Pesquisas Tecnológicas. Disponível em: <https://madeiras.ipt.br/mogno/>.

3. Gibson USA, *Owners' Manual*. Nashville, 2007. Disponível em: <https://images-na.ssl-images-amazon.com/images/I/A1TjpYLGKqL.pdf>.

4. Greenpeace, "Parceiros no crime: A extração ilegal de mogno – A Amazônia a mercê de 'acordos entre cavalheiros'". São Paulo, out. 2001. Disponível em: <https://acervo.socioambiental.org/acervo/documentos/parceiros-no-crime-extracao-ilegal-de-mogno-amazonia-merce-de-acordos-entre>.

5. Ibid.

6. Marcelo Marquesini, ex-*campaigner* de Amazônia da ONG Greenpeace e ex-coordenador de fiscalização do Ibama, em entrevista aos autores.

7. Claudio Angelo, "Brasil se opõe a mais proteção para o mogno". *Folha de S.Paulo*, 9 nov. 2002. Disponível em: <https://www1.folha.uol.com.br/fsp/ciencia/fe0911200202.htm>.

8. Id., "Convenção aumenta proteção para mogno". *Folha de S.Paulo*, 14 nov. 2002. Disponível em: <https://www1.folha.uol.com.br/fsp/ciencia/fe1411200201.htm>.

9. Sandra Sato, "Justiça barra liminar que libera venda de mogno". *O Estado de S. Paulo*, 17 fev. 2002, p. A10.

10. Ibama, *Destinação do mogno apreendido pelo Ibama. Exposição de motivos e memória das reuniões – Versão final*, 7 maio 2003 (A. C. Hummel, comunicação pessoal).

11. Imazon — Fatos florestais da Amazônia 2003. Disponível em: <https://imazon.org.br/fatos-florestais-da-amazonia-2003/>.

12. Decreto nº 4.722, de 5 de junho de 2003. Disponível em: <http://www.planalto.gov.br/ccivil_03/decreto/2003/d4722.htm>.

13. "Marina Silva entrega primeiro cheque da venda de mogno apreendido". Ministério do Meio Ambiente e Mudança do Clima, 6 out. 2003. Disponível em: <https://www.gov.br/mma/pt-br/noticias/marina-silva-entrega-cheque-da-primeira-venda-de-mogno-apreendido>.

14. Tribunal de Contas da União (TCU), Grupo I — Classe VII — Plenário TC 012.307/2003--5 com três volumes.

15. Ibama, memorando circular nº 01, de 12 ago. 2003.

16. MDA, portaria conjunta nº 10, de 1 dez. 2004.

17. João Paulo Ribeiro Capobianco, op. cit., pp. 66-7.

13. FOGOS EM ANAPU [pp. 238-45]

1. Ronaldo Brasiliense, "Escândalo da Sudam: Todos ricos, todos soltos!". UOL, Congresso em Foco, 16 dez. 2005. Disponível em: <https://congressoemfoco.uol.com.br/projeto-bula/reportagem/escandalo-da-sudam-todos-ricos-todos-soltos/>.

2. Rubens Valente, "Freira denunciou ameaças ao governo federal há um ano". *Folha de S.Paulo*, 15 fev. 2005, p. A4.

3. Eduardo Scolese e Iuri Dantas, "Governo decide deslocar 2000 militares para o Pará". *Folha de S.Paulo*, 16 fev. 2005, p. A11.

4. *Diário Oficial da União*, Seção 1, 18 fev. 2005. Disponível em: <https://pesquisa.in.gov.br/imprensa/jsp/visualiza/index.jsp?data=18/02/2005&jornal=1&pagina=13&totalArquivos=108>.

5. Tanto o decreto como a MP, a de nº 239/2005, foram publicados no *Diário Oficial da União* no mesmo dia, em 21 de fevereiro. Ver em: <https://pesquisa.in.gov.br/imprensa/jsp/visualiza/index.jsp?data=21/02/2005&jornal=1&pagina=2&totalArquivos=48>.

14. CADÊ O DESMATAMENTO? [pp. 246-56]

1. Hudson Corrêa, "PF desmonta esquema de madeira ilegal". *Folha de S.Paulo*, 3 jun. 2005. Disponível em: <https://www1.folha.uol.com.br/fsp/ciencia/fe0306200501.htm>.

2. Conforme João Paulo Ribeiro Capobianco, *Governança socioambiental na Amazônia*

brasileira na década de 2000. São Paulo: IEA-USP, 2017, p. 155. Tese (Doutorado em Ciência Ambiental). Disponível em: <https://www.teses.usp.br/teses/disponiveis/106/106132/tde-10122018-095025/pt-br.php>. O volume foi estimado em madeira serrada e dividido por 20 m³, que é a capacidade de um caminhão.

3. Claudio Angelo, "Ex-diretor da Fema nega irregularidades". *Folha de S.Paulo*, 1 jul. 2005. Disponível em <https://www1.folha.uol.com.br/fsp/ciencia/fe0107200502.htm>.

4. A estimativa é de Antonio Carlos Hummel.

5. MPF-MT, "Operação Curupira — denúncia final". Processo nº 2004.36.00.009723-0, Cuiabá, MT, 7 jul. 2005.

6. A Divisão de Prevenção e Repressão aos Crimes Contra o Meio Ambiente e o Patrimônio Histórico (DMAPH), criada em 2001 pelo delegado Jorge Pontes. A história desse grupo especial é relatada por Pontes no livro *Guerreiros da natureza* (Rio de Janeiro: Mapa Lab, 2022). Em 2004, um Centro de Integração e Aperfeiçoamento em Polícia Ambiental começou a operar no Amazonas.

7. Hudson Corrêa e Kátia Brasil, "Diretor do Ibama diz que processará procuradoria". *Folha de S.Paulo*, São Paulo, 23 jun. 2005. Disponível em: <https://www1.folha.uol.com.br/fsp/brasil/fc2306200530.htm>.

8. MPF-MT, op. cit.

9. Claudio Angelo, "Intervenção da PF paralisa economia de municípios". *Folha de S.Paulo*, 19 jun. 2005. Disponível em: <https://www1.folha.uol.com.br/fsp/dinheiro/fi1906200510.htm>.

10. Claudio Angelo, "Maggi diz que dará prioridade a ambiente". *Folha de S.Paulo*, 19 jun. 2005. Disponível em: <https://www1.folha.uol.com.br/fsp/dinheiro/fi1906200511.htm>.

11. Michael McCarthy, "The Rape of the Rainforest… and the Man Behind it". *The Independent*, 20 maio 2005. Disponível em: <https://www.independent.co.uk/climate-change/news/the-rape-of-the-rainforest-and-the-man-behind-it-491329.html>.

12. Larry Rohter, "Relentless Foe of the Amazon Jungle: Soybeans". *The New York Times*, 17 set. 2003. Disponível em: <https://www.nytimes.com/2003/09/17/world/relentless-foe-of-the-amazon-jungle-soybeans.html>.

13. Andreia Fanzeres e Manoel Francisco Brito, "Aconteceu um milagre". *O Eco*, 15 jul. 2005. Disponível em: <https://oeco.org.br/reportagens/1221-oeco_13096/>.

14. Claudio Angelo, "Combate à grilagem faz cair o desmate". *Folha de S.Paulo*, 27 ago. 2005. Disponível em: <https://www1.folha.uol.com.br/fsp/ciencia/fe2708200505.htm>.

15. João Paulo Capobianco, *Amazônia: Uma década de esperança*. São Paulo: Estação Liberdade, 2021, p. 199.

16. Felipe Werneck, Claudio Angelo e Suely Araújo, "A conta chegou: O terceiro ano de destruição ambiental sob Jair Bolsonaro". Observatório do Clima, 2022, p. 12. Disponível em: <https://www.oc.eco.br/wp-content/uploads/2022/02/A-conta-chegou-HD.pdf>.

15. DESORDEM NO PROGRESSO [pp. 257-72]

1. O ouro no Tapajós foi descoberto em 1958 por Nilson Pinheiro. Ver Ariovaldo Umbelino de Oliveira, "BR-163 Cuiabá-Santarém: Geopolítica, grilagem, violência e mundialização". In:

Maurício Torres (Org.), *Amazônia revelada: Os descaminhos ao longo da BR-163*. Brasília: CNPq, 2005, pp. 67-184.

2. Bruno Antônio Manzolli e Raoni Rajão, *Boletim do Ouro 2021-2022*. CSR-UFMG, Minas Gerais. Disponível em: <https://csr.ufmg.br/csr/wp-content/uploads/2022/09/boletim-ouro_.pdf>.

3. Heloisa do Nascimento de Moura Meneses et al., "Mercury Contamination: A Growing Threat to Riverine and Urban Communities in the Brazilian Amazon". *Environmental Research and Public Health*, Basileia, v. 19, nº 15, 2816, 28 fev. 2022. Disponível em: <https://www.mdpi.com/1660-4601/19/5/2816>.

4. Segundo dados do Serviço Florestal Brasileiro. Disponível em: <https://www.gov.br/agricultura/pt-br/assuntos/servico-florestal-brasileiro/concessao-florestal/concessoes-florestais-em-andamento-1>.

5. Lei nº 11.284, de 2 de março de 2006. Disponível em: <https://www.planalto.gov.br/ccivil_03/_Ato2004-2006/2006/Lei/L11284.htm>.

6. João Paulo R. Capobianco, *Amazônia: Uma década de esperança*. São Paulo: Estação Liberdade, 2021, p. 66.

7. Em fevereiro de 2021, ficou famosa a imagem de uma enfermeira empurrando uma maca com um paciente de covid a pé por dois quilômetros da BR-163 rumo a Itaituba depois de a ambulância que os transportava ficar presa num engarrafamento de carretas que tentavam acessar os terminais graneleiros de Miritituba. Disponível em: <https://g1.globo.com/pa/para/noticia/2021/02/12/video-mostra-paciente-com-cilindro-de-oxigenio-sendo-levado-em-maca-pela-br-163-no-pa.ghtml>.

8. Luís Indriunas, "Acusados de grilagem, desmatamento e outros crimes são eleitos para prefeituras no sul do Pará". De Olho nos Ruralistas, 17 nov. 2020. Disponível em: <https://deolhonosruralistas.com.br/2020/11/17/acusados-de-grilagem-desmatamento-e-outros-crimes-sao-eleitos-para-prefeituras-no-sul-do-para/>.

9. Conferir em: <https://plataforma.brasil.mapbiomas.org/>.

10. O indicador usado para contar o número de fazendas é o Cadastro Ambiental Rural. Conferir Heron Martins et al., "Redução da Flona do Jamanxim: vitória da especulação fundiária?" (Imazon, 2017). Disponível em: <https://imazon.org.br/publicacoes/reducao-da-flona-do-jamanxim-vitoria-da-especulacao-fundiaria/>.

11. Mauricio Torres, Juan Doblas e Daniela Fernandes Alarcon, *"Dono é quem desmata": Conexões entre grilagem e desmatamento no sudoeste paraense*. Altamira: IAA, 2017. Disponível em: <https://site-antigo.socioambiental.org/sites/blog.socioambiental.org/files/nsa/arquivos/dono_e_quem_desmata_conexoes_entre_gril1.pdf>.

12. Fabiano Maisonnave, "Em 'Dia do Fogo', sul do Pará registra disparo no número de queimadas". *Folha de S.Paulo*, 14 ago. 2019. Disponível em: <https://www1.folha.uol.com.br/ambiente/2019/08/em-dia-do-fogo-sul-do-pa-registra-disparo-no-numero-de-queimadas.shtml>.

13. Mauricio Torres, Juan Doblas e Daniela Alarcon, op. cit., p. 105.

14. Ibid., p. 77.

15. Ibid., pp. 57-61.

16. Marcelo Leite, "Enfim, BR-163". *Folha de S.Paulo*, 11 jun. 2006. Disponível em: <https://www1.folha.uol.com.br/fsp/ciencia/fe1106200603.htm>.

17. Claudio Angelo, "Floresta alugada começa a dar madeira". *Folha de S.Paulo*, 25 out. 2010. Disponível em: <https://www1.folha.uol.com.br/fsp/ciencia/fe2510201002.htm>.

18. "Concessões florestais em andamento". Ministério da Agricultura e Pecuária, 7 jul. 2022. Disponível em: <https://www.gov.br/agricultura/pt-br/assuntos/servico-florestal-brasileiro/concessao-florestal/concessoes-florestais-em-andamento-1>.

19. Denys Pereira et al., *Fatos florestais da Amazônia 2010*. Belém: Imazon, 2010. Disponível em: <https://imazon.org.br/publicacoes/fatos-florestais-da-amazonia-2010/>.

20. Philip M. Fearnside et al., "Modelagem de desmatamento e emissões de gases de efeito estufa na região sob influência da rodovia Manaus-Porto Velho (BR-319)". *Revista Brasileira de Meteorologia*, Rio de Janeiro, v. 24, nº 2, pp. 208-33, jun. 2009.

21. Ver "Painel de dados". ISA, Unidades de Conservação no Brasil. Disponível em: <https://uc.socioambiental.org/pt-br/paineldedados>.

16. LÁGRIMAS DO PALHAÇO [pp. 273-94]

1. Greenpeace, *Comendo a Amazônia*. São Paulo/Manaus, 6 abr. 2006. Disponível em: <https://www.greenpeace.org/static/planet4-brasil-stateless/2019/03/a21fefac-report-eating-up-the-amazon-port-final.pdf.>.

2. Ibid., p. 44.

3. No original, "fowl play at McDonald's", um trocadilho com a expressão *foul play* (jogo sujo) e a palavra *fowl* (ave).

4. Claudio Angelo, "McDonald's devasta a Amazônia, acusa ONG". *Folha de S.Paulo*, 7 abr. 2006, p. A17.

5. Holly K. Gibbs et al., "Brazil's Soy Moratorium". *Science*, Washington, v. 347, nº 6220, pp. 377-8, 23 jan. 2015.

6. Greenpeace, op. cit., p. 39.

7. Isso aconteceu em 2012 no Brasil, quando uma falha num relatório fez o Greenpeace tomar um processo da JBS, a maior empresa de proteína animal do mundo. A ação foi encerrada num acordo judicial.

8. Greenpeace, op. cit., p. 19.

9. "Prêmio Motosserra de Ouro". *O Eco*, 23 maio 2005. Disponível em: <https://oeco.org.br/noticias/2600-oeco_12492/>.

10. Reuters, "Acordo limita exportação de soja da Amazônia". *Folha de S.Paulo*, 25 jul. 2006, p. B8.

11. "2º ano de mapeamento e monitoramento da soja no bioma Amazônia". Abiove, 2009. Disponível em: <https://abiove.org.br/wp-content/uploads/2019/05/07082012-165012-moratoria08_relatorio_abr09_br.pdf>.

12. Abiove, *Moratória da soja — Desflorestamento-zero na Amazônia. Monitoramento da soja por imagens de satélite. Safra 2021/22*. 15 maio 2023. Disponível em: <https://abiove.org.br/relatorios/>.

13. Holly K. Gibbs et al., op. cit.

14. Greenpeace, *A farra do boi na Amazônia*. Jun. 2009. Disponível em: <https://www.greenpeace.org/static/planet4-brasil-stateless/2018/07/FARRAweb-alterada.pdf>.

15. Ibid., p. 4.

16. Ibid., p. 5.

17. "O BNDES e a JBS". BNDES, 2021. Disponível em: <https://aberto.bndes.gov.br/aberto/caso/jbs/>.

18. "MPF/PA e Ibama processam empresas que lucram com bois da devastação". MPF-PA, 1 jun. 2009. Disponível em: <https://www.mpf.mp.br/pa/sala-de-imprensa/noticias-pa/mpf-e-ibama-processam-empresas-que-lucram-com-os-bois-da-devastacao>.

19. "Declive escorregadio" (*slippery slope*, em inglês) é um truque retórico que consiste em excluir o meio-termo de uma asserção, levando a conclusões que não necessariamente derivam da premissa. Por exemplo, "a maconha é a porta de entrada para drogas pesadas" ou "se o aborto for permitido nas primeiras semanas de gestação, logo o governo autorizará a matança de fetos". Ver Carl Sagan, *O mundo assombrado pelos demônios: A ciência vista como uma vela no escuro* (São Paulo: Companhia das Letras, 2002, p. 251).

20. A senadora Kátia Abreu, do Democratas de Tocantins, presidente da poderosa Confederação da Agricultura e Pecuária do Brasil (CNA), tentou, sem sucesso, barrar uma campanha publicitária feita pelo MPF sobre a ilegalidade no setor da carne no Conselho Nacional do Ministério Público.

21. Paulo Barreto, Ritaumaria Pereira e Eugênio Arima, *A pecuária e o desmatamento na Amazônia na era das mudanças climáticas*. Belém: Imazon, 2008. Disponível em: <https://imazon.org.br/PDFimazon/Portugues/livros/A%20Pecuaria%20e%20o%20Desmatamento.pdf>.

22. Decreto nº 1.148, de 17 de julho 2008. Disponível em: <https://www.semas.pa.gov.br/legislacao/files/pdf/586.pdf>.

23. Ver Greenpeace, "Critérios mínimos para operações com gado e produtos bovinos em escala industrial no bioma Amazônia", 2009. Disponível em: <https://www.greenpeace.org/static/planet4-brasil-stateless/2018/07/criterios-m-nimos-para-opera-2.pdf>.

24. Daniel Nepstad et al., "Slowing Amazon Deforestation Through Public Policy and Interventions in Beef and Soy Supply Chains". *Science*, Washington, v. 344, nº 6188, pp. 1118-23, 6 jun. 2014.

25. Holly K. Gibbs,et al., "Did Ranchers and Slaughterhouses Respond to Zero--Deforestation Agreements in the Brazilian Amazon?". *Conservation Letters*, Oxford, v. 9, nº 1, pp. 32-42, jan./fev. 2016.

26. Ibid.

27. Ibid.

28. Lauro Jardim, "Dono da JBS grava Temer dando aval para compra de silêncio de Cunha". *O Globo*, 17 jun. 2017.

29. Samuel A. Levy et al., "Deforestation in the Brazilian Amazon Could Be Halved by Scaling Up the Implementation of Zero-deforestation Cattle Commitments". *Global Environmental Change*, Dordrecht, v. 80, art. 102671, maio 2023.

17. A LISTA DE MARINA [pp. 295-313]

1. Portaria nº 28, de 24 de janeiro de 2008. Os 36 municípios eram: Lábrea (AM), Alta Floresta, Aripuanã, Brasnorte, Colniza, Confresa, Cotriguaçu, Gaúcha do Norte, Juína, Juara, Marcelândia, Nova Bandeirantes, Nova Maringá, Nova Ubiratã, Paranaíta, Peixoto de Azevedo, Porto dos Gaúchos, Querência, São Félix do Araguaia, Vila Rica (MT), Altamira, Brasil Novo, Novo Repartimento, Dom Eliseu, Cumaru do Norte, Novo Progresso, Paragominas, Rondon do Pará, Santa Maria das Barreiras, São Félix do Xingu, Santana do Araguaia, Ulianópolis (PA), Nova Marmoré, Porto Velho, Machadinho D'Oeste, Pimenta Bueno (RO).

2. Decreto nº 6.321, de 21 de dezembro de 2007. Disponível em: <http://www.planalto.gov.br/ccivil_03/_ato2007-2010/2007/decreto/d6321.htm>.

3. Resolução nº 3.545, de 29 de fevereiro de 2008. Disponível em: <https://www.bcb.gov.br/pre/normativos/res/2008/pdf/res_3545_v1_O.pdf>.:

4. Felipe Seligman, "Desmatamento cai e tem baixa recorde". *Folha de S.Paulo*, 11 ago. 2007, p. A20.

5. Greenpeace, *O leão acordou: Uma análise do Plano de Ação para a Prevenção e Controle do Desmatamento na Amazônia Legal*. Manaus/São Paulo, 2008, p. 8.

6. Segundo dados do Cepea-USP, em meados de 2007 a saca de soja no porto de Paranaguá havia batido os quarenta dólares, contra os doze dólares do início de 2006. Conferir em: <https://www.cepea.esalq.usp.br/br/indicador/soja.aspx>.

7. "Deter". Observação da Terra, Inpe. Disponível em: <http://www.obt.inpe.br/OBT/assuntos/programas/amazonia/deter/deter>.

8. Greenpeace, op. cit., p. 24.

9. Gerson Camarotti, "Eu perco o pescoço, mas não perco o juízo". *O Globo*, 7 dez. 2006, p. 11.

10. Cristina Amorim, "Governo evita criar novas reservas". *O Estado de S. Paulo*, 15 maio 2009, p. A18.

11. Greenpeace, op. cit., p. 4.

12. Cristina Amorim, "Em 2005, governo já conhecia falhas". *O Estado de S. Paulo*, 25 jan. 2008, p. A22.

13. Ver, por exemplo, Brenda Brito e Paulo Barreto, *A eficácia da aplicação da Lei de Crimes Ambientais pelo Ibama para proteção de florestas no Pará* (Belém: Imazon, 2006) Disponível em: <https://imazon.org.br/PDFimazon/Portugues/artigos%20cientificos/a-eficacia-da-aplicacao-da-lei-de-crimes.pdf>.

14. O corte de crédito, por exemplo, já era previsto desde 1981, num obscuro trecho da lei da Política Nacional de Meio Ambiente; os embargos, desde o Código Florestal de Castello Branco, de 1965.

15. Em 27 de janeiro de 2008, *O Estado de S. Paulo* revelou que os números do Deter divulgados em outubro referentes a agosto e setembro estavam brutalmente superestimados: o dado de agosto era 66% menor (243 km², e não 723 km²), e o de setembro, 56% menor (611 km², e não 1383 km²). A explosão de 600% em Rondônia não havia ocorrido. O diretor do Inpe, Gilberto Câmara, admitiu o erro ao jornal, afirmando que a "máscara" digital que é colocada sobre os desmatamentos antigos para que eles não sejam computados nas análises do Deter

foi aplicada no lugar errado por um problema de software, levando à dupla contagem de áreas desmatadas. Ver Herton Escobar, "Taxa superestimada de desmate não altera novos resultados negativos".(*O Estado de S. Paulo*, 27 jan. 2008, p. A28).

16. Marta Salomon e Claudio Angelo, "Desmate cresce e põe Planalto em alerta". *Folha de S.Paulo*, 24 jan. 2008. Disponível em: <https://www1.folha.uol.com.br/fsp/ciencia/fe2401200801.htm>.

17. Márcio Santilli, op. cit., p. 87.

18. Steve Schwartzman, do EDF, Daniel Nepstad, do Ipam, Lisa Curran, da Universidade Yale, e Carlos Nobre, do Inpe. Ver Márcio Santilli et al., "Proposta para manter a floresta em pé". (*Folha de S.Paulo*, 23 nov. 2003). Disponível em: <https://www1.folha.uol.com.br/fsp/ciencia/fe2311200301.htm>.

19. Márcio Santilli et al., "Tropical Deforestation and the Kyoto Protocol". *Climatic Change*, Dordrecht, v. 71, pp. 267-76, ago. 2005.

20. A estimativa do Prodes da taxa de 2007, sobre a qual pairava incerteza, foi publicada na primeira semana da COP13 pelo Inpe e mostrava, de fato, a terceira queda consecutiva (de 20%, para 11 224 km^2, posteriormente revisados para 11 651 km^2).

21. Claudio Angelo, "Governo propõe 'meta' contra desmate". *Folha de S.Paulo*, Ciência, 13 dez. 2007. Disponível em: < https://www1.folha.uol.com.br/fsp/ciencia/fe1312200701.htm>.

22. Decreto nº 6.527, de 1º de agosto de 2008. Disponível em: <https://www.planalto.gov.br/ccivil_03/_ato2007-2010/2008/decreto/d6527.htm>.

23. Lourival Sant'Anna, "Queremos saber a serviço de quem o Inpe está mentindo". *O Estado de S. Paulo*, 27 jan. 2008, p. A29.

24. Sema-MT, *Relatório-síntese: Inspeção de pontos e áreas do Deter*. Cuiabá, 12 mar. 2008.

25. Kennedy Alencar, "Lula manda checar dados do desmate". *Folha de S.Paulo*, 30 jan. 2008. Disponível em: <https://www1.folha.uol.com.br/fsp/ciencia/fe3001200804.htm>.

26. João Paulo R. Capobianco, *Amazônia: Uma década de esperança*. São Paulo: Estação Liberdade, 2021, pp. 62-3.

27. Ibid.

28. Tânia Monteiro e Leonencio Nossa, "Ministros divergem em entrevista". *O Estado de S. Paulo*, 25 jan. 2008, p. A21.

29. Marta Salomon, "Marina rebate Lula e vê risco de retrocesso na Amazônia". *Folha de S.Paulo*, 16 maio 2008. Disponível em: <https://www1.folha.uol.com.br/fsp/brasil/fc1605200802.htm>.

18. OPERAÇÃO BOI PIRATA [pp. 314-42]

1. Aldem Bourscheit, "Uma rã carioca marcada para morrer". *O Eco*, 17 jul. 2009. Disponível em: <https://oeco.org.br/reportagens/22155-uma-ra-carioca-marcada-para-morrer/>.

2. Alfredo Sirkis, *Os carbonários*. Rio de Janeiro: Best Bolso, 2014, p. 62.

3. A participação de Dilma na "expropriação" do cofre do Adhemar foi objeto de intensa especulação quando ela se tornou ministra da Casa Civil. Há consenso de que Dilma não foi parte de nenhuma ação armada, embora ela tenha admitido em entrevista ao jornalista Luiz

Maklouf Carvalho, em 2005, ter se envolvido no planejamento do roubo, como agente dos bastidores da VAR-Palmares, sendo encarregada, por exemplo, de guardar e distribuir armas aos guerrilheiros. Ver Luiz Maklouf Carvalho, "Dilma treinou com armas fora do Brasil" (*Folha de S.Paulo*, 26 jun. 2005).

4. Alfredo Sirkis, op. cit, p. 268.

5. Numa passagem que o então deputado federal Sirkis (1950-2020) gostava de contar, arrancando gargalhadas de quem ouvisse, seu colega de Câmara Jair Bolsonaro o acusou numa comissão da Casa de ter sequestrado e mantido em cárcere privado o embaixador norte-americano, Charles Elbrick. "O nobre deputado mente", respondeu Sirkis. "Eu nunca sequestrei o embaixador americano. Esse foi o Gabeira. Eu sequestrei o alemão e o suíço!"

6. Bernardo Mello Franco, "Minc propõe imposto verde". *O Globo*, 20 maio 2008, p. 3.

7. Decreto nº 6.514, de 22 de julho de 2008. Disponível em: <http://www.planalto.gov.br/ccivil_03/_ato2007-2010/2008/decreto/D6514.htm>.

8. Afra Balazina e Fábio Amato, "Desmatamento aumenta e já supera o registrado em 2007". *Folha de S.Paulo*, 3 jun. 2008. Disponível em: <https://www1.folha.uol.com.br/fsp/brasil/fc0306200802.htm>.

9. Os dois anos de Minc à frente do MMA foram uma era de ouro para a cobertura de meio ambiente em Brasília. Enquanto Marina cultivava discrição e certo distanciamento da imprensa, Minc queria estar cercado de jornalistas o tempo todo e sempre levava repórteres às operações de campo. Suas brigas públicas com outros ministros sempre rendiam manchete e possivelmente protegeram o MMA de ingerências do Palácio do Planalto e da companheira "Wanda".

10. Claudio Angelo, "Senhor Minc, o senhor é um fanfarrão". *Folha de S.Paulo*, 3 jun. 2008. Disponível em: <https://www1.folha.uol.com.br/fsp/brasil/fc0306200803.htm>.

11. Gabriela Guerreiro, "Apesar de deságio em leilão, Minc comemora venda de 'boi pirata'". *Folha Online*, Brasil, 29 ago. 2008. Disponível em: <https://www1.folha.uol.com.br/folha/brasil/ult96u439386.shtml>.

12. "Chega ao fim Operação Boi Pirata na Terra do Meio". Ministério do Meio Ambiente, 19 nov. 2008. Disponível em: <https://www.gov.br/mma/pt-br/noticias/chega-ao-fim-operacao-boi-pirata-na-terra-do-meio>.

13. Os países da ex-União Soviética e seus antigos satélites do Leste Europeu são chamados na UNFCCC pelo eufemismo "economias em transição".

14. Sérgio Abranches, *Copenhague: Antes e depois*. Rio de Janeiro: Civilização Brasileira, 2010, pp. 113-5.

15. "Discurso do presidente da República, Luiz Inácio Lula da Silva, na abertura do Debate--Geral da 62ª Assembleia Geral das Nações Unidas". Nova York, 25 set. 2007. Disponível em: <http://www.biblioteca.presidencia.gov.br/presidencia/ex-presidentes/luiz-inacio-lula-da-silva/discursos/20-mandato/2007/25-09-2007-discurso-do-presidente-da-republica-luiz-inacio-lula-da-silva-na-abertura-do-debate-geral-da-62a-assembleia-geral-das-nacoes-unidas/view>.

16. Claudio Angelo, "Plano nacional para o clima será refeito". *Folha de S.Paulo*, 23 out. 2008. Disponível em: <https://www1.folha.uol.com.br/fsp/ciencia/fe2309200801.htm>.

17 Claudio Angelo, "Brasil adota meta contra aquecimento". *Folha de S.Paulo*, Ciência, 29 nov. 2008. Disponível em: <https://www1.folha.uol.com.br/fsp/ciencia/fe2911200801.htm>.

18. Ministério da Ciência e Tecnologia, *Comunicação nacional inicial do Brasil à Convenção-Quadro das Nações Unidas sobre Mudança do Clima*. Brasília, nov. 2004.

19. A teoria dos jogos é um ramo da matemática aplicado sobretudo à economia, mas também à geopolítica, que estuda atores independentes que tentam maximizar seus ganhos na solução de determinado problema. O exemplo mais famoso da teoria dos jogos é o dilema do prisioneiro, em que dois comparsas trancados em celas separadas e incomunicáveis são interrogados pela polícia. Se um denunciar o outro e o outro ficar quieto, o delator sai da cadeia e o comparsa pega dez anos de prisão; se ambos delatarem, os dois pegam cinco anos; se ambos ficarem em silêncio, cada um pega seis meses.

20. Lei nº 13.798, 9 nov. 2009. Disponível em: <https://www.al.sp.gov.br/repositorio/legislacao/lei/2009/lei-13798-09.11.2009.html>.

21. "Dilma erra e afirma que meio ambiente é ameaça ao desenvolvimento sustentável". G1, 15 dez. 2009. Disponível em: <https://g1.globo.com/Sites/Especiais/Noticias/0,,MUL1416123-17816,00-DILMA+ERRA+E+AFIRMA+QUE+MEIO+AMBIENTE+E+AMEACA+AO+DESENVOLVIMENTO+SUSTENTAV.html>.

22. Sérgio Abranches, op. cit., pp. 104-12.

23. IPCC, *Climate Change 2022, Mitigation of Climate Change – Summary for Policymakers*. Disponível em: <https://www.ipcc.ch/report/ar6/wg3/downloads/report/IPCC_AR6_WGIII_SummaryForPolicymakers.pdf>.

24. "Discurso do presidente da República, Luiz Inácio Lula da Silva, por ocasião de sessão plenária de debate informal na Conferência das Partes da Convenção das Nações Unidas sobre Mudança do Clima (COP15)". Copenhague, 18 dez. 2009. Disponível em: <https://www.gov.br/mre/pt-br/centrais-de-conteudo/publicacoes/discursos-artigos-e-entrevistas/presidente-da-republica/presidente-da-republica-federativa-do-brasil-discursos/discurso-do-presidente-da-republica-luiz-inacio-lula-da-silva-durante-sessao-plenaria-de-debate-informal-na-conferencia-das-partes-da-convencao-das-nacoes-unidas-sobre-mudanca-do-clima-cop-15-copenhague-dinamarca-18-12-2009>.

25. Oswaldo Sevá Filho (Org.), *Tenotã-Mõ: Alertas sobre as consequências dos projetos hidrelétricos no rio Xingu*. São Paulo: International Rivers Network, 2005. Disponível em: <https://archive.internationalrivers.org/sites/default/files/attached-files/tenota_mo_portugues.pdf>.

26. Juarez Pezzuti et al., *Xingu, o rio que pulsa em nós: Monitoramento independente para registro de impactos da UHE Belo Monte no território e no modo de vida do povo Juruna (Yudjá) da Volta Grande do Xingu*. Altamira: Instituto Socioambiental, 2018. Disponível em: <https://ox.socioambiental.org/sites/default/files/ficha-tecnica/node/202/edit/2019-02/xingu_o_rio_que_pulsa_em_nos.pdf>.

27. Oswaldo Sevá Filho (Org.), op. cit., p. 22.

28. Helena Palmquist, "Berçário de peixes é transformado em cemitério por Belo Monte". *Sumaúma*, 12 fev. 2023. Disponível em: <https://sumauma.com/o-dia-em-que-os-yudja-encontraram-um-bercario-de-peixes-transformado-em-tumulo-por-belo-monte/>.

29. Reinaldo José Lopes, "Carismático, o cascudo-zebra pode virar 'sopa', diz cientista". *Folha de S.Paulo*, 16 maio 2010. Disponível em: <https://www1.folha.uol.com.br/fsp/ciencia/fe1605201003.htm>.

30. Em depoimento à jornalista Giovana Girardi, produtora do podcast *Tempo Quente*, da Rádio Novelo.

31. O conceito de mineração de nutrientes pela agropecuária é explorado pelo economista norte-americano radicado em Brasília Robert "Bob" Schneider em seu estudo seminal *Government and the Economy on the Amazon Frontier* (op. cit.).

32. Claudio Angelo e Sofia Fernandes, "Belo Monte ganha licença sem cumprir condicionante". *Folha de S.Paulo*, 2 jun. 2011. Disponível em: <https://www1.folha.uol.com.br/fsp/mercado/me0206201103.htm>.

33. "Presidente do Ibama é o primeiro a cair". *O Eco*, 12 jan. 2011. Disponível em: <http://www.oeco.com.br/salada-verde/24709-presidente-do-ibama-e-o-primeiro-cair/>.

34. Natuza Nery, "Dilma retalia OEA por Belo Monte e suspende recursos". *Folha de S.Paulo*, 30 abr. 2011. Disponível em: <https://www1.folha.uol.com.br/fsp/mercado/me3004201117.htm>.

35. Danielle Nogueira, "Altamira: a vida na cidade mais violenta do Brasil". *O Globo*, 13 dez. 2017. Disponível em: <https://oglobo.globo.com/politica/altamira-vida-na-cidade-mais-violenta-do-brasil-1-22183935>.

36. André Aroeira, "Belo Monte forjou o massacre de Altamira: novo presídio nunca entregue era obrigação da Norte Energia". *The Intercept Brasil*, 6 ago. 2019. Disponível em: <https://www.intercept.com.br/2019/08/06/belo-monte-forjou-massacre-altamira/>.

37. G1, "Após seis anos em obras, presídio previsto em convênio de Belo Monte é inaugurado em Vitória do Xingu, no Pará". Disponível em: <https://g1.globo.com/pa/para/noticia/2019/11/04/apos-seis-anos-em-obras-presidio-previsto-em-convenio-de-belo-monte-e-inaugurado-em-vitoria-do-xingu-no-pa.ghtml>.

38. Rede Xingu+, "Nota técnica 02/2022: Desmatamento em terras indígenas impactadas pela operação da UHE Belo Monte entre 2016 e 2022", 8 nov. 2022. Disponível em: <https://ox.socioambiental.org/sites/default/files/ficha-tecnica//node/202/edit/2023-04/Nota%20T%C3%A9cnica%20-%20Desmatamento%20Revis%C3%A3o%20LO%20Belo%20Monte.pdf.>.

39. Ibid.

40. Segundo análise do Greenpeace. Disponível em: <https://www.greenpeace.org/brasil/ituna-itata-uma-terra-indigena-da-amazonia-tomada-por-ganancia-e-destruicao/>.

41. Rede Xingu+, op. cit.

42. "Justiça recebe denúncia da Lava Jato contra Edison Lobão por corrupção e lavagem de R$ 2,8 milhões em propinas". MPF-PR, 23 jul. 2019. Disponível em: <https://www.mpf.mp.br/pa/sala-de-imprensa/noticias-pa/justica-recebe-denuncia-do-mpf-contra-edison-lobao-por-corrupcao-na-construcao-da-usina-de-belo-monte>.

43. Em depoimento à jornalista Giovana Girardi, produtora do podcast *Tempo Quente*, da Rádio Novelo.

44. Lei nº 12.249/2010. Disponível em: <http://www.planalto.gov.br/ccivil_03/_ato2007-2010/2010/lei/l12249.htm>.

45. Gean Costa et al., "Ocupações ilegais em unidades de conservação na Amazônia: O caso da Floresta Nacional do Bom Futuro no Estado de Rondônia/Brasil". *GOT*, n. 8 – *Revista de Geografia e Ordenamento do Território*, dez. 2015.

46. "Em Brasília, Cassol tenta permuta de áreas para legalizar a Flona do Bom Futuro".

Rondônia Agora, 6 maio 2009. Disponível em: <https://www.rondoniagora.com/politica/em-brasilia-cassol-tenta-permuta-de-areas-para-legalizar-a-flona-do-bom-futuro>.

47. Em 2013, quando o ICMBio prendeu dez pessoas que estavam invadindo a Resex Jaci--Paraná, Simone dos Santos perguntou a um dos detidos o que ele estava fazendo ali. Ouviu como resposta que eles já haviam conseguido Bom Futuro e era uma questão de tempo até conseguirem o resto. Dito e feito: em 2021, a Assembleia Legislativa de Rondônia votou pela anulação da criação da Resex. O caso foi parar na Justiça.

19. FIM DE UMA ERA [pp. 343-61]

1. Luís Artur Nogueira, "Aldo Rebelo, o defensor da mandioca, do saci-pererê e da língua portuguesa". *Exame*, 27 out. 2011. Disponível em: <https://exame.com/mundo/aldo-rebelo-o-defensor-da-mandioca-do-saci-perere-e-da-lingua-portuguesa/>.

2. Danielle Santos, "Um nome e muita oposição". *Correio Braziliense*, Política, p. 9, 6 out. 2009.

3. Na definição do antropólogo francês Marcel Mauss (1872-1950), um fato (ou fenômeno) social total é aquele que ultrapassa uma única esfera das relações sociais e tem impactos sobre todos os aspectos da vida de um povo, da economia à espiritualidade. Ver Ana Luísa Sertã e Sabrina Almeida, "Ensaio sobre a dádiva". *Enciclopédia de antropologia*. São Paulo, FFLCH-USP. Disponível em: <https://ea.fflch.usp.br/obra/ensaio-sobre-dadiva>.

4. Decreto nº 6.686, de 10 de dezembro de 2008. Disponível em: <https://www.planalto.gov.br/ccivil_03/_ato2007-2010/2008/decreto/D6686.htm>.

5. "Código Ambiental catarinense completa dez anos". Agência Alesc, 12 abr. 2019. Disponível em: <https://agenciaal.alesc.sc.gov.br/index.php/noticia_single/codigo-ambiental-catarinense-completa-10-anos>.

6. Lei nº 14.675, de 13 de abril de 2009. Disponível em: <http://leis.alesc.sc.gov.br/html/2009/14675_2009_Lei.html>.

7. O chamado Programa Mais Ambiente, estabelecido pelo decreto nº 7.209/2009. Disponível em: <http://www.planalto.gov.br/ccivil_03/_Ato2007-2010/2009/Decreto/D7029.htm>.

8. "Ministro do Meio Ambiente e ruralistas trocam ofensas". G1, 28 maio 2009. Disponível em: <https://g1.globo.com/Noticias/Politica/0,,MUL1170906-5601,00-MINISTRO+DO+MEIO+AMBIENTE+E+RURALISTAS+TROCAM+OFENSAS.html>.

9. Aldo Rebelo, "Parecer do relator deputado federal Aldo Rebelo (PCdoB-SP) ao projeto de lei nº 1876/99 e apensados". Disponível em: <https://www.camara.leg.br/proposicoesWeb/prop_mostrarintegra?codteor=777725>.

10. A mesma expressão seria repetida anos depois pelo ministro do Meio Ambiente de Jair Bolsonaro, Ricardo Salles.

11. Marta Salomon, "Consultora do agronegócio ajudou a elaborar relatório do Código Florestal". *O Estado de S. Paulo*, 8 jun. 2010, p. 17.

12. Evaristo Eduardo de Miranda et al., "O alcance da legislação ambiental e territorial". *AgroAnalysis*, São Paulo, v. 28, nº 12, pp. 26-31, 2008.

13. Marcelo Leite, "O alcance ruralista". *Folha de S.Paulo*, 28 jun. 2009. Disponível em: <https://www1.folha.uol.com.br/fsp/ciencia/fe2806200903.htm>.

14. Caio Pompeia, *Formação política do agronegócio*. São Paulo: Elefante, 2021, cap. 9.

15. SBPC e ABC, *O Código Florestal e a ciência: Contribuições para o diálogo*. 1. ed. São Paulo: SBPC, 2011. Disponível em: <http://portal.sbpcnet.org.br/publicacoes/codigo-florestal/>.

16. O país ganhou grau de investimento da agência Standard & Poor's em abril de 2008. O grau de investimento é uma "nota" dada pelo mercado financeiro a países com baixo risco de calote e que serve de orientação para investidores decidirem onde aplicar.

17. Caio Pompeia, op. cit., p. 14.

18. Ibid.

19. Andreza Matais e José Ernesto Credendio, "Palocci multiplicou por 20 patrimônio em quatro anos". *Folha de S.Paulo*, 15 maio 2011. Disponível em: <https://www1.folha.uol.com.br/fsp/poder/po1505201102.htm>.

20. Márcio Falcão e Larissa Guimarães, "Câmara aprova Código Florestal, que anistia desmatamento antigo". *Folha de S.Paulo*, 25 maio 2011, p. C9. Disponível em: <https://www1.folha.uol.com.br/fsp/ciencia/fe2505201101.htm>.

21. Lei nº 12.561, de 25 de maio de 2012. Disponível em: <https://www.planalto.gov.br/ccivil_03/_ato2011-2014/2012/lei/l12651.htm>.

22. Felipe Werneck, "Em 10 anos, cadastro ambiental só regulariza 0,4% dos imóveis rurais". Observatório do Clima, 16 maio 2022. Disponível em: <https://www.oc.eco.br/em-10-anos-cadastro-ambiental-so-regulariza-04-dos-imoveis-rurais/>.

23. "Discurso da ministra Izabella Teixeira na COP17, em Durban, África do Sul". Ministério do Meio Ambiente, 7 dez. 2011. Disponível em: <https://antigo.mma.gov.br/o-ministerio/assessoria-parlamentar/item/10642-discurso-da-ministra-izabella-na-cop-17,-em-durban,-%C3%A1frica-do-sul.html>.

24. Britaldo Soares-Filho et al., "Cracking Brazil's Forest Code". *Science*, Washington, v. 344, nº 6182, pp. 363-4, 25 abr. 2014.

25. Dennis Barbosa, "Desmatamento disparou em Mato Grosso em março e abril, confirma Inpe". G1, 18 maio 2011. Disponível em: <https://g1.globo.com/natureza/noticia/2011/05/desmatamento-dispara-em-mato-grosso-em-marco-e-abril-afirma-inpe.html>.

26. "Perda de vegetação nativa no brasil acelerou na última década". MapBiomas, 31 ago. 2023. Disponível em: <https://brasil.mapbiomas.org/2023/08/31/perda-de-vegetacao-nativa-no-brasil-acelerou-na-ultima-decada/>.

27. Claudio Angelo e Márcio Falcão, "Senado aprova lei que enfraquece Ibama". *Folha de S.Paulo*, 26 out. 2011. Disponível em: <https://www1.folha.uol.com.br/paywall/login.shtml?https://www1.folha.uol.com.br/ambiente/997186-senado-aprova-lei-que-enfraquece-ibama.shtml>.

28. "Agromitômetro: Evaristo de Miranda". Observatório do Clima, 25 jan. 2019. Disponível em: <https://www.oc.eco.br/agromitometro-evaristo-de-miranda/>.

29. Caio Pompeia, op. cit., cap. 8.

20. DETENDO A BOIADA [pp. 362-82]

1. Henrique Brandão Cavalcanti (1929-2020), criador da Secretaria de Meio Ambiente do Ministério do Interior no governo Médici e ministro durante o governo Itamar, estava vivo à época do encontro, mas debilitado pelo mal de Alzheimer aos noventa anos. Morreu menos de um ano depois.

2. Carlos Minc et al., "Não podemos desembarcar do mundo". *Folha de S.Paulo*, 22 out. 2018, p. A3. Disponível em: <https://www1.folha.uol.com.br/opiniao/2018/10/nao-podemos-desembarcar-do-mundo.shtml>.

3. "Comunicado dos ex-ministros de Estado do Meio Ambiente", 8 maio 2019. Disponível em: <https://www.oc.eco.br/wp-content/uploads/2019/05/comunicado-ex-ministros-final-revisado-0905.pdf>.

4. "Secretário de Alckmin ordena tirar busto de Lamarca de museu de parque estadual". Unidades de Conservação no Brasil, Instituto Socioambiental, 10 ago. 2017. Disponível em: <https://uc.socioambiental.org/en/noticia/184327>.

5. Maurício Tuffani, "O ministro que fala demais e sabe de menos". *piauí*, 22 jan. 2019. Disponível em: <https://piaui.folha.uol.com.br/o-ministro-que-fala-demais-e-sabe-de-menos/>.

6. Quase todas as barbaridades de Ricardo Salles à frente da Sema foram publicadas, com extensa documentação, pelo site Direto da Ciência. Após a morte de Maurício Tuffani, em 2021, sua família perdeu o controle do site, que foi fechado pelo provedor, e hoje as reportagens só podem ser recuperadas recorrendo-se a mecanismos de arquivo da internet como o Way Back Machine. Em janeiro de 2019, Tuffani publicou uma síntese de seus achados num perfil de Salles para a revista *piauí* (op. cit.).

7. MPSP – Centro de Apoio Operacional à Execução. Parecer técnico, LT nº 0367/17, 11 abr. 2017.

8. "Secretário estadual do Meio Ambiente de SP entrega cargo". *G1*, 28 ago. 2017. Disponível em: <https://g1.globo.com/sao-paulo/noticia/secretario-estadual-do-meio-ambiente-de-sp-deixa-o-cargo.ghtml>.

9. Salles tentou levar ao Congresso uma proposta de medida provisória para criar um fundo de conversão de multas de pelo menos 7,6 bilhões de reais, cujos critérios de distribuição seriam controlados por ele. Isso daria o poder inédito ao ministro de negociar com devedores do Ibama. A MP caducou após pressão da sociedade civil. Conferir em: <https://www.oc.eco.br/congresso-nao-vota-mp-e-fundao-salles-cai/>.

10. Leila Salim, Claudio Angelo e Suely Araújo, "Nunca mais outra vez: quatro anos de desmonte ambiental sob Jair Bolsonaro". Observatório do Clima, mar. 2023. Disponível em: <https://www.oc.eco.br/nunca-mais-outra-vez-4-anos-de-desmonte-ambiental-sob-jair-bolsonaro/>.

11. Em setembro de 2019, em plena crise das queimadas na Amazônia, Salles fez sua primeira viagem internacional aos Estados Unidos e à Europa para tentar engabelar governos estrangeiros, imprensa e investidores. A agenda era secreta, mas acabei tendo acesso a ela. Entreguei os detalhes da perna europeia do tour a Marcio Astrini, então no Greenpeace, que cuidou para que Salles fosse recebido com um protesto a cada cidade que visitasse no Velho Continente. O resultado foram encontros fracassados e uma imprensa preparada para rebater as

falsidades do ministro. A entrevista de Salles no programa *Hard Talk*, da BBC, foi seu primeiro desastre de mídia. Ela pode ser vista em: <https://www.bbc.co.uk/programmes/w3csy98c>.

12. Ver Claudio Angelo, "Sob Salles, ministério deixa 8 em 10 jornalistas sem resposta". Observatório do Clima, 5 dez. 2019. Disponível em: <https://www.oc.eco.br/sob-salles-ministerio-deixa-8-em-10-jornalistas-sem-resposta/>; e André Borges, "Ministério do Meio Ambiente impõe lei da mordaça a Ibama e ICMBio". *O Estado de S. Paulo*, 13 mar. 2019. Disponível em: <https://www.estadao.com.br/politica/ministerio-do-meio-ambiente-impoe-lei-da-mordaca-a-ibama-e-icmbio/>.

13. Documento SEI 00194.000501_2018_01, obtido via Lei de Acesso à Informação.

14. Vasconcelo Quadros, "O todo-poderoso Nabhan". *Agência Pública*, 6 nov. 2019. Disponível em: <https://apublica.org/2019/11/o-todo-poderoso-nabhan/>.

15. André Borges, "Conselheiro de Bolsonaro compara Acordo de Paris a papel higiênico". *O Estado de S. Paulo*, 19 out. 2018. Disponível em: <https://www.estadao.com.br/economia/conselheiro-de-bolsonaro-compara-acordo-de-paris-a-papel-higienico/>.

16. A Contribuição Nacionalmente Determinada Pretendida (INDC na sigla em inglês) do Brasil entregue em 2015 pelo governo Dilma à UNFCCC era dividida em duas partes: a meta propriamente dita, de reduzir as emissões do país em 37% até 2025 em relação aos níveis de 2005, e um anexo "para fins de esclarecimento" que listava uma série de políticas e medidas que poderiam ser adotadas para cumpri-la. Conferir em: <https://www4.unfccc.int/sites/submissions/INDC/Published%20Documents/Brazil/1/BRAZIL%20iNDC%20english%20FINAL.pdf>.

17. Claudio Angelo, "'Isso não tem nada a ver com o Acordo de Paris', diz pai do Triplo A". Observatório do Clima, 7 dez. 2018. Disponível em: <https://www.oc.eco.br/isso-nao-tem-nada-ver-com-o-acordo-de-paris-diz-pai-triplo/>.

18. Numa passagem famosa, Platão empregou-se como conselheiro do tirano de Siracusa, Dionísio, e retornou a Atenas frustrado pouco tempo depois por não conseguir colocar suas ideias em prática.

19. A proposta de reforma no Sistema Nacional de Meio Ambiente feita pela equipe de Evaristo de Miranda é assinada, entre outros, por Ronald Bicca, um ex-procurador de Goiás denunciado por associação com o bicheiro Carlinhos Cachoeira, preso na Operação Monte Carlo, da PF, em 2012; e Rodrigo Justus, que teve a prisão decretada na Operação Curupira, em 2005, e ficou um mês foragido. O documento está disponível em: <https://www.oc.eco.br/wp-content/uploads/2019/03/REESTRUTURACAO-SISNAMA-MMA-IBAMA-.pdf>.

20. Documentos da transição expondo o plano estão disponíveis em: <https://www.oc.eco.br/documentos-da-transicao-ministerio-meio-ambiente/>.

21. Em ofício dirigido a Salles em 31 de dezembro e obtido em 2023 via Lei de Acesso à Informação, Ismael Nobre relata que fez reuniões diárias e a portas abertas com membros do governo anterior e vários atores da sociedade e planejou a mudança de nome do MMA para MMADS (Ministério do Meio Ambiente e Desenvolvimento Sustentável). Todo o trabalho realizado por um mês e seis dias pelo grupo de transição inicial foi ignorado pela equipe "do B" liderada por Evaristo de Miranda, cujo coordenador formal era Ricardo Salles.

22. "Agromitômetro edição extra: Salles no *Roda Viva*". Observatório do Clima, 14 fev. 2019. Disponível em: <https://www.oc.eco.br/agromitometro-edicao-extra-ricardo-salles-no-roda-viva/>.

23. "Organizações repudiam fala de Bolsonaro contra ativismos". *Folha de S.Paulo*, 12 out. 2018. Disponível em: <https://www1.folha.uol.com.br/poder/2018/10/organizacoes-repudiam-fala-de-bolsonaro-contra-ativismos.shtml>.

24. Felipe Werneck et al., "Passando a boiada: O segundo ano de desmonte ambiental sob Jair Bolsonaro". Observatório do Clima, jan. 2021. Disponível em: <https://www.oc.eco.br/wp-content/uploads/2021/03/Passando-a-boiada-1.pdf>.

25. Leila Salim, Claudio Angelo e Suely Araújo, op. cit.

26. Johanns Eller, "Desmatamento na Amazônia em junho cresce quase 60% em relação ao mesmo período em 2018". *O Globo*, Rio de Janeiro, 1 jul. 2019. Disponível em: <https://oglobo.globo.com/brasil/desmatamento-na-amazonia-em-junho-cresce-quase-60-em-relacao-ao-mesmo-periodo-em-2018-23776514>.

27. Giovana Girardi, "Bolsonaro tomou 'atitude pusilânime e covarde', diz diretor do Inpe". *O Estado de S. Paulo*, São Paulo, 20 jul. 2019. Disponível em: <https://www.estadao.com.br/sustentabilidade/ambiente-se/bolsonaro-tomou-atitude-pusilanime-e-covarde-diz-diretor-do-inpe/>.

28. Felipe Frazão, "Governo escalou Abin em evento climático da ONU". *O Estado de S. Paulo*, São Paulo, 11 out. 2020. Disponível em: <https://www.estadao.com.br/politica/governo-escalou-abin-em-evento-climatico-da-onu/>.

29. Outra frente de ação consistia em desmentir cada frase falsa e cada número inventado de Ricardo Salles. Em 2019, o Observatório do Clima e o Greenpeace lançaram um livro de 34 páginas com as principais fabulações do ministro. Em 2020, a iniciativa virou um site de combate à desinformação, o *Fakebook.eco*, que tinha no governo federal sua principal fonte de absurdos para checar.

30. Disponível em: <https://twitter.com/ApibOficial/status/1301133212840796165?s=20>.

31. Ricardo Brito, "'Não consigo matar 'câncer' chamado ONGs que atuam na Amazônia', diz Bolsonaro". UOL, 3 set. 2020. Disponível em: <https://noticias.uol.com.br/ultimas-noticias/reuters/2020/09/03/nao-consigo-matar-cancer-chamado-ongs-que-atuam-na-amazonia-diz-bolsonaro.htm>.

32. Cíntya Feitosa e Claudio Angelo, "País poderá viver drama climático em 2040, indicam estudos da Presidência". Observatório do Clima, 30 out. 2015. Disponível em: <https://www.oc.eco.br/pais-podera-viver-drama-climatico-em-2040/>. O caso desse estudo, chamado Brasil 2040, e de como o governo tentou ocultá-lo, é relatado em detalhes no podcast *Tempo Quente*, da Rádio Novelo.

33. Em abril de 2016, pressionada pelo Palácio do Planalto, a presidente do Ibama, Marilene Ramos, chegou a assinar a autorização para a licença prévia de São Luiz. Foi dissuadida de publicá-la pelo chefe da comunicação do órgão, Felipe Werneck. Ramos mudou o entendimento e usou como argumento a necessidade de esperar manifestação conclusiva da Funai. Dilma seria afastada do cargo pelo Senado 23 dias depois da suspensão da licença pelo Ibama.

34. Leila Salim, Claudio Angelo e Suely Araújo, op. cit. p. 22.

35. Felipe Werneck, "Arquitetura da devastação". *The Intercept Brasil*, 27 abr. 2020. Disponível em: <https://theintercept.com/2020/04/27/bolsonaro-destruicao-maquinas-crimes-meio-ambiente/>.

36. Vinicius Sassine, "Militares na Amazônia custaram R$ 550 mi e não baixaram des-

matamento". *Folha de S.Paulo*, 24 out. 2021. Disponível em: <https://www1.folha.uol.com.br/ambiente/2021/10/militares-na-amazonia-custaram-r-550-mi-e-nao-baixaram-desmatamento.shtml>.

37. "Bolsonaro encerra mandato com alta de 60% no desmate na Amazônia". Observatório do Clima, 30 nov. 2022. Disponível em: <https://www.oc.eco.br/bolsonaro-encerra-governo-com-alta-de-60-no-desmate-na-amazonia/>.

38. Felipe Werneck, "Norma imposta por Salles 'paralisa Ibama', afirmam servidores". Observatório do Clima, 20 abr. 2021. Disponível em: <https://www.oc.eco.br/norma-imposta-por-salles-paralisa-ibama-afirmam-servidores/>.

39. As ações foram recebidas pelo Supremo como Ação Direta de Inconstitucionalidade por Omissão (ADO) 59, do Fundo Amazônia, e Arguição de Descumprimento de Princípio Fundamental (ADPF) 708, do Fundo Clima.

40. Alguns colegiados extintos em abril de 2019 foram refeitos em novembro, às vésperas da COP25. O comitê do Fundo Clima foi um deles. Sem exceção, todos os colegiados recriados tiveram a sociedade civil eliminada, exceto por um representante do Fórum Brasileiro de Mudança do Clima (FBMC), criado no segundo governo FHC. O fórum, porém, sempre foi um organismo paraestatal, que reunia a sociedade civil, mas era presidido pelo presidente da República e tinha seu secretário executivo escolhido pelo ministro do Meio Ambiente. Quando Bolsonaro assumiu, o secretário executivo do fórum era o jornalista e ex-deputado Alfredo Sirkis (1950-2020), um crítico ferrenho de Salles. Em maio, o ministro ligou para o pesquisador da USP Oswaldo Lucon, que fora seu assessor na Secretaria de Meio Ambiente, mas com quem não tinha nenhuma proximidade, e disse: "Não aguento mais o Sirkis enchendo meu saco, quero que você assuma o fórum". Lucon nunca teve apoio político e o fórum minguou. A nomeação de um representante do FMBC para os colegiados era um teatro de representatividade, e esse representante era sempre voto vencido nas reuniões.

41. Em ambos os casos, o único voto contrário foi do ministro Kassio Nunes Marques, indicado por Bolsonaro.

42. Jaqueline Sordi, "Cármen aponta 'caquistocracia' ambiental no Brasil". Observatório do Clima, 6 abr. 2022. Disponível em: <https://www.oc.eco.br/carmen-aponta-caquistocracia-ambiental-no-brasil/>.

43. Giovana Girardi, "Salles promete reduzir desmatamento da Amazônia em 40% se Brasil receber US$ 1 bi dos Estados Unidos". *O Estado de S. Paulo*, 3 abr. 2021. Disponível em: <https://www.estadao.com.br/sustentabilidade/salles-promete-reduzir-desmatamento-da-amazonia-em-40-se-brasil-receber-us-1-bi-dos-eua/>.

44. A íntegra do despacho de Moraes pode ser lida em: <https://www.conjur.com.br/dl/alexandre-moraes-ordena-busca-ricardo.pdf>.

ZERO É O MAIOR NÚMERO [pp. 383-93]

1. Segundo o MapBiomas, cerca de 98% do desmatamento na Amazônia tem algum indício de irregularidade. Um estudo de 2023 liderado por Gilberto Câmara, do Inpe, mostrou que até 86% do desmatamento praticado entre 2008 e 2021 era ilegal. Ver Gilberto Câmara

et al., "Impact of Land Tenure on Deforestation Control and Forest Restoration in Brazilian Amazonia" (*Environmental Research Letters*, Bristol, v. 18, 065005, 2023).

2. Segundo o MapBiomas, o Brasil tinha em 2020 pelo menos 151 milhões de hectares de pastagens, sendo 33 milhões em degradação severa, 62 milhões em degradação moderada e 56 milhões sem degradação. Ver em: <http://brasil.mapbiomas.org>.

3. Clara Britto, "PCC se aproxima de garimpeiros para lavagem de recursos". *Repórter Brasil*, 24 jun. 2021. Disponível em: <https://reporterbrasil.org.br/2021/06/pcc-se-aproxima-de-garimpeiros-para-lavagem-de-recursos/>.

4. Laura Trajber Wasbich et al., *O ecossistema do crime: uma análise das economias ilícitas da floresta*. Instituto Igarapé, Artigo Estratégico 55, fev. 2022. Disponível em: <https://igarape.org.br/wp-content/uploads/2022/03/AE-55_O-ecossistema-do-crime-ambiental-na-Amazonia.pdf>.

5. Leila Salim, Claudio Angelo e Suely Araújo, op. cit.

6. Giovana Girardi et al., "Agronegócio e extrema direita impulsionam máquina de fake news sobre aquecimento global". Agência Pública, 30 jun. 2023. Disponível em: <https://apublica.org/2023/06/agronegocio-e-extrema-direita-impulsionam-maquina-de-fake-newssobre-aquecimento-global/>.

7. Danielle Celentano e Adalberto Veríssimo, *O avanço da fronteira na Amazônia: Do boom ao colapso*. Belém: Imazon, 2007. Disponível em: <https://imazon.org.br/PDFimazon/Portugues/estado_da_amazonia/o-avanco-da-fronteira-na-amazonia-do-boom-ao.pdf>.

8. Gilberto Câmara et al., op. cit., p. 4.

9. Cultivado pelos maias 1500 anos atrás, o cacau tem origem na Amazônia e foi provavelmente domesticado no alto Amazonas, alcançando a América Central por meio do comércio entre sociedades indígenas. Ver J. C. Motamayor, "Cacao Domestication I: The Origin of the Cacao Cultivated by the Mayas". *Heredity*, Londres, v. 89, pp. 380-6, 2002.

10. De 0,9% ao ano entre 2016 e 2018, o desmate passou a 2,4% em média entre 2019 e 2021.

11. Segundo consulta ao Sicar/Pará em 2023. Ver em: <http://car.semas.pa.gov.br>.

12. Thomas E. Lovejoy e Carlos Nobre, "Amazon Tipping Point". *Science Advances*, Washington, v. 4, nº 2, 21 fev. 2018.

13. Luciana V. Gatti et al., "Amazonia as a Carbon Source Linked to Deforestation and Climate Change". *Nature*, Londres, v. 595, pp. 388-93, 14 jun. 2021.

14. Bernardo Flores et al., "Critical transitions in the Amazon forest system". *Nature*, 626, 555-64, 14 fev. 2024. Disponível em: < https://www.nature.com/articles/s41586-023-06970-0>.

Créditos das imagens

p. 1 e 5 (abaixo): Acervo pessoal
p. 2: Arquivo Ernesto Geisel, FGV-CPDOC, EG foto 1156
p. 3: Jean Manzon/ Fundo Correio da Manhã/ Arquivo Nacional
pp. 4 e 5 (acima): Adrian Cowell/ Acervo IGPA/ PUC-Goiás
pp. 6 e 7: Beto Ricardo/ ISA
p. 8: Protásio Nene/ Agência Estado
p. 9: Arte Estado/ Agência Estado
p. 10: DR/ Acervo do Centro dos Trabalhadores da Amazônia – CTA
p. 11: DR/ Acervo Marina Silva
p. 12: Ivo Gonzalez/ Agência O Globo
p. 13: Luciano Andrade/ Folhapress
p. 14: Stringer/ Reuters/ Fotoarena
p. 15 (acima): Ayrton Vignola/ Folhapress
p. 15 (abaixo): Marlene Bergamo/ Folhapress
p. 16 (acima): USGS – US Geological Survey
p. 16 (abaixo): Aloisio Mauricio/ Fotoarena

Índice remissivo

Números de páginas em *itálico* referem-se a mapas

1º Encontro dos Povos Indígenas do Xingu (Altamira, PA, 1989), 147
1,5ºC (meta de aquecimento global), 329; *ver também* aquecimento global; mudanças climáticas
¹⁸O (oxigênio-18), 196
36 municípios prioritários para o combate ao desmatamento, 296, *297*, 308

AAA, corredor ecológico transnacional (Andes--Amazônia-Atlântico), 368
Abag (Associação Brasileira do Agronegócio), 349
abatedouros, 283, 285, 290-1, 320; *ver também* carne; frigoríficos
ABC (Agricultura de Baixa Emissão de Carbono), 327
ABC paulista, 105
Abin (Agência Brasileira de Inteligência), 46, 373; *ver também* SNI (Serviço Nacional de Informações)
Abiove (Associação Brasileira da Indústria de Óleos Vegetais), 274, 278-9
abolicionismo, 92
Abrampa (Associação Brasileira dos Membros do Ministério Público de Meio Ambiente), 378, 381
Abreu, Kátia, 346-8, 351, 354, 360
Academia Brasileira de Ciências, 348
açaí, 41, 172, 198, 264
Acre, estado do, 42, 48-9, 59, *63*, 74, 95-6, 98-106, 108, 110-2, 114-7, 123-4, 172, 174, 180, 198, 217, 225-6, 230-1, 244, 260, 303, 354, 374
Acre, rio, 42
Actuel (revista francesa), 151
Adário, Paulo, 274-8, 280-2, 293, 317
Adauto, Anderson, 208
ADM (processadora de soja), 278

443

Advocacia-Geral da União, 117, 247, 297
África, 42-3, 50, 149, 275
África do Sul, 356
Agapan (Associação Gaúcha de Proteção ao Ambiente Natural), 72
Agência Nacional de Águas, 370
Agnelli, Roger, 326
agricultura familiar, 345-6, 351, 355, 357
agronegócio, 62, 73, 92, 189, 191, 209, 260, 274, 276, 309, 336, 347-9, 359, 361, 367-9, 374, 386, 392
agropecuária, 17, 25-6, 31, 34, 54, 58, 62, 77, 84, 90, 128, 175, 197, 210, 217, 254, 264, 267, 284, 300, 326-7, 345, 347-8; *ver também* gado, criação de; pecuária
Agropecuária Santa Bárbara, 284
água, ciclo da, 196-7
aguano *ver* mogno
AI-5 (Ato Institucional nº 5), 53, 132, 143-4
Akuanduba, Operação, 252, 381
Alagoas, 159
ALAP (Área sob Limitação Administrativa Provisória), 245, *262*, 267, 272
Alarcón, Daniela, 266, 268
Alckmin, Geraldo, 362, 365
Alemanha, 55, 69, 72-3, 147, 171, 183, 195, 276, 370, 372
Alencar, Ane, 193
"Aliança Histórica para salvar a Amazônia" (declaração de 2006), 277
Allegretti, Mary, 44, 98-101, 106-10, 112, 114, 116, 187, 212, 214-5
Almeida, Cecílio do Rego, 244
Almeida, Cláudio, 207-8
Almeida, Mauro, 106
Alta Floresta (MT), 91, 391
Altamira (PA), 56-60, 139, 143, 145-7, 155, 157-8, 181, 218, 228, 233, 238-40, 258, 266-8, 271, 281, 331, *332*, 334-40, 388-9, 423*n*
Altamira, Floresta Nacional de (PA), 181, 260, 267, 271
Alter do Chão (praia no PA), 258
alumínio, 25, 122, 271

Alves, Alvarino, 96, 98, 116
Alves, Darci, 100, 115, 123, 241
Alves, Darly, 96, 98-100, 116, 123
Alves, Henrique Eduardo, 350-1
Alves, João, 122
Alves, Roberto Cardoso, 143, 414*n*
Amaggi (empresa), 253-4, 260, 277-8
Amanã, Floresta Nacional de (PA), 260
Amapá, 25, 50, 117, 174, 187, 190-1, 198, 244
Amaral Netto, 55
Amaral Netto, o Repórter (programa de TV), 55
Amaral, Roberto, 216
Amazon Alliance (consórcio europeu de consumidores de soja), 280
Amazon dieback (hipótese da morte maciça da Amazônia), 201
Amazon Dinners ("jantares amazônicos", anos 1980), 19, 69, 109
amazonas (mulheres guerreiras da mitologia grega), 38
Amazonas, estado do, 41, 54, 135, 179, 181, 225, 233, 244, *297*, 343, 380-1
Amazonas, rio, 38, 42, 44, 54, 89, 218, 272, 276, 312
Amazônia e a cobiça internacional, A (Reis), 42
Amazônia Legal, *12-3*, 20, 25, 37-8, 41, 59, 82, 84, 88, 129, 132, 134-5, 142, 173, 178, 187-8, 208, 214-5, 221, 236, 272
Amazônia, Operação (anos 1960), 41, 50, 76, 101, 336
ambientalismo/ambientalistas, 17-20, 66, 68-70, 72-4, 86-7, 92-3, 96-8, 107-8, 110, 113-7, 119, 124, 136, 139-40, 146-7, 158-60, 164-7, 171, 173, 177, 184, 186-8, 191, 203, 208, 212, 214, 241, 273, 275, 277, 282, 286, 313-5, 323-4, 331, 338, 340-4, 347, 351, 353-5, 358-61, 367-8, 374-5, 387-8
América Central, 50, 52
América do Sul, 29, 42, 48, 69, 197, 368
América Latina, 44, 163, 204, 275, 295
Americano, Branca, 325, 327

Amigos da Terra — Amazônia Brasileira (ONG), 166
Amorim, Celso, 242, 302-3
Anapu (PA), 59, 238-43, 245, 339
Anauá, Floresta Nacional do (RR), 244
Anderson, Liana, 220-1
Andes, 44, 46, 197, 225, 368
Andujar, Claudia, 141
Anec (Associação Nacional dos Exportadores de Cereais), 274, 278-9
Angelo, Carlos Henrique, 65
Angelo, Marcel, 65
animais em extinção, 69
Anistia (1979), 45, 152, 274, 316
Antártida, 78-9, 81-3, 219
APAS (Áreas de Proteção Ambiental), 119
Apiacás (MT), 91
Apib (Articulação dos Povos Indígenas do Brasil), 374
Apollo 8 (nave espacial), 28
APPS (Áreas de Preservação Permanente), 288, 347-8, 350-2, 357-8
Aprosoja (Associação Brasileira dos Produtores de Soja), 279, 392
aptônimos, 314
Apyterewa (terra indígena no PA), 337-8, 341
Aqua (satélite da Nasa), 219-20
aquecimento global, 16, 78-9, 82-3, 123, 125-6, 169, 183, 185, 199, 201, 281, 285, 289, 303, 327, 347, 356, 364, 373-4, 376, 387; *ver também* mudanças climáticas
Aquino, Terri Valle de, 100
Araguaia, guerrilha do, 53
Araguaia, rio, 23, 25
Arai, Egídio, 221
Arara, indígenas, 56, 162, 334, 337, 381
Araújo, Jorge, 84
Araújo, Suely, 363, 374-6, 378-9, 381
Araweté, indígenas, 333
Arco de Fogo, Operação, 252, 307, 389
"Arco do Desmatamento", 180, 193, 225-6, 272
Arco Metropolitano do Rio de Janeiro, 315, 352

área total da Amazônia Legal, 129
Arena (partido da ditadura), 63, 76, 88, 115, 121
Argentina, 164, 170
Aripuanã (MT), 253
Ariquemes (RO), 108-9, 248
Arnt, Hyran Ribeiro, 97
Arnt, Ricardo, 7, 18, 97, 110, 114, 393
Arraes, Miguel, 177
Ártico, National Wildlife Federation, 70
Artifício orgânico, Um (Arnt e Schwartzman), 18
Ásia, 25, 43-4, 47, 51, 190, 205
Assad, Eduardo, 326-7
Assembleia Nacional Constituinte (1987-8), 76, 87, 110, 114, 141, 143, 145, 158, 161, 165, 327, 354
Assis Brasil (AC), 101
Associação Brasileira de Antropologia, 107, 141
Associação dos Soldados da Borracha e Seringueiros de Ariquemes, 108-9
Astrini, Marcio, 344, 376, 437*n*
Asurini, indígenas, 56
atômicas, usinas, 213
Átomos para a Paz (campanha da ONU), 196
ATPF (Autorização para Transporte de Produtos Florestais), 226, 235-6, 249-50, 253, 255
Atwood, Margaret, 147
Austrália, 50, 153
Áustria, 142
Avança Brasil (plano do governo FHC), 192-4, 200, 211, 218, 240, 260, 299
Avelar, Mário Lúcio de, 248-50, 253, 255
AVHRR (radiômetro avançado de altíssima resolução), 80
aviões comerciais, 133
Ayres, Elielson, 247-8, 250
Azeredo, Robson, 258, 260, 270, 284-7, 290-2
Azevedo, Sebastião, 235
Azevedo, Tasso, 21, 137, 139, 228-32, 234-6, 244, 246, 253-5, 258-9, 264, 269, 271, 302, 305-6, 312, 317-20, 323, 325-8, 348, 390

Babaquara (projeto de usina hidrelétrica), 146, 155, 334
bactérias, simbiose entre árvores e, 51
Bagaço (seringal no AC), 102
bagres, 299, 331
Bahamas, 27
Bahia, 388
Baker, James, 124
Balata-Tufari, Floresta Nacional de (AM), 244
Balbina, usina hidrelétrica de (AM), 145-6
Baldassari, Paolino, padre, 102
Bali (Indonésia), 302-3, 305-6, 323, 325
bananeira, doenças da, 300
Banco Central, 297, 386
Banco da Amazônia (Basa), 41, 55, 101, 233
Banco do Brasil, 60, 322-3
Banco Mundial, 64-7, 69-71, 73-4, 76, 84, 86, 90-1, 93, 108-11, 113, 123, 129-30, 133, 146-7, 156, 164-5, 171, 193, 195, 334, 418*n*
Bandeirante, Operação, 56, 340
Bankrolling Disasters (campanha norte-americana), 71
Barbalho, Jader, 98, 157, 241
Barbosa, Bruno, 318
Barbosa, Márcio, 93, 130, 414*n*
Barbosa, Swedenberger, 208-9
Barra do Garças (MT), 23
"barracão", sistema de, 47, 101-2
Barreto, Paulo, 202, 286, 291-3, 320
Barros, Adhemar de, 315, 431*n*
Barros, Raimundo de (Raimundão), 99
Barroso, Luís Roberto, 379
Basic (bloco Brasil, Índia, China e África do Sul), 356
Bastos, Márcio Thomaz, 242, 251, 266
Bastos, Vitalmiro ("Bida"), 240-1
Batalha, Ben-Hur, 119-20
Bates, Henry Walter, 43
Batista, Clodoaldo ("Eduardo"), 241
Batista, Eike, 417*n*
Batista, Eliezer, 417*n*
Batista, Joesley, 286, 292, 361
Batista, Paulo Nogueira, 127
Batista, Wesley, 292
Baú (terra indígena no PA), 139, 266
Baumfeld, Carlos Minc *ver* Minc, Carlos
Bayma, Abelardo, 89, 128, 337
Becker, Bertha, 17, 46-7, 49-50, 336
BECS (Batalhões de Engenharia de Construção), 267, 269
Belém (PA), 24-5, 38, 46-7, 49, 54, 58, 130, 145-6, 157, 184-5, 195, 202, 204, 225, 286, 296, 307
Bélgica, 26, 31, 33, 51, 101, 176, 223, 243, 386
Belo Monte, usina hidrelétrica de (PA), 17, 20, 56, 157, 238, 240, 300, 331-41, *332*, 353, 362, 375, 383
Belterra (antiga Fordlândia, PA), 52
Benatti, José, 205
Berlim (Alemanha), 183, 229
Bermann, Célio, 335
Bertholletia excelsa (castanheira), 15; *ver também* castanheiras
Bertin (frigorífico), 280-1, 283-4, 286, 289, 336
Better World Society, 114
BID (Banco Interamericano de Desenvolvimento), 71, 74, 96, 110-1, 113-4, 122-3
Bim, Eduardo, 377-8, 381
biodiversidade, 15, 51, 69, 110, 164, 167, 195, 201, 214, 259, 267, 393
bioma Amazônia, *12-3*, 16, 20, 39, 41, 132, 142, 216, 278, 419*n*; *ver também* Floresta Amazônica
biomas brasileiros, 39
biomassa, 79, 201, 221
biopirataria, 47
biosfera, 201
Bird (Banco Internacional para Reconstrução e Desenvolvimento) *ver* Banco Mundial
Blackwelder, Brent, 71, 113
BMW (montadora alemã), 283
BNDES (Banco Nacional de Desenvolvimento Econômico e Social), 284, 305, 370, 378-9
Boa Vista (RR), 163, 193
Bobbio, Norberto, 45
Boff, Clodovis, 102-3

Boff, Leonardo, 103
Boi Pirata, Operação, 314, 318, 320-1, 341
bois *ver* agropecuária; gado, criação de; pecuária
Bolívia, 42, 66, 79, 101, 104, 411*n*
Bolsa de Chicago, 209
Bolsa Família (programa social), 232
Bolsonaro, Flávio, 361
Bolsonaro, Jair, 17, 20, 92, 139, 261, 264, 266, 279, 292-3, 341, 348, 359, 363-74, 376-85, 387, 390, 392, 440*n*
Bom Futuro, Floresta Nacional de (RO), 341, 435*n*
Bond, James (assessor de Robert Kasten), 73
bordéis, 205, 257
Bordon (produtor de carnes enlatadas), 27, 106-7
borracha, 24, 41-2, 44-7, 52, 100-2, 104, 107-8, 311, 392; *ver também* seringueiras/seringais
borrachudos/piuns (mosquitos), 57-8
Boyhood (filme), 66
BR-010 (rodovia, antiga BR-153), 49, 54, 204, 296
BR-163 (rodovia), 137, 139, 181-2, 193, 210, 218-9, 244-5, 257-8, 260-1, *262*, 264-5, 267, 269, 276, 281, 311, 320, 391
BR-319 (rodovia), 193, 272, 321
BR-364 (rodovia), 49-50, *63*, 64-6, 71-2, 74, 84, 96, 102, 108, 110, 113-4, 123-4, 133, 244, 260-1
Braga, Ana Maria, 285
Braga, Saturnino, 96
Bramble, Barbara, 66, 69-71, 74, 108, 146
Brando, Marlon, 149
Brasileia (AC), 101, 104-5
Brasília (DF), 21, 25, 48-9, 80-1, 88, 97, 100, 107-10, 112, 114, 118-9, 121, 124, 127, 131, 141, 144-5, 150-1, 156, 159, 163, 168, 194, 207, 221-2, 226-7, 235, 243, 246, 251, 301, 305, 311, 316, 327, 335, 337, 343, 347-8, 350, 352-3, 359, 366, 369, 372-5, 381, 383
Brasnorte (MT), 253

Brattskar, Hans, 306
Brito, Manoel Francisco Nascimento ("Kiko"), 254
Brito, Rodrigo Justus de, 247
Brizola, Leonel, 166
Brossard, Paulo, 115
Brum, Eliane, 238
Brundtland, Gro, 82, 161
Bruxelas (Bélgica), 277, 374
Buarque, Cristovam, 108
Bueno, Lincoln, 91
Bunge (processadora de soja), 278
Burning Season, The (Revkin), 97
Bush, George H. W., 124, 165-6
Bush, George W. (filho), 165, 211

Cabral, Bernardo, 142-5
Cabral, Pedro Álvares, 55, 129
Cabral, Sérgio, 315
cacau, 46, 172, 311, 388-90, 392; *ver também* chocolate
CacauWay (fábrica paraense), 389
Cachimbo, base aérea do (PA), 310-1
Cachimbo, serra do (PA-MT), 164
Cachoeira (seringal no AC), 98
Cachoeira Paulista (SP), 30, 80
Cachoeira Seca (terra indígena no PA), 337-8
Cadastro Nacional de Imóveis Rurais, 235
Caemi (grupo brasileiro), 52
Calha Norte, Programa, 89, 142
Califórnia (Estados Unidos), 28, 275
Câmara dos Deputados, 88, 128, 141, 143, 187, 234, 246, 285, 292, 343, 345-6, 350-2, 354, 357, 375-6
Câmara dos Representantes (Estados Unidos), 71-2
Câmara, Gilberto, 207-9, 221, 223, 310-1, 322, 327, 430*n*, 440*n*
"campeãs nacionais" (empresas de capital brasileiro), 284
Campello, Tereza, 328
camponeses, 181, 232, 240, 276, 341
Campos, Eduardo, 208

Campos, Roberto, 50
Canadá, 29, 81, 100, 127, 147, 164, 166
Cannes, festival de cinema de, 149
Capobianco, João Paulo Ribeiro, 87, 207-10, 212-4, 216-7, 221-2, 244-5, 255, 272, 298, 301, 304-5, 310-1, 378, 385
Capobianco, Júlio, 212
capoeira ou juquira (floresta secundária), 32-4, 202
CAR (Cadastro Ambiental Rural), 172, 280, 287-91, 308, 339, 355-6, 361, 365, 390
Carajás (PA), 25, 204
carbono, emissões de *ver* gás carbônico (CO_2), emissões de
Cardoso, Fernando Henrique, 21, 128, 140, 162, 174-82, 186-8, 190-4, 200, 208, 214, 216-8, 221, 228, 241, 251, 259, 286, 299, 334, 336, 340, 420n, 440n
Carepa, Ana Júlia, 287-8
Cargill (companhia norte-americana), 43, 273, 275-8, 307
Caribe, 46
Cármen Lúcia, 380
carne, 25, 44, 75, 85, 135, 175, 242, 251, 281, 283-6, 288-93, 392; *ver também* abatedouros; frigoríficos
Carrefour (rede de supermercados), 277, 283-4
Carson, Rachel, 72
Carvalho, Apolônio de, 315
Carvalho, José Carlos, 77, 84, 118, 120-2, 133, 153, 187-8, 191, 214, 227, 363
Carvalho, Olavo de, 364
Casa Branca (Washington), 166
Casa Civil, 177, 208-9, 215, 245, 255, 297-301, 322, 326, 328, 350, 352, 369
Casa Verde (escritório da Embrapa), 204-5
Casaldáliga, d. Pedro, 34
cascudos-zebra, 333
cash crops, 179
Cassel, Guilherme, 310
Cassol, Ivo, 312-3, 316, 341
castanha-do-pará, 15, 172, 231, 311

castanheiras, 15, 17, 104, 258, 281-2, 404n
Castello Branco, Humberto de Alencar, 27, 36, 40, 50, 76, 178, 336
Castelo dos Sonhos (distrito de Altamira, PA), 139, 218, 268, 281-2, 423n
Caterpillar D9 (trator), 51
CATPS (Contratos de Alienação de Terras Públicas), 240-1
Cavalcanti, Henrique Brandão, 119, 437n
Cavalcanti, José Costa, 27-8, 49, 87
Cavalcanti, Sandra, 88
CBDR (Common But Differentiated Responsibilities — "responsabilidades comuns, porém diferenciadas"), 167-9
CCIR (Certificado de Cadastro de Imóveis Rurais), 236
CCPY (Comissão Pró-Índio e a Comissão pela Criação do Parque Yanomami), 141
Ceará, 202
Cedi (Centro Ecumênico de Documentação e Informação), 141, 155, 172
Cedrela odorata (cedro), 259
celulose, 50-2, 229
Cena (Centro de Energia Nuclear na Agricultura), 196
Censipam (Centro Gestor e Operacional do Sistema de Proteção da Amazônia), 221-2
Centrão, 88, 122, 128, 143, 160, 351, 414n
Centro de Voos Espaciais Goddard (Nasa), 199
Centro-Oeste do Brasil, 40, 48-9, 283
Centro-Sul do Brasil, 17, 40, 66, 112, 197
Cerrado, 16, 25, 37-8, 41, 79, 82, 199, 227, 309, 324, 328, 355, 382, 393, 407n
Charles, príncipe de Gales, 162
chartered companies ("companhias de carta", África), 42
Chaves, Aloísio, 63
Chiaretti, Daniela, 323
Chico Mendes: Eu quero viver (filme), 98
Chile, 225, 227
China, 165-6, 169, 182-3, 190, 209, 271, 322, 329, 356-7, 418n

chocolate, 389-90; *ver também* cacau
chuvas, 63, 135, 196-200, 269, 339
Cidadania (partido), 254
Cikel (madeireira), 232-3
Cimi (Conselho Indigenista Missionário), 142-4
Cinema Novo, 149
Cites (Convenção sobre o Comércio Internacional de Espécies da Flora e Fauna Selvagens em Perigo de Extinção — Santiago do Chile, 2002), 225-8, 231, 234
Clastres, Pierre, 69
Clausewitz, de Carl von, 318
Climate Action Network, 186, 373
Climatic Change (periódico), 304
Clinton, Bill, 219
clorofluorcarbonos (CFCs, gases de refrigeração), 81-2
Clube de Roma, 72, 87
CNA (Confederação Nacional da Agricultura), 112-3, 346-7, 351
CNN (Cable News Network), 114
CNS (Conselho Nacional dos Seringueiros), 110-2, 124, 184
CO_2 *ver* gás carbônico (CO_2), emissões de
Código Florestal, 20-1, 27, 31, 36, 60, 68, 92, 178, 187-8, 191, 213, 227, 229, 268, 278-9, 290, 308, 317, 342-3, 345-8, 350-1, 353, 356-60, 362, 368, 375, 386, 388, 390
Cofa (Comitê Orientador do Fundo Amazônia), 370
Coiab (Coordenação das Organizações Indígenas da Amazônia Brasileira), 184
Collor, Fernando, 117, 158-67, 170, 173, 175, 177, 203
Collor, Leda, 166
Collor, Pedro, 161, 166
Colniza (MT), 253
Colômbia, 89, 368
"colônias indígenas", 111
colonização da Amazônia, programa de (anos 1970), 53-60, 66-7, 108, 162, 267
Colorado (Estados Unidos), 57, 78, 123

Comando Militar da Amazônia, 97
combate ao desmatamento, 21, 140, 170, 177, 195, 214-5, 225, 271, 288, 296, 300, 336, 377, 385
combustíveis fósseis, 50, 326
Comendo a Amazônia (relatório do Greenpeace), 273
Comissão Interamericana de Direitos Humanos, 337
Comissão Nacional de Florestas, 237
Comissão Pastoral da Terra, 107, 240-2
Comissão Pró-Índio, 141
commodities, 16, 20, 51, 209-10, 214, 275, 278, 298, 373, 392
commodities, "boom" das (anos 2000), 16, 209, 254
Comperj (complexo petroquímico da Petrobras), 315
"comunismo", 103, 364, 368
Conama (Conselho Nacional do Meio Ambiente), 188, 344-5, 360
concessões florestais, 258, 265, 270, 360
Conferência das Nações Unidas sobre Meio Ambiente e Desenvolvimento *ver* Rio-92
"confisco da poupança" (1990), 160
Congresso americano, 71
Congresso Nacional, 28, 43, 53, 63, 76, 93, 110, 121, 123, 128, 132, 141, 145, 160, 177, 179-80, 182, 187-8, 234, 246, 259, 265, 342, 347, 361, 366, 387-8, 414*n*, 437*n*
Conselho de Segurança Nacional, 91, 116
Conselho Monetário Nacional, 301
Conselho Mundial de Igrejas, 142
Conselho Nacional de Proteção à Fauna, 128
Constituição brasileira (1891), 48
Constituição brasileira (1967), 76
Constituição brasileira (1988), 82, 86, 88, 107, 122, 141-2, 144, 157, 363, 380
Constituição brasileira (1988), 87
Construcap (empreiteira), 87, 212
Contag (Confederação Nacional dos Trabalhadores da Agricultura), 103, 107, 346, 351
Conto da aia, O (Atwood), 147

Controladoria-Geral da União, 233, 370
cop1 (Conferência das Partes da Convenção do Clima das Nações Unidas — Berlim, 1995), 183
cop3 (Conferência das Partes da Convenção do Clima das Nações Unidas — Kyoto, Japão, 1995), 183; *ver também* Kyoto, Protocolo de (1997)
cop8 (Conferência das Partes da Convenção do Clima das Nações Unidas — Nova Déli, Índia, 2002), 186
cop11 (Conferência das Partes da Convenção do Clima das Nações Unidas — Montreal, 2005), 304
cop13 (Conferência das Partes da Convenção do Clima das Nações Unidas — Bali, 2007), 302
cop14 (Conferência das Partes da Convenção do Clima das Nações Unidas — Poznan, Polônia, 2008), 325
cop15 (Conferência das Partes da Convenção do Clima das Nações Unidas — Copenhague, 2009), 285, 323, 329, 384
cop17 (Conferência das Partes da Convenção do Clima das Nações Unidas — Durban, África do Sul, 2011), 356-7
cop21 (Conferência das Partes da Convenção do Clima das Nações Unidas — Paris, 2015), 357; *ver também* Paris, Acordo do Clima de (2015)
cop25 (Conferência das Partes da Convenção do Clima das Nações Unidas — Madri, 2019), 373
cop27 (Conferência das Partes da Convenção do Clima das Nações Unidas — Sharm-El--Sheikh, Egito, 2022), 381, 384
Copa do Mundo da Itália (1990), 170
Copa do Mundo do Brasil (2014), 359
Copeland, Miles, 149
Copeland, Stewart, 149, 416*n*
Copenhague (Dinamarca), 285, 323-30, 336, 356, 359, 384
Correios, 208

corrupção, 55, 76, 90, 119, 121, 160, 165, 208, 226, 247-8, 251-2, 288, 340, 369, 381, 386
Corte Internacional de Justiça (Haia), 126
Corumbiara (ro), 181
Coslovsky, Salo, 231-2, 234
Costa e Silva (escritório de advocacia), 295
Costa Rica, 51, 304, 413*n*
Costa, José Pedro, 87
Costa, José Ribamar Ferreira de Araújo *ver* Sarney, José
couro, 75, 281, 283, 392
Couto e Silva, Golbery do, 45-6, 63, 93
Covas, Mário, 162
covid-19, pandemia de, 79, 86, 157, 194, 377, 386
Cowell, Adrian, 61-2, 66-7, 71-2, 98, 108, 113-4, 160
Cox, Peter, 200-1, 391
cpi da Terra (2004), 241
cptec (Centro de Previsão de Tempo e Estudos Climáticos do Inpe), 131
cr Almeida (empreiteira), 244
crédito agrícola, 175, 215, 284
"créditos de carbono", 184-5, 304
Crepori, Floresta Nacional do (pa), 260
crimes ambientais, 116, 134, 182, 220, 222, 232, 246, 254-5, 283-4, 310, 336, 345, 359
crise climática, 18-20, 169, 201, 211, 357, 373, 392; *ver também* aquecimento global; mudanças climáticas
crise econômica (2014-5), 361
Cristo Redentor (empreiteira), 55
Crutzen, Paul, 79, 81
ctfa (Comitê Técnico do Fundo Amazônia), 370
Cuba, 316
Cubatão (sp), 87, 229
Cuiabá (mt), 29, 36, 48-9, 54, 58, 64, 82, 193, 210, 244, 247-8, 254, 257, 267, 278
Cunha, Amair Feijoli da ("Tato"), 241
Cunha, Eduardo, 292, 361
Cunha, Manuela Carneiro da, 141
Cunha, Roberto, 130, 132

Cúpula da Terra *ver* Rio-92 (Conferência das Nações Unidas sobre Meio Ambiente e Desenvolvimento)
curimatás, 333
Curitiba (PR), 99-100, 228, 234
Curuaés (Pitxatxá), rio, 138
Curupira, Operação, 252-6, 277, 308
Curupu, ilha de (MA), 115

D'Ávila, Nilo, 343-4
DAC (Departamento de Aviação Civil), 133
Daily Telegraph, The (jornal), 96
Dalai Lama, 167, 418*n*
Daldegan, Luiz, 309, 311
Dantas, Daniel, 284
Dantas, Wanderley, 101
De Mendes (empresa de chocolates), 390
Dean, Warren, 7, 34-5, 393
debt-for-nature swaps (ideia de Lovejoy), 124
Década da destruição, A (documentário), 66, 98, 160
"Década da destruição" (anos 1980), 21, 62, 72, 84, 271
Decálogo do Desmatador, 92, 124, 142, 269, 349, 392
Delfim Netto, 55-6, 340
Delta-900 (foguete), 28
Demachki, Adnan, 295-6, 307-8
demarcações, 51, 67, 73-4, 108, 111, 136, 140, 142, 144, 148, 152-4, 156-7, 163, 171, 173, 191, 215, 245, 338, 349; *ver também* terras indígenas
democracia, 55, 75
Democratas (partido brasileiro), 346, 362
Denys, Rubens Bayma, 89, 128
desenho animado do Greenpeace (2006), 273
desenvolvidos, países, 125, 129, 142, 164, 169-70, 183, 185, 373
desenvolvimento da Amazônia, 25, 54, 107, 312
desenvolvimento econômico, 17, 24-5, 90, 122, 258
desenvolvimento sustentável, 19, 64, 82, 167-8, 195, 329, 366, 370
"desmatamento do Real" (1995), 176, 190
desonerações, política de, 33
Deter (Sistema de Detecção do Desmatamento na Amazônia Legal em Tempo Real), 221-3, 254-5, 296, 298, 300-1, 308-11, 317, 321, 358, 371, 430*n*
Deusdará, Raimundo, 177-8, 180, 188
deutério, 196
Dia Mundial do Meio Ambiente (5 de junho), 228
Diário Oficial, 244
Diários da Presidência (Cardoso), 174
Dias, Manoel Pereira, 232-3
Dicionário de política (Bobbio), 45
Dilli, Gelson Luiz, 264
Dinamarca, 73, 116, 323, 327
Dirceu, José, 208, 278, 299
direita política, 73, 76, 88, 141, 145, 276, 367, 387
direitos indígenas, 107, 145, 155, 162, 172, 288
Diretas Já! (campanha de 1984), 122
distribuição de renda, 210-1
Distrito Florestal Sustentável da BR-163, 258, 260-1, 264, 269, 311
ditadura militar brasileira (1964-85), 17, 19, 24-5, 27, 33, 36, 40, 43, 49-50, 52-4, 59-60, 63, 68, 75-6, 84, 99, 102, 107, 115, 122, 178, 194, 198, 240, 267, 269, 274, 315, 334, 336, 340, 360, 407*n*
"diversidade biológica" (expressão de Lovejoy), 44, 69; *ver também* biodiversidade
dívida externa, 20, 70, 76, 90, 115, 122-4
DNER (Departamento Nacional de Estradas de Rodagem), 134
DNIT (Departamento Nacional de Infraestrutura de Transportes), 218
Doblas, Juan, 266, 268
Domingo, Plácido, 167
Dorothy, irmã *ver* Stang, Dorothy Mae
Dossa, Derli, 327
"drogas do sertão", 46; *ver também* produtos florestais

451

Duarte, Edson, 363, 369
Duarte, Valdete, 221
Dunlop, Henry, 46
Durban (África do Sul), 356, 358
Dutilleux, Jean-Pierre, 149-54, 416n
Dwyer, Jane, 239-40

Eco, O (site de notícias ambientais), 254, 416n
ecocídio, 7, 383, 393
ecologia, 57, 191, 199, 205
economia global, 167
Economist, The (revista), 86
efeito estufa, 16, 77, 83, 167, 169, 183, 200-1, 285, 289, 302, 322
Egito, 381, 384
El Niño (fenômeno climático), 53, 182
Eldorado do Carajás (PA), 135, 181
Eldorado, rádio, 213
Eletrobras, 325, 335
Eletronorte, 146, 156, 333-5, 374
elite amazônica, 17, 44, 48
embaúbas (árvores), 32
Embrapa (Empresa Brasileira de Pesquisa Agropecuária), 58-9, 195, 202, 204, 326-7, 347-8, 369
empates (série de protestos de seringueiros), 104-6, 108, 111
empresários amazônicos, 91
empresas fantasmas, 253
Encontro Nacional dos Seringueiros (Brasília, 1985), 108
Endireita Brasil (ONG anarcocapitalista), 364
Environmental Defense Fund dos Estados Unidos, 303
Environmental Policy Institute, 71, 113
EPE (Empresa de Pesquisa Energética), 328
epidemias entre indígenas, 56, 67
Equatorial (distribuidora de energia de Altamira), 331
Erts-1 (Satélite de Tecnologia de Recursos Terrestres), 28-9
Esalq (Escola Superior de Agricultura Luiz de Queiroz — USP), 93, 196, 228-30, 281, 283

Escobar, Herton, 365
escravidão africana, 92, 392
"escravidão branca", 34, 47
Esec (estação ecológica), 244, 318-20
Espanha, 153, 373
espectrômetro de massa, 196
"espinha de peixe", desmatamento em, 59-60, 68, 240
Espírito Santo, 23, 118
esquerda política, 88, 211, 344, 351, 387
Estado de S. Paulo, O (jornal), 87, 95, 129, 142-4, 213, 309, 359, 365, 372
estados amazônicos, 18, 37, 134, 172, 188, 235-6, 312, 377, 386
Estados Unidos, 19-20, 28-9, 40, 44-5, 50, 55, 57, 60, 69, 71-3, 75, 79, 101, 108-9, 111, 113, 123-4, 126, 147, 149, 152, 154, 165-6, 169-71, 183-5, 195, 198, 210-1, 226, 231, 234, 275-6, 302-4, 322-3, 329, 368, 380-1, 386-7, 392
Estocolmo, Conferência de (1972), 20, 87-8, 127, 164, 169, 418n
etanol, 164, 324
eucalipto, 76, 188, 296, 324
Europa, 62, 75, 154, 190, 226, 273-4
Evans, Clifford, 410n
evapotranspiração, 195
Exército, 89, 105, 132, 143, 148, 221, 223, 233, 243, 269, 282, 310, 317, 319, 364, 366, 368, 377, 385
êxodo rural, 53, 349
extrativismo/extrativistas, 47, 95, 98, 101-8, 110-2, 114, 117, 124, 239; *ver também* Resex (reserva extrativista); seringueiros
extrema-direita política, 367, 387

fake news, 91, 126, 234, 306, 368
Fantástico (programa de TV), 198
Fanzeres, Andreia, 254
Faroeste, Operação, 251
Farra do boi na Amazônia, A (relatório do Greenpeace), 283-4

Fase (Federação de Órgãos para Assistência Social e Educacional), 232-3
Fazenda Sete (Paragominas, PA), 205-6
fazendeiros, 24, 28, 31, 33-4, 59-60, 82, 92, 96, 98, 102-5, 116, 136, 148, 155, 172, 175, 179, 189, 191, 204, 212, 239-41, 265-6, 268, 274, 278, 280, 288-9, 295, 298, 308, 318-20, 341, 356, 367, 388; *ver também* latifúndios; ruralistas
Fearnside, Philip Martin, 40, 57-60, 85, 93, 131, 136, 173, 189, 195
Febvre, Gaia, 314
Federicci, Ademir ("Dema"), 233, 317
Feema (Fundação Estadual de Engenharia do Meio Ambiente — RJ), 352
Feitosa, Tarcísio, 241, 243
Feldmann, Fabio, 87-8, 99, 124, 128, 165, 213, 327, 363
Fernandes, Délio, 240
Fernandes, família, 241
Fernando de Noronha (PE), 122
Ferreira, Sílvia Letícia, 156
Ferro e fogo, A (Dean), 35, 393
ferro, minério de, 25, 209
FHC *ver* Cardoso, Fernando Henrique
Fiesp (Federação das Indústrias do Estado de São Paulo), 349
Figueiredo, João Baptista, 52, 63-4, 79, 148
Figueiredo, Luiz Alberto, 322, 357
Fim do futuro? Manifesto ecológico brasileiro (Lutzenberger), 72, 87
Finam (Fundo de Investimentos da Amazônia), 90
Financial Times (jornal), 86
Fish and Wildlife Service, 234, 381
física nuclear, 195-6
fisiologismo político, 122
Flonas (Florestas Nacionais), 181, 259-60, 264-7, 269-71, 341
Flores, Bernardo, 391
Floresta Amazônica, 15-7, 25, 39, 48, 60, 63, 79-80, 88-9, 111, 129, 146, 195, 197-8, 201, 223, 265, 382, 388; *ver também* bioma Amazônia
Floresta+ (programa de 2020), 371
"florestania", conceito de, 303
"florestas de rendimento" (conceito de Pandolfo), 25, 259
Florestas Nacionais na Amazônia, 128
florestas tropicais, 16, 19-20, 39, 51, 62, 77, 104, 110, 124, 171, 184-5, 189, 191, 197, 199-200, 202, 205, 211, 224, 229, 272, 277, 306, 382, 392-3
FMI (Fundo Monetário Internacional), 122-3, 125, 133
Folha de S.Paulo (jornal), 77, 84, 95, 130, 161, 192-3, 208, 304, 350-1, 365
Fome Zero (programa social), 231, 319
Forças Armadas, 45, 76, 90, 163, 359, 380, 385
Ford, Henry, 52
Fordlândia (atual Belterra, PA), 52
Formação política do agronegócio (Pompeia), 349
Fórum Brasileiro de Mudanças Climáticas, 324
Fóssil Colossal (antiprêmio da Climate Action Network), 373
FPA (Frente Parlamentar da Agropecuária), 347, 360-1
"Fragile" (canção), 97
França, 85, 125-7, 153, 273, 277, 316, 372
Franchetto, Bruna, 97
Francisco, papa, 359
Franco, Itamar, 15, 169, 171, 175-6, 189
frango, 273-4
Frente Liberal, 76
frigoríficos, 97, 106, 280-92, 297, 319-20, 346; *ver também* abatedouros; carne
"fronteira de recursos" (conceito de Becker), 17, 50
FSC (*Forest Stewardship Council* — Conselho de Manejo Florestal), 230, 233
Funai (Fundação Nacional dos Povos Indígenas), 56, 67, 139-40, 144-5, 148, 152, 154, 162-3, 215, 233, 243, 245, 266, 303, 376

Fundação Mata Virgem, 152, 154, 157
Fundação sos Mata Atlântica, 87, 213
Fundação Vitória Amazônica, 172
Fundo Amazônia, 21, 306, 325, 327-8, 370, 372, 375, 378-80, 388
Fundo de Proteção e Conservação da Amazônia Brasileira, 305
Fundo Nacional de Meio Ambiente, 128
Fundo Nacional sobre Mudança do Clima, 378-80, 440n
fundo soberano da Noruega, 305
Fundo Verde para o Clima, 370
Furtado, Celso, 47, 112-3
Furtado, Marcelo, 286

G7 (grupo dos países mais industrializados do mundo), 170-1
Gabeira, Fernando, 84, 96, 99, 315
Gabriel, Almir, 135, 181
gado, criação de, 27-8, 31-2, 49-50, 59, 84-5, 98, 101, 108, 135, 148, 151, 240, 258, 264, 274, 282-3, 287, 289-92, 295, 298, 318-20, 341; *ver também* agropecuária; pecuária
Gaiger, Júlio, 144
Galvão, Regivaldo ("Taradão"), 240-1
Galvão, Ricardo, 372
Gandra, Mauro, 200
Garcia, Nabhan, 367-9
"garimpo de nutrientes" (conceito de Schneider), 17
garimpos/garimpeiros, 17, 66, 89, 120, 128, 136, 138-40, 145, 157, 161-3, 181, 218, 257-8, 261, 264, 310, 316, 341, 377, 385-6
gás carbônico (CO_2), emissões de, 16, 20, 79-80, 83-4, 183-5, 200-1, 211, 271, 289, 304-5, 322, 325-7, 336, 371, 373, 391
gases de efeito estufa, 16, 167, 169, 183, 285, 289, 302, 322
"gato" (arrebanhador de mão de obra informal na Amazônia), 34
Gatti, Luciana, 391
Geisel, Ernesto, 25, 321
genocídio indígena, 162, 385, 410n

Genro, Tarso, 310-1
geopolítica, 24, 45-6, 54, 168, 170, 330
Gibbs, Holly, 279, 289-90, 292
Gibson Les Paul (guitarra), 224, 232
Gil, Gilberto, 329
Girardi, Giovana, 238-9, 365, 372
Gismonti, Egberto, 149
"glebas" amazônicas, 59
Global 500 (prêmio), 113
Global Environmental Change (periódico), 292
Globo, O (jornal), 81, 95, 292, 371
Globo, Rede, 55, 109, 159, 198, 274
GloboNews, 326
gmelina (árvore asiática), 51-2
Goiânia (GO), 61-2, 320
Goiás, 23, 25, 33, 41, 53, 61, 135, 221
Goldemberg, José, 160, 163-6, 169, 173, 362-3
Goldman, Prêmio, 241
golpe militar (1964), 41, 45; *ver também* ditadura militar brasileira (1964-85)
Gomes de Almeida Fernandes (construtora), 213
Gomes, Ciro, 208-9, 215-6, 218, 260, 312, 384-5
Gomes, Severo, 162
Goodland, Robert ("Bob"), 69, 71
Goodyear, Charles, 46
Google Maps, 139
Gore, Al, 123-4, 219, 324
Gramado, festival de cinema de, 149
Grazziotin, Vanessa, 343
Grechi, d. Moacir, 102
Greenpeace, 185, 222, 225, 234, 242, 254, 273-8, 280-6, 289, 292-3, 300, 308, 317, 343-4, 347, 378, 381, 437n
greenwashing, 209
grilagem/grileiros, 34-5, 66, 73, 97, 112, 121, 139, 158, 173, 217-8, 236, 239, 242-4, 251, 258, 260-1, 265-9, 272, 298, 317-20, 339, 341, 359, 361, 377, 386
Gross, Tony, 109
Grupo Silvio Santos, 27
GTA (Grupo de Trabalho Amazônico), 233, 283

GTAS (Guias de Trânsito Animal), 283, 291
GTE-Able2A (Global Tropospheric Experiment — Atmospheric Boundary Layer/Amazon), 79-80
Guajajara, Sonia Bone, 157, 374
guaraná, 46
Guarantã do Norte (MT), 218, 260
Guardian, The (jornal), 96, 329, 371
Guatemala, 225, 227
Guaxupé (MG), 212
Guerra Fria, 53, 90, 167
Guerra, Alceni, 142
guerrilha urbana e rural, 53, 56, 315
Guiana, 90
Guimarães, Antônio José, 118
Guimarães, Ulysses, 145, 354
guitarras de mogno, 224, 232

Haia (Holanda), 125-6, 303
hambúrguer, 202
Handroanthus sp. (ipê), 259
Hansen, James, 78, 83, 125
Harrods (loja de departamentos), 225
hectare "aberto", preço do, 267
Heinz, John, 123-4
Heinz, Teresa, 124
Heleno, Augusto, 374
helicópteros, 133-5, 154, 160, 163, 243, 375, 389
herbicidas, 49
Hevea brasiliensis (seringueira), 46-7; *ver também* borracha; seringueiras/seringais
hidrelétricas, usinas, 52, 89, 131, 140, 145, 147, 194, 215, 299-300, 328, 334-6, 375, 383
hidrogênio, 196
Higino, Ivair, 98
"hiperventilação" das florestas, 201
Hirohito, imperador do Japão, 124
Hirota, Marina, 391
Holanda, 52, 125-6, 147, 229, 347
Holleben, Ehrenfried von, 315
Holocausto, 315
"How Many People" (canção), 97
Hudson Institute, 44

Humaitá (AM), 54, 193
Hummel, Antonio Carlos, 227-8, 231, 234-6, 247, 252-3, 270
Hypancistrus zebra (peixe cascudo-zebra), 331

Ibama (Instituto Brasileiro do Meio Ambiente e dos Recursos Naturais Renováveis), 116, 121-2, 124, 128-9, 132-6, 139, 153, 156, 160, 163, 165, 173-4, 177, 179-82, 187-8, 214-5, 221-3, 226-8, 231, 233-6, 242, 245-53, 256, 264, 266, 270, 278, 281-2, 287-8, 296, 298-300, 307-8, 312, 316-20, 334, 336-7, 340-1, 345, 352, 359-60, 363-6, 370-1, 375-9, 381, 385-6, 389
IBDF (Instituto Brasileiro de Desenvolvimento Florestal), 36-9, 60, 68, 76-7, 81-2, 84, 90, 118-22, 134, 187, 220, 227, 247
ICMBIO (Instituto Chico Mendes de Conservação da Biodiversidade), 265, 318, 365-6, 369, 378, 435*n*
Igreja católica, 101-2, 110, 112, 142, 155, 359
Igreja Universal do Reino de Deus, 182
Imaflora (Instituto de Manejo e Certificação Florestal e Agrícola), 21, 230, 233, 293
Imazon (Instituto do Homem e Meio Ambiente da Amazônia), 172, 202-6, 230, 254, 265, 271-2, 286, 291, 293, 300-1, 307, 320, 326
imóveis rurais, 236, 296, 355
imperialismo, 43-4
incêndios florestais, 27, 80, 82-3, 89, 135, 182, 193, 269, 310; *ver também* queimadas
incentivos fiscais, 24-6, 33-6, 47, 63, 76-7, 85, 90, 173
Incra (Instituto Nacional de Colonização e Reforma Agrária), 26, 54, 56, 59, 66-7, 110, 121, 181, 215, 235-6, 239-41, 243, 251, 259, 267-8, 296
Indeco (empresa de colonização), 91
Independent, The (jornal), 96, 254
Índia, 57, 73, 165-6, 183, 303, 356
indígenas, 18-9, 40, 48, 56, 64, 66-9, 71, 73, 89, 91, 97, 100, 103, 107-12, 117, 138-49, 151-8, 161-3, 171-2, 201, 225, 245, 248-9, 253,

258, 266, 287-8, 333-8, 349, 371, 374, 382, 384, 387, 410-1*n*, 416-7*n*; *ver também* demarcações; terras indígenas
Indonésia, 229, 302
Industrial e Técnica (empreiteira), 55
indústrias, 80, 168, 185, 418*n*
Inesc (Instituto de Estudos Socioeconômicos), 107, 109
"inferno verde", Amazônia como, 47, 49, 69
inflação, 53, 76, 133, 155, 160-1, 175, 377
Inglaterra, 85, 139, 289
Inpa (Instituto Nacional de Pesquisas da Amazônia), 57, 60, 173, 189, 193, 195-6, 198, 200
Inpe (Instituto Nacional de Pesquisas Espaciais), 24-5, 29-30, 32, 34-9, 48, 60, 64, 78-83, 85-6, 89, 92-3, 123, 129-33, 170, 173, 175-7, 180, 182, 197, 199-200, 207-9, 214-7, 219-23, 254-5, 269, 298, 301, 304-5, 308-11, 317, 322, 358, 365, 369, 371-2, 391, 414*n*, 419*n*, 430*n*, 440*n*
Instituto Centro de Vida, 172
Instituto de Estudos Amazônicos, 99, 116
Instituto de Tecnologia da Aeronáutica, 198
Instituto Ethos, 326
Instituto Federal de Tecnologia de Zurique (Suíça), 292
Instituto Florestal de São Paulo, 364
Instituto Geológico (São Paulo, SP), 364
Instituto Goiano de Pré-História e Antropologia (PUC de Goiás), 61
Instituto Internacional da Hileia Amazônica, 43
Instituto Kabu (ONG indígena), 139-40
Instituto Pensar Agropecuária, 348, 360
"inverno" amazônico (estação chuvosa), 65, 135, 331
Ipam (Instituto de Pesquisa Ambiental da Amazônia), 172, 181, 184, 186, 192-3, 200, 202, 205-6, 218, 261, 289, 293, 303-4
IPCC (Painel Intergovernamental sobre Mudanças Climáticas), 125, 169, 199, 305, 324, 329, 420-1*n*

ipê, 259, 381
Ipea (Instituto de Pesquisa Econômica Aplicada), 65, 67, 85
Irekran (mulher de Paiakan), 157
Iriri, rio, 226, 243, 318, 333
ISA (Instituto Socioambiental), 67, 140, 154, 172, 184, 192, 212, 214, 218, 261, 293, 298, 304, 338, 363, 378, 381
Ishii, Newton ("japonês da Federal"), 251
Itaboraí (RJ), 315
Itacoatiara (AM), 233
Itaituba (PA), 54, 56, 181, 218, 257, 267
Itaituba, Floresta Nacional de (PA), 260
Itália, 43, 147, 170
Itamaraty (Ministério das Relações Exteriores), 19-20, 123, 127, 152, 161, 164, 168-70, 184-6, 200, 216, 223, 227, 302-5, 322-3, 325-6, 329, 373, 380
Ituna-Itatá (terra indígena no PA), 337-8, 341

jacarés, 24, 75, 82, 135, 137, 139
Jamaica, 222
Jamanxim, Floresta Nacional do (PA), 260-1, *263*, 264, 266-8, 272, 282, 320, 341
"jantares amazônicos" (*Amazon Dinners*, anos 1980), 19, 69, 109
Japão, 19, 44, 52, 75, 124, 127, 165-6, 170, 183, 185, 195, 222, 225-6, 326, 418*n*
Jari, rio, 50
Jari Agropecuária e Florestal Ltda., 51; *ver também* Projeto Jari
Jatene, Adib, 160
"jatos de baixa altitude" (correntes aéreas de umidade), 197
JBS (frigorífico), 283-4, 286, 288-92, 361
Jefferson, Roberto, 208
Jesus Cristo, 103
Jirau, usina hidrelétrica de (RO), 299, 341
Jobim, Tom, 167
Johannesburgo (África do Sul), 191
Jornada Mundial da Juventude, 359
Jornal da Tarde, 213
Jornal do Brasil, 95-7, 418*n*

Jornal Nacional (telejornal), 36, 285
Jucá, Romero, 163
Juína (MT), 253, 256
Julia, Raul, 97
juquira ou capoeira (floresta secundária), 32-4, 202
Jureia (estação ecológica de SP), 87, 213
Juruna, Anita, 333
Juruna, Gilliard (cacique), 333
Juruna, indígenas, 330-1, 333-4, 416*n*
Juruna, Leiliane Jacinto Pereira, 330, 333
Juruna, Mário, 141

Kanindé (ONG), 172
Kararaô (projeto de usina hidrelétrica), 146-7, 155-7, 333-4, 336; *ver também* Belo Monte, usina hidrelétrica de (PA)
Kasten, Robert, 73, 113
Kayapó, indígenas, 109, 136-40, *138*, 145-9, 151-2, 154-7, 226, 233, 266, 334-6, 416*n*
Kelly, Brian, 52
Kerr, Warwick Estevam, 60
Keys, Alicia, 157
King, Martin Luther, 157
Klabin Celulose, 87
Klabin, Roberto, 87
Kohl, Helmut, 170
Kopenawa, Davi, 162
Krause, Gustavo, 174, 176-7, 179-80, 187, 362-3
Kräutler, d. Erwin, 141-5, 240
Krenak, Ailton, 111, 143
Krug, Thelma, 176, 180, 305
Kube'i, cacique, 145-7
Kubenkranken (aldeia indígena no PA), 145
Kubitschek, Juscelino, 49, 194, 252, 407*n*
Kyoto, Protocolo de (1997), 183-4, 186, 302-4, 323

Lacerda, Paulo, 250-2
Lafer, Celso, 169, 418*n*
Lago, André Corrêa do, 357, 393
Lamarca, Carlos, 53, 364

Landsat-1 (satélite), *26*, 28-31, 37, 48, 80, 93, 129, 131, 220
Langone, Cláudio, 186, 304
látex *ver* borracha
latifúndios, 47, 51-2, 87, 92, 101, 103, 182, 244, 345, 408*n*; *ver também* fazendeiros; ruralistas
Laurance, William, 193
Lava Jato, Operação, 55, 212, 251, 292, 340, 376
"lavagem de gado", 291
LBA (Experimento de Grande Escala da Biosfera-Atmosfera na Amazônia), 200
Le Havre, porto de (França), 222
leapfrogging (política energética), 164, 169
Led Zeppelin (banda de rock), 224
Lei de Biossegurança, 344
Lei de Crimes Ambientais, 182, 375
Lei de Gestão de Florestas Públicas, 244, 246, 259, 266, 287, 375
Lei de Licitações, 232
Lei de Segurança Nacional, 46, 105
Lei dos Agrotóxicos, 128
Lei dos Resíduos Sólidos, 375
Lei Rouanet, 160
leishmaniose, 102
Leite, Custódio Ferreira, 212
Leite, Marcelo, 86
Levy, Samuel, 292
Liberal, O (jornal), 202
Lifeson, Alex, 224
Lightfoot, Gordon, 147
Lima, André, 298-301, 317-8, 385
Lima, Antônia Silva, 239
Lima, Fábio Vaz de, 233
Lima, Pedro Pereira, 390
Limites do crescimento (relatório do Clube de Roma, 1971), 72, 87
língua portuguesa, 57, 143, 344
línguas indígenas, 146
Linklater, Richard, 66
Lins (SP), 280-1, 283
Liquifarm (multinacional), 27

Littlefeather, Sacheen, 149
Lobão, Edison, 335, 340
lobby ambiental, 69, 109
Lobo, Lélio, 200
London, Mark, 52
Londres (Inglaterra), 149, 225, 277
Lorenzoni, Onyx, 369
Louis Dreyfus (processadora de soja), 278
Lovejoy, Thomas, 44, 84, 96, 123-4, 130, 195, 391
Lua, missões norte-americanas à, 28
Lucon, Oswaldo, 440*n*
Ludwig, Daniel Keith, 50-3, 206
Lula da Silva, Luiz Inácio, 18, 21, 105, 112, 159, 168-9, 182, 186, 195, 208-12, 215-7, 220, 225, 227-8, 232-4, 236, 242-3, 248, 256, 259-61, 265-6, 269, 272, 278, 281, 284, 286, 293, 299-301, 305-6, 308-16, 321-30, 335-6, 339, 344, 346, 349-50, 353, 367, 378, 383-6, 392-3
Lupion, Abelardo, 285-6, 346
Lutzenberger, José ("Lutz"), 72-3, 87, 111, 160, 165, 171, 177, 182, 346

Macapá (AP), 41, 212
maçaranduba, vigas de, 52, 224
Machado, Gilson, 369
Machado, José Altino, 161, 417*n*
Maciel, Marco, 177
MacLaine, Shirley, 167
Macron, Emmanuel, 372
Macy's, 283
Madeira, rio, 190, 299, 336
madeira(s), 34-5, 41, 49, 52, 57, 67, 104, 107, 128, 133, 135, 140, 171, 175, 178, 180, 193, 204, 206, 212, 217-8, 223-37, 239, 241, 243, 246-50, 252-3, 258-60, 264, 270-1, 275-6, 281-2, 307, 310-1, 316, 360, 374, 379-81, 386, 388, 392
madeireiras/madeireiros, 25, 34, 49, 66-7, 102, 119-20, 138-9, 165, 173, 175, 179, 193, 195, 203-6, 225, 227-9, 231-7, 243-4, 247-50, 252-3, 258-61, 266, 269-72, 275, 282, 287, 295, 307-8, 311, 320, 341, 377, 379-80, 389; *ver também* serrarias
Magalhães, Nícia, 212
Maggi, André, 253
Maggi, Blairo Borges, 189-90, 209-10, 253-4, 260-1, 277, 298, 308-13, 316, 387
Mahar, Dennis, 84-5, 92-3, 129-30
Maia, Marco, 350, 352
Mais Ambiente (decreto de 2009), 346, 355
Mais Você (programa de TV), 285
malária, 33, 56, 102
Malásia, 47
Maluf, Paulo, 76
Manaus (AM), 40-2, 46, 57, 106-7, 123, 131, 193, 195, 198, 227, 272, 275, 293, 321
manejo florestal, 120, 178, 181, 206, 229-31, 235-6, 247, 270-1
manejo sustentável da madeira, 226, 230, 233, 305
Mangabeira Unger, Roberto, 312
manganês, 25
manguezais, 354
Manifesto ecológico brasileiro ver *Fim do futuro? Manifesto ecológico brasileiro* (Lutzenberger)
Mantega, Guido, 301
maoístas, guerrilheiros, 53
MapBiomas (consórcio), 158, 265, 360, 390, 419*n*, 440*n*
Marabá (PA), 56, 59, 193
Maradona, Diego, 170
Maranhão, 25, 38, 41-2, 76, 130, 153, 180, 190, 240, 347, 391
Maranhão (variedades de cacau amazônico), 390
Marcelândia (MT), 310
"Marcha para o Oeste" (Brasil), 48
"marco temporal", 349; *ver também* demarcações; terras indígenas
Marengo, José Antonio, 197-8
Marfrig (frigorífico), 284, 286, 289, 291
Margulis, Sergio, 65, 67, 74
Marighella, Carlos, 53

Marinha norte-americana, 42
Mariutti, Orlando, 91
Marley, Bob, 224
Marques, Arnóbio (Binho), 114-5
Marques, Randau, 87, 213
Marquesini, Marcelo, 281-3, 300, 320
Marrakesh (Marrocos), 303
Marreco, Marília, 119-22, 128, 134, 187
Martins, Eduardo, 72, 174, 177-8, 182
Martins, Márcio ("Rambo do Pará"), 218, 423n
marxismo/marxistas, 53, 90, 102-3
massacre de Corumbiara (RO, 1995), 181
massacre de Eldorado do Carajás (PA, 1996), 135, 181
Mata Atlântica, 7, 16, 35, 62, 87, 90, 171-2, 183, 212-3, 216, 229, 345, 393
Mato Grosso, 23-5, 26, 30-1, 34-6, 38, 41, 48, 59, 64-6, 80, 83, 91, 106, 121, 140, 146, 148-9, 153, 158, 171-2, 174, 180, 189-90, 196, 202, 209-10, 218, 220, 224, 226, 236, 246-50, 252-5, 260, 264, 272, 276-7, 279-80, 282-3, 287-8, 290, 292, 297, 298, 307-11, 346, 348, 356, 358, 387, 416n
Mato Grosso do Sul, 75, 349
Maury, Matthew, 42
McCartney, Paul, 97, 150
McDonald's (rede de lanchonetes), 202, 273-4, 276-7, 280
McGrath, David ("Toby"), 202, 204-5
MDB (Movimento Democrático Brasileiro), 104, 264, 384; ver também PMDB (Partido do Movimento Democrático Brasileiro)
MDL (Mecanismo de Desenvolvimento Limpo), 184-6, 304
Mebêngôkre, indígenas, 140, 145, 383
Médici, Emílio Garrastazu, 53, 55-7, 102, 218, 240, 267, 388
Medicilândia (PA), 388-90
Meggers, Betty, 69, 409-10n
Meira Filho, Luiz Gylvan, 130-2
Meireles, Apoena, 67
Meireles, Chico, 149
Mekragnotire, indígenas, 137, 148, 157

Mello, Zélia Cardoso de, 160, 163, 173
Melo, Antônia, 335
Melo, Flaviano, 99, 124
Melo, Murilo Fiuza de, 24
Mendes, Amazonino, 135
Mendes, Chico, 94-9, 102-17, 122-4, 127, 146, 158, 187, 210-1, 241, 243-4, 303, 354
Mendes, Ilzamar, 115
Mendes Júnior (empreiteira), 55
Mendonça, Fernando de, 25
Menezes, Agamenon, 265-8
Meningô Mekragnotire, 137-40, 157
Menkragnoti (terra indígena no PA-MT), 137, 139-40, 152, 154, 158
Mensalão, escândalo do (2005-7), 208, 299, 344
Mercosul, 372-3
mercúrio, contaminações com, 89, 120, 128, 258
Merkel, Angela, 183, 372
Mesquita, Fernando César, 116-7, 121-2, 132-3, 135, 153, 156
Mesquita Neto, Júlio de, 143
Mesquita, Rodrigo Lara, 87, 213
Met Office (Escritório de Meteorologia do Reino Unido), 201
meteorologia, 29, 78-9, 131, 197-8
Metyktire, indígenas, 140, 148, 152; ver também Kayapó, indígenas; Raoni, cacique (Ropni Metyktire)
Metyktire, Megaron, 152, 154, 416n
México, 50, 70, 224, 230, 356
Miami (Flórida, Estados Unidos), 96, 113
Micheletto, Moacir, 187-8, 343
Mil Madeireira (iniciativa suíça de manejo sustentável de madeira), 230
"milagre" amazônico (redução do desmatamento, anos 2000), 16
"milagre" econômico brasileiro (anos 1970), 39, 54-5, 62
Minas Gerais, 44, 77, 181, 212
Minc, Carlos, 21, 96, 268, 286, 308, 314-26, 328, 330, 336, 340-2, 345-6, 351-3, 362-3, 378, 432n

mineração/mineradoras, 28, 41, 50, 62, 89, 92, 139, 365, 387
Minerva (frigorífico), 284, 289
Ministério da Agricultura, 36, 39, 121, 128, 215, 278, 300-1, 310, 327, 363, 367, 370
Ministério da Ciência e Tecnologia, 160, 163-4, 176, 180, 185, 200, 208, 216, 305, 323, 325, 372
Ministério da Cultura, 112-3, 160
Ministério da Fazenda, 55, 160, 163, 176, 211, 301, 340
Ministério da Integração Nacional, 208
Ministério da Integração Regional, 218
Ministério da Justiça, 115, 162-3, 215, 242, 266, 310-1
Ministério da Reforma Agrária, 98, 121
Ministério da Saúde, 160
Ministério das Minas e Energia, 215, 299, 335, 339-40
Ministério das Relações Exteriores *ver* Itamaraty
Ministério do Desenvolvimento Agrário, 236, 310
Ministério do Desenvolvimento Regional, 370
Ministério do Desenvolvimento Social, 232
Ministério do Interior, 27, 118-9, 121-2
Ministério do Meio Ambiente, 16, 65, 72, 169, 174, 176-8, 182-3, 186, 191, 207-12, 214-5, 217-8, 221-2, 227, 231-2, 236, 246, 255-6, 261, 267, 269, 271, 280, 284, 286, *297*, 298, 300-1, 304-9, 311, 313-4, 316-7, 319, 324, 326, 328, 336, 341, 346, 352-3, 361, 363, 366-7, 369-70, 375-8, 380-2, 384-5
Ministério do Meio Ambiente e Mudança do Clima, 385
Ministério do Planejamento, 50, 118-20, 134
Ministério dos Transportes, 65, 208, 215
Ministério Público Federal (MPF), 233, 248-50, 252, 283-8, 293, 334, 337, 340, 346
Miranda, Evaristo de, 347-8, 361, 369
Miratu (aldeia indígena no PA), 330-1
Miritituba (PA), 218, 264, 276
Mitterrand, François, 125-7, 153

Mobral (Movimento Brasileiro de Alfabetização), 103
Modis (Espectrorradiômetro de Imageamento de Resolução Moderada), 219-22, 298
mogno, 157, 179, 222, 224-8, 231-5, 266, 269, 275, 281, 318, 320, 388
Molina, Mario, 82
Molion, Luiz, 81, 411*n*
Moniliophthora perniciosa (vassoura-de-bruxa), 388
monitoramento da Amazônia, 30, 39, 130-1, 207, 310, 311
Montoro, Franco, 213
Montreal, Protocolo de (1987), 81, 125
Mopkrore (aldeia indígena no PA), 139
Moraes, Alexandre de, 381
Moraes de Almeida (distrito de Itaituba, PA), 218, 257, 261
Morales, Evo, 42
moratória na Amazônia, 179, 227, 274, 277-80, 286, 289, 293, 298, 307
morte maciça de florestas, 201
Mortes, rio das, 24
mosquito da pedra, 332-3
Moss, Gérard, 197
Moss, Margi, 197
Motosserra de Ouro, troféu (antiprêmio do Greenpeace), 254, 278, 308
motosserras, 16, 49, 135, 174-5, 183, 231, 256, 261, 296, 305
Moura, Luiz Henrique Gomes de ("Zarref"), 351
Mourão, Hamilton, 377
Moutinho, Paulo, 184-6, 205, 303-4
Movimento dos Atingidos por Barragens, 335
MSS (sensor multiespectral), 29
MST (Movimento dos Trabalhadores Rurais Sem Terra), 181, 351, 367
MT Legal (programa), 308
mudanças climáticas, 125, 161, 165-6, 199, 219, 302, 322-3, 326-7, 368; *ver também* aquecimento global
Muggiati, André, 282-3

Munduruku, indígenas, 258, 375
Muniz, José Antônio, 156-7, 335
Muniz, Wellington ("Silvio"), 278
Muro de Berlim, queda do (1989), 161
Museu Paraense Emílio Goeldi (Belém, PA), 172, 195

Nabuco, Joaquim, 92, 393
Nações Unidas *ver* ONU (Organização das Nações Unidas)
Nas cinzas da floresta (documentário), 66, 72
Nasa (National Aeronautics and Space Administration), 25, 28-9, 78-80, 199, 219
Nascimento, Alfredo, 321
National Press Club (Washington), 211
Nature (revista), 201, 372, 391
Nature Conservancy, The (ONG), 307
Navio, serra do (AP), 25
Naviraí (MS), 91
negacionismo ambiental, 92, 166, 364, 387
Nepstad, Daniel Curtis, 192-3, 202, 205, 289
Neves, Rayfran das ("Fogoió"), 241-3
Neves, Tancredo, 76-7, 121
New York Times, The (jornal), 78, 83-4, 86, 96, 254
Newton-John, Olivia, 167
Nicarágua, 225
Nike, 283
nitrogênio, 51, 327
NOAA-9 (satélite meteorológico estadunidense), 80, 82, 130, 219
Nobre, Antonio Donato, 198
Nobre, Carlos Afonso, 198-200, 327, 366-7, 391
Nobre, Ismael, 198, 366-9, 373, 438*n*
Nobre, Paulo, 198
Nogueira-Neto, Paulo, 119, 187, 213
Nordeste do Brasil, 33, 40, 46, 53-4, 56-7, 60, 196, 312
Noronha, Carlos Alberto, 137
Norte do Brasil, 41, 90
Norte-Sul, clivagem global, 167, 169, 171
Noruega, 125, 254, 302, 305-6, 370, 418*n*

Nossa Natureza (programa do governo Sarney), 20, 88-90, 92, 116, 119-20, 122, 128-9, 147, 152, 215
Notre Dame de Namur, ordem de, 240
Nova Déli (Índia), 186, 303
Nova República (1985-), 17, 76, 176, 337
Nova York (NY), 50, 77, 114, 127, 165, 232
Novo (partido), 362
Novo Progresso (PA), 218, 243, 261, 264-8, 272
Novo, Evlyn, 23-4, 26-8, 30-3, 35, 39
NRDC (Natural Resources Defense Council), 70
Nuclebrás (estatal nuclear federal), 213
Núcleo de Direitos Indígenas, 155, 172
NWF (National Wildlife Federation), 69-70

O-é (filha de Paiakan), 156
OAB (Ordem dos Advogados do Brasil), 87
Óbidos, estreito de (PA), 44
Observatório do Clima, 371, 376-8
Odebrecht (empreiteira), 340
OEA (Organização dos Estados Americanos), 337
Oeste dos Estados Unidos, conquista do, 40, 60
OIT (Organização Internacional do Trabalho), 95
óleo de copaíba, 172, 311
Oliveira, Dante de, 121
Oliveira, Roberto Cardoso de, 100
Ometto, família/grupo, 27, 91
ONU (Organização das Nações Unidas), 43, 81-2, 87, 113, 125-7, 131, 136, 158, 161, 164-5, 167, 169, 183, 196, 199, 216, 229, 302, 305, 307, 324, 327, 329-30, 368, 371
opinião pública, 78, 132, 160, 181, 187, 254, 350, 358, 363
Ordem das Servas de Maria Reparadoras, convento da (Rio Branco, AC), 103
ordenações pombalinas, 143
Orellana, Francisco de, 38
Organização Meteorológica Mundial, 125
organizações multilaterais de fomento, projetos destrutivos de, 71
Oriente Médio, 50

Ortega, Valmir, 287-8, 291
Oscar (Prêmios da Academia), 149
ouro, exploração de, 139, 162, 257, 264, 336, 385-6, 389
Ouro Verde, Operação, 255
Oxfam (ONG), 109
oxigênio, 196
ozônio, camada de, 80-3, 125

PAC (Programa de Aceleração do Crescimento), 17, 299-300, 309, 312-5, 321, 335-7, 339, 341, 349, 352-3
Pacajá, Operação, 243
pacus, 331, 333
Pádua, José Augusto, 18
Page, Jimmy, 224
Paiakan, Paulinho, 140, 145-7, 152, 155-7, 334, 374
painéis solares, 29, 167
países em desenvolvimento, 126, 164, 168, 183, 302, 324-5, 329
Palácio da Alvorada, 153, 178
Palácio do Jaburu, 292, 361
Palácio do Planalto, 19, 21, 118, 128-9, 174, 207, 215, 227, 255, 298, 308, 311-2, 326, 361, 383
Palmas (TO), 248
Palocci, Antonio, 211, 350-1
Panamá, 51
Panará, indígenas, 66, 69, 109
Pandolfo, Clara, 24-5, 28, 35, 47, 60, 180, 259
Pânico na TV (programa), 278
Pantanal, 75, 82, 88
Pão de Açúcar (rede de supermercados), 284
Papua Nova Guiné, 304
Paquiçamba (terra indígena no PA), 331, 333-4
Paquistão, 57
Pará, 24-5, 27, 34-5, 38, 43-4, 46-8, 50, 52-4, 57, 59, 63-4, 80, 91, 132, 134-7, *138*, 143, 148, 156, 158, 171, 174, 179-81, 189, 191-2, 202, 204, 218, 223, 225-6, 228, 231, 234, 242-4, 247, 251-2, 257, 261, *262-3*, 264-5, 272, 274, 281-90, 292, 296, *297*, 307, 310, 318-9, 334, 355, 379-80, 389, 391, 423*n*
Paragominas (PA), 49, 204-5, 230, 295-6, 307-8, 390
Parakanã, indígenas, 56, 337-8
Paraná, 63, 82, 99-100, 188, 213, 231, 256, 285, 343
Paranaguá (PR), 218, 228, 260
Paranaíta (MT), 91
Parazinho (variedades de cacau amazônico), 390
Paris, Acordo do Clima de (2015), 167, 357, 363, 367-9, 379, 391
Parque Nacional da Amazônia, 375
Parque Nacional da Serra do Divisor (AC), 50
Partido Democrata (Estados Unidos), 78, 123
PAS (Plano Amazônia Sustentável), 217-8, 311-2
Passarinho, Jarbas, 132, 141, 143-5, 162-3
Passarinho, Ruth, 143
pastagens, 17, 24, 27-8, 31, 33, 85, 101, 139, 175, 190, 210, 289, 295, 327, 385, 389-90
PCdoB (Partido Comunista do Brasil), 53, 234, 343
PDS Esperança (Projeto de Desenvolvimento Sustentável Anapu-1), 239, 242
PDT (Partido Democrático Trabalhista), 312, 384
Peal (Plano Emergencial de Controle e Fiscalização de Desmatamentos e Queimadas na Amazônia Legal), 134-6, 173
pecuária, 17, 27, 31, 48, 59, 85, 90, 108, 139, 148, 188, 190, 195, 203, 275, 281, 287, 289, 291-2, 295, 320, 327, 346, 388, 390; *ver também* agropecuária; gado, criação de
peixes, 299, 331-3
Pelé, 167
peles de animais, tráfico de, 132
Peltogyne paniculata (árvore roxinho), 269
Peng, Li, 165
Perazzoni, Franco, 381
Pernambuco, 80, 122, 176
Peru, 50, 197

pesca, 41, 264, 333
pesticidas, 72
Petrobras, 197, 212, 284, 315
petróleo, 50, 165, 185, 305, 324, 378
Pezão, Luiz Fernando, 352
PFL (Partido Social Liberal), 88, 141, 176-7, 186
Phillips, Dom, 371
Physalaemus soaresi (anfíbio), 352
Piau, Paulo, 351, 357
PIB brasileiro, 16, 348
PICs (Projetos Integrados de Colonização), 56
Pimentel, Zulmar, 251-2
PIN (Programa de Integração Nacional), 54-7, 62, 64, 68-9, 84, 89, 218, 267, 388
Pinheiro, Wilson, 105, 112
Pinto, Luís Costa, 161
pinus, 52, 76, 324
Pinus caribaea (pinus-do-caribe), 52
Piracicaba (SP), 93, 96, 196-7, 229
Pires, Moacir, 247
Pitxatxá (Curuaés), rio, 138-9
Planalto Central, 48, 53
Plano Collor, 161
Plano Nacional de Energia, 328
Plano Nacional de Enfrentamento às Mudanças Climáticas, 324
Plano Piloto de Brasília, 49
Plano Real, 175, 179, 215
Plano Safra, 300, 312, 327
"Plano Verão", 125
Platão, 438*n*
PMACI (Programa de Proteção do Meio Ambiente e das Comunidades Indígenas), 111-2, 114
PMDB (Partido do Movimento Democrático Brasileiro), 76, 87, 99, 121, 141-2, 162, 179, 187, 315, 335, 340, 343, 345, 350-1, 354, 357, 361; *ver também* MDB (Movimento Democrático Brasileiro)
pneumático, invenção do, 46
PNUD (Programa das Nações Unidas para o Desenvolvimento), 371

Pnuma (Programa das Nações Unidas para o Meio Ambiente), 113, 125, 164, 302
pobreza, 38, 169, 347
Poderoso chefão, O (filme), 149
Polamazônia (Programa de Polos Agropecuários e Agrominerais da Amazônia), 25, 26, 32-3, 35, 47, 60, 68, 77, 84, 106
Police, The (banda), 149
Polícia Civil, 239
Polícia Federal (PF), 90, 99, 115-6, 134, 139, 147, 161-3, 200, 227, 242-3, 246, 250-6, 296, 307, 319, 340, 359, 380-1, 385-6, 389
Polícia Militar (PM), 99, 106, 135, 181, 282, 319, 378
política ambiental brasileira, 119, 211, 369
política partidária, 103
Polônia, 325
Polonoroeste, Programa, 63, 64-71, 73-4, 77, 83-4, 108, 111, 113, 133, 146, 171, 341
poluição, 78-81, 87-8, 119, 169, 182, 184, 300, 304
Pompeia, Caio, 349
Pontes Júnior, Felício, 334, 336, 339-40
Porto de Moz (PA), 242
Porto Velho (RO), 61, 64-5, 83-4, 110, 272, 276, 321, 341
Portugal, 74, 192, 316
Possuelo, Sydney, 56, 154, 162-3
PPCDAm (Plano de Ação para Prevenção e Controle do Desmatamento na Amazônia Legal), 20-1, 208, 210, 217-8, 221, 223, 243-5, 254, 271-2, 279, 282, 284, 294, 296, 298-301, 307, 312-3, 317, 330, 342, 344, 359-60, 370, 385-7, 392-3
PPG7 (Programa-Piloto de Proteção às Florestas Tropicais do Brasil), 171-3, 187, 189, 191, 195, 206, 230
PPS (Partido Popular Socialista), 253
Prata, rio da, 197
Prates, Ana Paula, 363
Presidência da República, 120, 215, 322, 346
Prévert, Jacques, 131

Prevfogo (programa de combate a queimadas do Ibama), 128
Price, David, 67, 71
Primavera silenciosa (Carson), 72
Primeira Reunião de Incentivo ao Desenvolvimento da Amazônia (Manaus, 1966), 40
Princípios do Rio (1992), 168-9, 185; *ver também* Rio-92 (Conferência das Nações Unidas sobre Meio Ambiente e Desenvolvimento)
"privataria" tucana, 181
PRN (Partido da Reconstrução Nacional), 160
Proálcool, 164
Prodes (Projeto de Monitoramento do Desmatamento na Amazônia Legal por Satélite), 132, 135, 173, 175-6, 180, 182-3, 207, 209-10, 214, 216, 221, 223, 255, 298-9, 311, 326, 358-9, 372-3, 377, 381, 419n
produtos florestais, 25, 41, 46, 172, 230, 311
Programa de Defesa do Complexo de Ecossistemas da Amazônia Legal *ver* Nossa Natureza (programa do governo Sarney)
Projeto Jari, 51-2, 63, 206
Projeto Rondon, 407n
Promanejo (projetos do PPG7 na Floresta Nacional do Tapajós), 171, 206, 230
PSB (Partido Socialista Brasileiro), 216, 378
PSOL (Partido Socialismo e Liberdade), 358, 378
PT (Partido dos Trabalhadores), 96, 105, 110, 112, 179, 181, 208, 211, 287, 313, 327, 335, 340, 350-1, 353, 378, 384-5
PV (Partido Verde), 84, 96, 98, 315, 327, 349, 375
Pykatoti (aldeia indígena no PA), 137, 139

queda do céu (mito yanomami), 162
queimadas, 18, 20-1, 27, 32, 78-84, 86, 91, 93, 96, 120, 123, 127-8, 130, 132-5, 148, 158, 160-1, 170, 174-5, 182, 193, 200, 219, 255, 266, 269, 312, 372, 388, 391, 437n; *ver também* incêndios florestais
Queiroz Galvão (empreiteira), 55
Quércia, Orestes, 164

Quintão, Aylê-Salassié, 81

Rabelo, Ângelo, 75
Radam, Projeto, 32
Radiohead (banda de rock), 329
radiômetro avançado de altíssima resolução (AVHRR), 80
Rajão, Raoni, 44-5, 407n
Rajastão (Índia), 57
Ramos, Adriana, 363
Ramos, Marilene, 439n
Raoni (filme de 1977), 149, 154
Raoni, cacique (Ropni Metyktire), 140, 147-9, 151-8, 334, 374, 383, 416-7n
Rapazes da banda, Os (peça teatral), 274
Raposa Serra do Sol (terra indígena em RR), 344
Raupp, Marco Antonio, 80-1
Raytheon (empresa norte-americana), 200
Reagan, Ronald, 73, 79
Rebelo, Aldo, 234, 343-4, 346-8, 350-1, 354, 375, 387
recessão, 20, 33, 136, 173, 376
Recife (PE), 53
recursos naturais, 19, 28, 32, 40, 43, 60, 64, 88, 117, 120, 316, 366, 387, 393
RED (Redução de Emissões por Desmatamento), 304-5
Red Madeiras (exportadora de mogno), 234-5
REDD+ (Redução de Emissões por Desmatamento e Degradação Florestal), 305
Rede Sustentabilidade, 378
Rede Xingu+, 338-9
Redenção (PA), 157
reforma agrária, 53, 68, 73, 87, 108-9, 112, 239-41, 349, 367
Refúgio Nacional da Vida Selvagem do Ártico, 70
Reino Unido, 47, 113, 147, 154, 201, 276-7, 392
Reis, Arthur Cezar Ferreira, 25, 41-4, 47, 51, 86, 90, 380, 413n

464

Reserva Biológica Nascentes da Serra do Cachimbo, 260, 267
reserva legal, 87, 178, 187-9, 214, 235, 239, 288, 296, 307, 317, 344-5, 347, 351, 354-5, 361
Resex (reserva extrativista), 97, 108-10, 112, 115-7, 187, 214, 242, 244, 435n
restinga, 213
Revkin, Andrew, 97
Rezende, Paulo Fernando, 335
Ribeirão Preto (SP), 211, 285
Ribeiro, Darcy, 91
Ribeiro, Suzana Kahn, 323, 325, 327-8
Ricardo, Carlos Alberto, 155
Rich, Bruce, 68-71, 73, 109, 146
Ricupero, Rubens, 168-9, 363
Rio Branco (AC), 63, 83, 98-102, 105, 106, 110, 112, 114-5, 124
Rio de Janeiro (RJ), 46, 48, 80, 96-7, 107, 132, 150, 158, 163, 166, 247, 275, 303, 315, 317, 322, 334, 352
Rio de Janeiro, estado do, 166, 274, 381
Rio Grande do Norte, 354
Rio+10 (conferência em Johannesburgo, 2002), 191
Rio-92 (Conferência das Nações Unidas sobre Meio Ambiente e Desenvolvimento), 92, 136, 156, 163-6, 168-9, 171, 175, 195, 229, 274
Riocentro (centro de convenções), 159, 167, 173
Rios Voadores, Operação, 139
"rios voadores", 198-200
Rios, Vicente, 61-2, 67
Riozinho da Liberdade (reserva extrativista no AC), 244
Rittl, Carlos, 242
Riva, Ariosto da, 91
RO-429 (rodovia), 66
Rocha, Flávio Montiel da, 222, 317, 319
Rock in Rio, 150, 157
Rodovia dos Pioneiros (Paragominas, PA), 204
Rodrigues, Bispo, 182
Roitman, Odete (personagem), 95, 97-8

Romanoff, Steven, 69
Ronald McDonald (palhaço símbolo do McDonald's), 273
Rondon, Cândido Mariano, 48-9
Rondônia, 36, 48-9, 59-62, 63, 64-8, 71-4, 76, 78, 82-4, 96, 108, 111, 113, 117, 133, 135, 172, 174, 180-1, 189, 192, 196, 198, 225-6, 244, 248, 250, 252, 269, 272, 283, 288, 292, 297, 301, 307, 312, 341, 377, 430n
Roraima, 161-3, 182, 187, 244
Rosa, Luiz Pinguelli, 324-5
Rossetto, Miguel, 236
Rouanet, Sérgio Paulo, 160
Rousseff, Dilma, 33, 56, 255, 298-301, 306, 312, 315-6, 321-4, 326-9, 335-7, 340, 344, 349-54, 357-8, 361-2, 371, 375-6, 378, 431n
Rowland, Frank Sherwood ("Sherry"), 82
roxinho (árvore), 269
royalties, 259, 305, 378
RRX (madeireira), 258, 271
ruralistas, 19-20, 92, 180, 182, 187-8, 254, 266, 277, 285-6, 343-4, 346-8, 350, 353-5, 357-8, 360-1, 364, 369, 378, 387
Rurópolis (PA), 193
Rush (banda de rock), 224

Sabóia, José Carlos, 141
Saden (Secretaria de Assessoramento da Defesa Nacional), 89, 128
Salati, Enéas, 195-8
Salazar, Marcelo, 340
Saldanha, Luiz Carlos, 149
Salles, Ricardo, 362-6, 369-74, 376-81, 437n, 439-40n
Salomon, Marta, 359
Sampaio, Gilvan, 391
Santa Catarina, 69, 345, 351, 354
Santarém (PA), 43, 54, 58, 171, 193, 210, 218, 244, 257, 260-1, 264, 267, 274-6, 380, 391
Santiago (Chile), 225, 227
Santilli, Márcio, 140-1, 143, 145, 155, 303-4
Santilli Sobrinho, José, 143-4
Santo Antônio, usina hidrelétrica de (RO), 299

Santos, Armando Pacheco dos, 24, 30-1, 33, 35-6, 39
Santos, Juan Manuel, 368
Santos, Lucélia, 98, 100, 114, 156
Santos, porto de (SP), 260
Santos, Silvio, 27, 32, 35, 38
São Bernardo do Campo (SP), 105
São Félix do Araguaia (MT), 34
São Félix do Xingu (PA), 228, 233, 319-20
São Francisco, rio, 53, 345
São José do Xingu (MT), 140, 148
São José dos Campos (SP), 25, 36-8, 78, 80, 92, 131, 198, 200
São José dos Pinhais (PR), 234
São Luiz do Tapajós (projeto de usina hidrelétrica no PA), 353, 375-6
São Paulo (SP), 26-7, 30-1, 46, 51, 80, 96, 101, 107, 146, 228, 251, 275, 322, 338, 375
São Paulo, estado de, 78, 87, 213, 296, 315, 327, 349, 364
Saraiva, Alexandre, 380
Sardemberg, Ronaldo, 200
Sardinha, Maria de Lourdes, 314
Sarney, José, 20, 42, 76, 84, 86, 88-91, 93, 107, 115-7, 119-27, 129-30, 132-5, 140, 147, 152-3, 156, 162-3, 168, 173, 187, 191, 214, 300, 335-6, 343
Sarney Filho, José (Zequinha), 187-8, 343, 345, 361-3, 375-6
satélites, imagens de, 24-5, 27-31, 35-7, 60, 78, 80-3, 91, 93, 129-31, 133, 136, 158, 160, 171-2, 175-6, 189, 191, 193, 216, 219-21, 236, 242, 254-5, 279, 287, 296, 298, 309-10, 338, 356, 369, 371, 385
"savanização" da Amazônia, teoria da, 199, 201
"save the Amazon", criação do slogan, 20
Sayão, Bernardo, 407n
SBPC (Sociedade Brasileira para o Progresso da Ciência), 348
Scaramussa, Vinicius, 390
Scarpa, Rodrigo ("Repórter Vesgo"), 278
Schmitt, Jair, 371, 385
Schneider, Robert, 17, 195

Schwartzman, Stephan, 18, 69, 71, 97, 104, 109-13, 303
Science (revista), 279
Scott-Heron, Gil, 66
Secretaria da Amazônia, 212
Secretaria de Biodiversidade e Florestas, 212
Secretaria Nacional de Mudança do Clima (governo Lula), 305
Segall, Beatriz, 95
Segunda Guerra Mundial, 43-4, 101
segurança nacional, conceito de, 45-6, 89
Sellers, Piers, 199
Sema (Secretaria Especial do Meio Ambiente), 118-21, 128, 213, 337, 364-5
Sena Madureira (AC), 102
Senado dos Estados Unidos, 73, 78, 113, 125, 183
Senado Federal, 114, 128, 132, 176, 241, 330, 347, 352-5, 357, 360
sensoriamento remoto, 36-7, 39, 92, 130-1, 172, 189, 220-3, 299
Sergipe, 204
seringueiras/seringais, 42, 46, 50, 52, 59, 98, 100-2, 104-6, 108-10, 404n; *ver também* borracha
seringueiros, 42, 44-5, 47, 59, 97-115, 124; *ver também* extrativismo/extrativistas
Sermão da Montanha (Jesus Cristo), 103
Serra do Pardo, Parque Nacional da (PA), 244, 318, 320
Serra Fluminense, 358
Serra, José, 327
serrarias, 49, 67, 203-4, 243, 295, 307; *ver também* madeireiras/madeireiros
sertanistas, 56, 67, 149, 154, 162
Serviço Florestal Brasileiro, 21, 243, 259, 269-70, 370
"setor produtivo" amazônico, 91
Setzer, Alberto Waingort, 78-83, 93, 96, 130, 175, 219
Sevá, Oswaldo, 331, 333
Sharm El-Sheikh (Egito), 381, 384
Shimabukuro, Yosio, 220-1

Shukla, Jagadish, 199
Siad (Sistema Integrado de Alertas de Desmatamentos), 221-2
SIF (Serviço de Inspeção Federal), 290
Silva, Genésio Ferreira da, 97, 116
Silva, Marina, 16, 18, 21, 102-6, 110, 112, 114-5, 177, 208-12, 214-7, 222-3, 230-1, 233-4, 237, 239, 242-3, 245-6, 248, 252, 255, 260-1, 265, 267-9, 271, 282, 284, 286, 293, 296, 298, 302, 304-6, 309-14, 318, 321, 327, 330, 340, 345, 349-50, 353-4, 362-3, 384-6, 432*n*
Silva, Pedro Augusto da, 102
Silveira, Luís Henrique da, 345, 354
silvicultura, 25, 36, 50, 76
simbiose no solo amazônico, 51
Simons, Marlise, 83, 96
Sindicato dos Produtores Rurais de Novo Progresso (PA), 265
Sindicato dos Trabalhadores Rurais de Xapuri, 95, 97-8, 102, 104; *ver também* Xapuri (AC)
Síndrome de Altamira (reação alérgica a picadas de insetos), 58
Sinop (MT), 218, 220, 253, 261, 310
Sirad X (sistema de monitoramento por satélite), 338
Sirkis, Alfredo, 96, 316, 440*n*
Sistema Nacional de Unidades de Conservação, 268
Sivam (Sistema de Vigilância da Amazônia), 187, 200, 221-2
skidder (trator), 206
Skylab (satélite norte-americano), 27
SLAPR (Sistema de Licenciamento Ambiental de Propriedades Rurais), 172, 189-91, 280, 287-8
Slhessarenko, Serys, 248
Smeraldi, Roberto, 166, 171-2, 418*n*
Smithsonian Institution, 123
SNI (Serviço Nacional de Informações), 46, 93, 145, 147, 155; *ver também* Abin (Agência Brasileira de Inteligência)
sociedade civil, 16, 165, 167, 172, 216-7, 303, 324, 357, 364-5, 370, 373-4, 376, 378, 392

socioambientalismo, 141, 158, 214; *ver também* ambientalismo/ambientalistas
Sodré, Roberto de Abreu, 123, 127
soja, 15, 43, 63, 137, 139, 175, 182, 190, 209-10, 218, 220, 253-4, 260, 264, 269, 272-80, 286, 289, 293, 298, 307-8, 348, 392
"soldados da borracha" (anos 1940), 44, 101-2, 108
Solheim, Erik, 302, 305-6
sonora, poluição, 182
SOS Amazônia (ONG), 172
Souza, Dani ("Mulher-Samambaia"), 278
Sposito, Mauro, 99, 116
Spvea (Superintendência do Plano de Valorização Econômica da Amazônia), 25, 41-2, 101; *ver também* Sudam (Superintendência do Desenvolvimento da Amazônia)
SRB (Sociedade Rural Brasileira), 392
Stang, Dorothy Mae, 239-43, 246, 259
Steiner, Achim, 302
Stephanes, Reinhold, 310, 327-8
STF (Supremo Tribunal Federal), 344, 374, 378-81
Sting (cantor), 97, 149-55, 157, 167
Stoltenberg, Jens, 306
Strong, Maurice, 164
subdesenvolvidos, países, 50, 84, 92, 129, 170
Sudam (Superintendência do Desenvolvimento da Amazônia), 24-6, 28, 30-1, 33-6, 41-2, 47, 49, 55, 59-60, 63, 65, 85, 90-1, 101, 106, 128, 148, 181, 241, 259
Sudepe (Superintendência do Desenvolvimento da Pesca), 120-1
Sudeste do Brasil, 26, 32, 49, 62, 96, 98, 101, 112, 158, 173, 195, 240, 283, 386
Sudhevea (Superintendência da Borracha), 121
Suécia, 127, 164, 223, 413*n*
Suiá-Missu, fazenda (MT), 27, 91
Suíça, 32, 292
Sul do Brasil, 60, 62, 240, 268
Summers, Andy, 149
Summers, Larry, 418*n*

Sun Valley (subsidiária francesa da Cargill), 273, 276
Sununu, John, 166
Superman (filme de 1978), 149
supermercados, 277, 284-7
Suriname, 89-90, 229, 243
Suzuki, David, 147
Swietenia macrophylla (mogno), 179, 224; *ver também* mogno
Switkes, Glenn, 331, 333

TAC (Termo de Ajustamento de Conduta), 287-93, 320
Tailândia (PA), 247, 307
Tamakavy, fazenda (MT), 27, 32, 38
Tapajós, Floresta Nacional do (PA), 171, 220
Tapajós, rio, 181, 257, 260, 276, 375
Taques, Pedro, 248-9
Tarauacá (AC), 101
Tardin, Antonio Tebaldi, 24-5, 30, 33, 36-9
Tea Party (movimento ultradireitista estadunidense), 387
Teatro Amazonas (Manaus), 40, 46
Tebet, Simone, 384-5
Teixeira, Izabella, 340, 345, 351-9, 362-3
telégrafo, 49
Temer, Michel, 20, 265, 292, 341, 350, 361, 367-70, 372, 376
Teologia da Libertação, 103
Terceiro Mundo, 19, 70, 81, 124, 126, 418*n*
Terra (satélite da Nasa), 219
Terra do Meio (PA), 226, 243-4, 318, 320, 341
Terra Indígena Yanomami, homologação da (1992), 163
"Terra" (canção), 28
terras indígenas, 18, 27, 60, 62, 73-4, 90-2, 108, 110-1, 117, *138*, 139, 141-2, 145, 148, 156-8, 161, 163, 171, 191, 215, 226, 260, 283, 308, 316, 333-4, 337-9, 348-9, 364, 373-5, 377, 383; *ver também* demarcações; indígenas
terras públicas, 35, 121, 181, 203, 215, 235, 237, 239, 244, 249-50, 252, 258-9, 389

Tesco (rede de supermercados), 277, 283
Tesouro do Brasil, 90
Tesouro dos Estados Unidos, 71, 73, 124, 166, 418*n*
Thoreau, Henry David, 177
Thunberg, Greta, 159, 372
Tietê, rio, 364-5
Tijuco Alto (projeto de usina hidrelétrica em SP), 214
Timor Leste, 229
Tocantins, 41, 135, 180, 248, 250, 346, 390
Tolba, Mostafa, 114
Toledo, Francisco Luna, 33
Tolmasquim, Maurício, 328
Torres, Maurício, 261, 266
tortura, 53, 55, 156
Toyota, 283
Trairão, Floresta Nacional de (PA), 260
Transamazônica, rodovia, 54-9, 62, 64-5, 67-8, 162, 172, 193, 218, 233, 238-40, 243, 267, 335, 339-40, 388-9
transgênicos, 344
transporte de umidade na floresta, 195, 197
Trevisan, Élido, 388-9
Trevo do Lagarto (Várzea Grande, MT), 247, 250
Tribuna, Mara, 314
Tribunal de Contas da União, 233
Trincheira-Bacajá (terra indígena no PA), 336, 338
Trombetas, rio, 25
Tucker, Compton James ("Jim"), 80, 83
Tucuruí, usina hidrelétrica de (PA), 145, 374
Tuffani, Maurício, 130-1, 365, 437*n*
Tuíre (prima de Paiakan), 140, 146, 156, 335
Tuma, Romeu, 115-6, 251
Tumucumaque, Parque Nacional Montanhas de (AP), 191
Turner, Ted, 114
Turrini, Heitor, padre, 102
TVR ("trecho de vazão reduzida" em hidrelétricas), 331

Txucarramãe, indígenas, 149, 416n; *ver também* Kayapó, indígenas

Uberlândia (MG), 48
UDR (União Democrática Ruralista), 68, 91, 98, 115, 155, 367
Uhl, Christopher Francis, 195, 202-5
umidade na floresta, transporte de, 195, 197
UnB (Universidade de Brasília), 72, 108
UNFCCC (Convenção-Quadro das Nações Unidas sobre Mudança do Clima), 167, 169, 183, 303-4
União Brasil (partido), 76
União das Nações Indígenas, 111, 141, 143
União Europeia, 372, 392
União Internacional para a Conservação da Natureza, 15
Unilever, 283
Universidade Federal de Goiás, 221
urucum, 46, 151
Uru-eu-wau-wau, indígenas, 66-7, 74
USGS (Serviço Geológico dos Estados Unidos), 28-9

Vale (mineradora), 284, 326, 417n
Vale do Paraíba, 39
Vale do Ribeira, 53, 88, 214, 364
Vale do Rio Cristalino, fazenda (PA), 27
Vale tudo (novela), 95
Valeriano, Dalton, 30, 37, 39, 207-8, 221-2
Valor Econômico (jornal), 323, 326
Vargas, Everton, 127, 170, 223
Vargas, Getúlio, 42, 48, 404n
Vargas, José Israel, 174, 182, 200
VAR-Palmares (Vanguarda Armada Revolucionária Palmares), 315
Várzea do Tietê, Área de Preservação Ambiental da, 364-5
Várzea Grande (MT), 247
vassoura-de-bruxa, 388
"vazamento" do desmate, 304
Veja (revista), 156, 161, 163, 205
Veloso, Caetano, 28

Veloso, João Paulo dos Reis, 418n
Venezuela, 72, 142, 202
Ventura, Zuenir, 97
Venturin, Ademir, 389
"verão" amazônico (estação seca), 71, 82, 137, 261, 371
Verde para Sempre (reserva extrativista no PA), 242
Veríssimo, Adalberto, 202-3, 205-6, 271, 326
Viana, Gilney, 179, 215
Viana, Jorge, 114, 230, 303, 354
Vicente, Carlos Rocha, 231
Victoria, Reynaldo, 196-7
Vidal, Lux, 141
Vieira, Liszt, 96
Vilela, A. J. J. ("Jotinha"), 139
Vilhena (RO), 66
Villas Bôas, irmãos (Leonardo, Orlando e Cláudio), 48, 66, 69, 109, 148-9, 151
Virgílio, Arthur, 107
Virola surinamensis (árvore virola), 179
Vitória do Xingu (PA), 331, 338
Volkswagen, 27
Volta Grande do Xingu, 331-4, 340; *ver também* Xingu, rio
vulcanização da borracha, descoberta da, 46; *ver também* borracha

Waack, Roberto, 270-1
Wallace, Alfred Russel, 43
Walmart, 283-4
Washington, D.C., 19, 68, 70-1, 74, 95, 109, 113, 123, 146-7, 166, 168-9, 211, 234
Washington Post (jornal), 86, 96
Water Resources Research (periódico), 196
Weber, Rosa, 379
Werle, Hugo, 247
Werneck, Felipe, 439n
Westin, The (hotel em Bali), 302, 305
Wickham, Henry, 47
Wilma, Eva, 274
Wirth, Tim, 78, 123-4
Wisconsin (Estados Unidos), 73, 279, 289

WWF (World Wide Fund for Nature), 84, 185, 191

Xapuri (AC), 95-101, 104, 106-7, 112-6, 143
Xavante, indígenas, 27, 91, 141
Xikrin, indígenas, 146, 336
Xingu (filho de Cowell), 108
Xingu, Parque Indígena do, 25, 148, 151, 158
Xingu, Prelazia do, 141, 144
Xingu, rio, 23, 25, 145-6, 226, 231-2, 241-3, 318, 331-5, 340, 383, 390, 411*n*

Xingu-Araguaia, região do, 25, 27, 31, 91

Yanomami, indígenas, 141-2, 161-3, 173, 385, 417*n*
Yorke, Thom, 329
Yudjá *ver* Juruna, indígenas

Zhenhua, Xie, 356
Zona Franca de Manaus, 41
Zweede, Johan, 51-2, 206

ESTA OBRA FOI COMPOSTA PELA SPRESS EM MINION E IMPRESSA EM OFSETE
PELA GRÁFICA SANTA MARTA SOBRE PAPEL PÓLEN NATURAL DA SUZANO S. A.
PARA A EDITORA SCHWARCZ EM JULHO DE 2024

A marca FSC® é a garantia de que a madeira utilizada na fabricação do papel deste livro provém de florestas que foram gerenciadas de maneira ambientalmente correta, socialmente justa e economicamente viável, além de outras fontes de origem controlada.